BILINGUAL

# MATHS

# RPF WARRIOR

## विगत वर्षों के प्रश्नों का अध्यायवार संकलन


**AUTHOR**

**ADITYA RANJAN**

Excise Inspector

*Editor*

**RUDRA PRATAP VERMA**

**S Chand And Company Limited**

**(ISO 9001 Certified Company)**

# S Chand And Company Limited

**(ISO 9001 Certified Company)**

***Head Office:*** D-92, Sector–2, Noida 201301, U.P. (India), Ph. 91-120-4682700

***Registered Office:*** A-27, 2nd Floor, Mohan Co-operative Industrial Estate, New Delhi – 110 044
Phone: 011-49731800

www.schandpublishing.com; e-mail: info@schandpublishing.com

**Marketing Offices:**

| | | |
|---|---|---|
| Chennai | : | Ph: 23632120, chennai@schandpublishing.com |
| Guwahati | : | Ph: 2738811, 2735640 guwahati@schandpublishing.com |
| Hyderabad | : | Ph: 40186018, hyderabad@schandpublishing.com |
| Jalandhar | : | Ph: 4645630, jalandhar@schandpublishing.com |
| Kolkata | : | Ph: 23357458, 23353914, kolkata@schandpublishing.com |
| Lucknow | : | Ph: 4003633, lucknow@schandpublishing.com |
| Mumbai | : | Ph: 25000297, mumbai@schandpublishing.com |
| Patna | : | Ph: 2260011, patna@schandpublishing.com |





*First Edition 2024*

**ISBN:** 978-93-5870-419-8

**Product Code:** H2MRW56MATH40BIAA24O

PRINTED IN INDIA

By Vikas Publishing House Private Limited, Plot 20/4, Site-IV, Industrial Area Sahibabad, Ghaziabad – 201 010 and Published by S Chand And Company Limited, A-27, 2nd Floor, Mohan Co-operative Industrial Estate, New Delhi – 110 044

# About Aditya Ranjan

Aditya Ranjan Sir is a renowned Maths Faculty , who has taught lakhs of students through Rankers Gurukul You Tube channel and its offline centre. His free maths & guidance videos have millions of views on you tube. He has a unique approach of solving new TCS questions . He always focuses on relevant and updated content.

His new innovative idea of completing entire maths syllabus for any govt. exam on you tube through "**60 Days 60 Marathon**" is a landmark in online education.

He has got selected at his very early age and his words "**SELECTED है SELECTION दिलायेंगे**" are very popular among students.

**EXAMS QUALIFIED:**

CGL , CHSL, CPO , CDS (3 TIMES)

**** HE SCORED ****

- **MATHS – 50/50**
- **ENGLISH – 50/50**
- **REASONING – 50/50**

and got selected in **SSC CHSL 2019** with **AIR - 114.**

He scored the same in CGL 2019 PRE and **227/200 in MAINS (MATHS)** and got selected in SSC CGL 2019 as an **EXCISE INSPECTOR.**

**CONTACT US**

- **YOU TUBE** – RANKERS GURUKUL
- **TELEGRAM**– Maths By Aditya Ranjan
- **Instagram** – aditya_ _ _ranjan
- **Facebook** – Maths By Aditya Ranjan
- **Mail** – Mathsbyadityaranjan@gmail.com

Dedicated to my dear "ASPIRANTS" & team "RANKERS' GURUKUL" Who have inspired me to write this book.

# ACKNOWLEDGMENT

मैं उन सभी लोगों का आभारी हूँ जिन्होंने इस पुस्तक को तैयार करने में मेरी मदद की। मैं विशेषकर विक्रमजीत सर का ऋणी हूँ, जिन्होंने हमेशा बड़े भाई की तरह मेरा मार्गदर्शन किया और शायद जिनके बिना इस मुकाम पर पहुँचना संभव नहीं था। साथ में सबसे ज्यादा आभारी हमारे **Publication Team** के **Co-ordinator Mukesh Sir** का हूँ जिन्होंने बहुत मेहनत करके इस पुस्तक को तैयार करने में मेरी मदद की है जिससे बच्चों को काफी मदद मिलेगी, साथ ही साथ **आशीष, रिशांक, विशाल, मोहिनी, पवन, करन, आशुतोष, अभय, अभिषेक, राजन, प्रियंका** आदि ने Proofread करके इसको Error Free बनाया है और जिस तरह से महाभारत के रचयिता वेदव्यास जी है लेकिन उसे लिखा गणेश जी ने है उसी तरह से इस किताब को लिखने वाले हमारे **DTP Operator अमित सिंह, अजय कुमार, रिंकी, सुनील, प्रशांत पाण्डेय, विवेक वर्मा, शिवम गौतम, शिवम सिंह, अभिषेक और अंशु** हैं तथा इसका कवर पेज **कविता** ने बनाया है। मैं अपने छात्रों को भी धन्यवाद देना चाहता हूँ जिन्होंने वास्तव में मुझे इस पुस्तक को बनाने के लिए प्रेरित किया।

**- आदित्य रंजन**

# INDEX

# MOCK TEST/मॉक टेस्ट

# PERCENTAGE

# प्रतिशतता

01

1. 3 मीटर का कितना प्रतिशत 75 सेमी है?
What percentage of 3 meters is 75 cm?
RPF Constable 31/03/2019 (Shift-01)
(a) 20% (b) 24%
(c) 22% (d) 25%

2. 10 रूपये का 25% कितना होगा?
What will be 25% of Rs 10?
RPF Constable 31/03/2019 (Shift-02)
(a) Rs. 2.90 (b) Rs. 2.80
(c) Rs. 3.80 (d) Rs. 2.50

3. एक बॉक्स में 70 डिटर्जेंट साबुन हैं जिनमें से 28 का उपयोग कर लिया गया है। बॉक्स में कितने प्रतिशत डिटर्जेंट साबुन शेष है? (% में)
A box contains 70 detergent soaps out of which 28 have been used. What percentage of detergent soap is left in the box? (% In)
RPF Constable 18/01/2019 (Shift-03)
(a) 60 (b) 80
(c) 70 (d) 50

4. एक धातु के टुकड़े की कीमत 115 से बढ़कर 138 रूपये हो गई। वृद्धि का प्रतिशत ज्ञात कीजिए। (% में)
The price of a metal piece increased from Rs 115 to Rs 138. Find the percentage of increase. (% In)
RPF Constable 17/01/2019 (Shift-01)
(a) 10 (b) 20
(c) 25 (d) 15

5. एक धातु के टुकड़े की कीमत 310 रूपये से बढ़कर 372 रूपये हो जाती है। प्रतिशत वृद्धि बताएं। (% में)
The price of a metal piece increases from Rs 310 to Rs 372. Tell the percentage increase. (% In)
RPF Constable 24/01/2019 (Shift-01)
(a) 35 (b) 30
(c) 20 (d) 25

6. एक दुकानदार ने एक चीज 228 रुपये में खरीदी और उसे 285 रुपये में बेच दी। दुकानदार द्वारा अर्जित लाभ प्रतिशत ज्ञात करें (% में)
One shopkeeper bought one thing for Rs. 228 and sold it for Rs. 285. Find out the profit percentage earned by the shopkeeper (in%)
RPF Constable 03/02/2019 (Shift-02)
(a) 35 (b) 30
(c) 20 (d) 25

7. धातु के एक टुकड़े का मूल्य 140 रूपये से बढ़ाकर 168 रूपये कर दिया गया है। इसमें कितने प्रतिशत की वृद्धि हुई? (% में)
The price of a piece of metal has been increased from Rs 140 to Rs 168. By what percent did it increase? (% In)
RPF Constable 20/01/2019 (Shift-03)
(a) 25 (b) 10
(c) 20 (d) 15

8. धातु के एक टुकड़े की कीमत 360 रूपये से बढ़ाकर 432 रूपये कर दी गई है। कीमत का अतिरिक्त प्रतिशत ज्ञात कीजिए। (% में)
The price of a piece of metal has been increased from Rs 360 to Rs 432. Find the additional percentage of price. (% In)
RPF Constable 25/01/2019 (Shift-01)
(a) 30 (b) 25
(c) 15 (d) 20

9. धातु के एक टुकड़े का मूल्य 305 रूपये से बढ़कर 366 रूपये हो गया। बढ़े हुए मूल्य का प्रतिशत ज्ञात कीजिए?
The price of a piece of metal increased from Rs 305 to Rs 366. Find the percentage of increased price?
RPF Constable 22/01/2019 (Shift-03)
(a) 15 (b) 30
(c) 25 (d) 20

10. धातु के एक टूकड़े का मूल्य 135 रूपये से बढ़ाकर 162 रूपये कर दिया गया है। इसमें कितने प्रतिशत की वृद्धि हुई? (% में)
The price of a piece of metal has been increased from Rs 135 to Rs 162. By what percent did it increase? (% In)
RPF SI 20/01/2019 (Shift-02)
(a) 25 (b) 20
(c) 10 (d) 15

11. अगर सुनील एक बॉक्स से 16 चॉकलेट खाने में सक्षम है, जिसमें 25 चॉकलेट हैं। बक्से में कितने प्रतिशत चॉकलेट शेष हैं?
If Sunil is able to eat 16 chocolates from a box which contains 25 chocolates. What percentage of chocolates are left in the box?
RPF Constable 18/01/2019 (Shift-02)
(a) 38% (b) 34%
(c) 36% (d) 32%

12. दूध के दाम 25 रुपये से बढ़ाकर 28 रुपये किए गए हैं। मूल्य में प्रतिशत वृद्धि ज्ञात कीजिए।

The price of milk has been increased from Rs 25 to Rs 28. Find the percentage increase in price.

RPF Constable 18/01/2019 (Shift-01)

(a) 12% (b) 11%
(c) 13% (d) 14%

13. 125 डिटर्जेंट साबुन के एक डिब्बे में से 95 का उपयोग किया जाता है। डिब्बे में डिटर्जेंट साबुन का कितना प्रतिशत बचा है? (% में)

95 out of a box of 125 detergent soaps is used. What percentage of the detergent soap is left in the box? (% In)

RPF Constable 03/02/2019 (Shift-02)

(a) 26 (b) 24
(c) 25 (d) 27

14. एक बॉक्स में 125 डिटर्जेंट साबुन होते हैं, जिनमें से 65 का सेवन किया जाता है? तो शेष साबुन का % ज्ञात कीजिए।

A box contains 125 detergent soaps, of which 65 are consumed? Find the percentage of remening soap.

RPF Constable 25/01/2019 (Shift-01)

(a) 52% (b) 48%
(c) 50% (d) 54%

15. धातु के एक टुकड़े की कीमत 130 रुपये से बढ़ाकर 156 रुपये कर दी गई है। इसमें कितने प्रतिशत की वृद्धि हुई ? (%)

The price of a piece of metal has been increased from Rs 130 to Rs 156. By what percentage did it increase? ,

RPF Constable 18/01/2019 (Shift-03)

(a) 20% (b) 10%
(c) 25% (d) 15%

16. धातु के टुकड़े का मूल्य 370 रुपये से बढ़कर 444 रुपये हो गया है। प्रतिशत वृद्धि ज्ञात कीजिए। (% में)

The value of the piece of metal has increased from Rs. 370 to Rs. 444. Find the percentage increase. (% In)

RPF Constable 02/02/2019 (Shift-01)

(a) 25 (b) 30
(c) 20 (d) 15

17. जब एक दुकानदार किसी वस्तु को 785 रुपये की दर से खरीदता है और उसे 942 रुपये की दर से बेचता है, तो दुकानदार द्वारा अर्जित लाभ का प्रतिशत ज्ञात कीजिए।

When a shopkeeper buys an article at the rate of Rs 785 and sells it at the rate of Rs 942, find the percentage of profit earned by the shopkeeper.

RPF Constable 19/01/2019 (Shift-01)

(a) 20% (b) 10%
(c) 15% (d) 25%

18. एक बल्ब उत्पादक कंपनी ने कुल उत्पाद का 13% उत्पाद दोषपूर्ण पाया, यदि गैर दोषपूर्ण उत्पादों की कुल संख्या 4785 हो, तो कुल दोषपूर्ण उत्पादों की संख्या बताएं।

A bulb manufacturing company found 13% of the total products defective, if the total number of non defective products is 4785, then find the total number of defective products.

RPF SI 12/01/2019 (Shift-03)

(a) 720 (b) 710
(c) 715 (d) 705

19. 125 डिटर्जेंट साबुन के एक डिब्बे में से 70 का उपयोग किया जाता है। डिब्बे में डिटर्जेंट साबुन का कितना प्रतिशत बचा है? (% में)

70 out of a box of 125 detergent soaps is used. What percentage of the detergent soap is left in the box? (% In)

RPF Constable 04/02/2019 (Shift-01)

(a) 46 (b) 45
(c) 47 (d) 44

20. एक बॉक्स में 70 डिटर्जेंट साबुन हैं जिनमें से 42 का उपयोग कर लिया गया है। बॉक्स में कितने प्रतिशत डिटर्जेंट साबुन शेष हैं? (% में)

A box contains 70 detergent soaps out of which 42 have been used. What percentage of detergent soap is left in the box? (% In)

RPF Constable 20/01/2019 (Shift-03)

(a) 35 (b) 50
(c) 40 (d) 36

21. एक डिब्बे में 60 डिटर्जेंट साबुन होते हैं जिनमें से 36 का उपयोग किया जाता है। तो बॉक्स में शेष डिटर्जेंट साबुन का प्रतिशत कितना है? (% में)

An ancient finds 60 whole soaps of which 36 are used. Then what is the percentage of Sasa soap remaining in the box? (% In)

RPF Constable 17/01/2019 (Shift-01)

(a) 40% (b) 30%
(c) 50% (d) 60%

22. यदि एक स्कूल में 95% छात्र उपस्थित और 18 छात्र अनुपस्थित थे, तो स्कूल के छात्रों की कुल संख्या बताएं।

If in a school 95% students were present and 18 students were absent, then find the total number of students in the school.

RPF Constable 31/03/2019 (Shift-01)

(a) 360
(b) 450
(c) 500
(d) 400

23. एक बल्ब उत्पादक कंपनी ने पाया कि कुल उत्पाद का 11% खराब है। यदि गैर दोषपूर्ण उत्पादों की संख्या 5785 है, तो दोषपूर्ण उत्पादों की संख्या ज्ञात कीजिये।

A bulb producing company found that 11% of the overall product is defective. If the number of non defective products is 5785, then find the number of defective products.

RPF SI 24/12/2018 (Shift-01)

(a) 675 (b) 575
(c) 715 (d) 825

24. एक बल्ब उत्पादक कंपनी ने कुल उत्पाद का 13% उत्पाद दोषपूर्ण पाया। यदि गैर दोषपूर्ण उत्पादों की कुल संख्या 4959 हो, तो कुल दोषपूर्ण उत्पादों की संख्या बताएं।

A bulb manufacturing company found 13% of the total product defective. If the total number of non-defective products is 4959, then find the total number of defective products.

RPF SI 05/01/2019 (Shift-02)

(a) 751 (b) 731
(c) 741 (d) 761

25. एक बल्ब निर्माता कंपनी ने पाया कि उनके कुल उत्पाद का 11% भाग खराब निकल गया। यदि सही उत्पादों की संख्या 2047 है, तो खराब उत्पादों की संख्या ज्ञात कीजिए?

A bulb manufacturing company found that 11% of their total product was defective. If the number of correct products is 2047, then find the number of defective products?

RPF Constable 19/12/2018 (Shift-02)

(a) 234 (b) 545
(c) 253 (d) 324

26. एक बल्ब निर्माता कंपनी ने पाया कि उनके कुल उत्पाद का 13% भाग खराब निकल गया। यदि सही उत्पादों की संख्या 5046 है, तो खराब उत्पादों की संख्या ज्ञात कीजिए?

A bulb manufacturing company found that 13% of their total product was defective. If the number of correct products is 5046, then find the number of defective products?

RPF SI 12/01/2019 (Shift-01)

(a) 754 (b) 744
(c) 734 (d) 764

27. एक बल्ब निर्माता ने पाया कि कुल उत्पाद का 13% दोषपूर्ण है। यदि गैर दोषपूर्ण उत्पादों की संख्या 4524 है, तो दोषपूर्ण उत्पादों की संख्या ज्ञात करें।

A bulb manufacturer found that 13% of the total product was defective. If the number of non defective products is 4524, find the number of defective products.

RPF Constable 06/01/2019 (Shift-01)

(a) 686 (b) 676
(c) 656 (d) 696

28. यदि कुमार ने कच्चे माल की खरीद में 35000 रूपये, मशीनरी खरीदने में 40000 रूपये खर्च किए और कुल का 20% उसके पास हैं, तो कुल राशि ज्ञात कीजिए।

If Kumar spent Rs 35000 in purchasing raw material, Rs 40000 in purchasing machinery and he has 20% of the total, then find the total amount.

RPF Constable 31/03/2019 (Shift-02)

(a) Rs 90000 (b) Rs 93750
(c) Rs 85750 (d) Rs 80000

29. एक बल्ब उत्पादक कंपनी ने कुल उत्पाद का 13% उत्पाद दोषपूर्ण पाया। यदि गैर दोषपूर्ण उत्पादों की कुल संख्या 4611 हो, तो कुल दोषपूर्ण उत्पादों की संख्या बताएं।

A bulb manufacturing company found 13% of the total product defective. If the total number of non-defective products is 4611, then find the total number of defective products.

RPF SI 10/01/2019 (Shift-01)

(a) 689 (b) 698
(c) 683 (d) 686

30. एक बल्ब निर्माता कंपनी ने पाया कि उनके कुल उत्पाद का 11% भाग खराब निकल गया। यदि सही उत्पादों की संख्या 4984 है, तो खग्राब उत्पादों की संख्या ज्ञात कीजिए ?

A bulb manufacturing company found that 11% of their total product was defective. If the number of correct products is 4984, then find the number of defective products?

RPF SI 19/12/2018 (Shift-03)

(a) 616 (b) 456
(c) 676 (d) 586

31. एक बल्ब उत्पादक कंपनी ने कुल उत्पाद का 11% दोषपूर्ण पाया। यदि गैर दोषपूर्ण उत्पादों की कुल संख्या 5607 है, तो कुल दोषपूर्ण उत्पादों की संख्या बतायें।

A bulb producing company found 11% of the total product defective. If the total number of non defective products is 5607, then tell the number of total defective products.

RPF SI 05/01/2019 (Shift -02)

(a) 693 (b) 643
(c) 983 (d) 463

32. एक बल्ब निर्माता कंपनी ने पाया कि उसके कुल उत्पाद का 13% खराब था। यदि सही उत्पादों की संख्या 4872 है, तो खराब उत्पादों की संख्या ज्ञात कीजिये?

A bulb maker company found that 13% of its total product was poor. If the number of correct products is 4872, then find the number of bad products?

RPF SI 05/01/2019 (Shift- 03)

(a) 708 (b) 728
(c) 718 (d) 738

33. एक बल्ब उत्पादक कंपनी ने पाया कि कुल उत्पाद का 11% दोषपूर्ण है। यदि गैर दोषपूर्ण उत्पादों की संख्या 6319 है, तो दोषपूर्ण उत्पादों की संख्या निर्दिष्ट करें।

A bulb producing company found that 11% of the total product is faulty. If the number of non defective products is 6319, then specify the number of defective products.

RPF SI 06/01/2019 (Shift- 01)

(a) 781 (b) 681
(c) 593 (d) 793

34. एक बल्ब निर्माता ने पाया कि कुल उत्पाद का 13% खराब है। यदि अच्छे उत्पादों की संख्या 4524 है, तो दोषपूर्ण उत्पादों की संख्या ज्ञात कीजिये।

One bulb manufacturer found that 13% of the total product is defective. If the number of efective products is 4524, find the number of defective products.

RPF SI 06/01/2019 (Shift- 02)

(a) 686 (b) 676
(c) 656 (d) 696

35. एक बल्ब निर्माता कंपनी ने पाया कि उनके कुल उत्पाद का 11% भाग खराब निकल गया। यदि सही उत्पादों की संख्या 2848 है, तो खराब उत्पादों की संख्या ज्ञात कीजिए।

A bulb manufacturing company found that 11% of their total product was defective. If the number of correct products is 2848, find the number of defective products.

RPF SI 10/01/2019 (Shift-03)

(a) 286 (b) 324
(c) 352 (d) 245

36. किसी संख्या के 80% के 75% के 66.67% का 25% 6217 है। उस संख्या का 40% ज्ञात करें?

25% of 80% of 75% of 66.67% of a number is 6217. Find 40% of that number?

RPF Constable 24/01/2019 (Shift-02)

(a) 23868 (b) 22868
(c) 24868 (d) 25868

37. 80% का 60% का 66.67% का 25%, 4617 है। तो उस संख्या का 40% क्या होगा?

80% divided by 60% by 66.67% by 25% is 4617. So what will be 40% of that number?

RPF Constable 17/01/2019 (Shift-02)

(a) 23085 (b) 25085
(c) 24085 (d) 26085

38. यदि 582 के $x$% का 15% = 17.46 होता है, तो '$x$' का मान ज्ञात कीजिए।

If 15% of $x$% of 582 = 17.46, then find the value of '$x$'.

RPF Constable 31/03/2019 (Shift-02)

(a) 25 (b) 10
(c) 20 (d) 2

39. किसी संख्या के तीन-सातवें भाग के एक-तिहाई का दो-पांचवा हिस्सा 15 हैं। उस संख्या का 40 प्रतिशत क्या है?

Two-fifths of one-third of three-sevenths of a number is 15. What is 40 percent of that number?

RPF Constable 30/03/2019 (Shift-03)

(a) 136 (b) 105
(c) 84 (d) 72

40. यदि 150 का 45% + 170 का $x$% = 317.5 का 40% है, तो '$x$' का मान ज्ञात कीजिए।

If 45% of 150 + $x$% of 170 = 40% of 317.5, then find the value of '$x$'.

RPF Constable 30/03/2019 (Shift-01)

(a) 29 (b) 22
(c) 30 (d) 35

41. किसी संख्या का 66.67% का 25%, 80% का 75%, 6347 है। उस संख्या का 40% ज्ञात कीजिए।

25% of 66.67% of 75% of 80% of a number is 6347. Find 40% of that number.

RPF Constable 02/02/2019 (Shift-01)

(a) 24388 (b) 23388
(c) 25388 (d) 26388

42. किसी संख्या के 25% का 66.67% का 75% का 80%, 5213 है। उस संख्या का 40% ज्ञात कीजिए ।

25% of a number, 66.67%, 75% of 80% is 5213. Find 40% of that number.

RPF Constable 18/01/2019 (Shift-02)

(a) 21852 (b) 23852
(c) 20852 (d) 22852

43. 200 के 5% का 5% कितना होगा?

What will be 5% of 5% of 200?

RPF Constable 30/03/2019 (Shift-01)

(a) 25 (b) 0.25
(c) 50 (d) 0.50

44. यदि x के 20% का 10% = 6 रूपये है, तो का मान ज्ञात करें।

If 10% of 20% of $x$ = Rs. 6, then find the value of.

RPF Constable 28/03/2019 (Shift-01)

(a) Rs. 230 (b) Rs. 245
(c) Rs. 240 (d) Rs. 250

45. किसी संख्या के 80% के 75% के 66.67% का 25%, 4915 है। इस संख्या का 40% ज्ञात कीजिए।

25% of 80% of 75% of 66.67% of a number is 4915. Find 40% of this number.

RPF Constable 18/01/2019 (Shift-03)

(a) 20660 (b) 22660
(c) 21660 (d) 19660

46. किसी संख्या का 66.67% का 25%, का 80% का 75%, 6355 है। उस संख्या का 40% ज्ञात कीजिए।

25% of 66.67% of 75% of 80% of a number is 6355. Find 40% of that number.

**RPF Constable 03/02/2019 (Shift-02)**

(a) 24420 (b) 25420
(c) 26420 (d) 23420

47. अनिल फ्रेंच में 120 में से 73 अंक, अंग्रेजी में 130 में से 89 अंक, स्पैनिश भाषा में 70 में से 37 अंक और जापानी भाषा में 80 में से 41 अंक प्राप्त करता है। उसके द्वारा प्राप्त अंकों का कुल प्रतिशत ज्ञात कीजिए? (% में)

Anil scored 73 marks out of 120 in French, 89 marks out of 130 in English, 37 marks out of 70 in Spanish and 41 marks out of 80 in Japanese. Find the total percentage of marks obtained by him? (% In)

**RPF SI 16/01/2019 (Shift-03)**

(a) 50 (b) 65
(c) 60 (d) 55

48. दर्मिक फ्रेंच में 80 में से 71 अंक अंग्रेजी में 100 में से 81 अंक स्पैनिश में 70 में से 51 अंक और जैपनीज में 50 में से 31 अंक प्राप्त करता है। उसके द्वारा प्राप्त अंकों का कुल प्रतिशत ज्ञात कीजिए?

Darmik scores 71 out of 80 in French, 81 out of 100 in English, 51 out of 70 in Spanish and 31 out of 50 in Japanese. Find the total percentage of marks obtained by him?

**RPF SI 10/01/2019 (Shift-03)**

(a) 64% (b) 88%
(c) 68% (d) 78%

49. विमल ने फ्रेंच में 80 में से 72 अंक प्राप्त किये, अंग्रेजी में 100 में से 91, स्पेनिश में 70 में से 63 और जापानी में 50 में से 44। उसके द्वारा प्राप्त किया गया कुल प्रतिशत क्या था? (% में)

Vimal scored 72 out of 80 in French, 91 out of 100 in English, 63 out of 70 in Spanish and 44 out of 50 in Japanese. What was the total percentage obtained by him? (% In)

**RPF SI 05/01/2019 (Shift-01)**

(a) 70 (b) 100
(c) 80 (d) 90

50. नेशनल लेवल टेस्ट में 500 छात्र परीक्षा के लिए उपस्थित हुए। इन छात्रों में से 42% छात्रों को 81-100 प्रतिशत अंक मिले 25% छात्रों को 61-80 प्रतिशत अंक मिले और शेष छात्रों को 41-60 प्रतिशत अंक मिले। उन छात्रों की संख्या ज्ञात करें जिनके पास 41-60 प्रतिशत है।

In National Level Test 500 students appeared for the examination. Out of these students, 42% students got 81-100 percent marks, 25% students got 61-80 percent marks and the remaining students got 41-60 percent marks. Find the number of students who have 41-60 percent.

**RPF Constable 01/01/2019 (Shift-01)**

(a) 165 (b) 175
(c) 145 (d) 155

51. राष्ट्रीय स्तर की परीक्षा में 650 विद्यार्थियों ने भाग लिया। इनमें से 47% छात्रों ने 81 – 100% अंक प्राप्त किए, 23% छात्रों ने 61 – 80% अंक प्राप्त किए और शेष छात्रों ने 41 – 60% अंक प्राप्त कि तो 41 – 60 प्रतिशत प्राप्त करने वाले छात्रों की संख्या ज्ञात कीजिए।

650 students participated in the national level examination. Out of these, 47% students scored 81 – 100% marks, 23% students scored 61 – 80% marks and remaining students scored 41 – 60% marks then find the number of students who scored 41 – 60%.

**RPF Constable 19/01/2019 (Shift-01)**

(a) 180 (b) 120
(c) 165 (d) 195

52. टर्लिन फ्रेंच में 80 में से 65 अंक, अंग्रेजी में 100 में से 75 अंक, स्पैनिश में 70 में से 45 अंक और जापानी में 50 में से 25 अंक प्राप्त करता है। उसके द्वारा प्राप्त अंकों का कुल प्रतिशत ज्ञात कीजिए ?

Turlin scores 65 out of 80 in French, 75 out of 100 in English, 45 out of 70 in Spanish, and 25 out of 50 in Japanese. Find the total percentage of marks obtained by him?

**RPF SI 19/12/2018 (Shift-03)**

(a) 80% (b) 70%
(c) 90% (d) 60%

53. किसी फर्म में काम करने वाले कामगारों की संख्या 21% बढ़ा दी जाती हैं और प्रति व्यक्ति उनका वेतन 21% घटा दिया जाता है। ऐसा करने से यदि वेतन के लिए व्यय की जाने वाली कुल राशि में $x$% की कमी होती है, तो $x$ का मान ज्ञात कीजिए?

The number of workers working on a farm is increased by 21% and their per capita wages are reduced by 21%. By doing this, if the total amount spent on salaries is reduced by $x$%, then find the value of $x$?

**RPF SI 06/01/2019 (Shift-03)**

(a) 4.43 (b) 4.41
(c) 4.42 (d) 4.40

54. रसोई गैस सिलेंडर की कीमत 456 रूपये से बढ़कर 570 रूपये हो गई है। एलपीजी सिलेंडरों पर खर्च होने वाली राशि को कम करने के लिए कितने प्रतिशत की खपत में कमी होनी चाहिए? (% में)

The price of LPG cylinder has increased from Rs 456 to Rs 570. By what percentage should the consumption be reduced to reduce the amount spent on LPG cylinders? (% In)

**RPF Constable 17/01/2019 (Shift-01)**

(a) 15 (b) 20
(c) 5 (d) 10

55. स्टेशन मास्टर ने एक आयताकार डिजिटल बोर्ड की लंबाई 5% बढ़ाने और चौड़ाई 5% घटाने का निर्णय लिया। बोर्ड के क्षेत्रफल में होने वाला कुल परिवर्तन ज्ञात कीजिए?

The station master decided to increase the length by 5% and decrease the width by 5% of a rectangular digital board. Find the total change in the area of the board?

**RPF SI 24/12/2018 (Shift-01)**

(a) 0.09% वृद्धि
(b) 0.16% कमी
(c) 0.25% वृद्धि
(d) 0.25% कमी

56. स्टेशन मास्टर ने एक आयताकार डिजिटल बोर्ड की लंबाई 3% बढ़ाने और चौड़ाई 3% घटाने का निर्णय लिया। बोर्ड के क्षेत्रफल में होने वाला कुल परिवर्तन ज्ञात कीजिए?

The station master decided to increase the length by 3% and decrease the width by 3% of a rectangular digital board. Find the total change in the area of the board?

**RPF SI 19/12/2018 (Shift-01)**

(a) 0.06% कमी
(b) 0.09% वृद्धि
(c) 0.04% कमी
(d) 0.09% कमी

57. स्टेशन मास्टर निर्णय करता है कि आयताकार डिजिटल बोर्ड की लंबाई और चौड़ाई क्रमशः 6% बड़ा दी जाए और 4% घटा दी जाए। क्षेत्रफल में हुए कुल परिवर्तन का पता करें।

The Station Master decides that the length and width of the rectangular digital board should be increased by 6% and decreased by 4% respectively. Find the total change in area.

**RPF Constable 05/01/2019 (Shift-01)**

(a) 1.69% कमी
(b) 1.69% वृद्धि
(c) 1.76% कमी
(d) 1.76% वृद्धि

58. स्टेशन मास्टर निर्णय करता है कि डिजिटल बोर्ड की लंबाई और चौड़ाई क्रमशः 6% बढ़ा दी जाए और 6% घटा दी जाए। क्षेत्रफल में हुए कुल परिवर्तन का पता करें।

The Station Master decides that the length and width of the digital board should be increased by 6% and decreased by 6% respectively. Find the total change in area.

**RPF SI 05/01/2019 (Shift-02)**

(a) 0.36% कमी
(b) 0.24% कमी
(c) 0.24% वृद्धि
(d) 0.36% वृद्धि

59. स्टेशन मास्टर एक आयताकार डिजिटल बोर्ड की लंबाई और चौड़ाई को क्रमशः 7% और 7% बढ़ाने का निर्णय लेता है। कुल क्षेत्रफल में परिवर्तन दिखाएँ

The station master decides to increase the length and breadth of a rectangular digital board by 7% and 7% respectively. Show changes in total area.

**RPF SI 06/01/2019 (Shift- 01)**

(a) 0.49% कमी
(b) 0.36% वृद्धि
(c) 0.49% वृद्धि
(d) 0.36% कमी

60. स्टेशन मास्टर ने एक आयताकार डिजिटल बोर्ड की लंबाई 3% बढ़ाने और चौड़ाई 7% घटाने का निर्णय लिया। बोर्ड के क्षेत्रफल में होने वाला कुल परिवर्तन ज्ञात कीजिए?

The Station Master decided to increase the length of a rectangular digital board by 3% and reduce the width by 7%. Find the total change in the area of the board?

**RPF SI 12/01/2019 (Shift-02)**

(a) 2.24% कमी
(b) 2.24% वृद्धि
(c) 4.21% कमी
(d) 4.21% वृद्धि

61. स्टेशन मास्टर निर्णय करता है कि आयताकार डिजिटल बोर्ड की लंबाई और चौड़ाई क्रमशः 2% बढ़ा दी जाए और 8% घटा दी जाए। क्षेत्रफल में हुए कुल परिवर्तन का पता करें।

The Station Master decides that the length and width of the rectangular digital board should be increased by 2% and decreased by 8" respectively. Find the total change in area.

**RPF SI 06/01/2019 (Shift-03)**

(a) 6.16% कमी
(b) 8.24% कमी
(c) 7.16% वृद्धि
(d) 5.24% वृद्धि

62. एलपीजी सिलेंडर की कीमत 676 रुपये से बढ़कर 845 रुपये हो गई है। खपत का कितना प्रतिशत कम किया जाए कि एलपीजी सिलेंडर पर खर्च होने वाली रकम वही रहे। (% में)

The price of LPG cylinder has increased from Rs. 676 to Rs. 845. What percentage of consumption should be reduced that the amount spent on LPG cylinders remains the same. (% In)

**RPF Constable 03/02/2019 (Shift-02)**

(a) 20 (b) 30
(c) 35 (d) 25

63. स्टेशन मास्टर ने आयताकार डिजिटल बोर्ड की लंबाई और चौड़ाई क्रमशः 9% और 1% बढ़ाने का फैसला किया। क्षेत्र में किए गए कुल परिवर्तन की गणना करें।

The Station Master decided to increase the length and width of the rectangular digital board by 9% and 1% respectively. Calculate the total change in area.

**RPF SI 06/01/2019 (Shift-02)**

(a) 9.91% कमी
(b) 7.91% कमी
(c) 8.91% वृद्धि
(d) 10.09% वृद्धि

64. स्टेशन मास्टर ने एक आयताकार डिजिटल बोर्ड की लंबाई 4% बढ़ाने और चौड़ाई 4% घटाने का निर्णय लिया। बोर्ड के क्षेत्रफल में होने वाला कुल परिवर्तन ज्ञात कीजिए?

The station master decided to increase the length of a rectangular digital board by 4% and decrease the width by 4%. Find the total change in the area of the board?

**RPF SI 19/12/2018 (Shift-03)**

(a) 0.09% वृद्धि
(b) 0.09% कमी
(c) 0.16% कमी
(d) 0.16% वृद्धि

65. एक दुकानदार किसी वस्तु के लागत मूल्य में 37% की बढ़ोतरी करके उसपर मूल्य अंकित करने के पश्चात उसकी बिक्री पर 37% की छूट रखता है। तो उसे होने वाले कुल लाभ अथवा हानि का प्रतिशत ज्ञात कीजिए?

A shopkeeper, after marking an item by increasing its cost price by 37%, gives a discount of 37% on its sale. Then find the percentage of total profit or loss suffered by him?

**RPF SI 06/01/2019 (Shift-01)**

(a) 13.69% हानि
(b) 12.96% हानि
(c) 13.69% लाभ
(d) 12.96% लाभ

66. स्टेशन मास्टर ने एक आयताकार डिजिटल बोर्ड की लंबाई 5% बढ़ाने और चौड़ाई 5% कम करने का निर्णय लिया। बोर्ड के क्षेत्रफल में कुल परिवर्तन ज्ञात कीजिये?

The station master decided to increase the length of a rectangular digital board by 5% and reduce the width by 5%. Find out the total change in the area of the board?

**RPF SI 05/01/2019 (Shift-03)**

(a) 0.25% कमी
(b) 0.25% वृद्धि
(c) 0.36% कमी
(d) 0.36% वृद्धि

67. स्टेशन मास्टर ने एक आयताकार डिजिटल बोर्ड की लंबाई 5% बढ़ाने और चौड़ाई 5% घटाने का निर्णय लिया। बोर्ड के क्षेत्रफल में होने वाला कुल परिवर्तन ज्ञात करें?

The station master decided to increase the length of a rectangular digital board by 5% and decrease the width by 5%. Find the total change in the area of the board?

**RPF SI 05/01/2019 (Shift-03)**

(a) 0.25% कमी (b) 0.25% वृद्धि
(c) 0.36% कमी (d) 0.36% वृद्धि

68. एलपीजी सिलेंडर की कीमत 656 रुपये से बढ़कर 820 रुपये हो गई है। खपत का कितना प्रतिशत कम किया जाए कि एलपीजी सिलेंडर पर खर्च होने वाली रकम वही रहे। (% में)

The price of LPG cylinder has increased from Rs. 656 to Rs.820. What percentage of consumption should be reduced that the amount spent on LPG cylinders remains the same. (% In)

**RPF Constable 04/02/2019 (Shift-01)**

(a) 25 (b) 20
(c) 30 (d) 35

69. स्टेशन मास्टर ने आयताकार डिजिटल बोर्ड की लंबाई और चौड़ाई क्रमशः 9% और 1% बढ़ाने का निर्णय लिया। क्षेत्र में किए गए कुल परिवर्तन की गणना करें।

The station master decided to increase the length and breadth of the rectangular digital board by 9% and 1% respectively. Calculate the total change made in the area.

**RPF SI 06/01/2019 (Shift- 02)**

(a) 8.91% कमी (b) 7.91% कमी
(c) 8.91% वृद्धि (d) 7.91% वृद्धि

70. एल.पी.जी. सिलेंडर का मूल्य 520 रूपये से बढ़कर 650 रूपये हो गया। गैस की खपत को कितने प्रतिशत तक कम कर दिया जाना चाहिए, जिससे एल.पी.जी. पर व्यय की जाने वाली राशि पूर्ववत ही रहे? (% में)

The price of LPG cylinder increased from Rs 520 to Rs 650. By what percentage should the gas consumption be reduced, so that the amount spent on LPG remains the same? (% in)

**RPF Constable 24/01/2019 (Shift-02)**

(a) 30 (b) 35
(c) 20 (d) 25

71. एल.पी.जी. सिलेंडर का मूल्य 504 रूपये से बढ़कर 630 रूपये हो गया। गैस की खपत को कितने प्रतिशत तक कम कर दिया जाना चाहिए, जिसमें एक पर की जाने वाली राशि पूर्ववत की रहें? (% में)

The price of LPG cylinder increased from Rs 504 to Rs 630. By what percentage should gas consumption be reduced, with the amount charged remaining the same? (% In)

**RPF Constable 24/01/2019 (Shift-03)**

(a) 30 (b) 35
(c) 20 (d) 25

72. एल. पी. जी. सिलेंडर का मूल्य 512 रूपये से बढ़कर 640 रूपये हो गया। गैस की खपत को कितने प्रतिशत तक कम कर दिया जाना चाहिए, जिससे एल. पी. जी. पर व्यय की जाने वाली राशि पूर्ववत ही रहे?

The price of L-P-G cylinder increased from Rs 512 to Rs 640. By what percentage should the consumption of gas be reduced, so that the amount spent on LPG remains the same?

**RPF Constable 20/01/2019 (Shift-02)**

(a) 20 (b) 30
(c) 25 (d) 35

73. एलपीजी सिलिंडर का मूल्य 484 रूपये से बढाकर 605 रूपये कर दिया गया है। कितना प्रतिशत उपभोग कम कर दिया जाना चाहिए ताकि एलपीजी सिलिंडर पर खर्च की गई राशि उतनी ही रहे? (% में)

The price of LPG cylinder has been increased from Rs 484 to Rs 605. By what percentage should the consumption be reduced so that the amount spent on LPG cylinder remains the same? (% In)

**RPF Constable 19/01/2019 (Shift-02)**

(a) 20 (b) 15
(c) 5 (d) 10

74. एलपीजी सिलिंडर का मूल्य 468 रूपये से बढ़ाकर 585 रूपये कर दिया गया है। कितना प्रतिशत उपभोग कम कर दिया जाना चाहिए ताकि एलपीजी सिलिंडर पर खर्च की गई राशि उतनी ही रहे? (% में)

The price of LPG cylinder has been increased from Rs 468 to Rs 585. By what percentage should the consumption be reduced so that the amount spent on LPG cylinder remains the same? (% In)

**RPF Constable 18/01/2019 (Shift-03)**

(a) 5 (b) 10
(c) 20 (d) 15

75. एलपीजी सिलेंडर की कीमत 660 रुपये से बढ़कर 825 रुपये हो गई है। खपत का कितना प्रतिशत कम किया जाए कि एलपीजी सिलेंडर पर खर्च होने वाली रकम वही रहे। (% में)

The price of LPG cylinder has increased from Rs. 660 to Rs. 825. What percentage of consumption should be reduced that the amount spent on LPG cylinders remains the same. (% In)

**RPF Constable 02/02/2019 (Shift-01)**

(a) 35 (b) 30
(c) 25 (d) 20

76. बिनॉय अपने वेतन का 16% हिस्सा दृष्टिहीनों की एक संस्था को, 12% अनाथों की संस्था को, 13% दिव्यांगों की संस्था को दान देता है और वह अपने वेतन का 14% हिस्सा मेडिकल केम्प की स्थापना में मदद के रूप में देता है। शेष 20925 रूपये वह मासिक खर्च के लिए बैंक में जमा करता है। अनाथों की संस्था को वह कितनी राशि दान करता है?

Binoy donates 16% of his salary to an organization for the blind, 12% to an organization for orphans, 13% to an organization for the disabled and he donates 14% of his salary to help establish a medical camp. He deposits the remaining Rs.20925 in the bank for monthly expenses. How much amount does he donate to the orphans' organization?

**RPF SI 10/01/2019 (Shift-01)**

(a) Rs. 5580 (b) Rs. 5680
(c) Rs. 6890 (d) Rs. 4840

77. मार्क अपने वेतन का 14% हिस्सा दृष्टिहीनों की एक संस्था को 16% अनाथों की संस्था को, 12% दिव्यांगों की संस्था को दान देता है और वह अपने वेतन का 13% हिस्सा मेडिकल कैम्प की स्थापना में मदद के रूप में देता है। शेष 24570 रू. वह मासिक खर्च के लिए बैंक में जमा करता है। दिव्यांगों की संस्था को वह कितनी राशि दान करता है?

Mark donates 14% of his salary to an organization for the blind, 16% to an organization for orphans, 12% to an organization for the disabled and he donates 13% of his salary to help set up a medical camp. Remaining Rs 24570. He deposits it in the bank for monthly expenses. How much amount does he donate to the organization for the disabled?

**RPF SI 19/12/2018 (Shift-01)**

(a) 6882 रु (b) 7422 रु
(c) 6552 रु (d) 8644 रु

78. सैंडी ने अपने वेतन का 13% नेत्रहीन लोगों के लिए काम करने वाली संस्था को, अपने वेतन का 12% अनाथालय को, अपने वेतन का 14% शारीरिक रूप से विकलांग लोगों के लिए काम करने वाली संस्था को, और अपने वेतन का 16% संस्था की मदद करने वाली संस्था को दान दिया। चिकित्सा सहायता वेतन की शेष राशि 24345 रुपये मासिक व्यय के लिए बैंक में जमा की जाती है। अनाथालय में दान की गई राशि ज्ञात कीजिए

Sandy donated 13% of her salary to an organization working for the blind people, 12% of her salary to the orphanage, 14% of her salary, the institution working for the physically challenged people, and 16% of her salary The institution helping the medical aid The remaining amount of salary is deposited in the bank for Rs 24345 monthly expenditure. Find out the amount donated in the orphanage

**RPF SI 05/01/2019 (Shift-02)**

(a) 6452 (b) 6942
(c) 6782 (d) 6492

79. मार्टिन अपने वेतन का 13% अंधों की संस्था को, 12% अनाथों को और 14% जीव के शरीर को दान करते हैं, और अपने वेतन का 16% एक चिकित्सा शिविर स्थापित करने में मदद के रूप में देते हैं। बाकी 42,300 रुपये वह मासिक खर्च के लिए बैंक में जमा करते हैं. वह अनाथों को कितना दान देते हैं? (रुपये में)

Martin donates 13% of his salary to an institution of blind, 12% of orphans, and 14% of the body of the organism, and gives 16% of his salary as help in setting up a medical camp. The remaining Rs 42,300 He deposits in the bank for the monthly expense. How much does he donate to the orphans? (In Rs.)

**RPF SI 05/01/2019 (Shift-03)**

(a) 11,480 (b) 11,580
(c) 11,280 (d) 11,380

80. जेफरी अपने वेतन का 13% विकलांग संगठनों, 12% अनाथालयों, 14% शारीरिक रूप से विकलांग संगठनों और 16% चिकित्सा सहायता संगठनों को दान करते हैं। शेष राशि 23445 रुपये मासिक खर्च के लिए बैंक में जमा कराता है। अनाथालय में दान की गई राशि बतायें?

Jeffrey donates 13% of his salary to disabled organizations, 12% orphanages, 14% of physically handicapped organizations and 16% of medical aid organizations. The remaining amount deposits the amount of 23445 for the monthly expenditure in the bank. Tell the amount donated in the orphanage.

**RPF SI 06/01/2019 (Shift- 01)**

(a) 6652 रुपये (b) 6252 रुपये
(c) 6452 रुपये (d) 6852 रुपये

81. मार्टिन अपने वेतन का 13% अंध कल्याण संस्था को, 12% अनाथालय को, 14% कल्याण एजेंसी को और 16% चिकित्सा सहायता एजेंसी को दान करते हैं। उनका शेष वेतन बैंक में उसके मासिक खर्च के लिए 40500 रु. जमा हो जाते हैं। किसी अनाथालय को दान की गई राशि कितनी है?

Martin donates 13% of his salary to the blind welfare institution, 12% to orphanage, 14% to the welfare agency and 16% to the medical aid agency. The rest of his salary is Rs. 40500 accumulates in the bank for its monthly expenditure. What is the amount donated to an orphanage?

**RPF SI 06/01/2019 (Shift- 02)**

(a) Rs.11,800 (b) Rs.12,800
(c) Rs.10,800 (d) Rs.9,800

# ANSWER KEY

| | | | | | | | | | |
|---|---|---|---|---|---|---|---|---|---|
| 1.(d) | 2.(d) | 3.(a) | 4.(b) | 5.(c) | 6.(d) | 7.(c) | 8.(d) | 9.(d) | 10.(b) |
| 11.(c) | 12.(a) | 13.(b) | 14.(b) | 15.(a) | 16.(c) | 17.(a) | 18.(c) | 19.(d) | 20.(c) |
| 21.(a) | 22.(a) | 23.(c) | 24.(c) | 25.(c) | 26.(a) | 27.(b) | 28.(b) | 29.(a) | 30.(a) |
| 31.(a) | 32.(b) | 33.(a) | 34.(b) | 35.(c) | 36.(c) | 37.(a) | 38.(c) | 39.(b) | 40.(d) |
| 41.(c) | 42.(c) | 43.(a) | 44.(d) | 45.(d) | 46.(b) | 47.(c) | 48.(d) | 49.(d) | 50.(a) |
| 51.(d) | 52.(b) | 53.(b) | 54.(b) | 55.(d) | 56.(d) | 57.(d) | 58.(a) | 59.(a) | 60.(d) |
| 61.(a) | 62.(a) | 63.(d) | 64.(a) | 65.(a) | 66.(a) | 67.(a) | 68.(b) | 69.(b) | 70.(c) |
| 71.(c) | 72.(a) | 73.(a) | 74.(c) | 75.(d) | 76.(a) | 77.(c) | 78.(d) | 79.(c) | 80.(b) |
| 81.(c) | | | | | | | | | |

# SOLUTIONS

1. (d)
3 मीटर = 300 सेमी
अभीष्ट % = $\frac{75}{300} \times 100 = 25\%$

2. (d)
प्रश्नानुसार,
$10 \times \frac{25}{100} =$ Rs 2.5

3. (a)
प्रश्नानुसार,
कुल साबुन = 70
उपयोग हुए साबुन = 28
शेष साबुन = 42
शेष % = $\frac{42}{70} \times 100 = 60\%$

4. (b)
पहले बाद में
मूल्य → 115 138
+23
वृद्धि → $\frac{23}{115} \times 100 = 20\%$

5. (c)
पहले बाद में
मूल्य → 310 : 372
+62
% वृद्धि = $\frac{62}{310} \times 100$
= 20% की बढ़ोत्तरी हुई

6. (d)
वस्तु का क्रय मूल्य = 228 रुपये
वस्तु का विक्रय मूल्य = 285 रुपये
लाभ = 285 - 228 = 57
लाभ प्रतिशत = $\left(\frac{57}{228}\right) \times 100$
= 25%
अत:, दुकानदार ने 25% का लाभ अर्जित किया।

7. (c)
पहले मूल्य = ₹ 140
बाद में मूल्य = ₹ 168
% वृद्धि = $\frac{28}{140} \times 100 = 20\%$

8. (d)
पहले बाद में
मूल्य → 360 : 432
72
% वृद्धि = $\frac{72}{360} \times 100$
= 20% वृद्धि

9. (d)
पहले बाद में
कीमत → 305 : 366
+61
% वृद्धि = $\frac{61}{305} \times 100 = 20\%$ वृद्धि

10. (b)
टुकड़े का मूल्य पहले = 135
मूल्य बाद में = 162
% वृद्धि = $\frac{27}{135} \times 100 = 20\%$

11. (c)
बक्से में चॉकलेट = 25
सुनील द्वारा खाई चॉकलेट = 16
शेष प्रतिशत = $\frac{9}{25} \times 100 = 36\%$

12. (a)
वृद्धि% = $\frac{\text{नया मान} - \text{पिछला मान}}{\text{पिछला मान}} \times 100$
$= \frac{28 - 25}{25} \times 100 = \frac{3}{25} \times 100$
= 12%

13. (b)
डिब्बे में डिटर्जेंट साबुनों की संख्या = 125
प्रयुक्त डिटर्जेंट साबुनों की संख्या = 95
शेष डिटर्जेंट साबुन की संख्या = 125 - 95 = 30
शेष डिटर्जेंट साबुन का प्रतिशत
$= \left(\frac{30}{125}\right) \times 100 = 24\%$
अत:, डिब्बे में 24% डिटर्जेंट साबुन शेष हैं।

14. (b)
कुल साबुन = 125
प्रयोग हुए = 65
शेष साबुन = 60
शेष साबुन % = $\frac{60}{125} \times 100$
= 48%

15. (a)
वृद्धि% = $\frac{\text{नया मान} - \text{पिछला मान}}{\text{पिछला मान}} \times 100$
$= \frac{156 - 130}{130} \times 100$
$= \frac{26}{130} \times 100 = 20\%$

16. (c)
धातु के टुकड़े का प्रारंभिक मूल्य = 370 रुपये
धातु के टुकड़े का नया मूल्य = 444 रुपये
प्रतिशत वृद्धि = $\left(\frac{(444 - 370)}{370}\right) \times 100\%$
प्रतिशत वृद्धि = $\left(\frac{74}{370}\right) \times 100\%$
प्रतिशत वृद्धि = 20%
अत: धातु के टुकड़े के मूल्य में 20% की वृद्धि हुई है।

17. (a)

$\text{लाभ\%} = \frac{\text{विक्रय मूल्य} - \text{क्रय मूल्य}}{\text{क्रय मूल्य}}$

$\times 100$

$= \frac{942 - 785}{785} \times 100 = 20\%$

18. (c)
दोषपूर्ण उत्पाद = 13%
गैर दोषपूर्ण उत्पाद = 87%
प्रश्नानुसार,
दोषपूर्ण उत्पाद संख्या

$= \frac{4785}{87} \times 13 = 715$

19. (d)
प्रयुक्त संख्या = 70
डिब्बे में साबुन की कुल संख्या = 125
शेष संख्या = 125 − 70 = 55
शेष प्रतिशत के लिए सूत्र का उपयोग करने पर:

$\text{शेष प्रतिशत} = \left(\frac{55}{125}\right) \times 100 \approx 44\%$

20. (c)
कुल साबुन = 70
उपयोग हुए = 42
शेष बचे = 28

$\text{शेष प्रतिशत} = \frac{28}{70} \times 100 = 40\%$

21. (a)
शेष%

$= \frac{\text{आरंभिक मूल्य} - \text{अंतिम मूल्य}}{\text{आरंभिक मूल्य}} \times 100$

$= \frac{60 - 36}{60} \times 100 = \frac{24}{60} \times 100$

$= 40\%$

22. (a)
माना कि, कुल छात्रों की संख्या 100% है,
95% उपस्थित हैं।
5% अनुपस्थित हैं।
प्रश्नानुसार,
5% = 18

$100\% = \frac{18}{5} \times 100\% = 360$

कुल छात्र = 360

23. (c)
माना की कुल उत्पाद = 100%
खराब उत्पाद = 11%
सही उत्पाद = 89% = 5785

$\text{खराब उत्पाद} = \frac{5785}{89} \times 11$

$= 65 \times 11 = 715$

24. (c)
कुल उत्पाद = 100%
दोषपूर्ण उत्पाद = 13%
गैर दोषपूर्ण उत्पाद = 87%
प्रश्नानुसार,
दोषपूर्ण उत्पाद की संख्या

$= \frac{4959}{87} \times 13 = 741$

25. (c)
खराब उत्पाद % = 11%
सही उत्पाद % = 89%
खराब उत्पाद की संख्या

$= \frac{2047}{89} \times 11 = 253$

26. (a)
कुल उत्पाद = 100%
खराब उत्पाद = 13%
सही उत्पाद = 87%
खराब उत्पाद की संख्या

$= \frac{5046}{87} \times 13 = 754$

27. (b)
कुल उत्पाद = 100%
दोषपूर्ण उत्पाद = 13%
सही उत्पाद = 87%
दोषपूर्ण उत्पादों की संख्या

$= \frac{4524}{87} \times 13 = 676$

28. (b)
कच्चे माल पर खर्च = 35000
मशीन पर खर्च = 40000
कुल खर्च = 75000
% खर्च = 80%

प्रश्नानुसार,

$\text{कुल राशि} = \frac{75000}{80} \times 100$

= 93750 रूपये

29. (a)
दोषपूर्ण उत्पाद = 13%
सही उत्पाद = 87%
दोषपूर्ण उत्पाद की संख्या

$= \frac{4611}{87} \times 13 = 689$

30. (a)
दिया गया है कि 11% वस्तु खराब हो गयी है, तो सही वस्तु 89% होगी।
अब,
89 % → 4984
1% → 56
11% → 616
अत: खराब उत्पादों की संख्या 616 है।

31. (a)
माना कि कंपनी द्वारा उत्पादित बल्बों की कुल संख्या $x$ है।
दोष पूर्ण = 11%
दोष रहित = 89%
प्रश्नानुसार,

$\Rightarrow x \times \frac{89}{100} = 5607$

$x = 5607 \times \frac{100}{89}$

$\Rightarrow x = 6300$

$\therefore$ दोषपूर्ण बल्बों की कुल संख्या

$= 6300 \times \frac{11}{100} = 693$

32. (b)
माना कंपनी द्वारा निर्मित बल्बों की कुल संख्या है
प्रश्नानुसार,

$\Rightarrow x \times \frac{87}{100} = 4872$

$\Rightarrow x = 4872 \times \frac{100}{87}$

$\Rightarrow x = 5600$

$\therefore$ खराब बल्बों की कुल संख्या

$= 5600 \times \frac{13}{100} = 728$

33. (a)
माना कि कंपनी द्वारा कुल बल्ब बनाने की संख्या $x$ है
दोष पूर्ण = 11%
दोष रहित = 89%
प्रश्नानुसार,
$\Rightarrow x \times \frac{89}{100} = 6319$
$\Rightarrow x = 6319 \times \frac{100}{89}$
$\Rightarrow x = 7100$
∴ दोषपूर्ण बल्ब की कुल संख्या
$= 7100 \times \frac{11}{100} = 781$

34. (b)
माना कि कंपनी द्वारा उत्पादित बल्बों की कुल संख्या $x$ है
खराब = 13%
अच्छे = 87%
$x \times \frac{87}{100} = 4524$
$x = 4524 \times \frac{100}{87}$
$x = 5200$
दोषपूर्ण बल्ब की कुल संख्या
$= 5200 \times \frac{13}{100} = 676$

35. (c)
खराब उत्पाद = 11%
सही उत्पाद = 89%
खराब उत्पाद की संख्या
$= \frac{2848}{89} \times 11 = 352$

36. (c)
$80\% = \frac{4}{5}$, $75\% = \frac{3}{4}$,
$66.67\% = \frac{2}{3}$, $25\% = \frac{1}{4}$
माना कि, संख्या $x$ है,
प्रश्नानुसार,
$\Rightarrow x \times \frac{4}{5} \times \frac{3}{4} \times \frac{2}{3} \times \frac{1}{4} = 6217$
$\Rightarrow x = 62170$
$\Rightarrow x \times 40\% = 62170 \times \frac{40}{100}$
$\Rightarrow 62170 \times \frac{2}{5} = 24868$

37. (a)
$80\% = \frac{4}{5}$, $60\% = \frac{3}{5}$,
$66.67\% = \frac{2}{3}$, $25\% = \frac{1}{4}$
माना कि, संख्या $x$ है,
प्रश्नानुसार,
$\Rightarrow x \times \frac{4}{5} \times \frac{3}{5} \times \frac{2}{3} \times \frac{1}{4} = 4617$
$\Rightarrow x = 57712.5$
$\Rightarrow x \times \frac{40}{100} = 57712.5 \times \frac{2}{5}$
$= 23085$

38. (c)
प्रश्नानुसार,
$\Rightarrow 582 \times \frac{x}{100} \times \frac{15}{100} = 17.46$
$\Rightarrow x = \frac{1746 \times 100}{15 \times 582}$
$\Rightarrow x = 20$

39. (b)
माना संख्या = $x$
$\Rightarrow x \times \frac{3}{7} \times \frac{1}{3} \times \frac{2}{5} = 15$
$\Rightarrow x = \frac{35 \times 15}{2}$
संख्या का 40% $= \frac{35 \times 15}{2} \times \frac{2}{5}$
$= 105$

40. (d)
150 × 45% + 170 का $x$%
= 317.5 × 40%
प्रश्नानुसार,
$\Rightarrow 150 \times \frac{45}{100} + \frac{170 \times x}{100}$
$= 317.5 \times \frac{40}{100}$
$\Rightarrow 170x = 317.5 \times 40 - 150 \times 45$
$\Rightarrow 170x = 12700 - 6750$
$\Rightarrow 170x = 5950$
$x = 35$

41. (c)
दिया गया है:
माना, अज्ञात संख्या "$x$" है।
$80\% = \frac{4}{5}$, $75\% = \frac{3}{4}$, $66.67\% = \frac{2}{3}$, $25\% = \frac{1}{4}$
प्रश्नानुसार,
$\Rightarrow \left[\left(\frac{1}{4}\right) \times \left(\frac{2}{3}\right) \times \left(\frac{3}{4}\right) \times \left(\frac{4}{5}\right)\right] \times x = 6347$
$\Rightarrow \frac{1}{10} \times x = 6347$
$\Rightarrow x = 63470$
संख्या $x$ का $40\% = \left(\frac{40}{100}\right) \times 63470$
$= \frac{2}{5} \times 63470 = 25388$
अत: अज्ञात संख्या के 40% का मान 25388 है।

42. (c)
भिन्नात्मक मान:
$25\% = \frac{1}{4}$, $66.67\% = \frac{2}{3}$, $75\% = \frac{3}{4}$ और $80\% = \frac{4}{5}$
माना संख्या = $x$

प्रश्न के अनुसार,

$\Rightarrow x \times \frac{1}{4} \times \frac{2}{3} \times \frac{3}{4} \times \frac{4}{5} = 5213$

$\Rightarrow x = \frac{5213 \times 4 \times 3 \times 4 \times 5}{2 \times 3 \times 4}$

= 52130

⇒ $x$ का मान 40%

$= \frac{52130 \times 40}{100} = 20852$

43. (a)
200 × 5% × 5%

$= 200 \times \frac{5}{100} \times \frac{5}{100}$

$= \frac{50}{100} = 0.50$

44. (d)
प्रश्नानुसार,
$x \times 20\% \times 10\% = 5$

$x \times \frac{20}{100} \times \frac{10}{100} = 5$

$x = 5 \times 10 \times 5$
$x$ = ₹ 250

45. (d)
भिन्नात्मक मान:

$25\% = \frac{1}{4}, 66.67\% = \frac{2}{3}, 75\%$

$= \frac{3}{4}$ और $80\% = \frac{4}{5}$

माना संख्या = $x$
प्रश्न के अनुसार,

$\Rightarrow x \times \frac{1}{4} \times \frac{2}{3} \times \frac{3}{4} \times \frac{4}{5} = 4915$

$\Rightarrow x = \frac{4915 \times 4 \times 3 \times 4 \times 5}{2 \times 3 \times 4}$

= 49150

⇒ $x$ का 40% $= \frac{49150 \times 40}{100}$

= 19660

46. (b)
माना, संख्या $x$ है।

$80\% = \frac{4}{5}, 75\% = \frac{3}{4}, 66.67\%$

$= \frac{2}{3}, 25\% = \frac{1}{4}$

प्रश्नानुसार,

$\Rightarrow \frac{1}{4} \times \frac{2}{3} \times \frac{3}{4} \times \frac{4}{5} \times x = 6355$

$\Rightarrow x = 63550$

इसलिए, $x$ का 40% निम्न है:

$\Rightarrow x = 63550 \times \frac{2}{5}$

$\Rightarrow x = 12710 \times 2$

$\Rightarrow x = 25420$

47. (c)
प्राप्त कुल अंक = 73 + 89 + 37 + 41 = 240
पूर्णांक = 120 + 130 + 70 + 80 = 400

प्रतिशत अंक $= \frac{240}{400} \times 100\%$

= 60%

48. (d)
दर्मिक द्वारा प्राप्त कुल अंक
= 71 + 81 + 51 + 31 = 234
कुल पूर्णांक = 80 + 100 + 70 + 50 = 300

प्राप्त % अंक $= \frac{234}{300} \times 100$

= 78%

49. (d)
विमल के प्राप्त कुल अंक = 72 + 91 + 63 + 44 = 270
कुल पूर्णांक = 80 + 100 + 70 + 50 = 300

प्राप्त % अंक $= \frac{270}{300} \times 100 = 90\%$

50. (a)
42% छात्रों को (81 – 100) प्रतिशत अंक
25% छात्रों को (61 – 80) प्रतिशत अंक
(41–60) प्रतिशत अंक वाले शेष छात्र
= 100 – 42 – 25
= 33%
41–60 प्रतिशत अंक वाले छात्र

$= \frac{500 \times 33}{100} = 165$ छात्र

51. (d)
परीक्षा में उपस्थित हुए उम्मीदवारों की कुल संख्या = 650
47% → 81 – 100 प्रतिशतता प्राप्त हुआ
23% → 61 – 80 प्रतिशतता प्राप्त हुआ
और शेष जिन्हें 41 – 60 प्रतिशतता प्राप्त हुआ
= 100% – (47% + 23%)
= 30%

अब, 30% → $650 \times \frac{30}{100}$

= 195
अत: 41 - 60% प्राप्त करने वाले छात्रों की संख्या 195 है

52. (b)
टर्लिन द्वारा प्राप्त औसत अंक का %

$= \frac{\text{सभी विषयों में प्राप्तांकों की संख्या}}{\text{सभी विषयों में पूर्णांकों की संख्या}} \times 100$

$\% = \frac{65 + 75 + 45 + 25}{300} \times 100\%$

$= \frac{210}{3}\% = 70\%$

53. (b)
प्रश्नानुसार,

$= x - y - \frac{xy}{100}$

$= 21 - 21 - \frac{21 \times 21}{100}\%$

= – 4.41%
= 4.41% की कमी

**SMART APPROACH:-**

यदि प्रश्न में लाभ और हानि प्रतिशत समान हो तो, सूत्र से

कमी % $= \frac{-(D)^2}{100}\% = \frac{-(21)^2}{100}\%$

$= -4.41\%$

ऋण (–)का चिन्ह कमी को संदर्भित करता है।

54. (b)

यहाँ दोनो स्थितियों में व्यय समान है। अत: कीमत खपत के व्युत्क्रमानुपाती होगी।

खपत $\propto \frac{1}{\text{कीमत}}$

व्यय = खपत × कीमत

| | पहले | बाद में |
|---|---|---|
| कीमत → | 456 | 570 |
| खपत → | 570 | 456 |

कमी % $= \frac{114}{570}\times 100$

= 20% की कमी करनी होगी।

55. (d)

क्षेत्रफल में परिवर्तन $= \frac{105\times 95}{100}$

= 99.75

% कमी = 0.25%

**वैकल्पिक विधि:**

$= 5 - 5 - \frac{5\times 5}{100}$

$= -0.25\%$ कमी

**SMART APPROACH:-**

यदि प्रश्न में लाभ और हानि प्रतिशत समान हो तो, सूत्र से

कमी % $= \frac{-(D)^2}{100}\% = \frac{-(5)^2}{100}\%$

$= -0.25\%$

ऋण (–)का चिन्ह कमी को संदर्भित करता है।

56. (d)

क्षेत्रफल में परिवर्तन $= \frac{103\times 97}{100}$

= 99.91%

अत: 0.09% की कमी

**SMART APPROACH:-**

यदि प्रश्न में लाभ और हानि प्रतिशत समान हो तो, सूत्र से

कमी % $= \frac{-(D)^2}{100}\% = \frac{-(3)^2}{100}\%$

$= -0.09\%$

ऋण (–)का चिन्ह कमी को संदर्भित करता है।

57. (d)

प्रश्नानुसार,

क्षेत्रफल में परिवर्तन

$= 6 - 4 - \frac{6\times 4}{100}$

$= 2 - 0.24$

$= +1.76 = 1.76\%$ वृद्धि

58. (a)

क्षेत्रफल में परिवर्तन

$= 6 - 6 - \frac{6\times 6}{100} = -0.36\%$

अत: 0.36% कमी होगी।

59. (a)

माना कि, आयताकार बोर्ड की लंबाई = 100 सेमी,

चौड़ाई = 100

वास्तविक क्षेत्रफल = 100 × 100

= 10000 सेमी²

नया लंबाई $= \frac{100\times 107}{100} = 107$

नया चौड़ाई $= \frac{100\times 93}{100} = 93$

नया क्षेत्रफल = 107 × 93 = 9951

क्षेत्रफल में कमी का %

$= \frac{10000-9951}{10000}\times 100 = 0.49\%$

**SMART APPROACH:-**

कमी % $= \frac{-D^2}{100}\% = \frac{-7^2}{100}\%$

= 0.49%

60. (d)

क्षेत्रफल में परिवर्तन

$= 3 - 7 - \frac{3\times 7}{100} = -4 - 0.21$

$= -4.21\%$

कमी % = 4.21%

61. (a)

क्षेत्रफल $= 2 - 8 - \frac{2\times 8}{100}$

$= -6 + (-.16) = -6.16\%$

अत: क्षेत्रफल में हुआ कुल परिवर्तन –6.16% होगा।

62. (a)

LPG सिलेंडर का प्रारंभिक मूल्य

= 676 रुपये

LPG सिलेंडर का वर्तमान मूल्य

= 845 रुपये

मूल्य में अंतर = वर्तमान मूल्य - प्रारंभिक मूल्य = 845 - 676 = 169

प्रतिशत वृद्धि $= \left(\frac{169}{845}\right)\times 100$

= 20

अतः, LPG सिलेंडर पर खर्च की जाने वाली राशि को समान रखने के लिए खपत में 20% की कमी की जानी चाहिए।

63. (d)

क्षेत्रफल में परिवर्तन

$= 9 + 1 + \frac{9\times 1}{100}$

= 10 + 0.09 = 10.09% वृद्धि

64. (c)
आयत का क्षेत्रफल = L × B
लंबाई में 4% की वृद्धि करने पर और चौड़ाई में 4% की कमी करने पर तब, क्षेत्रफल में परिवर्तन
$= \left(4 - 4 - \frac{4\times4}{100}\right)\% = -0.16\%$
ऋण(−) का चिह्न हानि को संदर्भित करता है।

65. (a)
माना, वस्तु का क्रय मूल्य = 100 इकाई   वस्तु का अंकित मूल्य = 137 इकाई
अब, विक्रय मूल्य $= \frac{137\times63}{100}$
= 86.31 इकाई
हानि = 100 − 86.31 = 13.69
हानि % $= \frac{13.69}{100}\times100$
= 13.69%

**SMART APPROACH:-**
यदि प्रश्न में लाभ और हानि प्रतिशत समान हो तो, सूत्र से
कमी % $= \frac{-(D)^2}{100}\% = \frac{-(37)^2}{100}\%$
= − 13.69 %
ऋण (−)का चिन्ह कमी को संदर्भित करता है।

66. (a)
माना कि, आयताकार बोर्ड की लंबाई = 100 सेमी,
चौड़ाई = 100
वास्तविक क्षेत्रफल = 100 × 100
= 1000 सेमी²
नया लंबाई $= \frac{100\times105}{100} = 105$
नया चौड़ाई $= \frac{100\times95}{100} = 95$
नया क्षेत्रफल = 105 × 95 = 9975
क्षेत्रफल में कमी का %
$= \frac{10000-9975}{10000}\times100 = 0.25\%$

**SMART APPROACH:-**
कमी % $= \frac{-D^2}{100}\% = \frac{-5^2}{100}\%$
= 0.25%

67. (a)
क्षेत्रफल में परिवर्तन
$= 5 - 5 - \frac{5\times5}{100}\% = -0.25\%$ कमी

**SMART APPROACH:-**
यदि प्रश्न में लाभ और हानि प्रतिशत समान हो तो, सूत्र से
कमी % $= \frac{-(D)^2}{100}\% = \frac{-(5)^2}{100}\%$
= − 0.25%
ऋण (−)का चिन्ह कमी को संदर्भित करता है।

68. (b)
यहाँ दोनो स्थितियों में व्यय समान है।
अत: कीमत खपत के व्युत्क्रमानुपाती होगी।
खपत $\propto \frac{1}{\text{कीमत}}$
व्यय = खपत × कीमत

| | पहले | | बाद में |
|---|---|---|---|
| कीमत → | 656 | : | 820 |
| खपत → | 820 | : | 656 |

164
प्रतिशत कमी $= \frac{164}{820}\times100$
= 20%

69. (b)
माना कि, आयताकार बोर्ड की लंबाई = 100 सेमी,
चौड़ाई = 100
वास्तविक क्षेत्रफल = 100 × 100
= 1000 सेमी²
नया लंबाई $= \frac{100\times99}{100} = 99$
नया चौड़ाई $= \frac{100\times109}{100} = 109$
नया क्षेत्रफल = 109 × 99
= 10791
क्षेत्रफल में वृद्धि %
$= \frac{10791-10000}{10000}\times100$
= 7.91%

70. (c)
यहाँ दोनो स्थितियों में व्यय समान है।
अत: कीमत खपत के व्युत्क्रमानुपाती होगी।
[kr $\propto \frac{1}{\text{कीमत}}$
व्यय = खपत × कीमत

| | प्रारम्भिक | : | अंतिम |
|---|---|---|---|
| | 520 | : | 650 |
| कीमत → | 4 | : | 5 |
| खपत → | 5 | : | 4 |

अत: खपत में कमी $= \frac{1}{5}\times100\%$
= 20%

71. (c)
यहाँ दोनो स्थितियों में व्यय समान है।
अत: कीमत खपत के व्युत्क्रमानुपाती होगी।
खपत $\propto \frac{1}{\text{कीमत}}$
व्यय = खपत × कीमत

| | पहले | बाद में |
|---|---|---|
| कीमत → | 504 | 630 |
| खपत → | 630 | 504 |

% कमी $= \frac{126}{630}\times100 = 20\%$
अत: 20% की कमी करनी होगी।

72. (a)
यहाँ दोनो स्थितियों में व्यय समान है।
अत: कीमत खपत के व्युत्क्रमानुपाती होगी।
खपत $\propto \frac{1}{\text{कीमत}}$
व्यय = खपत × कीमत

| | पहले | बाद में |
|---|---|---|
| कीमत → | 512 | 640 |
| खपत → | 640 | 512 |

खपत में परिवर्तन %

$= \frac{128}{640} \times 100\ \% = 20\%$

अत: खपत में 20% कमी करनी होगी।

73. (a)
यहाँ दोनो स्थितियों में व्यय समान है।
अत: कीमत खपत के व्युत्क्रमानुपाती होगी।

खपत $\propto \frac{1}{\text{कीमत}}$

व्यय = खपत × कीमत

| | पहले | | बाद में |
|---|---|---|---|
| कीमत → | 484 | : | 605 |
| खपत → | 605 | : | 484 |

−121

क्षेत्रफल में कमी % $= \frac{121}{605} \times 100$
$= 20\%$

74. (c)
यहाँ दोनो स्थितियों में व्यय समान है।
अत: कीमत खपत के व्युत्क्रमानुपाती होगी।

खपत $\propto \frac{1}{\text{कीमत}}$

व्यय = खपत × कीमत

| | पहले | | बाद में |
|---|---|---|---|
| कीमत → | 468 | : | 585 |
| खपत → | 585 | : | 468 |

−117

खपत में कमी % $= \frac{117}{585} \times 100$

$= 20\%$

75. (d)
यहाँ दोनो स्थितियों में व्यय समान है।
अत: कीमत खपत के व्युत्क्रमानुपाती होगी।

खपत $\propto \frac{1}{\text{कीमत}}$

व्यय = खपत × कीमत

| | पहले | | बाद में |
|---|---|---|---|
| कीमत → | 660 | : | 825 |
| खपत → | 825 | : | 660 |

165

प्रतिशत कमी $= \left(\frac{165}{825}\right) \times 100$

प्रतिशत कमी = 20%

76. (a)
बिनॉय का खर्चा % = 16% + 12% + 13% + 14% = 55%
शेष % = 100 − 55 = 45%
⇒ 45% = 20925
अनाथों को दान किऐ रूपये

$= \frac{20925}{45} \times 12 =$ ₹ 5580

77. (c)
कुल खर्च
= 14% + 16% + 12% + 13%
= 55%
शेष राशि = कुल वेतन – कुल खर्च
= 100% − 55% = 45% अब,
45% = 24570
1% = 546
इसलिए, 12% = 546 × 12 = 6552 रु.
अत: दिव्यागों को दान में दी गई राशि
= 6552 रु.

78. (d)
माना कि सैंडी का कुल वेतन $x$ रुपए है।
प्रदान किये गए वेतन का कुल प्रतिशत
= 13% + 12% + 14% + 16%
= 55%
शेष = 45%
प्रश्नानुसार,

$x \times \frac{45}{100} = 24345$

$\Rightarrow x = 24345 \times \frac{100}{45} = 54100$

∴ अनाथालय में दी गयी राशि

$= 54100 \times \frac{12}{100} = 6492$

79. (c)
माना मार्टिन की कुल आयु $x$ रुपये है
दान की गई आय का कुल प्रतिशत
= 13% + 12% + 14% + 16%
= 55%
शेष = 45%

प्रश्नानुसार,

$\Rightarrow x \times \frac{45}{100} = 42300$

$\Rightarrow x = 42300 \times \frac{100}{45}$

∴ अनाथालय में दान की गई राशि

$= x \times \frac{12}{100}$

$= 42300 \times \frac{100}{45} \times \frac{12}{100}$

= Rs. 11280

80. (b)
माना कि जेफरी का कुल वेतन $x$ रुपये है
दान किए गए वेतन का कुल प्रतिशत
= 13% + 12% + 14% + 16%
= 55%
शेष = 45%
प्रश्न के अनुसार

$x \times \frac{45}{100} = 42750$

$\Rightarrow x = 23445 \times \frac{100}{45}$

∴अनाथालय में दान की गई राशि

$= x \times \frac{12}{100}$

$= 23445 \times \frac{100}{45} \times \frac{12}{100}$

= 6252 रुपये

81. (c)
माना कि मार्टिन का कुल वेतन $x$ रु. है
कुल वेतन का दान प्रतिशत = 13% + 12% + 14% + 16% = 55%
प्रश्नानुसार,

$\Rightarrow x \times \frac{45}{100} = 40500$

$x = 40500 \times \frac{100}{45}$

∴ अनाथालय में दान की गई राशि

$= x \times \frac{12}{100} = 40500 \times \frac{100}{45} \times \frac{12}{100} = 10,800$

# PROFIT & LOSS

# लाभ तथा हानि

02

1. एक दुकानदार ने एक वस्तु 400 रुपये में खरीदी और उसे 320 रुपये में बेच दी। दुकानदार का हानि प्रतिशत ज्ञात कीजिए। (% में)

One shopkeeper bought one thing in 400 rupees and sold it for Rs.320. Find out the loss percentage of the shopkeeper. (% In)

**RPF Constable 02/02/2019 (Shift-01)**

(a) 20 (b) 30
(c) 35 (d) 25

2. कोई दुकानदार एक वस्तु को 335 रुपये में खरीदकर 268 रुपये में बेचता है। प्रतिशत हानि ज्ञात कीजिए?

A shopkeeper buys an item for Rs 335 and sells it for Rs 268. Find the percentage loss?

**RPF Constable 22/01/2019 (Shift-03)**

(a) 35 (b) 20
(c) 30 (d) 25

3. एक दुकानदार एक वस्तु को 340 रुपये में खरीदा और उसे 272 रुपये में बेचा। हानि प्रतिशत बताएं। (% में)

A shopkeeper bought an article for Rs 340 and sold it for Rs 272. Tell the loss percentage. (in %)

**RPF Constable 18/01/2019 (Shift-00)**

(a) 30 (b) 35
(c) 25 (d) 20

4. एक दुकानदार ने एक वस्तु 112 रुपये में खरीदी और इसे 140 रुपये में बेच दिया। लाभ प्रतिशत ज्ञात कीजिए। (% में)

A shopkeeper bought an article for Rs 112 and sold it for Rs 140. Find the profit percentage. (in %)

**RPF Constable 19/01/2019 (Shift-02)**

(a) 20 (b) 30
(c) 15 (d) 25

5. एक दुकानदार ने एक वस्तु 72 रुपये में खरीदी और इसे 54 रुपये में बेच दिया। हानि प्रतिशत ज्ञात कीजिए। (% में)

A shopkeeper bought an article for Rs 72 and sold it for Rs 54. Find the loss percentage. (in %)

**RPF Constable 19/01/2019 (Shift-02)**

(a) 10 (b) 15
(c) 25 (d) 20

6. धातु के एक टुकड़े का मूल्य 150 रुपये से बढ़ाकर 180 रुपये कर दिया गया है। इसमें कितने प्रतिशत की वृद्धि हुई?

The price of a piece of metal has been increased from Rs 150 to Rs 180. By what percent did it increase?

**RPF Constable 19/01/2019 (Shift-02)**

(a) 25 (b) 20
(c) 10 (d) 15

7. एक दुकानदार ने एक वस्तु 84 रुपये में खरीदी और इसे 63 रुपये में बेच दिया। हानि प्रतिशत ज्ञात कीजिए। (% में)

A shopkeeper bought an article for Rs 84 and sold it for Rs 63. Find the loss percentage. (in %)

**RPF Constable 20/01/2019 (Shift-01)**

(a) 10 (b) 25
(c) 15 (d) 20

8. कोई दुकानदार एक वस्तु को 225 रुपये में खरीदकर 180 रुपये में बेचता है। हानि प्रतिश ज्ञात कीजिए? (% में)

A shopkeeper buys an item for Rs 225 and sells it for Rs 180. Find the loss percentage? (in %)

**RPF Constable 25/01/2019 (Shift-02)**

(a) 25 (b) 30
(c) 35 (d) 20

9. कोई दुकानदार एक वस्तु को 132 रुपये में खरीदकर 165 रुपये में बेचता है। लाभ प्रतिशत ज्ञात कीजिए? (% में)

A shopkeeper buys an item for Rs 132 and sells it for Rs 165. Find the profit percentage? (in:)

**RPF Constable 25/01/2019 (Shift-03)**

(a) 30
(b) 35
(c) 25
(d) 20

10. एक दुकानदार ने एक वस्तु 80 रुपये में खरीदी और इसे 60 रुपये में बेच दिया। हानि प्रतिशत ज्ञात कीजिए। (% में)

A radio was sold at a profit of 10%. If it had been sold at a profit of 11.5%, the profit would have been Rs 15 more. What is the cost price of radio?

**RPF Constable 20/01/2019 (Shift-01)**

(a) 20 (b) 10
(c) 25 (d) 15

11. एक दुकानदार ने एक वस्तु 104 रुपये में खरीदी और इसे 130 रुपये में बेच दिया। लाभ प्रतिशत ज्ञात कीजिए। (% में)

A shopkeeper bought an article for Rs 104 and sold it for Rs 130. Find the profit percentage. (in:)

**RPF Constable 20/01/2019 (Shift-03)**

(a) 15 (b) 30
(c) 25 (d) 20

12. जब एक दुकानदार 785 रुपये की दर से एक वस्तु खरीदता है और उसे 942 रुपये की दर पर बेचता है तो दुकानदार द्वारा अर्जित लाभ का प्रतिशत ज्ञात करिए।

When a shopkeeper buys an article at the rate of Rs 785 and sells it at the rate of Rs 942, find the percentage of profit earned by the shopkeeper.

**RPF SI 19/01/2019 (Shift-01)**

(a) 20% (b) 10%
(c) 15% (d) 25%

13. कोई दुकानदार एक वस्तु को 205 रुपये में खरीदकर 164 रुपये में बेचता है। प्रतिशत हानि ज्ञात कीजिए? (% में)

A shopkeeper buys an item for Rs 205 and sells it for Rs 164. Find the percentage loss? (in %)

**RPF Constable 19/01/2019 (Shift-03)**

(a) 20 (b) 30
(c) 35 (d) 25

14. कोई दुकानदार एक वस्तु को 140 रुपये में खरीदकर 175 रुपये में बेचता है। प्रतिशत लाभ ज्ञात कीजिए?

A shopkeeper buys an item for Rs 140 and sells it for Rs 175. Find the percentage profit?

**RPF Constable 20/01/2019 (Shift-01)**

(a) 20 (b) 30
(c) 35 (d) 25

15. एक दुकानदार ने एक वस्तु 108 रुपये में खरीदी और उसे 135 रुपये में बेचा। लाभ का प्रतिशत ज्ञात कीजिए। (% में)

A shopkeeper bought an article for Rs 108 and sold it for Rs 135. Find the profit percentage. (In Rs)

**RPF Constable 18/01/2019 (Shift-02)**

(a) 20 (b) 25
(c) 15 (d) 30

16. दुकानदार ने एक आइटम 230 रुपये में खरीदा और 184 रुपये में बेचा। नुकसान का प्रतिशत निकालें। (% में)

The shopkeeper bought an item for Rs 230 and sold it for Rs 184. Find the percentage of loss. (" In)

**RPF Constable 17/01/2019 (Shift-02)**

(a) 30 (b) 25
(c) 35 (d) 20

17. एक दुकानदार ने एक वस्तु 76 रुपये में खरीदी और उसे 57 रुपये में बेच दिया। हानि का प्रतिशत ज्ञात कीजिए ; (% में)

A shopkeeper bought an article for Rs 76 and sold it for Rs 57. Find the percentage of loss; (% In)

**RPF Constable 18/01/2019 (Shift-02)**

(a) 15 (b) 20
(c) 10 (d) 25

18. एक दुकानदार ने एक चीज 212 रुपये में खरीदी और उसे 265 रुपये में बेच दी। दुकानदार द्वारा अर्जित लाभ प्रतिशत ज्ञात करें (% में)

One shopkeeper bought one thing for Rs. 212 and sold it for Rs. 265. Find out the profit percentage earned by the shopkeeper (in%)

**RPF Constable 02/02/2019 (Shift-01)**

(a) 30 (b) 25
(c) 20 (d) 35

19. एक दुकानदार ने एक वस्तु 420 रुपये में खरीदी और उसे 336 रुपये में बेच दी। दुकानदार का हानि प्रतिशत ज्ञात कीजिए। (% में)

One shopkeeper bought one thing in Rs. 420 and sold it for Rs. 336. Find out the loss percentage of the shopkeeper. (% In)

**RPF Constable 03/02/2019 (Shift-02)**

(a) 25 (b) 35
(c) 30 (d) 20

20. एक दुकानदार ने एक वस्तु 395 रुपये में खरीदी और उसे 316 रुपये में बेच दी। दुकानदार का हानि प्रतिशत ज्ञात कीजिए। (% में)

One shopkeeper bought one thing for Rs. 395 and sold it for Rs. 316. Find out the loss percentage of the shopkeeper. (% In)

**RPF Constable 04/02/2019 (Shift-01)**

(a) 30 (b) 25
(c) 20 (d) 35

21. एक दुकानदार ने 208 रुपये में एक वस्तु खरीदी और उसे 260 रुपये में बेच दी। दुकानदार द्वारा अर्जित लाभ प्रतिशत ज्ञात करें (% में)

One shopkeeper bought one item from Rs. 208 and sold it for Rs 260. Find out the profit percentage earned by the shopkeeper (in%)

**RPF Constable 04/02/2019 (Shift-01)**

(a) 30 (b) 25
(c) 20 (d) 35

22. एक वस्तु को 243 रुपये में बेचने पर 10% की हानि होती है। उस वस्तु का क्रय मूल्य ज्ञात कीजिए? (रुपये में)

There is a loss of 10% on selling an article for Rs 243. Find the purchase price of that item? (in rupees)

**RPF Constable 20/01/2019 (Shift-01)**

(a) 240 (b) 250
(c) 270 (d) 260

23. जब कोई वस्तु 171 रुपये में बेची जाती है, तो उस पर 10% का नुकसान होता है। उस वस्तु का क्रय मूल्य (रुपये में) निकालें।

When an article is sold for Rs 171, there is a loss of 10% on it. Find the purchase price (in rupees) of that item.

RPF Constable 18/01/2019 (Shift-00)

(a) 190 (b) 210
(c) 220 (d) 200

24. एक व्यापारी एक वस्तु को 336 रुपये की दर पर बेचता है और 12% लाभ कमाता है, उस वस्तु का लागत मूल्य ज्ञात कीजिए।

A trader sells an article at the rate of Rs 336 and earns 12% profit, find the cost price of that article.

RPF SI 19/01/2019 (Shift-01)

(a) Rs 300 (b) Rs 430
(c) Rs 397 (d) Rs 350

25. जब कोई वस्तु 117 रुपये में बेची जाती है, तो उस पर 10% की हानि होती है। उस वस्तु का क्रय मूल्य (रुपये में) निकालें।

When an article is sold for Rs 117, there is a loss of 10%. Find the purchase price (in rupees) of that item.

RPF Constable 11/01/2019 (Shift-03)

(a) 140 (b) 160
(c) 130 (d) 150

26. जब कोई वस्तु 425 रुपये में बेची जाती है, तो उस पर 15% की हानि होती है। वस्तु का क्रय मूल्य ज्ञात कीजिए। (रुपये में)

When an item is sold for 425 rupees, it is a loss of 15%. Find the purchase price of the item. (In rupees)

RPF Constable 02/02/2019 (Shift-01)

(a) 500 (b) 440
(c) 480 (d) 460

27. जब कोई वस्तु 493 रुपये में बेची जाती है, तो 15% की हानि होती है। वस्तु का क्रय मूल्य ज्ञात कीजिए। (रुपये में)

When an item is sold for Rs. 493, then there is a loss of 15%. Find the purchase price of the item. (In rupees)

RPF Constable 03/02/2019 (Shift-02)

(a) 580 (b) 540
(c) 520 (d) 560

28. जब कोई वस्तु 408 रूपये में बेची जाती है तो 15% की हानि होती है। वस्तु का क्रय मूल्य ज्ञात कीजिए। (रुपये में)

When an item is sold for 408 rupees, then there is a loss of 15%. Find the purchase price of the item. (In rupees)

RPF Constable 04/02/2019 (Shift-01)

(a) 420 (b) 440
(c) 460 (d) 480

29. एक दुकानदार को अपना उत्पाद 1,254 रुपये में बेचने पर 14% का लाभ होता है। वह राशि ज्ञात करें जो उत्पाद के लागत मूल्य के आधे के समान होगी। (रुपये में)

A shopkeeper makes a profit of 14% by selling his product for Rs. 1,254. Find the amount which will be equal to half of the cost price of the product. (in rupees)

RPF SI 11/01/2019 (Shift-01)

(a) 550 (b) 575
(c) 600 (d) 525

30. एक दुकानदार एक उत्पाद को 729 रुपये में बेचकर उस पर 12.5% का लाभ कमाता है। उस वस्तु के क्रय मूल्स का आधा कितने रुपए के बराबर होगा?

A shopkeeper sells a product for Rs 729 and earns a profit of 12.5% on it. Half of the purchase price of that item will be equal to how many rupees?

RPF Constable 18/01/2019 (Shift-02)

(a) Rs.262 (b) Rs.648
(c) Rs.482 (d) Rs.324

31. जब एक वस्तु 221 रुपये में बेची जाती है तों 15% की हानि प्राप्त होता है। वस्तु का क्रय मूल्य (रुपये में) बताएं।

When an article is sold for Rs. 221, there is a loss of 15%. State the purchase price of the item (in rupees).

RPF Constable 24/01/2019 (Shift-02)

(a) 220 (b) 250
(c) 260 (d) 230

32. एक दुकानदार एक उत्पाद को 522 रुपये में बेचकर उस पर 12.5% का लाभ कमाता है। उस वस्तु के लागत मूल्य को आधा कितने रुपए के बराबर होगा?

A shopkeeper sells a product for Rs 522 and earns a profit of 12.5% on it. How many rupees will be equal to half the cost price of that item?

RPF SI 19/12/2019 (Shift-03)

(a) 196 (b) 284
(c) 232 (d) 464

33. एक दुकानदार एक उत्पाद को 1386 रुपये में बेचता है और 12.5% लाभ कमाता है, उस राशि को बताएं जो उत्पाद की क्रय मूल्य के आधे के बराबर है।

A shopkeeper sells a product for Rs. 1386 and earns 12.5% profit, state the amount which is equal to half of the cost price of the product.

RPF Constable 05/01/2019 (Shift-02)

(a) 516 (b) 716
(c) 616 (d) 816

34. जब किसी वस्तु को 162 रुपये में बेच दिया जाता है तो इस पर 10% की हानि होती है। उस वस्तु का लागत मूल्य ज्ञात किजिए। (रुपये में)

A radio was sold at a profit of 10%. If it had been sold at a profit of 11.5%, the profit would have been Rs 15 more. What is the cost price of radio?

**RPF Constable 20/01/2019 (Shift-02)**

(a) 170 (b) 150
(c) 180 (d) 200

35. एक दुकानदार एक उत्पाद 3,276 रुपये में बेचता है और लाभ 12.5% कमाता है, उस राशि को बताएं जो उत्पाद के क्रय मूल्य के आधे के बराबर है। (रुपये में)

A shopkeeper sells a product for Rs 3,276 and earns a profit of 12.5%. Find the amount which is equal to half of the cost price of the product. (in rupees)

**RPF Constable 06/01/2019 (Shift-03)**

(a) 1,256 (b) 1,556
(c) 1,356 (d) 1,456

36. एक दुकानदार एक उत्पाद को 2,673 रुपये में बेचकर उस पर 12.5% का लाभ कमाता है। उस वस्तु के क्रय मूल्य का आधा कितने रुपये, के बराबर होगा? (रुपये में)

A shopkeeper sells a product for Rs 2,673 and earns a profit of 12-5%. Half of the purchase price of that item will be equal to how many rupees? (in rupees)

**RPF SI 11/01/2019 (Shift-03)**

(a) 1,177 (b) 1,188
(c) 1,166 (d) 1,199

37. एक दुकानदार एक वस्तु को 2,763 रुपये की कीमत पर बेचकर 12.5% लाभ अर्जित करता है। उस वस्तु की मूल लागत की आधी कीमत की गणना करें। (रुपये में)

A shopkeeper earns 12.5% profit by selling an article at a price of Rs 2,763. Calculate half the original cost of that item. (in rupees)

**RPF SI 06/01/2019 (Shift-02)**

(a) 1,229 (b) 1,228
(c) 1,226 (d) 1,227

38. एक दुकानदार एक उत्पाद को रू. 2736 में बेचता है और 12.5% लाभ कमाता है। उस राशि को बताएं जो उत्पाद के क्रय मूल्य के आधे के बराबर है। (रू में)

A shopkeeper sells a product for Rs. Sells for Rs 2736 and earns 12.5% profit. State the amount which is equal to half of the purchase price of the product. (in Rs)

**RPF SI 10/01/2019 (Shift-01)**

(a) 1,216 (b) 1,214
(c) 1,212 (d) 1,218

39. एक दुकानदार एक उत्पाद 1386 रुपये में बेचता है और 12.5% लाभ कमाता है। वह राशि बताएं जो उत्पाद के क्रय मूल्य के आधे के बराबर हो।

A shopkeeper sells a product in Rs.1386 and earns 12.5% profit. Tell the amount that is equal to half of the purchase price of the product.

**RPF SI 05/01/2019 Shift 2**

(a) Rs. 516 (b) Rs 716
(c) Rs. 616 (d) Rs. 816

40. एक दुकानदार एक उत्पाद 2376 रुपये में बेचता है और उस पर 12.5% लाभ कमाता है। उस वस्तु का क्रय मूल्य का आधा भाग कितने के बराबर होगा? (रुपये में)

A shopkeeper sells a product for Rs 2376 and earns 12.5% profit on it. How much will the half of the purchase price of that item be equal to? (In rupees)

**RPF SI 05/01/2019 (Shift- 03)**

(a) 1056 (b) 1070
(c) 1066 (d) 1068

41. एक दुकानदार 1,368 रुपये की कीमत पर एक उत्पाद बेचता है और 12.5% लाभ कमाता है। उत्पाद के खरीद मूल्य के आधे के बराबर राशि क्या होगी?

A shopkeeper sells a product at a price of Rs 1,368 and earns 12.5% profit. What will be the amount equal to half of the purchase price of the product.

**RPF SI 06/01/2019 (Shift- 01)**

(a) Rs. 608 (b) Rs. 604
(c) Rs. 610 (d) Rs. 606

42. एक दुकानदार एक वस्तु को 2,763 रुपये की कीमत पर बेचकर 12.5% लाभ कमाता है। उस वस्तु की मूल लागत की आधी कीमत की गणना करें। (रुपये में)

A shopkeeper earns 12.5% profit by selling an item at a price of Rs 2,763. Calculate half the price of the original cost of that item. (In rupees)

**RPF SI 06/01/2019 (Shift- 02)**

(a) 1,229 (b) 1,228
(c) 1,226 (d) 1,227

43. एक वस्तु को 204 रुपये में बेचने पर 15% की हानि होती है। उस वस्तु का क्रय मूल्य ज्ञात कीतिए? (रुपये में)

There is a loss of 15% on selling an article for Rs. 204. Know the purchase price of that item do? (in rupees)

**RPF Constable 22/01/2019 (Shift-03)**

(a) 220 (b) 230
(c) 210 (d) 240

44. जब किसी वस्तु को 180 रुपये में बेच दिया जाता है तो इस पर 10% की हानि होती है। उस वस्तु का लोगत ज्ञात कीजिए। (रुपये में)

When an article is sold for Rs. 180, there is a loss of 10% on it. Find the cost of that item. (in rupees)

**RPF Constable 19/01/2019 (Shift-02)**

(a) 200 (b) 210
(c) 240 (d) 220

45. एक वस्तु को 960 रुपये में बेचकर उस पर अर्जित प्रतिशत लाभ 20% था। वस्तु का लागत मूल्य क्या था?

The percentage profit earned on an article by selling it for Rs 960 was 20%. cost of item what was the price?

**RPF Constable 29/05/2019 (Shift-02)**

(a) 700 (b) 730
(c) 750 (d) 800

46. एक मोटरसाइकिल को 7840 रुपये में खरीदा गया और फिर उसे 7% लाभ पर बेच दिया गया। इसका विक्रय मूल्य क्या होगा?

A motorcycle was purchased for Rs. 7840 and then sold at 7% profit. What will be its selling price?

**RPF Constable 31/05/2019 (Shift-03)**

(a) 8488.80 (b) 8883.80
(c) 8380.80 (d) 8388.80

47. एक दुकानदार एक उत्पाद को 2,367 रुपये में बेचता है और 12.5% लाभ कमाता है। उस राशि को बताएं जो उत्पाद के क्रय मूल्य के आधे के बराबर है। (रुपये में)

A shopkeeper sells a product for Rs. 2,367 and earns 12.5% profit. State the amount which is equal to the purchase price of the product. is equal to half. (in rupees)

**RPF Constable 18/01/2019 (Shift-00)**

(a) 1,052 (b) 1,062
(c) 1,042 (d) 1,032

48. एक दुकानदार किसी वस्तु के क्रय मूल्य में 46% की बढ़ोतरी करके उस पर मूल्य अंकित करने के पश्चात उसकी बिक्री के लिए अंकित मूल्य पर 46% की छूट देता है, तो उसे होने वाले कुल प्रतिशत लाभ अथवा हानि को ज्ञात कीजिये?

If a shopkeeper increases the purchase price of an item by 46% and after marking it, gives a discount of 46% on the marked price for its sale, then find out the total percentage profit or loss incurred by him?

**RPF Constable 05/01/2019 (Shift-01)**

(a) 21.16% लाभ
(b) 20.04% हानि
(c) 20.04% लाभ
(d) 21.16% हानि

49. एक व्यक्ति एक घड़ी और एक कैलकुलेटर समान मूल्य में बेचता है। उसे घड़ी पर 15% का लाभ होता है जबकि कैलकुलेटर पर 15% की हानि होती है। उसका कुल लाभ या हानि प्रतिशत ज्ञात कीजिए।

A person sells a watch and a calculator for the same price. He gains 15% on the watch and loses 15% on the calculator. Find his total profit or loss percentage.

**RPF Constable 28/03/2019 (Shift-02)**

(a) 2.75% (b) 1.75%
(c) 2.25% (d) 5%

50. एक दुकानदार किसी वस्तु के क्रय मूल्य में 49% की बढ़ोत्तरी करके उस पर मूल्य अंकित करने के पश्चात उसकी बिक्री पर 49% की छूट रखता है। तो उसे होने वाले कुल प्रतिशत लाभ अथवा हानि को ज्ञात कीजिए?

A shopkeeper increases the purchase price of an item by 49% and after marking it up, gives a discount of 49% on its sale. Then find the total percentage profit or loss suffered by him?

**RPF SI 16/01/2019 (Shift-02)**

(a) 24.01% हानि
(b) 22.04% हानि
(c) 22.04% लाभ
(d) 24.01% लाभ

51. एक दुकानदार दो वस्तुओं को 891 रुपये प्रत्येक की दर से बेचता है। किस वस्तु पर उसे 10 प्रतिशत का लाभ हुआ और किस दूसरी वस्तु पर उसे 10% की हानि हुई? समग्र लाभ या हानि का प्रतिशत ज्ञात कीजिए।

A shopkeeper sells two articles at Rs 891 each. On which item did he get a profit of 10 percent and on which other item did he incur a loss of 10%? Find the percentage of overall profit or loss.

**RPF SI 19/01/2019 (Shift-01)**

(a) 4% लाभ (b) 1% हानि
(c) 1% लाभ (d) 4% हानि

52. यदि कोई दुकानदार किसी वस्तु के क्रय मूल्य में 36% की वृद्धि करता है और उसकी बिक्री पर 36% का मूल्य रखता है, तो उसे पता होना चाहिए कि उसे कुल कितने प्रतिशत लाभ या हानि हुई है?

If a shopkeeper hikes the purchasing value of a object by 36% and holds a value of 36% on his sale, then he should know the total percentage gain or loss he has received?

(a) 12.96% Loss
(b) 11.56% Loss
(c) 11.56% Profit
(d) 12.96% Profit

53. यदि एक दुकानदार किसी वस्तु के क्रय मूल्य में 42% की वृद्धि करता है और उसकी बिक्री पर 42% की छूट रखता है, तो उसे कुल प्रतिशत लाभ या हानि ज्ञात करें?

If a shopkeeper increases the cost price of an article by 42% and keeps a discount of 42% on its sale, then find the total percentage profit or loss?

**RPF SI 10/01/2019 (Shift-01)**

(a) 16.64% लाभ
(b) 16.64% हानि
(c) 17.64% हानि
(d) 17.64% लाभ

54. एक पुस्तक का मुद्रित मूल्य 700 रुपये है, पुस्तक निर्माता ने इस पर 10% की छूट दी है। यदि वह अभी भी 20% लाभ अर्जित करता है, तो पुस्तकों की कीमत (रुपये में) क्या होगी?

The printed price of a book is Rs 700, the book manufacturer has given a discount of 10% on it. If he still earns 20% profit, what will be the price (in Rs) of the books?

RPF Constable 17/01/2019 (Shift-01)

(a) 515 (b) 525
(c) 535 (d) 545

55. एक पुस्तक का अंकित मूल्य 1000 रुपये है और एक पुस्तक विक्रेता इस पर 10% की छूट देता है। यदि वह फिर भी 20% लाभ अर्जित करता है, तो पुस्तक की कीमत क्या होगी? (रुपये में)

The marked price of a book is Rs 1000 and a bookseller gives a discount of 10% on it. If he still earns 20% profit, what will be the price of the book? (in rupees)

RPF Constable 18/01/2019 (Shift-03)

(a) 740 (b) 750
(c) 760 (d) 770

56. पुस्तक का मुद्रित मूल्य 3,900 रुपये है, एक पुस्तक विक्रेता इस पर 10% की छूट प्रदान करता है। यदि वह फिर भी 20% का लाभ कमाता है, तो पुस्तक का खरीद मूल्य (रुपये में) है-

The book has a printed value of Rs. 3,900, a book seller offers a 10% discount on it. If he still earns a profit of 20%, then the purchase price of the book (in rupees) is-

RPF Constable 02/02/2019 (Shift-01)

(a) 2,725
(b) 2,825
(c) 2,625
(d) 2,925

57. पुस्तक पर मुद्रित मूल्य 4300 रुपये है, एक पुस्तक विक्रेता इस पर 10% की छूट प्रदान करता है। यदि वह फिर भी 20% का लाभ कमाता है, तो पुस्तक का खरीद मूल्य (रुपये में) है-

The printed value on the book is Rs. 4300, a book seller offers a 10% discount on it. If he still earns a profit of 20%, then the purchase price of the book (in rupees) is-

RPF Constable 03/02/2019 (Shift-02)

(a) 3,255 (b) 3,245
(c) 3,225 (d) 3,235

58. पुस्तक पर मुद्रित मूल्य 3800 रुपये है, एक पुस्तक विक्रेता इस पर 10% की छूट प्रदान करता है। यदि वह अभी भी 20% लाभ कमाता है, तो पुस्तक का खरीद मूल्य (रुपये में) है-

The printed value on the book is Rs. 3800, a book seller offers a 10% discount on it. If he still earns 20% profit, then the purchase price of the book is (in rupees) -

RPF Constable 04/02/2019 (Shift-01)

(a) 2870 (b) 2880
(c) 2850 (d) 2860

59. एक दुकानदार, किसी वस्तु के खरीद मूल्य में 45% की वृद्धि के साथ, मूल्य अंकित करने के बाद बिक्री पर 45% की छूट देता है। तो आइए जानते हैं कि इसे कुल कितना प्रतिशत लाभ या हानि होगी?

A shopkeeper, with 45% increase in the purchase price of an item, has a discount of 45% on the sale after marking the price. So let's know the percentage of total profit or loss that it will get?

RPF SI 05/01/2019 (Shift- 03)

(a) 19.36% Loss
(b) 20.25% profit
(c) 20.25% Loss
(d) 19.36% profit

60. दुकानदार ने खरीद मूल्य का 37% मार्कअप के रूप में जोड़ा और फिर वह बिक्री पर अंकित मूल्य पर 37% की छूट देता है, कुल लाभ या हानि प्रतिशत क्या होगा।

The shopkeeper added 37% of the purchase price as a markup and then he gives a discount of 37% on the face value on the sale, what would be the total profit or loss percentage.

RPF SI 06/01/2019 (Shift- 01)

(a) 13.69% Loss
(b) 12.96% Loss
(c) 13.69% profit
(d) 12.96% profit

61. एक दुकानदार ने एक वस्तु की कीमत में 41% की वृद्धि की और फिर मुद्रित मूल्य पर छूट के रूप में 41% की छूट दी। कुल लाभ या हानि प्रतिशत क्या है?

A shopkeeper increased the price of one item by 41% and then gave 41% discount on the printed price as a discount. What is the total profit or loss percentage?

RPF SI 06/01/2019 (Shift- 02)

(a) 16.21% (b) 16.81%
(c) 16.81% (d) 16.21%

62. किसी वस्तु को 305 रुपये में बेचने पर हुई उसी वस्तु की 641 रुपये में बेचने पर प्राप्त लाभ का 60% है। वस्तु का लागत मूल्य (रुपये में) ज्ञात करें।

The profit made by selling an article for Rs 305 is 60% of the profit made by selling the same article for Rs 641. Find the cost price (in rupees) of the item.

RPF SI 11/01/2019 (Shift-01)

(a) 425
(b) 431
(c) 429
(d) 427

63. किसी वस्तु को 1741 रुपये में बेचने पर उसी वस्तु को 897 रुपये में बेचने पर प्राप्त हानि से 11% अधिक लाभ प्राप्त होता उस वस्तु का लागत मूल्य ज्ञात कीजिए?

By selling an item for Rs 1741, the profit earned would be 11% more than the loss earned by selling the same item for Rs 897. Find the cost price of that item?

**RPF SI 19/12/2018 (Shift-03)**

(a) 1297 (b) 1486
(c) 1134 (d) 1032

64. एक वस्तु को 345 रुपये में बेचने पर होने वाली हानि उसी वस्तु को 681 में बेचने पर प्राप्त लाभ का 60% है। उस वस्तु का क्रय मूल्य ज्ञात कीजिए? (रुपये में)

The loss incurred on selling an article for Rs 345 is 60% of the profit earned on selling the same article for Rs 681. Find the purchase price of that item? (in rupees)

**RPF Constable 11/01/2019 (Shift-02)**

(a) 451 (b) 461
(c) 441 (d) 471

65. किसी वस्तु को 2500 में बेचने पर उसी वस्तु को समान दर से 1234 रुपये में बेचने पर प्राप्त हानि से 11% अधिक लाभ प्राप्त होता है। उस वस्तु का क्रय मूल्य ज्ञात कीजिये?

By selling an item for Rs. 2500, the profit earned is 11% more than the loss earned by selling the same item for Rs. 1234 at the same rate. Find the purchase price of that item?

**RPF Constable 05/01/2019 (Shift-02)**

(a) Rs 1843 (b) Rs 1834
(c) Rs 1348 (d) Rs 1384

66. किसी वस्तु को 2033 रुपये में बेचने पर उसी वस्तु को समान दर से 978 रुपये में बेचने पर प्राप्त हानि से 11% अधिक लाभ प्राप्त होता। उस वस्तु का क्रय मूल्य ज्ञात कीजिए?

By selling an article for Rs. 2033, the profit earned would be 11% more than the loss earned by selling the same article for Rs. 978 at the same rate. Find the purchase price of that item?

**RPF Constable 24/12/2018 (Shift-01)**

(a) 1478 (b) 1234
(c) 1678 (d) 1324

67. किसी वस्तु को 440 रुपये पर बेचने पर उसी वस्तु को 1000 रुपये में बेचने पर प्राप्त लाभ के 60% की हानि होती है। उस वस्तु का क्रय मूल्य ज्ञात कीजिये? (रुपये में)

If an item is sold at Rs. 440, there is a loss of 60% of the profit made by selling the same item at Rs. 1000. Find the purchase price of that item? (in rupees)

**RPF SI 05/01/2019 (Shift-01)**

(a) 650 (b) 680
(c) 660 (d) 670

68. किसी वस्तु को 1,270 रुपये में बेचने पर उसी वस्तु को समान दर से 1,990 रुपये में बेचने पर प्राप्त लाभ से 60% की हानि होती है। उस वस्तु का क्रय मूल्य ज्ञात कीजिए ? (रुपये में)

By selling an article for Rs 1,270, there is a loss of 60% of the profit earned by selling the same article at the same rate for Rs 1,990. Find the purchase price of that item? (in rupees)

**RPF SI 16/01/2019 (Shift-02)**

(a) 1,640 (b) 1,540
(c) 1,840 (d) 1,740

69. 2720 रुपये की दर से बेची गई वस्तु पर अर्जित लाभ, 1,243 रुपये की दर से बेची गई उसी वस्तु पर होने वाली हानि के मुकाबले 11% अधिक लाभ अर्जित होता है। वस्तु का क्रय मूल्य पता लगाएं?

The profit earned on an article sold at Rs. 2720 is 11% more than the loss earned on the same article sold at Rs. 1,243. Find the cost price of the item?

**RPF SI 06/01/2019 (Shift-01)**

(a) Rs 1934 (b) Rs 1943
(c) Rs 1843 (d) Rs 1834

70. किसी वस्तु को 423 रुपये में बेचने पर उसी वस्तु को समान दर से 743 रुपये में बेचने पर प्राप्त लाभ से 60% की हानि होती है। उस वस्तु का क्रय मूल्य ज्ञात कीजिए ? (रुपये में)

By selling an article for Rs 423, there is a loss of 60% of the profit earned by selling the same article at the same rate for Rs 743. Find the purchase price of that item? (in rupees)

**RPF SI 11/01/2019 (Shift-03)**

(a) 523 (b) 533
(c) 513 (d) 543

71. एक दुकानदार दो वस्तुएँ में प्रत्येक को 594 रुपये में बेचता है। जिसमें एक वस्तु पर 10% का लाभ अर्जित किया और दूसरे पर 10% की हानि अर्जित किया तो कुल लाभ या हानि प्रतिशत ज्ञात कीजिए।

A shopkeeper sells two articles for Rs 594 each. In which a profit of 10% is earned on one item and a loss of 10% is earned on the other, then find the total profit or loss percentage.

**RPF Constable 18/01/2019 (Shift-01)**

(a) 4% Loss (b) 1% Loss
(c) 1% Profit (d) 4% Profit

72. एक वस्तु को 535 रुपये में बेचने पर हुई हानि उसी वस्तु को 775 रुपये में बेचने पर प्राप्त लाभ का 60% है। उस वस्तु का क्रय मूल्य (रुपये में) ज्ञात कीजिए।

The loss incurred on selling an article for Rs 535 is 60% of the profit earned on selling the same article for Rs 775. Find the purchase price (in rupees) of that item.

RPF SI 06/01/2019 (Shift-02)

(a) 625 (b) 615

(c) 610 (d) 600

73. किसी वस्तु को 545 रुपये में बेचने पर उसी वस्तु को समान दर से 785 रुपये में बेचने पर प्राप्त लाभ से 60% अधिक हानि होती है। उस वस्तु का क्रय मूल्य ज्ञात कीजिये? (रू. में)

By selling an article for Rs 545, the loss is 60% more than the profit earned by selling the same article for Rs 785 at the same rate. Find the purchase price of that item? (in Rs.)

RPF SI 10/01/2019 (Shift-01)

(a) 645 (b) 635

(c) 615 (d) 625

74. किसी वस्तु को 2500 रुपये में बेचने पर प्राप्त हानि से 11% अधिक लाभ मिलता है यदि वही वस्तु उसी दर पर 1234 रुपये में बेची जाती है। उस वस्तु का क्रय मूल्य ज्ञात कीजिए?

Selling an item for 2500 rupees gets 11% more profit from the loss obtained if the same item is sold at the same rate for 1234 rupees. Know the purchase price of that item?

RPF SI 05/01/2019 (Shift-02)

(a) Rs. 1843 (b) Rs. 1834

(c) Rs. 1348 (d) Rs. 1384

75. यदि आप किसी वस्तु को 513 रुपये में बेचते हैं, तो उसी वस्तु को 993 रुपये में बेचने पर आपको जो लाभ प्राप्त होगा, वह 60% हानि है। उस वस्तु का क्रय मूल्य ज्ञात कीजिये? (रुपये में)

If you sell any item for 513 rupees, then the profit you received for selling the same item at 993 rupees is 60% loss. Find the purchase price of that item? (In Rs.)

RPF SI 05/01/2019 (Shift- 03)

(a) 493 (b) 593

(c) 793 (d) 693

76. 2720 रुपये की दर से बेची गई वस्तु पर अर्जित लाभ, उसी वस्तु को 1243 रुपये की दर से बेचने पर होने वाली हानि से 11% अधिक लाभ है। वस्तु का क्रय मूल्य ज्ञात कीजिए।

The profit earned on the item sold at the rate of 2720 rupees, is 11% more profit than the loss on the same item sold at the rate of Rs. 1,243. Find the purchase price of the item.

RPF SI 06/01/2019 (Shift- 01)

(a) Rs. 11934 (b) Rs 1943

(c) Rs. 1843 (d) Rs 1834

77. एक वस्तु को 535 रुपये में बेचने पर हुई क्षति उसी वस्तु को 775 रुपये में बेचने पर हुए लाभ का 60% है। वस्तु का आधार मूल्य ज्ञात कीजिए। (रुपये में)

The damage done for a sale of Rs 535 for one item is 60% of the profit after selling the same item for Rs 775. Find the base price of the item. (In rupees)

RPF SI 06/01/2019 (Shift- 02)

(a) 625

(b) 615

(c) 610

(d) 600

78. एक रेडियो को 10% मुनाफे पर बेचा गया। अगर उसे 11.5% मुनाफे पर बेचा गया होता, तो 15 रुपये ज्यादा मुनाफा मिलता। रेडियो का लागत मूल्य क्या है?

A radio was sold at a profit of 10%. If it had been sold at a profit of 11.5%, the profit would have been Rs 15 more. What is the cost price of radio?

RPF Constable 29/03/2019 (Shift-01)

(a) Rs 950 (b) Rs 1000

(c) Rs 1050 (d) Rs 1100

79. एक रेडियो को 872 रुपये, में बेचने पर 9% का लाभ होता है। यदि इसे 791 रुपयें में बेचा जाए, तो हानि प्रतिशत ज्ञात कीजिए।

There is a profit of 9% on selling a radio for Rs. 872. If it is sold for Rs. 791, find the loss percentage.

RPF Constable 01/03/2019 (Shift-03)

(a) 1.125% (b) 0.125%

(c) 2.125% (d) 2%

80. एक लेख 144 रुपये में बेचा गया। यदि लाभ का प्रतिशत संख्यात्मक रूप से लागत मूल्य के बराबर था, तो लेख की लागत का पता लगाएं।

An article was sold for Rs. 144. If the profit percentage was numerically equal to the cost moose, find the cost of the article.

RPF Constable 31/03/2019 (Shift-02)

(a) Rs 80 (b) Rs 100

(c) Rs 72 (d) Rs 90

81. 15 रुपये में एक पैन बेचकर, एक व्यक्ति को उसकी लागत के भाग की हानि होती है। पैन का लागत मूल्य ज्ञात कीजिए।

By selling a pan for Rs 15, a person loses part of its cost. Find the cost price of PAN.

RPF Constable 29/03/2019 (Shift-02)

(a) Rs 18 (b) Rs 21

(c) Rs 16 (d) Rs 20

82. एक निर्माता के लाभ 50% के लिए एक थोक व्यापारी को एक लेख बेचता है, जो बदले में, खुदरा विक्रेता को 20% के लाभ पर 3600 रुपये में बेचता है। निर्माता की लागत क्या है?

A manufacturer sells an article to a wholesaler for a profit of 50%, who in turn, sells it to a retailer for Rs. 3600 at a profit of 20%. What are the manufacturer's costs?

**RPF Constable 31/03/2019 (Shift-02)**

(a) Rs 2500
(b) Rs 2700
(c) Rs 2000
(d) Rs 3000

83. जीवा ने 18.50 प्रति किग्रा की दर से 30 किलोग्राम चावल खरीदा और 20 किलोग्राम चावल 23.50 रुपये प्रति किलो की दर से खरीदा। इन दोनों प्रकार के चावलों किलो की दर से खरीदा। उसने इन दोनों प्रकार के चावलों को मिला दिया। 45 प्रतिशत लाभ कमाने के लिए उसे यह मिश्रण, प्रति किलो किस कीमत पर बेचना चाहिए?

Jeeva purchased 30 kg of rice at the rate of Rs 18.50 per kg and 20 kg of rice at the rate of Rs 23.50 per kg. Both these types of rice were purchased at the rate of kg. He mixed these two types of rice. At what price per kg should he sell this mixture to earn 45 percent profit?

**RPF Constable 30/03/2019 (Shift-02)**

(a) Rs 28.22
(b) Rs 30.22
(c) Rs 29.72
(d) Rs 26.72

84. किसी वस्तु के लागत मूल्य और बिक्री मूल्य के बीच अंतर 300 रुपये है। यदि लाभ 25% है, तो वस्तु का बिक्री मूल्य ज्ञात कीजिए।

The difference between the cost price and selling price of an article is Rs 300. If the profit is 25%, find the selling price of the article.

**RPF Constable 26/03/2019 (Shift-02)**

(a) Rs 1550
(b) Rs 1340
(c) Rs 1500
(d) Rs 1450

# ANSWER KEY

| | | | | | | | | | |
|---|---|---|---|---|---|---|---|---|---|
| 1.(a) | 2.(b) | 3.(d) | 4.(d) | 5.(c) | 6.(b) | 7.(b) | 8.(d) | 9.(c) | 10.(c) |
| 11.(c) | 12.(a) | 13.(a) | 14.(d) | 15.(b) | 16.(d) | 17.(d) | 18.(b) | 19.(d) | 20.(c) |
| 21.(d) | 22.(c) | 23.(a) | 24.(a) | 25.(c) | 26.(a) | 27.(a) | 28.(d) | 29.(a) | 30.(d) |
| 31.(c) | 32.(c) | 33.(c) | 34.(c) | 35.(d) | 36.(b) | 37.(b) | 38.(a) | 39.(c) | 40.(a) |
| 41.(a) | 42.(b) | 43.(d) | 44.(a) | 45.(d) | 46.(d) | 47.(a) | 48.(d) | 49.(c) | 50.(a) |
| 51.(c) | 52.(a) | 53.(a) | 54.(b) | 55.(b) | 56.(d) | 57.(c) | 58.(c) | 59.(c) | 60.(a) |
| 61.(c) | 62.(b) | 63.(a) | 64.(d) | 65.(b) | 66.(a) | 67.(a) | 68.(b) | 69.(b) | 70.(d) |
| 71.(b) | 72.(a) | 73.(b) | 74.(b) | 75.(d) | 76.(b) | 77.(a) | 78.(b) | 79.(a) | 80.(a) |
| 81.(c) | 82.(c) | 83.(c) | 84.(c) | | | | | | |

# SOLUTIONS

1. (a)

हानि प्रतिशत= $\left(\frac{(400-320)}{400}\right) \times 100\%$

हानि प्रतिशत = $\left(\frac{80}{400}\right) \times 100\%$

हानि प्रतिशत = 20%

अत: दुकानदार का हानि प्रतिशत 20% है।

2. (b)

क्रय मूल्य (CP) = 335 रुपये

विक्रय मूल्य (SP) = 268 रुपये

हानि = 335 – 268 = 67 रुपये

हानि % = $\frac{67}{335} \times 100$ = 20%

3. (d)

क्रय मूल्य (CP) = 340 रुपये

विक्रय मूल्य (SP) = 272 रुपये

हानि (Loss) = 68 रुपये

हानि % = $\frac{68}{640} \times 100$ = 20%

4. (d)

क्रय मूल्य (CP) = 112 रुपये

विक्रय मूल्य (SP) = 140 रुपये

लाभ = विक्रय मूल्य - क्रय मूल्य

लाभ = 28 रुपये

लाभ % = $\frac{28}{112} \times 100$

= 25% लाभ

5. (c)

क्रय मूल्य (CP) = 72 रुपये

विक्रय मूल्य (SP) = 54 रुपये

लाभ = विक्रय मूल्य - क्रय मूल्य

हानि = 18 रुपये

हानि % = $\frac{18}{72} \times 100$

हानि % = 25%

6. (b)

पहले मूल्य = 150 रुपये

बाद में मूल्य = 180 रुपये

लाभ = विक्रय मूल्य - क्रय मूल्य

मूल्य में वृद्धि = 30 रुपये

प्रतिशत वृद्धि = $\frac{30}{150} \times 100$ = 20%

7. (b)

क्रय मूल्य (CP) 84 रुपये

विक्रय मूल्य (SP) 63 रुपये

लाभ = विक्रय मूल्य - क्रय मूल्य

हानि = 21 रुपये

हानि % = $\frac{21}{84} \times 100$ = 25%

8. (d)

क्रय मूल्य (CP) = 225 रुपये

विक्रय मूल्य (SP) = 180 रुपये

लाभ = विक्रय मूल्य - क्रय मूल्य

हानि % = $\frac{45}{225} \times 100$ = 20%

9. (c)

क्रय मूल्य (CP) = 132 रुपये

विक्रय मूल्य (SP) = 165 रुपये

लाभ = विक्रय मूल्य - क्रय मूल्य

लाभ % = $\frac{33}{132} \times 100$ = 25%

10. (c)

क्रय मूल्य = 80 रुपये

विक्रय मूल्य = 60 रुपये

हानि % = $\frac{20}{80} \times 100$ = 25%

11. (c)

CP = 104 रुपये

SP = 130 रुपये

लाभ% = $\frac{26}{104} \times 100$ = 25%

12. (a)

क्रय मूल्य (CP) = Rs 785

विक्रय मूल्य (SP) = 942 रुपये

लाभ % = $\frac{157}{785} \times 100$ = 20%

13. (a)

क्रय मूल्य (CP) = 205 रुपये

विक्रय मूल्य (SP) = 164 रुपये

हानि % = $\frac{41}{205} \times 100$

हानि % = 20%

14. (d)

क्रय मूल्य (CP) = 140 रुपये

विक्रय मूल्य (SP) = 175 रुपये

लाभ % = $\frac{35}{140} \times 100$

लाभ % = 25%

15. (b)

विक्रय मूल्य (CP) = 108 रुपये

विक्रय मूल्य (SP) = 135 रुपये

लाभ % = $\frac{27}{108} \times 100$ = 25%

16. (d)

क्रय मूल्य (CP) = 230 रुपये

विक्रय मूल्य (SP) = 184 रुपये

हानि % = $\frac{46}{230} \times 100$ = 20%

17. (d)

$$\text{हानि\%} = \frac{\text{क्रय मूल्य} - \text{विक्रय मूल्य}}{\text{क्रय मूल्य}} \times 100$$

$$= \frac{76-57}{76} \times 100$$

$$= \frac{19}{76} \times 100 = 25\%$$

18. (b)

लाभ प्रतिशत $= \left(\frac{(265-212)}{212}\right) \times 100\%$

लाभ प्रतिशत $= \left(\frac{53}{212}\right) \times 100\%$

लाभ प्रतिशत = 25%

अतः दुकानदार द्वारा अर्जित लाभ प्रतिशत 25% है।

19. (d)

हानि प्रतिशत $= \frac{(420-336)}{420} \times 100$

हानि प्रतिशत $= \frac{84}{420} \times 100$

हानि प्रतिशत = 20%

20. (c)

हानि प्रतिशत $= \left(\frac{395-316}{395}\right) \times 100\%$

हानि प्रतिशत $= \left(\frac{79}{395}\right) \times 100\%$

हानि प्रतिशत = 20%

इसलिए, दुकानदार का हानि प्रतिशत 20% है।

21. (b)

लाभ प्रतिशत $= \left[\frac{(260-208)}{208}\right] \times 100$

लाभ प्रतिशत $= \left(\frac{52}{208}\right) \times 100$

लाभ प्रतिशत = 25%

इसलिए, दुकानदार द्वारा अर्जित लाभ प्रतिशत 25% है।

22. (c)

विक्रय मूल्य = 243 रुपये

हानि % = 10%

विक्रय % = 90%

प्रश्नानुसार,

$\Rightarrow$ 90% = 243

$\Rightarrow 1\% = \frac{243}{90} \times 100 = 270$ रुपये

क्रय मूल्य = 270 रुपये

23. (a)

विक्रय मूल्य = 171 रुपये

हानि = 10%

विक्रय मूल्य % = 90%

प्रश्नानुसार,

$\Rightarrow$ 90% = 171

$1\% = \frac{171}{90}$

$100\% = \frac{171}{90} \times 100$

क्रय मूल्य = 190 रुपये

24. (a)

लाभ % = 12%

विक्रय मूल्य % = 112%

प्रश्नानुसार,

$\Rightarrow$ 112% = 336 रुपये

$\Rightarrow$ 1% = 3 रुपये

$\Rightarrow$ 100% = 300 रुपये

क्रय मूल्य = 300 रुपये

25. (c)

विक्रय मूल्य = 117 रुपये

हानि % = 10%

विक्रय मूल्य % = 90%

प्रश्नानुसार,

$\therefore$ 90% = 117

$1\% = \frac{117}{90}$

$100\% = \frac{117}{90} \times 100 = 130$

क्रय मूल्य = 130 रुपये

26. (a)

$15\% = \frac{3}{20}$

विक्रय मूल्य = क्रय मूल्य - हानि

= 20 – 3 = 17 इकाई

SP 17 इकाई = 425

1 इकाई $\rightarrow$ 25

20 इकाई $\rightarrow$ 500 रुपये

अतः वस्तु का क्रय मूल्य 500 रुपये है।

27. (a)

$15\% = \frac{3 \rightarrow \text{हानि}}{20 \rightarrow \text{क्रय मूल्य}}$

विक्रय मूल्य = क्रय मूल्य – हानि

= 20 – 3 = 17 इकाई

17 इकाई = 493 रुपये

1 इकाई = 29 रुपये

20 इकाई = 29 × 20 = 580 रुपये

अतः वस्तु का क्रय मूल्य 580 रुपये है।

28. (d)

प्रश्नानुसार,

$\Rightarrow 408 = P - \left(\frac{(15 \times P)}{100}\right)$

$\Rightarrow 408 = P - (0.15 \times P)$

$\Rightarrow 408 = 0.85 \times P$

$\Rightarrow P = \frac{408}{0.85}$

$\Rightarrow P = 480$

29. (a)

लाभ (Profit) = 14%

विक्रय मूल्य (SP)

= 100 + 14 = 114%

$\Rightarrow$ 114% = 1254

$\Rightarrow 1\% = \frac{1254}{114}$

$\Rightarrow 50\% = \frac{1254}{114} \times 50 = 550$ रुपये

30. (d)
लाभ (Profit) = 12.5%
विक्रय मूल्य (SP) = 100 + 12.5 = 112.5%
अत: 112.5% = 729

$1\% = \frac{729}{112.5}$

$50\% = \frac{729}{112.5} \times 50$ = 324 रुपये

31. (c)
विक्रय मूल्य = 221 रुपये
हानि % = 15%
विक्रय मूल्य% = 85%
प्रश्नानुसार,
85% = 221

$1\% = \frac{221}{85}$

$100\% = \frac{221}{85} \times 100$ = 260 रुपये

अत: क्रय मूल्य = 260 रुपये

32. (c)
लाभ % = 12.5%
विक्रय मूल्य (SP)
= 100% + 12.5% = 112.5%
प्रश्नानुसार,
112.5% = 522 रुपये

$\Rightarrow 1\% = \frac{522}{112.5}$

$\Rightarrow 50\% = \frac{522}{112.5} \times 50$ = 232 रुपये

अत: 50% = 232 रुपये

33. (c)
लाभ (Profit) % = 12.5
विक्रय मूल्य (SP) %
= 100 + 12.5 = 112.5%
प्रश्नानुसार,
अत: 112.5% = 1386

$1\% = \frac{1386}{112.5}$

$\Rightarrow 100\% = \frac{1386}{112.5} \times 100$

= 1232 रुपये

$\Rightarrow 50\% = \frac{1232}{2}$ = 616 रुपये

34. (c)
हानि % = 10%
विक्रय मूल्य % = 90%
अत: 90% = 162

$1\% = \frac{162}{90}$

$100\% = \frac{162}{90} \times 100$

क्रय मूल्य = 180 रुपये

35. (d)
लाभ % = 12.5%
विक्रय मूल्य % = 112.5%
⇒ 112.5% = 3276

$1\% = \frac{3276}{112.5}$

$50\% = \frac{3276}{112.5} \times 50$

= Rs 1456

**वैकल्पिक विधि:**

$12.5\% = \frac{1 \rightarrow \text{लाभ}}{8 \rightarrow \text{क्रय मूल्य}}$

विक्रय मूल्य = क्रय मूल्य + लाभ
= 8 इकाई + 1 इकाई
= 9 इकाई
9 इकाई = 3276 रुपये
क्रय मूल्य का 50% = 4 इकाई

$= \frac{3276}{9} \times 4$ = 1456 रुपये

36. (b)
लाभ % = 12.5%
विक्रय मूल्य % = 112.5%
प्रश्नानुसार,
⇒ 112.5% = 2673 रुपये

$\Rightarrow 1\% = \frac{2673}{112.5}$

$\Rightarrow 50\% = \frac{2673}{112.5} \times 50$

= 1188 रुपये

37. (b)
दुकानदार 2763 रुपये पर एक वस्तु बेचकर 12.5% लाभ कमाता है।
तो, दुकानदार के लिए क्रय मूल्य

$= \frac{2763}{112.5} \times 100$ = 2456 रुपये

क्रय मूल्य का 50% = 1228 रुपये

**वैकल्पिक विधि:**

$12.5\% = \frac{1}{8}$

क्रय मूल्य : विक्रय मूल्य
8 : 9
9 इकाई = 2763 रुपये
4 इकाई = 1228 रुपये

38. (a)

$12.5\% = \frac{1}{8}$

क्रय मूल्य : विक्रय मूल्य
8 : 9
9 इकाई = 2736 रुपये
तो क्रय मूल्य का आधा (4 इकाई)
= 1216 रुपये

39. (c)
वस्तु का विक्रय मूल्य

$= \text{क्रय मूल्य} \times \frac{(100 + P\%)}{100}$

⇒ वस्तु का क्रय मूल्य = 1386 रुपये

$\times \frac{100}{112.5}$ = 1232 रुपये

$\therefore$ क्रय मूल्य का आधा $= \frac{1232}{2}$

= 616 रुपये

40. (a)

$12.5\% = \frac{1 \rightarrow \text{लाभ}}{8 \rightarrow \text{क्रय मूल्य}}$

विक्रय मूल्य = 2376 रुपये
प्रश्नानुसार,
अत: 9 इकाई = 2376 रुपये
1 इकाई = 264 रुपये
आधा क्रय मूल्य = 4 इकाई
= 264 × 4
= 1056 रुपये

41. (a)

उत्पाद का विक्रय मूल्य = 1368 रुपये

⇒ उत्पाद का क्रय मूल्य

$= 1368 \times \frac{100}{112.5} = 1216$ रु.

∴ क्रय मूल्य का आधा $= \frac{1216}{2}$

= 608 रुपये

42. (b)

वस्तु का विक्रय मूल्य = 2763 रुपये

⇒ वस्तु का क्रय मूल्य

$= 2763 \times \frac{100}{112.5} = 2456$ रुपये

∴ क्रय मूल्य का आधा $= \frac{2456}{2}$

= 1228 रु

43. (d)

हानि (Loss) = 15%

विक्रय मूल्य (SP) = 100 – 15

= 85%

अत: 85% = 204

$1\% = \frac{204}{85}$

$100\% = \frac{204}{85} \times 100$

क्रय मूल्य (CP) = 240 रुपये

44. (a)

विक्रय मूल्य = 180 रुपये

हानि = 10%

विक्रय मूल्य% = 90%

प्रश्नानुसार,

⇒ 90% = 180 रुपये

$\Rightarrow 1\% = \frac{180}{90}$ रुपये

⇒ 100% = 200 रुपये

अत: क्रय मूल्य = 200 रुपये

45. (d)

लाभ % = 20%

विक्रय मूल्य % = 120%

⇒ 120% = 960

1% = 8

100% = 800

क्रय मूल्य = 800 रुपये

46. (d)

CP = Rs 7840, लाभ = 7%

SP % = 107%

विक्रय मूल्य $= \frac{7840}{100} \times 107$

SP = Rs 8388.8

47. (a)

लाभ % = 12.5%

विक्रय मूल्य (SP) % = 112.5%

⇒ 112.5% = 2367

$\Rightarrow 1\% = \frac{2367}{112.5}$

$\Rightarrow 50\% = \frac{2367}{112.5} \times 50$

= Rs 1052

**वैकल्पिक विधि:**

$12.5\% = \frac{1 \rightarrow \text{लाभ}}{8 \rightarrow \text{क्रय मूल्य}}$

विक्रय मूल्य = क्रय मूल्य + लाभ

= 8 इकाई + 1 इकाई

= 9 इकाई

9 इकाई = 2368 रुपये

क्रय मूल्य का 50% $= \frac{2368}{9} \times 4$

= 1052 रुपये

48. (d)

लाभ = अंकित मूल्य बट्टा – $\frac{\text{अंकित मूल्य} \times \text{बट्टा}}{100}$

$46 - 46 - \frac{46 \times 46}{100}$

⇒ –21.6%

हानि = 21.16%

**SMART APPROACH:-**

यदि लाभ% और हानि% समान हो तो प्रश्नानुसार,

$= \frac{(d^2)}{100}\% = \frac{(46^2)}{100}\%$

= – 21.16%

हानि% = 21.16%

49. (c)

कुल हानि% $= \frac{-x^2}{100}\%$

$= \frac{-15 \times 15}{100}\% = -2.25\%$

हानि% = 2.25%

50. (a)

हानि% $= 49 - 49 - \frac{49 \times 49}{100}$

= –24.01%

हानि = 24.01%

51. (c)

कुल हानि % $= \frac{-x^2}{100}$

$= -\frac{10 \times 10}{100} = -1\%$

हानि % = 1%

52. (a)

यदि प्रश्न में लाभ% और हानि% समान हो तब,

हानि% $= -\frac{d^2}{100}\%$

हानि% $= -\frac{36^2}{100}\% = -12.96\%$

हानि% = 12.96%

53. (c)

हानि% $= \frac{-d^2}{100}\%$

$\frac{(+42\%)(-42\%)}{100} = -17.64\%$

हानि% = 17.64%

54. (b)

पुस्तक का अंकित मूल्य = 700 रुपये

पुस्तक विक्रेता ने 10% छूट दी है,

तब बिक्री मूल्य $= 700 \times \frac{90}{100}$

= 631 रुपये

पुस्तक विक्रेता फिर भी 20% लाभ कमाता है, तो

क्रय मूल्य $= 630 \times \frac{100}{120}$

= 525 रुपये

**वैकल्पिक विधि:**

$$\frac{C.P.}{M.P.} = \frac{100 - D\%}{100 + P\%}$$

$$\frac{C.P.}{700} = \frac{90}{120} \Rightarrow C.P.$$

= 525 रुपये

55. (b)

पुस्तक का अंकित मूल्य = 1000 रुपये

पुस्तक विक्रेता ने 10% छूट दी है,

तब बिक्री मूल्य

$= 1000 \times \frac{90}{100} = 900$ रुपये

पुस्तक विक्रेता फिर भी 20% लाभ कमाता है, तो

क्रय मूल्य $= 900 \times \frac{100}{120}$

= 750 रुपये

**वैकल्पिक विधि:**

$$\frac{C.P.}{M.P.} = \frac{100 - D\%}{100 + P\%}$$

$\frac{C.P.}{1000} = \frac{90}{120} \Rightarrow C.P. = 750$ रुपये

56. (d)

$$\frac{CP}{MP} = \frac{(100 - D\%)}{100 + P\%}$$

$$= \frac{90}{120} = \frac{3}{4}$$

4 इकाई $\rightarrow$ 3900

3 इकाई $\rightarrow \frac{3900}{4} \times 3$

$= 39 \times 25 \times 3 = 39 \times 75$

= 2925 रुपये

57. (c)

$$\frac{CP}{MP} = \frac{(100 - D\%)}{100 + P\%}$$

$$= \frac{90}{120} = \frac{3}{4}$$

4 इकाई = 4300 रुपये

3 इकाई $= \frac{4300}{4} \times 3 = 3225$ रुपये

अत: पुस्तक का खरीद मूल्य

= 3225 रुपये

58. (c)

विक्रय मूल्य = क्रय मूल्य + लाभ

प्रश्नानुसार,

$\Rightarrow 3420$ रुपये $= P + \left(\frac{(20 \times P)}{100}\right)$

$\Rightarrow 3420$ रुपये $= P + (0.2 \times P)$

$\Rightarrow 3420$ रुपये $= 1.2 \times P$

$\Rightarrow P = \frac{3420}{1.2}$ रुपये

$\Rightarrow P = 2850$ रुपये

इसलिए, पुस्तक का क्रय मूल्य लगभग 2850 रुपये है।

59. (c)

यदि प्रश्न में लाभ% और हानि% समान हो तब,

हानि% $= -\frac{d^2}{100}\%$

हानि% $= -\frac{45^2}{100}\%$

$= -20.25\%$

हानि% = 20.25%

60. (a)

माना कि वस्तु का क्रय मूल्य $100x$ है

$\Rightarrow$ वस्तु का अंकित मूल्य

$= 100x \times \frac{137}{100} = 137x$ रुपये

$\Rightarrow$ समय का विक्रय मूल्य

$= 37x \ \frac{63}{100} \times = 86.31x$

$\therefore$ हानि%

$$= \left[\frac{(100x - 86.31x)}{100x}\right] \times 100$$

= 13.69%

**वैकल्पिक विधि:**

हानि% $= \frac{-D^2}{100}\% = -\frac{(37^2)}{100}\%$

$= -13.69\%$

हानि% = 13.69%

61. (c)

माना कि वस्तु का क्रय मूल्य $100x$ है

$\Rightarrow$ वस्तु का अंकित मूल्य $= 100x \times \frac{141}{100} = 141x$ रूपये

$\Rightarrow$ वस्तु का विक्रय मूल्य $= 141x \times \frac{59}{100} = 83.93x$

$\therefore$ हानि% $= \left[\frac{(100x - 83.19x)}{100x}\right] \times 100$

= 16.81%

**वैकल्पिक विधि:**

हानि% $= \frac{-D^2}{100}\% = -\frac{(41^2)}{100}\%$

$= -16.81\%$

हानि% = 16.81%

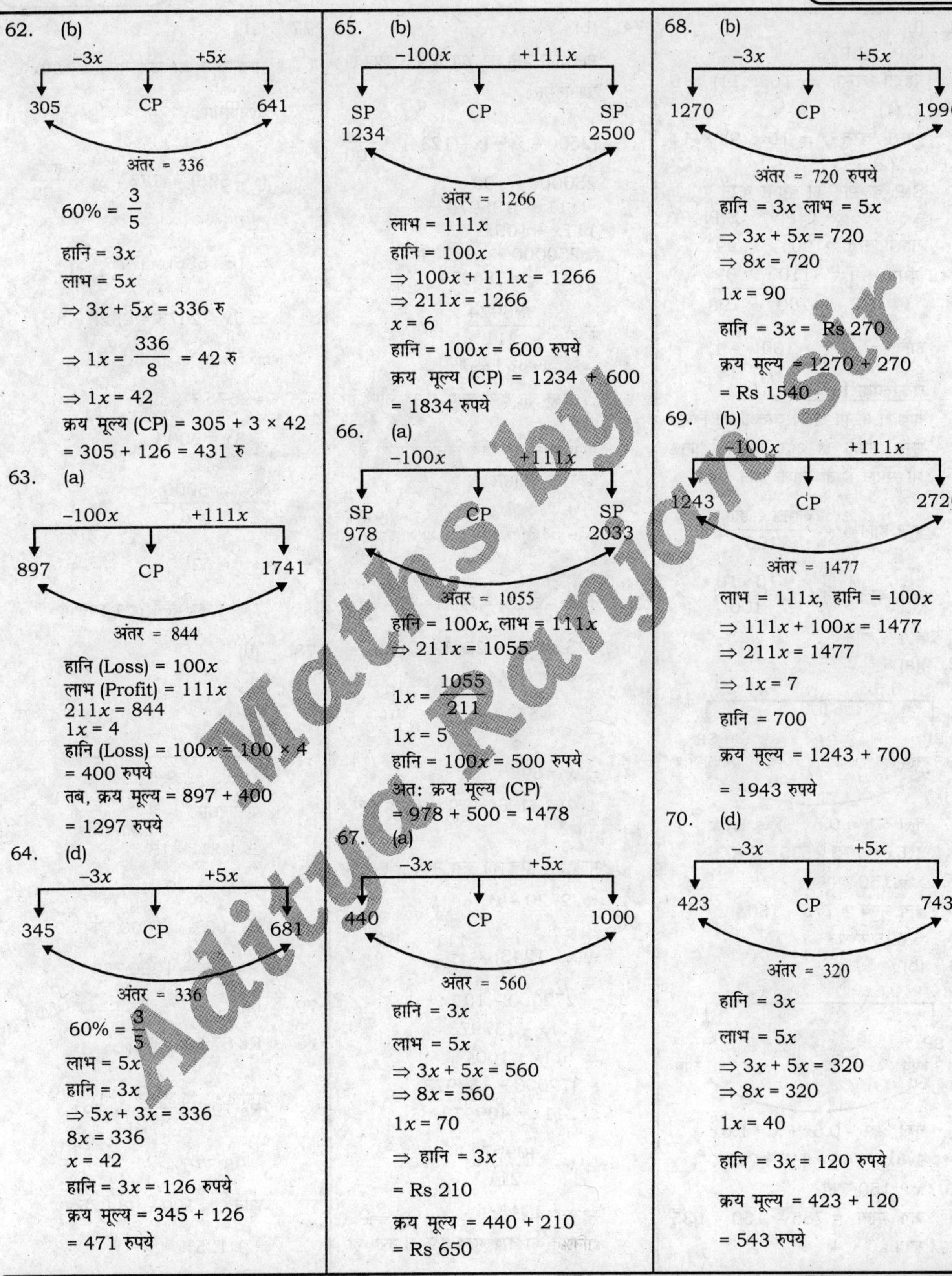

62. (b)

$-3x$ $+5x$

305 CP 641

अंतर = 336

$60\% = \frac{3}{5}$

हानि = $3x$

लाभ = $5x$

$\Rightarrow 3x + 5x = 336$ रु

$\Rightarrow 1x = \frac{336}{8} = 42$ रु

$\Rightarrow 1x = 42$

क्रय मूल्य (CP) = $305 + 3 \times 42$

$= 305 + 126 = 431$ रु

63. (a)

$-100x$ $+111x$

897 CP 1741

अंतर = 844

हानि (Loss) = $100x$

लाभ (Profit) = $111x$

$211x = 844$

$1x = 4$

हानि (Loss) = $100x = 100 \times 4$

= 400 रुपये

तब, क्रय मूल्य = $897 + 400$

= 1297 रुपये

64. (d)

$-3x$ $+5x$

345 CP 681

अंतर = 336

$60\% = \frac{3}{5}$

लाभ = $5x$

हानि = $3x$

$\Rightarrow 5x + 3x = 336$

$8x = 336$

$x = 42$

हानि = $3x$ = 126 रुपये

क्रय मूल्य = $345 + 126$

= 471 रुपये

65. (b)

$-100x$ $+111x$

SP 1234 CP SP 2500

अंतर = 1266

लाभ = $111x$

हानि = $100x$

$\Rightarrow 100x + 111x = 1266$

$\Rightarrow 211x = 1266$

$x = 6$

हानि = $100x$ = 600 रुपये

क्रय मूल्य (CP) = $1234 + 600$

= 1834 रुपये

66. (a)

$-100x$ $+111x$

SP 978 CP SP 2033

अंतर = 1055

हानि = $100x$, लाभ = $111x$

$\Rightarrow 211x = 1055$

$1x = \frac{1055}{211}$

$1x = 5$

हानि = $100x$ = 500 रुपये

अत: क्रय मूल्य (CP)

$= 978 + 500 = 1478$

67. (a)

$-3x$ $+5x$

440 CP 1000

अंतर = 560

हानि = $3x$

लाभ = $5x$

$\Rightarrow 3x + 5x = 560$

$\Rightarrow 8x = 560$

$1x = 70$

$\Rightarrow$ हानि = $3x$

= Rs 210

क्रय मूल्य = $440 + 210$

= Rs 650

68. (b)

$-3x$ $+5x$

1270 CP 1990

अंतर = 720 रुपये

हानि = $3x$ लाभ = $5x$

$\Rightarrow 3x + 5x = 720$

$\Rightarrow 8x = 720$

$1x = 90$

हानि = $3x$ = Rs 270

क्रय मूल्य = $1270 + 270$

= Rs 1540

69. (b)

$-100x$ $+111x$

1243 CP 2720

अंतर = 1477

लाभ = $111x$, हानि = $100x$

$\Rightarrow 111x + 100x = 1477$

$\Rightarrow 211x = 1477$

$\Rightarrow 1x = 7$

हानि = 700

क्रय मूल्य = $1243 + 700$

= 1943 रुपये

70. (d)

$-3x$ $+5x$

423 CP 743

अंतर = 320

हानि = $3x$

लाभ = $5x$

$\Rightarrow 3x + 5x = 320$

$\Rightarrow 8x = 320$

$1x = 40$

हानि = $3x$ = 120 रुपये

क्रय मूल्य = $423 + 120$

= 543 रुपये

71. (b)
C.P. : S.P.
पहली वस्तु $\Rightarrow$ 10 : 11) × 9 ....(1)
दूसरी वस्तु $\Rightarrow$ 10 : 9) × 11 .....(2)
S.P. के मान को बराबर करने पर,

| | C.P. | : | S.P. |
|---|---|---|---|
| पहली वस्तु $\Rightarrow$ | 90 | : | 99 |
| दूसरी वस्तु $\Rightarrow$ | 110 | : | 99 |
| | 200 | : | 198 |

हानि% $= \frac{-2}{200} \times 100 = -1\%$

**वैकल्पिक विधि:**
यदि दो अलग अलग वस्तुओं का विक्रय मूल्य समान हो और लाभ%, हानि% भी समान हैं तो हमेशा हानि होगी।

कुल हानि% $= \frac{\text{लाभ\%} \times \text{हानि\%}}{100}$

यहाँ, कुल हानि% $= \frac{10 \times 10}{100}$

= 1% हानि

72. (a)

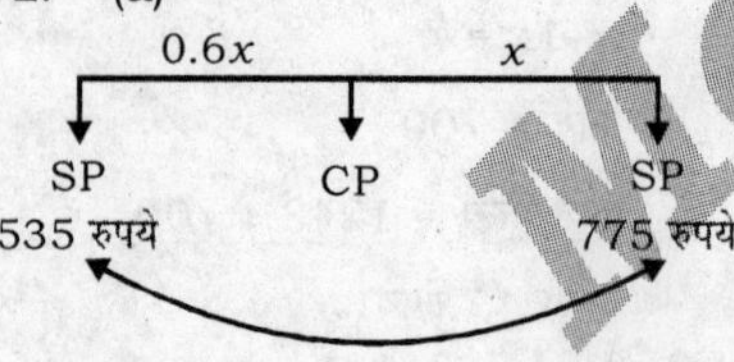


कुल अंतर = $0.6x + x = 1.6x$
$1.6x = 775 - 535 = 240$ रुपये
$x = 150$ रुपये
क्रय मूल्य = 775 – 150
= 625 रुपये

73. (b)

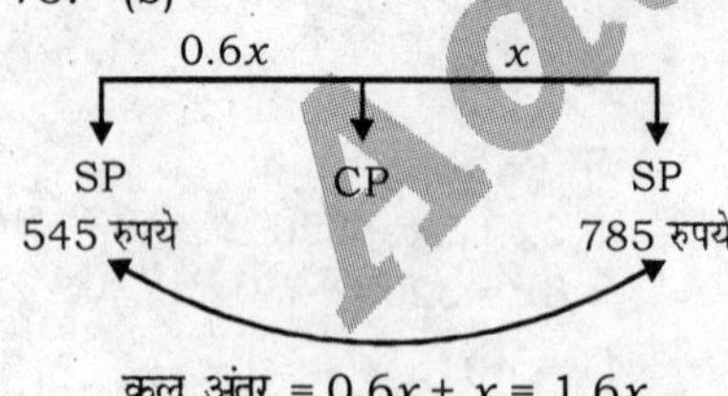


कुल अंतर = $0.6x + x = 1.6x$
$1.6x = 785 - 545 = 240$ रुपये
$x = 150$ रुपये
क्रय मूल्य = 785 – 150 = 635 रुपये

74. (b)
माना, कि वस्तु का क्रय मूल्य X रुपये है।
प्रश्नानुसार,

$(2500 - x) = (x - 1234) \times \frac{111}{100}$

$250000 - 100x$
$= 111x - 136974$
$111x + 100x$
$= 250000 + 136974$
$\Rightarrow 211x = 386974$

$\Rightarrow x = \frac{386974}{211}$

$\Rightarrow x = 1834$ रुपये
$\therefore$ वस्तु का क्रय मूल्य 1834 रुपये है।

75. (d)
माना वस्तु का क्रय मूल्य $x$ रुपये है
प्रश्न के अनुसार

$(x - 513) = (993 - x) \times \frac{60}{100}$

$\Rightarrow (x - 513) = (993 - x) \times \frac{3}{5}$

$\Rightarrow 5x + 3x = 2565 + 2979$
$\Rightarrow 8x = 5544$

$\Rightarrow x = \frac{5544}{8}$

$\Rightarrow x = 693$
$\therefore$ वस्तु का क्रय मूल्य = 693 रुपये

76. (b)
माना कि वस्तु का क्रय मूल्य $x$ रुपये है
$\Rightarrow (2720 - x)$

$= (x - 1243) \times \frac{111}{100}$

$\Rightarrow 272000 - 100x$
$= 111x - 137973$
$\Rightarrow 111x + 100x$
$= 272000 + 137973$
$\Rightarrow 211x = 409973$

$\Rightarrow x = \frac{409973}{211}$

$\Rightarrow x = 1943$
$\therefore$ वस्तु का क्रय मूल्य 1943 रुपये है।

77. (a)
माना वस्तु का क्रय मूल्य $x$ रुपये है

प्रश्नानुसार,

$(x - 535) = (775 - x) \times \frac{60}{100}$

$\Rightarrow (x - 535) = (775 - x) \times \frac{3}{5}$

$\Rightarrow 5x - 2675 = 2325 - 3x$

$\Rightarrow 5x + 3x$

$= 2675 + 2325$

$\Rightarrow 8x = 5000$

$\Rightarrow x = \frac{5000}{8}$

$\Rightarrow x = 625$

$\therefore$ वस्तु का मूल्य 625 रुपये है

78. (b)

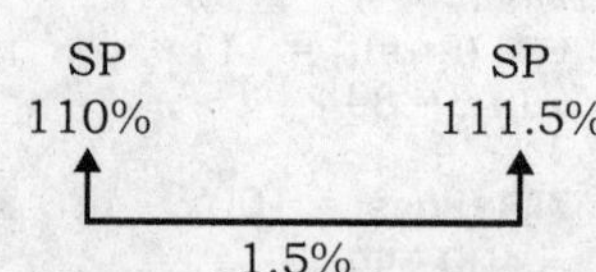


प्रश्नानुसार,
$\Rightarrow 1.5\% = 15$
$\Rightarrow 1\% = 10$
$\Rightarrow 100\% = 1000$ रुपये
क्रय मूल्य = 1000 रुपये

79. (a)
Rs 872 = 109%

Rs 791 = $\frac{109}{872} \times 791$

= 98.875%

हानि% = 100 – 98.875

= 1.125%

80. (a)

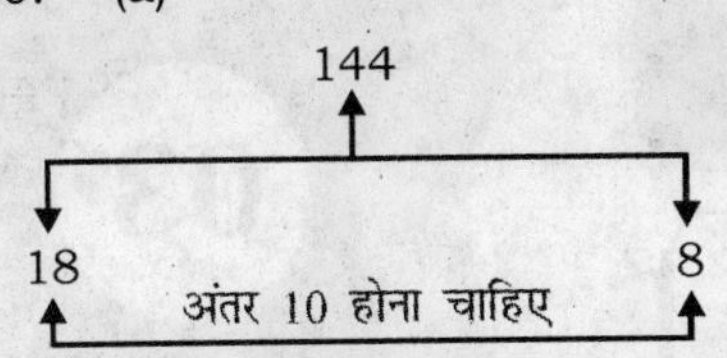


छोटी वाली संख्या क्रय मूल्य होगी उसमें 10 से गुणा कर देना है।

क्रय मूल्य = 8 × 10 = 80 रुपये

**SMART APPROACH:-**

इस प्रश्न को विकल्प से बना सकते है।

अत: विकल्प (b) से

माना कि CP = 80 रुपये

लाभ% = 80% रुपये [CP = लाभ%]

$SP = \frac{80 \times 180}{100} = 144$ रुपये

81. (c)

$CP \times \frac{1}{16}$ = हानि

हानि = 1 रुपये

CP = 16 रुपये

SP = 15 रुपये

अत: क्रय मूल्य 16 रुपये ही होगा।

82. (c)

माना निर्माता की लागत = $x$

$\Rightarrow 150\% = \frac{3}{2}$

$\Rightarrow 120\% = \frac{6}{5}$

$\Rightarrow x \times \frac{3}{2} \times \frac{6}{5} = 3600$

$x = 2000$

83. (c)

पहले चावल खरीदे 30 किग्रा, 18. 50 रुपये प्रति किग्रा की दर से

= 30 × 18.50 = Rs 555

20 किग्रा चावल का क्रय मूल्य

= 23.50 × 20 = Rs 470

कुल क्रय मूल्य = 555 + 470

= Rs 1025

45% लाभ के लिए

$= \frac{1025}{100} \times 145$

= 1486.25

कुल चावल = 50 kg

प्रति किग्रा चावल का विक्रय मूल्य

$= \frac{1486.25}{50}$

= Rs 29.725

84. (c)

CP – SP = 300

$\Rightarrow 25\% = 300$

$\Rightarrow 1\% = \frac{300}{25}$

$\Rightarrow 125\% = \frac{300}{25} \times 125$

= Rs 1500

☆☆☆☆☆

# DISCOUNT

# बट्टा ( छूट )

03

1. क्रमानुसार 12% और 5% की छूट देने के बाद, एक वस्तु को 209 रुपये पर बेचा गया था। वस्तु की वास्तविक कीमत क्या थी?

After allowing discounts of 12% and 5% respectively, an article was sold at Rs. 209. What was the actual price of the item?

**RPF Constable 31/03/2019 (Shift-01)**

(a) Rs.226 (b) Rs.252
(c) Rs.269 (d) Rs.250

2. किसी वस्तु का जोड़ा 37.40 रुपये में 15% की छूट के साथ खरीदा गया। प्रत्येक वस्तु पर कितनी कीमत अवश्य ही लिखी जानी चाहिए?

A pair of an item was purchased for Rs.37.40 with a discount of 15%. What price must be written on each item?

(a) Rs.22 (b) Rs.44
(c) Rs.33 (d) Rs.11

3. 10% और 20% की दो क्रमागत छूटों के बाद एक वस्तु का विक्रय मूल्य 2,268 रुपये है। यदि वस्तु का क्रय मूल्य बाजार मूल्य का 50% है, तो उसका क्रय मूल्य ज्ञात कीजिए?

The selling price of an article after two consecutive discounts of 10% and 20% is Rs. 2,268. If the cost price of the article is 50% of the market price, then find its cost price?

**RPF SI 29/03/2019 (Shift-02)**

(a) 1575 (b) 1875
(c) 1775 (d) 1675

4. एक पुस्तक की मुद्रित कीमत 700 रुपये है। पुस्तक निर्माता ने उस पर 10% की छूट दी है। यदि वह अभी भी 20% लाभ अर्जित करता है तो पुस्तकों की मूल लागत (रुपये में) क्या होगी?

The printed price of a book is Rs.700. The book manufacturer has given a discount of 10% on it. What will be the original cost (in Rs.) of the books if he still earns 20% profit?

(a) 515 (b) 525
(c) 535 (d) 545

5. एक किताब की मुद्रित कीमत 2,000 रुपये है। दुकानदार इस पर 10% की छूट दे रहा है। यहां फिर भी वह 20% लाभ कमा रहा है, तो पुस्तक की मूल कीमत का पता लगाएं। (रुपये में)

The printed price of a book is Rs.2,000. The shopkeeper is giving 10% discount on this. Even if he is making 20% profit, find out the original price of the book. (in Rs.)

**RPF Constable 17/10/2019 (Shift-03)**

(a) 1,800 (b) 1,700
(c) 1,600 (d) 1,500

6. एक पुस्तक की मुद्रित कीमत 1300 रुपये है। पुस्तक विक्रेता ने उस पर 10% की छूट दी है। यदि वह अभी भी 20% लाभ अर्जित करता है तो पुस्तकों की मूल लागत (रुपये में) क्या होगी?

The printed price of a book is Rs.1300. The bookseller has given a discount of 10% on it. What will be the original cost (in Rs.) of the books if he still earns 20% profit?

(a) 965 (b) 995
(c) 975 (d) 985

7. दुकानदार ने क्रय मूल्य के 37% को मार्क अप के रूप में जोड़ा और फिर वह अंकित मूल्य पर 37% की छूट देता है, तो कुल लाभ या हानि प्रतिशत क्या होगा।

If the shopkeeper added 37% of the cost price as mark up and then he gives a discount of 37% on the marked price, then what will be the total profit or loss percentage.

**RPF SI 06/01/2019 (Shift-01)**

(a) 13.69% हानि
(b) 12.96% हानि
(c) 13.69% लाभ
(d) 12.96% लाभ

8. एक पुस्तक पर 1,500 रुपये का मूल्य अंकित है। वह इस पर 10% की छूट देने के बाद भी 20% का लाभ अर्जित करता है। पुस्तक का क्रय मूल्य (रुपये में) ज्ञात कीजिए ?

A book is marked with a price of Rs. 1,500. He earns a profit of 20% even after giving a discount of 10% on it. Find the purchase price (in Rs.) of the book?

**RPF Constable 19/01/2019 (Shift-03)**

(a) 1,135
(b) 1,155
(c) 1,145
(d) 1,125

9. एक दुकानदार किसी वस्तु के क्रय मूल्य में 50% की बढ़ोत्तरी करके उस पर मूल्य अंकित करने के पश्चात् उसकी बिक्री पर 50% की छूट रखता है, तो उसे होने वाले कुल प्रतिशत लाभ अथवा हानि को ज्ञात कीजिये?

If a shopkeeper increases the purchase price of an item by 50% and after marking it, gives a discount of 50% on its sale, then find out the total percentage profit or loss he incurs?

RPF SI 13/01/2019 (Shift-02)

(a) 21% हानि (b) 21% लाभ
(c) 25% हानि (d) 25% लाभ

10. एक दुकानदार किसी वस्तु के क्रय मूल्य में 48% की बढ़ोत्तरी करके उस पर मूल्य अंकित करने के पश्चात् उसकी बिक्री पर 48% की छूट रखता है, तो उसे होने वाले कुल प्रतिशत लाभ अथवा हानि को ज्ञात कीजिये ?

If a shopkeeper increases the purchase price of an item by 48% and after marking it, gives a discount of 48% on its sale, then find out the total percentage profit or loss incurred by him?

(a) 22.80% लाभ
(b) 22.84% हानि
(c) 23.40% लाभ
(d) 23.04% हानि

11. एक पुस्तक का अंकित मूल्य 1200 रुपये है। एक पुस्तक विक्रेता इस पर 10% की छूट देता है। यदि वह अब भी 20% लाभ अर्जित करता है, तो पुस्तक का लागत मूल्य (रुपये में) क्या होगा?

The marked price of a book is Rs.1200. A bookseller gives a discount of 10% on it. If he still earns 20% profit, what will be the cost price (in Rs.) of the book?

RPF Constable 20/01/2019 (Shift-03)

(a) 700 (b) 900
(c) 600 (d) 800

12. उस एकल छूट का पता लगाएँ जो लगातार दिए जाने वाले 20% और 15% की छूटों के बराबर है।

Find the single discount which is equal to the consecutive discounts of 20% and 15%.

RPF Constable 20/01/2019 (Shift-03)

(a) 32% (b) 17%
(c) 17.5% (d) 35%

13. एक पुस्तक का अंकित मूल्य 1100 रुपये है. एक पुस्तक विक्रेता इस पर 10% की छूट देता है। यदि वह अब भी 20% लाभ अर्जित करता है तो पुस्तक का लागत मूल्य (रुपये में) क्या होगा?

The marked price of a book is Rs.1100. A bookseller gives a discount of 10% on it. What will be the cost price (in Rs.) of the book if he still earns 20% profit?

RPF SI 20/01/2019 (Shift-01)

(a) 815 (b) 845
(c) 825 (d) 835

14. एक दुकानदार किसी वस्तु के लागत मूल्य में 33% की बढ़ोतरी करके उस पर मूल्य अंकित करने के पश्चात् उसकी बिक्री पर 33% की छूट रखता है। तो उसे होने वाले कुल लाभ अथवा हानि की प्रतिशत ज्ञात कीजिए?

A shopkeeper, after marking an item by increasing its cost price by 33%, gives a discount of 33% on its sale. Then find the percentage of total profit or loss suffered by him?

RPF SI 19/12/2018 (Shift-03)

(a) 9.96% लाभ
(b) 10.89% हानि
(c) 8.64% लाभ
(d) 11.24% हानि

15. एक किताब का अंकित मूल्य 2,700 रुपये है। एक दुकानदार उस पर 10% की छूट देता है। उसके बाद भी उसे 20% का लाभ होता है, तो किताब का क्रय मूल्य (रुपये में) बताएं।

The marked price of a book is Rs.2,700. A shopkeeper gives a discount of 10% on it. Even after that he gets a profit of 20%, then find the purchase price of the book (in Rs.).

(a) 2,025 (b) 2,023
(c) 2,026 (d) 2,024

16. किसी वस्तु का विक्रय मूल्य 10% और 20% की क्रमागत छूटों के बाद 1,548 रुपये है। यदि लागत मूल्य, अंकित मूल्य का 50% है तो लागत मूल्य (रुपये में) कितना है?

The selling price of an article is Rs 1,548 after successive discounts of 10% and 20%. If the cost price is 50% of the marked price then what is the cost price (in Rs)?

RPF SI 11/01/2019 (Shift-01)

(a) 1,065
(b) 1,055
(c) 1,075
(d) 1,045

17. एक पुस्तक पर 2,300 रुपये मूल्य अंकित है। दुकानदार उस पर 10% की छूट देने के बाद भी 20% का लाभ अर्जित करता है। पुस्तक का क्रय मूल्य (रुपये में) ज्ञात कीजिए?

A book is marked at Rs.2,300. The shopkeeper earns a profit of 20% even after giving a discount of 10%. Find the purchase price (in Rs.) of the book?

RPF Constable 24/01/2019 (Shift-01)

(a) 1,925 (b) 1,825
(c) 1,725 (d) 2,025

18. एक दुकानदार किसी वस्तु के लागत मूल्य में 31% की बढ़ोत्तरी करके उस पर मूल्य अंकित करने के पश्चात् उसकी बिक्री पर 31% की छूट रखता है। तो उसे होने वाले कुल प्रतिशत लाभ अथवा हानि को ज्ञात कीजिए ?

A shopkeeper, after marking an item by increasing its cost price by 31%, keeps a discount of 31% on its sale. Then find the total percentage profit or loss suffered by him?

**RPF SI 10/01/2019 (Shift-03)**

(a) 9.61 हानि (b) 8.64 लाभ
(c) 10.21 हानि (d) 7.44 लाभ

19. एक दुकानदार किसी वस्तु के क्रय मूल्य में 45% की बढ़ोत्तरी करके उसपर मूल्य अंकित करने के पश्चात उसकी बिक्री पर 45% की छूट रखता है। तो उसे होने वाले कुल प्रतिशत लाभ अथवा हानि को ज्ञात करें?
A shopkeeper, after marking up the purchase price of an item by 45%, gives a discount of 45% on its sale. Then find the total percentage profit or loss suffered by him?

**RPF SI 05/01/2019 (Shift-03)**

(a) 19.36 हानि (b) 20.25 लाभ
(c) 20.25 हानि (d) 19.36 लाभ

20. दुकानदार ने लागत मूल्य का 40% अधिक के रूप में जोड़ा और फिर वह बिक्री के लिए चिह्नित मूल्य पर समान 40% की छूट देता है, फिर समग्र लाभ या हानि प्रतिशत क्या होगा।

The shopkeeper added 40% of the cost price as more and then he gives the same 40% discount on the marked price for sale, then what will be the overall profit or loss percentage.

**RPF SI 10/01/2019 (Shift-01)**

(a) 16% हानि
(b) 16% लाभ
(c) 14% हानि
(d) 14% लाभ

21. एक दुकानदार किसी वस्तु का अंकित मूल्य उसके क्रय मूल्य से 34% बढाकर अंकित करता है फिर उसकी बिक्री पर 34% की छूट प्रदान करता है। तो उसे होने वाले कुल प्रतिशत लाभ अथवा हानि ज्ञात कीजिए।

A shopkeeper increases the marked price of an item by 34% from its cost price and then offers a discount of 34% on its sale. Then find the total percentage profit or loss he incurs.

**RPF SI 24/12/2018 (Shift-01)**

(a) 11.56%
(b) 10.24%
(c) 9.84%
(d) 12.64%

# ANSWER KEY

| | | | | | | | | | |
|---|---|---|---|---|---|---|---|---|---|
| 1. (d) | 2.(a) | 3.(a) | 4.(b) | 5.(d) | 6.(c) | 7.(a) | 8.(d) | 9.(c) | 10.(d) |
| 11.(b) | 12.(a) | 13.(c) | 14.(b) | 15.(a) | 16.(c) | 17.(c) | 18.(a) | 19.(c) | 20.(a) |
| 21.(a) | | | | | | | | | |

# SOLUTIONS

1. (d)

माना वास्तविक कीमत $x$ है।

छूट (Discount) = 12% और 5%

$12\% = \frac{12}{100} = \frac{88}{100}$, $5\% = \frac{85}{100} = \frac{95}{100}$

$\Rightarrow x \times \frac{88}{100} \times \frac{95}{100} = 209$ रुपये

$x = \frac{209 \times 100 \times 100}{88 \times 95}$

$x = 250$ रुपये

**वैकल्पिक विधिः**

$12\% = \frac{3}{25}$, $5\% = \frac{1}{20}$

| अंकित मूल्य | विक्रय मूल्य |
|---|---|
| 25 | 22 |
| 20 | 19 |
| 500 | 418 |
| $\times \frac{1}{2}$ | $\times \frac{1}{2}$ |
| 250 रु. | 209 रु. |

2. (a)

2 वस्तुओं का क्रय मूल्य 37.40 रुपये

1 वस्तु का क्रय मूल्य = 18.70 रुपये

छूट (15%) = 15%

अंकित मूल्य = $\frac{18.70}{85} \times 100$

= 22 रुपये

3. (a)

माना कि वस्तु का अंकित मूल्य $x$ रुपये है।

प्रश्नानुसार,

$\Rightarrow x \times \frac{90}{100} \times \frac{80}{100} = 2268$

$\Rightarrow x = 3150$ रु.

$5\% = \frac{1 \rightarrow \text{क्रय मूल्य}}{2 \rightarrow \text{अंकित मूल्य}}$

| | क्रय मूल्य | : | अंकित मूल्य |
|---|---|---|---|
| अनुपात | 1 | : | 2 |

2 इकाई $\rightarrow$ 3150

1 इकाई $\rightarrow$ 1575 रु.

4. (b)

माना कि क्रय मूल्य = $x$

$\frac{100 - \text{छूट}}{100 + \text{लाभ}} = \frac{\text{क्रय मूल्य}}{\text{अंकित मूल्य}}$

प्रश्नानुसार,

$\frac{100-10}{100+20} = \frac{x}{700}$

$\Rightarrow \frac{90}{120} = \frac{x}{700}$

$x = 525$ रु.

क्रय मूल्य = 525 रु.

5. (d)

$\frac{100 - \text{छूट}}{100 + \text{लाभ}} = \frac{\text{क्रय मूल्य}}{\text{अंकित मूल्य}}$

प्रश्नानुसार,

$\Rightarrow \frac{100-10}{100+20} = \frac{\text{क्रय मूल्य}}{2000}$

$\Rightarrow \frac{20}{120} = \frac{\text{क्रय मूल्य}}{2000}$

क्रय मूल्य = 1500

मूल कीमत = 1500 रुपये

6. (c)

$\frac{\text{क्रय मूल्य}}{\text{अंकित मल्य}} = \frac{100 - \text{छूट}}{100 + \text{लाभ}}$

प्रश्नानुसार,

$\Rightarrow \frac{\text{क्रय मूल्य}}{1300} = \frac{100-10}{100+20}$

क्रय मूल्य = $\frac{90 \times 1300}{120}$

क्रय मूल्य = 975

मूल लागत = 975 रुपये

7. (a)

हानि % = अंकित मूल्य - छूट - $\frac{\text{अंकित मूल्य} \times \text{छूट}}{100}$

$= 37 - 37 - \frac{37 \times 37}{100}$

हानि % = 13.69%

8. (d)

$\frac{\text{क्रय मूल्य}}{\text{अंकित मूल्य}} = \frac{100 - \text{छूट}}{100 + \text{लाभ}}$

प्रश्नानुसार,

$\Rightarrow \frac{\text{क्रय मूल्य}}{1500} = \frac{100-10}{100+20}$

$\Rightarrow$ क्रय मूल्य = $\frac{90 \times 1500}{120}$

क्रय मूल्य = 1125 रुपये

9. (c)

लाभ/हानि%

$= 50 - 50 - \frac{50 \times 50}{100}$

$= -25\%$

हानि % = 25%

10. (d)

लाभ/हानि%

$= 48 - 48 - \frac{48 \times 48}{100}$

$= -23.04$

हानि % = 23.04%

11. (b)

$\frac{\text{क्रय मूल्य}}{\text{अंकित मूल्य}} = \frac{100 - \text{छूट}}{100 + \text{लाभ}}$

प्रश्नानुसार,

$\Rightarrow \frac{\text{क्रय मूल्य}}{1200} = \frac{100-10}{100+20}$

$\Rightarrow$ क्रय मूल्य = $\frac{90 \times 1200}{120}$

क्रय मूल्य = 900 रुपये

12. (a)

एकल छूट = $x + y - \frac{xy}{100}$

$= 20 + 15 - \frac{20 \times 15}{100}$

$= 35 - 3 = 32\%$

13. (c)

$\frac{\text{क्रय मूल्य}}{\text{अंकित मूल्य}} = \frac{100 - \text{छूट}}{100 + \text{लाभ}}$

प्रश्नानुसार,

$\frac{\text{क्रय मूल्य}}{\text{अंकित मूल्य}} = \frac{100 - 10}{100 + 20}$

क्रय मूल्य = $\frac{90 \times 1100}{120}$

क्रय मूल्य = 825 रुपये

14. (b)

लाभ/हानि% = $x - y - \frac{xy}{100}$

$= 33 - 33 - \frac{33 \times 33}{100}$

$= -10.89\%$

हानि % = 10.89%

15. (a)

$\frac{\text{क्रय मूल्य}}{\text{अंकित मूल्य}} = \frac{100 - \text{छूट}}{100 + \text{लाभ}}$

प्रश्नानुसार,

$\Rightarrow \frac{\text{क्रय मूल्य}}{2700} = \frac{100 - 10}{100 + 20}$

$\Rightarrow \frac{\text{क्रय मूल्य}}{2700} = \frac{90}{120}$

क्रय मूल्य = 2025 रुपये

अत: किताब का क्रय मूल्य 2025 रुपये है।

16. (c)

| अंकित मूल्य | विक्रय मूल्य छूट के बाद |
|---|---|
| 10 | 9 |
| 5 | 4 |
| 50 | 36 |

36 इकाई = 1548

1 इकाई = 43

50 इकाई (अंकित मूल्य) = 50 × 43

= 2150 रुपये

तो क्रय मूल्य = $\frac{2150}{2}$ = 1075 रु.

17. (c)

$\frac{\text{क्रय मूल्य}}{\text{अंकित मूल्य}} = \frac{100 - \text{छूट}}{100 + \text{लाभ}}$

प्रश्नानुसार,

$\Rightarrow \frac{\text{क्रय मूल्य}}{2300} = \frac{100 - 10}{100 + 20}$

$\Rightarrow$ क्रय मूल्य = $\frac{2300 \times 90}{120}$

क्रय मूल्य = 1725 रुपये

अत: पुस्तक का क्रय मूल्य 1725 रुपये है।

18. (a)

लाभ/हानि% = $x - y - \frac{xy}{100}$

$= 31 - 31 - \frac{31 \times 31}{100}$

$= -9.61$

हानि % = 9.61%

19. (c)

लाभ/हानि % = $x - y - \frac{xy}{100}$

$= 45 - 45 - \frac{45 \times 45}{100}$

$= -20.25\%$

हानि % = 20.25%

20. (a)

लाभ/हानि % = $x - y - \frac{xy}{100}$

$= 40 - 40 - \frac{40 \times 40}{100} = -16\%$

हानि % = 16%

21. (a)

माना वस्तु का क्रय मूल्य 100 है, तो वस्तु का अंकित मूल्य 134 है।

विक्रय मूल्य = $\frac{134 \times 66}{100}$ = 88.44

हानि = 100 – 88.44 = 11.56%

**SMART APPROACH:-**

यदि मार्कअप (m%) और छूट (d%) समान है, तो

लाभ/हानि% = $\frac{m \times d}{100}$

$\Rightarrow \frac{(+34\%)(-34\%)}{100} = -11.56\%$

यहाँ (–) हानि को दर्शाता है।

☆☆☆☆☆

# SIMPLE INTEREST
# साधारण ब्याज
# 04

1. 12% की वार्षिक ब्याज दर पर 8,700 रुपये का निवेश 4 साल में कितना होगा? (रुपये में)

What will be the investment of Rs.8,700 in 4 years at an annual interest rate of 12%? (in Rs.)

**RPF Constable 17/01/2019 (Shift-03)**

(a) 12,876 (b) 13,876
(c) 15,876 (d) 14,876

2. 12% प्रति वर्ष की साधारण ब्याज दर पर राशि पर 5 साल बाद अर्जित ब्याज 4080 रुपये है। निवेश की गई राशि (में रुपये) ज्ञात कीजिए।

The interest earned on a sum after 5 years at simple interest rate of 12% per annum is Rs 4080. Find the amount invested (in Rs).

**RPF Constable 18/01/2019 (Shift-02)**

(a) 6900 (b) 6800
(c) 6400 (d) 6600

3. 8000 रुपये की राशि प्रति वर्ष 12% पर 4 वर्षों के लिए निवेश करने के बाद (रुपये में) राशि कितनी होगी?

What will be the amount (in Rs) after investing Rs 8000 at 12% per annum for 4 years?

**RPF Constable 18/01/2019 (Shift-02)**

(a) 12840 (b) 11840
(c) 14840 (d) 13840

4. एक राशि को 12% प्रति वर्ष की साधारण ब्याज दर पर निवेश करने पर 5 वर्ष के बाद 3900 रुपये का ब्याज प्राप्त होता है। निवेश की गई राशि ज्ञात करिए। (रूपये में)

A sum invested at 12% per annum simple interest gives interest of 3900 after 5 years. Find the amount invested. (in rupees)

**RPF Constable 18/01/2019 (Shift-03)**

(a) 6400 (b) 6200
(c) 6500 (d) 6300

5. साधारण ब्याज दर पर निवेश किये गए 7700 रुपये पर 12% प्रति वर्ष की दर से 4 वर्ष के बाद प्राप्त होने वाली राशि ज्ञात करिए। (रुपये में)

Find the amount received after 4 years on Rs.7700 invested at simple interest rate 12% per annum. (in Rs.)

**RPF Constable 18/01/2019 (Shift-03)**

(a) 11396 (b) 12396
(c) 13396 (d) 14396

6. विजय ने 4350 रुपये निवेश किया और दो वर्ष बाद 5220 रुपये की राशि प्राप्त की। यदि उसने साधारण ब्याज पर निवेश किया है तो ब्याज दर ज्ञात करिए।

Vijay invested Rs.4350 and received an amount of Rs.5220 after two years. If he has invested on simple interest then find the interest rate.

**RPF Constable 18/01/2019 (Shift-01)**

(a) 12.5% (b) 8%
(c) 15% (d) 10%

7. साधारण ब्याज दर पर निवेश किये गए 8100 रुपये पर 12% प्रति वर्ष की दर से 4 वर्ष के बाद प्राप्त होने वाली राशि ज्ञात करिए। (रुपये में)

Find the amount received after 4 years on Rs.8100 invested at simple interest rate 12% per annum. (in Rs.)

**RPF Constable 19/01/2019 (Shift-02)**

(a) 11988 (b) 10988
(c) 13988 (d) 12988

8. एक राशि को 12% प्रति वर्ष की साधारण ब्याज दर पर निवेश करने पर 5 वर्ष के बाद 4140 रुपये का ब्याज प्राप्त होता है। निवेश की गई राशि ज्ञात करिए। (रूपये में)

An amount invested at 12% per annum simple interest gives interest of Rs.4140 after 5 years. Find the amount invested. (in Rs.)

**RPF Constable 19/01/2019 (Shift-02)**

(a) 6700 (b) 6900
(c) 6600 (d) 6800

9. किसी निश्चित राशि को 12% की साधारण वार्षिक ब्याज दर पर 5 वर्षों के लिए जमा करने पर 4,200 रुपये ब्याज प्राप्त होता है। जमा की गई राशि ज्ञात कीजिए? (रुपये में)

Depositing a certain amount at a simple annual interest rate of 12% for 5 years yields Rs. 4,200 interest. Find the amount deposited? (in Rs.)

**RPF Constable 19/01/2019 (Shift-03)**

(a) 7,500 (b) 6,000
(c) 7,000 (d) 6,500

10. 8,200 रुपये को 12% साधारण वार्षिक ब्याज की दर 4 वर्षों के लिए जमा करने पर प्राप्त होने वाली कुल राशि ज्ञात कीजिए? (रुपये में)

Find the total amount received by depositing Rs.8,200 at 12% simple annual interest for 4 years? (in Rs.)

RPF Constable 19/01/2019 (Shift-03)

(a) 12,156 (b) 12,146
(c) 12,166 (d) 12,136

11. साधारण ब्याज दर पर निवेश किये गए 7800 रुपये पर 12% प्रति वर्ष की दर से 4 वर्ष के बाद प्राप्त होने वाली राशि ज्ञात करिए। (रुपये में में)

Find the amount received after 4 years on Rs.7800 invested at simple interest rate 12% per annum. (in Rs.)

RPF Constable 20/01/2019 (Shift-01)

(a) 13544 (b) 11544
(c) 12544 (d) 14544

12. एक राशि को 12% प्रति वर्ष की साधारण ब्याज दर पर निवेश करने पर 5 वर्ष के बाद 3960 रुपये का ब्याज प्राप्त होता है। निवेश की गई राशि ज्ञात करिए। (रुपये में)

Investing a sum of money at simple interest rate of 12% per annum gives interest of Rs.3960 after 5 years. Find the amount invested. (in Rs.)

RPF Constable 20/01/2019 (Shift-01)

(a) 6300
(b) 6600
(c) 6500
(d) 6400

13. किसी निश्चित राशि को 12% की साधारण वार्षिक ब्याज दर 5 वर्षों के लिए जमा करने पर 4,560 रुपये ब्याज प्राप्त होता है। जमा की गयी राशि ज्ञात कीजिए? (रुपये में)

On depositing a certain amount at a simple annual interest rate of 12% for 5 years, one gets Rs.4,560 interest. Find the amount deposited? (in Rs.)

RPF Constable 20/01/2019 (Shift-02)

(a) 7,500 (b) 7,800
(c) 7,700 (d) 7,600

14. 8,800 रुपये को 12% साधारण वार्षिक ब्याज की दर 4 वर्षों के लिए जमा करने पर प्राप्त होने वाली कुल राशि ज्ञात कीजिए? (रुपये में)

Find the total amount received by depositing Rs.8,800 at 12% simple interest for 4 years? (in Rs.)

RPF Constable 20/01/2019 (Shift-02)

(a) 11,034 (b) 12,034
(c) 13,024 (d) 14,024

15. एक राशि को 12% प्रति वर्ष की साधारण ब्याज दर पर निवेश करने पर 5 वर्ष के बाद 4020 रुपये का ब्याज प्राप्त होता है। निवेश की गई राशि ज्ञात करिए। (रुपये में)

An amount invested at 12% per annum simple interest gives an interest of Rs.4020 after 5 years. Find the amount invested. (in Rs.)

RPF Constable 20/01/2019 (Shift-03)

(a) 6600 (b) 6800
(c) 6900 (d) 6700

16. साधारण ब्याज दर पर निवेश किये गए 7900 रुपये पर 12% प्रति वर्ष की दर से 4 वर्ष के बाद प्राप्त होने वाली राशि ज्ञात करिए। (रुपये में)

Find the amount received after 4 years on Rs.7900 invested at simple interest rate 12% per annum. (in Rs.)

RPF Constable 20/01/2019 (Shift-03)

(a) 11692 (b) 13692
(c) 14692 (d) 12692

17. 7,400 रुपये, 8% वार्षिक की साधारण ब्याज दर पर निवेश किये गए। यदि 5 वर्षों बाद वह राशि निकाल लेता है और आधी राशि को शेयर बाजार में निवेश करता है, तो शेष बची राशि (रुपये में) कितनी होगी?

Rs.7,400 were invested at a simple interest rate of 8% per annum. If after 5 years the amount is withdrawn and half the amount is invested in the stock market, then what will be the remaining amount (in Rs.)?

RPF SI 05/01/2019 (Shift-03)

(a) 5,160 (b) 5,180
(c) 5,120 (d) 5,140

18. 5600 रुपये की राशि 8% प्रति वर्ष की दर से साधारण ब्याज पर निवेश की गई। यदि 5 साल के बाद की राशि वापस ले ली जाती है और कुल राशि का आधा शेयर बाजार में निवेश किया जाता है। शेष राशि ज्ञात करें। (रुपये में)

A sum of Rs.5600 was invested at simple interest at the rate of 8% per annum. If the amount is withdrawn after 5 years and half of the total amount is invested in the stock market. Find the remaining amount. (in Rs.)

RPF Constable 31/03/2019 (Shift-01)

(a) 3820
(b) 3920
(c) 3720
(d) 3620

19. 8,000 रुपये की राशि 8% की वार्षिक दर पर साधारण ब्याज पर दी जाती है। यदि 5 साल बाद राशि निकाली गयी और कुल राशि की आधी राशि शेयर बाजार में निवेश कर दी गयी तो बची हुई राशि बताये। (रुपये में)

A sum of Rs.8,000 is given at simple interest at the rate of 8% per annum. If the amount is withdrawn after 5 years and half of the total amount is invested in the stock market, then find the remaining amount. (in Rs.)

**RPF Constable 06/01/2019 (Shift-03)**

(a) 5,400 (b) 5,500
(c) 5,600 (d) 5,300

20. 12% प्रति वर्ष की दर से 5 वर्षों के लिए साधारण ब्याज में निवेश करने के बाद अर्जित ब्याज 3720 रुपये है। निवेश की गई राशि (रुपये में) ज्ञात करें?

The interest earned after investing in simple interest for 5 years at the rate of 12% per annum is Rs 3720. Find the amount invested (in Rs)?

**RPF Constable 17/01/2019 (Shift-01)**

(a) 6300 (b) 6500
(c) 6400 (d) 6200

21. 4 साल के लिए 12% प्रति वर्ष की दर से साधारण ब्याज पर 7400 रुपये का निवेश करने के बाद प्राप्त राशि (रुपये में) की गणना करें।

Calculate the amount received (in Rs) after investing Rs 7400 at simple interest at 12% per annum for 4 years.

**RPF Constable 17/01/2019 (Shift-01)**

(a) 10952 (b) 10852
(c) 10752 (d) 10652

22. विनिथ ने 4,860 रुपये का निवेश किया और दो साल बाद 5,832 रुपये की राशि प्राप्त की। यदि उसने साधारण ब्याज में निवेश किया है तो ब्याज की दर ज्ञात कीजिए;

Vineeth invested Rs. 4,860 and received an amount of Rs. 5,832 after two years. If he has invested in simple interest then find the rate of interest;

**RPF Constable 18/01/2019 (Shift-01)**

(a) 15% (b) 12.5%
(c) 10% (d) 8%

23. 4600 रूपए, 8% वार्षिक साधारण ब्याज दर पर निवेश किये गए। यदि 5 वर्षों बाद वह राशि निकाल ली जाती है और आधी राशि को शेयर बाजार में निवेश कर दिया जाता है, तो शेष बची राशि (रू. में) कितनी होगी?

Rs. 4600 was invested at 8% simple interest rate per annum. If after 5 years the amount is withdrawn and half the amount is invested in the share market, then what will be the remaining amount (in Rs.)?

**RPF S.I. 19/12/2019 (Shift-01)**

(a) 2880 (b) 4220
(c) 3220 (d) 3660

24. 6800 रुपये की राशि 8% की वार्षिक दर से साधारण ब्याज पर दी जाती है यदि 5 साल बाद राशि निकाली गयी और कुल राशि की आधी राशि शेयर बाजार में निवेश कर दी गयी तो बची हुई राशि ज्ञात करें ?

An amount of Rs. 6800 is given at simple interest at the annual rate of 8%. If the amount is withdrawn after 5 years and half of the total amount is invested in the stock market, then find the remaining amount?

**RPF S.I. 10/01/2019 (Shift-01)**

(a) 4,560 रुपये (b) 4,460 रुपये
(c) 4,760 रुपये (d) 4,660 रुपये

## ANSWER KEY

| | | | | | | | | | |
|---|---|---|---|---|---|---|---|---|---|
| 1.(a) | 2.(b) | 3.(b) | 4.(c) | 5.(a) | 6.(d) | 7.(a) | 8.(b) | 9.(c) | 10.(d) |
| 11.(b) | 12.(b) | 13.(d) | 14.(c) | 15.(d) | 16.(a) | 17.(b) | 18.(b) | 19.(c) | 20.(d) |
| 21.(a) | 22.(c) | 23.(c) | 24.(c) | | | | | | |

# SOLUTIONS

1. (a)

साधारण ब्याज (SI) = $\frac{P \times R \times T}{100}$

यहाँ, P = मूलधन (Principal)

R = ब्याज की दर (Rate of Interest)

T = समय (Time)

तब, साधारण ब्याज = $\frac{8700 \times 12 \times 4}{100}$

= 4176 रुपये

∴ मिश्रधन (Amount)

= 8700 + 4176 = 12876 रुपये

2. (b)

प्रश्नानुसार,

∴ साधारण ब्याज = $\frac{\text{मूलधन} \times \text{दर} \times \text{समय}}{100}$

⇒ 4080 = $\frac{\text{मूलधन} \times 12 \times 5}{100}$

मूलधन = 6800 रुपये

3. (b)

राशि (मिश्रधन)

= 8000 + $\frac{8000 \times 12 \times 4}{100}$

= 8000 + 3840 = 11840 रुपये

4. (c)

प्रश्नानुसार,

3900 = $\frac{P \times 12 \times 5}{100}$

P = 6500 रुपये

5. (a)

राशि (मिश्रधन) = 7700 + $\frac{7700 \times 12 \times 4}{100}$

= 11396 रुपये

6. (d)

प्रश्नानुसार,

(5220 – 4350)

= $\frac{4350 \times 2 \times R}{100}$

R = 10%

7. (a)

मिश्रधन (Amount) = 8100

+ $\frac{8100 \times 12 \times 4}{100}$

= 8100 + 3888 = 11988 रुपये

8. (b)

मूलधन (P) = $\frac{4140 \times 100}{12 \times 5}$

=6900 रुपये

9. (c)

मूलधन (P) = $\frac{4200 \times 100}{12 \times 5}$

= 7000 रुपये

10. (d)

मिश्रधन (Amount) = 8200

+ $\frac{8200 \times 12 \times 4}{100}$

= 8200 + 3936 = 12136 रुपये

11. (b)

मिश्रधन (Amount) = 7800

+ $\frac{7800 \times 12 \times 4}{100}$ = 11544 रुपये

12. (b)

प्रश्नानुसार,

3690 = $\frac{P \times 12 \times 5}{100}$

∴ P = 6600 रुपये

13. (d)

प्रश्नानुसार,

4560 = $\frac{P \times 12 \times 5}{100}$

∴ P = 7600 रुपये

14. (c)

प्रश्नानुसार,

मिश्रधन (Amount) = 8800

+ $\frac{8800 \times 12 \times 4}{100}$

= 8800 + 4224

= 13024 रुपये

15. (d)

प्रश्नानुसार,

∴ 4020 = $\frac{P \times 12 \times 5}{100}$

∴ P = 6700 रुपये

16. (a)

प्रश्नानुसार,

मिश्रधन (Amount) = 7900

+ $\frac{7900 \times 12 \times 4}{100}$

= 7900 + 3792 = 11692 रुपये

17. (b)

साधारण ब्याज = $\frac{P \times R \times T}{100}$

= $\frac{7400 \times 8 \times 5}{100}$ = 2960

मिश्रधन = मूलधन + साधारण ब्याज

= 7400 + 2960

= 10360 रुपये

शेष राशि = $\frac{10360}{2}$

= 5180 रुपये

**वैकल्पिक विधि:**

(P) (A)

(100%) (140%)

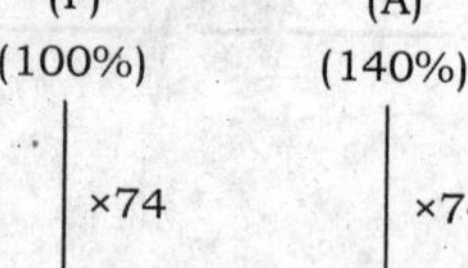


Rs.7400 Rs.10360

∴ आवश्यक मान

= $\frac{10360}{2}$ = 5180 रुपये

18. (b)

साधारण ब्याज $= \frac{P \times R \times T}{100}$

$= \frac{5600 \times 8 \times 5}{100} = 2240$

मिश्रधन = मूलधन + साधारण ब्याज

= 5600 + 2240 = 7840

शेयर बाजार में निवेश की गई राशि

$= \frac{7840}{2} = 3920$ रुपये

शेष बची राशि = 7840 – 3920

= 3920 रुपये

**वैकल्पिक विधिः**

(P) (100%) → ×56 → Rs.5600

(A) (140%) → ×56 → Rs.7840

∴ आवश्यक मान $= \frac{7840}{2}$

= Rs.3920

19. (c)

साधारण ब्याज $= \frac{P \times R \times T}{100}$

$= \frac{8000 \times 8 \times 5}{100} = 3200$

मिश्रधन = मूलधन + साधारण ब्याज

= 8000 + 3200 = 11200

शेयर बाजार में निवेश की गई राशि

$= \frac{11200}{2} = 5600$

शेष बची राशि = 11200 – 5600

= 5600 रुपये

**वैकल्पिक विधिः**

(P) (100%) → ×80 → Rs.8000

(A) (140%) → ×80 → Rs.11200

आवश्यक मान $= \frac{11200}{2}$

= Rs.5600

20. (d)

साधारण ब्याज $= \frac{P \times R \times T}{100}$

$\Rightarrow \frac{P \times 12 \times 5}{100} = 3720$

$P = \frac{3720 \times 10}{6} = 6200$ रुपये

21. (a)

साधारण ब्याज $= \frac{P \times R \times T}{100}$

$= \frac{7400 \times 12 \times 4}{100} = 3552$

अब, मिश्रधन

= मूलधन (P) + साधारण ब्याज

= 7400 + 3552 = 10952 रुपये

22. (c)

राशि = मूलधन + ब्याज

ब्याज = 5832 – 4860 = 972

साधारण ब्याज $= \frac{P \times R \times T}{100}$

$\Rightarrow 972 = \frac{4860 \times R \times 2}{100}$

$\Rightarrow R = \frac{972 \times 100}{4860 \times 2}$ R

$= \frac{972 \times 5}{486}$

$\Rightarrow R = 10\%$

23. (c)

साधारण ब्याज $= \frac{P \times R \times T}{100}$

$= \frac{4600 \times 8 \times 5}{100} = 1840$

मिश्रधन = 4600 + 1840 = 6440

शेयर बाजार में निवेश की गई राशि

$= \frac{6440}{2} = 3220$

शेष बची राशि = 6440 – 3220

= 3220 रुपये

24. (c)

साधारण ब्याज

$= \frac{\text{मूल धन} \times \text{दर} \times \text{समय}}{100}$

$\frac{6800 \times 8 \times 5}{100} = 2720$

कुल राशि = 6800 + 2720

= 9520

शेयर बाजार में निवेश की गई राशि

$= \frac{9520}{2} = 4760$ रुपये

☆☆☆☆☆

# COMPOUND INTEREST

# चक्रवृद्धि ब्याज

05

1. 15% प्रति वर्ष वार्षिक रूप से चक्रवृद्धि ब्याज दर पर 2 वर्ष की अवधि के लिए ₹24800 पर प्राप्त होने वाली राशि ज्ञात करें। (₹ में)

Find the amount received on ₹24800 for a period of 2 years at 15% per annum compounded annually. (in ₹)

**RPF Constable 18/01/2019 (Shift-03)**

(a) 34798 (b) 31798
(c) 32798 (d) 33798

2. 15% प्रति वर्ष चक्रवृद्धि ब्याज दर पर 2 वर्ष की अवधि के लिए ₹34400 पर प्राप्त होने वाली राशि ज्ञात करें। (₹ में)

Find the amount received on ₹34400 for a period of 2 years at compound interest rate of 15% per annum. (in ₹)

**RPF Constable 19/01/2019 (Shift-02)**

(a) 47494 (b) 45494
(c) 46494 (d) 44494

3. प्रति वर्ष वार्षिक रूप से 15% चक्रवृद्धि ब्याज दर पर 2 वर्ष की अवधि के लिए ₹27200 पर प्राप्त होने वाली राशि ज्ञात करें। (₹ में)

Find the amount received on ₹27200 for a period of 2 years at 15% compound interest per annum. (in ₹)

**RPF SI 20/01/2019 (Shift-01)**

(a) 37972 (b) 35972
(c) 36972 (d) 34972

4. ₹51,200 को 15% की वार्षिक चक्रवृद्धि ब्याज दर पर 2 वर्षों के लिए जमा करने पर प्राप्त होने वाली कुल राशि ज्ञात कीजिए? (₹ में)

Find the total amount received by depositing ₹51,200 for 2 years at 15% compound interest rate per annum? (in ₹)

**RPF Constable 20/01/2019 (Shift-01)**

(a) 68,812
(b) 65,512
(c) 69,912
(d) 67,712

5. 15% प्रति वर्ष वार्षिक रूप से चक्रवृद्धि ब्याज दर पर 2 वर्ष की अवधि के लिए ₹29600 पर प्राप्त होने वाली राशि ज्ञात करें। (₹ में)

Find the amount received on ₹29600 for a period of 2 years at 15% per annum compounded annually. (in ₹)

**RPF Constable 20/01/2019 (Shift-03)**

(a) 39146 (b) 37146
(c) 38146 (d) 40146

6. 15% की वार्षिक दर से 2 साल के लिए ₹39,200 की राशि पर चक्रवृद्धि ब्याज से प्राप्त होने वाली राशि बताएं। (₹ में)

Find the amount received from compound interest on a sum of ₹39,200 for 2 years at the rate of 15% per annum. (in ₹)

**RPF Constable 27/01/2019 (Shift-02)**

(a) 53,842
(b) 54,842
(c) 52,842
(d) 51,842

7. 15% वार्षिक चक्रवृद्धि ब्याज दर से निवेश की गई 48,800 रुपये की राशि 2 वर्ष बाद कितनी होगी? (रुपये में)

What will be the amount of Rs.48,800 invested at 15% compound interest rate after 2 years? (in Rs.)

**RPF Constable 17/01/2019 (Shift-03)**

(a) 65,538 (b) 64,538
(c) 66,538 (d) 67,538

8. ₹15,500 को 10% की वार्षिक चक्रवृद्धि ब्याज दर पर 2 वर्षों के लिए जमा करने पर प्राप्त होने वाली कुल राशि ज्ञात कीजिए? (₹ में)

Find the total amount received by depositing ₹15,500 for 2 years at 10% compound interest rate? (in ₹)

**RPF Constable 22/01/2019 (Shift-03)**

(a) 20,755
(b) 18,755
(c) 19,755
(d) 21,755

9. ₹56,000 को 15% की वार्षिक चक्रवृद्धि ब्याज दर पर 2 वर्षों के लिए जमा करने पर प्राप्त होने वाली कुल राशि ज्ञात कीजिए? (₹ में)

Find the total amount received by depositing ₹56,000 for 2 years at 15% compound interest per annum? (in ₹)

**RPF SI 24/01/2019 (Shift-01)**

(a) 75,060 (b) 74,060
(c) 77,060 (d) 76,060

10. 10% की वार्षिक दर से 2 साल के लिए ₹15,600 की राशि पर चक्रवृद्धि ब्याज से प्राप्त होने वाली राशि बताएं। (₹ मे)

Find the amount received from compound interest on a sum of ₹15,600 for 2 years at the rate of 10% per annum. (in ₹)

**RPF Constable 24/01/2019 (Shift-03)**

(a) 18,886 (b) 18,856
(c) 18,896 (d) 18,876

11. 15% प्रति वर्ष की वार्षिक चक्रवृद्धि ब्याज दर (रुपये में) के साथ, 18000 रुपये की राशि पर 2 वर्ष की अवधि के बाद प्राप्त राशि है:-

With an annual compound interest rate of 15% per annum (in rupees), the amount received after a period of 2 years on a sum of Rs. 18000 is:-

**RPF Constable 17/01/2019 (Shift-01)**

(a) 24805 (b) 23805
(c) 25805 (d) 22805

12. वह राशि ज्ञात कीजिए, जब 32000 रुपये की राशि को 15% वार्षिक दर से 2 वर्ष की अवधि के लिए वार्षिक रूप से संयोजित किया जाता है।

Find the amount when a sum of Rs.32000 is compounded annually for a period of 2 years at 15% per annum.

**RPF Constable 18/01/2019 (Shift-02)**

(a) 43320 (b) 45320
(c) 44320 (d) 42320

13. 16800 रुपये पर 10% प्रति वर्ष की चक्रवृद्धि ब्याज दर के साथ 2 वर्ष की अवधि के बाद राशि क्या होगी? (रुपये में)

What will be the amount after a period of 2 years with a compound interest rate of 10% pa at 16800 rupees? (In rupees)

**RPF Constable 02/02/2019 (Shift-01)**

(a) 20,328 (b) 21,238
(c) 23,238 (d) 22,328

14. 17200 रुपये प्रति वर्ष 10% की चक्रवृद्धि ब्याज दर पर 2 वर्ष की अवधि के बाद राशि क्या होगी? (रुपये में)

What will be the amount after the period of 2 years at the compound interest rate of 10% per year at 17200 rupees? (In rupees)

**RPF Constable 03/02/2019 (Shift-02)**

(a) 22812 (b) 23812
(c) 20812 (d) 21812

15. 16700 रुपये पर 10% प्रति वर्ष की चक्रवृद्धि ब्याज दर के साथ 2 वर्ष की अवधि के बाद राशि क्या होगी? (रुपये में)

What will be the amount after a period of 2 years with a compound interest rate of 10% pa at 16700 rupees? (In rupees)

**RPF Constable 04/02/2019 (Shift-01)**

(a) 20307 (b) 20207
(c) 20507 (d) 20407

16. 3 वर्ष के बाद चक्रवृद्धि ब्याज के तहत कुल राशि 10% प्रति वर्ष पर बताए, यदि मूल राशि ₹18,000 है। (₹ में)

Find the total amount after 3 years under compound interest at 10% per annum, if the principal amount is ₹18,000. (in ₹)

**RPF Constable 16/01/2019 (Shift-01)**

(a) 23589 (b) 23985
(c) 23598 (d) 23958

17. आनंद में ₹10000 को 10% वार्षिक दर से चक्रवृद्धि ब्याज पर तीन वर्षों के लिए निवेश किया। तीन वर्षों के बाद उसे कितनी राशि प्राप्त होगा?

Anand invested ₹10000 at compound interest at 10% per annum for three years. What amount will he receive after three years?

**RPF Constable 28/03/2019 (Shift-02)**

(a) 13330 (b) 13310
(c) 13320 (d) 13340

18. एक निश्चित राशि को 5% के चक्रवृद्धि ब्याज पर निवेश किया गया। ब्याज की गणना तीन वर्षों के लिए वार्षिक रूप से की गई। यदि आकलित ब्याज ₹2522 है, तो मूलधन का पता लगाएँ।

A certain sum was invested at compound interest at 5%. Interest was calculated annually for three years. If the estimated interest is ₹2522, find the principal amount.

**RPF Constable 30/03/2019 (Shift-01)**

(a) ₹17000 (b) ₹10000
(c) ₹13000 (d) ₹16000

19. यदि मूलधन 26000 रुपये है तो 3 वर्ष बाद 10% प्रति वर्ष चक्रवृद्धि ब्याज की दर पर कुल राशि ज्ञात कीजिए। (रुपये में)

If the principal amount is Rs. 26000 then find the total amount after 3 years at the rate of compound interest of 10% per annum. (in rupees)

**RPF Constable 19/01/2019 (Shift-01)**

(a) 35606 (b) 34606
(c) 37606 (d) 36606

20. ₹10000 पर 2 वर्ष के लिए 10% प्रतिवर्ष पर चक्रवृद्धि ब्याज पता करें, जो छमाही चक्रवृद्धित है।

Find the compound interest on ₹10000 at 10% per annum for 2 years, compounded half yearly.

**RPF Constable 18/01/2019 (Shift-02)**

(a) 2258.54 (b) 3142.95
(c) 2225.52 (d) 2155.00

21. 8% वार्षिक ब्याज दर पर 6600 रुपये की राशि निवेश की जाती है। 5 साल बाद कुल रकम निकाल लें और आधा हिस्सा शेयर बाजार में निवेश कर दें। फिर बची हुई मात्रा निकाल लें. (रुपये में)

An amount of 6600 rupees is invested in 8% yearly interest rate. After 5 years, withdraw the total amount and invest half a share in the stock market. Then remove the remaining amount. (In rupees)

RPF SI 06/01/2019 (Shift-02)

(a) 4,520 (b) 4,620
(c) 4,320 (d) 4,320

22. चक्रवृद्धि ब्याज पर कोई राशि 3 वर्षों में अपने आप की दो गुनी हो जाती है। कितने वर्षों में यह अपने आप की 32 गुनी हो जाएगी?

Any amount doubles itself in 3 years at compound interest. In how many years will it become 32 times itself?

RPF SI 19/12/2018 (Shift-03)

(a) 16 (b) 12
(c) 15 (d) 14

23. चक्रवृद्धि ब्याज पर कोई राशि 4 वर्षों में मूल राशि की तीन गुनी हो जाती है। कितने वर्षों में यह अपनी मूल राशि की 729 गुनी हो जाएगी?

Any amount on compound interest becomes three times the original amount in 4 years. In how many years will it become 729 times its original amount?

RPF SI 5/01/2019 (Shift-03)

(a) 23 (b) 24
(c) 21 (d) 22

24. कोई राशि चक्रवृद्धि ब्याज की दर से 5 साल में मूल राशि की तिगुनी हो जाती है, कितने साल में यह मूल राशि की 81 गुनी हो जाएगी?

If a sum becomes three times the original sum in 5 years at the rate of compound interest, in how many years will it become 81 times the original sum?

RPF SI 06/01/2019 (Shift-03)

(a) 20 (b) 22
(c) 19 (d) 21

25. चक्रवृद्धि ब्याज के तहत एक राशि 3 वर्ष में दोगुना हो जाती है। कितने साल में यह अपनी राशि का 256 गुना हो जाएगी?

Under compound interest a sum doubles in 3 years. In how many years will it become 256 times its amount?

RPF SI 6/01/2019 (Shift-01)

(a) 24 वर्ष/years
(b) 28 वर्ष/years
(c) 22 वर्ष/years
(d) 26 वर्ष/years

26. चक्रवृद्धि ब्याज पर कोई राशि 5 वर्षों में मूल राशि की तीन गुनी हो जाती है। कितने वर्षों में यह अपनी मूल राशि की 27 गुनी हो जाएगी?

Any amount at compound interest becomes three times the original amount in 5 years. In how many years will it become 27 times its original amount?

RPF SI 12/01/2019 (Shift-01)

(a) 20 (b) 30
(c) 25 (d) 15

27. 3 वर्षों में चक्रवृद्धि ब्याज के तहत राशि दोगुनी हो जाती है। कितने वर्षों में यह 2048 गुना हो जाएगा?

The amount doubles under compound interest in 3 years. In how many years will it become 2048 times?

RPF SI 10/01/2019 (Shift-02)

(a) 33 वर्ष/years
(b) 35 वर्ष/years
(c) 37 वर्ष/years
(d) 31 वर्ष/years

28. एक धनराशि चक्रवृद्धि ब्याज दर पर 7 वर्षों में तीन गुना हो जाती है। कितने वर्षों में यह अपने वास्तविक मूल्य से 243 गुनी हो जाएगी? (वर्षों में)

A sum of money triples in 7 years at compound interest rate. In how many years will it become 243 times its original value? (in years)

RPF SI 12/01/2019 (Shift-02)

(a) 41 (b) 35
(c) 38 (d) 44

29. कोई राशि चक्रवृद्धि ब्याज की दर से 4 साल में मूल राशि की तिगुनी हो जाती है, कितने साल में वह मूल राशि की 243 गुनी हो जाएगी?

If a sum becomes three times the original sum in 4 years at the rate of compound interest, in how many years will it become 243 times the original sum?

RPF SI 12/01/2019 (Shift-03)

(a) 14 (b) 18
(c) 16 (d) 20

30. एक धनराशि चक्रवृद्धि ब्याज दर पर 7 वर्षों में दोगुनी हो जाती है। कितने वर्षों में यह अपने वास्तविक मूल्य से 8 गुनी हो जाएगी?

A sum of money doubles itself in 7 years at compound interest rate. In how many years will it become 8 times its original value?

RPF SI 11/01/2019 (Shift-01)

(a) 21
(b) 22
(c) 23
(d) 24

31. चक्रवृद्धि ब्याज पर कोई राशि 3 वर्षों मे मूल राशि की दो गुनी हो जाती है। कितने वर्षों में यह अपनी मूल राशि की 1024 गुनी हो जाएगी?

On compound interest any amount becomes double the original amount in 3 years. In how many years will it become 1024 times its original amount?

RPF SI 13/01/2019 (Shift-03)

(a) 30 वर्ष/years
(b) 34 वर्ष/years
(c) 32 वर्ष/years
(d) 28 वर्ष/years

32. चक्रवृद्धि ब्याज पर कोई राशि 3 वर्षों में मूल राशि की दो गुनी हो जाती है। कितने वर्षों में यह अपनी मूल राशि की 64 गुनी हो जाएगी?

Any amount at compound interest becomes double the original amount in 3 years. In how many years will it become 64 times its original amount?

RPF SI 24/12/2018 (Shift-01)

(a) 16 (b) 20
(c) 14 (d) 18

33. चक्रवृद्धि ब्याज पर कोई राशि 4 वर्षों में मूल राशि की तीन गुनी हो जाती है। कितने वर्षों में यह अपनी मूल राशि की 9 गुनी हो जाएगी?

Any amount on compound interest becomes three times the original amount in 4 years. In how many years will it become 9 times its original amount?

RPF SI 06/01/2019 (Shift-02)

(a) 10 (b) 9
(c) 7 (d) 8

34. किसी भी चक्रवृद्धि ब्याज दर पर, यह 3 वर्षों में दोगुना हो जाता है, कितने वर्षों में यह अपने से 128 गुना हो जाएगा?

At the rate of any compound interest rate, it doubles itself in 3 years, in how many years it will be 128 times its own?

RPF SI 05 Jan 2019 Shift 2

(a) 25 years (b) 23 years
(c) 21 years (d) 19 years

35. चक्रवृद्धि ब्याज पर, एक राशि 4 वर्षों में मूल राशि से तीन गुना हो जाती है। कितने वर्षों में यह अपनी मूल राशि से 729 गुना हो जाएगी?

On a compound interest, a sum is tripled to the original amount in 4 years. In how many years will it be 729 times its original amount?

RPF SI 05 Jan 2019 (Shift- 03)

(a) 23 (b) 24
(c) 21 (d) 22

36. चक्रवृद्धि ब्याज के तहत कोई रकम 3 साल में दोगुनी हो जाती है. कितने वर्षों में यह अपनी राशि का 256 गुना हो जाएगा?

Under compound interest, an amount doubles in 3 years. How many years will it be 256 times its amount?

RPF SI 06 Jan 2019 (Shift- 01)

(a) 24 years (b) 28 years
(c) 22 years (d) 26 years

37. एक राशि चक्रवृद्धि ब्याज पर 4 वर्षों में तीन गुना हो जाती है। 9 बार में कितना समय लगेगा?

One sum is tripled on compound interest in 4 years. How long will it take for 9 times?

RPF SI 06 Jan 2019 (Shift- 02)

(a) 10 (b) 9
(c) 7 (d) 8

38. एक निश्चित राशि पर 10% प्रति वर्ष पर दो वर्ष बाद चक्रवृद्धि ब्याज और साधारण ब्याज के बीच अंतर ₹523 है। निवेश की गई राशि ज्ञात करिए।

The difference between compound interest and simple interest on a certain sum at 10% per annum after two years is ₹523. Find the amount invested.

RPF Constable 19/06/2019 (Shift-01)

(a) 52300 (b) 42300
(c) 62300 (d) 72300

39. समान राशि पर 2 वर्षों में अर्जित चक्रवृद्धि ब्याज और साधारण ब्याज की राशियों का अंतर ₹28 है। यदि ब्याज दर 4% वार्षिक हो, तो निवेशित राशि की गणना (₹ में) कीजिए?

The difference between the amounts of compound interest and simple interest earned on the same amount in 2 years is ₹28. If the interest rate is 4% per annum, then calculate the amount invested (in ₹)?

RPF SI 10/01/2019 (Shift-03)

(a) 14500 (b) 16500
(c) 18500 (d) 17500

40. समान राशि पर दो वर्षों में प्राप्त चक्रवृद्धि ब्याज और साधारण ब्याज की राशियों का अंतर ₹198 है। यदि ब्याज दर 6% प्रति वर्ष है, तो निवेशित राशि की गणना (₹ में) कीजिए ?

The difference between the amounts of compound interest and simple interest received on the same amount in two years is ₹198. If the interest rate is 6% per annum, then calculate the amount invested (in ₹)?

RPF SI 11/01/2019 (Shift-02)

(a) 55,000 (b) 57,500
(c) 50,000 (d) 52,500

41. एक निश्चित राशि पर 5% प्रतिवर्ष की दर से 2 वर्ष के लिए साधारण ब्याज और चक्रवृद्धि ब्याज के बीच का अंतर ₹5 है। राशि पता करें।

The difference between simple interest and compound interest on a certain sum at 5% per annum for 2 years is ₹5. Find the amount.

RPF SI 12/01/2019 (Shift-02)

(a) ₹2000 (b) ₹1500
(c) ₹1600 (d) ₹1900

42. सामान राशि पर दो वर्षों में प्राप्त चक्रवृद्धि ब्याज और साधारण ब्याज की राशियों का अंतर ₹68 है, यदि ब्याज दर 4% वार्षिक हो तो निवेशित राशि की गणना कीजिये। (₹ में)

The difference between the amounts of compound interest and simple interest received on the same amount in two years is ₹68. If the interest rate is 4% per annum, then calculate the invested amount. (in ₹)

RPF SI 12/01/2019 (Shift-03)

(a) 42,500 (b) 45,500
(c) 43,500 (d) 44,500

43. समान राशि पर दो वर्षों में प्राप्त चक्रवृद्धि ब्याज और साधारण ब्याज की राशियों का अंतर ₹40 है। यदि ब्याज दर 4% वार्षिक हो तो निवेशित राशि की गणना (₹ में) कीजिए?

The difference between the amounts of compound interest and simple interest received on the same amount in two years is ₹40. If the interest rate is 4% per annum then calculate the amount invested (in ₹)?

RPF SI 12/01/2019 (Shift-03)

(a) 32000 (b) 20000
(c) 22500 (d) 25000

44. सामान राशि पर दो वर्षों में प्राप्त चक्रवृद्धि ब्याज और साधारण ब्याज की राशियाँ का अंतर ₹55 है, यदि ब्याज दर 5% वार्षिक हो तो निवेश्ति राशि की गणना कीजिये।

The difference between the amounts of compound interest and simple interest received on the same amount in two years is ₹55. If the interest rate is 5% per annum, then calculate the investment amount.

RPF SI 5/01/2019 (Shift-02)

(a) 27500 (b) 25500
(c) 22000 (d) 24500

45. समान राशि पर सामान ब्याज दर पर दो वर्षों में प्राप्त चक्रवृद्धि ब्याज और साधारण ब्याज की राशियों का अंतर ₹72 है। यदि ब्याज दर 4% वार्षिक हो, तो निवेशित राशि की गणना (₹ में) करें?

The difference between the amounts of compound interest and simple interest received on the same amount in two years at the same interest rate is ₹72. If the interest rate is 4% per annum, calculate the amount invested (in ₹)?

RPF SI 5/01/2019 (Shift-03)

(a) 43,000 (b) 44,000
(c) 45,000 (d) 42.000

46. यदि एक ही राशि को चक्रवृद्धि और साधारण ब्याज की एक ही दर पर दो साल के लिए निवेश किया जाता है, तो भुगतान किए गए ब्याज पर ₹56 का अंतर होगा। यदि ब्याज दर 4% प्रति वर्ष हैं तो निवेश की गई राशि को वापस ले लें। (₹ में)

If the same amount is invested for two years at the same rate of compound and simple interest, the difference in interest paid will be ₹56. If the interest rates are 4% per annum then withdraw the invested amount. (in ₹)

RPF SI 06/01/2019 (Shift-02)

(a) 34,000
(b) 33,000
(c) 35,000
(d) 32,000

47. समान राशि पर, सामान ब्याज दर पर दो वर्षों में प्राप्त चक्रवृद्धि ब्याज और साधारण ब्याज की राशियों का अंतर ₹64 है। यदि ब्याज दर 4% वार्षिक हो, तो निवेशित राशि की गणना (₹ में) कीजिए?

The difference between the amounts of compound interest and simple interest received on the same amount in two years at the same interest rate is ₹64. If the interest rate is 4% per annum, then calculate the amount invested (in ₹)?

RPF SI 11/01/2019 (Shift-03)

(a) 44,000 (b) 46,000
(c) 42,000 (d) 40,000

48. सामान राशि पर दो वर्षों में प्राप्त चक्रवृद्धि ब्याज और साधारण ब्याज की राशियों का अंतर ₹92 है, यदि ब्याज दर 4% वार्षिक हो तो निवेशित राशि की गणना कीजिये। (₹ में)

The difference between the amounts of compound interest and simple interest received on the same amount in two years is ₹92. If the interest rate is 4% per annum, then calculate the invested amount. (in ₹)

RPF SI 13/01/2019 (Shift-02)

(a) 59,500 (b) 58,500
(c) 60,500 (d) 57,500

49. एक निश्चित राशि पर दो साल बाद 10% प्रति वर्ष की दर से चक्रवृद्धि ब्याज और साधारण ब्याज के बीच का अंतर 462 रुपये है। निवेश की गई राशि ज्ञात कीजिए।

The difference between compound interest and simple interest on a certain sum at the rate of 10% per annum after two years is Rs 462. Find the amount invested.

RPF Constable 18/01/2019 (Shift-01)

(a) Rs.42,600
(b) Rs.26,400
(c) Rs.24,600
(d) Rs.46,200

50. 2 वर्षों के लिए समान दर पर निवेश की गई समान राशि पर प्राप्त चक्रवृद्धि ब्याज और साधारण ब्याज की राशियों का अंतर 32 रूपए है। यदि ब्याज दर 4% वार्षिक हो, तो निवेशित राशि की गणना (रू. में) कीजिए

The difference between the amounts of compound interest and simple interest on the same amount invested at the same rate for 2 years is Rs. 32. If the interest rate is 4% per annum, calculate the amount invested (in Rs.)

**RPF SI 19/12/2018 (Shift-01)**

(a) 30000 (b) 16000
(c) 20000 (d) 25000

51. दो वर्षों के लिए समान ब्याज दर पर चक्रवृद्धि ब्याज और साधारण ब्याज पर निवेश की गई समान राशि पर प्राप्त ब्याज की रकम में अंतर 36 रुपये है। यदि ब्याज दर 4% वार्षिक हो, तो निवेशित राशि की गणना (रुपये में) कीजिए?

The difference in the amount of interest received on the same amount invested at compound interest and simple interest at the same interest rate for two years is Rs.36. If the interest rate is 4% per annum, then calculate the amount invested (in Rs.)?

**RPF SI 19/12/2018 (Shift-03)**

(a) 20500
(b) 23850
(c) 16750
(d) 22500

52. चक्रवृद्धि ब्याज और साधारण ब्याज पर 2 साल के लिए निवेश की गई समान राशि पर अर्जित ब्याज के बीच का अंतर 76 रुपये है। यदि ब्याज दर 4% प्रति वर्ष है, तो निवेश की गई राशि की गणना करें। (रुपये में)

The difference between the interest earned on the same amount invested for 2 years at compound interest and simple interest is Rs 76. If the interest rate is 4% per annum, calculate the amount invested. (in rupees)

**RPF SI 15/01/2019 (Shift-01)**

(a) 51,500 (b) 47,500
(c) 48,500 (d) 49,500

53. सामान राशि पर, सामान ब्याज दर पर दो वर्षों में प्राप्त चक्रवृद्धि ब्याज और साधारण ब्याज की राशियों का अंतर 60 रूपये है, यदि ब्याज दर 4 % वार्षिक हो तो निवेशित राशि की गणना कीजिये (रू में)

The difference between the amounts of compound interest and simple interest received in two years on the same amount at the same interest rate is Rs. 60. If the interest rate is 4% per annum, then calculate the amount invested (in Rs.)

**RPF SI 10/01/2019 (Shift-01)**

(a) 35,500
(b) 36,500
(c) 34,500
(d) 37,500

54. किसी धनराशि पर दो वर्षों में प्राप्त चक्रवृद्धि ब्याज तथा साधारण ब्याज की धनराशि का अंतर 44 रुपये है, यदि ब्याज दर 4% प्रति वर्ष है, तो निवेश की गई धनराशि की गणना करें।

The difference between compound interest and simple interest amount received in two years on the amount of money is Rs 44, if the interest rate is 4% per year, then calculate the amount invested.

**RPF SI 05 Jan 2019 Shift 2**

(a) 27500 (b) 25500
(c) 28500 (d) 26500

55. उसी राशि पर, ब्याज दर पर, दो वर्षों में अर्जित चक्रवृद्धि ब्याज और साधारण ब्याज का अंतर 72 रुपये है। यदि ब्याज दर 4% वार्षिक है, तो निवेश की गई राशि (रुपये में) की गणना करें?

At the same amount, the difference of compound interest and simple interest earned in two years, at the interest rate of interest, is 72 rupees. If the interest rate is 4% annual, then calculate the amount invested (in Rs.)?

**RPF SI 05 Jan 2019 (Shift- 03)**

(a) 43,000 (b) 44,000
(c) 45,000 (d) 42,000

56. 2 साल तक चक्रवृद्धि ब्याज और सामान्य ब्याज के तहत निवेश करने पर दोनों से अर्जित ब्याज का अंतर 4 रुपये है। यदि ब्याज दरें 4% वार्षिक हैं तो निवेश की गई राशि बताएं (रुपये में)

The difference between earned interest from both, for investing under compound interest and general interest for 2 years, is 4 rupees. If interest rates are 4% per annum then tell the amount invested (in rupees)

**RPF SI 06 Jan 2019 (Shift- 01)**

(a) 27750 (b) 28750
(c) 26750 (d) 30750

57. यदि समान राशि को समान चक्रवृद्धि और सीधे ब्याज दर पर दो वर्षों के लिए निवेश किया जाता है, तो रुपये का अंतर होगा। भुगतान किए गए ब्याज पर 56 रु. यदि ब्याज दर 4% वार्षिक है तो निवेश की गई राशि निकाल लें। (रुपये में)।

If the same amount is invested for two years at the same rate of compounding and straightforward interest, then there will be difference of Rs. 56 to the interest paid. If the interest rate is 4% per annum then withdraw the amount invested. (In rupees)

**RPF SI 06 Jan 2019 (Shift- 02)**

(a) 34,000 (b) 33,000
(c) 35,000 (d) 32,000

# ANSWER KEY

| | | | | | | | | | |
|---|---|---|---|---|---|---|---|---|---|
| 1.(c) | 2.(b) | 3.(b) | 4.(d) | 5.(a) | 6.(d) | 7.(b) | 8.(b) | 9.(b) | 10.(d) |
| 11.(b) | 12.(d) | 13.(a) | 14.(c) | 15.(b) | 16.(d) | 17.(b) | 18.(d) | 19.(b) | 20.(d) |
| 21.(b) | 22.(c) | 23.(b) | 24.(a) | 25.(a) | 26.(d) | 27.(a) | 28.(b) | 29.(d) | 30.(a) |
| 31.(a) | 32.(d) | 33.(d) | 34.(c) | 35.(b) | 36.(a) | 37.(d) | 38.(a) | 39.(d) | 40.(a) |
| 41.(a) | 42.(a) | 43.(d) | 44.(c) | 45.(c) | 46.(c) | 47.(d) | 48.(d) | 49.(d) | 50.(c) |
| 51.(d) | 52.(b) | 53.(d) | 54.(a) | 55.(c) | 56.(b) | 57.(c) | | | |

# SOLUTIONS

1. (c)

कुल ब्याज जो 2 वर्ष में मिलेगा = $x + y + \frac{xy}{100}$

$= 15 + 15 + \frac{15 \times 15}{100}$

$= 30 + 2.25$

$= 32.25\%$

राशि = $\frac{24800}{100} \times 132.25\%$

= ₹ 32798

2. (b)

2 वर्ष का ब्याज = $15 + 15 + \frac{15 \times 15}{100}$

$= 32.25\%$

राशि = $\frac{34400}{100} \times 132.25$

= ₹ 45494

3. (b)

2 वर्ष का ब्याज = $15 + 15 + \frac{15 \times 15}{100} = 32.25\%$

2 वर्ष बाद राशि = $\frac{27200}{100} \times 132.25$

= ₹ 35972

4. (d)

2 वर्ष का ब्याज = $15 + 15 + \frac{15 \times 15}{100} = 32.25$

2 वर्ष बाद राशि = $\frac{51200}{100} \times 132.25$

= ₹ 67712

5. (a)

2 वर्ष का ब्याज = $x + y + \frac{xy}{100}$

$= 15 + 15 + \frac{15 \times 15}{100}$

$= 32.25\%$

2 वर्ष बाद राशि = $\frac{29600}{100} \times 132.25$

= ₹39146

6. (d)

2 वर्ष का ब्याज = $15 + 15 + \frac{15 \times 15}{100} = 32.25\%$

2 वर्ष बाद राशि = $\frac{39200}{100} \times 132.25$ = ₹ 51842

7. (b)

2 वर्षों का ब्याज = $15 + 15 + \frac{15 \times 15}{100} = 32.25\%$

2 वर्षों बाद राशि होगी = $\frac{48800}{100} \times 132.25$

= ₹ 64538

8. (b)

2 वर्षों का कुल ब्याज दर = $10 + 10 + \frac{10 \times 10}{100} = 21\%$

2 वर्षों बाद राशि = $\frac{15500}{100} \times 121$

= ₹18755

9. (b)
2 वर्षों का ब्याज = 15 + 15 + $\frac{15\times15}{100}$ = 32.25%

2 वर्षों में राशि = $\frac{56000}{100}\times$ 132.25
= ₹74060

10. (d)
2 वर्षों का कुल ब्याज = 10 + 10 × $\frac{10\times10}{100}$ = 21%

2 वर्षों में राशि = $\frac{15600}{100}\times121$
= ₹18876

11. (b)

दर = 15% = $\frac{3}{20}$ → ब्याज / → मूलधन

मिश्रधन = मूलधन + ब्याज = 20 + 3 = 23

| मूलधन | | मिश्रधन |
|---|---|---|
| 20 | : | 23 |
| 20 | : | 23 |
| 400 | : | 529 |

यहाँ, 400 इकाई = 1800

529 इकाई = $\frac{18000\times529}{400}$
= 45 × 529 = Rs.23805

12. (d)

दर = 15% = $\frac{+3}{20}$

| मूलधन | | मिश्रधन |
|---|---|---|
| 20 | : | 23 |
| 20 | : | 23 |
| 400 | : | 529 |

यहाँ, 400 इकाई = 32000

529 इकाई = $\frac{32000\times529}{400}$
= 80 × 529 = Rs.42320

13. (a)
मूलधन (P) = 16800 रुपये
चक्रवृद्धि ब्याज दर (r) = 10% वार्षिक
समय (t) = 2 वर्ष

10% = $\frac{1}{10}$ → ब्याज / → मूलधन

मिश्रधन = मूलधन + ब्याज = 10 + 1 = 11

| मूलधन | मिश्रधन |
|---|---|
| 10 | 11 |
| 10 | 11 |
| 100 | 121 |
| ↓×168 | ↓×168 |
| 16800 | 20328 रुपये |

14. (c)
मूल राशि (P) = 17200 रुपये
समय अवधि (t) = 2 वर्ष
चक्रवृद्धि ब्याज दर (R) = 10% प्रति वर्ष
प्रश्नानुसार,

10% = $\frac{1}{10}$ → ब्याज / → मूलधन

मिश्रधन = मूलधन + ब्याज = 10 + 1 = 11

| मूलधन | मिश्रधन |
|---|---|
| 10 | 11 |
| 10 | 11 |
| 100 | 121 |
| ↓×172 | ↓×172 |
| 17200 | 20812 रुपये |

15. (b)
मूलधन = 16700 रुपये
दर = 10%
समय = 2 वर्ष
प्रश्नानुसार,

10% = $\frac{1}{10}$ → ब्याज / → मूलधन

मिश्रधन = मूलधन + ब्याज = 10 + 1 = 11

| मूलधन | मिश्रधन |
|---|---|
| 10 | 11 |
| 10 | 11 |
| 100 | 121 |
| ↓×167 | ↓×167 |
| 16700 | 20207 रुपये |

16. (d)
3 वर्ष का ब्याज = 33.10%

3 वर्ष बाद राशि = $\frac{18000}{100}\times$ 133.1
= ₹ 23958

17. (b)
3 वर्षों का कुल ब्याज = 10% + 10% + $\frac{10\times10}{100}$ = 21%

= 21% + 10% + $\frac{21\times10}{100}$
= 33.1%

3 वर्षों बाद प्राप्त राशि = $\frac{10000}{100}\times$ 133.1
= 13310

18. (d)
3 वर्षों का कुल ब्याज %
= 3R.3R².R³
= 3 × 5. 3 × 5².5³

मूलधन = $\frac{2522}{15.7625}\times100$
मूलधन = ₹16000

19. (b)

दर = 10% = $\frac{+1}{10}$

| मूलधन | | मिश्रधन |
|---|---|---|
| 10 | : | 11 |
| 10 | : | 11 |
| 10 | : | 11 |
| 1000 | : | 1331 |

यहाँ, 1000 इकाई = 26000

1331 इकाई = $\frac{26000\times1331}{1000}$
= Rs.34606

20. (d)

छमाही चक्रवृद्धि ब्याज दर है

दर = 10% (वार्षिक)

नया दर = 5% (अर्धवार्षिक)

समय = 2 वर्ष

नया समय = 4 अर्धवार्षिक

तो $5\% = \frac{1}{20}$

$\frac{1 \rightarrow \text{ब्याज}}{20 \rightarrow \text{मूलधन}}$

मिश्रधन = मूलधन + ब्याज

= 20 + 1 = 21

| मूलधन | मिश्रधन |
|---|---|
| 20 | 21 |
| 20 | 21 |
| 20 | 21 |
| 20 | 21 |
| 160000 | 194481 |

34481 ब्याज

⇒ 160000R = 10000

⇒ 34481 R = $\frac{10000}{160000} \times$ 34481

ब्याज = ₹2155

21. (b)

P = रु. 6,600, r = 8% और t = 5 वर्ष

जैसा कि हम जानते हैं,

$SI = \left(\frac{Prt}{100}\right)$

$\Rightarrow SI = \frac{(6600 \times 8 \times 5)}{100}$

⇒ SI = Rs. 2640

कुल प्राप्त राशि = 6600 + 2640 = 9240 रु

⇒ शेष राशि = $\frac{9240}{2}$ = 4620 रु.

22. (c)

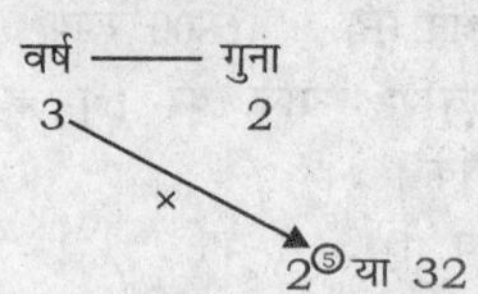


⇒ 15 वर्ष

23. (b)

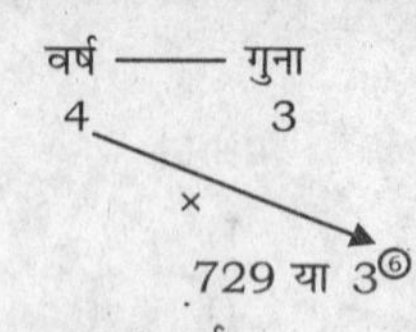


⇒ 24 वर्ष

24. (a)

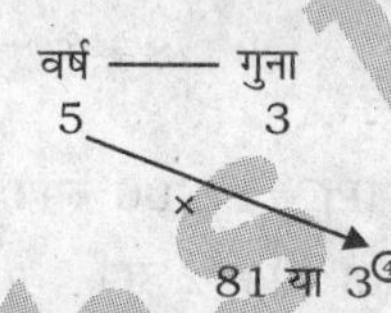


⇒ 20 वर्ष

25. (a)

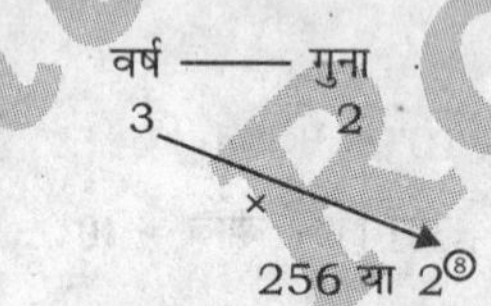


⇒ 24 वर्ष

26. (d)

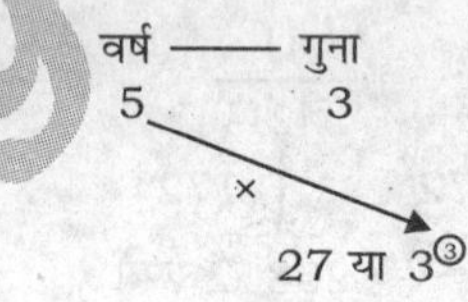


⇒ 15 वर्ष

27. (a)

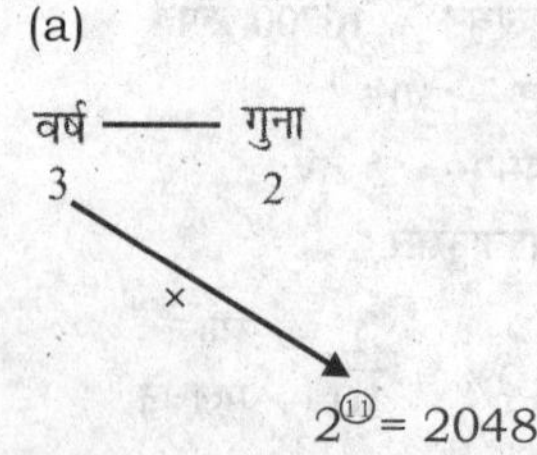


⇒ 3 × 11 = 33 वर्ष

28. (b)

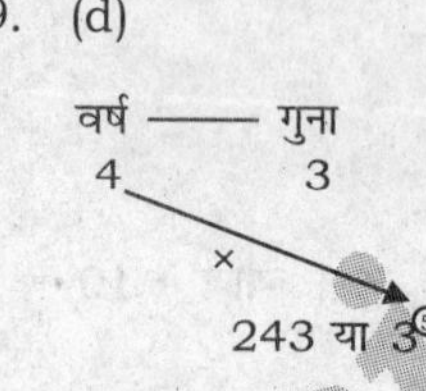


⇒ 7 × 5 = 35 वर्ष

29. (d)

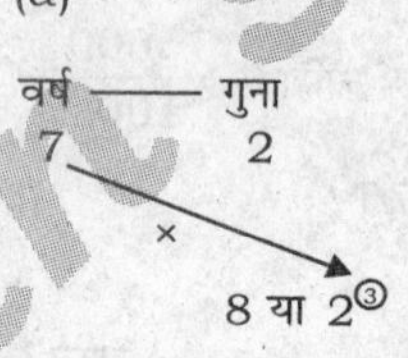


⇒ 20 वर्ष

30. (a)

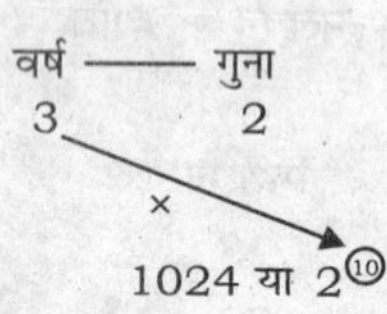


⇒ 21 वर्ष

31. (a)

वर्ष —— गुना

3 2

×

1024 या $2^{10}$

⇒ 30 वर्ष

32. (d)

3 साल में यह राशि 2 गुना हो जाती है। राशि को ($2^6$ = 64 गुनी) बनने में लगा समय = 3 × 6 = 18 वर्ष

33. (d)

4 वर्ष में यह राशि 3 गुना हो जाती है। राशि को 9 गुना ($3^2$ = 9) बनने में लगने वाला समय = 2 × 4 = 8 वर्ष

34. (c)

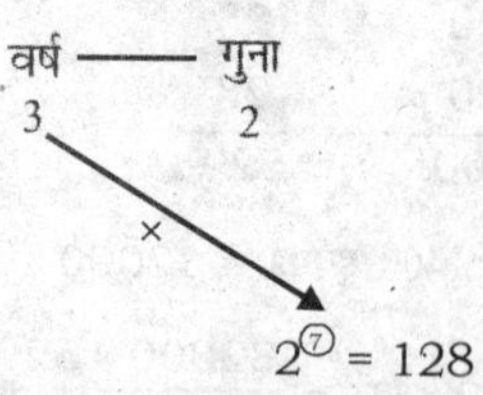


समय = 3 × 7 = 21 वर्ष

35. (b)

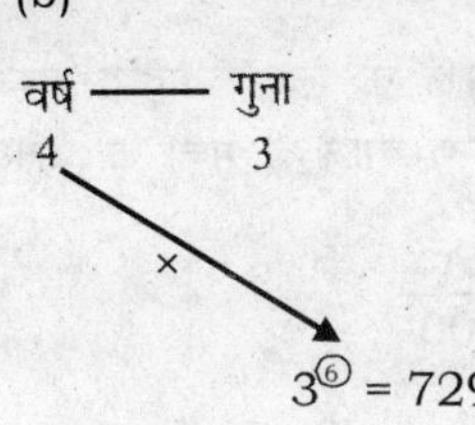


समय = 4 × 6 = 24 वर्ष

36. (a)

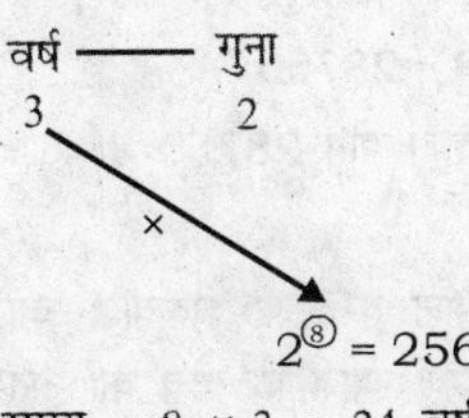


समय = 8 × 3 = 24 वर्ष

37. (d)

वर्ष —— गुना

4 3

×

$3^{②} = 9$

समय = 4 × 2 = 8 वर्ष

38. (a)

2 वर्ष का CI और SI में अंतर

$= \frac{PR^2}{100^2}$

$\Rightarrow 523 = \frac{P \times 10 \times 10}{100 \times 100}$

$\Rightarrow P = 52300$

मूलधन = 52300

39. (d)

2 वर्षों का CI और SI में अंतर

$= \frac{PR^2}{100^2}$

$\Rightarrow 28 = \frac{P \times 4 \times 4}{100 \times 100}$

$\Rightarrow P = \frac{2800 \times 100}{16}$

$\Rightarrow P = ₹17500$

मूलधन = ₹17500

40. (a)

2 वर्षों का CI और SI में अंतर

$= \left(\frac{PR}{100}\right)^2$

$\Rightarrow 198 = \frac{P \times 6 \times 6}{100 \times 100}$

$\Rightarrow P = \frac{198 \times 100 \times 100}{6 \times 6}$

P = 55000

41. (a)

2 वर्ष का SI और CI में अंतर

$= \frac{PR^2}{100^2}$

प्रश्नानुसार,

$\Rightarrow 5 = \frac{P \times 5 \times 5}{100 \times 100}$

P = ₹2000

42. (a)

2 वर्षों में CI और SI में अंतर

$= \frac{PR^2}{100^2}$

$68 = \frac{P \times 4 \times 4}{100 \times 100}$

P = ₹42500

43. (d)

2 वर्षों में CI और SI में अंतर

$= \frac{PR^2}{100^2}$

$40 = \frac{P \times 4 \times 4}{100 \times 100}$

P = ₹25000

44. (c)

2 वर्षों में SI और CI में अंतर

$= \frac{PR^2}{100^2}$

$55 = \frac{P \times 5 \times 5}{100 \times 100}$

P = ₹22000

45. (c)

2 वर्षों में SI और CI में अंतर

$= \frac{PR^2}{100^2}$

$72 = \frac{P \times 4 \times 4}{100 \times 100}$

P = 72 × 25 × 25

P = ₹45000

46. (c)

2 वर्ष में SI और CI में अंतर

$= \frac{PR^2}{100^2}$

$\Rightarrow 56 = \frac{P \times 4 \times 4}{100 \times 10}$

$\Rightarrow P = 56 \times 25 \times 25$

$\Rightarrow P = ₹35000$

47. (d)

2 वर्षों में SI और CI में अंतर = $\frac{PR^2}{100^2}$ प्रश्नानुसार,

$\Rightarrow 64 = \frac{P \times 4 \times 4}{100 \times 100}$

P = ₹40000

48. (d)

2 वर्षों में SI और CI में अंतर

$= \frac{PR^2}{100^2}$

प्रश्नानुसार,

$\Rightarrow 92 = \frac{P \times 4 \times 4}{100 \times 100}$

P = 92 × 25 × 25

P = ₹57500

49. (d)

दो साल के लिए चक्रवृद्धि ब्याज और साधारणब्याज के बीच का अंतर

$= P\left(\frac{R}{100}\right)^2 \Rightarrow 462 = P\left(\frac{10}{100}\right)^2$

$\Rightarrow 462 = P\left(\frac{1}{100}\right)$

$\Rightarrow P = 46200$

50. (c)

C.I. और S.I. के बीच दो वर्षों का अंतर = $P\left(\frac{R}{100}\right)^2$

$\Rightarrow 32 = P\left(\frac{4}{100}\right)^2 \Rightarrow 32 = P\left(\frac{16}{10000}\right)$

$\Rightarrow P = \frac{320000}{16} \Rightarrow P = 20000$

51. (d)
C.I. और S.I. के बीच दो वर्षों का अंतर = $P\left(\frac{R}{100}\right)^2$

$\Rightarrow 36 = P\left(\frac{4}{100}\right)^2 \Rightarrow 36 = P\left(\frac{16}{10000}\right)$

$\Rightarrow P = \frac{360000}{16} \Rightarrow P = 22500$

52. (b)
दो साल के लिए चक्रवृद्धि ब्याज और साधारण ब्याज के बीच अंतर

$= P\left(\frac{R}{100}\right)^2$

$\Rightarrow 76 = P\left(\frac{4}{100}\right)^2 \Rightarrow 76 = P\left(\frac{16}{10000}\right)$

$\Rightarrow P = \frac{760000}{16} \Rightarrow P = 47500$

53. (d)
दो साल के लिए चक्रवृद्धि ब्याज और साधारण ब्याज के बीच अंतर

$= P\left(\frac{R}{100}\right)^2$

$\Rightarrow 60 = P\left(\frac{4}{100}\right)^2 \Rightarrow 60 = P\left(\frac{16}{10000}\right)$

$\Rightarrow P = \frac{600000}{16} \Rightarrow P = 37500$

54. (a)
2 वर्षों के लिए चक्रवृद्धि ब्याज की राशि के बीच का अंतर = $\frac{Pr^2}{100^2}$

$\Rightarrow 44 = \frac{(P \times 4 \times 4)}{(100 \times 100)}$

$\Rightarrow P = 44 \times 25 \times 25$

$\Rightarrow P = 27500$

$\therefore$ कुल योग 27500 है।

55. (c)
2 वर्षों के लिए चक्रवृद्धि ब्याज और साधारण ब्याज का अंतर = $\frac{Pr^2}{100^2}$

$\Rightarrow 72 = \frac{(P \times 4 \times 4)}{(100 \times 100)}$

$\Rightarrow P = 72 \times 25 \times 25$

$\Rightarrow P = 45000$

$\therefore$ कुल राशि 45000 है

56. (b)
2 साल के लिए चक्रवृद्धि ब्याज और साधारण ब्याज के मध्य का अंतर

$= \frac{Pr^2}{100^2}$

$\Rightarrow 46 = \frac{(P \times 4 \times 4)}{(100 \times 100)}$

$\Rightarrow P = 46 \times 25 \times 25$

$\Rightarrow P = 28750$

$\therefore$ कुल योग 28750 है।

57. (c)
2 साल के लिए चक्रवृद्धि ब्याज और साधारण ब्याज के बीच का अंतर

$= \frac{Pr^2}{100^2}$

$\Rightarrow 56 = \frac{(P \times 4 \times 4)}{(100 \times 100)}$

$\Rightarrow P = 56 \times 25 \times 25$

$\Rightarrow P = 35000$

$\therefore$ कुल राशि 35000 है

☆☆☆☆☆

# RATIO & PROPORTION

# अनुपात और समानुपात

## 06

1. यदि A : B = 4 : 3 और B : C = 5 : 2 है, A : B : C का पता लगाएँ।
If A : B = 4 : 3 and B : C = 5 : 2, find A : B : C.
**RPF Constable 28/03/2019 (Shift-03)**
(a) 12 : 3 (b) 20 : 15 : 6
(c) 20 : 25 (d) 3 :1 : 2

2. राम और राज की आयु 4 : 5 के अनुपात में हैं। यदि उनकी आयु का योग 126 है, तो उनकी आयु का अंतर क्या होगा?
The ages of Ram and Raj are in the ratio 4 : 5. If the sum of their ages is 126, what will be the difference of their ages?
**RPF Constable 17/01/2019 (Shift-01)**
(a) 17 (b) 15
(c) 16 (d) 14

3. राम और राज की आयु का अनुपात 4 : 5 है. यदि उनकी आयु का योग 153 है तो उनकी आयु में अंतर ज्ञात करिए।
The ratio of ages of Ram and Raj is 4 : 5. If the sum of their ages is 153 then find the difference in their ages.
**RPF Constable 18/01/2019 (Shift-03)**
(a) 16 (b) 17
(c) 18 (d) 19

4. X और Y की आयु का अनुपात 9 : 10 है. यदि उनकी आयु का योग 133 है तो उनकी आयु के बीच का अंतर ज्ञात करिए।
The ratio of ages of X and Y is 9 : 10. If the sum of their ages is 133 then find the difference between their ages.
**RPF Constable 19/01/2019 (Shift-01)**
(a) 6 (b) 9
(c) 7 (d) 8

5. X और Y की उम्र 6:7 के अनुपात में है। यदि उनकी आयु का योग 78 है, तो उनकी आयु के बीच का अंतर है-
The ages of X and Y are in the ratio 6:7. If the sum of their ages is 78, then the difference between their ages is-
**RPF Constable 17/01/2019 (Shift-02)**
(a) 7 (b) 8
(c) 6 (d) 9

6. राम और राज कि आयु 4:5 के अनुपात में हैं। यदि उनकी आयु का योग 180 है, तो उनकी आयु के बीच अंतर करें।
The age of Ram and Raj are in the ratio 4:5. If the sum of their ages is 180, find the difference between their ages.
**RPF Constable 18/01/2019 (Shift-02)**
(a) 23 (b) 21
(c) 20 (d) 22

7. एक विशिष्ट राशि को 6:5 के अनुपात में 2 भागों में विभाजित किया गया। यदि पहला भाग ₹126 का है, तो (रुपए में) कुल राशि क्या होगी?
A certain amount was divided into 2 parts in the ratio 6:5. If the first part is of ₹126, what will be the total amount (in rupees)?
**RPF Constable 17/01/2019 (Shift-01)**
(a) 251 (b) 241
(c) 261 (d) 231

8. हामिद, क्रिस्टो और गणेश के वेतन का अनुपात क्रमशः 3:5:7 है. यदि गणेश को हामिद से ₹524 ज्यादा मिल रहे है तो क्रिस्टो का वेतन क्या है?
The ratio of salaries of Hamid, Christo and Ganesh is 3:5:7 respectively. If Ganesh is getting ₹524 more than Hamid, then what is Christo's salary?
**RPF SI 05/01/2019 (Shift-02)**
(a) 545 (b) 610
(c) 685 (d) 655

9. हामिद, क्रिस्टो और गणेश के वेतनों का अनुपात 3:5:7 है। यदि गणेश को हामिद से ₹884 अधिक मिलते हैं, तो क्रिस्टो का वेतन (₹ में) कितना है?
The ratio of salaries of Hamid, Christo and Ganesh is 3:5:7. If Ganesh gets ₹884 more than Hamid, then what is Christo's salary (in ₹)?
**RPF SI 05/01/2019 (Shift-03)**
(a) 1,104 (b) 1,105
(c) 1,103 (d) 1,102

10. हामिद, क्रिस्टो और गणेश के वेतनों का अनुपात 3:5:7 है। यदि गणेश को हामिद से ₹564 अधिक मिल रहे हैं तो क्रिस्टो का वेतन क्या है?
The ratio of salaries of Hamid, Christo and Ganesh is 3:5:7. If Ganesh is getting ₹564 more than Hamid, then what is Christo's salary?
**RPF SI 06/01/2019 (Shift-01)**
(a) 505 (b) 805
(c) 705 (d) 605

11. हमीद, क्रिस्टो और गणेश के वेतन का अनुपात क्रमशः 3:5:7 है, यदि गणेश को हमीद से ₹892 ज्यादा मिल रहे है तो क्रिस्टो का वेतन क्या है? (₹ में)

The ratio of salaries of Hameed, Christo and Ganesh is 3:5:7 respectively, if Ganesh is getting ₹892 more than Hameed then what is the salary of Christo? (in ₹)

RPF SI 05/01/2019 (Shift-01)

(a) 1,145 (b) 1,115
(c) 1,125 (d) 1,135

12. एक चतुर्भुज की भुजाएँ 2:3:4:5 अनुपात में हैं और परिधि 112 सेमी है। सबसे छोटी भुजा ज्ञात कीजिए। (सेमी में)

The sides of a quadrilateral are in the ratio 2:3:4:5 and the perimeter is 112 cm. Find the shortest side. (in cm)

RPF Constable 17/01/2019 (Shift-01)

(a) 16 (b) 18
(c) 12 (d) 14

13. एक विशिष्ट राशि को 6 : 5 अनुपात के 2 भागों में विभाजित किया गया है। यदि पहला भाग ₹84 का है, तो कुल राशि (₹ में) क्या होगी?

A certain amount is divided into 2 parts in the ratio 6:5. If the first part is of ₹84, what will be the total amount (in ₹)?

RPF Constable 18/01/2019 (Shift-02)

(a) 184 (b) 154
(c) 174 (d) 164

14. एक निश्चित राशि को 6:5 के अनुपात के 2 भागों में विभाजित किया जाता है। यदि प्रथम भाग ₹ 66 है तो कुल राशि ज्ञात करिए। (₹ में)

A certain amount is divided into 2 parts in the ratio 6:5. If the first part is ₹66 then find the total amount. (in ₹)

RPF Constable 18/01/2019 (Shift-03)

(a) 111 (b) 131
(c) 141 (d) 121

15. एक चतुर्भुज के आकार के मैदान की भुजाएं 2:3:4:5 के अनुपात में हैं और परिधि 154 cm है. सबसे छोटी भुजा ज्ञात करिए। (cm में)

The sides of a quadrilateral shaped field are in the ratio 2:3:4:5 and the perimeter is 154 cm. Find the shortest side. (in cm)

RPF Constable 18/01/2019 (Shift-03)

(a) 20 (b) 21
(c) 23 (d) 22

16. धातु की गोलाकार गेंद A का व्यास धातु की गोलाकार गेंद B से दुगना है। A से B के आयतन का अनुपात ज्ञात कीजिए।

The diameter of spherical metal ball A is twice that of spherical metal ball B. Find the ratio of volume of A to B.

RPF Constable 28/03/2019 (Shift-02)

(a) 6 : 1 (b) 8 : 1
(c) 4 : 1 (d) 2 : 1

17. दो संख्याएँ इस प्रकार हैं कि उनके मध्य 4 : 7 का अनुपात है यदि प्रत्येक संख्या को 4 बढ़ा दिया जाता है, तो अनुपात 3 : 5 हो जाता है। सबसे बड़ी संख्या का पता लगाएँ।

Two numbers are such that the ratio between them is 4 : 7. If each number is increased by 4, the ratio becomes 3:5. Find the largest number.

RPF Constable 28/03/2019 (Shift-02)

(a) 36 (b) 56
(c) 64 (d) 48

18. दो संख्याओं का गुणनफल 120 है और उनके वर्गों का योग 289 है। संख्याओं का योग ज्ञात कीजिए।

The product of two numbers is 120 and the sum of their squares is 289. Find the sum of the numbers.

RPF Constable 28/03/2019 (Shift-02)

(a) 20 (b) 23
(c) 196 (d) 169

19. तीन बच्चों की उम्र 7:8:9 के अनुपात में है। यदि सबसे बड़े की आयु 18 वर्ष है, तो उनकी औसत आयु क्या होगी?

The ages of three children are in the ratio 7:8:9. If the age of the eldest is 18 years, what will be their average age?

RPF Constable 28/03/2019 (Shift-03)

(a) 14 वर्ष/years
(b) 16 वर्ष/years
(c) 18 वर्ष/years
(d) 13 वर्ष/years

20. तीन संख्याओं का योग 136 है। यदि पहली और दूसरी के बीच का अनुपात 2:3 तथा दूसरी और तीसरी के बीच का अनुपात 5:3 है, तो दूसरी संख्या ज्ञात कीजिए।

The sum of three numbers is 136. If the ratio between the first and second is 2:3 and the ratio between the second and third is 5:3, then find the second number.

RPF Constable 28/01/2019 (Shift-03)

(a) 60
(b) 48
(c) 40
(d) 72

21. अगर दो संख्याओं का योग 30 और उनके वर्गों का योग 468 है, तो दोनों संख्याओं के गुणनफल का पता लगाएं।

If the sum of two numbers is 30 and the sum of their squares is 468, then find the product of both the numbers.

RPF Constable 28/03/2019 (Shift-03)

(a) 104 (b) 216
(c) 184 (d) 81

22. बराबर व्यास के दो शंकुओं की तिर्यक ऊँचाई 5:4 के अनुपात में है। उनकी पार्श्व सतहों के पृष्ठ क्षेत्रफलों का अनुपात ज्ञात कीजिए।

The slant heights of two cones of equal diameter are in the ratio 5:4. Find the ratio of the surface areas of their lateral surfaces.

**RPF Constable 28/03/2019 (Shift-03)**

(a) 4 : 5 (b) 4 : 3
(c) 3 : 4 (d) 5 : 4

23. दो संख्याओं का योग 85 है और उनका अंतर 28 है। उनके वर्गों का अंतर बताएं।

The sum of two numbers is 85 and their difference is 28. Find the difference of their squares.

**RPF Constable 28/03/2019 (Shift-03)**

(a) 2380 (b) 1850
(c) 3260 (d) 3880

24. किसी राशि को दो दोस्त पूजा और रोजा के बीच 5:11 के अनुपात में बांटा गया। अगर रोजा को पूजा की में तुलना ₹1350 अधिक मिलता हैं, तो बांटी गई राशि का पता लगाएँ।

A sum of money was divided between two friends Pooja and Roza in the ratio 5:11. If Roza gets ₹1350 more than Pooja, find the amount distributed.

**RPF Constable 29/03/2019 (Shift-01)**

(a) 4000 (b) 3600
(c) 3300 (d) 3400

25. दो संख्याओं का योग 37 है। अगर उनका गुणनफल 336 है, तो दोनों संख्याओं के बीच के अंतर का पता लगाएं।

The sum of two numbers is 37. If their product is 336, find the difference between the two numbers.

**RPF Constable 29/03/2019 (Shift-01)**

(a) 11 (b) 5
(c) 9 (d) 6

26. दो संख्याओं का योग 40 है और उनके बीच का अंतर 4 है। दोनों संख्याओं का अनुपात प्राप्त करें।

The sum of two numbers is 40 and the difference between them is 4. Find the ratio of both the numbers.

**RPF Constable 29/03/2019 (Shift-01)**

(a) 11 : 18 (b) 21 : 19
(c) 11 : 9 (d) 22 : 9

27. यदि चार सतत सम संख्याओं का योग 228 है, तो इन संख्याओं में से सबसे बड़ी संख्या का पता लगाएँ।

If the sum of four consecutive even numbers is 228, find the largest number among these numbers.

**RPF Constable 29/03/2019 (Shift-01)**

(a) 54 (b) 56
(c) 60 (d) 58

28. फर्नीचर की तीन वस्तुओं की औसत कीमत ₹15000 है। यदि उनकी कीमतों का अनुपात 3:5: 7 है, तो सबसे सस्ती वस्तु की कीमत का पता लगाइए।

The average price of three items of furniture is ₹15000. If the ratio of their prices is 3:5:7, find the price of the cheapest article.

**RPF Constable 29/03/2019, (Shift-02)**

(a) ₹15000 (b) ₹9000
(c) ₹21000 (d) ₹18000

29. 84 लीटर के मिश्रण में, दूध और पानी का अनुपात 3:4 है। यदि यह अनुपात बदलकर 3:5 हो जाता है, तो मिश्रण में में मिलाये जाने वाले अतिरिक्त पानी की मात्रा (लीटर में) बताएं।

In a mixture of 84 litres, the ratio of milk and water is 3:4. If the ratio changes to 3:5, find the amount of additional water (in litres) to be added to the mixture.

**RPF SI 5/01/2019, (Shift-01)**

(a) 11 (b) 13
(c) 14 (d) 12

30. एक बॉक्स में तीन अलग-अलग प्रकार के पुराने सिक्के 7:6:8 के अनुपात में हैं, पुराने सिक्कों के मूल्य क्रमशः ₹1, ₹5 और ₹10 हैं। यदि बॉक्स में रखे सिक्को की कुल कीमत 936 रुपये है, तो ₹5 के पुराने सिक्को की संख्या बताएं।

A box contains three different types of old coins in the ratio 7:6:8, the values of the old coins are ₹1, ₹5 and ₹10 respectively. If the total value of coins kept in the box is ₹936, find the number of old ₹5 coins.

**RPF SI 5/01/2019 (Shift-02)**

(a) 48 (b) 52
(c) 45 (d) 50

31. 77 लीटर मिश्रण में दूध और पानी का अनुपात 3: 4 है। यदि यह अनुपात बदलकर 3:5 हो जाता है, तो मिश्रण में मिलाए गए अतिरिक्त पानी की मात्रा ज्ञात करें। (लीटर में)

The ratio of milk and water in 77 liter mixture is 3 : 4. If this ratio changes to 3:5, find the amount of additional water added to the mixture. (in litres)

**RPF SI 05/01/2019 (Shift-03)**

(a) 12 (b) 11
(c) 13 (d) 14

32. अकील ने 4 बच्चों के बीच 550 उपहार साझा किए। पहले बच्चे का हिस्सा, दूसरे बच्चे के हिस्से का दोगुना तथा तीसरे बच्चे के हिंस्से का तीन गुना और चौथे बच्चे के चार गुना हिस्से के बराबर हैं। पहले बच्चे और दूसरे बच्चे द्वारा प्राप्त उपहारों की कुल राशि बताएं।

Aqeel divided 550 gifts among 4 children. The share of the first child is equal to double the share of the second child, three times the share of the third child and four times the share of the fourth child. Find the total amount of gifts received by the first child and the second child.

**RPF SI 6/01/2019 (Shift-01)**

(a) 324 (b) 396
(c) 384 (d) 372

33. एक स्कूल के बच्चे ने तीन अलग-अलग प्रकार के पेन खरीदे और उनकी संख्या क्रमश: 7:6:5 के अनुपात में है, जिसकी कीमत क्रमश: ₹5, ₹10, ₹15 है। यदि बच्चे ने सभी पेन खरीदने के लिए ₹340 खर्च किए हैं। उसने जो ₹10 का पेन खरीदा है, उसकी संख्या ज्ञात कीजिए।

A school child bought three different types of pens and their numbers are in the ratio 7 : 6 : 5 with their prices being ₹5, ₹10, ₹15 respectively. If the child spent ₹340 to buy all the pens. Find the number of pens worth ₹10 that he bought.

**RPF Constable 17/01/2019 (Shift-01)**

(a) 10 (b) 14
(c) 16 (d) 12

34. एक स्कूल के बच्चे ने तीन अलग अलग प्रकार के पेन खरीदे और उनकी संख्या का अनुपात 5: 6:4 है, जिनका मूल्य क्रमश: ₹5, ₹10, ₹15 है. यदि बच्चे ने सभी पेन खरीदने के लिए ₹290 खर्च किये तो उसके द्वारा खरीदे गए ₹10 के पेनों की संख्या ज्ञात करिए।

A school child bought three different types of pens and their numbers are in the ratio 5 : 6 : 4, whose prices are ₹5, ₹10, ₹15 respectively. If the child spent ₹290 to buy all the pens, then find the number of pens of ₹10 bought by him.

**RPF Constable 19/01/2019 (Shift-01)**

(a) 12 (b) 14
(c) 18 (d) 16

35. एक बॉक्स में तीन अलग-अलग प्रकार के पुराने सिक्के 3:5:7 के अनुपात में हैं, पुराने सिक्कों के मूल्य क्रमश: ₹1, ₹5 और ₹10 हैं। यदि बॉक्स में रखे सिक्को की कुल कीमत ₹686 है, तो ₹10 के पुराने सिक्को की संख्या बताये।

A box contains three different types of old coins in the ratio 3:5:7, the values of the old coins are ₹1, ₹5 and ₹10 respectively. If the total value of coins kept in the box is ₹686, then find the number of old ₹10 coins.

**RPF SI 05/01/2019 (Shift-01)**

(a) 48 (b) 51
(c) 50 (d) 49

36. एक बॉक्स में 3:2:1 के अनुपात में पेन, पेंसिल और रबर हैं. यदि पेन, पेंसिल और रबर का मूल्य क्रमश: ₹3, ₹2 और ₹2 है और बॉक्स पर खर्च की गई राशि ₹135 है तो बॉक्स में पेनों की संख्या ज्ञात करिए।

A box contains pens, pencils and erasers in the ratio 3:2:1. If the price of pen, pencil and eraser are ₹3, ₹2 and ₹2 respectively and the amount spent on the box is ₹135, then find the number of pens in the box.

**RPF Constable 18/01/2019 (Shift-03)**

(a) 25 (b) 27
(c) 28 (d) 26

37. आमिर ने 4 बच्चों के बीच में 875 उपहार बांटे। पहले बच्चे का हिस्सा दूसरे बच्चे के हिस्से के दोगुना, तीसरे बच्चे के हिस्से के तिगुना और चौथे बच्चे के हिस्से के चार गुना के बराबर है. पहले और दूसरे बच्चे द्वारा प्राप्त कुल उपहारों का योग बताएं।

Aamir distributed 875 gifts among 4 children. The share of the first child is equal to double the share of the second child, triple the share of the third child and four times the share of the fourth child. Find the sum of total gifts received by the first and second child.

**RPF SI 05/01/2019 (Shift-01)**

(a) 610 (b) 630
(c) 620 (d) 640

38. अनिल ने 4 बच्चो के बीच में 500 उपहार बांटे। पहले बच्चे का हिस्सा दूसरे बच्चे के हिस्से के दोगुना, तीसरे बच्चे के हिस्से के तिगुना और चौथे बच्चे के हिस्से के चार गुना के बराबर है. पहले और दूसरे बच्चे द्वारा प्राप्त कुल उपहारों की संख्या बताये।

Anil distributed 500 gifts among 4 children. The share of the first child is equal to double the share of the second child, triple the share of the third child and four times the share of the fourth child. Find the total number of gifts received by the first and second child.

**RPF SI 05/01/2019 (Shift-02)**

(a) 380 (b) 300
(c) 360 (d) 280

39. एक बॉक्स में 3:5:7 के अनुपात में भिन्न प्रकार के पुराने सिक्के हैं, जिनके मूल्य क्रमश: ₹1, ₹5 और ₹10 हैं। यदि सिक्कों का कुल मूल्य ₹588 हो, तो ₹10 के मूल्य वाले सिक्कों की कुल संख्या कितनी होगी?

A box contains old coins of different types in the ratio 3:5:7, whose denominations are ₹1, ₹5 and ₹10 respectively. If the total value of coins is ₹588, then what will be the total number of coins of value ₹10?

**RPF SI 05/01/2019 (Shift-03)**

(a) 44 (b) 41
(c) 43 (d) 42

40. एक बॉक्स में अनुपात 6:7:8 में तीन अलग-अलग प्रकार के पुराने सिक्के हैं, पुराने सिक्के के मूल्य क्रमश: ₹1, ₹5 और ₹10 हैं। यदि बॉक्स में सिक्के का कुल मूल्य ₹847 है, तो ₹10 के सिक्के के मूल्यों की संख्या ज्ञात कीजिए।

A box contains three different types of old coins in the ratio 6:7:8, the values of the old coins are ₹1, ₹5 and ₹10 respectively. If the total value of coins in the box is ₹847, find the number of values of ₹10 coins.

**RPF SI1 06/01/2019 (Shift-01)**

(a) 84 (b) 65
(c) 56 (d) 48

41. एक निश्चित राशि को 6:5 के अनुपात में 2 भागों में बांटा गया है। यदि पहला भाग 48 रुपये है, तो कुल राशि (रुपये में) है:-

A certain amount is divided into 2 parts in the ratio 6:5. If the first part is Rs 48, then the total amount (in Rs) is:-

**RPF Constable 17/01/2019 (Shift-01)**

(a) 77 (b) 88
(c) 99 (d) 66

42. एक बॉक्स में, पेन, पेंसिल और रबड़ को 3 : 2 : 1 के अनुपात में रखा जाता है। यदि पेन, पेंसिल और रबड़ की कीमत 3 रुपये, 2 रुपये और 2 रुपये है और पूरे बॉक्स की कीमत 285 रुपये है तो बॉक्स में कितने पेन हैं?

In a box, pens, pencils and erasers are kept in the ratio 3 : 2 : 1. If the price of pen, pencil and eraser are Rs 3, Rs 2 and Rs 2 and the price of the entire box is Rs 285, then how many pens are there in the box?

**RPF Constable 17/01/1029 (Shift-03)**

(a) 59 (b) 60
(c) 57 (d) 58

43. A, B और C एक नकद पुरस्कार को आपस में 6 : 7 : 8 के अनुपात में बांटते हैं। यदि C को 52,000 रुपये मिलते हैं, तो A और B को मिलाकर प्राप्त कुल राशि ज्ञात कीजिए।

A, B and C share a cash prize among themselves in the ratio 6 : 7 : 8. If C gets Rs 52,000, then find the total amount received by A and B together.

**RPF Constable 18/01/2019 (Shift-01)**

(a) Rs. 88,500
(b) Rs. 86,500
(c) Rs. 84,500
(d) Rs. 92,500

44. एक बॉक्स में पेन, पेंसिल और रबड़, 3 : 2 : 1 के अनुपात में हैं। यदि पेन, पेंसिल और रबड़ की कीमतें क्रमशः 3, 2 और 2 हैं और लागत 180 रुपये है, तो बॉक्स में पेन की संख्या की गणना करें;

A box contains pens, pencils and erasers in the ratio 3 : 2 : 1. If the prices of pen, pencil and eraser are 3, 2 and 2 respectively and the cost is Rs 180, then find the number of pens in the box;

**RPF Constable 18/01/2019 (Shift-02)**

(a) 33 (b) 41
(c) 36 (d) 39

45. A, B और C आपस में 3 : 5 : 7 के अनुपात में नकद पुरस्कार बांटते हैं। यदि C को 49000 रुपये मिलते हैं, तो A और B दोनों को मिलाकर प्राप्त कुल राशि ज्ञात कीजिए।

A, B and C share the cash prize among themselves in the ratio 3 : 5 : 7. If C gets Rs 49000, then find the total amount received by A and B together.

**RPF Constable 19/01/2019 (Shift-01)**

(a) 65,000 रुपये
(b) 44,000 रुपये
(c) 80,000 रुपये
(d) 56,000 रुपये

46. एक थैले में 12 : 13 : 11 के अनुपात में विभिन्न प्रकार के पुराने सिक्के हैं, जिनके मूल्य क्रमशः 3 रू, 4 रू और 5 रू हैं। यदि सिक्कों का कुल मूल्य 572 रू हो, तो 3 रु. के मूल्य वाले सिक्कों की कुल संख्या कितनी होगी?

A bag contains old coins of different types in the ratio 12 : 13 : 11, whose denominations are Rs 3, Rs 4 and Rs 5 respectively. If the total value of coins is Rs 572, then What will be the total number of coins worth Rs. 3.

**RPF S.I. 19/12/2018 (Shift-01)**

(a) 48 (b) 38
(c) 56 (d) 26

47. सैम, साई और श्री के वेतनों का अनुपात 7 : 9 : 11 है। यदि श्री को सैम से 320 रू अधिक मिलते हैं, तो साई का वेतन (रू. में) कितना है?

The ratio of salaries of Sam, Sai and Shri is 7 : 9 : 11. If Shri gets Rs 320 more than Sam, then what is Sai's salary (in Rs)?

**RPF S.I. 19/12/2018 (Shift-01)**

(a) 840 (b) 740
(c) 820 (d) 720

48. गांगुली 450 गिफ्ट्स 4 बच्चों में बांटता है। पहले बच्चे के हिस्से में आये गिफ्ट, दूसरे बच्चे के हिस्से में आये गिफ्ट का दोगुना, तीसरे बच्चे के हिस्से में आये गिफ्ट का तीन गुना और चौथे बच्चे के हिस्से में आये गिफ्ट का चार गुना है। चौथे बच्चे के हिस्से में कितने गिफ्ट आये?

Ganguly distributes 450 gifts among 4 children. The gift received by the first child is double the gift received by the second child, three times the gift received by the third child and four times the gift received by the fourth child. How many gifts did the fourth child get?

**RPF S.I. 19/12/2018 (Shift-03)**

(a) 216 (b) 34
(c) 54 (d) 108

49. एक थैले में 12 : 11 : 13 के अनुपात में भिन्न प्रकार के पुराने सिक्के हैं, जिनके मूल्य क्रमशः 3₹, 4₹ और 5₹ हैं। यदि सिक्कों का कुल मूल्य 580₹ हो, तो 3₹. के मूल्य वाले सिक्कों की कुल संख्या कितनी होगी?

A bag contains old coins of different types in the ratio 12 : 11 : 13, whose values are ₹3, ₹4 and ₹5 respectively. If the total value of coins is ₹580, then What will be the total number of coins worth Rs. 3?

**RPF S.I. 19/12/2018 (Shift-03)**

(a) 44 (b) 50
(c) 46 (d) 48

50. विनोद 400 गिफ्ट्स 4 बच्चों में बांटता है। पहले बच्चे के हिस्से में आये गिफ्ट, दूसरे बच्चे के हिस्से में आये गिफ्ट का दोगुना, तीसरे बच्चे के हिस्से में आये गिफ्ट का तीन गुना और चौथे बच्चे के हिस्से में आये गिफ्ट का चार गुना है। पहले और दूसरे बच्चे ने कुल मिलाकर कितने खिलौने प्राप्त किये?

Vinod distributes 400 gifts among 4 children. The gift received by the first child is double the gift received by the second child, three times the gift received by the third child and four times the gift received by the fourth child. How many toys did the first and second child get together?

**RPF S.I. 24/12/2018 (Shift-01)**

(a) 226 (b) 288
(c) 192 (d) 120

51. एक थैले में 7 : 5 : 3 के अनुपात में 3 प्रकार के पुराने सिक्के हैं, जिनके मूल्य क्रमशः 3 रु, 4 रु और 5 रु हैं। यदि सिक्कों का कुल मूल्य 392 रू हो, तो 3 रु के मूल्य वाले सिक्कों की कुल संख्या कितनी होगी?

A bag contains 3 types of old coins in the ratio 7 : 5 : 3, whose values are Rs 3, Rs 4 and Rs 5 respectively. If the total value of coins is Rs 392, then What will be the total number of coins worth Rs. 3?

**RPF S.I. 24/12/2018 (Shift-01)**

(a) 46 (b) 45
(c) 42 (d) 49

52. वसीम, विल्सन और विलियम के वेतनों का अनुपात 7 : 11 : 9 है। यदि विलियम को वसीम से 120 रू अधिक मिलते हैं, तो विल्सन का वेतन (रू. में) कितना है?

The ratio of salaries of Wasim, Wilson and William is 7 : 11 : 9. If William gets Rs 120 more than Wasim, what is Wilson's salary (in Rs)?

**RPF S.I. 24/12/2018 (Shift-01)**

(a) 880 (b) 440
(c) 660 (d) 770

53. एक अमीर व्यक्ति ने 4 बच्चों में 725 उपहार बांटे। पहले बच्चे के हिस्से में आये गिफ्ट, दूसरे बच्चे के हिस्से में आये गिफ्ट का दोगुना, तीसरे बच्चे के हिस्से में आये गिफ्ट का तीन गुना और चौथे बच्चे के हिस्से में आये गिफ्ट का चार गुना है। पहले और दूसरे बच्चे द्वारा प्राप्त कुल उपहारों की संख्या की गणना करें।

A rich man distributed 725 gifts among 4 children. The gift received by the first child is double the gift received by the second child, three times the gift received by the third child and four times the gift received by the fourth child. Calculate the total number of gifts received by the first and second child.

**RPF S.I. 06/01/2019 (Shift-02)**

(a) 518 (b) 516
(c) 522 (d) 520

54. एक थैले में 3 : 5 : 7 के अनुपात में 3 प्रकार के पुराने सिक्के हैं, जिनके मूल्य क्रमशः 1रु, 5 रु और 10 रु हैं। यदि सिक्कों का कुल मूल्य 1372 रु हो, तो 10 रु के मूल्य वाले सिक्कों की कुल संख्या कितनी होगी?

A bag contains 3 types of old coins in the ratio 3 : 5 : 7, whose denominations are Rs 1, Rs 5 and Rs 10 respectively. If the total value of coins is Rs 1372, then What will be the total number of coins worth Rs. 10?

**RPF S.I. 06/01/2019 (Shift-02)**

(a) 92 (b) 96
(c) 94 (d) 98

55. हमीद, सलमान और गणेश के वेतन का अनुपात 3 : 5 : 7 है। यदि गणेश को हमीद से 852 रुपये अधिक मिलते हैं, तो सलमान का वेतन (रुपये में) कितना है?

The ratio of salaries of Hameed, Salman and Ganesh is 3 : 5 : 7. If Ganesh gets Rs 852 more than Hameed, then what is the salary (in Rs) of Salman?

**RPF S.I. 06/01/2019 (Shift-02)**

(a) 1,065 (b) 1,035
(c) 10,55 (d) 1,045

56. आमिर ने 4 बच्चो के बीच में 775 उपहार बांटे। पहले बच्चे का हिस्सा, दूसरे बच्चे के हिस्से का दोगुना, तीसरे बच्चे के हिस्से का तिगुना और चौथे बच्चे के हिस्से का चार गुना है। पहले और दूसरे बच्चे द्वारा प्राप्त कुल उपहारों की संख्या बताएं।

Aamir distributed 775 gifts among 4 children. The share of the first child is double the share of the second child, triple the share of the third child and four times the share of the fourth child. Total number of gifts received by first and second child Explain.

**RPF S.I. 10/01/2019 (Shift-01)**

(a) 558 (b) 554
(c) 556 (d) 552

57. एक बॉक्स में तीन अलग-अलग प्रकार के पुराने सिक्के 3 : 5 : 7 के अनुपात में हैं, पुराने सिक्कों के मूल्य क्रमशः 1 रुपये, 5 रुपये और 10 रुपए हैं। यदि बॉक्स में रखे सिक्को की कुल कीमत 294 रू है, तो 10 रुपये के पुराने सिक्को की संख्या बताये?

A box contains three different types of old coins in the ratio 3 : 5 : 7, the values of the old coins are Rs 1, Rs 5 and Rs 10 respectively. If the total value of coins kept in the box is Rs 294. If yes, find the number of old Rs 10 coins?

**RPF S.I. 10/01/2019 (Shift-01)**

(a) 22 (b) 24
(c) 21 (d) 23

# ANSWER KEY

| | | | | | | | | | |
|---|---|---|---|---|---|---|---|---|---|
| 1.(b) | 2.(d) | 3.(b) | 4.(c) | 5.(c) | 6.(c) | 7.(d) | 8.(d) | 9.(b) | 10.(c) |
| 11.(b) | 12.(a) | 13.(b) | 14.(d) | 15.(d) | 16.(b) | 17.(b) | 18.(b) | 19.(b) | 20.(a) |
| 21.(b) | 22.(d) | 23.(a) | 24.(b) | 25.(b) | 26.(c) | 27.(c) | 28.(b) | 29.(d) | 30.(a) |
| 31.(b) | 32.(b) | 33.(d) | 34.(a) | 35.(d) | 36.(b) | 37.(b) | 38.(c) | 39.(d) | 40.(c) |
| 41.(b) | 42.(d) | 43.(c) | 44.(c) | 45.(d) | 46.(a) | 47.(d) | 48.(c) | 49.(d) | 50.(b) |
| 51.(d) | 52.(c) | 53.(c) | 54.(d) | 55.(a) | 56.(a) | 57.(c) | | | |

# SOLUTIONS



1. (b)

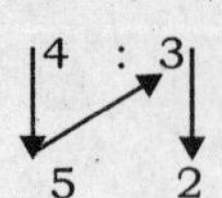

$\Rightarrow$ A : B : C

$4\times5 : 5\times3 : 3\times2$

20 : 15 : 6

2. (d)

राम : राज

आय का अनुपात 4 : 5 = 9

अंतर = 1

9 इकाई = 126

1 इकाई (अंतर) = 14

3. (b)

राम : राज

आय का अनुपात 4 : 5 = 9

अंतर = 1

9 इकाई = 153

1 इकाई (अंतर) = 17

4. (c)

X : Y

9 : 10 = 19

अंतर = 1

9 इकाई = 133

1 इकाई (अंतर) = 7

5. (c)

X : Y

6 : 7 = 13

अंतर = 1

13 इकाई = 78

1 इकाई (अंतर) = 6

6. (c)

राम : राज

4 : 5 = 9

अंतर = 1

9 इकाई = 180

1 इकाई (अंतर) = 20

7. (d)

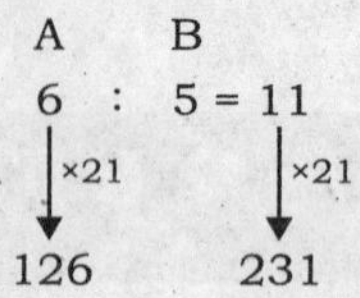

A : B

6 : 5 = 11

×21 ×21

126 231

8. (d)

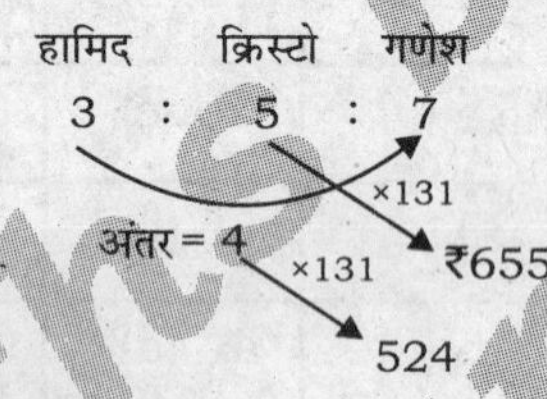

हामिद : क्रिस्टो : गणेश

3 : 5 : 7

अंतर = 4

×131 → ₹655

×131 → 524

9. (b)

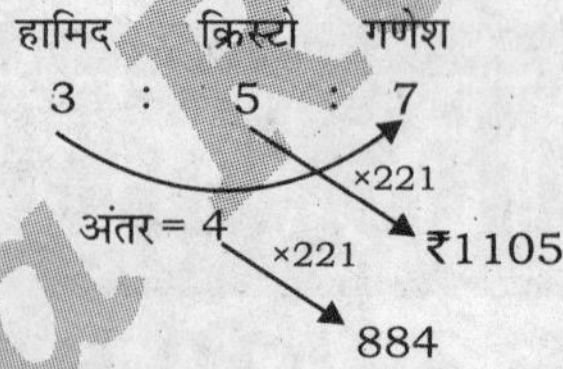

हामिद : क्रिस्टो : गणेश

3 : 5 : 7

अंतर = 4

×221 → ₹1105

×221 → 884

10. (c)

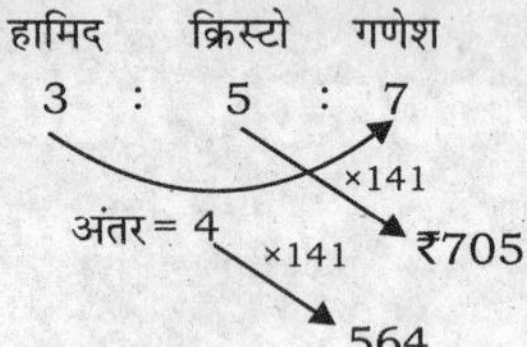

हामिद : क्रिस्टो : गणेश

3 : 5 : 7

अंतर = 4

×141 → ₹705

×141 → 564

11. (b)

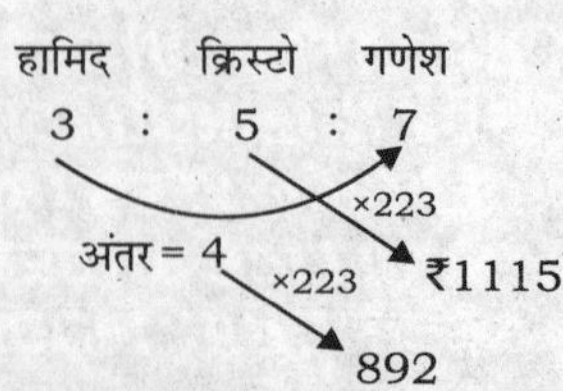

हामिद : क्रिस्टो : गणेश

3 : 5 : 7

अंतर = 4

×223 → ₹1115

×223 → 892

12. (a)

A : B : C : D

2 : 3 : 4 : 5 = 14

×8 → 16 cm

×8 → 112 cm

नोटः परिधि (Perimeter) : सभी भुजाओं को जोड़

13. (b)

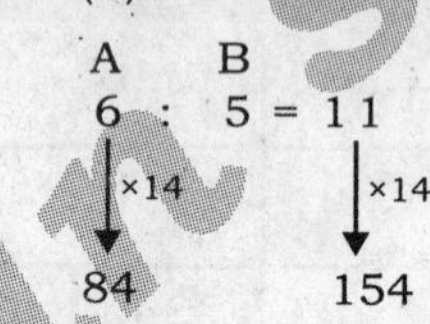

A : B

6 : 5 = 11

×14 ×14

84 154

14. (d)

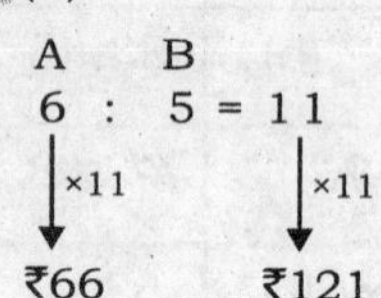

A : B

6 : 5 = 11

×11 ×11

₹66 ₹121

15. (d)

भुजाएँ (Sides)

A : B : C : D

2 : 3 : 4 : 5 = 14

×11 → 22 cm

×11 → 154 cm

16. (b)

| | A | | B |
|---|---|---|---|
| व्यास (Diameter) | 2 | : | 1 |
| आयतन (Volume)($r^3$) | $(2)^3$ | : | $(1)^3$ |
| | 8 | : | 1 |

17. (b)

संख्याएँ (Number) A : B = 4 : 7

अब, $\frac{4x+4}{7x+4}=\frac{3}{5}$

$\Rightarrow 20x + 20 = 21x + 12$

$x = 8$

$\therefore$ बड़ी संख्या (Largest Number) $= 7 \times 8 = 56$

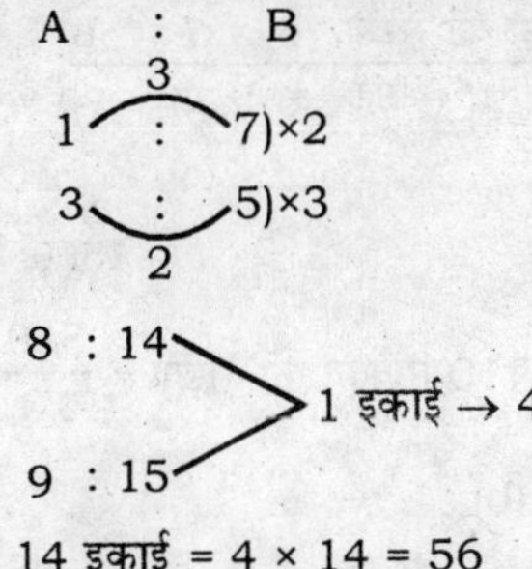


14 इकाई = 4 × 14 = 56

18. (b)

$\therefore x \times y = 120$ ...... (i)

& $x^2 + y^2 = 289$ ..... (ii)

From Equation (i) & (ii)

$x^2 + y^2 + 2xy = 289 + 2 \times 120$

$= 289 + 240 = 529$

$\Rightarrow (x + y)^2 = 529$

$\Rightarrow x + y = 23$

19. (b)

A B C
7 : 8 : 9
↓×2
18

कुल आयु का योग = (7 + 8 + 9) × 2 = 48 वर्ष

औसत आयु = $\frac{48}{3}$ = 16 वर्ष

20. (a)

2 : 3
↓ ↗ ↓
5 3

$\Rightarrow$ A B C
10 : 15 : 9 = 34
↓×4 ↓×4
60 136

21. (b)

$x + y = 30$ ..... (i)

& $x^2 + y^2 = 468$ ..... (ii)

From Equation (i) & (ii)

$x^2 + y^2 + 2xy - 2xy = 468$

$\Rightarrow (x + y)^2 - 2xy = 468$

$\Rightarrow (30)^2 - 2xy = 468$

$\Rightarrow 2xy = 900 - 468 = 432$

$xy = \frac{432}{2} = 216$

22. (d)

तिर्यक ऊँचाई (Slant height)

A B
5 : 4

पृष्ठ क्षेत्रफल (Curved Surface area) = $\pi r l$ = 5 : 4

23. (a)

$x + y = 85$ ...... (i)

& $(x - y) = 28$ .... (ii)

From Equation (i) & (ii)

$(x + y)(x - y) = (x^2 - y^2)$

$= 85 \times 28 = 2380$

24. (b)

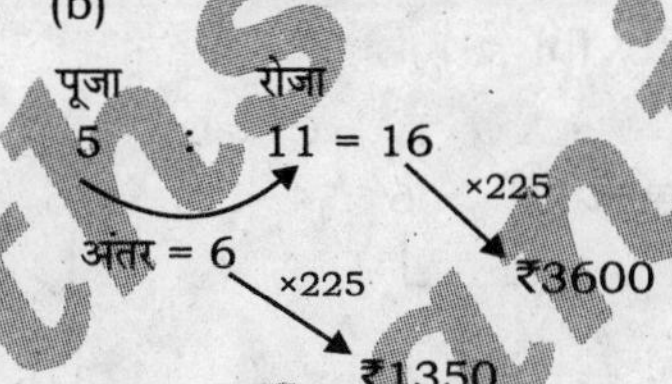


25. (b)

$x + y = 37$ ..... (i)

$xy = 336$ .... (ii)

समीकरण (i) और (ii) से

$(x + y)^2 - 4xy = (37)^2 - 4 \times 336 = 25$

$x^2 + y^2 + 2xy - 4xy = 25$

$\therefore (x - y)^2 = 25$

$\Rightarrow x - y = 5$

26. (c)

$x + y = 40$ ..... (i)

$x - y = 4$ ..... (ii)

समीकरण (i) और (ii) से

$x = \frac{40 + 4}{2} = 22$

$y = \frac{40 - 4}{2} = 18$

$\therefore \frac{x}{y} = \frac{11}{9} = 11 : 9$

27. (c)

माना सबसे छोटी सम संख्या (Even number) $x$ है।

तब,

$x + x + 2 + x + 4 + x + 6 = 228$

$4x + 12 = 228$

$4x = 216$

$x = \frac{216}{4} = 54$

$\therefore$ सबसे बड़ी संख्या = 54 + 6 = 60

28. (b)

वस्तुओं की कीमत

A B C
3 : 5 : 7 = $\frac{15}{3}$ = 5
↓×3000 ↓×3000
₹9000 ₹15000

29. (d)

$\Rightarrow \frac{3}{7} \times 84 = \frac{3}{8} \times (84 + x)$

(Where (यहाँ) $x$ = पानी की अतिरिक्त मात्रा)

$\Rightarrow 12 \times 8 = 84 + x$

$x = 96 - 84 = 12$ लीटर

SMART APPROACH:-

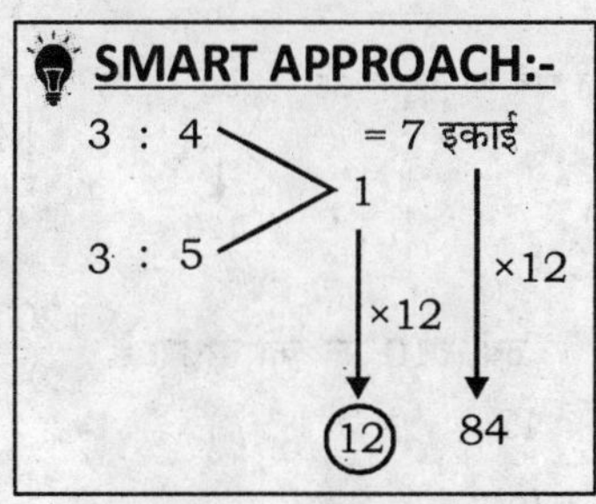


30. (a)

| सिक्के (coin) | ₹1 | | ₹5 | | ₹10 | |
|---|---|---|---|---|---|---|
| सिक्को की संख्या | 7 | : | 6 | : | 8 | |
| कीमत | 7 | : | 30 | : | 80 | = ₹117 |
| | | | ↓×8 | | | ↓×8 |
| | | | ₹240 | | | ₹963 |

₹5 के सिक्कों की संख्या = $\frac{240}{5}$ = 48

31. (b)

$\frac{3}{7} \times 77 = \frac{3}{8}(77 + x)$

$\Rightarrow 11 \times 8 = 77 + x$

$\Rightarrow x = 88 - 77 = 11$ लीटर

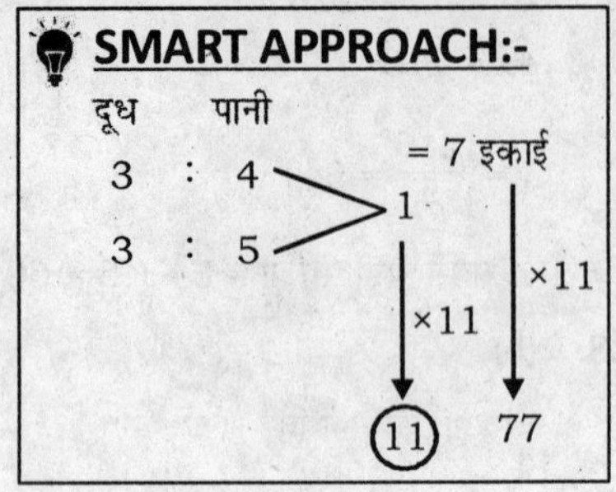


32. (b)

बच्चे A B C D

राशि का अनुपात

12 : 6 : 4 : 3 = 25

12 + 6 = 18 → ×22 → ₹396

25 → ×22 → ₹550

33. (d)

पेन की संख्या 7 : 6 : 5

कीमत 5 : 10 : 15

कुल खर्च का अनुपात 35 : 60 : 75 = 170

60 → ×2 → 120; 170 → ×2 → 340

तब, ₹10 पेन की संख्या = $\frac{120}{10}$ = 12

34. (a)

पेन की संख्या का अनुपात 5 6 4

कीमत ₹5 : ₹10 : ₹15

पेन पर खर्च का अनुपात 25 : 60 : 60 = 145

60 → ×2 → ₹120; 145 → ×2 → ₹290

$\therefore$ ₹10 पेन की संख्या = $\frac{120}{10}$ = 12

35. (d)

सिक्के (coin) ₹1 ₹5 ₹10

सिक्को की संख्या 3 : 5 : 7

कीमत 3 : 25 : 70 = 98

70 → ×7 → ₹490; 98 → ×7 → ₹686

$\therefore$ ₹10 के सिक्कों की संख्या

$= \frac{490}{10} = 49$

36. (b)

पेन पेंसिल रबर

संख्या 3 : 2 : 1

कीमत 3 : 2 : 2

कुल खर्च 9 : 4 : 2 = 15

9 → ×9 → ₹ 81; 15 → ×9 → ₹ 135

$\therefore$ पेनों की संख्या = $\frac{81}{3}$ = 27

37. (b)

A B C D

बच्चे 12 : 6 : 4 : 3 = 25

12 + 6 = 18 → ×35 → ₹630

25 → ×35 → ₹875

38. (c)

A B C D

बच्चे 12 : 6 : 4 : 3 = 25

12 + 6 = 18 → ×20 → ₹360

25 → ×20 → ₹500

39. (d)

सिक्के (coin) ₹1 ₹5 ₹10

सिक्को की संख्या 3 : 5 : 7

कीमत 3 : 25 : 70 = 98

70 → ×6 → ₹420; 98 → ×6 → ₹588

₹10 सिक्कों की संख्या = $\frac{420}{10}$ = 42

40. (c)

सिक्के (coin) ₹1 ₹5 ₹10

सिक्को की संख्या 6 : 7 : 8

कीमत 6 : 35 : 80 = 121

80 → ×7 → ₹560; 121 → ×7 → ₹847

₹10 सिक्कों की संख्या = $\frac{560}{10}$ = 56

41. (b)

दी गई राशि को 6 : 5 के अनुपात में बांटा गया है,

प्रश्न के अनुसार,

6 इकाई = 48 रु.

तब, 11 इकाई = 88 रु

42. (d)

हम जानते हैं कि,

कुल लागत = मात्रा की संख्या × कीमत

पेन : पेंसिल : रबड़

मात्रा ⇒ $3x : 2x : 1x$

कीमत ⇒ 3 : 2 : 2

कुल लागत ⇒ $9x + 4x + 2x = 285$ रुपये

$\Rightarrow 15x = 285$ रुपये $\Rightarrow 1x = 19 \Rightarrow 3x = 57$

43. (c)

A, B और C के हिस्से का अनुपात

⇒ 6 : 7 : 8

प्रश्न के अनुसार,

C को 52000 रुपये प्राप्त हुए = 8 इकाई

1 इकाई 6500 रुपये

तब, 13 इकाई = 84500 रुपये

44. (c)

हम जानते हैं कि,

कुल लागत = मात्रा की संख्या × कीमत

पेन : पेंसिल : रबड़

मात्रा ⇒ $3x : 2x : 1x$

कीमत ⇒ 3 : 2 : 2

कुल लागत ⇒ $9x + 4x + 2x = 280$ रुपये

$\Rightarrow 15x = 280$ रुपये $\Rightarrow 1x = 12 \Rightarrow 3x = 36$

45. (d)

A, B और C के हिस्से का अनुपात ⇒ 3 : 5 : 7

प्रश्न के अनुसार,

C को 49000 रुपये मिल = 7 इकाई

1 इकाई = 7000 रुपये

8 इकाई = 56000 रुपये

46. (a)

पुराने सिक्के के संख्याओ का अनुपात 12 यूनिट, 13 यूनिट और 11 यूनिट हैं जिनका मूल्य क्रमशः 3 रुपये, 4 रुपये. और 5 रु. है।

कुल कीमत = (12 × 3 + 13 × 4 + 11 × 5)

= 143 इकाई

⇒ 143 इकाई = 572 ⇒ 1 इकाई = 4

3 रुपये की सिक्कों की संख्या

= 12 × 4 ⇒ 48

47. (d)

सैम, साई और श्री के वेतन का अनुपात 7 : 9 : 11

प्रश्नानुसार, श्री को सैम से 320 रुपया अधिक प्राप्त होता है

4 इकाई = 320 रुपये

तब, 9 इकाई = 720 रुपये

48. (c)

प्रश्न के अनुसार,

लड़कों द्वारा प्राप्त उपहारों का अनुपात है:-

लड़का 1 : लड़का 2 : लड़का 3 : लड़का 4

2 : 1

3 : 1

4 : 1

अब, समीकरण अनुपात

लड़का 1 : लड़का 2 : लड़का 3 : लड़का 4

12 : 6 : 4 : 3

अब, 25 यूनिट = 450 → 1 यूनिट = 18

तो, 3 इकाई = 54

49. (d)

पुराने सिक्के के संख्याओ का अनुपात 12 यूनिट, 11 यूनिट और 13 यूनिट हैं जिनका मूल्य क्रमशः 3 रुपये, 4 रुपये. और 5 रु. है।

कुल कीमत = (12 × 3 + 11 × 4 + 13 × 5)

इकाई = 580

⇒ 145 इकाई = 580 ⇒ 1 इकाई = 4

3 रुपये की सिक्कों की संख्या = 12 इकाई ⇒ 48

50. (b)

प्रश्न के अनुसार,

लड़कों द्वारा प्राप्त उपहारों का अनुपात है:-

लड़का 1 : लड़का 2 : लड़का 3 : लड़का 4

2 : 1

3 : 1

4 : 1

अब, संयुक्त अनुपात

लड़का 1 : लड़का 2 : लड़का 3 : लड़का 4

12 : 6 : 4 : 3

अब, 25 यूनिट = 400 → 1 यूनिट = 16

तो, 18 इकाई = 288

51. (d)

सिक्कों की संख्या → 7 : 5 : 3

सिक्के का मूल्य → ₹3 : ₹4 : ₹5

कुल मूल्य = (7 × 3 + 5 × 4 + 3 × 5) यूनिट

56 यूनिट = 392

⇒ 1 यूनिट = 7

3 रु. के सिक्कों की संख्या = 7 × 7 ⇒ 49

52. (c)

वसीम, विल्सन और विलियम के वेतन का अनुपात ⇒ 7 : 11 : 9

प्रश्न के अनुसार,

विलियम और वसीम के वेतन में अंतर = 120 रु

(9 – 7) यूनिट = 120 रु.

1 यूनिट = 60 रु.

विल्सन का वेतन = 11 × 60 = 660 रु.

53. (c)

प्रश्न के अनुसार,

लड़कों द्वारा प्राप्त उपहारों का अनुपात है:-

बच्चे 1 : बच्चे 2 : बच्चे 3 : बच्चे 4

2 : 1

3 : 1

4 : 1

अब, संयुक्त अनुपातः

लड़का 1 : लड़का 2 : लड़का 3 : लड़का 4

12 : 6 : 4 : 3

अब, 25 यूनिट = 725 ⇒ 1 यूनिट = 29

तो, 18 इकाई = 522

54. (d)

सिक्कों की संख्या → 3 : 5 : 7

सिक्के का मूल्य → ₹1 : ₹5 : ₹10

कुल मूल्य = (3 × 1 + 5 × 5 + 7 × 10) यूनिट

98 यूनिट = 1372

⇒ 1 यूनिट = 14

10 रु. के सिक्कों की संख्या = 7 × 14 ⇒98

55. (a)

हमीद : सलमान : गणेश = 3 : 5 : 7

प्रश्न के अनुसार,

गणेश को हमीद से 852 ₹ अधिक मिले।

(7 – 3) इकाई = 852

1 इकाई = 213

5 इकाई = 5 × 213 = 1065 रुपये

56. (a)

प्रश्न के अनुसार,

बच्चों द्वारा प्राप्त उपहारों का अनुपात है:-

बच्चा 1 : बच्चा 2 : बच्चा 3 : बच्चा 4

| बच्चा 1 | बच्चा 2 | बच्चा 3 | बच्चा 4 |
|---|---|---|---|
| 2 | : 1 | | |
| 3 | | : 1 | |
| 4 | | | : 1 |

अब, समीकरण अनुपात

बच्चा 1 : बच्चा 2 : बच्चा 3 : बच्चा 4

12 : 6 : 4 : 3

अब, 25 यूनिट = 775 ⇒ 1 यूनिट = 31

तो, 18 यूनिट = 558

57. (c)

पुराने सिक्के के संख्या का अनुपात 3 इकाई, 5 इकाई और 7 इकाई हैं जिनका मूल्य क्रमशः 1 रुपये, 5 रुपये. और 10 रुपये है।

कुल कीमत = (3 × 1 + 5 × 5 + 7 × 10)

= 98 इकाई

98 इकाई = 294

⇒ 1 इकाई = 3

10 रुपये की सिक्कों की संख्या

= 7 इकाई

⇒ 21

☆☆☆☆☆

# AGE & PARTNERSHIP

# आयु और साझेदारी

07

1. कपिल और अवतार ने किसी व्यापार में क्रमशः 1300 रुपये तथा 1400 रुपये लगाये यदि वर्ष के अन्त में 675 रुपये का लाभ हुआ हो तो कपिल को लाभ में कितने रुपये मिले?

Kapil and Avtar invested Rs. 1300 and Rs. 1400 respectively in a business. If there is a profit of Rs. 675 at the end of the year, how much money did Kapil get?

(a) 320 रु (b) 325 रु
(c) 345 रु (d) 340 रु

2. तीन साझेदार A, B और C, 4 : 5 : 6 के अनुपात में लाभ कमाते हैं। यदि लाभ में C का हिस्सा A की तुलना में 200 रुपये अधिक है, तो उनके द्वारा प्राप्त कुल लाभ ज्ञात करें।

Three partners, A, B and C shared profits in the ratio 4 : 5 : 6. If C's share of the profit was Rs.200 more than that of A, find the total profit generated by them.

(a) 1,500 रु
(b) 1,600 रु
(c) 1,650 रु
(d) 1,750 रु

3. ऋषिका और आकाश ने साझेदारी में कुछ पैसे निवेश किए। ऋषिका ने 1875 रुपये निवेश किये और लाभ से अपने हिस्से के रूप में 225 रुपये प्राप्त किए। अगर आकाश ने लाभ से अपने हिस्से के रूप में 288 रुपये कमाए, तो आकाश ने कितनी राशि का निवेश किया था?

Rishika and Akash invested some money each in a partnership. Rishika had invested Rs.1875 and took Rs.225 as his share from the profit made. If Akash took Rs.288 as his share of the profit made, then how much had Akash invested?

(a) 2475 रु
(b) 2500 रु
(c) 2400 रु
(d) 2250 रु

4. राम ने 12,000 रुपये लगाकर एक व्यापार प्रारम्भ किया। 6 महीने बाद रहीम ने भी 15,000 रुपये लगाकर व्यापार में साझा कर लिया। यदि वर्ष के अन्त में राम को 6,400 रुपये का लाभ हुआ हो तो रहीम को कितना लाभ होगा?

Ram started a business by investing Rs.12,000. After 6 months, Rahim also shared in the business by investing Rs.15,000. If at the end of the year Ram got a profit of Rs 6,400, then what would be the profit of Rahim?

(a) 4000 रु (b) 4500 रु
(c) 4200 रु (d) 4800 रु

5. सोहेल ने 2250 रुपये से एक कारोबार आरंभ किया जबकि त्रिशला 3 महीने बाद कुछ राशि निवेश की। यदि 12 माह के अंत में (सोहेल के निवेश से), सोहेल और त्रिशला ने लाभ को 25 : 24 के अनुपात में बांटा है, तो त्रिशला ने कितना निवेश किया था?

Sohail started a business with Rs.2250 while Trishala invested some amount after 3 months. If at the end of 12 months (from Sohail's investment), Sohail and Trishala share the profit in the ratio 25 : 24, then how much did Trishala invest?

(a) 2160 रु
(b) 2480 रु
(c) 2880 रु
(d) 2920 रु

6. A ने 75,000 रुपये के साथ एक कारोबार शुरू किया। B कुछ समय के बाद 37,500 रुपये के साथ उसमें शामिल हुआ। यदि वर्ष के अंत में 3 : 1 के अनुपात में लाभ साझा किया जाता है, तो B कितने महीने बाद शामिल हुआ था?

A began a business with Rs.75,000. B joins after sometime with Rs.37,500. After how many months did B join if the profits are shared in the ratio of 3 : 1 at the end of the year?

(a) 4 (b) 5
(c) 6 (d) 7

7. सथी और रथिन ने 6 : 5 अनुपात में किसी व्यवसाय में कुछ पैसे का निवेश किया, लेकिन कुछ महीनों के बाद सथी ने अपना पैसा वापस ले लिया। यदि बारह महीने के अंत में लाभ 7 : 10 के अनुसार में सथी और रथिन के बीच साझा किया गया था, तो रथिन ने कितने महीने अकेले निवेश किया था?

Sathi and Rathin invested some money in a business in the ratio 6 : 5, but Sathi withdraw her money after a few months. If the end of twelve months' profit was shared between Sathi and Rathin in the ratio 7 : 10, for how many months did Rathin alone invest?

(a) 4 (b) 5

(c) 6 (d) 7

8. सुहास और नितिन ने 8 : 3 के अनुपात में एक व्यवसाय में कुछ पैसा निवेश किया, लेकिन कुछ महीनों के बाद सुहास ने अपना पैसा वापस ले लिया। यदि बारह महीनों के अंत में सुहास और नितिन द्वारा लाभ को 5 : 4 के अनुपात में साझा किया गया, तो नितिन ने अकेले कितने महीनों के लिए निवेश किया?

Suhas and Nitin invested some money in a business in the ratio 8 : 3, but Suhas withdraw his money after a few months. If at the end of twelve months' profit was shared by Suhas and Nitin in the ratio 5 : 4, for how many months did Nitin invest alone?

(a) $5\frac{5}{8}$ (b) $6\frac{3}{8}$

(c) $5\frac{3}{8}$ (d) $6\frac{5}{8}$

9. रवि और रश्मि ने एक व्यवसाय में क्रमशः 150 रुपये और 200 रुपये का निवेश किया लेकिन कुछ महीनों के बाद रवि ने अपना पैसा वापस ले लिया। यदि बारह महीनों के अंत का लाभ रवि और रश्मी के बीच 1 : 2 के अनुपात में बांटा गया था, तो कितने महीनों के बाद रवि ने अपना पैसा निकाल लिया?

Ravi and Rashmi invested Rs. 150 and Rs. 200 respectively in a business but Ravi withdraw his money after a few months. If the end of twelve months' profit was shared between Ravi and Rashmi in the ratio 1 : 2, after how many months did Ravi take out his money?

(a) 4 (b) 6

(c) 8 (d) 10

10. मिताली और झूलन ने क्रमशः 336 रुपये एवं 231 रुपये एक कारोबार में निवेश किए परंतु मिताली ने कुछ महीनों बाद पैसे वापस निकाल लिए। 12 महीनो के समापन पर मिताली और झूलन द्वारा आपस में बांटे गए लाभ का अनुपात 2:3 होने पर मिताली ने कितने महीनों के बाद अपना पैसा निकाल लिया होगा?

Mitali and Jhulan invested Rs.336 and Rs.231 respectively in a business but Mitali withdraw her money after a few months. If the end-of- twelve-months' profit was shared between Mitali and Jhulan in the ratio 2:3, after how many months did Mitali take out her money?

(a) 4.5 (b) 5.5

(c) 6.5 (d) 7.5

11. तोरशा ने 2250 रुपये के साथ एक कारोबार शुरू किया, जबकि कुछ महीनों के बाद त्रिशा ने 2880 रुपये का निवेश कर दिया। यदि 12 महीनों के अंत (तोरशा के निवेश के समय से) में लाभ को तोरशा और त्रिशा द्वारा 25:24 के अनुपात में बांटा जाता है, तो त्रिशा ने कितने महीनों के लिए निवेश किया था?

Torsha started a business with Rs.2250 while Trisha invested Rs.2880 after a few months. If at the end-of-12-months (from Torsha's investment) profit is shared by Torsha and Trisha in the ratio 25:24, for how many months did Trisha stay invested?

(a) 7 (b) 8

(c) 9 (d) 10

12. A, B तथा C ने 50,000 रुपये का कारोबार प्रारंभ किया। B ने C की तुलना में 6,000 रुपये अधिक दिए तथा A ने B की तुलना में 2,000 रुपये अधिक दिए। यदि कुल लाभ 10,000 रुपये था तो लाभ में A का हिस्सा कितना था?

A, B and C subscribe to a business of Rs.50,000. B subscribes Rs.6,000 more than C and A subscribes Rs.2,000 more than B. What will be A's share of profit out of a total profit of Rs.10,000?

(a) 2,000 रु (b) 2,500 रु

(c) 3,250 रु (d) 4,000 रु

13. तीन साझेदार, A, B और C ने 2 : 3 : 4 के अनुपात में लाभ कमाया। एक नया साझेदार D शामिल हुआ, जिसने A और C प्रत्येक के शेयरों में से आधा हिस्सा लिया। यदि लाभ में D का हिस्सा अब 100 रुपये है, तो कुल लाभ ज्ञात करें।

Three partners, A, B and C shared profits in the ratio 2 : 3 : 4. A new partner D. Joined who took half of the shares of each A and C. If D's share of profit now is Rs.100, find the total profit.

(a) 200 रु (b) 250 रु

(c) 275 रु (d) 300 रु

14. तीन साझेदार A, B और C 5750 रुपये अपनी फर्म में निवेश करते हैं। A ने B से 500 रुपये अधिक निवेश किया और B ने C से 750 रुपये अधिक निवेश किया। इस वर्ष के दौरान फर्म ने 23000 रुपये लाभ कमाया। A द्वारा प्राप्त लाभ का हिस्सा कितना है?

Three partners A, B and C invest Rs.5750 towards the capital of their firm. A invested Rs.500 more than B and B invested Rs.750 more than C. The firm makes a profit of Rs.23000 during the year. The share of the profit that A gets is:

(a) B और C के कुल हिस्से की राशि से 5000 रुपये अधिक है।

(b) B और C के कुल हिस्से की राशि से 3000 रुपये कम है।

(c) B और C के कुल हिस्से की राशि से 2000 रुपये अधिक है।

(d) B और C के कुल हिस्से की राशि से 750 रुपये कम है।

15. सुहास और नितिन ने 8:3 के अनुपात में एक व्यवसाय में कुछ पैसे निवेश किये, लेकिन कुछ महीनों के बाद सुहास ने अपना पैसा वापस निकाल लिया। यदि वर्ष के अंत में सुहास और नितिन द्वारा लाभ को 5:4 के अनुपात में साझा किया गया, तो नितिन ने कितने महीनों के लिए अकेले पैसा निवेश किया?

Suhas and Nitin invested some money in a business in the ratio 8:3, but Suhas withdrew his money after a few months. If at the end of twelve months' profit was shared by Suhas and Nitin in the ratio 5:4, for how many months did Nitin invested alone?

(a) $5\frac{5}{8}$ (b) $6\frac{3}{8}$

(c) $5\frac{3}{8}$ (d) $6\frac{5}{8}$

16. A, B, C ने 1 : 3 : 5 के अनुपात में अपने निवेश के साथ एक व्यवसाय शुरू किया। 4 महीने बाद, A ने पहले की तरह ही निवेश किया और B और C ने अपने निवेश का आधा वापस ले लिया। वर्ष के अंत में उनके लाभ का अनुपात है:

A, B, C started a business with their investments in the ratio 1 : 3 : 5. After 4 months, A invested the same amount as before and B as well as C withdrew half of their investments. The ratio of their profits at the end of the year is :

(a) 1 : 2 : 3 (b) 3 : 4 : 15

(c) 3 : 5 : 10 (d) 5 : 6 : 10

17. A एक व्यवसाय में कार्यरत है और B स्लीपिंग पार्टनर है। A 5000 रुपये डालता है। और B 6000 रुपये डालता है। A को व्यवसाय के प्रबंधन के लिए लाभ का 12.5% प्राप्त होता है और शेष को उनकी पूंजी के अनुपात में विभाजित किया जाता है। 880 रुपये के लाभ से प्रत्येक को क्या मिलता है?

A is a working and B is sleeping partners in a business. A puts in Rs. 5000 and B puts in Rs.6000. A receives 12.5% of the profit for managing the business and the rest is divided in proportion to their capital. What does each get out of a profit of Rs. 880?

(a) 460, 420 (b) 480, 400

(c) 530, 350 (d) 550, 330

18. किरण और सुषमा ने 3000 रुपये और 4000 रुपये के साथ कारोबार शुरू किया 8 महीने बाद किरण 1000 रुपये निकालती है और सुषमा 1000 रुपये और पेशगी देती है। वर्ष के अंत में, उनका लाभ 630 रुपये था, किरण का हिस्सा ज्ञात कीजिये?

Kiran and Sushma began business with Rs.3000 and Rs.4000 after 8 months, Kiran withdraws Rs.1000 and Sushma advances Rs.1000 more. At the end of the year, their profit amounts to Rs.630 find the share of Kiran ?

(a) Rs. 240 (b) Rs. 75

(c) Rs. 125 (d) Rs. 354

19. तीन मित्रों, P, Q और R ने 3 वर्ष की अवधि के लिए क्रमशः 5 : 4 : 2 के अनुपात में धन निवेश करके एक साझेदारी व्यवसाय शुरू किया। कुल लाभ में उसके हिस्से के रूप में P को प्राप्त राशि कितनी है?

Three friends, P, Q and R started a partnership business investing money in the ratio of 5 : 4 : 2 respectively for a period of 3 years. What is the amount received by P as his share in the total profit ?

A. व्यवसाय में निवेश की गई कुल राशि रु. 22,000

Total amount invested in the business Rs.22,000

B. 3 वर्ष के अंत में अर्जित लाभ कुल निवेश का $\frac{3}{8}$ है।

Total profit earned at the end of 3 years investment is $\frac{3}{8}$

C. प्रति वर्ष अर्जित लाभ की औसत राशि 2750 रुपये है।

The average amount of profit earned per year is Rs 2750

(a) केवल c पर्याप्त है

(b) a और b दोनों पर्याप्त हैं

(c) a और b दोनों परिणाम नहीं देते हैं

(d) कोई नहीं

20. A और B ने 4000 रूपये और 5500 रुपये का निवेश करके एक व्यवसाय किया। A और B ने छह महीने के बाद क्रमश: 1000 रुपये और 1500 रूपये निकाले और 4$x$ की पूंजी के साथ उनके साथ जुड़ गया। एक वर्ष तीन महीने के बाद C को 2250 रुपये का लाभ हुआ यदि कुल लाभ 12250 रूपये है, तो C का निवेश ज्ञात कीजिये?

A and B entered in a business by making investment of Rs. 4000 & Rs. 5500 respectively. After six months A & B withdrew Rs. 1000 and Rs. 1500 respectively and C joined them with capital of Rs. 4x. If after one year and three months C received Rs. 2250 as profit share out of total profit of Rs. 12250, then find investment of C?

(a) Rs. 3600 (b) Rs. 3200

(c) Rs. 4400 (d) Rs. 3000

# ANSWER KEY

| | | | | | | | | | |
|---|---|---|---|---|---|---|---|---|---|
| 1.(b) | 2.(a) | 3.(c) | 4.(a) | 5.(c) | 6.(a) | 7.(b) | 8.(b) | 9.(c) | 10.(b) |
| 11.(c) | 12.(d) | 13.(d) | 14.(b) | 15.(b) | 16.(d) | 17.(a) | 18.(a) | 19.(b) | 20.(d) |

# SOLUTIONS

1. (b)

कपिल अवतार

निवेश का अनुपात 13 : 14

लाभ = निवेश × समय

लाभ का अनुपात 13 × 12 : 14 × 12

(13 + 14) इकाई = 675

कपिल के हिस्से का लाभ = $\frac{675}{27} \times 13$

= 25 × 13 = 325 रु

**SMART APPROACH:-**
अतिम चरण में पूर्ण गुणन कि अवश्यकता नहीं है, पहले जांचे कि कौन सा विकल्प 13 से विभाज्य है। हम देखेगें कि विकल्प (b) संतुष्ट करता है।

2. (a)

लाभ का अनुपात A : B : C = 4 : 5 : 6

= $4x : 5x : 6x$

प्रश्न के अनुसार,

$6x - 4x = 200$

$x = 100$

कुल लाभ = $4x + 5x + 6x = 15x$

= 15 × 100 = 1500 रु

3. (c)

लाभ का अनुपात ⇒ ऋषिका : आकाश

225 : 288

25 : 32

आकाश का हिस्सा (32) = $\frac{1875}{25} \times 32$

= 75 × 32 = 2400 रु

4. (a)

राम : रहीम = 12000 × 12 : 15000 × 6

= 12 × 2 : 15 = 8 : 5

8 इकाई = 6400

रहीम का हिस्सा (5) इकाई = 4000 रु

5. (c)

सोहेल : त्रिशला

2250 × 12 : $x \times 9$ = 25 : 24

$\frac{2250 \times 12}{x \times 9} = \frac{25}{24}$

$x = 24 \times 120 = 2880$ रु

त्रिशला ने 2880 रूपये का निवेश किया

6. (a)

A : B

$75000 \times 12 : 37500 \times x = 3 : 1$

$\frac{75000 \times 12}{37500 \times x} = \frac{3}{1}$

$\frac{1}{x} = \frac{375 \times 3}{750 \times 12}$

$x = 8$

B ने अपना पैसा 8 महीने के लिए निवेश किया

तो B ने 4 महीने के बाद निवेश किया

7. (b)

माना, सथी ने $x$ महीने के लिए अपना पैसा निवेश किया

सथी : रथिन

$6 \times x$ : $5 \times 12 = 7 : 10$

$$\frac{6x}{5\times12}=\frac{7}{10}$$

$x = 7$ माह

7 महीने के बाद सथी ने अपना पैसा वापस ले लिया

इसलिए, रथिन ने अपना पैसा अकेले $(12 - 7) = 5$ महीने के लिए निवेश किया

8. (b)

माना, सुहास ने अपना धन $x$ महीने के लिए निवेश किया

सुहास : नितिन

$8 \times x$ : $3 \times 12 = 5 : 4$

$$\frac{8x}{3\times12}=\frac{5}{4}$$

$$x=\frac{5\times3\times12}{8\times4}=\frac{45}{8}\text{ महीना}$$

$\frac{45}{8}$ महीनों बाद सुहास ने अपना पैसा निकाल लिया

नितिन ने अकेले $6\frac{3}{8}$ महीनों तक अपना पैसा निवेश किया

9. (c)

माना, रवि ने अपना पैसा $x$ महीने के लिए निवेश किया

$150 \times x : 200 \times 12 = 1 : 2$

$$\frac{150\times x}{200\times12}=\frac{1}{2}$$

$$x=\frac{200\times12}{150\times2}$$

$x = 8$ माह

रवि 8 महीने बाद अपना पैसा निकाल लेता है।

10. (b)

माना, मिताली ने $x$ महीने के लिए अपना पैसा निवेश किया

$336 \times x : 231 \times 12 = 2 : 3$

$$\frac{336x}{231\times12}=\frac{2}{3}$$

$$x=\frac{2\times231\times12}{336\times3}=\frac{11}{2}=5.5\text{ माह}$$

मिताली 5.5 महीने बाद अपना पैसा निकाल लेती है

11. (c)

माना त्रिशा ने $x$ महीने के लिए अपना पैसा निवेश किया

$$\frac{2250\times12}{2880\times x}=\frac{25}{24}$$

$x = 9$ माह

इसलिए, त्रिशा ने 9 महीने के लिए अपना पैसा निवेश किया

12. (d)

माना C ने निवेश किया = $x$ रु

B ने निवेश किया = $(x + 6000)$ रु

A ने निवेश किया = $(x + 8000)$ रु

$x + 8000 + x + 6000 + x = 50000$

$3x + 14000 = 50000$

$3x = 36000$

$x = 12000$

$A = x + 8000 = 20000$ रु

$B = x + 6000 = 18000$ रु

$C = x = 12000$ रु

A : B : C

20000 : 18000 : 12000

10 : 9 : 6

10 + 9 + 6 = 25 इकाई = 10000

A का लाभ (10) इकाई = $\frac{10000}{25}\times10$

= 4000 रु

13. (d)

$\because A : B : C = 2 : 3 : 4$

$= 2x : 3x : 4x$

$$D=\frac{A}{2}+\frac{C}{2}=\frac{2x}{2}+\frac{4x}{2}=3x$$

अब, $A : B : C : D = x : 3x : 2x : 3x$

$\because D\ (3x) = 100$ रु

कुल लाभ $(x + 3x + 2x + 3x)$

$$=\frac{100}{3x}\times9x=300\text{ रु}$$

**SMART APPROACH:-**

A : B : C

लाभ = 2 : 3 : 4

जब व्यवसाय में D को शामिल किया जाता है।

A : B : C : D

लाभ = $2\times\frac{1}{2}$ : 3 : 2 : $4\times\frac{1}{2}$

1 : 3 : 2 : 3

D = 3 इकाई = 100

$1=\frac{100}{3}$

कुल लाभ = $\frac{100}{3}\times9=300$

14. (b)

माना, C ने निवेश किया = $x$ रु

B ने निवेश किया = $(x + 750)$ रु

A ने निवेश किया = $(x + 1250)$ रु

$\because A + B + C = 5750$

$x + 1250 + x + 750 + x = 5750$

$x = 1250$

$A \Rightarrow x + 1250 = 1250 + 1250$

= 2500 रु

$B \Rightarrow x + 750 = 1250 + 750$

= 2000 रु

$C \Rightarrow x = 1250$ रु

$A : B : C \Rightarrow 2500 : 2000 : 1250$

$\Rightarrow 10 : 8 : 5$

$\because (10 + 8 + 5)$ इकाई = 23000

A का लाभ (10) = $\frac{23000}{23}\times10$

= 10000 रु

B का लाभ (8) = 8000 रु

C का लाभ (5) = 5000 रु

यह स्पष्ट है कि A का लाभ B और C के लाभ के योग से 3000 रुपये कम है

15. (b)

सुहास : नितिन = 8 : 3

माना सुहास ने $x$ महीने के लिए अपना पैसा निवेश किया

$\frac{8 \times x}{3 \times 12} = \frac{5}{4}$

$32x = 5 \times 12 \times 3$

$x = \frac{5 \times 12 \times 3}{32} = \frac{45}{8} = 5\frac{5}{8}$ महीना

इसलिए, नितिन ने $6\frac{3}{8}$ महीने के लिए अकेले अपना पैसा निवेश किया

16. (d)

A B C

4 महीने 1 : 3 : 5

8 महीने 2 : $\frac{3}{2}$ : $\frac{5}{2}$

⇒ A का लाभ = 4 × 1 + 2 × 8 = 20

B का लाभ = $3 \times 4 + \frac{3}{2} \times 8 = 24$

C का लाभ = $5 \times 4 + \frac{5}{2} \times 8 = 40$

लाभ का अनुपात 20 : 24 : 40

5 : 6 : 10

17. (a)

A B

5000 6000

5 : 6

$12.5\% = \frac{1}{8}$

मान लीजिए, कुल लाभ = 8 इकाई

8 इकाई → 880

1 इकाई → 110

शेष लाभ = 880 – 110 = 770

प्रश्नानुसार,

11 इकाई → 770

5 इकाई → 350

6 इकाई → 420

∴ A का लाभ = 350 + 110 = 460

B का लाभ = 420

18. (a)

K S

8 महीने 3,000 : 4,000

= 3 : 4

4 महीने 2,000 : 5,000

= 2 : 5

किशन का लाभ = 24 + 8 = 32

सुशमा का लाभ = 32 + 20 = 52

लाभ का अनुपात 3 2

52

8 : 13

प्रश्नानुसार,

21 इकाई → 630

8 इकाई → 240

19. (b)

P Q R

5 4 2

11 इकाई → 22,000

5 इकाई → 10,000

A का हिस्सा Rs. 10,000

B का हिस्सा $= \frac{3}{8} \times 22,000$

A का लाभ $= \frac{3}{8} \times 10,000$

= 3750

कुल लाभ में P का हिस्सा ज्ञात करने के लिए a और b दोनों पर्याप्त हैं।

20. (d)

A B C

6 महीने 4,000 5,500

9 महीने 3,000 4,000

4x

A का निवेश = 51,000

B का निवेश = 69,000

C का निवेश = 36x

A : B : C

लाभ का अनुपात 8500

: 11500 : 6x

प्रश्नानुसार,

$\frac{6x}{20,000 + 6x} \times 12,250 = 2,250$

⇒ x = 750

∴ 4x = 3,000

☆☆☆☆☆

# MIXTURE & ALLIGATION

# मिश्रण और ऐलिगेशन

08

1. 60 रुपये प्रति लीटर वाले दूध की कुछ मात्रा में 5 लीटर पानी मिलाया जाता है। यदि मिश्रण को उसी दर से बेचने पर 20% का लाभ होता है, तो मिश्रण में शुद्ध दूध की मात्रा क्या है?

5 litre of water is added to a certain quantity of pure milk costing Rs. 60 per litre. If by selling the mixture at the same price, a profit of 20% is made, then what is the amount of pure milk in the mixture?

**NTPC CBT-02 09/06/2022**

(a) 20 लीटर (b) 30 लीटर
(c) 25 लीटर (d) 35 लीटर

2. एक मिश्रण की 90 लीटर मात्रा में दूध और पानी का अनुपात 4 : 1 है। दूसरे मिश्रण की 90 लीटर मात्रा में दूध और पानी का अनुपात 3 : 2 है। दोनों मिश्रणों में दूध की मात्राओं का धनात्मक अंतर ज्ञात कीजिए।

The ratio of milk and water in 90 liters of a mixture is 4: 1. The ratio of milk and water in 90 liters of the second mixture is 3 : 2. Find the positive difference in the quantity of milk in both the mixtures.

**NTPC CBT-02 12/06/2022 (Shift-01)**

(a) 22 लीटर (b) 18 लीटर
(c) 16 लीटर (d) 23 लीटर

3. 3 : 2 के अनुपात में दूध और पानी वाले एक द्रव की 2 लीटर मात्रा को 2: 3 के अनुपात में दूध और पानी वाले एक अन्य द्रव की 3 लीटर मात्रा में मिलाया जाता है। नए मिश्रण में दूध और पानी का अनुपात ज्ञात कीजिए।

2 liters of a liquid containing milk and water in the ratio 3: 2 is mixed with 3 liters of another liquid containing milk and water in the ratio 2: 3. Find the ratio of milk and water in the new mixture.

**NTPC CBT-02 12/06/2022 (Shift-01)**

(a) 9 : 4 (b) 1 : 1
(c) 12 : 13 (d) 5 : 6

4. एक दुकानदार, 30 रुपये प्रति किलोग्राम की दर पर खरीदे गए 30 किग्रा चावल और 28 रुपये प्रति किलोग्राम की दर पर खरीदे गए 40 किग्रा चावल को मिश्रित करता है और वह इस प्रकार बने पूरे मिश्रण को 28 रुपये प्रति किलोग्राम की दर पर बेचता है। प्रतिशत लाभ या हानि (निकटतम पूर्णांक तक सन्निकट) ज्ञात कीजिए।

A shopkeeper mixes 30 kg of rice bought at Rs.30/kg and 40 kg of rice bought at Rs.28/kg and sells the entire mixture at the rate of Rs.28/kg. Find the percentage profit or loss (rounded off to the nearest integer).

**NTPC CBT-02 12/06/2022 (Shift-01)**

(a) 6% हानि
(b) 7% लाभ
(c) 3% हानि
(d) 5% लाभ

5. 40% चीनी घोल प्राप्त करने के लिए 35% चीनी घोल की एक निश्चित मात्रा को 48% चीनी घोल के 8 लीटर के साथ मिलाया जाता है। मिश्रण में 35% चीनी का घोल कितने लीटर था?

A certain quantity of a 35% sugar solution is mixed with 8 litres of a 48% sugar solution to obtain a 40% sugar solution. How many litres of the 35% sugar solution was there in the mixture?

**NTPC CBT-02 15/06/2022 (Shift-01)**

(a) 12.8 लीटर (b) 13.6 लीटर
(c) 13.2 लीटर (d) 12.5 लीटर

6. चाय की तीन किस्में, जिनकी लागत मूल्य प्रति किलोग्राम 500 रुपये, 720 रुपये और 900 रुपये है, को 9 : 5 : 11 के अनुपात में मिश्रित किया जाता है। यदि विक्रेता को 20% का लाभ कमाना है तो मिश्रित चाय का प्रति किलोग्राम विक्रय मूल्य क्या होना चाहिए?

Three varieties of tea, whose cost prices per kg are Rs.500, Rs.720 and Rs.900 are blended in the ratio 9 : 5 : 11. What should be the selling price per kg of the blended tea if the seller has to make a profit of 20%?

**NTPC CBT-02 15/06/2022 (Shift-02)**

(a) 884 रुपये (b) 854 रुपये
(c) 844 रुपये (d) 864 रुपये

7. नमक की दो किस्मों T और S, जिनके क्रय मूल्य क्रमशः 25 रुपये और 35 रूपये प्रति किलो हैं, को 4 : 6 के अनुपात में मिश्रित किया जाता है। मिश्रित किस्म को 37 रूपये प्रति किलो की दर से बेचा जाता है। लाभ प्रतिशत लगभग कितना है?

Two varieties of salt, T and S, costing Rs. 25 and Rs. 35 per kg respectively are mixed in the ratio of 4 : 6. The mixed variety is sold at Rs. 37 per kg. What is the approximate profit percentage?

**NTPC CBT-02 19/01/2017 (Shift-02)**

(a) 25% (b) 38%
(c) 20% (d) 33%

8. चावल की दो किस्मों, A और B जिनका क्रय मूल्य क्रमश: 210 रुपये और 280 रुपये प्रति किलो है, को 3 : 4 के अनुपात में मिश्रित किया जाता है। मिश्रित किस्म को 260 रुपये प्रति किलो की दर से बेचा जाता है। उसका लाभ प्रतिशत क्या है?

Two varieties of rice, A and B, costing Rs.210 and Rs.280 per kg respectively are mixed in the ratio of 3 : 4. The mixed variety is sold at Rs.260 per kg. What is the profit percentage ?

**NTPC CBT-02 17/01/2017 (Shift-02)**

(a) 6% (b) 5%
(c) 32% (d) 4%

9. 10 रुपये प्रति लीटर का मिश्रण प्राप्त करने के लिए 15 रुपये प्रति लीटर वाले दूध में पानी किस अनुपात में मिलाया जाना चाहिए? (पानी निःशुल्क उपलब्ध है)।

In what ratio must water be mixed with milk costing Rs 15 per liter to obtain a mixture worth Rs 10 per liter? (water is available free of cost).

(a) 1 : 2 (b) 1 : 3
(c) 2 : 5 (d) 2 : 3

10. 70 रुपये प्रति किलो के चावल के बैग में दो अलग-अलग प्रकार के चावल मिलाए जाते हैं. पहले प्रकार के चावल की मात्रा 8 किलोग्राम है और इसकी कीमत 60 रुपये प्रति किलोग्राम है, जबकि दूसरे प्रकार के चावल की मात्रा 4 किलोग्राम है। दूसरे प्रकार के चावल का प्रति किलो मूल्य क्या है?

In a bag of rice of Rs 70 per kg, two different types are mixed. First type of rice is 8 kg in quantity of Rs 60 per kg, while the second type of rice is 4 kg in quantity. What is the price per kg of the second type of rice?

(a) 75 रुपये (b) 65 रुपये
(c) 80 रुपये (d) 90 रुपये

11. एक किराने वाले को 120 रुपये प्रति किलोग्राम और 130 रुपये प्रति किलोग्राम मूल्य की दो प्रकार की चाय को किस अनुपात में मिलाना चाहिए, ताकि मिश्रण को 136.40 रुपये प्रति किलोग्राम पर बेचकर उसे 10% का लाभ हो सके?

In what ratio must a grocer mix two varieties of tea worth Rs.120 per kg and Rs.130 per kg, so that by selling the mixture at Rs.136.40 per kg, he may gain 10%?

(a) 1 : 2 (b) 3 : 4
(c) 3 : 2 (d) 2 : 5

12. एक फार्मा कंपनी में एक वैज्ञानिक कुछ दवा का आविष्कार करने के लिए एसीटोन और टोल्यून के शुद्ध रूप को मिला रहा है। एसीटोन और टोल्यून को मिलाने के बाद प्राप्त घोल की कीमत 16 रुपये प्रति लीटर है। वैज्ञानिक को एसीटोन की कीमत 14 रुपये प्रति लीटर है। भंडारण की समस्या के कारण वैज्ञानिक को टोल्यून की कीमत एसीटोन से महंगी है। घोल में टोल्यून और एसीटोन का अनुपात 4:1 है। वैज्ञानिक को प्रति लीटर टोल्यून की कीमत (में ₹) क्या है?

In a pharma company, a scientist is mixing the purified form of Acetone and Toluene to invent some medicine. The cost of the solution obtained after mixing Acetone and Toluene is Rs.16 per litre. Acetone costs Rs.14 per litre to the scientist. Due to storage issue, Toluene's cost is expensive than Acetone to the scientist. The ratio of Toluene to Acetone in the solution is 4 : 1. What is the cost of Toluene per litre (in ₹) to the scientist?

(a) 21 (b) 18.5
(c) 16.5 (d) 20

13. वह अनुपात ज्ञात कीजिए जिसमें 120 रुपये प्रति किलोग्राम वाले चावल को 155 रुपये प्रति किलोग्राम वाले चावल के साथ मिलाकर 135 रुपये प्रति किलोग्राम मूल्य का मिश्रण प्राप्त होता है।

Find the ratio in which rice at Rs.120 per kg is mixed with rice at Rs.155 per kg to get a mixture worth Rs.135 per kg.

(a) 3 : 4 (b) 2 : 3
(c) 1 : 3 (d) 4 : 3

14. एक व्यापारी को 18 रुपये प्रति किलोग्राम और 27 रुपये प्रति किलोग्राम की दो मात्राओं को किस अनुपात में मिलाना चाहिए, ताकि मिश्रण की कीमत 25 रुपये प्रति किलोग्राम हो जाए?

In which ratio a trader must mix two quantities of Rs.18 per kg and Rs.27 per kg, so that the price of the mixture becomes Rs.25 per kg?

(a) 1 : 7 (b) 3 : 7
(c) 2 : 7 (d) 2 : 5

15. एक दूधवाले ने 45 लीटर दूध खरीदा और उसमें 15 लीटर पानी मिलाया। यदि मिश्रण का प्रति लीटर मूल्य 50 रुपये हो जाता है, तो प्रति लीटर दूध का लागत मूल्य क्या है? (पानी निःशुल्क उपलब्ध है)

A milkman bought 45 litres of milk and mixed 15 litres of water in it. If the price per litre of the mixture becomes. 50, then what is the cost price of the milk per litre? (water is available free of cost)

(a) $61\frac{2}{3}$ रुपये (b) $34\frac{2}{3}$ रुपये
(c) $33\frac{2}{3}$ रुपये (d) $66\frac{2}{3}$ रुपये

16. एक रसायन विज्ञान प्रयोगशाला में, कुछ एसिड की दो किस्में होती हैं। किस्म A की कीमत रु. 80 प्रति लीटर, जबकि किस्म B की कीमत रु. 100 प्रति लीटर. एक वैज्ञानिक को A और B दोनों किस्मों को किस अनुपात में मिलाना चाहिए, ताकि मिश्रण का मूल्य रु. 92 प्रति लीटर?

In a chemistry laboratory, there are two varieties of some acid. Variety A costs Rs. 80 per litre, while variety B costs Rs. 100 per litre. In what proportion must a scientist mix both the varieties A and B, so that the mixture becomes worth Rs. 92 per litre?

(a) 5 : 6 (b) 4 : 7
(c) 5 : 4 (d) 2 : 3

17. एक घोल में 50 लीटर शुद्ध दूध होता है। 10 लीटर दूध को उतनी ही मात्रा में पानी से बदल दिया जाता है। पुनः 10 लीटर मिश्रण को 10 लीटर पानी से प्रतिस्थापित किया जाता है और यह क्रिया एक बार और दोहराई जाती है। अंतिम घोल में दूध की मात्रा ज्ञात कीजिये।

A solution consists of 50 litres of pure milk. 10 litres of milk is replaced with equal quantity of water. Again 10 litres of the mixture is substituted by 10 litres of water and this operation is repeated one more time. Find the quantity of milk in the final solution.

(a) 25 लीटर (b) 25.6 लीटर
(c) 25.4 लीटर (d) 25.2 लीटर

18. एक कंटेनर में 36 लीटर पानी है। इस कंटेनर से 6 लीटर पानी निकाल ली गई और उसकी जगह तेल डाल दिया गया। यह प्रक्रिया दो बार दोहराई गई। कंटेनर के अंदर कितना पानी है?

A container contains 36 litres of water. From this container, 6 litres of the content were taken out and replaced by oil. This process was repeated two times. How much water is inside the container?

(a) 30 लीटर
(b) 28 लीटर
(c) 25 लीटर
(d) 20 लीटर

# ANSWER KEY

| | | | | | | | | | |
|---|---|---|---|---|---|---|---|---|---|
| 1.(c) | 2.(b) | 3.(c) | 4.(c) | 5.(a) | 6.(d) | 7.(c) | 8.(d) | 9.(a) | 10.(d) |
| 11.(c) | 12.(c) | 13.(d) | 14.(c) | 15.(d) | 16.(d) | 17.(b) | 18.(c) | | |

# SOLUTIONS

1. (c)

मिश्रण का क्रय मूल्य = $\frac{60}{120} \times 100$

= 50 रुपये

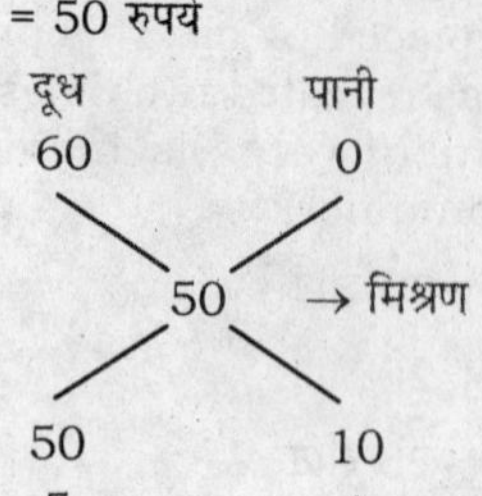


5 : 1

प्रश्नानुसार,

1 इकाई ⟶ 5 लीटर

5 इकाई ⟶ 25 लीटर

अत: मिश्रण में शुद्ध दूध की मात्रा 25 लीटर है।

2. (b)

| | दूध | पानी |
|---|---|---|
| A→ | 4 | 1 |
| | − 1 | + 1 |
| B→ | 3 | 2 |

प्रश्नानुसार,

5 इकाई → 90

अन्तर = 1 इकाई → $\frac{90}{5} \times 1 = 18$ लीटर

**वैकल्पिक विधि:**

दूध का अन्तर = $\frac{4}{5} \times 90 - \frac{3}{5} \times 90$

= $\frac{90}{5}$ (4 − 3) = 18 लीटर

3. (c)

| | दूध | | पानी |
|---|---|---|---|
| A | 3 | : | $2_{\times 2}$ |
| B | 2 | : | $3_{\times 3}$ |
| C | 12 | : | 13 |

नए मिश्रण में दूध और पानी का अनुपात 12 : 13 है।

4. (c)

क्रय मूल्य = विक्रय मूल्य + हानि

30 × 30 + 40 × 28 = 28 × 70 + हानि

⇒ 900 + 1120 = 1960 + हानि

⇒ हानि = 60

∴ हानि % = $\frac{60}{2020} \times 100$

= 2.97 % ≈ 3 %

5. (a)

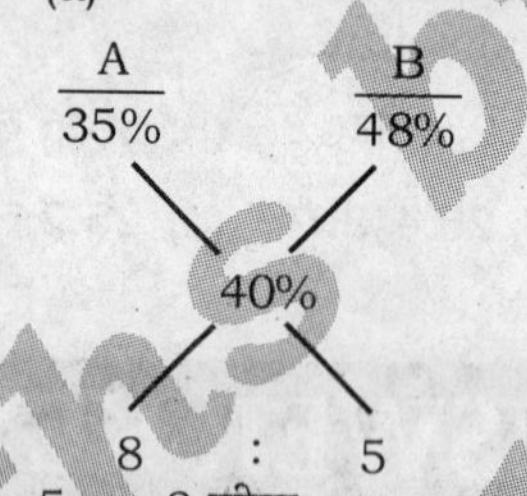


5 → 8 लीटर

8 → 8 × 1.6 = 12.8 लीटर

6. (d)

क्रय मूल्य

= $\frac{9 \times 500 + 5 \times 720 + 900 \times 11}{25}$

= 720 रुपये

20% का लाभ कमाने के लिए,

विक्रय मूल्य = 720 × $\frac{6}{5}$

= 864 रुपये

7. (c)

माना, कि मिश्रण का क्रय मूल्य $x$ रुपये है।

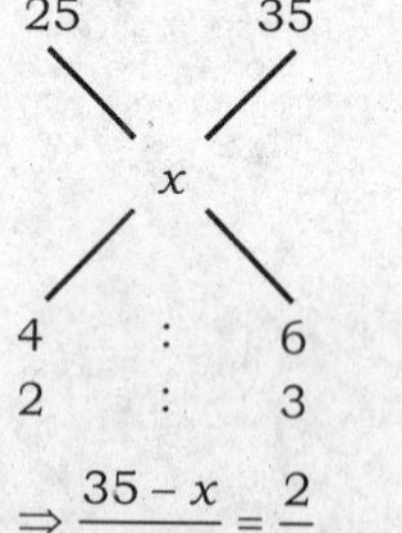


⇒ $\frac{35 - x}{x - 25} = \frac{2}{3}$

⇒ $35 \times 3 - 3x = 2x - 25 \times 2$

⇒ $5x = 155$

⇒ $x = 31$

लाभ % = $\frac{37 - 31}{31} \times 100$

= $\frac{600}{31} = 19.35\% \approx 20\%$

**वैकल्पिक विधि:**

प्रश्नानुसार,

$\frac{25 \times 4 + 35 \times 6}{10}$

= $\frac{100 + 210}{10} = 31$

लाभ % = $\frac{37 - 31}{31} \times 100$

= $\frac{600}{31} = 19.35\% \approx 20\%$

8. (d)

माना, कि पहले किस्म की चावल की मात्रा = 3 किग्रा

दूसरे किस्म के चावल की मात्रा = 4 किग्रा

कुल क्रय मूल्य = 210 × 3 + 280 × 4

= 1750 रुपये

1 किग्रा मिश्रण का क्रय मूल्य

= $\frac{1750}{7}$ = 250 रुपये

1 किलोग्राम मिश्रण का विक्रय मूल्य = 260 रुपये

लाभ% = $\frac{260 - 250}{250} \times 100$

= 4%

9. (a)

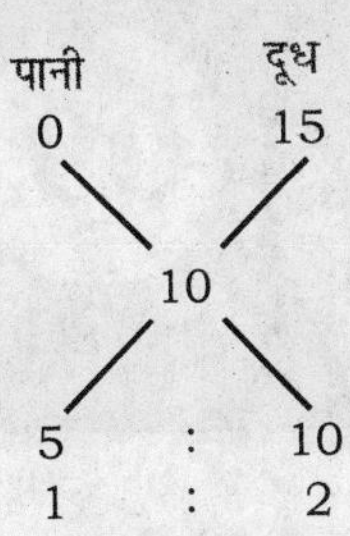


पानी और दूध को 1 : 2 के अनुपात में मिलाना चाहिए।

10. (d)

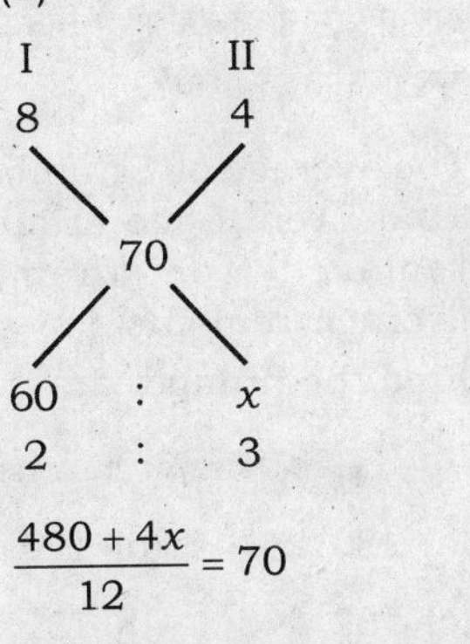


$$\frac{480+4x}{12} = 70$$

$4x = 360$

$x = 90$

दूसरे प्रकार की चावल का मूल्य 90 रुपये प्रति किग्रा है।

11. (c)

क्रय मूल्य = $\frac{10}{11} \times 136.40$

= 12.4 × 10 = 124 रुपये

I II
120 130
124
6 4
3 : 2

12. (c)

मान लीजिए, प्रति लीटर टोल्यून की लागत = $x$ रुपये

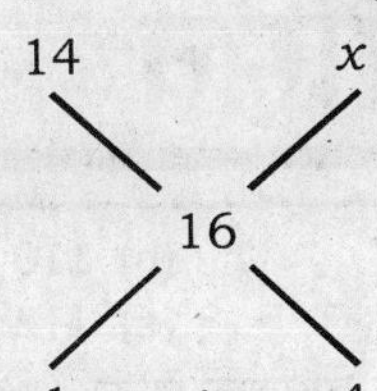


प्रश्नानुसार,

$$\frac{14+4x}{5} = 16$$

$4x = 66$

$x = 16.5$

अत: टोल्यून की किमत 16.5 रुपये प्रति लीटर है।

13. (d)

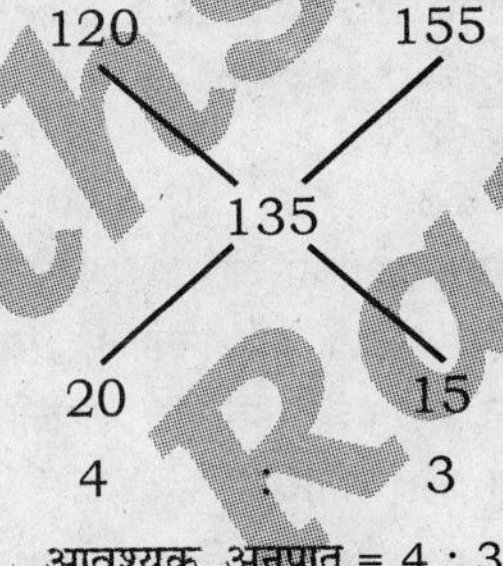


आवश्यक अनुपात = 4 : 3

14. (c)

एलीगेशन विधि द्वारा,

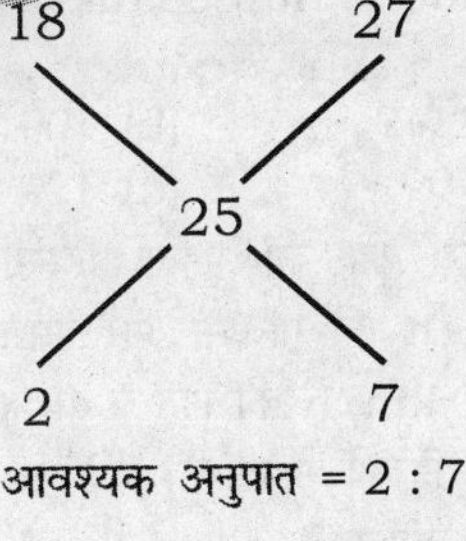


आवश्यक अनुपात = 2 : 7

15. (d)

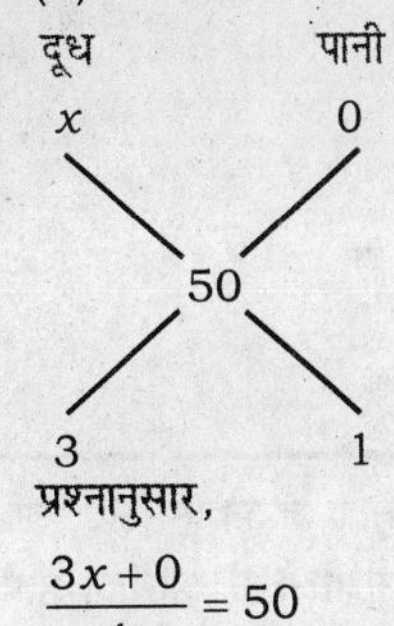


प्रश्नानुसार,

$$\frac{3x+0}{4} = 50$$

$x = 66\frac{2}{3}$

16. (d)

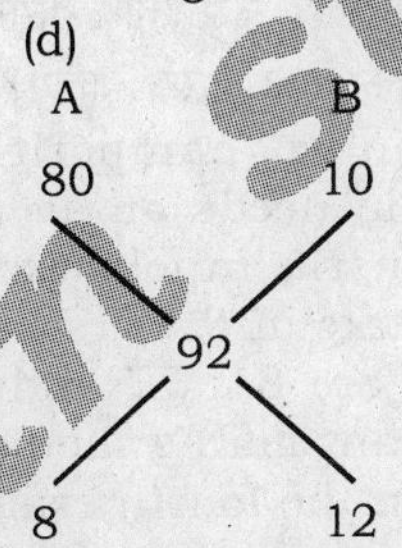


A और B का अनुपात 2 : 3 होना चाहिए।

17. (b)

अंतिम दूध = मूल दूध $\left[1 - \frac{\text{बदली गई मात्रा}}{\text{मूल मात्रा}}\right]^x$

$= 50\left[1 - \frac{10}{50}\right]^3 50 \times \frac{4}{5} \times \frac{4}{5} \times \frac{4}{5}$

$= \frac{128}{5} = 25.6$ लीटर

18. (c)

अंतिम पानी = $36\left[1 - \frac{6}{36}\right]^2$

$= 36 \times \frac{5}{6} \times \frac{5}{6} = 25$ लीटर

☆☆☆☆☆

# AVERAGE

# औसत

# 09

1. एक प्रतियोगिता जीतने के लिए, जर्मिलिन को चार परीक्षाओं में औसतन 80 अंक चाहिए। पहले तीन परीक्षाओं में उसके अंक 81, 77 और 73 हैं। प्रतियोगिता जीतने के लिए उसे चौथे परीक्षा में कितने अंक प्राप्त करने चाहिए?
To win a competition, Germilin needs an average of 80 marks in four exams. His marks in the first three exams are 81, 77 and 73. How many marks should he score in the fourth exam to win the competition?
**RPF Constable 25/01/2019 (Shift-01)**
(a) 89 (b) 67
(c) 68 (d) 66

2. 7 संख्याओं का औसत 143 है। एक संख्या में कटौती करने के बाद, औसत समान रहता है। अपवर्जित संख्या ज्ञात कीजिए।
The average of 7 numbers is 143. After cutting one number, the average remains the same. Find the excluded number.
**RPF Constable 25/01/2019 (Shift-01)**
(a) 143 (b) 139
(c) 141 (d) 137

3. राज्य में ग्यारह क्रिकेट टीम का औसत वजन 100 किलोग्राम है। जब कोच का वजन भी जोड़ा जाता है, तो औसत वजन 1 किलो बढ़ जाता है। कोच का वजन (किलो में) क्या है?
The average weight of the eleven cricket teams in the state is 100 kg. When the weight of the coach is also added, the average weight increases by 1 kg. What is the weight (in kg) of the coach?
**RPF Constable 25/01/2019 (Shift-01)**
(a) 116 (b) 110
(c) 114 (d) 112

4. लुईस दौड़ का पहला हिस्सा 440 km/h की गति से और दूसरा हिस्सा 660 km/h की गति से तय करता है। दोनों हिस्सों की औसत गति (km/h में) बताएं।
Lewis covers the first part of the race at a speed of 440 km/h and the second part at a speed of 660 km/h. Find the average speed (in km/h) of both the parts.
**RPF Constable 24/01/2019 (Shift-03)**
(a) 548 (b) 528
(c) 538 (d) 528

5. पाँच संख्याओं का औसत 129 है। उनमें से एक संख्या को निकालने पर भी औसत समान ही रहता है। निकाली गयी संख्या ज्ञात कीजिए?
The average of five numbers is 129. Even if one number is removed from them, the average remains the same. Find the number drawn?
**RPF Constable 24/01/2019 (Shift-01)**
(a) 119 (b) 109
(c) 99 (d) 129

6. मार्कस रेस का पहला हिस्सा 400 km/h की गति से और दूसरा हिस्सा 600 km/h की गति से तय करता है। दोनों हिस्सों में उसकी गति का औसत ज्ञात कीजिए?
Marcus covers the first part of the race at a speed of 400 km/h and the second part at a speed of 600 km/h. Find the average of his speed (in km/h) in both the parts?
**RPF Constable 24/01/2019 (Shift-01)**
(a) 470 (b) 460
(c) 4450 (d) 480

7. 7 संख्याओं का औसत 132 है। उनमें से एक संख्या को निकालने पर भी औसत समान ही रहता है। निकाली गयी संख्या ज्ञात कीजिए?
The average of 7 numbers is 132. Even if one number is removed from them, the average remains the same. Find the number drawn?
**RPF Constable 22/01/2019 (Shift-03)**
(a) 130 (b) 129
(c) 132 (d) 131

8. एक अंग्रेजी आधारित कंपनी के एक समर्थन परियोजना में, 519 पुरुष और 519 महिला कर्मचारी हैं। सभी कर्मचारियों की औसत प्राप्त प्रति दिन 69 कॉल है। एक पुरुष कर्मचारी द्वारा प्राप्त औसत कॉल 69 कॉल प्रति दिन है। एक महिला कर्मचारी द्वारा प्राप्त प्रति दिन औसत कॉल किसमें शामिल है?
In a support project of an English based company, there are 519 male and 519 female employees. The average received of all employees is 69 calls per day. The average call received by a male employee is 69 calls per day. What includes the average calls per day by a female employee?
**RPF Constable 10/01/2019 (Shift-01)**
(a) 67 (b) 71
(c) 69 (d) 73

9. इंग्लैंड की एक कंपनी के सपोर्ट प्रोजेक्ट में 619 पुरुष और 619 महिला कर्मचारी हैं। सभी कर्मचारियों की औसत प्राप्त प्रति दिन 71 कॉल है। एक पुरुष कर्मचारी एक दिन में प्राप्त औसतन 71 कॉल करता है। एक महिला कर्मचारी द्वारा एक दिन में प्राप्त कॉल की औसत संख्या क्या है?

There are 619 male and 619 female employees in the support project of a company in England. The average productivity of all employees is 71 calls per day. A male employee makes an average of 71 calls a day. What is the average number of calls made by a female employee in a day?

**RPF SI 06/01/2019 (Shift-01)**

(a) 69 (b) 75
(c) 71 (d) 73

10. एक बॉक्स में 97 नोटबुक का औसत वजन 9.7 किलोग्राम है। जब बॉक्स में एक नई नोटबुक जोड़ी जाती है, तो औसत वजन 9.8 किलोग्राम हो जाता है। नई नोटबुक का वजन ज्ञात कीजिए।

The average weight of 97 notebooks in a box is 9.7 kg. When a new notebook is added to the box, the average weight goes up to 9.8 kg. Find the weight of the new notebook.

**RPF Constable 19/12/2019 (Shift-03)**

(a) 18.7 kg (b) 19.5 kg
(c) 19.1 kg (d) 18.3 kg

11. एक व्यक्ति एक समबाहु त्रिभुजाकार मैदान पर 20 kmph, 24 kmph और 30 kmph की गति से यात्रा करता है। यात्रा की औसत गति ज्ञात कीजिए?

A man travels on an equilateral triangular field at the speed of 20 kmph, 24 kmph and 30 kmph. Find the average speed of the journey?

**RPF SI 11/01/2019 (Shift-02)**

(a) 28 kmph (b) 24 kmph
(c) 32 kmph (d) 36 kmph

12. एक सहायक परियोजना पर आधारित अंग्रेजी कंपनी में 635 पुरुष और 635 महिला कार्यकर्त्ता हैं। सभी कर्मचारियों की औसत उत्पादकता 72 कॉल्स/दिन है। यदि पुरूष कर्मचारी 72 कॉल्स/दिन प्राप्त करता है, तो महिला कर्मचारियों द्वारा प्रतिदिन की जाने वाली कॉल्स की संख्या कितनी होगी?

The English company, based on a subsidiary project, has 635 male and 635 female workers. The average productivity of all employees is 72 calls/day. If a male worker receives 72 calls/day, what will be the number of calls made by female workers per day?

**RPF SI 16/01/2019 (Shift-01)**

(a) 72 (b) 74
(c) 73 (d) 71

13. एक बॉक्स में रखे हुए 107 नोटबुक्स का औसत भार 10.7 kg है। बॉक्स में 1 नोटबुक और रखने पर इसका औसत भार 10.8 kg हो जाता है। नयी नोटबुक का भार ज्ञात कीजिए?

The average weight of 107 notebooks kept in a box is 10.7 kg. By adding 1 more notebook in the box, its average weight becomes 10.8 kg. Find the weight of the new notebook?

**RPF SI 13/01/2019 (Shift-03)**

(a) 21.5 kg
(b) 21.9 kg
(c) 21.3 kg
(d) 21.7 kg

14. एक गिफ्ट बॉक्स में 10 कड़े हैं। पहले 4 कड़ों का औसत भार 43 ग्राम है और बाकी 6 कड़ों का औसत भार 44 ग्राम है। सभी कड़ों का कुल औसत भार (ग्राम में) ज्ञात कीजिए?

There are 10 bangles in a gift box. The average weight of the first 4 bangles is 43 grams and the average weight of the remaining 6 bangles is 44 grams. Find the total average weight (in grams) of all the bangles?

**RPF SI 10/01/2019 (Shift-01)**

(a) 43.6 (b) 43.2
(c) 43.4 (d) 43.8

15. एक बॉक्स में रखे हुए 89 नोटबुक्स का औसत भार 8.9 kg है। बॉक्स में 1 नोटबुक और रखने पर इसका औसत भार 9 kg हो जाता है। रखे गये नये नोटबुक का भार ज्ञात कीजिए? (kg में)

The average weight of 89 notebooks kept in a box is 8.9 kg. By adding 1 more notebook in the box, its average weight becomes 9 kg. Find the weight of the new notebook kept? (in kg)

**RPF SI 11/01/2019 (Shift-01)**

(a) 19.9 (b) 20.9
(c) 17.9 (d) 18.9

16. एक बॉक्स में रखे हुए 93 नोटबुक्स का औसत भार 9.3 kg है। बॉक्स में 1 नोटबुक और रखने पर इसका औसत भार 9.4 kg हो जाता है। नई नोटबुक का भार ज्ञात कीजिए?

The average weight of 93 notebooks kept in a box is 9.3 kg. By adding 1 more notebook in the box, its average weight becomes 9.4 kg. Find the weight of the new notebook?

**RPF SI 10/01/2019 (Shift-03)**

(a) 19.1 kg
(b) 18.7 kg
(c) 19.5 kg
(d) 18.3 kg

17. एक गिफ्ट बॉक्स में 10 कड़े हैं। पहले 4 कड़ों का औसत भार 27 ग्राम है और शेष कड़ों का औसत भार 28 ग्राम है। सभी कड़ों का कुल औसत भार (ग्राम में) ज्ञात कीजिए?

There are 10 bangles in a gift box. The average weight of the first 4 bangles is 27 grams and the average weight of the remaining bangles is 28 grams. Find the total average weight (in grams) of all the bangles?

**RPF SI 10/01/2019 (Shift-03)**

(a) 27.6 (b) 28
(c) 27 (d) 27.4

18. एक व्यक्ति एक समबाहु त्रिभुजाकार मैदान की सतह पर 12 kmph, 8 kmph और 6 kmph की गति से यात्रा करता है। पूरी यात्रा की औसत गति (kmph में) ज्ञात कीजिये।

A man travels on the surface of an equilateral triangular field at the speed of 12 kmph, 8 kmph and 6 kmph. Find the average speed (in kmph) of the entire journey.

**RPF SI 06/01/2019 (Shift-02)**

(a) 10 (b) 8
(c) 7 (d) 9

19. एक उपहार बॉक्स में 10 अँगूठियां हैं, पहली चार अंगूठियो का औसत वजन 37 gms और बाकी बची 6 अंगूठियों का वजन 38 gms है। सभी अंगूठियों का औसत वजन (gms में) ज्ञात कीजिए।

There are 10 rings in a gift box, the average weight of the first four rings is 37 gms and the weight of the remaining 6 rings is 38 gms. Find the average weight (in gms) of all the rings.

**RPF SI 05/01/2019 (Shift-02)**

(a) 37.8 (b) 37.2
(c) 37.6 (d) 37.4

20. लुईस रेस का पहला हिस्सा 430 mph की गति से और दूसरा हिस्सा 645 mph की गति से तय करता है। दोनों हिस्सों में उसकी गति (mph में) का औसत ज्ञात कीजिए?

Lewis covers the first part of the race at a speed of 430 mph and the second part at a speed of 645 mph. Find the average of his speed (in mph) in both the parts?

**RPF Constable 22/01/2019 (Shift-03)**

(a) 512 (b) 516
(c) 514 (d) 510

21. 5 संख्याओं का औसत 122 है। एक संख्या को निकालने पर औसत पहले जितना ही रहता है। निकाली हुई संख्या ज्ञात कीजिए।

The average of 5 numbers is 122. By removing one number the average remains the same as before. Find the removed number.

**RPF Constable 22/01/2019 (Shift-02)**

(a) 122 (b) 119
(c) 120 (d) 121

22. ग्यारह खिलाड़ियों की राज्यस्तरीय क्रिकेट टीम का औसत वजन 75 kg है, जब कोच को जोड़ दिया गया तो औसत वजन 1 kg बढ़ गया। कोच का वजन (kg में) कितना है?

The average weight of a state level cricket team of eleven players is 75 kg, when the coach was added the average weight increased by 1 kg. What is the weight (in kg) of the coach?

**RPF Constable 20/01/2019 (Shift-03)**

(a) 89 (b) 90
(c) 88 (d) 87

23. एक प्रतिस्पर्धा में सफल होने के लिए सोमी को चार परीक्षाओं में औसत स्कोर 80 की आवश्यकता है। प्रथम तीन परीक्षाओं में उसका स्कोर 73, 83 और 93 है। प्रतिस्पर्धा में सफल होने के लिए चौथी परीक्षा में उसे कितना स्कोर प्राप्त करना चाहिए?

To be successful in a competition Somi needs an average score of 80 in four exams. His scores in the first three exams are 73, 83 and 93. What score should he get in the fourth exam to be successful in the competition?

**RPF Constable 20/01/2019 (Shift-03)**

(a) 72 (b) 70
(c) 73 (d) 71

24. एक प्रतियोगी परीक्षा में सफल होने के लिए सोमी को चार परीक्षाओं में 80 औसत स्कोर की आवश्यकता है। पहली तीन परीक्षाओं में उसका स्कोर 76, 86 और 96 रहा। प्रतियोगी परीक्षा में सफल होने के लिए उसे चौथी परीक्षा में कितना स्कोर करना होगा?

To succeed in a competitive exam Somi needs an average score of 80 in four exams. His scores in the first three exams were 76, 86 and 96. What is the score he has to score in the fourth exam to be successful in the competitive exam?

**RPF Constable 19/01/2019 (Shift-03)**

(a) 63 (b) 65
(c) 62 (d) 64

25. राज्य स्तर की क्रिकेट टीम के सभी 11 खिलाड़ियों का औसत भार 78 kg है। यदि उसमें कोच को भी शामिल कर लिया जाये तो टीम का औसत भार 1 kg बढ़ जाता है। कोच का भार (kg में) कितना है?

The average weight of all 11 players of the state level cricket team is 78 kg. If the coach is also included in it, the average weight of the team increases by 1 kg. What is the weight (in kg) of the coach?

**RPF Constable 19/01/2019 (Shift-03)**

(a) 89 (b) 92
(c) 91 (d) 90

26. अंकगणितीय सामानांतर श्रेणी का औसत ज्ञात कीजिए जिसका प्रथम पद 45 है और अंतिम पद 57 है।
Find the average of the arithmetic arithmetic progression whose first term is 45 and last term is 57.

**RPF Constable 19/01/2019 (Shift-01)**

(a) 49 (b) 53
(c) 55 (d) 51

27. 5 संख्याओं का औसत 126 है। एक नंबर को बाहर करने के बाद भी औसत परिवर्तन नहीं होता है। छंटनी की संख्या क्या है?
The average of 5 numbers is 126. The average does not change even after excluding one number. What is the number of layoffs?

**RPF Constable 17/01/2019 (Shift-03)**

(a) 126 (b) 123
(c) 118 (d) 132

28. 5 संख्याओं का औसत 113 है, एक संख्या निकालने के बाद भी औसत वही रहता है। तो निकाली गई संख्या ज्ञात कीजिए।
The average of 5 numbers is 113, even after removing one number the average remains the same. Find the removed number.

**RPF Constable 17/01/2019 (Shift-01)**

(a) 119 (b) 117
(c) 115 (d) 113

29. एक प्रतियोगिता जीतने के लिए, स्वामी को चार परीक्षाओं में औसतन 80 अंक चाहिए। पहली तीन परीक्षाओं में उसके अंक 68, 78 और 88 हैं। प्रतियोगिता जीतने के लिए उसे चौथे परीक्षा में कितने अंक प्राप्त करने होंगे?
To win a competition, Swami need an average of 80 marks in four exams. His marks in the first three exams are 68, 78 and 88. How many marks will he have to score in the fourth exam to win the competition?

**RPF Constable 17/01/2019 (Shift-01)**

(a) 86 (b) 90
(c) 88 (d) 84

30. 5 संख्याओं का औसत 126 है। एक संख्या को निकाल देने के बाद भी औसत नहीं बदलता है। निकाले गए संख्या का मान क्या है?
The average of 5 numbers is 126. The average does not change even after one number is removed. What is the value of the removed number?

**RPF Constable 17/01/2019 (Shift-03)**

(a) 126 (b) 123
(c) 124 (d) 125

31. एक प्रतियोगिता के लिए अर्हता प्राप्त करने के लिए, हौमी को चार परीक्षाओं में औसतन 80 अंक प्राप्त करने होंगे। उसने पहली तीन परीक्षाओं में 81, 91 और 66 अंक प्राप्त किए। प्रतियोगिता के लिए अर्हता प्राप्त करने के लिए उसे चौथे परीक्षा में कितने अंक प्राप्त करने होंगे?
To qualify for a competition, Houmi must score an average of 80 in four exams. He scored 81, 91 and 66 marks in the first three exams. How many marks does he have to score in the fourth examination to qualify for the competition?

**RPF Constable 17/01/2019 (Shift-03)**

(a) 84 (b) 85
(c) 82 (d) 83

32. एक प्रतियोगिता जीतने के लिए, स्वामी को चार परीक्षाओं में औसतन 80 अंक चाहिए। पहली तीन परीक्षाओं में उसके अंक 74, 84 और 94 हैं। प्रतियोगिता जीतने के लिए उसे चौथे परीक्षा में कितने अंक प्राप्त करने चाहिए?
To win a competition, Swami needs an average of 80 marks in four exams. His marks in the first three exams are 74, 84 and 94. How many marks should he score in the fourth exam to win the competition?

**RPF Constable 18/01/2019 (Shift-02)**

(a) 72 (b) 66
(c) 68 (d) 74

33. 5 संख्याओं का औसत 119 है, समूह से एक संख्या हटा दी जाती है लेकिन औसत वही रहता है। तो निकाली गई संख्या ज्ञात कीजिए।
The average of 5 numbers is 119, one number is removed from the group but the average remains the same. Then find the removed number.

**RPF Constable 18/01/2019 (Shift-02)**

(a) 116 (b) 117
(c) 119 (d) 118

34. एक प्रतियोगिता में सफल होने के लिए, सोमी को चार परीक्षाओं में औसत 80 अंक चाहिए। पहली तीन परीक्षाओं में उसका स्कोर 71, 81 और 91 है। प्रतियोगिता में सफल होने के लिए उसे चौथे परीक्षा में कितने अंक प्राप्त करने चाहिए?
To be successful in a competition, Somi needs an average of 80 marks in four exams. His scores in the first three exams are 71, 81 and 91. How many marks should he score in the fourth examination to be successful in the competition?

**RPF Constable 18/01/2019 (Shift-03)**

(a) 77 (b) 99
(c) 88 (d) 66

35. 7 संख्याओं का औसत 75 है। किसी एक संख्या को हटाने के बाद औसत वही रहता है। हटाए गए संख्या को ज्ञात कीजिए:
The average of 7 numbers is 75. After removing any one number the average remains the same. Find the number removed:

**RPF Constable 17/01/2019 (Shift-01)**

(a) 78 (b) 76
(c) 80 (d) 75

36. एक कंपनी का व्यय वित्तीय वर्ष की पहली तिमाही के दौरान 43500 रुपये, वित्तीय वर्ष की दूसरी तिमाही के दौरान 46500 रुपये और वित्तीय वर्ष की तीसरी तिमाही के दौरान 57600 रुपये था। यदि पूरे वित्तीय वर्ष के दौरान औसत तिमाही व्यय 54075 रुपये है, तो वित्तीय वर्ष की अंतिम तिमाही के लिए व्यय (रुपये में) ज्ञात करें।

The expenditure of a company was Rs. 43500 during the first quarter of the financial year, Rs. 46500 during the second quarter of the financial year and Rs. 57600 during the third quarter of the financial year. If the average quarterly expenditure during the entire financial year is Rs. 54075, find the expenditure (in rupees) for the last quarter of the financial year.

**RPF Constable 19/01/2019 (Shift-01)**

(a) 64800 (b) 67600
(c) 68700 (d) 68400

37. एक गिफ्ट बॉक्स में 10 कड़े हैं। पहले 4 कड़ों का औसत भार 30 gm है और बाकी 6 कड़ों का औसत भार 31 gm है। सभी कड़ों का कुल औसत भार (gm में) ज्ञात कीजिए?

There are 10 bangles in a gift box. The average weight of the first 4 bangles is 30 gm and the average weight of the remaining 6 bangles is 31 gm. Find the total average weight (in gm) of all the bangles?

**RPF SI 19/12/2018 (Shift-01)**

(a) 30 (b) 31.6
(c) 31 (d) 30.6

38. एक सहायक परियोजना पर आधारित अंग्रेजी कंपनी में 505 पुरुष और 505 महिला कार्यकर्ता हैं। सभी कर्मचारियों की औसत उत्पादकता 55 कॉल्स /दिन है। एक पुरुष कार्यकर्ता यदि 55 कॉल्स /दिन प्राप्त करता है, तो महिला कर्मचारियों द्वारा प्रतिदिन प्राप्त की जाने वाली कॉल्स की संख्या कितनी होगी?

The English company, based on a subsidiary project, has 505 male and 505 female workers. The average productivity of all employees is 55 calls/day. If a male worker receives 55 calls/day, then what will be the number of calls received by female workers per day?

**RPF SI 19/12/2018 (Shift-01)**

(a) 55 (b) 51
(c) 57 (d) 53

39. एक गिफ्ट बॉक्स में 10 कड़े हैं। पहले 4 कड़ों का औसत भार 33 ग्राम है और बाकी 6 कड़ों का औसत भार 34 ग्राम है। सभी कड़ों का कुल औसत भार (ग्राम में) ज्ञात कीजिए ?

There are 10 bangles in a gift box. The average weight of the first 4 rings is 33 grams and the average weight of the remaining 6 rings is 34 grams. Find the total average weight (in grams) of all the rings?

**RPF SI 19/12/2018 (Shift-02)**

(a) 33.6 (b) 33.4
(c) 33 (d) 34

40. एक गिफ्ट बॉक्स में 10 कंगन हैं। पहले 4 कंगनों का औसत वजन 57 ग्राम है और शेष 6 कंगनों का औसत वजन 58 ग्राम है। सभी कंगनों का औसत वजन (ग्राम में) ज्ञात कीजिए।

A gift box contains 10 bangles. The average weight of the first 4 bangles is 57 grams and the average weight of the remaining 6 bangles is 58 grams. Find the average weight (in grams) of all the bangles.

**RPF SI 05/01/2019 (Shift-01)**

(a) 57.4 (b) 57.2
(c) 57.6 (d) 57.8

41. एक उपहार बॉक्स में 10 अंगूठियां हैं। पहली 4 अंगूठियों का औसत वजन 39 ग्राम है और शेष 6 अंगूठियों का औसत वजन 40 ग्राम है। कुल अंगूठियों का औसत वजन (ग्राम में) ज्ञात कीजिए।

A gift box contains 10 rings. The average weight of the first 4 rings is 39 grams and the average weight of the remaining 6 rings is 40 grams. Find the average weight (in grams) of the total rings.

**RPF SI 06/01/2019 (Shift-01)**

(a) 39.4
(b) 39.2
(c) 39.6
(d) 39.8

42. एक अंग्रेजी आधारित कंपनी की समर्थन परियोजना में 513 पुरुष और 513 महिला कर्मचारी हैं। सभी कर्मचारियों की औसत उत्पादकता 63 कॉल प्रति दिन है। पुरुष कर्मचारी द्वारा आयोजित औसत कॉल प्रति दिन 63 कॉल है। महिला कर्मचारियों द्वारा प्रति दिन औसत कॉल क्या है?

An English based company has 513 male and 513 female employees in its support project. The average productivity of all employees is 63 calls per day. The average calls handled by a male employee is 63 calls per day. What is the average calls per day by female employees?

**RPF SI 06/01/2019 (Shift-01)**

(a) 63 (b) 61
(c) 67 (d) 65

43. एक गिफ्ट बॉक्स में 10 चूड़ियाँ हैं, पहली चार चूड़ियों का औसत वजन 47 ग्राम है और बाकी 6 चूड़ियों का औसत वजन 48 ग्राम है। कुल चूड़ियों का औसत वजन (ग्राम में) ज्ञात कीजिए।

There are 10 bangles in a gift box, the average weight of the first four bangles is 47 grams and the average weight of the remaining 6 bangles is 48 grams. Find the average weight (in grams) of total bangles.

**RPF SI 06/01/2019 (Shift-02)**

(a) 47.6 (b) 45.6
(c) 46.6 (d) 48.6

44. एक उपहार बॉक्स में 10 चूड़ियां है। पहली चार चूड़ियों का औसत वजन 49 gms और बाकी बची 6 चूड़ियों का औसत वजन 50 gms है। सभी चूड़ियों का औसत वजन (grams में) ज्ञात कीजिए।

A gift box contains 10 bangles. The average weight of the first four bangles is 49 gms and the average weight of the remaining 6 bangles is 50 gms. Find the average weight (in grams) of all the bangles.

**RPF SI 10/01/2019 (Shift-01)**

(a) 49.6 (b) 49.4
(c) 49.7 (d) 49.5

45. एक बॉक्स में रखे 63 नोटबुक का औसत वजन 6.3 kg है। जब बॉक्स में एक नया नोटबुक रखा जाता है तब औसत वजन 6.4 kg हो जाता है। नई नोटबुक का वजन (kg में) ज्ञात कीजिए।

The average weight of 63 notebooks kept in a box is 6.3 kg. When a new notebook is placed in the box the average weight becomes 6.4 kg. Find the weight (in kg) of the new notebook.

**RPF SI 10/01/2019 (Shift-01)**

(a) 12.7 (b) 12.5
(c) 12.1 (d) 12.3

46. ग्यारह खिलाड़ियों की राज्य स्तरीय क्रिकेट टीम का औसत वजन 102 किलोग्राम है। जब कोच जोड़ा जाता है तो औसत वजन बढ़कर 1 किलो हो जाता है। कोच का वजन (किलो में) कितना है?

The average weight of eleven players' state-level cricket team is 102 kg. When the coach is added then the average weight increases to 1 kg. What is the weight (in kg) of the coach?

**RPF Constable 02/02/2019 (Shift-01)**

(a) 114 (b) 116
(c) 118 (d) 112

47. 7 संख्याओं का औसत 145 है। एक संख्या हटाने पर औसत वही रहता है। निकाली गई संख्या ज्ञात कीजिए।

The average of 7 numbers is 145. By removing a number, the average remains the same. Find out the removed number.

**RPF Constable 02/02/2019 (Shift-01)**

(a) 139 (b) 145
(c) 141 (d) 143

48. प्रतियोगिता में सफल होने के लिए जर्मिलिन का चार परीक्षाओं में औसत अंक 75 है। पहली तीन परीक्षाओं में उसके अंक 79, 75 और 71 हैं। प्रतियोगिता में सफल होने के लिए उसे चौथी परीक्षा में कितने अंक लेने चाहिए?

In order to be successful in the competition, Germillin has an average score of 75 in four exams. His marks in the first three examinations are 79, 75 and 71. To succeed in the competition, how many scores should he take in the fourth test?

**RPF Constable 02/02/2019 (Shift-01)**

(a) 77 (b) 81
(c) 79 (d) 75

49. प्रतियोगिता में सफल होने के लिए जर्मिलिन का चार परीक्षाओं में औसत अंक 75 है। पहली तीन परीक्षाओं में उसके द्वारा प्राप्त अंक 75, 71 और 67 हैं। प्रतियोगिता में सफल होने के लिए, उसे चौथी परीक्षा में कितने अंक लेने चाहिए?

In order to be successful in the competition, Germillin has an average score of 75 in four exams. The marks obtained by him in the first three examinations are 75, 71 and 67. To succeed in the competition, how many scores should he take in the fourth test?

**RPF Constable 03/02/2019 (Shift-02)**

(a) 89 (b) 90
(c) 87 (d) 88

50. ग्यारह खिलाड़ियों की राज्य स्तरीय क्रिकेट टीम का औसत वजन 106 किलोग्राम है। जब कोच को शामिल किया जाता है तो औसत वजन 1 किलो बढ़ जाता है। कोच का वज़न (किलो में) कितना है?

The average weight of eleven players' state-level cricket team is 106 kg. When the coach is added then the average weight increases to 1 kg. What is the weight (in kg) of the coach?

**RPF Constable 03/02/2019 (Shift-02)**

(a) 114 (b) 120
(c) 116 (d) 118

51. राज्य स्तरीय क्रिकेट टीम में ग्यारह खिलाड़ियों का औसत वजन 101 किलोग्राम है। जब कोच जोड़ा जाता है, तो औसत वजन 1 किलोग्राम तक बढ़ जाता है। कोच का वजन (किलो में) कितना है?

The average weight of eleven players in the state-level cricket team is 101 kg. When the coach is added, the average weight increases to 1 kg. What is the weight (in kg) of the coach?

**RPF Constable 04/02/2019 (Shift-01)**

(a) 117 (b) 115
(c) 113 (d) 111

52. 7 संख्याओं का औसत 144 है। एक संख्या हटाने पर औसत वही रहता है। निकाली गई संख्या का ज्ञात करें।

The average of 7 numbers is 144. By excluding a number, the average remains the same. Find the excluded number.

**RPF Constable 04/02/2019 (Shift-01)**

(a) 142 (b) 140
(c) 144 (d) 138

53. प्रतियोगिता में सफल होने के लिए जर्मिलिन का चार परीक्षाओं में औसत स्कोर 75 है। पहली तीन परीक्षाओं में उनके अंक 80, 76 और 72 हैं। प्रतियोगिता में सफल होने के लिए उन्हें चौथी परीक्षा में कितने अंक लेने चाहिए?

In order to be successful in the competition, Germillin has an average score of 75 in four exams. In the first three examinations, their marks are 80, 76 and 72. To succeed in the competition, how many marks should he take in the fourth test?

**RPF Constable 04/02/2019 (Shift-01)**

(a) 74 (b) 78
(c) 76 (d) 72

54. एक बॉक्स में रखी 101 नोटबुक का औसत वजन 10.1 किलोग्राम है। जब एक नई नोटबुक बॉक्स में रखी जाती है तो औसत 10.2 किग्रा होता है। नई नोटबुक का वजन ज्ञात कीजिए?

The average weight of 101 notebooks placed in a box is 10.1kg. When a new notebook is placed in the box then the average is 10.2 kg. Find the weight of the new notebook.

**RPF SI 05/01/2019 (Shift-02)**

(a) 20.3 kg (b) 20.5 kg
(c) 19.7 kg (d) 20.1 kg

55. ANM अंग्रेजी आधारित कंपनी में 511 पुरुष और 511 महिला कर्मचारी हैं। सभी कर्मचारियों की औसत उत्पादकता 61 कॉल प्रति दिन है। एक पुरुष कर्मचारी द्वारा प्रतिदिन 61 कॉल अटेंडेंट उपलब्ध कराये जाते हैं। एक महिला कर्मचारी द्वारा प्रतिदिन की जाने वाली कॉलों का औसत क्या होगा?

The ANM English based company has 511 men and 511 female employees. The average productivity of all employees is 61 calls per day. 61 call attendants are provided daily by a male employee. What will be the average of calls made by a female employee every day?

**RPF SI 05/01/2019 (Shift-02)**

(a) 63 (b) 59
(c) 61 (d) 65

56. एक उपहार बॉक्स में 10 अंगूठियां हैं। पहली चार अंगूठियों का औसत वजन 37 ग्राम है और शेष 6 अंगूठों का वजन 38 ग्राम है। पूरी अंगूठियों का औसत वजन (ग्राम में) ज्ञात कीजिए।

There are 10 rings in a gift box. The average weight of the first four rings is 37gms and the remaining weight of the 6 thumbs is 38gms. Find the average weight (in grams) of the all rings.

**RPF SI 05/01/2019 (Shift-02)**

(a) 37.8 (b) 37.2
(c) 37.6 (d) 37.4

57. एक उपहार बॉक्स में 10 चूड़ियाँ हैं। पहली 4 चूड़ियों का औसत वजन 55 ग्राम है और शेष 6 चूड़ियों का औसत वजन 56 ग्राम है। सभी चूड़ियों का कुल औसत वजन (ग्राम में) ज्ञात कीजिए?

There are 10 bangles in a gift box. The average weight of the first 4 bangles is 55 grams and the average weight of the remaining 6 bangles is 56 grams. Find the total average weight (in grams) of all bangles?

**RPF SI 05/01/2019 (Shift- 03)**

(a) 55.4 (b) 55.7
(c) 55.5 (d) 55.6

58. एक बक्से में रखी 69 नोटबुक का औसत वजन 6.9 किलोग्राम है। बॉक्स में 1 और नोटबुक रखते हैं तो, इसका औसत वजन 7 किलो हो जाता है। नई नोटबुक का वजन (किलो में) ज्ञात कीजिए?

The average weight of 69 notebooks kept in a box is 6.9 kg. 1 more notebook keep in the box and the average weight goes up to 7 kg. Find the weight (in kg) of new notebooks?

**RPF SI 05/01/2019 (Shift- 03)**

(a) 13.1 (b) 13.6
(c) 13.9 (d) 13.4

59. एक सहायक परियोजना पर आधारित अंग्रेजी कंपनी में 627 पुरुष और 627 महिला कर्मचारी हैं। सभी कर्मचारियों की औसत उत्पादकता 72 कॉल/दिन है। यदि एक पुरुष कर्मचारी को प्रति दिन 72 कॉल प्राप्त होती हैं, तो महिला कर्मचारियों को प्रति दिन प्राप्त कॉलों की संख्या कितनी होगी?

The English company based on a subsidiary project has 627 male and 627 female workers. The average productivity of all employees is 72 calls/day. If a male worker receives 72 calls/day, how much will the number of calls received by women employees per day?

**RPF SI 05/01/2019 (Shift- 03)**

(a) 74 (b) 73
(c) 72 (d) 71

60. एक उपहार बॉक्स में 10 अंगूठियां हैं। पहली 4 अंगूठियों का औसत वजन 39 ग्राम है और शेष 6 अंगूठियों का औसत वजन 40 ग्राम है। कुल अंगूठियों का औसत वजन (ग्राम में) ज्ञात करें।

There is 10 rings in a gift box. The average weight of the first 4 rings is 39 grams and the remaining 6 rings have an average weight of 40 grams. Find the average weight (in grams) of the total rings.

**RPF SI 06/01/2019 (Shift- 01)**

(a) 39.4 (b) 39.2
(c) 39.6 (d) 39.8

61. एक बक्से में 103 नोटबुक का औसत वजन 10.3 किलोग्राम है। जब बॉक्स में एक नई नोटबुक जोड़ी जाती है, तो औसत वजन 10.4 किलोग्राम हो जाता है। नई नोटबुक का वजन ज्ञात कीजिए?

The average weight of 103 notebooks in a box is 10.3 kg. When a new notebook is added to the box, the average weight goes up to 10.4 kg. Find the weight of the new notebook.

**RPF SI 06/01/2019 (Shift- 01)**

(a) 20.7 kg (b) 20.3 kg
(c) 20.5 kg (d) 20.9 kg

62. एक अंग्रेजी आधारित कंपनी की सहायता परियोजना में, 513 पुरुष और 513 महिला कर्मचारी हैं। सभी कर्मचारियों की औसत प्राप्त 63 कॉल प्रति दिन है। पुरुष कर्मचारी द्वारा प्राप्त औसत कॉल प्रति दिन 63 कॉल है। महिला कर्मचारियों द्वारा प्रति दिन भुगतान की जाने वाली औसत कॉल क्या है?

In a support project of an English based company, there are 513 male and 513 female employees.

The average productivity of all employees is 63 calls per day. The average call received by the male employee is 63 calls per day. What is the average call to be received per day by female employees?

**RPF SI 06/01/2019 (Shift- 01)**

(a) 63 (b) 61
(c) 67 (d) 65

63. इंग्लैंड की एक कंपनी के सपोर्ट प्रोजेक्ट में 619 पुरुष और 619 महिला कर्मचारी हैं। सभी कर्मचारियों की औसत प्राप्त 71 कॉल प्रति दिन है। एक पुरुष कर्मचारी प्रतिदिन औसतन 71 कॉल प्राप्त है। एक महिला कर्मचारी द्वारा एक दिन में प्राप्त की जाने वाली औसत कॉलों की औसत संख्या क्या है?

The support project of a company in England has 619 men and 619 women employees. The average productivity of all employees is 71 calls per day. A male employee received an average of 71 calls a day. What is the average number of average calls received by a female employee in a day?

**RPF SI 06/01/2019 (Shift- 02)**

(a) 69 (b) 75
(c) 71 (d) 73

64. एक उपहार बॉक्स में 10 चूड़ियाँ हैं, पहली चार चूड़ियों का औसत वजन 47 ग्राम है और शेष 6 चूड़ियों का औसत वजन 48 ग्राम है। कुल चूड़ियों का औसत वजन (ग्राम में) ज्ञात कीजिए।

There are 10 bangles in a gift box, the first four bangles have an average weight of 47 grams and the remaining 6 bangles have an average weight of 48 grams. Find the average weight (In grams) of the total bangles.

**RPF SI 06/01/2019 (Shift- 02)**

(a) 47.6 (b) 45.6
(c) 46.6 (d) 48.6

# ANSWER KEY

| | | | | | | | | | |
|---|---|---|---|---|---|---|---|---|---|
| 1.(a) | 2.(a) | 3.(d) | 4.(b) | 5.(d) | 6.(d) | 7.(c) | 8.(c) | 9.(c) | 10.(b) |
| 11.(b) | 12.(a) | 13.(a) | 14.(a) | 15.(c) | 16.(b) | 17.(a) | 18.(b) | 19.(c) | 20.(b) |
| 21.(a) | 22.(d) | 23.(d) | 24.(c) | 25.(d) | 26.(d) | 27.(a) | 28.(d) | 29.(a) | 30.(a) |
| 31.(c) | 32.(c) | 33.(c) | 34.(a) | 35.(d) | 36.(c) | 37.(d) | 38.(a) | 39.(a) | 40.(c) |
| 41.(c) | 42.(a) | 43.(a) | 44.(a) | 45.(a) | 46.(a) | 47.(b) | 48.(d) | 49.(c) | 50.(d) |
| 51.(c) | 52.(c) | 53.(d) | 54.(a) | 55.(c) | 56.(c) | 57.(d) | 58.(c) | 59.(c) | 60.(c) |
| 61.(a) | 62.(a) | 63.(c) | 64.(a) | | | | | | |

# SOLUTIONS

1. (a)
4 परीक्षाओं के औसत अंक = 80
अतः योग 80 × 4 = 320
3 परीक्षाओं का योग = 81 + 77 + 73 = 231
अतः चौथी परीक्षा के अंक = 320 – 231 = 89

**वैकल्पिक विधिः**
माना चौथे परीक्षा का प्राप्त अंक 80 है
$= 80\frac{+1-3-7}{1} = 80\frac{-9}{1}$
यदि 9 घटा में है तो इसको compansiate करने के लिए 9 को जोड़ना होगा ताकि deviation '0' हो जाए = 80 + 9 = 89

2. (a)
7 संख्याओं का औसत = 143
अतः योग = 7 × 143 = 1001
6 संख्याओं का योग = 6 × 143 = 858
हटाई गई संख्या = 1001 – 858 = 143

**वैकल्पिक विधिः**
यदि 7 संख्याओ का औसत 143 है और 1 संख्या हटाने पर भी औसत 143 ही रहता है तो इससे स्पष्ट है कि हटाई गई संख्या 143 ही होगी।

3. (d)
क्रिकेट टीम का औसत = 100 kg
अतः योग हुआ = 11 × 100 = 1100 kg
कोच का वजन जोड़ने पर टीम का औसत = 101 kg
अतः योग = 101 × 12 = 1212
कोच का वजन = 1212 – 1100 = 112 kg

**वैकल्पिक विधिः**
औसत वजन = 100 kg
(1 kg सबका वजन बढ़ता है)
= 1 × 12 = 12
100 + 12 = 112

4. (b)
जब दौड़ के दोनों हिस्से बराबर हों।
तब औसत गति $= \frac{2xy}{x+y}$
$= \frac{2 \times 440 \times 660}{(440+660)} = \frac{2 \times 440 \times 660}{1100}$
= 528

5. (d)
5 संख्याओं का औसत = 129
अतः योग हुआ = 5 × 129 = 645
एक संख्या निकलने पर औसत = 129
अब योग हुआ = 4 × 129 = 516
अतः निकाली गई संख्या = 645 – 516 = 129

**वैकल्पिक विधिः**
यदि 5 संख्याओ का औसत 129 है और 1 संख्या हटाने पर भी औसत 129 ही रहता है
तो इससे स्पष्ट है कि हटाई गई संख्या 129 ही होगी।

6. (d)
जब रेस के दोनों हिस्से बराबर दिये हों
तब औसत गति $= \frac{2xy}{x+y}$
$= \frac{2 \times 400 \times 600}{(400+600)} = \frac{2 \times 400 \times 600}{1000}$
= 480

7. (c)
7 संख्याओं का औसत = 132
अतः योग हुआ = 7 × 132 = 924
एक संख्या हटाने पर औसत = 132
अब योग होगा = 6 × 132 = 792
तो हटाई गई संख्या = 924 – 792 = 132

**वैकल्पिक विधिः**
जहाँ एक संख्या हटाने पर औसत समान रहता है, वहाँ औसत ही हटाई गई संख्या होती है = 132

8. (c)
माना महिला कर्मचारी की औसत उत्पादकता = $x$

| पुरूष | | महिला | | पुरूष + महिला |
|---|---|---|---|---|
| 519 | : | 519 | = | 1038 |
| 1 | : | 1 | = | 2 |
| 69 | : | $x$ | = | 69 |
| 69 | | $x$ | = | 138 |

$69 + x = 142$
$x = 69$

9. (c)
माना महिला कर्मचारी द्वारा एक दिन की औसत कॉल = $x$

| पुरूष | | महिला | | पुरूष + महिला |
|---|---|---|---|---|
| 619 | : | 619 | = | 1238 |
| 1 | : | 1 | = | 2 |
| 71 | : | $x$ | = | 71 |
| 71 | | $x$ | = | 142 |

$71 + x = 142$
$x = 71$

10. (b)

97 नोटबुक का औसत भार = 9.7 kg

तब 97 नोटबुक का कुल भार = 97 × 9.7 = 940.9

इसी प्रकार 1 नोटबुक और रखने पर 98 का औसत भार = 9.8

अत: कुल भार होगा = 98 × 9.8 = 960.4

नये नोटबुक का भार = 960.4 – 940.9 = 19.5

**वैकल्पिक विधि:**

नए नोटबुक का भार = 9.7 + (9.8 – 9.7) × 98 = 19.5 kg

11. (b)

माना, समबाहु त्रिभुज की भुजा की दूरी = 120 km

तब पहली भुजा में लगा समय

$= \frac{120}{20} = 6$ hours

इसी प्रकार, दूसरी भुजा में लगा समय

$= \frac{120}{24} = 5$ hours

तीसरी भुजा में लगा समय $= \frac{120}{30}$

= 4 hours

तब कुल दूरी = 120 × 3 = 360

कुल समय = 6 + 5 + 4 = 15

तब औसत गति $= \frac{360}{15} = 24$ km/h

**वैकल्पिक विधि:**

औसत चाल $= \frac{\text{कुल दूरी}}{\text{कुल समय}}$

$$= \frac{1+1+1}{\frac{1}{20}+\frac{1}{24}+\frac{1}{30}} = \frac{3}{\frac{1\times6+1\times5+1\times4}{120}}$$

$= \frac{3\times120}{15} = 24$ km/h

12. (a)

माना महिला कर्मचारी द्वारा प्रतिदिन प्राप्त की जाने वाली कॉल्स की संख्या $= x$

| पुरूष | | महिला | | पुरूष + महिला |
|---|---|---|---|---|
| 635 | : | 635 | = | 1270 |
| 1 | : | 1 | = | 2 |
| 72 | : | $x$ | = | 72 |
| 72 | | $x$ | = | 144 |

$72 + x = 144$

$x = 72$

13. (a)

107 नोटबुक का औसत भार = 10.7 kg

तब कुल भार = 107 × 10.7 = 1144.9

1 बढ़ने पर 108 नोटबुक्स का कुल भार = 108 × 10.8 = 1166.4

बढ़ाई गई संख्या का भार = 1166.4 – 1144.9

**वैकल्पिक विधि:**

नए नोटबुक का भार = 10.7 + (10.8 – 10.7) × 108 = 21.5 kg

14. (a)

4 कड़ों का औसत भार = 43 gm

बाकी 6 कड़ों का औसत भार = 44 gm

सभी का कुल भार = 4 × 43 + 6 × 44

= 172 + 264

अत: सभी कड़ों का औसत भार

$= \frac{436}{10}$

= 43.6 gm

**वैकल्पिक विधि:**

कुल औसत भार

$= 44 \frac{(43-44)\times4}{10}$

$= 44 - \frac{1\times4}{10} = 43.6$

15. (c)

89 नोटबुक के भार का योग = 89 × 8.9 = 792.1

1 और नोटबुक को शामिल करने पर नई नोटबुकों की संख्या = 90

90 नोटबुक के भार का योग = 90 × 9 = 810

नए नोटबुक का औसत भार = 810 – 792.1 = 17.9 kg

**वैकल्पिक विधि:**

नए नोटबुक का भार = 8.9 + (9 – 8.9) × 90

= 8.9 + 9 = 17.9 kg

16. (b)

93 नोटबुक के भार का योग = 93 × 9.3 = 864.9

1 और नोटबुक को शामिल करने पर नई नोटबुकों की संख्या = 94

94 नोटबुक के भार का योग = 94 × 9.4 = 833.6

नए नोटबुक का औसत भार = 864 – 833.6 = 18.7 kg

**वैकल्पिक विधि:**

नए नोटबुक का भार = 9.3 + (9.4 – 9.3) × 94

= 18.7 kg

17. (a)

4 कड़ों का कुल भार = 4 × 27 = 108

6 कड़ों का कुल भार = 6 × 28 = 168

10 कड़ों का कुल भार = 108 + 168 = 276

औसत भार $= \frac{276}{10} = 27.6$

**वैकल्पिक विधि:**

सभी कडो का औसत

$= 28 \frac{(27-28)\times4}{10} = 27.6$

18. (b)

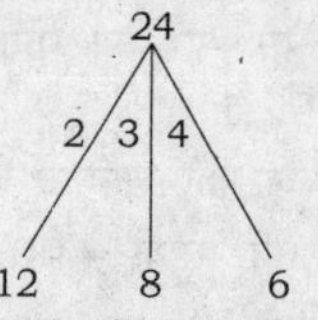


कुल दूरी = 24 × 3 = 72

कुल समय = 2 + 3 + 4 = 9

औसत चाल = $\frac{72}{9}$ = 8 km/h

19. (c)

पहली चार अँगूठियों का औसत वजन = 37 gm

अत: इनका कुल भार = 37 × 4 = 148

बाकी बची 6 अँगूठियों का औसत वजन = 38

और इनका कुल भार = 38 × 6 = 228

सभी का कुल औसत 228 + 148 = 376

= $\frac{376}{10}$ = 37.6

**वैकल्पिक विधि:**

सभी अंगूठियों का औसत वजन

= $38\frac{(37-38)\times 4}{10}$ = 37.6

20. (b)

औसत चाल = $\frac{2xy}{x+y}$

प्रश्नानुसार, $\frac{2\times 430\times 645}{1075}$

= $\frac{2\times 430\times 129}{215}$

= 4 × 129 = 516

21. (a)

5 संख्याओं का कुल योग = 122 × 5 = 610

1 संख्या निकालने पर 4 का योग = 4 × 122 = 488

अत: निकाली गई संख्या = 610 – 488 = 122

**वैकल्पिक विधि:**

अगर एक संख्या निकालने पर औस्त पहले जितना ही रहता है, तो औसत ही निकाली गई संख्या होती है।

अत: निकाली गई संख्या = 122

22. (d)

11 खिलाड़ियों का कुल वजन = 75 × 11 = 825

कोच जोड़ने पर 12 खिलाड़ियों का कुल वजन = 12 × 76 = 912

अत: कोच का वजन = 912 – 825 = 87

**वैकल्पिक विधि:**

कोच का वजन = 75 + 1 × 12 = 87 kg

23. (d)

चारों परीक्षाओं में कुल अंक = 80 × 4 = 320

तीन परीक्षाओं में कुल अंक = 73 + 83 + 93 = 249

चौथी परीक्षा में प्राप्तांक = 320 – 249 = 71

**वैकल्पिक विधि:**

चौथे परीक्षा में प्राप्त अंक = 80 + (73 – 80) + (83 – 80) + (93 – 80)

= 80 + (– 7 + 3 + 13)

= 80 – 8 = 71

24. (c)

चारों परीक्षाओं में औसत अंक = 80

अत: कुल प्राप्तांक = 80 × 4 = 320

तीन परीक्षाओं में प्राप्त कुल अंक = 76 + 86 + 96 = 258

चौथी परीक्षा में प्राप्तांक = 320 – 258 = 62

**वैकल्पिक विधि:**

चौथे परीक्षा में प्राप्त अंक = 80 + {(76 – 80) + (86 – 80) + (96 – 80)}

= 80 + (– 4 + 6 + 16) = 62

25. (d)

चूँकि 11 खिलाड़ियों का औसत भार = 78

अत: इनका कुल भार = 78 × 11 = 858

कोच को शामिल करने पर 12 खिलाड़ियों का औसत वजन = 79

अत: अब कुल भार = 79 × 12 = 948

अत: कोच का वजन = 948 – 585 = 90

**वैकल्पिक विधि:**

कोच का भार = 78 + 1 × 12 = 90 kg

26. (d)

प्रथम पद (a) = 45

अंतिम पद ($l$) = 57

समानांतर श्रेणी (A.P.) का औसत

= $\frac{a+l}{2}=\frac{45+57}{2}=\frac{102}{2}$ = 51

27. (a)

5 संख्याओं का औसत = 126

अत: संख्याओं का योग = 126 × 5 = 630

1 संख्या बाहर करने पर 4 संख्याओं का औसत = 126

कुल योग = 126 × 4 = 504

अत: निकाली गई संख्या 630 – 504 = 126

**वैकल्पिक विधि:**

अगर संख्या निकलने के बाद भी औसत में परिवर्तन नहीं होता है तो औसत ही निकाली गई संख्या होती है।

अत: निकाली गई संख्या = 126

28. (d)

संख्याओं का योग

= 113 × 5 = 565

दिया गया है कि जब एक संख्या को निकाल दिया जाता है, तो औसत वही रहता है

शेष संख्याओं का योग ⇒ 113 × 4 = 452

निकली हुई संख्या = 565 – 452 = 113

**वैकल्पिक विधि:**

अगर एक संख्या निकालने पर औस्त पहले जितना ही रहता है, तो औसत ही निकाली गई संख्या होती है।

अत: निकाली गई संख्या = 113

29. (a)

एक प्रतियोगिता जीतने के लिए स्वामी को औसतन 80 अंक चाहिए

जीतने के लिए आवश्यक कुल अंक

= 80 × 4 = 320 अंक

उसे पहले तीन विषयों में मिले अंक

= 68 + 78 + 88 = 234

चौथे विषय में आवश्यक अंक

= 320 – 234 = 86 अंक

**वैकल्पिक विधि:**

चौथे परीक्षा में प्राप्त अंक = 80 + {(68 – 80) + (78 – 80) + (88 – 80)}

= 80 + (–12 – 2 + 8)

= 80 + 6 = 86

30. (a)

संख्याओं का योग = 126 × 5 = 630

दिया गया है कि एक संख्या को निकालने के बाद भी औसत समान रहता है,

शेष संख्या का योग ⇒ 126 × 4

= 504

निकाली गई संख्या = 630 – 504

= 126

31. (c)

एक प्रतियोगिता में अर्हता प्राप्त करने के लिए होमी को औसतन 80 अंकों की आवश्यकता है, अर्हता प्राप्त करने के लिए आवश्यक कुल अंक

= 80 × 4 = 320 अंक

उसे पहली तीन परीक्षाओं में मिले अंक

= 81 + 91 + 66 = 238

चौथे परीक्षा में आवश्यक अंक

= 320 – 238 = 82 अंक

**वैकल्पिक विधि:**

चौथे परीक्षा में प्राप्त अंक = 80 + {(81 – 80) + (91 – 80) + (66 – 80)}

= 80 + (1 + 11 – 14)

= 80 + 2 = 82

32. (c)

जीतने के लिए आवश्यक कुल अंक

= 80 × 4 = 320 अंक

उसे पहली तीन परीक्षाओं में मिले अंक

= 74 + 84 + 94 = 252 अंक

चौथी परीक्षा में आवश्यक अंक

= 320 – 252 = 68 अंक

**वैकल्पिक विधि:**

चौथे परीक्षा में प्राप्त अंक = 80 + {(74 – 80) + (84 – 80) + (94 – 80)}

= 80 + (– 6 + 4 + 14)

= 80 – 12 = 68

33. (c)

संख्याओं का योग

= 119 × 5 = 595

दिया गया है कि जब किसी संख्या को हटा दिया जाता है, तो औसत वही रहता है

शेष संख्या का योग ⇒ 119 × 4 = 476

निकाली गई संख्या = 595 – 476 = 119

**वैकल्पिक विधि:**

अगर एक संख्या निकालने पर औस्त पहले जितना ही रहता है, तो औसत ही निकाली गई संख्या होती है।

अत: निकाली गई संख्या = 119

34. (a)

एक प्रतियोगिता में सफल होने के लिए सोमी को औसतन 80 अंक चाहिए

सफल होने के लिए आवश्यक कुल अंक

= 80 × 4 = 320 अंक

उसे पहले तीन परीक्षाओं में मिले अंक

= 71 + 81 + 91 = 243

चौथे परीक्षा में आवश्यक अंक

= 320 – 243 = 77 अंक

**वैकल्पिक विधि:**

चौथे परीक्षा में प्राप्त अंक = 80 + {(71 – 80) + (81 – 80) + (91 – 80)}

= 80 + (–9 + 1 + 11)

= 80 – 3 = 77

35. (d)

संख्याओं का योग = 75 × 7 = 525

दिया गया है कि, जब किसी एक संख्या को हटा दिया जाता है, तो औसत वही रहता है।

शेष संख्या का योग ⇒ 75 × 6

= 450

हटाई गई संख्या 525 – 450 = 75

**वैकल्पिक विधि:**

अगर एक संख्या निकालने पर औस्त पहले जितना ही रहता है, तो औसत ही निकाली गई संख्या होती है।

अत: निकाली गई संख्या = 75

36. (c)

वित्तीय वर्ष की पहली तिमाही में कंपनी का व्यय = 43500

वित्तीय वर्ष की दूसरी तिमाही में कंपनी का व्यय = 46500

वित्तीय वर्ष की तीसरी तिमाही में कंपनी का व्यय = 57600

9 महीने तक कुल खर्च

= 43500 + 46500 +57600

= 147600

प्रश्न के अनुसार,

दिए गए वित्तीय वर्ष में कुल व्यय

= 54075 × 4 = 216300

वित्तीय वर्ष की अंतिम तिमाही में कंपनी का व्यय

= 216300 – 147600 = 68700

**वैकल्पिक विधिः**

| $1^{st}$ तिमाही | $2^{nd}$ तिमाही | $3^{rd}$ तिमाही | $4^{th}$ तिमाही |
|---|---|---|---|
| ↓ | ↓ | ↓ | ↓ |
| 43500 | 46500 | 57600 | $x$ |

4th तिमाही औसत = 54075 + (54075 – 43500 + 54075 – 46500 + 54075 – 57600)

(54075 + 10575 + 7575 – 3525) = 68700

37. (d)

कुल भार

= 4 × 30 + 6 × 31 = 306

अब, औसत भार = $\frac{306}{10}$ = 30.6

**वैकल्पिक विधिः**

सभी कड़ो का कुल औसत भार

$= 31\frac{-1\times4}{10} = 30.6$

38. (a)

माना, महिला कर्मचारियों द्वारा प्राप्त औसत कॉल $x$ है।

| पुरूष | | महिला | | पुरूष + महिला |
|---|---|---|---|---|
| 505 | : | 505 | = | 1010 |
| 1 | : | 1 | = | 2 |
| 55 | : | $x$ | = | 55 |
| 55 | | $x$ | = | 110 |

55 + $x$ = 110

$x$ = 55

39. (a)

प्रथम चार कड़ों का औसत भार = 33 gms

प्रथम चार कड़ों का कुल भार

= 33 × 4 = 132 gms

शेष 6 कड़ों का औसत भार = 34 gms

शेष 6 कड़ों का कुल भार

= 34 × 6 = 204 gms

अब, 10 कड़ों का कुल भार

= 132 + 204 = 336 gms

औसत = $\frac{336}{10}$ = 33.6 gms

**वैकल्पिक विधिः**

कड़ो का कुल औसत भार

$= 34\frac{-1\times4}{10}$

= 33.6 gms

40. (c)

पहले 4 कंगनों का औसत वजन = 57 ग्राम

पहले 4 कंगनों का कुल वजन

= 57 × 4 = 228 ग्राम

शेष 6 कंगनों का औसत वजन = 58 ग्राम

शेष 6 कंगनों का कुल वजन

= 58 × 6 = 348 ग्राम

अब, 10 कंगनों का अंतिम वजन

= 228 + 348 = 576 ग्राम

औसत = $\frac{576}{10}$ = 57.6 ग्राम

**वैकल्पिक विधिः**

सभी कंगनो का औसत वजन

$= 58\frac{-1\times4}{10} = 57.6$

41. (c)

पहली 4 अंगूठियों का औसत वजन = 39 ग्राम

पहली 4 अंगूठियों का कुल वजन

= 39 × 4 = 156 ग्राम

शेष 6 अंगूठियों का औसत वजन

= 40 ग्राम

शेष 6 अंगूठियों का कुल वजन

= 40 × 6 = 240 ग्राम

अब, 10 अंगूठियों का अंतिम वजन

= 156 + 240 = 396 ग्राम

औसत = $\frac{396}{10}$ = 39.6 ग्राम

**वैकल्पिक विधिः**

सभी अंगूठियों का औसत वजन

$= 40\frac{-1\times4}{10}$ = 39.6 ग्राम

42. (a)

माना, महिला कर्मचारियों द्वारा प्राप्त औसत कॉल $x$ है।

| पुरूष | | महिला | | पुरूष + महिला |
|---|---|---|---|---|
| 513 | : | 513 | = | 1026 |
| 1 | : | 1 | = | 2 |
| 63 | : | $x$ | = | 63 |
| 63 | | $x$ | = | 126 |

63 + $x$ = 126

$x$ = 63

43. (a)

पहली 4 चूड़ियों का औसत वजन

= 47 ग्राम

पहली 4 चूड़ियों का कुल वजन

= 47 × 4 = 188 ग्राम

शेष 6 चूड़ियों का औसत वजन

= 48 ग्राम

शेष 6 चूड़ियों का कुल वजन

= 48 × 6 = 288 ग्राम

अब, 10 चूड़ियों का अंतिम वजन

= 288 + 188 ग्राम = 476 ग्राम

औसत वजन = $\frac{476}{10}$ = 47.6 ग्राम

**वैकल्पिक विधिः**

कुल चूड़ियों का औसत वजन

$= 48\frac{-1\times4}{10}$

= 47.6 ग्राम

44. (a)
पहली 4 चूड़ियों का औसत वजन
= 49 ग्राम
पहली 4 चूड़ियों का कुल वजन
= 49 × 4 = 196 ग्राम
शेष 6 चूड़ियों का औसत वजन
= 50 ग्राम
शेष 6 चूड़ियों का कुल वजन
= 50 × 6 = 300 ग्राम
अब, 10 चूड़ियों का अंतिम वजन
= 196 + 300 = 496 ग्राम

औसत = $\frac{496}{10}$ = 49.6 ग्राम

**वैकल्पिक विधि:**
सभी चूड़ियों का औसत वजन

= $50 \frac{-1 \times 4}{10}$ = 49.6

45. (a)
63 नोटबुक का कुल वजन
= 63 × 6.3 = 396.9 kg
एक और किताब जोड़ने पर औसत भार = 6.4 kg

इसलिए, $\frac{396.9 + x}{64} = 6.4$

$x = 409.6 - 396.9 = 12.7$ kg

**वैकल्पिक विधि:**
नई नोटबुक का औसत वजन = 6.4 + (6.4 – 6.3) × 63
= 12.7 kg

46. (a)
ग्यारह खिलाड़ियों का औसत वजन
= 102 किलो
ग्यारह खिलाड़ियों का कुल वजन
= 102 × 11 = 1122 किलो
प्रश्नानुसार,
कोच के जुड़ने के बाद औसत वजन
= 102 + 1 = 103 किलो
कोच के जुड़ने के बाद औसत वजन
= 103 + 12 = 1236 किलो
कोच का वजन = 1236 – 1122
= 114 किलो

**वैकल्पिक विधि:**
कोच का वजन = 102 (103 – 102) × 12
= 102 + 12 = 114 किलो

47. (b)
7 संख्याओं का औसत = 145
7 संख्याओं का योग = 145 × 7
= 1015
प्रश्नानुसार,
एक संख्या हटान पर शेष संख्या
= 6 × 145 = 750
निकाली गई संख्या = 1015 – 750
= 145

**वैकल्पिक विधि:**
अगर एक संख्या निकालने पर औस्त पहले जितना ही रहता है, तो औसत ही निकाली गई संख्या होती है।

अत: निकाली गई संख्या = 145

48. (d)
सफल होने के लिए आवश्यक कुल स्कोर = 75 + 4 = 300
तीन परीक्षा में कुल प्राप्तांक = 79 + 75 + 71 = 225
चौथी परीक्षा सफल होने के लिए कुल प्राप्तांक = 300 – 225 = 75

**वैकल्पिक विधि:**
चौथी परीक्षा में प्राप्तांक = 75 + {(79 – 75) + (75 – 75) + (71 – 75)}

= $75 \frac{(4+0-4)}{4}$ = 75

49. (c)
जर्मिलिन द्वारा सफल होने के लिए प्राप्त चार परीक्षाओं का कुल अंक = 75 × 4 = 300
जर्मिलिन द्वारा प्राप्त तीन परीक्षाओं का कुल अंक = 75 + 71 + 67 = 213
चौथे परीक्षा में सफल होने हेतु प्राप्तांक = 300 – 213 = 87

**वैकल्पिक विधि:**
चौथे परीक्षा में सफल होने हेतु प्राप्तांक = 75 + {(75 – 75) + (71 – 75) + (67 – 75)}
= 75 + (0 – 4 – 8)
= 75 + 12 = 87

50. (d)
ग्यारह खिलाड़ियों के क्रिकेट टीम का कुल वजन = 106 × 11 = 1166 kg
कोच को शामिल करने के बाद कुल वजन = 12 × 107 = 1274 kg
कोच का वजन = 1284 – 1166
= 118

**वैकल्पिक विधि:**
कोच का वजन = 107 (107 – 106)11
= 107 + 11 = 118 kg

51. (c)
ग्यारह खिलाड़ियों के क्रिकेट टीम का कुल वजन = 101 × 11 = 1111 kg
कोच को शामिल करने के बाद कुल वजन = 102 × 12 = 1224 kg
कोच का वजन = 1224 – 1111
= 113 kg

**वैकल्पिक विधि:**
कोच का वजन = 101 + 1 × 12
= 113

52. (c)
7 संख्याओं का कुल योग = 144 × 7 = 1008
1 संख्या निकालने पर 6 का योग
= 6 × 144 = 864
अत: निकाली गई संख्या = 1008 – 864 = 144

**वैकल्पिक विधि:**
अगर एक संख्या निकालने पर औस्त पहले जितना ही रहता है, तो औसत ही निकाली गई संख्या होती है।

अत: निकाली गई संख्या = 144

53. (d)
जर्मिलिन का चार परीक्षाओं के सफल होने के लिए प्राप्त कुल अंकों का योग = 75 × 4 = 300
जर्मिलिन द्वारा प्राप्त 3 परीक्षाओं के अंकों का योग = 80 + 76 + 72
= 228

सफल होने हेतु चौथे विषम का प्राप्तांक = 300 – 228 = 72

**वैकल्पिक विधि:**

सफल होने हेतु चौथे विषम में प्राप्तांक = 75 + {(80 – 75) + (76 – 75) + (72 – 75)}

= 75 + (5 + 1 – 3)

= 75 – 3 = 72

54. (a)

101 नोटबुक का कुल वजन = 101 × 10.1 = 1020.1

नई नोटबुक को शामिल करने पर 101 नोटबुक कुल वजन = 102 × 10.2 = 1040.4

नई नोटबुक का वजन = 1040.4 – 1020.1 = 20.3 kg

**वैकल्पिक विधि:**

नई नोटबुक का वजन = 10.2 (+10.2 – 10.1) × 10.1 = 20.3 kg

55. (c)

माना महिला कर्मचारी द्वारा प्रतिदिन की जाने वाली कॉल $x$ है

| पुरूष | | महिला | | पुरूष + महिला |
|---|---|---|---|---|
| 511 | : | 511 | = | 1022 |
| 1 | : | 1 | = | 2 |
| 61 | : | $x$ | = | 61 |
| 61 | | $x$ | = | 122 |

$61 + x = 122$

$x = 61$

56. (c)

पहली 4 अँगूठियों का कुल वजन = 37 × 4 = 148 ग्राम

शेष 6 अँगूठियों का कुल वजन = 6 × 38 = 228 ग्राम

सभी अँगूठियों का औसत वजन

$= \frac{148 \times 228}{10} = \frac{376}{10} = 37.6$ ग्राम

**वैकल्पिक विधि:**

सभी अँगूठियों का औसत वजन = 38 $+ \frac{(37-38)\times 4}{10}$

= 37.6 ग्राम

57. (d)

पहली 4 चूड़ियों का योग = 55 × 4 = 220 किग्रा

शेष 6 चूड़ियों का योग = 56 × 6 = 336 किग्रा

सभी चूड़ियों का औसत

$= \frac{220+336}{10} = \frac{556}{10} = 55.6$ किग्रा

**वैकल्पिक विधि:**

सभी चूड़ियों का औसत

$= 56 \frac{(56-55)\times 4}{10} = 55.6$ किग्रा

58. (c)

69 नोटबुक को वजनो का योग = 69 × 6.9 = 476.1 किग्रा

1 नोटबुक और रखने पर योग = 70 × 7 = 490 किग्रा

नई नोटबुक का वजन = 490 × 476.1 = 13.9 किग्रा

59. (c)

माना महिला कर्मचारियों के प्रतिदिन कॉलों की संख्या $x$ है

| पुरूष | | महिला | | पुरूष + महिला |
|---|---|---|---|---|
| 627 | : | 627 | = | 1254 |
| 1 | : | 1 | = | 2 |
| 72 | : | $x$ | = | 72 |
| 72 | | $x$ | = | 144 |

$72 + x = 144$

$x = 72$

60. (c)

4 अंगूठियों का योग = 4 × 39 = 156 ग्राम

शेष 6 अंगूठियों का योग = 6 × 40 = 240 ग्राम

सभी अंगूठियों का औसत

$= \frac{156+240}{10} = 39.6$ ग्राम

**वैकल्पिक विधि:**

सभी अंगूठियों का औसत

$= 40 \frac{(39-40)\times 4}{10} = 40 - 0.4$

= 39.6 ग्राम

61. (a)

103 नोटबुक के वजनों का योग = 103 × 10.3 = 1060.9 किग्रा

1 और नोटबुक जोड़े जाने पर कुल नोटबुक = 104 किग्रा

104 नोटबुक के वजनों का योग = 104 × 10.4 = 1081.6 किग्रा

नई नोटबुक का वजन = 1081.6 – 1060.9 = 20.7 किग्रा

**वैकल्पिक विधि:**

नई नोटबुक का वजन = 10.4 (+10.4 – 10.3) × 103

= 10.4 + 10.3

= 20.7 किग्रा

62. (a)

माना महिला द्वारा प्राप्त औसत कॉल $x$ है

| पुरूष | | महिला | | पुरूष + महिला |
|---|---|---|---|---|
| 513 | : | 513 | = | 1026 |
| 1 | : | 1 | = | 2 |
| 63 | : | $x$ | = | 63 |
| 63 | | $x$ | = | 126 |

$63 + x = 126$

$x = 63$

63. (c)

माना महिला द्वारा प्राप्त कॉल का औसत $x$ है

| पुरूष | | महिला | | पुरूष + महिला |
|---|---|---|---|---|
| 619 | : | 619 | = | 1238 |
| 1 | : | 1 | = | 2 |
| 71 | : | $x$ | = | 71 |
| 71 | | $x$ | = | 142 |

$71 + x = 142$

$x = 71$

64. (a)

4 चूड़ियों के वजनों का योग = 4 × 47 = 188 ग्राम

शेष 6 चूड़ियों के वजनों का योग = 6 × 48 = 288 ग्राम

कुल चूड़ियों के वजनों का औसत

$= \frac{188+288}{10} = \frac{476}{10}$

= 47.6 ग्राम

**वैकल्पिक विधि:**

कुल चूड़ियों के वजनों का औसत

$= 48 \frac{(47-48)\times 4}{10} = 47.6$ ग्राम

# TIME & WORK

# समय और कार्य

10

1. A किसी कार्य को 12 दिन में पूरा कर सकता है। B, A की तुलना में 20% कम कार्य-कुशल है। B को कार्य पूरा करने में कितने दिन का समय लगेगा?

A can do a piece of work in 12 days. B is 20% less efficient than A. In how many days will B take to complete the work?

**NTPC CBT-1 28/12/2020 (Shift-02)**

(a) 16 days (b) 18 days
(c) 20 days (d) 15 days

2. A किसी काम को 60 दिनों में पूर्ण कर सकता है। उसने 15 दिन काम किया और शेष काम को B ने 30 दिन में पूर्ण किया। यदि वे मिलकर काम करते है, तो कार्य .....में पूर्ण हो जाएगा।

A can do a piece of work in 60 days. He worked for 15 days and the remaining work was completed by B in 30 days. If they work together, the work will be completed in .......

**NTPC CBT-1 17/01/2021 (Shift-02)**

(a) 10 days (b) 24 days
(c) 25 days (d) 12 days

3. A और B की कार्य-क्षमताओं का अनुपात 3: 4 है। यदि A किसी कार्य को 12 दिन में पूरा करता है, तो B को उसी कार्य को पूरा करने में कितने दिन का समय लगेगा?

The ratio of the working efficiencies of A and B is 3 : 4. If A can do a piece of work in 12 days, then in how many days will B take to complete the same work?

**NTPC CBT-1 28/12/2020 (Shift-02)**

(a) 16 days (b) 18 days
(c) 9 days (d) 12 days

4. A, B के मुकाबले दोगुनी तेजी से कार्य करता है। यदि दोनों मिलकर किसी कार्य को 12 दिन में करते है, तो B अकेले उसी कार्य को पूरा करने में कितने दिन का समय लेगा?

A works twice as fast as B. If both together can do a piece of work in 12 days, then in how many days will B alone complete the same work?

**NTPC CBT-1 21/01/2021 (Shift-02)**

(a) 24 (b) 36
(c) 48 (d) 12

5. A एक कार्य को 20 दिनों में पूरा कर सकता है। B, A से 75% अधिक कुशल है। B को उसी कार्य को पूरा करने में कितने दिन लगेंगे?

A can complete a task in 20 days. B is 75% more efficient than A. The number of days B will take to complete the same work is

**NTPC CBT-1 02/03/2021 (Shift-02)**

(a) $1\frac{3}{17}$ (b) $11\frac{3}{7}$
(c) $1\frac{3}{7}$ (d) $10\frac{3}{7}$

6. मनोज अनुराग से दोगुना सक्षम मछुआरा है और वे मिलकर एक काम को 22 दिनों में पूरा करते हैं। अनुराग अकेला उसी काम को कितने दिनों में करेगा।

Manoj is twice capable fisherman than Anurag and together they finish a work in 22 days. In how many days will Anurag alone can do the same work.

**NTPC CBT-1 11/04/2016 (Shift-02)**

(a) 44 (b) 66
(c) 88 (d) 60

7. P और Q अलग-अलग 8 और 16 दिनों में एक काम को कर सकते हैं। उन्होंने कार्य पूर्ण होने तक एक साथ काम किया, P और Q द्वारा किए गए कार्य का अनुपात क्या है?

P and Q can do any work separately in 8 and 16 days resectively. They worked together and got the Job done when the work is done, what is the ratio of the work done by P and Q.

**NTPC CBT-1 23/05/2019 (Shift-02)**

(a) 2 : 5 (b) 3 : 2
(c) 2 : 1 (d) 2 : 3

8. X एक काम का $\frac{1}{4}$ भाग को 10 दिनों में कर सकता है। Y 40 दिनों में 40% काम कर सकता है और Z 13 दिनों में $\frac{1}{3}$ काम कर सकता है। तब सर्वप्रथम कौन कार्य को पूर्ण करेगा।

X can do $\frac{1}{4}$ of a work in 10 days. Y can do 40% of the work in 40 days and Z can do $\frac{1}{3}$ of the work in 13 days. who will complete the work first?

**Group-D 16/09/2007**

(a) X
(b) Y
(c) Z
(d) X and Z

9. A और B एक साथ मिलकर 12 दिन में एक तालाब खोद सकते हैं। यदि A अकेले उस तालाब को 24 दिन में खोद सकता है। ज्ञात कीजिए कि B, 1 दिन में तालाब का कितना हिस्सा खोद सकता है?

A and B together can dig a pond in 12 days. If A alone can dig the pond in 24 days. Find what part of the pond B can dig in 1 day?

**NTPC CBT-1 23/01/2021 (Shift-01)**

(a) $\frac{1}{4}$ (b) $\frac{1}{36}$

(c) $\frac{1}{24}$ (d) $\frac{1}{12}$

10. एक सैन्य छावनी में 425 आदमियों के लिए 30 दिन का प्रावधान था। हालांकि, 375 पुरुषों ने शिविर में भाग लिया। प्रावधान कितने समय तक चले?

In an army camp, there were provisions for 425 men for 30 days. However, 375 men attended the camp. How long did the provisions last?

**NTPC CBT-1 28/01/2021 (Shift-01)**

(a) 30 days (b) 35 days

(c) 34 days (d) 32 days

11. 15 व्यक्ति 7 दिनों में 35 डिब्बे भर सकते हैं। 5 दिनों में 65 बक्सों को भरने के लिए कितने व्यक्तियों की आवश्यकता होगी?

15 persons can fill 35 boxes in 7 days. How many persons are required to fill 65 boxes in 5 days?

**NTPC CBT-1 03/02/2021 (Shift-01)**

(a) 33

(b) 36

(c) 49

(d) 39

12. यदि 200 आदमी 1024 दिनों में एक इमारत बना सकते हैं तो कितने आदमी उसी भवन का निर्माण 256 दिनों में करना होगा?

If 200 men can build a building in 1024 days then how many men. will be required to construct the same building in 256 days

**NTPC CBT-1 22/01/2019 (Shift-02)**

(a) 650 (b) 1200

(c) 800 (d) 1400

13. A अकेला किसी कार्य को 10 दिन में पूरा कर सकता है और B उस कार्य को 15 दिन में पूरा कर सकता है। A और B उस कार्य को 4800 रुपये में हाथ में लेते हैं। वे C की मदद से उस कार्य को 5 दिन में पूरा करते हैं। C को कितनी धनराशि भुगतान करनी होगी?

A alone can do a piece of work in 10 days and B can do that work in 15 days. A and B undertake that work for Rs 4800. They complete the work in 5 days with the help of C. How much amount will C have to pay?

**NTPC CBT-1 08/01/2021 (Shift-02)**

(a) Rs. 1,200 (b) Rs. 800

(c) Rs. 600 (d) Rs. 700

14. A एक कार्य को 24 दिनों में पूरा कर सकता है। उसने 21 दिनों तक कार्य किया और फिर B ने शेष कार्य को 5 दिनों में समाप्त कर दिया। A और B मिलकर उस काम को कितने दिनों में पूरा कर सकते हैं?

A can complete a piece of work in 24 days. He worked for 21 days and then B finished the remaining work in 5 days. In how many days can A and B together finish the work?

**NTPC CBT-1 01/04/2021 (Shift-01)**

(a) 45 days (b) 40 days

(c) 15 days (d) 24 days

15. A एक काम को अकेले 32 दिनों में कर सकती है, जबकि B के साथ मिलकर वह 24 दिनों में काम कर सकती है। यदि C अकेला उस काम को 64 दिनों में कर सकता है, तो B और C मिलकर उस काम को कितने दिनों में कर सकते हैं?

A can do a piece of work alone in 32 days, while together with B she can do the work in 24 days. If C alone can do the work in 64 days, in how many days can B and C together do the work?

**NTPC CBT-1 10/10/2021 (Shift-02)**

(a) $38\frac{2}{5}$ days

(b) $38\frac{3}{5}$ days

(c) $37\frac{4}{5}$ days

(d) $38\frac{4}{5}$ days

16. A और B एक साथ मिलकर किसी कार्य को 30 दिनों में कर सकते हैं। B और C एक साथ मिलकर उसी कार्य को 40 दिनों में पूरा कर सकते है जबकि C और A एक साथ मिलकर उसी कार्य को 60 दिनों में पूरा कर सकते हैं। उन्हें एक साथ मिलकर इस कार्य को करने में कितना समय लगेगा?

A and B working together can do a piece of work in 30 days. B and C together can complete the same work in 40 days while C and A together can complete the same work in 60 days. How much time will they take together to complete the work?

**NTPC CBT-1 03/04/2021 (Shift-02)**

(a) $28\frac{2}{3}$ (b) $23\frac{2}{3}$

(c) $24\frac{2}{3}$ (d) $26\frac{2}{3}$

17. 14 व्यक्ति, 12 दिन में एक दीवार का निर्माण कर सकते हैं। 7 व्यक्तियों का एक अन्य समूह, जिसमें में प्रत्येक व्यक्ति, पहले समूह के व्यक्तियों की तुलना में केवल एक चौथाई कुशल है, इस दीवार के निर्माण कार्य को दिन में पूरा कर लेंगे?

14 men can build a wall in 12 days. Another group of 7 persons, each of whom is only one fourth as efficient as the persons of the first group, will complete the construction of this wall in how many days?

NTPC CBT-1 31/01/2021 (Shift-01)

(a) 96 days (b) 108 days
(c) 120 days (d) 84 days

18. 8 लड़के और 12 लड़कियां मिलकर एक प्रोजेक्ट का काम 5 दिनों में पूरा कर सकते हैं। यदि एक लड़के को अकेले उसी प्रोजेक्ट को पूरा करने में 50 दिन लगते हैं, तो उसी प्रोजेक्ट को पूरा करने के लिए अकेले एक लड़की को कितने दिनों की आवश्यकता होगी?

8 boys and 12 girls together can finish a project work in 5 days. If it takes 50 days for one boy alone to finish the same project, how many days are required for one girl alone to complete the same project work?

NTPC CBT-1 15/02/2021 (Shift-02)

(a) 150 (b) 275
(c) 300 (d) 200

19. A प्रतिदिन 5 घंटे कार्य करके एक कार्य को 8 दिन में पूरा कर सकता है और B प्रतिदिन 6 घंटे कार्य करके उसी कार्य को 10 दिन में पूरा कर सकता है। वे दोनों एक साथ मिलकर प्रतिदिन 8 घंटे कार्य करते हुए उसी कार्य को कितने समय में पूरा कर लेंगे?

A working 5 hours a day can complete a piece of work in 8 days and B working 6 hours a day can complete the same work in 10 days. In how much time will they together complete the same work working 8 hours a day?

NTPC CBT-1 23/01/2021 (Shift-02)

(a) 6 days (b) 3 days
(c) 4.5 days (d) 5 days

20. A और B किसी कार्य को 24 दिन में पूरा कर सकते हैं, B और C उसी कार्य को 12 दिन में पूरा कर सकते हैं और A, B और C एक साथ मिलकर उसी कार्य को 6 दिन में पूरा कर सकते हैं। A और C को उसी कार्य को पूरा करने में कितने दिन का समय लगेगा?

A and B can complete a work in 24 days, B and C can complete the same work in 12 days and A, B and C together can complete the same work in 6 days. In how many days will A and C take to complete the same work?

NTPC CBT-1 22/01/2021 (Shift-02)

(a) 4 days (b) $\frac{24}{5}$ days
(c) 2 days (d) 24 days

21. 10 पुरुष एक कार्य को 18 दिनों में पूरा कर सकते हैं। 6 दिनों के बाद, 5 और पुरुष जुड़ते हैं। शेष कार्य कितने दिनों में पूरा होगा?

10 men can complete a task in 18 days. After 6 days, 5 more men join. In how many days the remaining work will be completed?

NTPC CBT-1 03/02/2021 (Shift-01)

(a) 6 (b) 12
(c) 10 (d) 8

22. A, B और C किसी कार्य को 5 दिन में पूरा कर सकते हैं। B, C और D उसी कार्य को 10 दिन में पूरा कर सकते हैं। C, D और A उसी कार्य को 15 दिन में पूरा कर सकते हैं और D, A और B उसी कार्य को 30 दिन में पूरा कर सकते हैं। A, B, C और D मिलकर उसी कार्य को कितने दिन में पूरा करेंगे?

A, B and C can do a piece of work in 5 days. B, C and D can complete the same work in 10 days. C, D and A can complete the same work in 15 days and D, A and B can complete the same work in 30 days. In how many days will A, B, C and D together complete the same work?

NTPC CBT-1 29/12/2020 (Shift-01)

(a) $8\frac{1}{2}$ days (b) $7\frac{1}{2}$
(c) 8 days (d) 7 days

23. 16 पुरूष एक कार्य को 12 दिन में पूरा कर सकते है। 12 महिलाएं उसी कार्य को 32 दिन में पूरा कर सकती है। 16 पुरूषों और 16 महिलाओं ने एक साथ मिलकर 4 दिन तक कार्य किया, जिसके बाद महिलाओं ने कार्य करना बंद कर दिया और 16 अतिरिक्त पुरूष कार्य में शामिल हो गए। इस स्थिति में कार्यरत पुरूषों को शेष कार्य को पूरा करने में कितना समय लगेगा?

16 men can complete a work in 12 days. 12 women can complete the same work in 32 days. 16 men and 16 women worked together for 4 days, after which the women stopped working and 16 additional men joined the work. How much time will the men working in this position take to complete the remaining work?

NTPC CBT-1 11/01/2021 (Shift-02)

(a) 2 days (b) 5 days
(c) 4 days (d) 3 days

24. एक लड़का समान समय में एक आदमी द्वारा किए गए कार्य के $\frac{1}{4}$ हिस्से के बराबर कार्य करता है। 15 आदमी एक विशेष कार्य को 17 दिनों में पूरा करते है। यदि 3 आदमियों के स्थान पर 3 लड़कों को रखा जाता है, तो कार्य कितने दिनों में पूरा होगा?

A boy does work equal to $\frac{1}{4}$ of the work done by a man in same time. 15 men can complete a particular work in 17 days. If 3 boys are replaced by 3 men, then in how many days will the work be completed?

NTPC CBT-1 13/01/2021 (Shift-01)

(a) 22 days (b) 20 days
(c) 18 days (d) 24 days

25. 2 पुरुष और 3 महिलाएं 7 दिनों में 49 रुपए कमा सकते हैं। 3 पुरुष और 6 महिलाएं 8 दिनों में 96 रुपये कमा सकते हैं। 1 पुरुष और 1 महिला कितने समय में 27 रुपये कमाते हैं?

2 men and 3 women can earn Rs. 49 in 7 days. 3 men and 6 women can earn Rs. 96 in 8 days. In what time 1 man and 1 women earn Rs. 27?

**NTPC CBT-1 14/03/2021 (Shift-01)**

(a) 9 days
(b) 8 days
(c) 10 days
(d) 7 days

26. मानवी और दर्शन मिलकर एक परियोजना कार्य को 40 दिनों में पूरा कर सकते हैं। उन्होंने 25 दिनों के लिए एक साथ काम किया और फिर दर्शन चले गए 24 दिनों के बाद, मानवी ने शेष परियोजना का काम पूरा किया, मानवी अकेले परियोजना को कितने दिनों में पूरा कर सकती है?

Manvi and Darshan together can complete a project work in 40 days. They worked together for 25 days and then Darshan left After another 24 days, Manvi completed the remaining project work In how many days can Manvi alone complete the project?

**NTPC CBT-1 11/03/2021 (Shift-01)**

(a) 54 (b) 40
(c) 50 (d) 64

27. A अकेला एक कार्य को 20 दिनों में पूरा कर सकता है। जबकि B अकेला इसे 15 दिनों में समाप्त कर सकता है। वे एक साथ 5 दिनों के लिए कार्य करते हैं और फिर शेष कार्य को अकेले C द्वारा 2 दिनों में समाप्त कर देता है। यदि उन्हें पूरे कार्य को पूरा करने के लिए 2,400 रुपये का भुगतान मिलता है, तो C और A के दैनिक वेतन के बीच का अंतर ज्ञात कीजिए।

A alone can finish a task in 20 days. While B alone can finish it in 15 days. They together work for 5 days and stop then the rest of the work in finished by C alone in 2 day. If they get paid Rs. 2,400 for finishing the whole task, then find the difference between the daily wages of C and A.

**NTPC CBT-1 11/03/2021 (Shift-02)**

(a) Rs. 380 (b) Rs. 350
(c) Rs. 440 (d) Rs. 400

28. एक ठेकेदार 12 किमी लंबी एक नहर को 350 दिनों में खोदने के लिए 45 पुरुषों को नियुक्त करता है। 200 दिनों के बाद, वह पाता है कि नहर का केवल 4.5 किमी ही पूरा हुआ है। कार्य को समय पर पूरा करने के लिए उसे कितने अतिरिक्त पुरुषों को नियुक्त करना होगा ज्ञात कीजिए।

A contractor employs 45 men to dig a canal, 12 km long, in 350 days. After 200 days, he finds that only 4.5 km of the canal has been completed. Find the number of extra men he must employ in order to complete the work on time.

**NTPC CBT-1 27/01/2021 (Shift-02)**

(a) 55 (b) 50
(c) 35 (d) 45

29. A किसी कार्य को 20 दिन में पूरा कर सकता है, और B अकेले उसी काम को 30 दिन में पूरा कर सकता है। किसी अन्य कार्य के कारण, A कार्य पूर्ण होने से पहले ही कार्य छोड़ देता है, और शेष 5 दिन तक, B ने अकेले ही कार्य किया। इस स्थिति में कार्य को पूर्ण करने में कुल कितने दिन का समय लगेगा?

A can do a piece of work in 20 days, and B alone can do the same work in 30 days. Due to some other work, A leaves the work before it is completed, and for the remaining 5 days, B worked alone. How many days will it take to complete the work in this situation?

**NTPC CBT-1 28/12/2020 (Shift-02)**

(a) 18 days (b) 20 days
(c) 15 days (d) 12 days

30. A एक कार्य को उतने समय में पूरा कर सकता है जितने में B और C मिलकर उसे पूरा कर सकते है। यदि A और B मिलकर इसे 10 दिनों मे पूरा कर सकते है और C अकेले इसे 60 दिनों में पूरा कर सकता है, तो B अकेले इसे कितने दिनों मे पूरा कर सकता है?

A can do a piece of work in the same amount of time as B and C together can do it. If A and B together can complete it in 10 days and C alone can complete it in 60 days, then in how many days can B alone complete it?

**NTPC CBT-1 18/01/2021 (Shift-02)**

(a) 24 days (b) 23 days
(c) 21 days (d) 22 days

31. A और B एक कार्य को क्रमशः 56 और 70 दिनों में पूरा कर सकते हैं। उन्होंने एक साथ काम करना शुरू किया लेकिन कुछ दिनों के बाद A ने काम छोड़ दिया और B ने 34 दिनों में शेष काम खत्म कर दिया। A ने कितने दिनों के बाद छोड़ दिया?

A and B can complete a piece of work in 56 and 70 days respectively. They began the work together the work together but A left after some days and B finished the remaining work in 34 days. After how many days did A leave?

**NTPC CBT-1 15/03/2021 (Shift-01)**

(a) 16 (b) 9
(c) 12 (d) 15

32. A और B एक कार्य को पूरा करने में क्रमशः 25 और 45 दिन लेते हैं। A ने अकेले काम करना शुरू किया और कुछ दिनों के बाद B ने एक साथ काम करना शुरू किया। कार्य को पूरा करने में कुल 20 दिनों का समय लगा, कितने दिनों के बाद B ने कार्य करना शुरू किया?

A and B take 25 and 45 days respectively to complete a task. A started working alone and after a few days B started working together. The work took a total of 20 days to complete the After how many days did B start working?

**Group-D 30/10/2018 (Shift-03)**

(a) 10 (b) 11
(c) 12 (d) 9

33. अजय और विजय एक कार्य को क्रमश: 70 और 60 दिनों में पूरा कर सकते हैं। वे एक साथ काम करना शुरू करते हैं और कुछ समय बाद अजय चला जाता है। विजय ने शेष कार्य को 47 दिनों में पूरा किया, अजय ने कार्य कब छोड़ दिया?

Ajay and Vijay can do a work In 70 and 60 days respectively. They start working together and after some time, Ajay leaves. Vijay completed the remaining work in 47 days, when did Ajay quit the work?

**NTPC CBT-1 26/06/2019 (Shift-03)**

(a) After 7 days
(b) After 144 days
(c) After 10 days
(d) After 8 days

34. P, Q और R क्रमश: 10, 12 और 15 दिनों में अलग-अलग काम कर सकते हैं। वे एक साथ काम करना शुरू करते हैं और 2 दिनों के बाद P काम करना छोड़ देता है। Q ने काम पूरा होने से 3 दिन पहले काम करना छोड़ दिया। कार्य कितने दिनों में पूरा होगा?

P, Q and R can do a work separately in 10, 12 and 15 days respectively. They start working together and after 2 days P quits working. Q quit working 3 days before the work was completed. In how many days will the work be completed?

**NTPC CBT-1 29/05/2019 (Shift-02)**

(a) 6 (b) 7
(c) 5 (d) 8

35. 3 लड़के और 5 लड़कियां, कसी कार्य को 6 दिन में पूरा कर सकते है, जबकि 2 लड़के ओर 7 लड़कियां उसी कार्य को 8 दिन में पूरा कर सकते है। 8 लड़कियों को उस कार्य को पूरा करने में कितने दिन का समय लगेगा?

3 boys and 5 girls can do a piece of work in 6 days, while 2 boys and 7 girls can do the same work in 8 days. In how many days will 8 girls complete the work?

**NTPC CBT-1 16/01/2021 (Shift-01)**

(a) 33 (b) 36
(c) 35 (d) 30

36. 18 कुशल श्रमिक एक कार्य को 12 दिनों में पूरा कर सकते हैं जबकि 24 अर्ध-कुशल श्रमिकों को उसी कार्य को पूरा करने के लिए 15 दिनों की आवश्यकता होती है। 12 कुशल श्रमिकों ने कार्य शुरू किया लेकिन उनमें से 3 कुछ दिनों के बाद चले गए। कार्य को निर्धारित समय में पूरा करने के लिए छोड़े गए 3 कुशल श्रमिकों को कितने अर्ध-कुशल श्रमिकों को बदलना चाहिए?

18 skilled workers can complete a task in 12 days while 24 semi-skilled workers need 15 days to complete the same task. 12 skilled workers started the task but 3 of them left after a few days. How many semi-skilled workers should replace the 3 skilled ones who left so that the task can be completed in stipulated time?

**NTPC CBT-1 02/02/2021 (Shift-02)**

(a) 5 (b) 4
(c) 7 (d) 6

37. एक महिला द्वारा 6 घंटे में किया गया कार्य एक पुरुष द्वारा 4 घंटे में और एक लड़के द्वारा 8 घंटे में किए गए कार्य के बराबर है। प्रति दिन 8 घंटे कार्य करते हुए, यदि 8 महिलाएं 10 दिनों में काम पूरा कर सकती हैं, तो 10 महिलाएं, 10 पुरुष और 10 लड़के मिलकर उसी काम को 8 घंटे प्रतिदिन काम करके कितने दिनों में पूरा कर सकते हैं?

The work done by a woman in 6 h is equal to the work done by a man in 4 h and by a boy in 8h. Working 8 h per day, if 8 women can complete the work in 10 days, then in how many days can 10 women, 10 men and 10 boys together finish the same work working 8 h per day?

**NTPC CBT-1 01/01/2021 (Shift-01)**

(a) $2\frac{1}{13}$ (b) $2\frac{6}{13}$
(c) $6\frac{2}{13}$ (d) $1\frac{1}{13}$

38. A, B और C मिलकर एक कार्य को 16 दिनों में पूरा कर सकते हैं। तीनो ने 2 दिन तक एक साथ काम किया। A के जाने के बाद B और C ने 9 और दिन तक काम किये और फिर B भी चला जाता है शेष कार्य को C, 6 दिनों में पूरा करता है। यदि C अकेले पूरे कार्य को 24 दिनों में पूरा कर सकता है, तो B अकेला उसे कितने दिनों में पूरा कर सकता है?

A, B and C together can complete a task in 16 days. three of them worked together for 2 days. After, A left B and C contimued for 9 more days and then B left. C complete the remaining work in 6 days. If C alone can complete the entire task in 24 days, them in how many days can B alone complete it?

**NTPC CBT-1 03/04/2021 (Shift-01)**

(a) 36 days (b) 35 days
(c) 30 days (d) 32 days

39. A, B और C एक कार्य को क्रमश: 20, 30 और 60 दिनों में कर सकते हैं। A प्रतिदिन कार्य करता है B सभी विषम संख्या वाले दिनों में A की सहायता करता है, जबकि C सभी सम संख्या वाले दिनों में A की सहायता करता है। कार्य कितने दिनों में पूरा होगा?

A, B and C can do a piece of work in 20, 30 and 60 days, respectively. A works every day B assists A on all odd numbered days, while C assists A on all even numbered days. In how many days will the work be completed?

**NTPC CBT-1 05/02/2021 (Shift-01)**

(a) $13\frac{1}{5}$

(b) $13\frac{1}{3}$

(c) $13\frac{1}{4}$

(d) $13\frac{1}{2}$

40. एक आदमी किसी कार्य को पहले 5 दिनों में 4 घण्टे प्रति दिन, अगले 5 दिनों में 5 घण्टे प्रति और अंतिम 5 दिनों में 6 घण्टे प्रति दिन कार्य करके 15 दिनों में पूरा करता है। यदि वह आधे घटें के लंच ब्रेक के साथ प्रति दिन 8 घण्टे काम करता है, तो वह उस कार्य को कितने दिनों में पूरा कर लेगा?

A man can complete a work in 15 days working 4 hours per day in the first 5 days, 5 hours per day in the next 5 days and 6 hours per day in the last 5 days. If he works 8 hours a day with a lunch break of half an hour, in how many days will he complete the work?

**NTPC CBT-1 13/01/2021 (Shift-02)**

(a) 10 days (b) 12 days
(c) 8 days (d) 7.5 days

41. दो कर्मचारी X और Y एक कार्य को करने के लिए लगे हुए हैं X अकेले कार्य करते हुए कार्य को पूरा करने में 12 घंटे अधिक लेता है, यदि दोनों एक साथ कार्य करते हैं। यदि Y अकेले कार्य करता है, तो उसे उस कार्य को पूरा करने के लिए 27 घंटे अधिक की आवश्यकता होगी यदि वे दोनों एक साथ कार्य करते हैं तो कार्य को एक साथ पूरा करने में उन्हें कितना समय लगेगा?

Two workers X and Y are engaged to do a work X working alone takes 12 hour more to complete the job than if both work together. If Y worked alone, he would need 27 hours more to complete the job than if they both worked together How much time would they take to complete the work togwther?

**NTPC CBT-1 05/04/2021 (Shift-02)**

(a) 18 hrs. (b) 16 hrs.
(c) 15 hrs. (d) 20 hrs.

42. श्रद्धा और मयूरी एक साथ काम करते हुए 45 दिनों में एक काम पूरा कर सकते हैं। हालांकि, मयूरी अकेले काम करती है और एक तिहाई काम पूरा करने पर चली जाती है और फिर श्रद्धा बाकी काम खुद ही खत्म कर लेती है। नतीजतन, दोनों 104 दिनों में काम पूरा करने में सक्षम हैं। अगर मयूरी उससे तेज काम करती है। तो श्रद्धा अकेले काम को कितने दिनों में पूरा कर पाएगी?

Working together, Shardha and Mayuri can complete a work in 45 days. However, Mayuri works alone and goes away on completion of one third of the work and then Shardha finishes the remaining work herself. As a result, both are able to complete the work in 104 days. If Mayuri work faster than her. So in how many days Shardha will be able to complete the work alone?

**Group-D 28/09/2018 (Shift-03)**

(a) 72 (b) 60
(c) 240 (d) 120

43. सैंड्रा और मयूरी एक साथ एक का काम को 60 दिनों में पूरा कर सकते है। हालांकि मयूरी अकेले काम करती है और एक तिहाई काम पूरा करने के बाद चली जाती है और सैंड्रा फिर बाकी काम अकेले खत्म करती है। इस प्रकार, दोनों ने 150 दिनों में कार्य पूरा किया यदि मयूरी ने सैंड्रा की तुलना में तेजी से काम किया, तो सैंड्रा अकेले उस काम को कितने दिनों में कर सकती थी?

Sandra and Mayuri can work together and complete a task in 60 days. Although Mayuri works alone and leaves after completing one third of the work and Sandra then finishes the remaining work alone. Thus, both of them completed the work in 150 days: If Mayuri worked faster, than Sandra in how many days Sandra could do that work alone?

**Group-D 06/12/2018 (Shift-03)**

(a) 240 (b) 180
(c) 165 (d) 225

44. A एक कार्य का 2/5 भाग X दिनों में पूरा करता है। उसके बाद B को कॉल करता है और वे मिलकर शेष कार्य को 6 दिनों में पूरा करते हैं। यदि B अकेले 100/6 दिन लेता है। तो X का मान ज्ञात कीजिए।

A completes 2/5 part of a work in X days. After then calls B and they together finish the remaining work in 6 days. If B alone takes 100/6 days. Then find the value of X.

**NTPC CBT-1 18/04/2016 (Shift-02)**

(a) 10 days (b) 50/3 days
(c) 20 days (d) 40 days

45. A और B मिलकर एक काम को 15 दिनों में पूरा कर सकते हैं, जबकि A अकेला उस काम को 18.75 दिनों में पूरा कर सकता है। वे एक साथ काम करना शुरू करते हैं लेकिन A काम पूरा होने से 12.5 दिन पहले काम छोड़ देता है। A और B ने एक साथ कितने समय तक कार्य किया।

A and B together can complete a work in 15 days, While A alone can complete the work in 18.75 days. They start working together but A leaves work 12.5 days before the work is completed. How long did A and B work together.

**NTPC CBT-1 12/10/2019 (Shift-03)**

(a) 10 (b) 13.75
(c) 11.25 (d) 12.5

46. A और B एक काम को 45 घंटे में कर सकते हैं। यदि A अकेले कार्य करता है और कार्य का $\frac{3}{8}$ भाग पूरा करता है, तो शेष कार्य B द्वारा किया जाता है। कार्य को पूरा करने में कुल 102 दिन लगते हैं। A उस कार्य को कितने दिनों में पूरा करेगा, जो उन दोनों के बीच अकेले कार्य को पूरा करने के लिए अधिक कुशल है?

A and B can do a work in 45 hours. If A works alone and completes the $\frac{3}{8}$ part of the work, then leaves the remaining work to .be done by B. It takes a total of 102 days to complete the work. In how many days A will complete the work, which is more efficient between them to complete the work alone?

**Group-D 05/12/2018 (Shift-02)**

(a) 170 (b) 96
(c) 72 (d) 120

47. A और B एक काम को 12 दिनों में पूरा कर सकते हैं। हालांकि अकेले A ने $\frac{1}{5}$ काम पूरा किया और काम छोड़ दिया। फिर B अकेले कार्य करना शुरू करता है और शेष कार्य को पूरा करता है। काम पूरा होने में कुल 22 दिन लगते हैं। यदि B, A से अधिक कुशल है, तो B ने अकेले कार्य को पूरा करने में कितने दिन का समय लिया?

A and B can complete a work in 12 days. Although alone A completed $\frac{1}{5}$ of the work and left the work. Then B started working alone and completed the remaining work. The work take a total of 22 days to complete. If B is more efficient than A, how many days did B take to complete the work alone?

**Group-D 12/11/2018 (Shift-02)**

(a) 16.5 (b) 16.5 or 20
(c) 30 or 44 (d) 22

# ANSWER KEY

| | | | | | | | | | |
|---|---|---|---|---|---|---|---|---|---|
| 1.(d) | 2.(b) | 3.(c) | 4.(b) | 5.(b) | 6.(b) | 7.(c) | 8.(c) | 9.(c) | 10.(c) |
| 11.(d) | 12.(c) | 13.(b) | 14.(c) | 15.(a) | 16.(d) | 17.(a) | 18.(c) | 19.(b) | 20.(b) |
| 21.(d) | 22.(b) | 23.(d) | 24.(b) | 25.(a) | 26.(d) | 27.(d) | 28.(a) | 29.(c) | 30.(a) |
| 31.(a) | 32.(b) | 33.(a) | 34.(b) | 35.(a) | 36.(a) | 37.(b) | 38.(a) | 39.(c) | 40.(a) |
| 41.(a) | 42.(d) | 43.(b) | 44.(a) | 45.(d) | 46.(c) | 47.(d) | | | |

# SOLUTIONS

1. (d)

A : B
क्षमता → 5 : 4

कुल कार्य = 12 × 5 = 60

B द्वारा कार्य को पूर्ण करने में लगा समय = $\frac{60}{4}$ = 15 दिन

2. (b)
A × 60 = A × 15 + B × 30
A × 45 = B × 30

$\Rightarrow \frac{A}{B} = \frac{30}{45} = \frac{2}{3}$

A : B
क्षमता → 2 : 3

कुल कार्य = 60 × 2 = 120
A और B द्वारा किया गया कार्य

= $\frac{120}{5}$ = 24 दिन

3. (c)
A : B = 3 : 4 (क्षमता)
A द्वारा किया गया कुल कार्य = 3 × 12 = 36

B द्वारा किया गया कुल कार्य = $\frac{36}{4}$

= 9 दिन

4. (b)
प्रश्नानुसार,
B : A = 1 : 2 (क्षमता)
A और B द्वारा किया गया कुल कार्य
= (1 + 2) × 12 = 36
B द्वारा कार्य को करने में लगा समय
= $\frac{36}{1}$ = 36 दिन

5. (b)
प्रश्नानुसार,
75% = $\frac{3}{4}$
A : B = 4 : (4 + 3) (क्षमता) = 4 : 7
A द्वारा किया गया कुल कार्य
= 4 × 20 = 80
B द्वारा कार्य को करने में लगा समय
= $\frac{80}{7} = 11\frac{3}{7}$ दिन

6. (b)
मनोज : अनुराग = 2 : 1 (क्षमता)
उनके द्वारा किया गया कुल कार्य
= 22(1 + 2) = 66
अनुराग द्वारा किया गया कुल कार्य
= $\frac{66}{1}$ = 66 दिन

7. (c)
∴ समय ∝ $\frac{1}{\text{क्षमता}}$
P और Q द्वारा लिया गया समय का अनुपात = 1 : 2
∴ P और Q के क्षमता का अनुपात = 2 : 1

8. (c)
∴ X द्वारा $\frac{1}{4}$ कार्य को करने में लगा समय = 10 दिन
X द्वारा 1 कार्य को करने में लगा समय
= 4 × 10 = 40 दिन
∵ Y द्वारा $\left(40\% = \frac{2}{5}\right)$ कार्य को करने में लगा समय = 40 दिन
Y द्वारा 1 कार्य को करने में लगा समय
= $\frac{40}{2}$ × 5 = 100 दिन

Z द्वारा $\frac{1}{3}$ कार्य को करने में लगा समय
= 13 दिन
Z द्वारा 1 कार्य को करने में लगा समय
= 3 × 13 = 39 दिन
∴ अतः Z कार्य को पहले समाप्त कर लेगा।

9. (c)
A + B → 12 दिन — 2
A → 24 दिन — 1
(24)

B कर सकता है → $\frac{24}{1}$ = 24 दिन

B का एक दिन का कार्य = $\frac{1}{24}$

10. (c)
सूत्र,
$\frac{M_1D_1T_1}{W_1} = \frac{M_2D_2T_2}{W_2}$
प्रश्नानुसार,
425 × 30 = 375 × $D_2$
$D_2$ = 34 दिन

11. (d)
∵ सूत्र,
$\frac{M_1D_1T_1}{W_1} = \frac{M_2D_2T_2}{W_2}$
$\frac{15 \times 7}{35} = \frac{M_2 \times 5}{65}$
$M_2$ = 39
∴ कुल व्यक्तियों की संख्या 39 है।

12. (c)
सूत्र,
$\frac{M_1D_1T_1}{W_1} = \frac{M_2D_2T_2}{W_2}$
माना कुल व्यक्तियों की संख्या = $x$
200 × 1024 = $x$ × 256
$x$ = 800
∴ व्यक्तियों की संख्या = 800

13. (b)

∵ पैसा कार्य की क्षमता के अनुसार वितरित होगा

10, 15 और 5 का ल.स. = 30

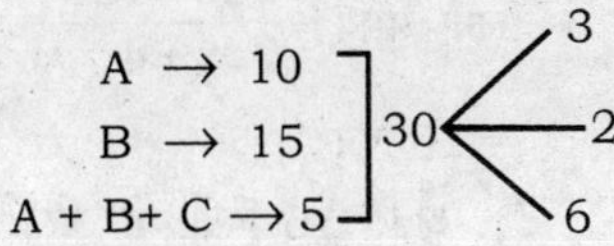


C की क्षमता = 6 – 3 – 2 = 1

A : B : C = 3 : 2 : 1

∵ (3 + 2 + 1) = 6 इकाई = 4800 रु.

C का हिस्सा (1) इकाई = $\frac{4800}{6}$

= 800 रु

14. (c)

A × 24 = A × 21 + B × 5

A × 3 = B × 5

$\frac{A}{B} = \frac{5}{3}$

A : B

क्षमता → 5 : 3

कुल कार्य = 5 × 24 = 120

A और B द्वारा किया गया कार्य

= $\frac{120}{8}$ = 15 दिन

15. (a)

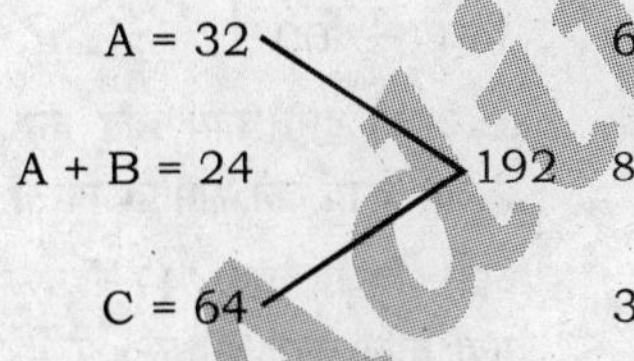


A → 6 B = 8 – 6

C → 3 B = 2

5

$\frac{192}{5} = 38\frac{2}{5}$

16. (d)

30, 40 और 60 का ल.स. = 120

A+B → 30
B+C → 40
C+A → 60
120 → 4, 3, 2

2(A + B + C) = 9

⇒ A + B + C = $\frac{9}{2}$

(A + B + C) कार्य को कर सकते है

= $\frac{120}{\frac{(4+3+2)}{2}} = \frac{240}{9} = \frac{80}{3}$ दिन

= $26\frac{2}{3}$ दिन

17. (a)

$\frac{M_1D_1E_1}{W_1} = \frac{M_2D_2E_2}{W_2}$

$\Rightarrow \frac{14 \times 12 \times 1}{1} = \frac{7 \times D_2 \times \frac{1}{4}}{1}$

∴ $D_2$ = 96 दिन

18. (c)

(8B + 12G) × 5 = B × 50

2B = 12G

$\frac{B}{G} = \frac{6}{1}$ (क्षमता)

अब,

(8B + 12G) × 5 = G × T

(8 × 6 +12 × 1) × 5 = 1 × T

T = 300 दिन

एक लड़की अकेले उसी कार्य को 300 दिनों में पूरा करती है।

19. (b)

A कार्य को कर सकता है
= 5 × 8 = 40 घंटे

B कार्य को कर सकता है = 6 × 10
= 60 घंटे

40, और 60 का ल.स. = 120

A → 40
B → 60
120 → 3, 2

A और B कार्य को कर सकते है

= $\frac{120}{(3+2) \times 8}$ = 3 दिन

20. (b)

24, 12 और 6 का ल.स. = 24

A + B → 24
B + C → 12
A + B+ C → 6
24 → 1, 2, 4

C की क्षमता = 4 – 1 = 3

∵ (B + C) की क्षमता = 2 और C की क्षमता 3

तो, B की क्षमता = 2 – 3 = –1

∵ B की क्षमता = –1 (B की क्षमता नाकारात्मक है)

A की क्षमता = 1 – (–1) = 2

अब, (A + C) कार्य को करेगें

= $\frac{24}{2+3} = \frac{24}{5}$ दिन

21. (d)

सूत्र,

10 × 18 = 10 × 6 + (10 + 5) × D

180 = 60 + 15D

120 = 15D

D = 8 दिन

22. (b)

5, 10, 15 और 30 का ल.स. = 30

A + B + C = 5
B + C + D = 10
C + D + A = 15
D + A + B = 30
30 → 6, 3, 2, 1

(A + B + C + D) की क्षमता

= $\frac{(6+3+2+1)}{3}$ = 4

वे कार्य को एक साथ कर सकते है

= $\frac{30}{4} = 7\frac{1}{2}$ दिन

23. (d)

16m × 12w = 12w × 32

$\frac{M}{W} = \frac{2}{1}$ (क्षमता)

माना, शेष बचे दिनों की संख्या n है

प्रश्नानुसार,

16m × 12 = (16m + 16w) × 4 + (16 + 16)m × n

⇒ 16 × 2 × 12 = (16 × 2 + 16 × 1) × 4 + (32 +2) × n

⇒ 384 = 192 + 64 × n

192 = 64 × n

∴ n = 3 दिन

24. (b)
लड़का : आदमी = 1 : 4 (क्षमता)
सूत्र,
$\frac{M_1D_1T_1}{W_1} = \frac{M_2D_2T_2}{W_2}$
$\Rightarrow 15m \times 17 = (12m + 3B) \times D_2$
$\Rightarrow 15 \times 4 \times 17 = (12 \times 4 + 3 \times 1) \times D_2$
$\Rightarrow 1020 = 51 \times D_2$
$\therefore D_2 = 20$ दिन

25. (a)
$\frac{(2m + 3w) \times 7}{49} = \frac{(3m + 6w) \times 8}{96}$
$\frac{M}{W} = \frac{2}{1}$ (क्षमता)
अब,
प्रश्नानुसार,
$\frac{(2m + 3w) \times 7}{49} = \frac{(M = W) \times D_2}{27}$
$\Rightarrow \frac{(4 + 3) \times 7}{49} = \frac{3 \times D_2}{27}$
$\therefore D_2 = 9$ दिन

26. (d)
(M + D)40 = (M + D)25 + M × 24
15(M + D) = 24M
15M + 15D = 24M
9M = 15D
3M = 5D
M : D = 5 : 3
W = (M + D)40
= 8 × 40 = 320
मानवी द्वारा अकेले काम काम को करने में लगा समय = $\frac{320}{5}$ = 64 दिन

27. (d)
A — 20 दिन, B — 15 दिन
क्षमता → 3, 4
कुल कार्य → 60
A और B 5 दिन का काम
= 5 × 7 = 35
शेष काम = 60 – 35 = 25
C → $\frac{25}{2}$ = 12.5 क्षमता

| A | B | C |
|---|---|---|
| 15 | 20 | 25 |
| ↓ | ↓ | ↓ |
| 600रु | 800रु | 1000रु |

600 → 2400
1 → 40
C और A का अंतर = 400 रुपये

28. (a)
हम जानते है,
$\frac{M_1D_1T_1}{W_1} = \frac{M_2D_2T_2}{W_2}$
माना कुल n और व्यक्तियों की आवश्यकता पड़ेगी
अब,
$\frac{45 \times 200}{4.5} = \frac{(45+n) \times 150}{(12-4.5)}$
2000 = (45 + n) × 20
n = 55 आदमी

29. (c)
20 और 30 का ल.स. = 60
A → 20, B → 30 ] 60 < 3, 2
माना, $x$ दिनों तक A और B साथ काम करते है तब
$5 \times x + 2 \times 5 = 60$
$5x = 50$
$x = 10$ दिन
कुल समय = 10 + 5 = 15 दिन

30. (a)
A की क्षमता = (B + C) की क्षमता........(i)
10 और 60 का ल.स. = 60
A+B → 10, C → 60 ] 60 < 6, 1
समीकरण (i) से
A = B + C
A – B = C
A – B = 1
A + B = 6
$B = \frac{5}{2}$
∴ B द्वारा कुल कार्य को पूर्ण करने में लगा समय = $\frac{60}{\frac{5}{2}}$ = 24 दिन

31. (a)
56 और 70 का ल.स. = 280
A → 56, B → 70 ] 280 < 5, 4
B के अंतिम 34 दिन का कार्य
= 34 × 4
= 136 इकाई
A और B द्वारा शेष कार्य को करने में लगा समय = $\frac{280-136}{5+4} = \frac{144}{9}$
= 16 दिन
∴ अत: 16 दिनों के बाद A समूह छोड़ कर चला जाता है

32. (b)
25 और 45 का ल.स. = 225
A → 25, B → 45 ] 225 < 9, 5
∵ A पहले कार्य करना प्रारंभ करता है
इसलिए, A के 20 दिन का कार्य
= 20 × 9
= 180
B द्वारा शेष कार्य को करने में लगा समय
= $\frac{225-180}{5} = \frac{45}{5}$ = 9 दिन
∴ B, 9 दिन कार्य किया
अत:, B कार्य प्रारम्भ होने के (20 – 9)11 दिन बाद समूह में जुड़ता है।

33. (a)
70 और 60 का ल.स. = 420
अजय → 70, विजय → 60 ] 420 < 6, 7
∵ अजय द्वारा कार्य छोड़ कर जाने पर विजय कार्य को समाप्त करता है
अत:, विजय द्वारा 47 दिन में किया गया कुल कार्य = 47 × 7 = 329
शेष कार्य को दोनों के द्वारा किये जाने में लगा कुल समय
= $\frac{420-329}{(6+7)} = \frac{91}{13}$ = 7 दिन
∴ अत: अजय कार्य प्रारंभ होने के 7 दिन बाद चला जाता है।

34. (b)
10, 12 और 15 का ल.स. = 60

P → 10 ⎤
Q → 12 ⎬ 60 → 6, 5, 4
R → 15 ⎦

(P + Q + R) के 2 दिन का कार्य
= 2 × (6 + 5 + 4) = 30
∵ Q 3 दिन पहले कार्य छोड़ता है
∴ Q के 3 दिन कार्य = 3 × 5 = 15
Q और R शेष कार्य को करेगें

$= \frac{(60-30)+15}{5+4} = 5$ दिन

अतः कुल समय = 2 + 5 = 7 दिन

35. (a)
(3B + 5G) × 6 = (2B + 7G) × 8
9B + 15G = 8B + 28G
B = 13G

$\frac{B}{G} = \frac{13}{1}$ (क्षमता)

प्रश्नानुसार,
(3B + 5G) × 6 = 8G × D
⇒ (3 × 13 + 5 × 1) × 6 = 8 × 1 × 0

$\Rightarrow \frac{44 \times 6}{8} = D$

∴ D = 33 दिन

36. (a)
माना, कुशल श्रमिकों की संख्या : अर्द्धकुशल श्रमिकों की संख्या = $x$ : y
सूत्र,

$$\frac{M_1D_1E_1}{W_1} = \frac{M_2D_2E_2}{W_2}$$

18 × 12 × $x$ = 24 × 15 × y
3$x$ = 5y
∵ 18 कुशल श्रमिक कार्य को 12 दिन में समाप्त कर सकते है
∴ 12 कुशल श्रमिक कार्य को 18 दिन में समाप्त करेगें
3 कुशल श्रमिक समूह से चले जाते है ∵ कार्य प्रारंभिक समय में ही समाप्त होता है इसलिए 3 कुशल श्रमिक को 5 अर्द्ध कुशल श्रमिकों से बदला जा सकता है

37. (b)
प्रश्नानुसार,
W × 6 = M × 4 = B × 8
W : M : B = 4 : 6 : 3 (क्षमता)
सूत्र,

$$\frac{M_1D_1T_1}{W_1} = \frac{M_2D_2T_2}{W_2}$$

प्रश्नानुसार,

$$\frac{8W \times 10 \times 8}{1}$$

$$= \frac{(10W + 10M + 10B) \times D_2 \times 8}{1}$$

$\Rightarrow 8 \times 4 \times 10 \times 8 = 130 \times D_2 \times 8$

$D_2 = \frac{32}{13} = 2\frac{6}{13}$ दिन

38. (a)
A + B + C → 16 दिन → 3
C → 24 दिन → 2
(48)

A + B + C $\xrightarrow{2 \text{ दिन}}$ 2 × 3 = 6 कार्य
B + C ⟶ 30 कार्य
C $\xrightarrow{6 \text{ दिन}}$ 6 × 2 = 12 कार्य

$\frac{30}{2+x} = 9$ दिन

10 = 6 + 3$x$

$\frac{4}{3} = x$

B की क्षमता = $\frac{4}{3}$

B → $\frac{48 \times 3}{4}$ = 36 दिन

39. (c)
20, 30 और 60 का ल.स. = 60

A → 20 ⎤
B → 30 ⎬ 60 → 3, 2, 1
C → 60 ⎦

∵ B, A के साथ विषम दिनों की संख्या में कार्य करता है तथा C सम दिनों की संख्या में A के साथ कार्य करता है
∴ पहले दिन A और B एक साथ कार्य करेगें तथा दूसरे दिन A और C एक साथ कार्य करेगें
अतः, A, B तथा C दो दिन का कार्य
= (A + B) + (A + C)
= (3 + 2) + (3 + 1) = 9 इकाई
2 × A, B और C के 6 दिनों का कार्य
= 9 × 6 = 54 इकाई
13वें दिन A और B का कार्य
= 3 + 2 = 5 इकाई
A और C द्वारा शेष कार्य में लगा समय

$= \frac{1}{3+1} = \frac{1}{4}$

कुल समय = 12 + 1 + $\frac{1}{4}$

$= 13\frac{1}{4}$ दिन

40. (a)
हम जानते है,

$$\frac{M_1D_1T_1}{W_1} = \frac{M_2D_2T_2}{W_2}$$

माना 1 आदमी की क्षमता 1 इकाई है
प्रश्नानुसार,
कुल कार्य = 5 × 4 + 5 × 5 + 5 × 6
= 75 इकाई
एक घंटे की अन्तराल के बाद
= 8 घंटे – 30 मिनट
= 7 घंटे 30 मिनट
अब,
कुल कार्य = 7.5 × दिनों की संख्या
75 = 7.5 × D
D = 10 दिन

41. (a)
सूत्र के अनुसार,

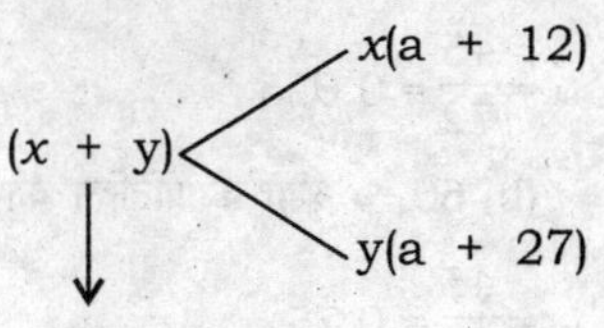


$\sqrt{12 \times 27} = 3 \times 6 = 18$ घंटे
∴ कार्य को एक साथ पूरा करने में 18 घंटे का समय लगता है

42. (d)
(I)
माना श्रद्धा अकेले कार्य को $x$ दिनों में तथा मयूरी अकेले कार्य को y दिनों में समाप्त कर सकती है

श्रद्धा के 1 दिन का कार्य $= \frac{1}{x}$

मयूरी के 1 दिन का कार्य $= \frac{1}{y}$

$\frac{1}{x} + \frac{1}{y} = \frac{1}{45}$ ......(i)

प्रश्नानुसार,

$\frac{1}{3x} + \frac{2}{3y} = 104$ .....(ii)

समीकरण (i) और (ii) को हल करने पर
समीकरण (i) से
$45x + 45y = xy$
$x = 45y\ (y - 45)$
$x$ का मान समीकरण (ii) रखने पर

$\frac{1}{3} \times \frac{1}{45y} \times (y - 45) + \frac{2}{3y} = 104$

$y^2 - 178.5\,y + 7020 = 0$
$y = 58.5$ or $120$
∴ श्रद्धा द्वारा कार्य को समाप्त करने में लगा समय = 120 दिन

**वैकल्पिक विधिः**
विकल्प द्वारा हल करने पर,
माना श्रद्धा और मयूरी द्वारा किया गया कुल कार्य 45 इकाई है
∴ श्रद्धा और मयूरी के प्रतिदिन का कार्य 1 इकाई है
प्रश्नानुसार,
मयूरी की क्षमता > श्रद्धा की क्षमता
मयूरी की क्षमता > 0.5
(a) 72 ⇒ श्रद्धा के प्रतिदिन की क्षमता

$= \frac{45}{72} = 0.625$

(b) 60 ⇒ श्रद्धा के प्रतिदिन की क्षमता

$= \frac{45}{60} = 0.75$

(c) 240 ⇒ श्रद्धा के प्रतिदिन की क्षमता $= \frac{45}{240} = 0.18$

(d) 120 ⇒ श्रद्धा के प्रतिदिन की क्षमता $= \frac{45}{120} = 0.375 = \frac{3}{8}$

(c) और (d) उत्तर होने की सम्भावना है

माना श्रद्धा की क्षमता $= \frac{3}{8}$

इसलिए, मयूरी की क्षमता $= \frac{5}{8}$

∵ $\frac{1}{3}$ कार्य को मयूरी द्वारा $\frac{5}{8}$ क्षमता के साथ कार्य को पूर्ण करने में लगा समय

$= \frac{45}{3\times5} \times 8 = 24$ दिन

और श्रद्धा द्वारा $\frac{2}{3}$ कार्य को $\frac{3}{8}$ क्षमता के साथ पूर्ण करने में लगा समय

$= 45 \times \frac{2}{3} \times \frac{8}{3} = 80$ दिन

कुल समय = 24 + 80 = 104 दिन
अतः, विकल्प (d) सही उत्तर होगा।

43. (b)
विकल्प हल करने पर-

S + M → 60 दिन — 3
S → 180 दिन — 1
(180)

M की क्षमता = 3 – 1 = 2
S & M द्वारा लिया गया समय = 150 दिन (दिया है)

$S \to 180 \times \frac{2}{3} = 120$ कार्य

$M \to 180 \times \frac{1}{3} = 60$ कार्य

$\frac{120}{5} + \frac{60}{M} = 150$ दिन

$\frac{120}{1} + \frac{60}{2} = 120 + 30$

= 150 दिन
अतः सैड्रा अकेले काम को 180 दिन में पूर्ण कर लेगी।

44. (a)

∵ (A + B), $\left(\frac{3}{5}\right)$ कार्य को 6 दिनों में समाप्त करते है

∴ (A + B) द्वारा कार्य को पूर्ण करने में लगा समय $= \frac{6}{2} \times 5 = 10$ दिन

B द्वारा कार्य को पूर्ण करने में लगा समय $= \frac{100}{6}$ दिन

$(\frac{100}{6}, 10)$ का ल.स. = 100

A+B → 10 — 10
B → $\frac{100}{6}$ — 6
(100)

A की क्षमता = 10 – 6 = 4

इसलिए, A $(100 \times \frac{2}{5})$ कार्य को X दिनों में समाप्त करता है

∴ $X = \frac{100\times2}{4\times5} = 10$ दिन

45. (d)

15, $(18.75 = \frac{75}{4})$ का ल.स. = 75

A+B → 15 — 5
A → $\frac{75}{4}$ — 4
(75)

B की क्षमता = 5 – 4 = 1
∵ A कार्य पूर्ण होने के 12.5 दिन पहले कार्य छोड़ देता है, अतः A के 12.5 दिन का कार्य B द्वारा किया जायेगा $= 12.5 \times 1 = \frac{25}{2}$

उनके द्वारा शेष कार्य को करने में लगा समय

$= \frac{75 - \frac{25}{2}}{5} = \frac{125}{2\times5} = 12.5$ दिन

∴ अतः दोनों ने मिलकर एक साथ 12.5 दिन तक कार्य किया।

46. (c)
विकल्प द्वारा हल करने पर-

A + B → 45 घंटे ↘ 8
360
A → 72 घंटे ↗ 5

B की क्षमता = 8 – 5 = 3

A और B द्वारा लिया गया समय = 102 दिन

$A \rightarrow 360 \times \frac{3}{8} = 45 \times 3 = 135$

$B \rightarrow 360 \times \frac{5}{8} = 45 \times 5 = 225$

$\frac{135}{A} + \frac{225}{B} = 102$ (दिया है)

$\frac{135}{5} + \frac{225}{3} = 27 + 75$

= 102 (satisfied)

अत: विकल्प (c) सही विकल्प है।

47. (a)
विकल्प द्वारा हल करने पर-
B की क्षमता = 20
माना,

A + B → 12 दिन ↘ 5
60
B → 20 दिन ↗ 3

A की क्षमता = 5 – 3 = 2

A और B द्वारा लिया गया समय = 22 दिन (दिया है)

$A \rightarrow 60 \times \frac{1}{5} = 12$

$B \rightarrow 60 \times \frac{4}{5} = 48$

$\frac{14}{A} + \frac{48}{B} = 22$ days

$\frac{12}{2} + \frac{48}{3} = 6 + 16 = 22$ days

अत: विकल्प (d) सही विकल्प है।

# PIPE & CISTERN

# नल और टंकी

11

1. Two pipes. A and B can fill a tank in 36 minutes and 48 minutes respectively. Both pipes are opened at the same time, and after some time pipe B is closed. If the tank is filled in half an hour, after how many minutes was pipe B closed?

दो पाइप A और B एक टंकी को क्रमशः 36 मिनट और 48 मिनट में भर सकते हैं। दोनों पाइप एक ही समय में खोले जाते हैं, और कुछ समय बाद पाइप B को बंद कर दिया जाता है। यदि टंकी आधे घंटे में भर जाती है, तो पाइप B को कितने मिनट बाद बंद कर दिया गया था?

**Group D 22/08/2022 (Shift-03)**

(a) 8 (b) 5
(c) 10 (d) 9

2. A tank is filled by three pipes A, B and C in 4 hours. Pipe C is twice as fast as Pipe B, and Pipe B is twice as fast is pipe A . How much time will take A to fill the tank?

एक टंकी को तीन पाइपों A, B और C द्वारा 4 घंटे में भरा जाता है। पाइप C, पाइप B से दोगुना तेज है, और पाइप B, पाइप A से दोगुना तेज है। पाइप A द्वारा टंकी को भरने में कितना समय लगेगा?

**Group D 23/08/2022 (Shift-03)**

(a) 25 hrs
(b) 26 hrs
(c) 20 hrs
(d) 28 hrs

3. There are 4 pipes connected to a tank. Two of those pipes are for filling the tank, and the other two pipes are for transferring water to a cistern. When opened alone, the first two pipes can fill the tank in 40 seconds and 80 seconds respectively, while when opened alone, the last two pipes can empty the tank in 80 seconds and 160 seconds respectively. If all the pipes are opened together, in how much time will the tank be filled?

किसी टंकी से 4 पाइप जुड़े हुए हैं। उनमें से दो पाइप टंकी को भरने के लिए हैं, और अन्य दो पाइप जल को एक हौज में स्थानांतरित करने के लिए हैं। अकेले खोले जाने पर, पहले दो पाइप टंकी को क्रमशः 40 सेकंड और 80 सेकंड में भर सकते हैं, जबकि अकेले खोले जाने पर, अंतिम दो पाइप क्रमशः 80 सेकंड और 160 सेकंड में टंकी को खाली कर सकते हैं। यदि सभी पाइपों को एक साथ खोल दिया जाए, तो टंकी कितने समय में भर जाएगी?

**Group D 01/09/2022 (Shift-03)**

(a) 53.33 sec (b) 24.44 sec
(c) 16.8 sec (d) 21.2 sec

4. Two pipes A and B can fill a tank in 25 minutes and half an hour respectively and pipe C can empty three gallons per minute. If all three pipes are operated together, the tank is filled in 15 minutes. Find the capacity of the tank.

दो पाइपों A और B एक टैंक को क्रमशः 25 मिनट और आधे घंटे में भर सकते हैं और पाइप C तीन गैलन प्रति मिनट खाली कर सकता है। यदि तीनों पाइपों को एक साथ संचालित किया जाता है, तो टैंक 15 मिनट में भर जाता है। टैंक की धारिता ज्ञात कीजिए।

**RRB ALP Tier-1 30/08/2018 (Shift-01)**

(a) 600 Gallon
(b) 240 Gallon
(c) 450 Gallon
(d) 300 Gallon

5. A water tank can be filled in 9 minutes by using 15 pipes of equal capacity. In how many minutes will that water tank be filled if 20 pipes of the same capacity as above are used?

समान धारिता वाले 15 पाइपों का उपयोग करके पानी की एक टंकी को 9 मिनट में भरा जा सकता है। उपरोक्त के समान धारिता वाले 20 पाइपों का उपयोग किए जाने पर पानी की उस टंकी को कितने मिनट में भरा जा सकेगा?

**Group D 28/09/2022 (Shift-03)**

(a) 6.75 (b) 18
(c) 10 (d) 13

6. 5 pipes can fill a tank in 80 minutes. How much time will it take to fill the tank with 8 pipes of equal dimensions?

एक टंकी को 5 पाइप 80 मिनट में भर सकते हैं। समान विमाओं के 8 पाइपों से टंकी को भरने में कितना समय लगेगा?

**RRB NTPC 05/02/2021 (Shift-01)**

(a) 50 min (b) 78 min
(c) 128 min (d) 30 min

7. Pipe P works twice as fast as pipe Q and pipe Q works twice as fast as pipe R. All three pipes together fill a tank in 8 hours. How much time will Q take alone to fill the same tank?
पाइप P, पाइप Q से दो गुना तेज काम करता है और पाइप Q, पाइप R से दोगुना तेज काम करता है। तीनों पाइप एक साथ किसी टंकी को 8 घंटे में भर देते हैं। Q को अकेले उसी टंकी को भरने में कितना समय लगेगा?

**RRB JE 26/06/2019 (Shift-01)**

(a) 56 hrs (b) 14 hrs
(c) 25 hrs (d) 28 hrs

8. There are 3 taps in a tank. The first tap takes 4 days to fill the tank, and the third tap takes only 12 hours. How much time will it take to fill the tank using all three taps?
एक टंकी में 3 नल हैं। टंकी को भरने में पहला नल 4 दिन लेता है, दूसरा नल दो दिन लेता है और तीसरा नल केवल 12 घंटे लेता है। तीनों नलों का उपयोग करके टंकी को भरने में कितना समय लगेगा?

**NTPC CBT-1 09/01/2021 (Shift-03)**

(a) $6\frac{1}{2}$ day (b) 6 day
(c) $8\frac{8}{11}$ day (d) $1\frac{1}{11}$ day

9. The ratio of time taken by three taps P, Q and R to fill a tank separately is 2 : 1 : 6. Which of these taps is the fastest?
तीन नल P, Q और R द्वारा अलग-अलग एक टंकी को भरने में लिए गए समय का अनुपात 2 : 1 : 6 है। इनमें से कौन सा नल सबसे तेज है?

**RRB JE 27/06/2019 (Shift-01)**

(a) Can't be determined
निर्धारित नहीं किया जा सकता
(b) P
(c) Q (d) R

10. Pipes A and B working together can fill a water tank in 10 hours. They worked together for 4 hours and then B stopped working and A continued till the end. It took a total of 13 hours to fill the tank. How much time will A alone take to fill the tank?
एक साथ कार्य करते हुए पाइप A और B एक खाली टैंक को 10 घंटे में भर सकता है। उन्होंने 4 घंटे तक एक साथ काम किया और फिर B ने काम करना बंद कर दिया तथा A ने कार्य अंत तक जारी रखा। टैंक को भरने में कुल 13 घंटे लग गए। A द्वारा अकेले खाली टैंक को भरने में कितना समय लगेगा?

**RRB ALP 09/08/2018 (Shift-03)**

(a) 16 hrs (b) 13 hrs
(c) 15 hrs (d) 12 hrs

11. Two pipes $x$ and $y$ can fill a tank in 21 hours and 24 hours respectively. The pipes are opened together and it is found that it takes 48 minutes more to fill the tank due to leakage at the bottom. When the tank is filled, in how much time will the leak empty it if no pipe is open during that time?
दो पाइप $x$ और $y$ एक टंकी को क्रमशः 21 घंटे और 24 घंटे में भर सकते हैं। पाइपों को एक साथ खोला जाता है और यह पाया जाता है कि तली में रिसाव के 48 मिनट अधिक लगते हैं। जब टंकी भर जाती है, तो कितने समय में रिसाव उसे खाली कर देगा यदि उस दौरान कोई पाइप नहीं खुला है?

**Group D 18/08/2022 (Shift-02)**

(a) 130 hrs
(b) 120 hrs
(c) 144 hrs
(d) 168 hrs

12. There are 30 pipes connected to a tank, some of which are filling pipes, and the remaining are draining pipes. Each filling pipe can completely fill the tank in 24 hours, and each emptying pipe can empty the tank completely is 18 hours when all the pipes are opened together it takes $1\frac{1}{2}$ hour to fill the tank completely how many of the given pipes are emptying?
एक टैंक से 30 पाइप जुड़े हुए हैं, जिनमें से कुछ भरने वाले पाइप हैं, और शेष जल निकासी पाइप हैं। प्रत्येक भरने वाला पाइप 24 घंटे में टैंक को पूरी तरह से भर सकता है, और प्रत्येक खाली करने वाला पाइप टैंक को पूरी तरह से 18 घंटे में खाली कर सकता है, जब सभी पाइप एक साथ खोले जाते हैं, तो टैंक को पूरी तरह से भरने में $1\frac{1}{2}$ घंटे का समय लगता है, दिए गए पाइपों में से कितने पाइप खाली हो रहे हैं?

**Group D 28/09/2022 (Shift-03)**

(a) 8 (b) 6
(c) 12 (d) 9

13. Pipe P can remove all the water from a tank in 20 hours. Another pipe Q can take out 20 liters of water per hour. If both the pipes are opened, the tank is emptied in 12 hours. Find the capacity of the tank.
एक पाइप P, 20 घंटे में एक टैंक से पूरा पानी निकाल सकता है। एक अन्य पाइप Q, प्रति घंटे 20 लीटर पानी निकाल सकता है। यदि दोनों पाइपों को खोल दिया जाता है, तो टैंक 12 घंटों में खाली हो जाता है। टैंक की क्षमता ज्ञात कीजिए।

**RRB JE 02/06/2016 (Shift-02)**

(a) 400 L (b) 800 L
(c) 650 L (d) 600 L

14. A tank has three inlet throats. When the first two are opened together, the time taken to fill the tank is the same as that taken by the third inlet alone. The second inlet takes 5 hours more than the first and 4 hours less than the third to fill the tank. In how many hours can the first inlet alone fill the tank?

एक टंकी में तीन इनलेट लगे हुए हैं। जब पहले दो एक साथ खोले जाते हैं तो टंकी को भरने में उतना ही समय लगता है, जितना अकेले तीसरे इनलेट द्वारा टंकी को भरने में लगता है। दूसरे इनलेट को टंकी को भरने में पहले की तुलना में 5 घंटे अधिक और तीसरे की तुलना में 4 घंटे कम लगते हैं। पहला इनलेट अकेले टंकी को कितने घंटे में भर सकता है?

**RRB JE 26/06/2019 (Shift-01)**

(a) 15 hrs (b) 6 hrs
(c) 12 hrs (d) 10 hrs

15. A large tanker can be filled by pipes A and B in 60 minutes and 30 minutes respectively. If pipe B is opened for half the time, and both pipes A and B are opened for the remaining time, how much time will it take to fill the empty tanker?

एक बड़े टैंकर को पाइप A और B द्वारा क्रमशः 60 मिनट और 30 मिनट में भरा जा सकता है। यदि पाइप B को आधे समय के लिए खोला जाता है, और शेष समय के लिए पाइप A और B दोनों को खोल दिया जाता है, तो खाली टैंकर को भरने में कितना समय लगेगा?

**Group D 02/09/2022 (Shift-03)**

(a) 20 min
(b) 15 min
(c) 24 min
(d) 28 min

16. If two pipes A and B are opened together then a water tank will be filled in 20 hours. When only pipe A is drawn, it fills the water tank 9 hours earlier than the time taken by pipe B alone to fill it, then how much time will it take for pipe B alone to fill the water tank?

यदि दो पाइप A और B एक साथ खोले जाते हैं तो एक खाली टंकी 20 घंटे में भर जाएगी। केवल पाइप A खोले जाने पर, यह खाली टंकी को पाइप B द्वारा इसे अकेले भरने में लिए जाने वाले समय की तुलना में 9 घंटे पहले भर देता है, तो पाइप B को अकेले यह खाली टंकी भरने में कितना समय लगेगा ?

**Group D 16/09/2022 (Shift-03)**

(a) 42 hrs (b) 39 hrs
(c) 45 hrs (d) 36 hrs

17. A tap can fill a tank in 6 hours. After half the tank is filled, three more identical containers are taken. What will be the total time taken to fill the tank?

एक नल, एक टैंक को 6 घंटे में भर सकता है। आधा टैंक भर जाने के बाद, तीन और समान नह खोले जाते हैं। टैंक को भरने में कुल कितना समय लगेगा?

**RRB JE 31/05/2019 (Shift-03)**

(a) 2 hr 20 min/2 घंटा 20 मिनट
(b) 4 hr 30 min/4 घंटा 30 मिनट
(c) 3 hr 25 min/3 घंटा 25 मिनट
(d) 3 hr 45 min/3 घंटा 45 मिनट

18. There is a leak (leak) in a tank which can empty it in 8 hours. Another pipe is fitted to the tank, which can fill 6 liters of water per hour. The pipe is opened, but due to leakage, the tank becomes empty in 12 hours. What is the capacity of the tank?

एक टैंक में एक छिद्र (रिसाव) है, जो इसे 8 घंटे में खाली कर सकता है। टैंक के लिए एक और पाइप लगाया गया है, जो प्रति घंटे 6 लीटर पानी भर सकता है। पाइप को खोल दिया जाता है, लेकिन छिद्र (रिसाव) के कारण, टैंक 12 घंटों में खाली हो जाता है। टैंक की क्षमता क्या है?

**RRB JE 27/06/2019 (Shift-01)**

(a) 80 Liter (b) 120 Liter
(c) 144 Liter (d) 78 Liter

19. 28 pipes are connected to a tank. Some of them add water to the tank, while others remove water from it. Each inflowing pipe can fill an empty tank in 14 hours, while any one withdrawal can empty a full tank in 35 hours, if all the pipes are opened together when the tank is empty and the tank is filled in 2.5 hours. how many drainage pipes were there?

28 पाइप एक टैंक से जुड़े हैं। उनमें से कुछ टैंक में पानी डालते हैं, जबकि बाकी उसमें से पानी निकाल देते हैं। पानी भरने वाला प्रत्येक पाइप 14 घंटे में खाली टैंक को भर सकता है, जबकि कोई भी निकासी 35 घंटे में भरे हुए टैंक को खाली कर सकता है, यदि टैंक खाली होने पर सभी पाइप एक साथ खोले जाते हैं और टैंक 2.5 घंटे में भर जाता है, कितने पाइप निकासी के पाइप थे?

**NTPC CBT-1 19/03/2021 (Shift-01)**

(a) 16 (b) 18
(c) 17 (d) 15

20. Pipe A can fill a tank in 8 hours. Pipes B and C can empty the entire filled tank in 20 hours and 15 hours respectively. Pipes A and B are opened together for 5 hours, and then B is closed, and C is opened immediately. Then in how much time will the tank be completely filled?

पाइप A एक टैंक को 8 घंटे में भर सकता है। पाइप B और C पूरे भरे टैंक को क्रमशः 20 घंटे और 15 घंटे में खाली कर सकते हैं। पाइप A और B को एक साथ 5 घंटे के लिए खोला जाता है, और फिर B को बंद कर दिया जाता है, और C को तुरंत खोल दिया जाता है। तो टैंक कुल कितने समय में पूरा भर जाएगा?

**Group D 06/10/2022 (Shift-02)**

(a) $10\frac{5}{7}$ hrs

(b) $15\frac{5}{7}$ hrs

(c) $10\frac{3}{7}$ hrs

(d) $11\frac{2}{7}$ hrs

21. There are 3 taps for filling water in a tank. The first tap takes 6 hours, the second tap takes 1 day and the third tap takes 18 hours to fill the tank. But there was a hole in the bottom, which was capable of draining a completely filled tank in 18 hours. The hole was discovered after 1 hour and was immediately repaired. How much time will it take to fill the tank from all three taps?

एक टंकी में पानी भरने के लिए 3 नल हैं। टंकी को भरने में पहला नल 6 घंटे लेता है, दूसरा नल 1 दिन लेता है और तीसरा नल 18 घंटे लेता है। लेकिन तल एक छेद था, जो पूरी तरह से भरे हुए टैंक को 18 घंटे में खाली करने में सक्षम था। 1 घंटे के बाद छेद का पता चलता है और उसे तुरंत ठीक कर दिया गया। तीनों नलों से टंकी को भरने में कितना समय लगेगा?

**RRB NTPC 10/01/2021 (Shift-01)**

(a) 4 hrs (b) 3 hrs

(c) $4\frac{4}{5}$ hrs (d) $3\frac{15}{19}$ hrs

22. Pipes A and B are connected to a tank. A is the filling pipe and B can be used to fill or dispense at the same rate. When B is used for filling, it takes 't' time to fill the tank as well as A. If A is used to fill the tank while filling it, the time taken to fill the tank will be '5t'. Find the ratio of rates of A and B.

पाइप A और B एक टैंक में लगे हैं। A फिलिंग पाइप है और B का उपयोग उसी दर से भरने या खाली करने के लिए किया जा सकता है। जब B का उपयोग भरने के लिए किया जाता है, तो टेक को भरने में A के साथ-साथ 't' समय लगता है। यदि A टैंक को भरते समय इसे खाली करने के लिए उपयोग किया जाता है, तो टैंक को भरने में लगने वाला समय '5t' होगा। A और B की दरों का अनुपात ज्ञात कीजिए।

**RRB NTPC 03/04/2021 (Shift-01)**

(a) 5 : 1 (b) 1 : 3

(c) 3 : 2 (d) 2 : 3

23. A tank can be filled in 9 hours. But due to a leak, it takes an hour longer. If the tank is completely full, how much time will it take for it to become empty due to leakage?

एक टंकी को 9 घंटे में भरा जा सकता है। लेकिन एक रिसाव के कारण, इसमें एक घंटा अधिक समय लगता है। यदि टंकी पूरा भरा हुआ है, तो रिसाव की वजह से यह कितने समय में खाली हो जाएगा?

**RRB JE 01/06/2019 (Shift-03)**

(a) 60 hrs (b) 30 hrs

(c) 90 hrs (d) 75 hrs

24. Three pipes P, Q and R can separately fill a tank in 10, 15 and 20 hours. P was called at 7 am, Q at 8 am and R at 9 am. By what time will the tank be completely filled, if R can work only for a period of 3 hours at a time and after that he has to stop for 1 hour?

तीन पाइप P, Q और R, अलग-अलग एक टैंक को 10, 15 और 20 घंटे में भर सकते हैं। P को सुबह 7 बजे, Q को सुबह 8 बजे और R को सुबह 9 बजे खोला गया। टैंक किस समय तक पूरा भर गया, यदि R एक बार में केवल 3 घंटे की अवधि तक काम कर सकता है और उसके बाद उसे 1 घंटे के लिए बंद करना पड़ता है?

**RRB JE 26/06/2019 (Shift-03)**

(a) 12:00 pm/12:00 बजे सायं

(b) 12:12 pm/12:12 बजे सायं

(c) 12:30 pm/12:30 बजे सायं

(d) 1:00 pm/1:00 बजे सायं

25. Three pipes P, Q and R can fill a tank in 30 minutes, 20 minutes and 10 minutes respectively. When the tank is drained, all three pipes are rolled while they discharge three chemical solutions S, T and U respectively. Find the ratio of solution U to the contents in the tank after 3 minutes.

तीन पाइप P, Q और R, एक टैंक को क्रमशः 30 मिनट, 20 मिनट और 10 मिनट में भर सकते हैं। जब टैंक खाली होता है, तो तीनों पाइपों को खोल दिया जाता है, जबकि वे क्रमशः तीन रासायनिक विलयनों S, T और U का निर्वहन करते हैं। 3 मिनट बाद टैंक में मौजूद सामग्री में विलयन U का अनुपात ज्ञात कीजिए ।

**RRB JE 28/06/2019 (Shift-03)**

(a) $\frac{6}{11}$ (b) $\frac{4}{11}$

(c) $\frac{5}{11}$ (d) $\frac{7}{11}$

26. Raghu's tanker can fill a reservoir in 4 hours. After the reservoir is half filled, three more similar tankers are rolled out. What will be the total time taken to fill the reservoir completely?

रघु का टैंकर एक जलाशय को 4 घंटे में भर सकता है। जलाशय आधा भरने के बाद इसी तरह के तीन और टैंकर खोल दिये जाते हैं। जलाशय को पूर्णत: भरने के लिए कुल कितना समय लगेगा?

**RRB ALP 20/08/2018 (Shift-02)**

(a) 2 hr 40 min (b) 2 hr 30 min
(c) 2 hr (d) 3 hr

27. A tank is filled with uniform flow through three tankers. If the first two tankers are run together then the time taken to fill the tank is the same as that taken by running the third tanker alone. The second tanker fills the tank 5 hours faster than the first tanker and 4 hours slower than the third tanker. The time required for the first tanker is:

एक टैंक को तीन टैंकरों के माध्यम से एक समान प्रवाह से भरा जाता है। यदि पहले दो टैंकर एक साथ चलाये जाते हैं तो टैंक को भरने में उतना ही समय लगता है, जितना अकेले तीसरे टैंकर को चलाकर टैंक भरने में लगता है। दूसरा टैंकर पहले टैंकर की अपेक्षा 5 घंटे तेजी से और तीसरे टैंकर की अपेक्षा 4 घंटे धीमी गति से टैंक को भरता है। पहली टैंकर के लिए आवश्यक समय है:

**RRB ALP 21/08/2018 (Shift-03)**

(a) 16 hrs (b) 9 hrs
(c) 10 hrs (d) 15 hrs

28. Pipe A can fill a liquid tank in 18 hours, while pipe B can fill a full tank in 30 hours. When the tank is empty, pipe A is turned on for one hour and then closed. Now pipe B was run to drain water from the tank for one hour and then closed. The pipes were turned on one after the other for an hour each time until the tank was filled. How much time did it take to fill the tank?

पाइप A एक खाली टंकी को 18 घंटे में भर सकता है, जबकि पाइप B भरी हुई टंकी को 30 घंटे में खाली कर सकता है। जब टंकी खाली है, तो पाइप A को एक घंटे के लिए चालू किया गया और फिर बंद कर दिया गया। अब पाइप B को एक घंटे के लिए टंकी से पानी निकालने के लिए चलाया गया और फिर बंद कर दिया गया। पाइपों को एक के बाद एक करके प्रत्येक समय एक घंटे के लिए तब तक चालू रखा गया जब तक कि टंकी भर नहीं गई। टंकी को भरने के लिए कितना समय लगा?

**RRB ALP 31/08/2018 (Shift-02)**

(a) 45 hrs
(b) 86 hrs 40 min
(c) 90 hrs
(d) 86 hrs 48 min

29. Pipes A, B and C are connected to a liquid tank. The first two pipes fill the tank completely in 4 and 10 hours respectively, and the third drains the completely filled tank in 6 hours. If all three pipes are rolled together when the tank is half full, how many hours will it take to fill the tank completely?

पाइप A, B और C किसी खाली टंकी से जुड़े हैं। पहले दो पाइप क्रमश: 4 और 10 घंटों में टंकी को पूरा भर देते हैं, और तीसरा पूरी भरी टंकी को 6 घंटों में खाली कर देता है। यदि तीनों पाइपों को एक साथ खोल दिया जाय, जब टंकी आधी भरी हो, तो टंकी को पूरा भरने में कितने घंटे लगेंगे?

**RRB ALP 31/08/2018 (Shift-03)**

(a) $\frac{90}{11}$ (b) $\frac{30}{11}$
(c) $\frac{60}{11}$ (d) $\frac{120}{11}$

# ANSWER KEY

| | | | | | | | | | |
|---|---|---|---|---|---|---|---|---|---|
| 1.(a) | 2.(d) | 3.(a) | 4.(c) | 5.(a) | 6.(a) | 7.(d) | 8.(c) | 9.(c) | 10.(c) |
| 11.(d) | 12.(b) | 13.(d) | 14.(a) | 15.(c) | 16.(c) | 17.(d) | 18.(c) | 19.(a) | 20.(b) |
| 21.(a) | 22.(c) | 23.(c) | 24.(c) | 25.(a) | 26.(b) | 27.(d) | 28.(d) | 29.(b) | |

# SOLUTIONS

1. (a)

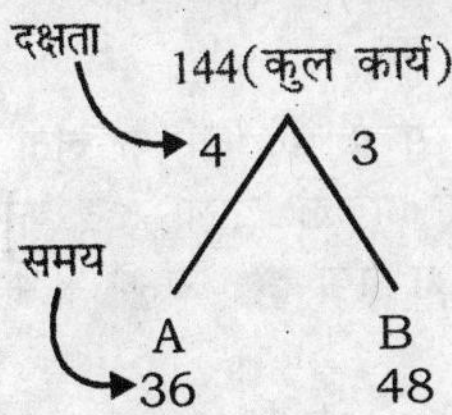


पाइप A शुरू से अंत तक खोला गया = पाइप A द्वारा 30 मिनट में भरा गया कुल भाग

= 30 × 4 = 120

अब, पाइप B द्वारा भरा गया शेष भाग

= 144 – 120 = 24

पाइप B द्वारा 24 वां भाग भरने में

लगा कुल समय = $\frac{24}{3}$ = 8 मिनट

2. (d)

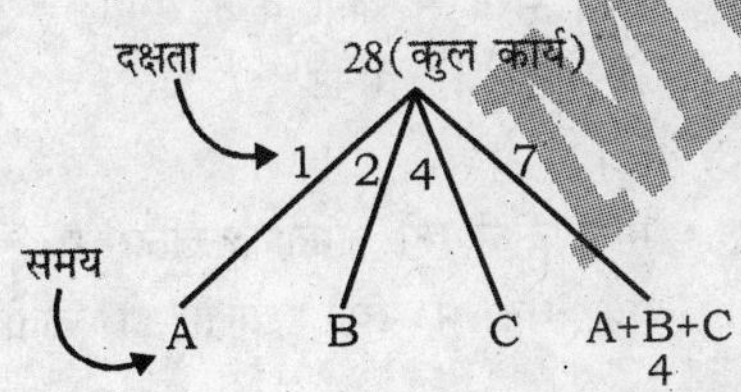


पाइप A द्वारा लिया गया समय = $\frac{28}{1}$

= 28 घंटे

3. (a)

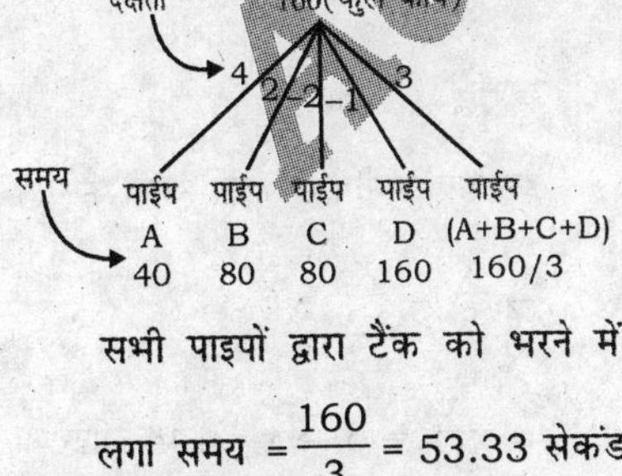


सभी पाइपों द्वारा टैंक को भरने में

लगा समय = $\frac{160}{3}$ = 53.33 सेकंड

4. (c)

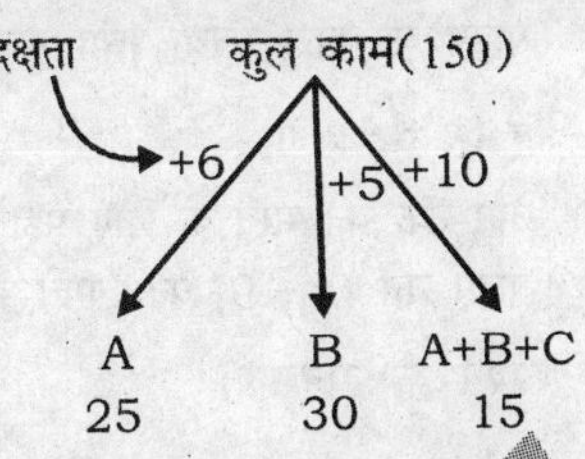


C की क्षमता = 10–(6+5)

= 10 – 11 = –1 इकाई

चूंकि C, 3 गैलन प्रति मिनट खाली कर सकता है।

इसलिए, टैंक की क्षमता

= $\frac{150}{1}$ × 3 = 450 गैलन

5. (a)

माना 20 पाइपों से पानी की टंकी को भरने में लगने वाला समय = t मिनट

9 × 15 = t × 20 → t = 6.75 मिनट

6. (a)

दोनों स्थितियों में काम बराबर होगा

5 पाइप × 80 मिनट, = 8 पाइप × $x$

$x = \frac{5 \times 80}{8}$ = 50 मिनट

7. (d) दक्षता का अनुपात

→ P : Q = 2 : 1

Q : R = 2 : 1

दक्षता का अनुपात संतुलित करने पर, हम प्राप्त करते हैं

P : Q : R = 4 : 2 : 1

(P + Q + R) की कुल दक्षता = 7 यूनिट और कुल क्षमता → 7 × 8 = 56 तब,

Q द्वारा अकेले टैंक को भरने में

लिया गया समय = $\frac{56}{2}$ = 28 घंटे।

8. (c)

पहले नल को 4 दिन लगते हैं

= 96 घंटे

दूसरे नल को 2 दिन लगते हैं

= 48 घंटे

तीसरे नल को 12 घंटे लगते हैं

कुल कार्य = (96, 48, 12) का LCM = 96

पहले नल की क्षमता = 1

दूसरे नल की क्षमता = 2

तीसरे नल की क्षमता = 8

तीन नलों द्वारा टंकी को भरने में लगा कुल समय

= $\frac{96}{11} = 8\frac{8}{11}$ घंटे

9. (c)

दक्षता $\propto \frac{1}{\text{समय}}$

नल P, Q और R के समय का अनुपात = 2 : 1 : 6

नल P, Q और R की दक्षता

= $\frac{1}{2}:\frac{1}{1}:\frac{1}{6}$ = 3 : 6 : 1

स्पष्ट रूप से, सबसे तेज नल Q है।

10. (c)

माना कुल कार्य = 130 इकाई अर्थात 10 और 13 का ल.स.म.

(A+B) की क्षमता = $\frac{130}{10}$ = 13 इकाई

(A+B) द्वारा 4 घंटे में किया गया कार्य

= 13 × 4 = 52 इकाई

शेष कार्य = 130 – 52 = 78 इकाई

जो A द्वारा 9 घंटे में पूरा किया जाता है

फिर, अकेले A द्वारा पूरे काम को पूरा करने में लगा समय

= $\frac{9}{78} \times 130$ = 15 घंटे

11. (d)

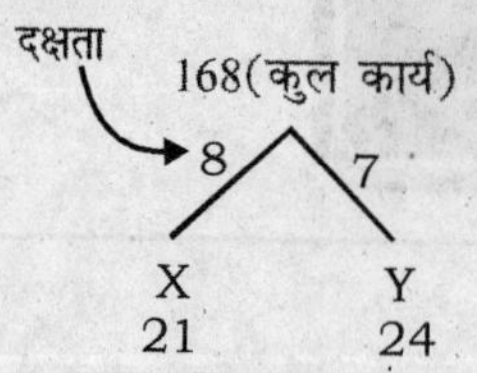


(X + Y) टंकी को

$\frac{168}{8+7}$ = 11 घंटे 12 मिनट में भरेगा

लेकिन रिसाव के कारण इसमें 48 मिनट अधिक लगते हैं, 11 घंटा 12 मिनट + 48 मिनट = 12 घंटा

(X + Y + L) की दक्षता = $\frac{168}{12}$ = 14

रिसाव दक्षता = (8 + 7) – 14 = 1

रिसाव से पूरी टंकी खाली = $\frac{168}{1}$

= 168 घंटे में होगी

12. (b)

दिया है।

कुल पाइप = 30

भरने वाले = 24 घंटा

खाली करने वाले = 18 घंटा

माना खाली करने वाले पाइप N है

भरने वाले = 30 – N

$\frac{30-N}{24}-\frac{N}{18}=1\frac{1}{2}$ घंटे

N = 6 घंटे

13. (d)

समय कुल क्षमता

P → 20 3

P + Q → 12 5 (60)

P और Q दोनों निकासी पाइप है

P + Q = 5

3 + Q = 5

Q = 2

यदि पाइप Q 1 घण्टे में 20 लीटर पानी निकाल सकता है तो पाइप Q द्वारा टंकी की पुर्ण रूप से खाली करने में लगा समय = $\frac{60}{2}$ = 30 घण्टे

तो टंकी की क्षमता = 30 × 20

= 600 लीटर

14. (a)

माना तीसरा पाइप टंकी को भरने में $x$ घंटे लेता है

टैंक को भरने के लिए दूसरे इनलेट पाइप के द्वारा लिया गया समय

= $(x + 4)$ घंटे

और टैंक को भरने के लिए पहले इनलेट पाइप को $(x + 9)$ घंटे लगते हैं

प्रश्न के अनुसार,

$$\frac{1}{x}=\frac{1}{x+4}+\frac{1}{x+9}$$

$x(2x + 13) = (x + 4)(x + 9)$

$\rightarrow x = 6$

इसलिए पहले पाइप द्वारा टैंक को भरने में लगने वाला समय = 6 + 9 = 15 घंटे

15. (c)

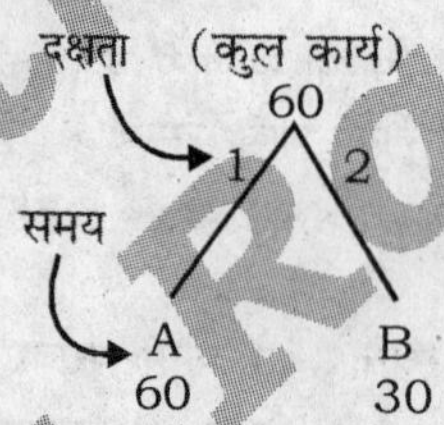


B पूरे समय के लिए कार्य करता है और A आधे समय के लिए कार्य करता है, तो दक्षता = $2+\frac{1}{2}=\frac{5}{2}$

दोनों को कार्य पूरा करने में लगा समय

$=\frac{60\times2}{5}$ = 24 मिनट

16. (c)

माना A द्वारा अकेले खाली टैंक को भरने में लिया गया समय X घंटे है और B द्वारा अकेले खाली टैंक को भरने में लिया गया समय X + 9 घंटे हैं, दोनों को खाली टंकी भरने में लगा समय = 20 घंटे

$$\frac{1}{x}+\frac{1}{x+9}=\frac{1}{20}$$

$$\frac{x+x+9}{x(x+9)}=\frac{1}{20}$$

$20(2x + 9) = x^2 + 9x$

$x^2 - 31x - 180 = 0$

$x^2 - 36x + 5x - 180 = 0$

$x(x - 36) + 5(x - 36) = 0 = x$

= 36 घंटे

B, A से 9 घंटे अधिक लेता है तो B द्वारा अकेले खाली टैंक को भरने में लिया गया कुल समय = 45 घंटे

17. (d)

प्रश्न के अनुसार,

माना कुल कार्य 6 इकाई है और एक नल 6 घंटे में भर सकता है

तो 1 घंटे में कार्य = $\frac{6}{6}$ = 1 इकाई

दिया है कि आधा टैंक भरा हुआ है तो शेष 3 इकाई अत:

प्रश्नानुसार,

$=\frac{3}{4}\times60\Rightarrow$ 45 मिनट

टंकी भरने में लगा कुल समय

= 3 घंटे 45 मिनट

18. (c)

माना टंकी की क्षमता $x$ लीटर है

एक घंटे में टंकी खाली हो जाती है $=\frac{x}{8}$ नल एक घंटे में 6 लीटर पानी भर सकता है

नल खोलने के बाद टंकी 12 घंटे में खाली हो जाती है।

तो एक घंटे में टैंक खाली हो जाता है

$=\frac{x}{12}$

इसलिए समीकरण बन जाता है

$\rightarrow\frac{x}{8}-\frac{x}{12}=6$

$\Rightarrow\frac{x}{24}=6\rightarrow x=144$ लीटर

19. (a)

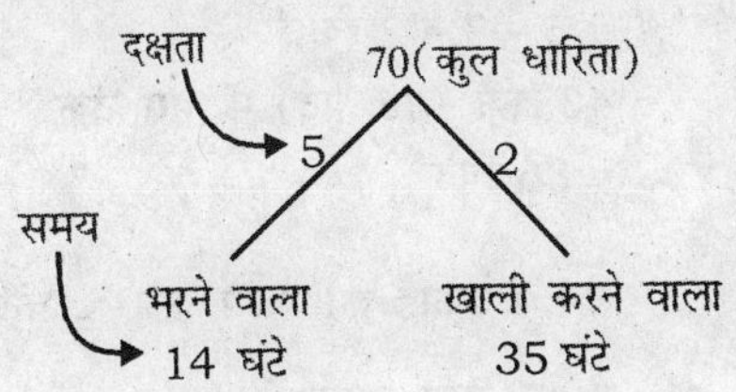


सभी पाइपों की एक साथ क्षमता

$= \frac{70}{2.5} = 28$

माना भरने वाले पाइपों की संख्या $= x$ निकासी के पाइपों की संख्या $= 28 - x$

यदि सभी पाइप एक साथ खोले जाएं तो सभी पाइपों की दक्षता समान होनी चाहिए।

$\therefore \quad 5x - 2(28 - x) = 28$

$\Rightarrow \quad 7x = 84 \Rightarrow x = 12$

निकासी पाइपों की संख्या

$= 28 - 12 = 16$

20. (b)

माना, टंकी की क्षमता = 120 इकाई

पाइप A की क्षमता $= \frac{120}{8} = 15$

पाइप B की क्षमता $= \frac{120}{20} = -6$

पाइप C की क्षमता $= \frac{120}{15} = -8$

पाइप A और B द्वारा 5 घंटे में भरा गया $= (15 - 6) \times 5 = 45$ इकाई

शेष क्षमता $= 120 - 45 = 75$ इकाई

अब, पाइप B बंद है, A और C द्वारा टंकी को भरने में लगा समय

$= \frac{75}{15-8} = \frac{75}{7} = 10\frac{5}{7}$

कुल समय $= 10\frac{5}{7} + 5 = 15\frac{5}{7}$ घंटे

21. (a)

तीन नलों और छेद का दक्षता अनुपात $= 12 : 3 : 4 : (-4)$

माना कुल कार्य

= 6, 24, 18 का ल.स.म. = 72 इकाई

1 घंटे के बाद छेद का पता चला और उसे तुरंत ठीक कर दिया गया।

तो छेद का पता लगने से पहले एक घंटे में टैंक भर जाता है $= (12 + 3 + 4 - 4) = 15$ इकाइयाँ।

शेष कार्य $= (72 - 15) = 57$ इकाई।

तो, टंकी की यह 57 इकाई तीन

नलों से $= \frac{57}{(12+3+4)} = 3$ घंटे में भर जाएगी।

तो, तीनों नलों का उपयोग करके टैंक को भरने में लिया गया समय $= (1 + 3) = 4$ घंटे हैं।

22. (c)

माना, टैंक की क्षमता = 5t

और पाइप A की क्षमता = a और पाइप B की क्षमता = b

यदि दोनों (A और B) टैंक भर रहे हैं तो इसमें 1 घंटा लगता है,

तो (A + B) की क्षमता = 5

यदि B खाली हो रहा है और वे एक साथ काम करते हैं तो इसमें 5 घंटे लगते हैं

तो, (A – B) की क्षमता = 1

हल करने पर, हमें प्राप्त होता है

A = 3 और B = 2

अभीष्ट अनुपात = 3 : 2

**SMART APPROACH:-**

वैकल्पिक विधि:-

| समय | कुल कार्य | दक्षता |
|---|---|---|
| (A + B) – t | | 5 |
| | $5t^2$ | |
| (A – B) – 5t | | 1 |

हल करने पर, हमें प्राप्त होता है

A = 3 और B = 2

$\Rightarrow$ अभीष्ट अनुपात = 3 : 2

23. (c)

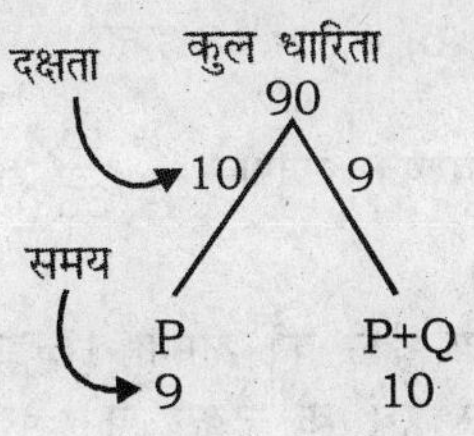


तो, रिसाव (Q) द्वारा 1 घंटे में 1 इकाई खाली कर सकता है।

रिसाव (Q) द्वारा टैंक को खाली करने में लिया गया समय $\rightarrow \frac{90}{1} = 90$ घंटे

24. (c)

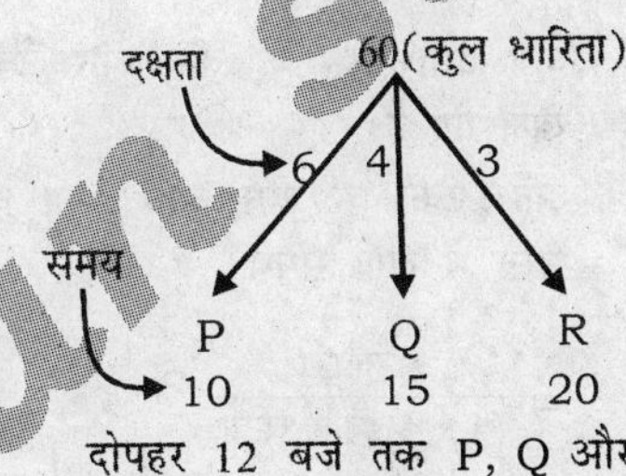


दोपहर 12 बजे तक P, Q और R द्वारा कुल टैंक भरा गया है

5 × (P की दक्षता) + 4 × (Q की दक्षता) + 3 × (R की दक्षता)

$= 5 \times 6 + 4 \times 4 + 3 \times 3 = 55$ इकाई

अब, शेष काम $= (60 - 55)$ इकाई

$= 5$ इकाई

P + Q द्वारा 5 इकाई भरा गया

$= \frac{5}{6+4} = \frac{1}{2}$ घंटे।

दोपहर 12:30 बजे टंकी पूरी तरह भर जाती है।

25. (a)

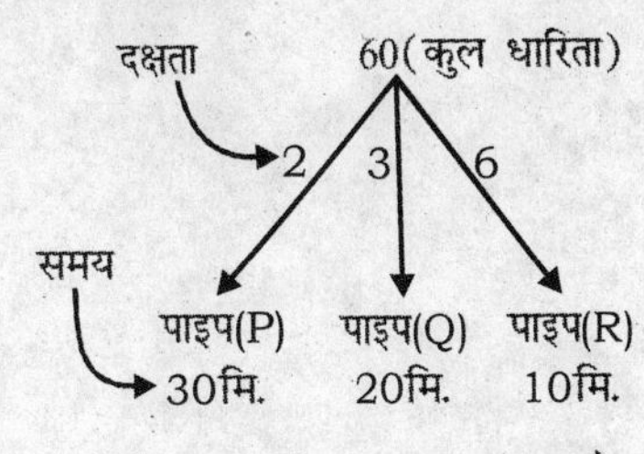


तीन मिनट में भरा गया कुल टैंक

$\rightarrow (2 + 3 + 6) \times 3 = 33$ इकाई

तीन मिनट बाद टंकी में, रासायनिक

विलयन (U)

→ (6) × 3 = 18 इकाई

आवश्यक अनुपात → $\frac{18}{33} = \frac{6}{11}$

26. (b)

माना टंकी की क्षमता 16 इकाई है और रघु के टैंकर की दक्षता 4 इकाई/घंटा है।

रघु के टैंकर द्वारा टंकी को आधा भरने में लगा समय = $\frac{8 \text{इकाई}}{4 \text{इकाई/घंटा}}$

= 2 घंटा

अब इसी तरह के तीन और टैंकर खुल गए हैं।

अत: टंकी के शेष आधे भाग को भरने में लगा समय

→ $\frac{8 \text{इकाई}}{(4 \times 4) \text{इकाई/घंटा}}$

= $\frac{1}{2}$ घंटे = 30 मिनट

कुल समय → 2 घंटा और 30 मिनट

27. (d)

माना पहले टैंकर द्वारा टैंक को भरने में लगने वाला समय $x$ घंटे है

फिर, क्रमश: $(x - 5)$ घंटे और $(x - 9)$ घंटे में दूसरे और तीसरे टैंकर द्वारा टैंक भरने में लगने वाला समय।

प्रश्न के अनुसार,

$$\frac{1}{x} + \frac{1}{x-5} = \frac{1}{x-9}$$

$$\Rightarrow \frac{x-5+x}{x(x-5)} = \frac{1}{x-9}$$

$$\Rightarrow \frac{2x-5}{x^2-5x} = \frac{1}{x-9}$$

$$\Rightarrow x^2 - 5x = 2x^2 - 18x - 5x + 45$$

$$\Rightarrow x^2 - 18x + 45 = 0$$

$$\Rightarrow x^2 - 15x - 3x + 45 = 0$$

$$\Rightarrow x(x - 15) - 3(x - 15) = 0$$

$$\Rightarrow (x - 3)(x - 15) = 0$$

$$\Rightarrow x = 3 \text{ या } 15$$

अत: पहले टैंकर द्वारा लिया गया समय = 15 घंटे

28. (d)

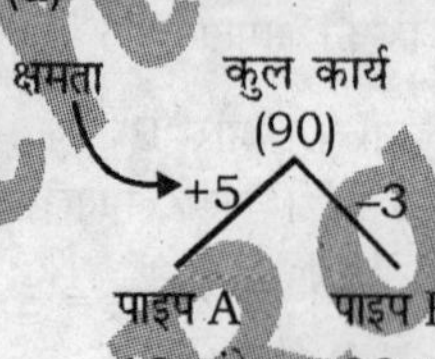


1 चक्र (2 घंटे) में भरा टैंक = 5 – 3 = 2 इकाई

43 चक्र (86 घंटे) में भरा टैंक = 86 इकाई

शेष 4 इकाई को पाइप द्वारा $\frac{4}{5}$ घंटे में भर दिया जाएगा

इसलिए,

आवश्यक समय = 86 + $\frac{4}{5}$ घंटे

या 86 घंटे 48 मिनट

29. (b)

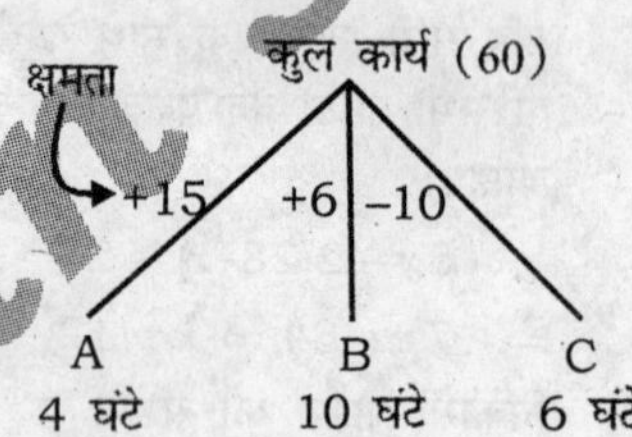


आधा टैंक भरने में तीन पाइपों द्वारा लिया गया समय

$$= \frac{60}{2 \times (15 + 6 - 10)} = \frac{30}{11} \text{ घंटे}$$

☆☆☆☆☆

# TIME & DISTANCE

# समय और दूरी

# 12

1. एक व्यक्ति सामान्य गति के (5/6) की दर से सवारी करता है और वह सामान्य समय से 33 मिनट देरी से गंतव्य पर पहुँचता है। उसके द्वारा लिया गया सामान्य समय ज्ञात करिए।

A person rides at the rate of (5/6) of normal speed and he reaches the destination 33 minutes late than the normal time. Find the normal time taken by him.

**RPF Constable 19/01/2019 (Shift-01)**

(a) 165 मिनट/165 minutes
(b) 150 मिनट/150 minutes
(c) 75 मिनट/75 minutes
(d) 100 मिनट/100 minutes

2. शीला अपनी सामान्य गति के (20/21) वें गति से चलकर एक निचित दूरी सामान्य गति में लगने वाले समय से 6 मिनट अधिक में तय कर पाती है। वह निश्चित दूरी तय करने में उसके द्वारा लगने वाले सामान्य समय की गणना कीजिये।

Walking at (20/21)th of her normal speed, Sheela is able to cover a certain distance in 6 minutes more than the time taken at normal speed. Calculate the normal time taken by him to cover the certain distance.

**RPF SI 05/01/2019 (Shift-01)**

(a) 130
(b) 120
(c) 140
(d) 150

3. अनीता किसी निश्चित दूरी को अपनी सामान्य गति की (9/10) गति से चलकर उसी दूरी को सामान्य गति से चलकर तय करने में लगने वाले समय से 25 मिनट अधिक में तय कर पाती है। सामान्य गति के दौरान उसी दूरी को तय करने में उसके द्वारा लगने वाला समय ज्ञात कीजिए? (मिनट में)

Anita can cover a certain distance by walking at (9/10) her normal speed in 25 minutes more than the time taken to cover the same distance by walking at normal speed. Find the time taken by him to cover the same distance at normal speed? (in a minute)

**RPF SI 11/01/2019 (Shift-02)**

(a) 226 (b) 224
(c) 225 (d) 222

4. एक व्यक्ति सामान्य गति की $\left(\frac{7}{8}\right)$ से यात्रा करता है और वह सामान्य समय से 22 मिनट देर से गंतव्य पर पहुंचता है। उसके द्वारा लिया गया सामान्य समय ज्ञात कीजिए।

A person travels at $\left(\frac{7}{8}\right)$ of normal speed and he reaches the destination 22 minutes late than the normal time. Find the normal time taken by him.

**RPF Constable 18/01/2019 (Shift-01)**

(a) 144 मिनट (b) 154 मिनट
(c) 124 मिनट (d) 164 मिनट

5. कर्मी अपनी सामान्य गति की $\left(\frac{6}{7}\right)$ गति से चलकर एक निश्चित दूरी तय करती है और उसे सामान्य लगने वाले समय से 14 मिनट अधिक लगते हैं। सामान्य लगने वाले समय की गणना कीजिए?

The worker covers a certain distance by walking at her normal speed $\left(\frac{6}{7}\right)$ and takes 14 minutes more than the normal time. Calculate the time it takes for normal?

**RPF SI 19/12/2018 (Shift-01)**

(a) 48 मिनट
(b) 1 घंटे 12 मिनट
(c) 1 घंटे 24 मिनट
(d) 60 मिनट

6. शीला अपनी सामान्य गति की 15/16 गति से चलकर एक निश्चित दूरी सामान्य गति से लगने वाले समय से 6 मिनट अधिक में तय कर पाती है। वह विश्चित दूरी तय करने में उसके द्वारा लगने वाले सामान्य समय की गणना कीजिए?

By walking at 15/16 of her normal speed, Sheela is able to cover a certain distance in 6 minutes more than the time taken at normal speed. Calculate the normal time taken by him to cover the specified distance?

**RPF S.I. 06/06/2019 (Shift-02)**

(a) 84 मिनट (b) 86 मिनट
(c) 88 मिनट (d) 90 मिनट

7. मैरिलिन सामान्य गति के $\frac{9}{10}$ से चलता है और सामान्य समय से 15 मिनट अधिक लेता है। लिया गया सामान्य समय ज्ञात कीजिये।

Marilyn moves at a speed of $\frac{9}{10}$ normal speed and takes 15 minutes more than normal time. Find the usual time taken

**RPF SI 05/01/2019 (Shift-02)**

(a) 115 mins (b) 145 mins
(c) 135 mins (d) 85 mins

8. टेलिन सामान्य गति के $\frac{10}{11}$ से चलता है और सामान्य समय से 13 मिनट अधिक लेता है। लिया गया सामान्य समय ज्ञात कीजिये।

Tellyn moves at a speed of $\frac{10}{11}$ of normal speed and takes 13 minutes more than normal time. Find the usual time taken

**RPF SI 06/01/2019 (Shift- 01)**

(a) 130 mins (b) 120 mins
(c) 140 mins (d) 150 mins

9. 1000 किमी की दूरी को पूरा करने के लिए राकेश और विक्की द्वारा लिया गया समय 35:27 के अनुपात में है। उनकी गतियों का अनुपात होगा-

The time taken by Rakesh and Vicky to complete a distance of 1000 km is in the ratio 35:27. The ratio of their speeds will be-

**RPF SI 06/01/2019 (Shift-01)**

(a) 35 : 27 (b) 39 : 27
(c) 27 : 35 (d) 27 : 39

10. 1000 km की दूरी तय करने में दिनेश और एडविन के द्वारा लगने वाले समय का अनुपात 13:19 है। उनकी गतियों का अनुपात ज्ञात कीजिए।

The ratio of time taken by Dinesh and Edwin to cover a distance of 1000 km is 13:19. Find the ratio of their speeds.

**RPF SI 24/12/2018 (Shift-01)**

(a) 19:13 (b) 22:17
(c) 13:19 (d) 21:22

11. 1000 km की दूरी तय करने में बिनॉय और कैरो के द्वारा लगने वाले समय का अनुपात 15:16 है। उनकी गतियों का अनुपात ज्ञात कीजिए ।

The ratio of time taken by Binoy and Cairo to cover a distance of 1000 km is 15:16. Find the ratio of their speeds.

**RPF SI 19/12/2018 (Shift-01)**

(a) 16 : 15 (b) 12 : 13
(c) 14 : 17 (d) 19 : 18

12. 1000km की दूरी तय करने में कैरो और डेविड के द्वारा लगने वाले समय का अनुपात 13:21 है। उनकी गतियों का अनुपात ज्ञात कीजिए।

The ratio of time taken by Cairo and David to cover a distance of 1000km is 13 : 21. Find the ratio of their speeds.

**RPF SI 19/12/2018 (Shift-03)**

(a) 21 : 13 (b) 13 : 22
(c) 13 : 21 (d) 22 : 13

13. एक व्यक्ति एक समबाहु त्रिभुजाकार मैदान पर 20 kmph, 24 kmph और 30 kmph की गति से यात्रा करता है। यात्रा की औसत गति ज्ञात कीजिए?

A person travels at the speed of 20 kmph, 24 kmph and 30 kmph on an equilateral triangular field. Find the average speed of travel?

**RPF SI 19/12/2018 (Shift-01)**

(a) 28kmph (b) 24kmph
(c) 30kmph (d) 32kmph

14. एक व्यक्ति एक समबाहु त्रिभुजाकार क्षेत्र के किनारे 36 किमी/घंटा, 30 किमी/घंटा और 45 किमी/घंटा की गति से यात्रा करता है। उसकी औसत गति ज्ञात कीजिये।

A person travels along an equilateral triangular field at the speed of 36 km/hr, 30 km/hr and 45 km/hr. Find his average speed.

**RPF SI 24/12/2018 (Shift-01)**

(a) 45 किमी/घंटा
(b) 36 किमी/घंटा
(c) 20 किमी/घंटा
(d) 30 किमी/घंटा

15. एक व्यक्ति एक समबाहु त्रिभुजाकार क्षेत्र के किनारे के साभ 12 किमी/घंटा, 24 किमी/घंटा और 10 किमी/घंटा की गति यात्रा करता है। उसकी औसत गति ज्ञात कीजिये।

A person travels around the edge of an equilateral triangular field at speeds of 12 km/hr, 24 km/hr and 10 km/hr. Find his average speed.

**RPF SI 24/12/2018 (Shift-01)**

(a) 14.33 किमी/घंटा
(b) 13.33 किमी/घंटा
(c) 15.33 किमी/घंटा
(d) 12.33 किमी/घंटा

16. एक व्यक्ति एक समबाहु त्रिभुजाकार तल की सतह पर 12 किमी प्रति घंटे, 14 किमी प्रति घंटे और 28 किमी प्रति घंटे की गति से यात्रा करता है। उसकी औसत गति ज्ञात कीजिये? (किमी प्रति घंटे में)

A person travels at the speed of 12 kmph, 14 kmph and 28 kmph on the surface of an equilateral triangular plane. Find her average speed? (in kmph)

**RPF SI 05/01/2019 (Shift- 03)**

(a) 15.95 (b) 15.65
(c) 15.75 (d) 15.85

17. एक व्यक्ति समतुल्य त्रिभुज क्षेत्र के मैदानों के साथ-साथ 18 किमी प्रति घंटे, 24 किमी प्रति घंटे और 36 किमी प्रति घंटे की गति से यात्रा करता है। यात्रा की औसत गति बताइये।

A person travels at the equivalent triangle area along with the plains of the triangular area, at 18 kmph, 24 km, and 36 kmph. Tell the average speed of travel.

**RPF SI 06/01/2019 (Shift- 01)**

(a) 22 kmph (b) 24 kmph
(c) 18 kmph (d) 34 kmph

18. फ्रैंकलिन रेस का पहला लैप 560 मील प्रति घंटे की गति से पूरा होता है और रेस का दूसरा लैप 840 मील प्रति घंटे की गति से पूरा होता है। सबसे पहले, दोनों लैप्स की औसत गति ज्ञात करें। (मील प्रति घंटा)

The first lap of the Franklin race completes 560 miles per hour and the second lap of the race completes at 840 miles per hour. First, find the average speed of both laps. (mph-miles per hour)

**RPF Constable 02/02/2019 (Shift-01)**

(a) 682 (b) 702
(c) 692 (d) 672

19. फ्रैंकलिन रेस का पहला लैप 600 मील प्रति घंटे की रफ्तार से पूरा होता है और रेस का दूसरा लैप 900 मील प्रति घंटे की रफ्तार से पूरा होता है। दोनों लैप्स की औसत गति ज्ञात करें। (मील प्रति घंटा)

The first lap of the Franklin race completes 600 miles per hour and the second lap of the race completes at 900 miles per hour. First, find the average speed of both laps. (mph-miles per hour)

**RPF Constable 03/02/2019 (Shift-02)**

(a) 726 (b) 724
(c) 720 (d) 728

20. फ्रैंकलिन रेस का पहला लैप 550 मील प्रति घंटे की गति से पूरा होता है और रेस का दूसरा लैप 825 मील प्रति घंटे की गति से पूरा होता है। दोनों लैप्स की औसत गति ज्ञात करें। (मील प्रति घंटा)

The first lap of the Franklin Race completes 550 mph and the second lap of the race completes at 825 miles per hour. First, find the average speed of both laps. (mph-miles per hour)

**RPF Constable 04/02/2019 (Shift-01)**

(a) 660 (b) 665
(c) 670 (d) 675

21. एक व्यक्ति साईकल से 15 किमी/घंटा की रफ्तार से छात्रावास से कॉलेज को जाता है और 4.5 मिनट की देरी से पहुचता है। यदि वो 20 किमी/घंटा की रफ्तार से साईकल चलाता है तो 4.5 मिनट पहले पहुँच जाता है। छात्रावास और कॉलेज के बीच की दूरी बताइए। (किमी में)

A person goes from hostel to college by bicycle at a speed of 15 kmph and reaches there late by 4.5 minutes. If he cycles at a speed of 20 kmph, he reaches 4.5 minutes earlier. Tell the distance between the hostel and the college. (in km)

**RPF SI 05/01/2019 (Shift-01)**

(a) 8 (b) 6
(c) 9 (d) 7

22. एक व्यक्ति साईकल से 36 किमी/घंटा की रफ्तार से छात्रावास से कॉलेज को जाता है और 7 मिनट की देरी से पहुँचता है। यदि वो 45 किमी/घंटा की रफ्तार से साईकल चलाता है तो 5 मिनट पहले पहुँच जाता है। छात्रावास और कॉलेज के बीच की दूरी बताएं।

A person goes from hostel to college by bicycle at a speed of 36 kmph and reaches there late by 7 minutes. If he cycles at a speed of 45 kmph, he reaches 5 minutes earlier. Tell the distance between the hostel and the college.

**RPF SI 05/01/2019 (Shift-02)**

(a) 42 km (b) 32 km
(c) 39 km (d) 36 km

23. एक व्यक्ति साईकल से 15 किमी/घंटा की रफ्तार से छात्रावास से कॉलेज को जाता है और 7 मिनट की देरी से पहुँचता है। यदि वो 20 किमी/घंटा की रफ्तार से साईकल चलाता है तो 7 मिनट पहले पहुँच जाता है। छात्रावास और कॉलेज के बीच की दूरी बताइए। (किमी में)

A person goes from hostel to college by bicycle at a speed of 15 kmph and reaches 7 minutes late. If he cycles at a speed of 20 kmph, he reaches 7 minutes earlier. Tell the distance between the hostel and the college. (in km)

**RPF SI 13/01/2019 (Shift-02)**

(a) 11 (b) 14
(c) 12 (d) 13

24. एक व्यक्ति 20 किमी/घंटा की गति से साइकिल चलाकर हॉस्टल से कॉलेज 9.5 मिनट की देरी से पहुँचता है। यदि वह 24 किमी/घंटा की गति से साइकिल चलाता तो 9.5 मिनट जल्दी पहुँच जाता। हॉस्टल से कॉलेज के बीच की दूरी ज्ञात कीजिए? (किमी में)

A person rides a bicycle at a speed of 20 kmph and reaches college with a delay of 9.5 minutes from the hostel. If he had cycled at a speed of 24 kmph, he would have reached 9.5 minutes sooner. Find the distance between hostel and college? (in km)

**RPF SI 16/01/2019 (Shift-01)**

(a) 38 (b) 43
(c) 39 (d) 41

25. एक व्यक्ति 24 किमी/घंटा की गति से साइकिल चलाकर हॉस्टल से कॉलेज 11 मिनट की देरी से पहुँचता है। यदि वह 30 किमी/घंटा की गति से साइकिल चलाता तो 8 मिनट जल्दी पहुँच जाता। हॉस्टल और कॉलेज के बीच की दूरी ज्ञात कीजिए?

A person rides a bicycle at a speed of 24 kmph and reaches college with a delay of 11 minutes from the hostel. If he had cycled at a speed of 30 kmph, he would have reached 8 minutes sooner. Find the distance between hostel and college?

**RPF SI 19/12/2018 (Shift-03)**

(a) 24 km (b) 28 km
(c) 38 km (d) 36 km

26. एक व्यक्ति हॉस्टल से कॉलेज तक 75 किमी प्रति घंटे की रफ्तार से साइकिल चलाता है और 15 मिनट देरी से पहुंचता है। यदि वह 150 किमी प्रति घंटे की गति से साइकिल चलाता है और वह 15 मिनट जल्दी पहुंचता है। छात्रावास और कॉलेज के बीच की दूरी का पता लगाएं।

A man cycles from hostel to college at the speed of 75 kmph and reaches 15 minutes late. If he cycles at a speed of 150 kmph and he reaches 15 minutes early. Find the distance between the hostel and the college.

**RPF SI 10/01/2019 (Shift-02)**

(a) 60 km (b) 65 km
(c) 75 km (d) 80 km

27. एक व्यक्ति 20 किमी/घंटा की गति से साइकिल चलाकर हॉस्टल से कॉलेज़ 9 मिनट की देरी से पहुँचता है। यदि वह 24 किमी/घंटा की की गति से साइकिल चलाता तो 8 मिनट जल्दी पहुँच जाता। हॉस्टल और कॉलेज के बीच की दूरी ज्ञात कीजिए?

A person rides a bicycle at a speed of 20 kmph and reaches college 9 minutes late from the hostel. If he had cycled at a speed of 24 kmph, he would have reached 8 minutes sooner. Find the distance between hostel and college?

**RPF SI 19/12/2018 (Shift-01)**

(a) 34 km
(b) 36 km
(c) 28 km
(d) 26 km

28. एक व्यक्ति छात्रावास से 15 किमी प्रति घंटे की गति और 4 मिनट की देरी से अस्पताल पहुंचता है। अगर वह 20 किलोमीटर प्रति घंटे की रफ्तार से बाइक चलाता है तो वह 4 मिनट पहले पहुंच जाती है। छात्रावास और कॉलेज के बीच की दूरी ज्ञात कीजिये? (किमी में)

A person reaches the hospital with a speed of 15 kmph and a delay of 4 minutes from the hostel. If he used to ride a bike at a speed of 20 kmph then it would reach 4 minutes early. Find the distance between the hostel and the college? (in km)

**RPF SI 05/01/2019 (Shift-03)**

(a) 6 (b) 8
(c) 5 (d) 7

29. एक व्यक्ति छात्रावास से 5 मिनट देरी से 45 किमी/घंटा की गति से कॉलेज पहुंचता है। यदि वह 60 किमी प्रति घंटे की रफ्तार से बाइक चलाता है और 4 मिनट पहले पहुंचता है। छात्रावास और कॉलेज के बीच की दूरी ज्ञात कीजिए

A person reaches the college with a speed of 45 km/hr from the hostel till 5 minutes late. If he runs a bike at 60 kmph and he reaches 4 minutes early. Find the distance between the hostel and the college

**RPF SI 06/01/2019 (Shift-01)**

(a) 23 km
(b) 27 km
(c) 25 km
(d) 35 km

## ANSWER KEY

| | | | | | | | | | |
|---|---|---|---|---|---|---|---|---|---|
| 1.(a) | 2.(b) | 3.(c) | 4.(b) | 5.(c) | 6.(d) | 7.(c) | 8.(a) | 9.(c) | 10.(a) |
| 11.(a) | 12.(a) | 13.(d) | 14.(b) | 15.(b) | 16.(c) | 17.(b) | 18.(d) | 19.(c) | 20.(a) |
| 21.(c) | 22.(b) | 23.(b) | 24.(a) | 25.(c) | 26.(c) | 27.(a) | 28.(b) | 29.(b) | |

# SOLUTIONS

1. (a)

प्रश्नानुसार,

| | सामान्य (Original) | | नई (New) |
|---|---|---|---|
| गति (Speed) | 6 | : | 5 |
| समय (Time) | 5 | : | 6 |

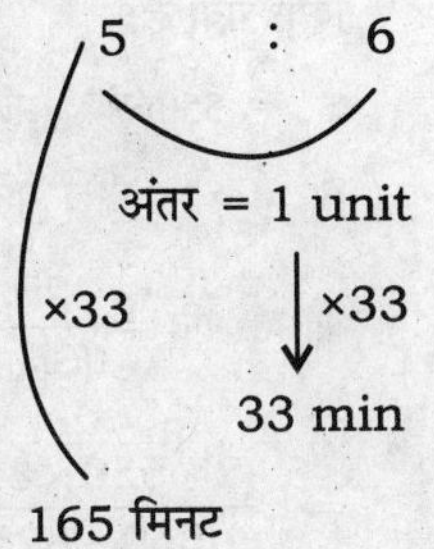


2. (b)

प्रश्नानुसार,

| | सामान्य (Original) | | नई (New) |
|---|---|---|---|
| गति (Speed) | 21 | : | 20 |
| समय (Time) | 20 | : | 21 |

अंतर = 1 unit

×6 ↓ ×6

6 min

120 मिनट

3. (c)

प्रश्नानुसार,

| | सामान्य | | नई |
|---|---|---|---|
| गति (Speed) | 10 | : | 9 |
| समय (Time) | 9 | : | 10 |

1 unit

↓ ×25

25 min

225 मिनट

4. (b)

यहाँ दूरी स्थिर है, तब गति का अनुपात समय के व्युत्क्रमानुपाती होता है।

गति → 8 : 7

समय → 7 : 8

समय में परिवर्तन ⇒ 1 इकाई = 22 मिनट

तब, 7 इकाई = 154 मिनट

5. (c)

यहाँ दूरी स्थिर है, तो गति का अनुपात समय के व्युत्क्रमानुपाती समय का अनुपात होता है।

गति → 7 : 6

समय → 6 : 7

समय में परिवर्तन ⇒ 1 इकाई = 14 मिनट

तब, 6 इकाई = 84 मिनट = 1 घंटा 24 मिनट

6. (d)

यहाँ दूरी समान है, तो गति का अनुपात समय के व्युत्क्रमानुपाती है।

सामान्य : नया

चाल → 16 : 15

समय → 15 : 16

समय में परिवर्तन ⇒ 1 इकाई = 6 मिनट

तो, सामान्य समय = 15 इकाई = 90 मिनट

7. (c)

प्रश्नानुसार,

गति = 10 : 9

समय = 9 : 10

10 – 9 = 1 इकाई

1 इकाई = 15 मिनट

9 मिनट = 15 × 9 = 135 मिनट

∴ प्रारंभ में मैरीलीन द्वारा लिया गया कुल समय 135 मिनट था।

8. (a)

प्रश्नानुसार,

माना कि टेलीन की गति 11 इकाई है

⇒ गति = 11 : 10

⇒ समय = 10 : 11

11 – 10 = 1 इकाई

⇒ 1 इकाई = 13 मिनट

⇒ 10 इकाई 10 × 13 = 130 मिनट

∴ प्रारंभ में टेलीन द्वारा लिया गया कुल समय 130 मिनट था।

9. (c)

गति और समय हमेशा व्युत्क्रमानुपाती (Inversely proportional) होते हैं।

| | राकेश | | विक्की |
|---|---|---|---|
| समय | 35 | : | 27 |
| चाल | 27 | : | 35 |

10. (a)

प्रश्नानुसार,

$\left(\text{गति} \propto \frac{1}{\text{समय}}\right)$

| | दिनेश | | एडविन |
|---|---|---|---|
| समय | 13 | : | 19 |
| चाल | 19 | : | 13 |

11. (a)

हम जानते हैं कि जब दूरी स्थिर होती है तो समय का अनुपात के व्युत्क्रमानुपाती चाल का अनुपात होता है।

समय = 15 : 16

गति = 16 : 15

12. (a)

हम जानते हैं, कि जब दूरी स्थिर होती है तो समय के अनुपात के व्युत्क्रमानुपाती गति का अनुपात होता है।

$T_1 : T_2 = 13 : 21$

तब, $S_1 : S_2 = 21 : 13$

13. (d)

जैसा कि हम जानते हैं कि समबाहु त्रिभुज की भुजाएँ बराबर होती हैं। यहाँ, दूरी समान है, माना दूरी $x$ किमी होगी।

औसत चाल = $\frac{\text{दूरी}}{\text{समय}}$

$= \frac{3x}{\frac{x}{20}+\frac{x}{24}+\frac{x}{30}}$

$= \frac{3x \times 120}{6x+5x+4x} = \frac{3x \times 120}{15x}$

= 24 किमी/घंटा

14. (b)

जैसा कि हम जानते हैं कि समबाहु त्रिभुज की भुजाएँ बराबर होती हैं। यहाँ, दूरी समान है, माना दूरी $x$ किमी

औसत चाल = $\frac{\text{दूरी}}{\text{समय}}$

$= \frac{3x}{\frac{x}{36}+\frac{x}{30}+\frac{x}{45}}$

$= \frac{3x \times 180}{5x+6x+4x} = \frac{3x \times 180}{15x}$

= 36 किमी/घंटा

15. (b)

जैसा कि हम जानते हैं कि समबाहु त्रिभुज की भुजाएँ बराबर होती हैं। यहाँ, दूरी समान है, माना दूरी $x$ किमी

औसत गति = $\frac{\text{दूरी}}{\text{समय}} = \frac{3x}{\frac{x}{12}+\frac{x}{24}+\frac{x}{10}}$

$= \frac{3x \times 120}{10x+5x+12x} = \frac{3x \times 120}{27x} = \frac{120}{9}$

= 13.33 किमी/घंटा

16. (c)

| चाल | दूरी | समय |
|---|---|---|
| 12 | | 7 |
| 14 | 84 | 6 |
| 28 | | 3 |

औसत चाल = $\frac{\text{कुल दूरी}}{\text{कुल समय}}$

औसत चाल = $\frac{3 \times 84}{7+6+3}$ = 15.75 किमी/घंटा

17. (b)

| चाल | दूरी | समय |
|---|---|---|
| 18 | | 4 |
| 24 | 72 | 3 |
| 36 | | 2 |

औसत चाल = $\frac{\text{कुल दूरी}}{\text{कुल समय}}$

औसत चाल = $\frac{3 \times 72}{4+3+2}$ = 24 किमी/घंटा

18. (d)

प्रश्नानुसार,

$S_1 = 560, \quad S_2 = 840$

औसत गति = $\frac{2 \times S_1 \times S_2}{S_1 + S_2}$

$= \frac{2 \times 560 \times 840}{560+840}$

= 672 मील/घंटे

19. (c)

प्रश्नानुसार,

$S_1 = 600, S_2 = 900$

औसत गति = $\frac{2 \times S_1 \times S_2}{S_1 + S_2}$

$= \frac{2 \times 600 \times 900}{600+900}$

= 720 मील/घंटे

20. (a)

दिया गया है:

$S_1$ = 550 मील प्रति घंटा

$S_2$ = 825 मील प्रति घंटा

औसत गति = $\frac{2S_1 S_1}{(S_1 + S_2)}$

$\Rightarrow \frac{(2 \times 550 \times 825)}{(550+825)}$

$\Rightarrow \frac{907500}{1375}$ ⇒ 660 मील/घंटा

21. (c)

प्रश्नानुसार,

चाल₁ → 15 km/hr, चाल₂ → 20 km/hr; LCM 60; समय (Time) 4, 3; अंतर = 1 unit → (4.5 + 4.5)

अत: 1 इकाई = $\frac{9}{60} = \frac{3}{20}$ घंटा

दूरी 60 इकाई = $\frac{3}{20} \times 60$ = 9 किमी

22. (d)

चाल₁ → 36 km/hr, चाल₂ → 45 km/hr; LCM 180; समय (Time) 5, 4; अंतर = 1 unit → (7 + 5)

अत: 1 इकाई = $\frac{12}{60} = \frac{1}{5}$ घंटा

दूरी 180 इकाई = $\frac{1}{5} \times 180$

= 36 किमी

**SMART APPROACH:-**

$$D = \frac{S_1 \times S_2}{S_1 \quad S_2} \times \text{समयांतराल}$$

$S_1$ = 36 किमी/घंटा $S_2$ = 45 किमी/घंटा

$T_1$ = 7 मिनट $T_2$ = 5 मिनट

$$D = \frac{36 \times 45}{36 \quad 45} \times \frac{7+5}{60} = 36 \text{ किमी}$$

23. (b)

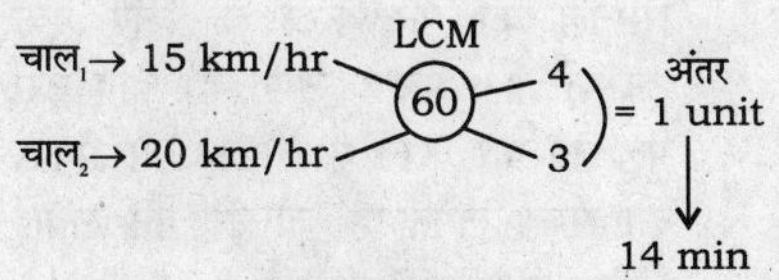


अत: कुल दूरी = $60 \times \frac{14}{60} = 14$ km

24. (a)

चाल₁→ 20 km/hr
चाल₂→ 24 km/hr
120
6
5
1 unit
19 min

तब कुल दूरी = $120 \times \frac{19}{60} = 38$ km

25. (c)

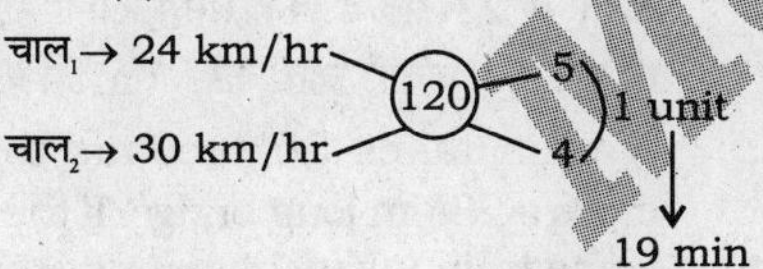


तब कुल दूरी = $120 \times \frac{19}{60}$

= 38 km

26. (c)

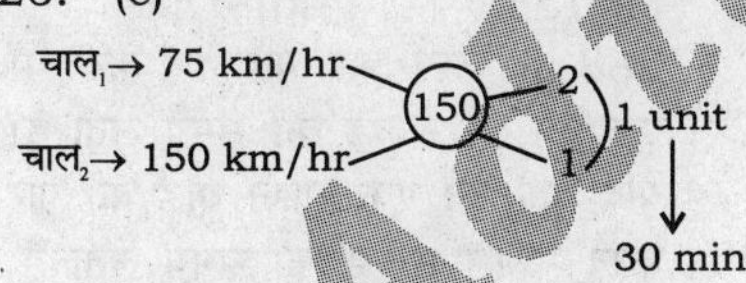


अत: कुल दूरी = $150 \times \frac{30}{60}$

= 75 km

27. (a)

यहाँ दूरी स्थिर हो, तो गति का अनुपात समय के व्युत्क्रमानुपाती समय का अनुपात होता है।

गति → 20 : 24

समय → 24 : 20

समय में परिवर्तन ⇒ 4 इकाई = 17 मिनट

तब, 24 इकाई = 102 मिनट = $\frac{17}{10}$ घंटा

दूरी = चाल × समय = $20 \times \frac{17}{10}$

= 34 किमी

**SMART APPROACH:-**

$$D = \frac{S_1 \times S_2}{S_1 \quad S_2} \times \text{समयांतराल}$$

$S_1$ = 20 किमी/घंटा $S_2$ = 24 किमी/घंटा

$T_1$ = 9 मिनट $T_2$ = 8 मिनट

$$D = \frac{20 \times 24}{20 \quad 24} \times \frac{9+8}{60} = 34 \text{ किमी}$$

28. (b)

माना यांत्रा में लगने वाला समय t घंटे है, जैसा कि हम जानते हैं, दूरी समान है प्रश्न के अनुसार

$$15\left(t+\frac{4}{60}\right) = 20\left(t-\frac{4}{60}\right)$$

$$\Rightarrow 3\left(t+\frac{4}{60}\right) = 4\left(t-\frac{4}{60}\right)$$

$$\Rightarrow 3t + \frac{12}{60} = 4t - \frac{16}{60}$$

$$\Rightarrow 4t - 3t = \frac{12}{60} + \frac{16}{60}$$

$$\Rightarrow t = \frac{28}{60}$$

दूरी = गति × समय

$$\therefore \text{ दूरी} = 15 \times \left(\frac{28}{60}+\frac{4}{60}\right)$$

$$= 15 \times \frac{32}{60} = 8 \text{ किमी}$$

29. (b)

माना कि यात्रा का समय t घंटे हैं, जैसा कि हम जानते हें, दूरी समान है प्रश्नानुसार

$$45\left(t+\frac{5}{60}\right) = 60\left(t-\frac{4}{60}\right)$$

$$\Rightarrow 3\left(t+\frac{5}{60}\right) = 4\left(t-\frac{4}{60}\right)$$

$$\Rightarrow 3t + \frac{15}{60} = 4t - \frac{16}{60}$$

$$\Rightarrow 4t - 3t = \frac{15}{60} + \frac{16}{60}$$

$$\Rightarrow t = \frac{31}{60}$$

दूरी = गति × समय

$$\therefore \text{ दरी} = 45 \times \left(\frac{31}{60}+\frac{5}{60}\right) = 45 \times \frac{36}{60} = 27 \text{ किमी}$$

☆☆☆☆☆

# TRAIN

# रेलगाड़ी

13

1. 46 मीटर प्रति सेकंड की गति से चलने वाली ट्रेन को एक सिग्नल को पार करने में 12 सेकंड का समय लगता है। ट्रेन की लंबाई कितनी है? (मीटर में)

A train running at a speed of 46 meters per second takes 12 seconds to cross a signal. What is the length of the train? (in meters)

**RPF Constable 17/01/2019 (Shift-02)**

(a) 552 (b) 562
(c) 542 (d) 572

2. 37 m/s की गति से चलने वाली एक ट्रेन एक सिग्नल को 11 सेकंड में पार करती है, ट्रेन की लम्बाई ज्ञात कीजिए। (मीटर में)

A train running at a speed of 37 m/s crosses a signal in 11 seconds, find the length of the train. (in meters)

**RPF Constable 20/01/2019 (Shift-01)**

(a) 408 (b) 406
(c) 405 (d) 407

3. एक ट्रेन 33 मीटर/सेकेंड की गति से चलती है और यह एक सिग्नल को 11 सेकंड में पार कर लेती है। तो ट्रेन की लंबाई ज्ञात कीजिए। (मीटर में)

A train runs at a speed of 33 m/s and it crosses a signal in 11 seconds. Then find the length of the train. (in meters)

**RPF Constable 17/01/2019 (Shift-01)**

(a) 363 (b) 353
(c) 373 (d) 343

4. 650 मीटर लंबे पुल के एक छोर पर सिग्नल को पार करने में एक ट्रेन को 27 सेकंड लगते हैं। यदि उस ट्रेन को उस पुल को पार करने में 92 सेकंड का समय लगता है, तो उस ट्रेन की लंबाई है। (मीटर में)

A train takes 27 seconds to cross the signal at one end of a 650 meter long bridge. If that train takes 92 seconds to cross that bridge, then the length of that train is. (in meters)

**RPF Constable 17/01/2019 (Shift-01)**

(a) 270 (b) 250
(c) 240 (d) 260

5. एक ट्रेन को एक सिग्नल को पार करने में 39 सेकंड लगते हैं जो पुल के एक छोर पर है जिसकी लंबाई 740 मीटर है। यदि ट्रेन को पुल को पार करने में 113 सेकंड लगते हैं, तो ट्रेन की लंबाई ज्ञात करें।

A train takes 39 seconds to cross a signal which is at one end of a bridge which is 740 meters long. If the train takes 113 seconds to cross the bridge, find the length of the train.

**RPF Constable 18/01/2019 (Shift-01)**

(a) 370 मीटर/370 metres
(b) 290 मीटर/290 metres
(c) 390 मीटर/390 metres
(d) 270 मीटर/270 metres

6. 650 मीटर लंबे पुल के एक छोर पर सिग्नल को पार करने के लिए एक ट्रेन को 33 सेकंड लगते हैं। यदि उस पुल को पार करने में ट्रेन को 98 सेकंड का समय लगता है, तो ट्रेन की लंबाई (मीटर में) ज्ञात कीजिए।

A train takes 33 seconds to cross the signal at one end of a 650 meter long bridge. If the train takes 98 seconds to cross that bridge, find the length (in metres) of the train.

**RPF Constable 18/01/2019 (Shift-02)**

(a) 330 (b) 340
(c) 310 (d) 320

7. 238 m लंबे पुल को पार करने में एक ट्रेन 56 सेकंड का समय लेती है। यदि वही ट्रेन एक साइन बोर्ड को पार करने में 22 सेकंड का समय लेती है, तो ट्रेन की लंबाई ज्ञात करें? (m में)

A train takes 56 seconds to cross a 238 m long bridge. If the same train takes 22 seconds to cross a sign board, find the length of the train? (in m)

**RPF SI 05/01/2019 (Shift-03)**

(a) 151 (b) 154
(c) 153 (d) 152

8. 288 m लम्बे पुल को पार करने में एक ट्रेन 53 सेकंड का समय लेती है। यदि वही ट्रेन एक साइन बोर्ड को पार करने में 17 सेकंड का समय लेती है, तो ट्रेन की लंबाई ज्ञात कीजिए।

A train takes 53 seconds to cross a 288 m long bridge. If the same train takes 17 seconds to cross a sign board, find the length of the train.

**RPF SI 10/01/2019 (Shift-03)**

(a) 140 m (b) 124 m
(c) 132 m (d) 136 m

9. 650m लंबे पुल के एक सिरे पर लगे सिग्नल को पार करने में एक ट्रेन 41 सेकंड का समय लेती है। यदि पुल को पार करने में ट्रेन द्वारा लगने वाला समय 106 सेकंड है, तो ट्रेन की लंबाई ज्ञात कीजिए? (m में)

A train takes 41 seconds to cross a signal at one end of a 650m long bridge. If the time taken by the train to cross the bridge is 106 seconds, then find the length of the train? (in m)

**RPF Constable 20/01/2019 (Shift-01)**

(a) 430 (b) 420
(c) 440 (d) 410

10. एक ट्रेन को 650 मीटर लंबे पुल के एक छोर पर स्थित सिग्नल को पार करने में 36 सेकंड लगते हैं। यदि ट्रेन को पुल पार करने में 101 सेकंड का समय लगता है, तो ट्रेन की लंबाई (मीटर में) बताएं।

A train takes 36 seconds to cross the signal at one end of a 650 meter long bridge. If the train takes 101 seconds to cross the bridge, find the length (in metres) of the train.

**RPF Constable 22/01/2019 (Shift-02)**

(a) 330 (b) 340
(c) 350 (d) 360

11. एक रेलगाड़ी 650 मीटर लम्बे पुल के एक छोर पर सिग्नल को पार करने में 40 सेकंड का समय लेती है। यदि रेलगाड़ी पुल को 105 सेकण्ड में पार करती है, तो रेलगाड़ी की लम्बाई ज्ञात कीजिए। (मीटर में)

A train takes 40 seconds to cross the signal at one end of a 650 m long bridge. If the train crosses the bridge in 105 seconds, find the length of the train. (in meters)

**RPF Constable 17/01/2019 (Shift-03)**

(a) 420 (b) 400
(c) 430 (d) 410

12. एक रेलगाड़ी 260 मीटर लम्बे पुल के एक छोर पर सिग्नल को पार करने में 23 सेकंड का समय लेती है। यदि रेलगाड़ी पुल को पार करने में 49 सेकण्ड लेती है तो रेलगाड़ी की लम्बाई ज्ञात कीजिए।

A train takes 23 seconds to cross the signal at one end of a 260 m long bridge. If the train takes 49 seconds to cross the bridge then find the length of the train.

**RPF Constable 17/01/2019 (Shift-01)**

(a) 270m (b) 330m
(c) 230m (d) 430m

13. 408m लम्बे पुल को पार करने में एक ट्रेन 61 सेकंड का समय लेती है। यदि वही ट्रेन एक साइन बोर्ड को पार करने में 27 सेकंड का समय लेती है, तो ट्रेन की लंबाई ज्ञात कीजिए?

A train takes 61 seconds to cross a 408 m long bridge. If the same train takes 27 seconds to cross a sign board, then find the length of the train?

**RPF S.I. 24/12/2018 (Shift-01)**

(a) 294m (b) 384m
(c) 256m (d) 324m

14. एक ट्रेन एक सिग्नल को पार करने में 34 सेकंड का समय लेती है, जो 473 मीटर लंबे पुल के एक छोर पर है। यदि ट्रेन को पुल पार करने में 77 सेकंड का समय लगता है, तो ट्रेन की लंबाई ज्ञात कीजिए। (मीटर में)

A train takes 34 seconds to cross a signal, which is at one end of a bridge of 473 meters long. If the train takes 77 seconds to cross the bridge, then know the length of the train. (In meters)

**RPF Constable 04/02/2019 (Shift-01)**

(a) 378 (b) 380
(c) 376 (d) 374

15. एक ट्रेन 238 मीटर लंबे पुल को पार करने में 56 सेकंड का समय लेती है। यदि वही ट्रेन एक साइन बोर्ड को पार करने में 22 सेकंड का समय लेती है, तो ट्रेन की लंबाई ज्ञात कीजिए? (मीटर में).

A train takes 56 seconds to cross 238 m long bridge. If the same train takes 22 seconds to cross a sign board, then know the length of the train? (in m).

**RPF SI 05 Jan 2019 (Shift- 03)**

(a) 151 (b) 154
(c) 153 (d) 152

16. एक ट्रेन को 448 मीटर लंबे पुल को पार करने में 73 सेकंड का समय लगता है। यदि यह ट्रेन साइन बोर्ड को पार करने में 41 सेकंड लेती है तो ट्रेन की लंबाई ज्ञात करें।

A train takes 73 seconds to cross the bridge of 448 meters. If this train takes 41 seconds to cross the sign board then find out the length of the train.

**RPF SI 06 Jan 2019 (Shift- 01)**

(a) 484 m
(b) 574 m
(c) 563 m
(d) 624 m

17. 300 मीटर लंबी एक ट्रेन 5 सेकंड में बिजली के खंभे को पार करती है। ट्रेन की गति बताये।

A 300m long train crosses an electric pole in 5 sec. Find the speed of the train.

**NTPC CBT-1 28/01/2021 (Shift-01)**

(a) 220 किमी/घंटा
(b) 200 किमी/घंटा
(c) 218 किमी/घंटा
(d) 216 किमी/घंटा

18. एक ट्रेन 600 मीटर और 200 मीटर लंबे दो पुलों को क्रमशः 80 सेकंड और 40 सेकंड में पार करती है। ट्रेन की लंबाई है-

A train passes two bridges of length 600 m and 200 m in 80 seconds and 40 seconds respectively. The length of the train is:

**NTPC CBT-1 29/01/2021 (Shift-01)**

(a) 220 मीटर (b) 250 मीटर
(c) 180 मीटर (d) 200 मीटर

19. 110 मीटर लंबी एक ट्रेन 90 किमी/घंटा की गति से चल रही है। 180 मीटर लंबे पुल को पार करने में ट्रेन को कितना समय लगेगा?

A train that is 110 m in length is running at 90 km/h. How much time will train take to cross a bridge that is 180 m in length?

**NTPC CBT-1 03/02/2021 (Shift-02)**

(a) 11.6 सेकंड (b) 9.6 सेकंड
(c) 10.6 सेकंड (d) 7.6 सेकंड

20. एक ट्रेन 45 किमी/घंटा की दर से यात्रा कर रही है। $\frac{4}{5}$ किमी की दूरी तय करने में उसे कितने सेकंड का समय लगेगा।

A train is travelling at the rate of 45 km/h. How many seconds it will take to cover a distance of $\frac{4}{5}$ km.

**NTPC CBT-1 11/02/2021 (Shift-02)**

(a) 64 सेकंड (b) 36 सेकंड
(c) 9 सेकंड (d) 124 सेकंड

21. एक आदमी रेलगाड़ी से 420 किमी की दूरी तय करता है जो 75 किमी / घंटा की चाल से चलती है और वह 50 किमी/घंटा की चाल से चलने वाली कार से वापस लौटता है। पूरी यात्रा के लिए उसकी औसत चाल ज्ञात कीजिए।

A man travels a distance of 420 km by train which travels at 75 km/h and returns by car travelling at 50 km/h. Find his average speed for the whole journey.

**NTPC CBT-1 30/12/2020 (Shift-02)**

(a) 65 किमी/घंटा (b) 60 किमी/घंटा
(c) 66 किमी/घंटा (d) 68 किमी/घंटा

22. एक ट्रेन में यात्रा करने वाला एक आदमी नोटिस करता है कि वह 1 मिनट में 21 टेलीफोन पोस्ट गिन सकता है। यदि खंभों की दूरी 50 मीटर है, तो ट्रेन किस गति से यात्रा कर रही है?

A man travelling in a train notices that he can count 21 telephone posts in 1 min. If the poles are 50 m apart, then at what speed is the train travelling?

**NTPC CBT-1 07/04/2021 (Shift-02)**

(a) 50 किमी/घंटा (b) 21 किमी/घंटा
(c) 60 किमी/घंटा (d) 65 किमी/घंटा

23. एक रेलगाड़ी, बस से 50% अधिक चाल से चल रही है। दोनों एक ही समय पर करनाल से चलना शुरू करती हैं और एक ही समय में पानीपत पहुंचती हैं, जो करनाल से 75 किमी दूर है। हालांकि रास्ते में, रेलगाड़ी एक स्टेशन पर लगभग 12.5 मिनट के लिए रूकी। बस की चाल ज्ञात कीजिए।

A train is running at 50% more speed than the bus. Both started running from Karnal at the same time and reach Panipat, which is 75 km away from Karnal at the same time. However, on the way, the train stopped at a station for about 12.5 minutes. Find the speed of the bus.

**NTPC CBT-1 07/01/2021 (Shift-02)**

(a) 120 किमी/घंटा
(b) 110 किमी/घंटा
(c) 100 किमी/घंटा
(d) 130 किमी/घंटा

24. दो ट्रेनें स्टेशन A और B से शुरू होती हैं और क्रमशः 50 किमी प्रति घंटे और 60 किमी प्रति घंटे की गति से एक-दूसरे की ओर यात्रा करती हैं। उनकी मुलाकात के समय, दूसरी ट्रेन ने पहली ट्रेन से 120 किमी अधिक यात्रा की थी। A और B के बीच की दूरी है:

Two trains start from stations A and B and travel towards each other at a speed of 50 kmph and 60 kmph respectively. At the time of their meeting, the second train had travelled 120 km more. than The distance between A and B is :

**RPF Constable 20/01/2019 (Shift-01)**

(a) 1320 किमी
(b) 1440 किमी
(c) 1660 किमी
(d) 600 किमी

25. एक ट्रेन 72 किमी प्रति घंटे की गति से चलती है। किन्हीं दो स्टेशनों के बीच की दूरी 42 किमी है और ट्रेन प्रत्येक स्टेशन पर 5 मिनट के लिए रुकती है। तो ट्रेन द्वारा 350 किमी जाने में लिया गया समय है।

A train runs at the speed of 72 km per hour. The distance between any two stations is 42km and the train stops at each stations for 5 minutes. Then the time taken by train to go 350 km is.

**RPF Constable 17/01/2019 (Shift-01)**

(a) 6 घंटे 31 मिनट 40 सेकंड
(b) 5 घंटे 31 मिनट
(c) 5 घंटे 31 मिनट 40 सेकंड
(d) 5 घंटे 30 मिनट 40 सेकंड

26. दो स्टेशनों A और B के बीच की दूरी 220 किमी है। एक ट्रेन स्टेशन A से स्टेशन B की ओर 80 किमी प्रति घंटे की औसत गति से चलती है। आधे घंटे के बाद, एक अन्य ट्रेन स्टेशन B से स्टेशन A की ओर 100 किमी प्रति घंटे की औसत गति से चलना शुरू करती है। स्टेशन A से वे जिस स्थान पर मिलते हैं, उसकी दूरी है।

The distance between two stations A and B is 220 km. A train starts from station A towards station B at an average speed of 80 kmph. After half an hour, another train starts from station B towards station A at an average speed of 100 kmph. The distance of the point where they meet from station A is

**RPF Constable 02/02/2019 (Shift-01)**

(a) 150 किमी (b) 120 किमी
(c) 130 किमी (d) 140 किमी

27. दो ट्रेनों की गति क्रमशः 45 किमी प्रति घंटा और 10 मीटर प्रति सेकंड है। उनकी गति के बीच का अनुपात क्या होगा?

The speeds of two trains are respectively 45 kmph and 10 metres per second. What will the ratio between their speeds?

**RPF Constable 03/02/2019 (Shift-02)**

(a) 9 : 2 (b) 2 : 9
(c) 4 : 5 (d) 5 : 4

28. एक गोली बिना रुके अपनी यात्रा 12 घंटे में पूरी करती है। यदि यह 30 किमी/घंटा तेज चलती है तो यह 10 घंटे 40 मिनट में अपनी यात्रा पूरी कर सकती है। 12 घंटे में यात्रा पूरी करने पर गति क्या थी?

A bullet without stopping completes its journey in 12 hours. If it runs 30 km/hr faster then it can complete its journey in 10 hrs 40 minutes. What was the speed when it completed the journey in 12 hours?

**NTPC CBT-1 28/12/2020 (Shift-01)**

(a) 320 किमी/घंटा (b) 180 किमी/घंटा
(c) 320 किमी/घंटा (d) 240 किमी/घंटा

29. दो ट्रेनें दिल्ली और पटना से चलती हैं, और क्रमशः पटना और दिल्ली की ओर जाती हैं। एक दूसरे को पार करने के बाद, वे क्रमशः पटना और दिल्ली पहुंचने में 4 घंटे 48 मिनट और 3 घंटे 20 मिनट का समय लेते हैं. यदि दिल्ली से चलने वाली ट्रेन 45 किमी/घंटा की गति से चल रही है, तो दूसरी ट्रेन की गति ज्ञात कीजिए।

Two trains start from Delhi and Patna, and travel towards Patna and Delhi, respectively. After passing each other, they take 4 hour 48 minutes and 3 hour 20 minutes to reach Patna and Delhi, respectively. If the train starting from Delhi is moving at a speed of 45 km/h, then find the speed of the other train.

**NTPC CBT-1 27/01/2021 (Shift-02)**

(a) 55 किमी/घंटा (b) 50 किमी/घंटा
(c) 54 किमी/घंटा (d) 52 किमी/घंटा

30. एक बुलेट ट्रेन की गति एक इलेक्ट्रिक ट्रेन की गति से 35% अधिक है। यदि इलेक्ट्रिक ट्रेन एक निश्चित दूरी के लिए 3 घंटे 45 मिनट का समय लेती है, तो बुलेट ट्रेन को समान दूरी तय करने में कितना समय लगेगा?

The speed of a bullet train is 35% more than that of an electric train. If the electric train takes 3 h 45 min for a fixed distance, what will be the time taken by the bullet train to cover the same distance?

**NTPC CBT-1 16/02/2021 (Shift-02)**

(a) $2\frac{7}{9}$ घंटे (b) $12\frac{7}{9}$ घंटे
(c) $2\frac{5}{9}$ घंटे (d) $7\frac{2}{9}$ घंटे

31. एक ट्रेन एक स्टेशन से 40 किमी/घंटा की गति से चलती है। दो घंटे के बाद एक अन्य ट्रेन उसी स्टेशन से समान दिशा में एक निश्चित गति से चलती है। यदि दूसरी ट्रेन 4 घंटे में प्राथमिकी ट्रेन को पकड़ती है, तो दूसरी ट्रेन की गति क्या है?

A train runs from a station at a speed of 40 km/hr. After two hours another trains laves from the same station at a certain speed in the same direction. If the second train catches the first train in 4 hours, then what is the speed of second train?

**Group - D 03/10/2018 (Shift-02)**

(a) 60 किमी/घंटा
(b) 65 किमी/घंटा
(c) 50 किमी/घंटा
(d) 55 किमी/घंटा

32. एक ट्रेन एक स्टेशन से निश्चित गति से निकलती है। उसी स्टेशन से पहली ट्रेन की दिशा में एक दूसरी ट्रेन जिसकी गति 70 किमी/घंटा है, दो घंटे बाद निकलती है और 5 घंटे के बाद पहली ट्रेन के बराबर आती है। पहली ट्रेन की गति किमी/घंटा में बताएं।

A train departs from a station at a certain speed. From the same station, in the same direction of the first train a second train whose speed is 70 km/hr departs after two hours and after 5 hours it comes equal to the first train. Tell the speed of first train in km/hr

**Group - D 03/10/2018 (Shift-03)**

(a) 50 किमी/घंटा
(b) 40 किमी/घंटा
(c) 55 किमी/घंटा
(d) 45 किमी/घंटा

33. 120 मीटर लंबी ट्रेन A 20 मीटर/सेकंड की गति से चल रही है और 130 मीटर लंबी ट्रेन B विपरीत दिशा में 30 मीटर/सेकेंड की गति से चल रही है। ट्रेन B द्वारा ट्रेन A को पार करने में लिया गया समय है?

120 metre long train A is running with speed of 20 m/second and 130 metre long train B is running with a speed of 30 m/s in opposite direction. The time taken by train B to cross train A is?

**NTPC CBT-1 19/01/2019 (Shift-03)**

(a) 5 सेकंड (b) 25 सेकंड
(c) 10 सेकंड (d) 50 सेकंड

34. 152.5 मीटर लंबाई और 157.5 मीटर लंबाई की दो ट्रेनें क्रमशः विपरीत दिशा से आ रही हैं, 9.3 सेकंड में एक दूसरे को पार करती हैं, तो प्रति घंटे दोनों ट्रेनों की संयुक्त गति होगी।

Two trains of length 152.5 metre and 157.5 metre are coming from opposite direction respectively crosses each other in 9.3 seconds, then combined speed of both train per hour will be.

**NTPC CBT-1 17/09/2018 (Shift-01)**

(a) 120 किमी/घंटा
(b) 125 किमी/घंटा
(c) 130 किमी/घंटा
(d) 115 किमी/घंटा

35. विपरीत दिशा से आने वाली दो ट्रेनें एक 144.5 मीटर लंबी और दूसरी 165.5 मीटर लंबी एक दूसरे को पार करने में 9.3 सेकंड का समय लेती हैं। प्रति घंटे ट्रेनों की संयुक्त गति होगी।

Two trains one of 144.5 metre long and other of 165.5 metre long coming from opposite direction takes 9.3 second to cross each other. Per hour the combined speed of the trains will be.

**Group - D 07/12/2018 (Shift-01)**

(a) 120 किमी/घंटा
(b) 130 किमी/घंटा
(c) 115 किमी/घंटा
(d) 125 किमी/घंटा

36. दो स्टेशनों दिल्ली और अमृतसर के बीच की दूरी 450 किमी है। एक ट्रेन दिल्ली से शाम 4:00 बजे निकलती है और 60 किमी / घंटा की औसत गति से अमृतसर की ओर चलती है दूसरी ट्रेन अमृतसर से दोपहर 3:20 बजे शुरू होती है और 80 किमी / घंटा की औसत गति से दिल्ली की ओर बढ़ती है। दिल्ली से कितनी दूर और किस समय वे एक-दूसरे से मिलेंगे?

The distance between two station Delhi and Amritsar is 450 km. A train departs at 4:00 pm from Delhi and moves towards Amritsar with its average speed of 60 km/hr, second train starts 3:20 pm from Amritsar and move towards Delhi with its average speed of 80 km/hr. How far from Delhi and at what time they will meet each other?

**NTPC CBT-1 15/11/2018 (Shift-03)**

(a) 170 किमी, 4:50 pm
(b) 110 किमी, 6:50 pm
(c) 150 किमी, 6:50 pm
(d) 170 किमी, 6:50 pm

37. एक ट्रेन की अबाधित औसत गति 45 किमी/घंटा है और बाधित औसत गति 36 किमी/घंटा है। ट्रेन के रुकने का समय ज्ञात करो?

The uninterrupted average speed of a train is 45 km/hr and the interrupted averaged speed is 36 km/hr. Find the stoppage time of train?

**NTPC CBT-1 11/01/2019 (Shift-03)**

(a) 9 मिनट (b) 15 मिनट
(c) 12 मिनट (d) 10 मिनट

38. दो स्टेशनों के बीच की दूरी 100 किमी है। एक ट्रेन 80 किमी/घंटा की गति से दूरी तय करती है और वापस लौटते समय उस दूरी को पिछली गति की $\frac{3}{4}$ गति से तय करती है। ट्रेन की औसत गति क्या है?

The distance between two stations is 100 km. A train covers the distance at 80 km/hr going and while returning it covers the distance at $\frac{3}{4}$ speed of previous speed. What is the average speed of the train?

**NTPC CBT-1 21/07/2018 (Shift-02)**

(a) 68.50 किमी/घंटा
(b) 68.57 किमी/घंटा
(c) 70.30 किमी/घंटा
(d) 70.40 किमी/घंटा

39. एक ट्रेन 8 घंटे में एक यात्रा पूरी करती है, यात्रा का पहला भाग 45 किमी / घंटा पर पूरा होता है और यात्रा का दूसरा भाग 55 किमी / घंटा पर पूरा होता है। यात्रा की कुल दूरी कितनी थी?

A train completes a journey in 8 hours, the first half of the journey is completed at 45 km/hr and the second half of the journey is completed at 55 km/hr. What was the total distance of the journey?

**Group - D 24/09/2018 (Shift-02)**

(a) 395 किमी
(b) 296 किमी
(c) 396 किमी
(d) 391 किमी

# ANSWER KEY

| | | | | | | | | | |
|---|---|---|---|---|---|---|---|---|---|
| 1.(a) | 2.(d) | 3.(a) | 4.(a) | 5.(c) | 6.(a) | 7.(b) | 8.(d) | 9.(d) | 10.(d) |
| 11.(d) | 12.(c) | 13.(d) | 14.(d) | 15.(b) | 16.(b) | 17.(d) | 18.(d) | 19.(a) | 20.(a) |
| 21.(b) | 22.(c) | 23.(a) | 24.(a) | 25.(c) | 26.(b) | 27.(d) | 28.(d) | 29.(c) | 30.(a) |
| 31.(a) | 32.(a) | 33.(a) | 34.(a) | 35.(a) | 36.(d) | 37.(c) | 38.(b) | 39.(c) | |

# SOLUTIONS

1. (a)
माना ट्रेन की लंबाई y मीटर है।
तब,
$$\text{समय} = \frac{\text{दूरी}}{\text{चाल}}$$
$$\therefore 12 = \frac{y}{46}$$
$y = 12 \times 46 = 552$ m

2. (d)
प्रश्नानुसार,
माना ट्रेन की लंबाई y मीटर है
y = चाल × समय
ट्रेन की लंबाई = $37 \times 11 = 407$ m

3. (a)
माना ट्रेन की लंबाई y मीटर है
$$\text{चाल} = \frac{\text{दूरी}}{\text{समय}}$$
दूरी y = 33 m/s × 11s = 363m

4. (a)
दोनों ही condition में ट्रेन की चाल समान रहेगी।
$\therefore$ माना ट्रेन की लंबाई = y m
तब,
$$\frac{y}{27} = \frac{650+y}{92}$$
$\Rightarrow 92y = 17550 + 27y$
$\Rightarrow 92y - 27y = 17550$
$\Rightarrow 65y = 17550$
$\Rightarrow y = 270$ मीटर

5. (c)
माना ट्रेन की लंबाई y मीटर है।
तब,
$$\frac{y}{39} = \frac{740+y}{113}$$
$\Rightarrow 113y = 28860 + 39y$
$\Rightarrow 113y - 39y = 28860$
$$\Rightarrow y = \frac{28860}{74}$$
= 390 मीटर

6. (a)
माना ट्रेन की लंबाई y मीटर है।
तब,
$$\frac{y}{33} = \frac{650+y}{98}$$
$\Rightarrow 98y = 21450 + 33y$
$\Rightarrow 98y - 33y = 21450$
$$\Rightarrow y = \frac{21450}{65} = 330 \text{ मीटर}$$

7. (b)
प्रश्नानुसार,
माना ट्रेन की लंबाई y मीटर है।
तब,
$$\frac{238+y}{56} = \frac{y}{22}$$
$\Rightarrow 5236 + 22y = 56y$
$\Rightarrow 5236 = 56y - 22y = 34y$
$\Rightarrow y = 154$ मीटर

8. (d)
माना ट्रेन की लंबाई y मीटर है।
तब,
$$\frac{y}{17} = \frac{288+y}{53}$$
$\Rightarrow 53y = 4896 + 17y$
$\Rightarrow 53y - 17y = 4896$
$\Rightarrow 36y = 4896$
$\Rightarrow y = 136$ m

9. (d)
माना ट्रेन की लंबाई y मीटर है।
तब,
$$\frac{y}{41} = \frac{650+y}{106}$$
$\Rightarrow 106y = 26650 + 41y$
$\Rightarrow 106y - 41y = 26650$
$\Rightarrow 65y = 26650$
$\Rightarrow y = 410$ m

10. (d)

माना ट्रेन की लंबाई y मीटर है।

$\Rightarrow \frac{y}{36} = \frac{650 + y}{101}$

$\Rightarrow 101\ y = 23400 + 36\ y$

$\Rightarrow 101\ y - 36y = 23400$

$\Rightarrow 65\ y = 23400$

$\Rightarrow y = 360\ m$

11. (d)

माना ट्रेन की लम्बाई = $x$

रेलगाड़ी की चाल = $\frac{x}{40}$ .....(सेमी.1)

रेलगाड़ी की चाल

= $\frac{\text{रेलगाड़ कि लंबाई + पुल की लंबाई}}{\text{कुल समय}}$

= $\frac{x + 650}{105}$ ....(सेमी.2)

रेलगाड़ी की चाल के मान को बराबर करने पर,

= $\frac{x + 650}{105} = \frac{x}{40}$

$\Rightarrow 40 \times 650 = 65x$

$\Rightarrow x = 400m$

12. (c)

रेलगाड़ी की गति = $\frac{x}{23}$ .....(सेमी.1)

स्तिथि 2:-

रेलगाड़ी की गति

= $\frac{\text{रेलगाड़ कि लंबाई + पुल की लंबाई}}{\text{कुल समय}}$

= $\frac{x + 260}{49}$ ....(सेमी.2)

रेलगाड़ी की गति के मान को बराबर करने पर,

= $\frac{x + 260}{49} = \frac{x}{23}$

$\Rightarrow 23 \times 260 = 26x$

$\Rightarrow x = 230m$

13. (d)

ट्रेन की गति

= $\frac{\text{ट्रेन की लंबाई + पुल की लंबाई}}{\text{कुल समय}}$

= $\frac{x + 408}{61}$ ....(समीकरण 1)

ट्रेन की गति = $\frac{x}{27}$ ....(समीकरण 2)

ट्रेन की गति के मान को बराबर करने पर:-

= $\frac{x + 408}{61} = \frac{x}{27}$

$\Rightarrow 27 \times 408 = 34x$

$\Rightarrow x = 324$ मीटर

14. (d)

माना ट्रेन की ल. $x$ है

पुल की लंबाई = 473 मीटर

$\frac{x}{34} = \frac{x + 473}{77}$

$x = 374$ मीटर

15. (b)

माना ट्रेन की लंबाई $x$ मीटर है।

पुल की लंबाई = 238 मीटर

जैसा कि हम जानते हैं,

गति = दूरी/समय

$\Rightarrow \frac{(x + 238)}{56} = \frac{x}{22}$

$\Rightarrow 22x + 5236 = 56x$

$\Rightarrow 56x - 22x = 5236$

$\Rightarrow 34x = 5236$

$\Rightarrow x = \frac{5236}{34}$

$\Rightarrow x = 154$

$\therefore$ ट्रेन की लंबाई 154 मीटर है।

16. (b)

माना कि ट्रेन की लंबाई $x$ मीटर है।

मंच की लंबाई = 448 मीटर

जैसा कि हम जानते हैं,

गति = दूरी/समय

$\Rightarrow \frac{(x + 448)}{73} = \frac{x}{41}$

$\Rightarrow 41x + 18368 = 73x$

$\Rightarrow 73x - 41x = 18368$

$\Rightarrow 32x = 18368$

$\Rightarrow x = \frac{18368}{32}$

$\Rightarrow x = 574$ मीटर

$\therefore$ ट्रेन की लंबाई 574 मीटर है।

17. (d)

रेलगाड़ी की गति = $\frac{300\text{मि.}}{5\text{से.}}$

= 60 मी./से.

= $60 \times \frac{18}{5} = 216$ किमी/घण्टा

18. (d)

माना की रेलगाड़ी की लम्बाई और गति क्रमशः $x$ और s हैं।

प्रश्नानुसार,

s = $\frac{x + 600}{80}$, s = $\frac{x + 200}{40}$

क्योंकि रेलगाड़ी की गति समान है, इसलिए

$\frac{x + 600}{80} = \frac{x + 200}{40}$

$x = 200m$

**SMART APPROACH:-**

यदि चाल समान हो तब,

दूरी $\propto$ समय, $\frac{d_1}{d_2} = \frac{T_1}{T_2}$

$\frac{x + 600}{x + 200} = \frac{80}{40}$

$x = 200m$

19. (a)

लिया गया समय = $\frac{110 + 180}{90 \times \frac{5}{18}}$

= $\frac{290}{25} = 11.6$ से.

20. (a)

मी./से. मे गति = $45 \times \frac{5}{18}$

=12.5 मी./से.

दूरी = $\frac{4}{5} \times 1000 = 800$ मी.

समय = $\frac{800}{12.5} = 64$ से.

21. (b)

$\text{औसत गति} = \frac{\text{कुल दूरी}}{\text{कुल समय}}$

$T_1 = \frac{420}{75} = \frac{28}{5}$ घण्टा

$T_2 = \frac{420}{50} = \frac{42}{5}$ घण्टा

$\text{औसत गति} = \frac{2 \times 420}{\frac{28}{5} + \frac{42}{5}}$

$= \frac{2 \times 420}{\frac{70}{5}} = 60$ किमी/घण्टा

**SMART APPROACH:-**

$S_1 = 75$ km/h, $S_2 = 50$ km/h

$\text{औसत गति} = \frac{2 \times S_1 \times S_2}{(S_1 + S_2)}$

$= \frac{2 \times 75 \times 50}{125} = 60$ km/h

22. (c)

दो खम्भों की बीच की दूरी = 50 मी.

$\therefore$ 21 खम्भों की बीच की दूरी

= 50 × 20 = 1000 मी.

समय = 1 मिनट = 60 से.

रेलगाड़ी की गति = $\frac{1000}{60}$ मी./से

$= \frac{1000}{60} \times \frac{18}{5} = 60$ किमी/घण्टा

23. (a)

माना, रेलगाड़ी और बस की चालों का अनुपात = $3x : 2x$

प्रश्नानुसार,

$\frac{75}{2x} - \frac{75}{3x} = \frac{12.5}{60}$

$\frac{1}{6x} = \frac{1}{360}$

$x = 60$

बस की गति = $2x$ = 2 × 60 = 120 किमी/घंटा

24. (a)

समय समान है

चाल ∝ दूरी

चाल ⟶ 50 : 60 = 5 : 6

दूरी ⟶ 5 : 6

1 इकाई = 120 किमी

A और B के बीच की कुल दूरी

(5 + 6) इकाई = $\frac{120}{1} \times 11$

= 1320 किमी

25. (c)

रेल की गति = 72 किमी/घण्टा

रेल प्रत्येक 42 किमी पर 5 मिनट रूकती है।

अर्थात:-

72 किमी = 60 मिनट

42 किमी = $\frac{60}{72} \times 42 = 35$ मिनट

रेलगाड़ी द्वारा प्रत्येक स्टेशन तक पहुँचने में लगा समय = (35 + 5)

= 40 मिनट

रेलगाड़ी को 350 किमी जाना है जिसको यह (336 किमी + 14 किमी) में कवर करेगी।

→ 336 किमी को तय करने मे लगा समय = $\frac{336}{72}$ = 4 घण्टे 40 मिनट

336 किमी को कवर करने में रेलगाड़ी के स्टॉप = $\frac{336}{42} = 8$

8 स्टॉप में लगा समय = 8×5=40 मिनट

कुल समय = 4 घण्टे 40 मिनट + 40 मिनट = 5 घण्टे 20 मिनट

→ 14 किमी को तय करने में लगा समय = $\frac{14}{72} \times 60$

= 11 मिनट 40 सेकण्ड

कुल समय = 5 घण्टे 20 मिनट + 11 मिनट 40 सेकण्ड

= 5 घण्टे 31 मिनट 40 सेकण्ड

**SMART APPROACH:-**

72 किमी = 60 मिनट

42 किमी = $\frac{60}{72} \times 42 = 35$ मिनट

42 किमी = 35 मिनट + 5 मिनट = 40 मिनट

↓ रूकने का समय

350 किमी = 336 किमी + 14 किमी

↓ 8 बार रूकेगी

$= \frac{336}{72}$ घण्टे + (8 × 5)मिनट + $\frac{14}{72}$ घण्टे

↓ रूकने का कुल समय

= 5 घण्टे 31 मिनट 40 सेकण्ड

26. (b)

A —— 220 km —— B

40

A —— 180 km ——

पहली ट्रेन द्वारा आधे घंटे में तय की गयी दूरी = 40 किमी

शेष दूरी = 220 – 40 = 180 किमी

प्रश्नानुसार,

$\frac{180}{(100 + 80)} = 1$ घंटा

वो दूरी जहाँ मिलेगें = (40 + 80)

= 120 किमी

27. (d)

$S_1 = 45 \times \frac{5}{18}$ मी./से. $= \frac{25}{2}$ मी./से.

$S_2 = 10$ मी./से.

$S_1 : S_2 = \frac{25}{2} : 10$

$= 5 : 4$

28. (d)

यदि दूरी समान हो, $S \propto \frac{1}{T}$

| | Original | | New |
|---|---|---|---|
| T → | 12 | : | $\frac{32}{3}$ |
| | 9 | : | 8 |
| S → | 8 | : | 9 |

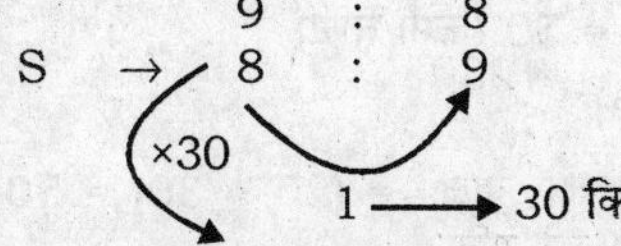

29. (c)

हम जानते है कि $\frac{S_1}{S_2} = \sqrt{\frac{t_2}{t_1}}$

$\Rightarrow \frac{45}{x} = \sqrt{\frac{\frac{10}{3}}{\frac{24}{5}}} = \sqrt{\frac{50}{72}} = \sqrt{\frac{25}{36}} = \frac{5}{6}$

$\Rightarrow \frac{45}{x} = \frac{5}{6}$

$x$ = 54 किमी/घण्टा

30. (a)

यदि दूरी समान है, $S \propto \frac{1}{T}$

| | B.T | | E.T |
|---|---|---|---|
| चाल → | 27 | : | 20 |
| समय → | 20 | : | 27 |

27 इकाई $= 3\frac{3}{4} = \frac{15}{4}$

20 इकाई $= \frac{15 \times 20}{4 \times 27} = 2\frac{7}{9}$ घण्टे

31. (a)

पहली ट्रेन द्वारा 2 घण्टे में तय की गयी दूरी = 40 × 2 = 80 किमी

माना दूसरी रेलगाड़ी की चाल = $x$ किमी/घण्टा

प्रश्नानुसार,

$\frac{80\text{किमी}}{(x-40)}$ = 4 घण्टा

$x$ = 60 किमी/घण्टा

32. (a)

माना, कि पहली ट्रेन की चाल $x$ किमी/घण्टे

दूसरी ट्रेन के चलने से पहले, पहली ट्रेन द्वारा 2 घण्टे में चली गयी दूरी = $2x$ किमी

प्रश्नानुसार,

$\frac{2x}{70-x}$ = 5 घण्टे

$x$ = 50 किमी/घण्टा

33. (a)

सापेक्ष चाल = (20 + 30) = 50 मी./से.

ट्रेन B द्वारा A को पार करने में लगा समय

$= \frac{120+130}{50}$ = 5 सेकण्ड

34. (a)

माना, रेलगाड़ीयों की चाल क्रमशः $x$ मी./से. और y मी./से. है।

दोनों रेलगाड़ीयों की सपेक्ष गति

= $(x + y)$ मी./से.

प्रश्नानुसार,

$\frac{(152.5+157.5)}{(x+y)} = 9.3$

$x + y = \frac{3100}{93} \times \frac{18}{5} = 120$ किमी/घण्टा

35. (a)

माना, रेलगाड़ीयों की चाल क्रमशः $x$ मी./से. और y मी./से. है।

दोनों रेलगाड़ीयों की सपेक्ष गति

= $(x + y)$ मी./से.

प्रश्नानुसार,

$\frac{144.5+165.5}{x+y} = 9.3$

$x + y = \frac{310}{9.3} \times \frac{18}{5} = 120$ किमी/घण्टा

36. (d)

दिल्ली ——450 किमी—— अमृतसर

60 किमी/घण्टा — 80 किमी/घण्टा

4 बजे तक दूसरी ट्रेन द्वारा चली गयी दूरी

$= 80 \times \frac{40}{60} = \frac{160}{3}$ किमी

शेष दूरी $= \left(450 - \frac{160}{3}\right)$

$= \frac{1190}{3}$ किमी

मिलने का समय

$= 4\text{pm} + \frac{1190}{(140) \times 3}$ घण्टे

= 4 pm + 2 घण्टे 50 मिनट

= 6 : 50 pm

दोनो ट्रेन जहाँ मिलेंगी उसकी दिल्ली से दूरी

$= 60 \times \frac{1190}{140 \times 3} = 60 \times \frac{17}{6}$

= 170 किमी

37. (c)

अबाधित औसत गति = 45 किमी/घण्टा

बाधित औसत गति = 36 किमी/घण्टा

रेलगाड़ी के रूकने का समय

$= \frac{45-36}{45} \times 60 = \frac{9}{45} \times 60$

= 12 मिनट

38. (b)

स्टेशनों के बीच की दूरी

= 100 किमी

जाने की गति = 80 किमी/घण्टा

आने की गति $= \frac{80 \times 3}{4}$

= 60 किमी/घण्टा

जब दूरी समान हो तब औसत गति

$= \frac{2V_1V_2}{V_1 + V_2}$

$= \frac{2 \times 80 \times 60}{80 + 60} = \frac{2 \times 80 \times 60}{140}$

= 68.57 किमी/घण्टा

39. (c)

जब समान दूरी अलग अलग चाल से तय की जाए तो औसत गति

$= \frac{2V_1V_2}{V_1 + V_2}$

$= \frac{2 \times 45 \times 55}{45 + 55} = \frac{99}{2}$ किमी/घण्टा

8 घण्टे में चली गयी कुल दूरी

$= \frac{99}{2} \times 8 = 396$ किमी

# RACE
# दौड़
14

1. 400 मीटर लंबी एक गोलाकार दौड़ में, A और B एक ही समय में एक ही बिंदु से क्रमशः 10 किमी/घंटा और 16 किमी/घंटा की गति से दौड़ना शुरू करते हैं। एक ही दिशा में दौड़ते समय वे कितने समय बाद प्रारंभिक बिंदु पर पहली बार मिलेंगे?

In a circular race of 400 m , A and B start at speed of 10 km/hr and 16 km/hr, respectively, at the same time from the same point. After how much time will they meet for the first time at the starting point when running in the same direction?

(a) 180 सेकंड/sec
(b) 200 सेकंड/sec
(c) 240 सेकंड/sec
(d) 220 सेकंड/sec

2. 1000 मीटर की रैखिक दौड़ में सलोनी ने श्वेता को 100 मीटर से हराया, जबकि श्वेता ने सोनम को 150 मीटर से हराया। उसी दौड़ में सलोनी ने सोनम को कितने मीटर से हराया?

In a linear race of 1000 m, Saloni beat Shweta by 100 m, while Shweta beat Sonam by 150 m. By how many metres does Saloni beat Sonam, in the same race?

(a) 220 मीटर/m
(b) 250 मीटर/m
(c) 225 मीटर/m
(d) 235 मीटर/m

3. एक दौड़ में, अरविंद, भानु से $\frac{5}{4}$ गुना तेज दौड़ता है। यदि अरविंद भानु को 60 मीटर की बढ़त देता है, तो शुरुआती बिंदु से दूरी ज्ञात करें जहां वे दोनों मिलेंगे।

In a race, Aravind runs $\frac{5}{4}$ times as fast as Bhanu. if Aravind gives a lead of 60m to Bhanu, find the distance from the starting point where both of them will meet.

(a) 320 मीटर/m
(b) 340 मीटर/m
(c) 360 मीटर/m
(d) 300 मीटर/m

4. 4 किमी की दौड़ में, A, B और C, प्रत्येक ने समान गति से दौड़ते हुए, क्रमशः पहला, दूसरा और तीसरा स्थान हासिल किया। यदि A, B को 1 किमी से हराता है और B, C को 1 किमी से हराता है, तो उसी दौड़ में A, C को कितने मीटर से हराता है?

In a 4 km race, A, B and C, each running at uniform speed, secured first, second and third position, respectively. If A beats B by 1 km and B beats C by 1 km, then by how many metres does A beat C in the same race?

(a) 1750 मीटर/m
(b) 1700 मीटर/m
(c) 1775 मीटर/m
(d) 1725 मीटर/m

5. 2,700 मीटर की एक गोलाकार दौड़ में, P और Q क्रमशः 23 किमी/घंटा और 49 किमी/घंटा की गति से विपरीत दिशाओं में बिंदु A से दौड़ना शुरू करते हैं। उन्हें पहली बार मिलने में कितना समय लगा?

In a circular race of 2,700 m, P and Q start from point A in opposite directions at speeds of 23 km/h and 49 km/h, respectively. What is the time taken by them to meet for the first time?

(a) 135 sec/सेकंड
(b) 130 sec/सेकंड
(c) 140 sec/सेकंड
(d) 145 sec/सेकंड

6. A 4 मिनट में 1 किमी दौड़ सकता है, और B समान दूरी 4 मिनट 10 सेकंड में तय कर सकता है। 1 किमी की दौड़ में A, B को कितनी दूरी से हरा सकता है?

A can run 1 km in 4 min, and B can cover the same distance in 4 min 10 sec. By what distance can A beat B in a 1 km race?

(a) 45 m/मीटर
(b) 40 m/मीटर
(c) 35 m/मीटर
(d) 30 m/मीटर

7. 2000 मीटर की परिधि वाले एक गोलाकार स्टेडियम के चारों ओर 8000 मीटर की दौड़ में, सबसे तेज धावक रोहन और सबसे धीमे धावक सोहम एक ही बिंदु से शुरू करते हैं और 10 वें मिनट के अंत में पहली बार एक साथ शुरुआती बिंदु पर पहुंचते हैं। यदि रोहन, सोहम की गति से दोगुनी गति से दौड़ता है, तो रोहन को दौड़ पूरी करने में कितना समय लगेगा?

In a 8000 m race around a circular stadium having a circumference of 2000 m, the fastest runner Rohan and the slowest runner Soham starting from the same point and reach the starting point together at the end of the 10th minute, for the first time after the start of the race. If Rohan runs at twice the speed of Soham, what is the time taken by Rohan to finish the race?

(a) 15 minutes/मिनट
(b) 10 minutes/मिनट
(c) 20 minutes/मिनट
(d) 25 minutes/मिनट

8. तीन धावक अमन, रमेश और नरेश दौड़ लगाते हैं, अमन रमेश से 48 मीटर आगे और नरेश से 68 मीटर आगे रहता है। समान लंबाई की एक अन्य दौड़ में, रमेश, नरेश से 25 मीटर आगे है। प्रत्येक धावक पूरी दूरी एक स्थिर गति से तय करता है। दौड़ की लंबाई ज्ञात कीजिए।

Three runners Aman, Ramesh and Naresh run a race, with Aman finishing 48 metres ahead of Ramesh and 68 metres ahead of Naresh. In another race of same length, Ramesh finishes 25 metres ahead of Naresh. Each runner travels the entire distance at a constant speed. Find the length of the race.

(a) 240 metres/मीटर
(b) 242 metres/मीटर
(c) 244 metres/मीटर
(d) 248 metres/मीटर

9. 625 मीटर की एक गोलाकार दौड़ में, A और B एक ही बिंदु से, एक ही समय पर और क्रमशः 90 किमी/घंटा और 72 किमी/घंटा की गति से दौड़ना शुरू करते हैं। यदि वे समान दिशा में दौड़ रहे हैं तो कितने समय बाद वे पहली बार ट्रैक पर मिलेंगे?

In a circular race of 625 m, A and B start from the same point, at the same time and at speeds of 90 km/h and 72 km/h, respectively. After how much time will they meet again for the first time on the track if they are running in the same directions?

(a) In 115 seconds/सेकंड में
(b) In 122 seconds/सेकंड में
(c) In 125 seconds/सेकंड में
(d) In 120 seconds/सेकंड में

10. 5000 मीटर की एक गोलाकार दौड़ में, एक ही बिंदु से शुरू करते हुए, दो प्रतियोगियों A और B की गति क्रमशः 36 किमी/घंटा और 54 किमी/घंटा है। जब वे विपरीत दिशा में दौड़ रहे हों और जब वे एक ही दिशा में दौड़ रहे हों तो पहली बार मिलने में लगने वाले समय (सेकंड में) के बीच का अंतर?

In a circular race of 5000 m, starting from the same point, the speeds of two contestants A and B are 36 km/h and 54 km/h, respectively. The difference between the time taken (in seconds) to meet for the first time when they are running in the opposite directions and when they are running in the same direction?

(a) 600 (b) 800
(c) 200 (d) 1000

11. A की गति B की गति से 30% अधिक है। यदि A और B 117 मीटर लंबी दौड़ में दौड़ते हैं, तो A को, B को शुरुआत के रूप में दौड़ की लंबाई का कितना हिस्सा देना चाहिए, ताकि दौड़ एक ही समय पर खत्म हो?

A's speed is 30% more than that of B. If A and B run a race on a 117 m length race, what part of the length of the race should A give B as a head start, so that the race ends in a dead hit?

(a) 90 m/मीटर
(b) 117 m/मीटर
(c) 27 m/मीटर
(d) 36 m/मीटर

12. A, B और C क्रमशः 5 मी/से., 3 मी/से. और 8 मी/से., की गति से चलते हैं। वे एक ही समय पर एक बिंदु से दौड़ शुरू करते हैं। कुछ समय बाद, यह पाया गया कि A और C के बीच की दूरी 6 मीटर है। A और B के बीच की दूरी ज्ञात कीजिए।

A, B and C runs at speed 5 m/s, 3 m/s and 8 m/s, respectively. They started the race at the same time from the same point. After some time, it was found that the distance between A and C is 6 m. Determine the distance between A and B.

(a) 3 m/मीटर
(b) 2 m/मीटर
(c) 5 m/मीटर
(d) 4 m/मीटर

13. 1000 मीटर की एक रेखीय दौड़ में A ने B को 50मी या 5 सेकंड से हरा देता है। निर्धारित किजिए कि A को दौड़ पूरी करने में कितना समय लगता है।

In a linear race of 1000 m, A beats B by 50 m or 5 seconds. Determine how much time A takes to complete the race.

(a) 120 sec/सेकंड
(b) 60 sec/सेकंड
(c) 100 sec/सेकंड
(d) 95 sec/सेकंड

14. 5 किमी की दौड़ में, X, Y और Z, प्रत्येक एक समान गति से दौड़ते हुए, क्रमशः स्वर्ण, रजत और कांस्य पदक प्राप्त करते हैं। यदि X, Y को 0.5 किमी से हराता है और Y, Z को 0.5 किमी से हराता है, तो X कितने मीटर से Z को हराता है?

In a 5 km race, X, Y and Z, each running at a uniform speed, get the gold, silver, and bronze medals, respectively. If X beats Y by 0.5 km and Y beats Z by 0.5 km, then by how many metres does X beat Z?

(a) 960 m/मीटर
(b) 975 m/मीटर
(c) 950 m/मीटर
(d) 1,000 m/मीटर

15. 1200 मीटर की एक गोलाकार दौड़ में, A और B एक ही समय पर क्रमशः 27 किमी/घंटा और 45 किमी/घंटा की गति से एक ही बिंदु से शुरू करते हैं। वे कितने समय बाद पहली बार ट्रैक पर उसी दिशा में दौड़ते हुए मिलेंगे?

In a circular race of 1200 m, A and B start from the same point, at the same time with speeds of 27 km/h and 45 km/h, respectively. After how much time will they meet for the first time on the track when they running in the same direction?

(a) 220 second/सेकंड
(b) 180 second/सेकंड
(c) 200 second/सेकंड
(d) 240 second/सेकंड

# ANSWER KEY

| | | | | | | | | | |
|---|---|---|---|---|---|---|---|---|---|
| 1.(c) | 2.(d) | 3.(d) | 4.(a) | 5.(a) | 6.(b) | 7.(c) | 8.(a) | 9.(c) | 10.(b) |
| 11.(c) | 12.(d) | 13.(d) | 14.(c) | 15. (d) | | | | | |

# SOLUTIONS

1. (c)
सापेक्ष गति = (16 – 10) = 6 किमी/घंटा
पहली बार A और B को मिलने में लगा कुल समय = $\frac{400 \times 18}{6 \times 5}$
= 240 से.

2. (d)
सभी के दूरी का अनुपात
सलोनी : श्वेता : सोनम
1000 : 900
1000 : 850
200 : 180 : 153
47
प्रश्नानुसार,
$200 \rightarrow 1000$
$47 \rightarrow \frac{1000}{200} \times 47 = 235$
अत: दूरी में अंतर = 235 मी.

3. (d)
|←— 5 इकाई —→|
A 60 मी B |←— 4 इकाई —→|
अरविंद : भानू = 5 : 4
अंतर = 1 इकाई
1 इकाई = 60
वह दूरी जँहा पर वे मिलेंगें = $60 \times 5$
= 300 मी.

4. (a)
A B C
$4_{\times 4}$ $3_{\times 4}$
$4_{\times 3}$ $3_{\times 3}$
16 : 12 : 9
16 इकाई = 4 किमी. = 4000 मी.
1 इकाई = $\frac{4000}{16}$ मी.
A, C को 7 इकाई से हराता है
7 इकाई = $\frac{4000}{16} \times 7 = 1750$ मी.

5. (a)
दूरी = 2700 मी.
सापेक्ष गति = 23 + 49 = 72 किमी/घंटा
पहली बार मिलने में लगा समय
= $\frac{2700 \times 18}{72 \times 5}$ = 135 से.

6. (b)
चूँकि A, B को 10 सेकंड से हराता है इसलिए 10 सेकंड मे B द्वारा तय की गई दूरी = $\frac{1000}{250} \times 10$ = 40 मी.
अत: 1 किमी की रेस में A, B को 40 मी. से हराता है

7. (c)
रोहन : सोहन
चाल 2 : 1
रेस = $\frac{8000}{2000}$ = 4 चक्कर
चूँकि, रोहन की गति सोहन की गति से दोगुनी है और वे 10 मिनट के बाद पहली बार प्रारंभिक बिंदु पर मिलते हैं।
∴ जितने समय में रोहन 2 चक्कर पूरे करता है उतने ही समय में सोहन 1 चक्कर लगाता है
रोहन द्वारा रेस पूरा करने में लगा कुल समय = 10 × 2 = 20 मिनट

8. (a)
माना, रेस की कुल लंबाई = $x$ मी.
इसलिए अमन द्वारा तय की गई दूरी = $x$ मी.
रमेश द्वारा तय की गई दूरी = $(x-48)$ मी.
नरेश द्वारा तय की गई दूरी = $(x-68)$ मी.
अब, जब रमेश $x$ मी दूरी तय करता है तब नरेश $(x-25)$ मी दूरी तय करता है
पहली शर्त
∴ $\frac{\text{अमन}}{\text{रमेश}} = \frac{x}{x-48}$
$\frac{\text{रमेश}}{\text{नरेश}} = \frac{x-48}{x-68}$ – (1)
$\frac{\text{अमन}}{\text{नरेश}} = \frac{x}{x-68}$
दूसरी शर्त
$\frac{\text{रमेश}}{\text{नरेश}} = \frac{x}{x-25}$ – (2)
समीकरण (1) और (2) को बराबर करने पर
$\frac{x-48}{x-68} = \frac{x}{x-25}$
$\Rightarrow x^2 - 73x + 1200 = x^2 - 68x$
$\Rightarrow 5x = 1200$
$\Rightarrow x = 240$

9. (c)
सापेक्ष गति = (90 – 72) = 18 किमी/घंटा
दूरी = 625 मी.
आवश्यक समय = $\frac{625 \times 18}{18 \times 5}$
= 125 से.

10. (b)
जब A और B एक ही दिशा में दौड़ रहे हों तो मिलने में लगने वाला समय
= $\frac{5000 \times 18}{(54-36) \times 5}$ = 1000 सेकंड
जब A और B विपरीत दिशा में दौड़ रहे हों तो मिलने में लगने वाला समय
= $\frac{5000 \times 18}{(36+54) \times 5}$ = 200 से.
समय मे अंतर = (1000 – 200)
= 800 सेकंड

11. (c)

$30\% = \frac{3}{10}$ z

चाल → A : B = 13 : 10

A द्वारा तय दूरी = 13 इकाई = 117 मी.

1 इकाई = $\frac{117}{13}$ मी.

3 इकाई = $\frac{117}{13} \times 3$ मी. = 27 मी

अतः एक ही समय पर रेस समाप्त करने हेतू A, B को 27 मी की लीड देगा।

12. (d)

A : B : C

चाल = 5 : 3 : 8

A और C के बीच की दूरी = 6 मी

(8 – 5) = 3 इकाई = 6 मी.

1 इकाई = 2 मी.

A और B के बीच की दूरी (5 – 3)

= 2 इकाई

⇒ 2 इकाई = 2 × 2 = 4 मी.

13. (d)

दूरी : समय

$\times 19 \begin{pmatrix} 50 & & 5 \\ 950 & & 95 \end{pmatrix} \times 19$

A द्वारा तय की गई दूरी    A द्वारा लिया गया समय

A द्वारा रेस को पूरा करने में लगा कुल समय = 95 से.

14. (c)

| X | Y | Z |
|---|---|---|
| 5 | 4.5 | |
| $10_{\times 10}$ | $9_{\times 10}$ | |
| | 5 | : 4.5 |
| | $10_{\times 9}$ | : $9_{\times 9}$ |
| 100 | : 90 | : 81 |

अंतर = 19

100 इकाई → 5000 मी.

1 इकाई → $\frac{5000}{100}$ मी.

19 इकाई → $\frac{5000}{100} \times 19$ मी.

= 950 मी.

अतः X, Z को 950 मी. से हराएगा।

15. (d)

दूरी = 1200 मी.

सापेक्ष गति = (45 – 27) = 18 किमी/घंटा

कुल समय = $\frac{1200}{18} \times \frac{18}{5}$

= 240 सेकंड

# BOAT & STREAM

# नाव और धारा

15

1. शांत पानी में एक आदमी की गति $\left(\frac{28}{3}\right)$ किमी/घंटा है। उसे धारा के अनुकूल दिशा में नाव चलाने में जितना समय लगता है, उससे तीन गुना अधिक समय धारा के प्रतिकूल नाव चलाने में लगता है। धारा का वेग क्या है?

Speed of a man in still water is $\left(\frac{28}{3}\right)$ km/h. it takes him thrice as much time to row downstream as it takes to row upstream. What is the velocity of the stream?

RPF Constable 07/12/2018 (Shift-02)

(a) $\frac{16}{3}$ किमी/घंटा
(b) $\frac{20}{3}$ किमी/घंटा
(c) 6 किमी/घंटा
(d) $\frac{14}{3}$ किमी/घंटा

2. एक नाव चलाने वाले को नदी के प्रतिकूल 60 किमी की दूरी तय करने में 8 घंटे लगते हैं जबकि धारा के अनुकूल समान दूरी को तय करने में 5 घंटे लगते है। रुके हुए पानी में रोवर की गति क्या होगी ?

It takes 8 hours for a rower to cover a distance of 60 km upstream of a river while it takes 5 hours to cover the same distance downstream. What will be the speed of the rower in stagnant water.

RPF SI 05/01/2019 (Shift-03)

(a) 9.25 किमी/घंटा
(b) 9.80 किमी/घंटा
(c) 9.75 किमी/घंटा
(d) 9.5 किमी/घंटा

3. अर्जुन को धारा के प्रतिकूल 40 किमी तैरने में 5 घंटे लगते हैं जबकि उसे धारा के अनुकूल 24 किमी तैरन में केवल 2 घंटे लगते हैं। शांत जल में तैरने की उसकी चाल बताओ।

Arjun takes 5 hours to swim 40 km in the upstream, where as he only takes 2 hours to swim 24 km in the downstream. Tell his speed of swimming in still water.

RPF Constable 17/01/2019 (Shift-01)

(a) 12 किमी/घंटा (b) 10 किमी/घंटा
(c) 9 किमी/घंटा (d) 15 किमी/घंटा

4. एक नाविक धारा के प्रतिकूल 2 किमी की दूरी 1 घंटे में और धारा के अनुकूल 1 किमी की दूरी 10 मिनट में तय करता है। शांत जल में चाल ज्ञात कीजिए।

A sailor covers 2 km in the upstream in 1 hour and a distance of 1 km in the downstream in 10 minutes. Find the speed in still water.

RPF Constable 25/01/2019 (Shift-01)

(a) 4 किमी/घंटा (b) 2.5 किमी/घंटा
(c) 3 किमी/घंटा (d) 4.5 किमी/घंटा

5. सुरेश एक नदी की दिशा में 34 किमी की दूरी एक लक्जरी नाव द्वारा 4 घंटे 15 मिनट में और नदी की विपरीत दिशा में 19 किलोमीटर की दूरी 3 घंटे 10 मिनट में तय करता है। वर्तमान में नदी के प्रवाह की गाति क्या है?

Suresh covers a distance of 34 km in the direction of a river in 4 hours 15 minutes by a luxury boat and 19 kilometers in the opposite direction of a river in 3 hours 10 minutes. As present what is the speed of the flow of river?

RPF SI 12/01/2019 (Shift-02)

(a) 3 किमी/घंटा (b) 2 किमी/घंटा
(c) 1 किमी/घंटा (d) 5 किमी/घंटा

6. नाव द्वारा धारा के प्रतिकूल और धारा के अनुकूल एक निश्चित दूरी को तय करने में लिए गए समय का अनुपात 4 : 1 है। धारा के अनुकुल और धारा के प्रतिकूल नाव की गति का अनुपात ज्ञात कीजिए।

The ratio of time taken by the boat to cover a certain distance upstream and downstream is 4 : 1. Find the ratio of speed of boat downstream and upstream.

RRB JE 25/05/2019 (Shift-01)

(a) 4 : 1 (b) 3 : 5
(c) 1 : 4 (d) 5 : 3

7. एक नाविक को धारा के प्रतिकूल 100 किमी की दूरी तय करने में 16 घंटे लगते हैं, जबकि धारा के प्रवाह के साथ समान दूरी तय करने में उसे केवल 10 घंटे लगते हैं। धारा की गति क्या है।

A rower takes 16 hours to rowed 100 km upstream, while it takes only 10 hours to travel the same distance with the flow of the stream. What is the speed of the stream.

Group – D 07/12/2018 (Shift-03)

(a) 6.625 किमी/घंटा
(b) 1.875 किमी/घंटा
(c) 6.25 किमी/घंटा
(d) 8.125 किमी/घंटा

8. एक मोटर नाव जिसकी गति शांत पानी में 11 किमी/घंटा है, धारा के अनुकूल 28 किमी की दूरी 2 घंटे 20 मिनट में तय करती है। धारा की गति ज्ञात कीजिए।

A motor boat whose speed is 11 km/h in still water covers a distance of 28 km downstream in 2 hrs 20 mins. Find the speed of the current.

NTPC CBT - I 10/01/2021(Shift-01)

(a) 7 किमी/घंटा (b) 2 किमी/घंटा
(c) 1 किमी/घंटा (d) 11 किमी/घंटा

9. एक जल धारा की चाल 3 किमी / घंटा है और स्थिर जल में एक आदमी की चाल 6 किमी / घंटा है। धारा की दिशा में 37 किमी तैरने में आदमी द्वारा लिया गया समय ज्ञात कीजिए।

The speed of a stream of water is 3 km/h and speed of a man in still water is 6 km/h. Find the time taken by the man to swim 37 km upstream.

NTPC CBT - I 12/01/2021(Shift-02)

(a) $4\frac{3}{4}$ घंटा (b) $4\frac{1}{3}$ घंटा
(c) $4\frac{1}{9}$ घंटा (d) $1\frac{3}{4}$ घंटा

10. राजू धारा के प्रतिकूल एक नदी में धारा के अनुकूल गति से दुगना समय लेता है। यदि नदी 5 किमी / घंटा की गति से बहती है तो शांत जल राजू की गति ज्ञात कीजिए।

Raju takes twice as long to row upstream as to row downstream in a river. If the river flows at 5 km/h, then find the speed of Raju in still water.

NTPC CBT - I 31/07/2021 (Shift-01)

(a) 19 किमी/घंटा (b) 15 किमी/घंटा
(c) 13 किमी/घंटा (d) 17 किमी/घंटा

11. एक नाविक धारा के प्रतिकूल 24 किमी और धारा के अनुकूल 36 किमी की दूरी तय करता है और हर बार उसे 6 घंटे लगते हैं। धारा की गति ज्ञात कीजिए।

A sailar travels a distance of 24 km the upstream and 36 km in the downstream and takes 6 hours each time. Find the speed of the stream.

RRB JE 26/05/2019 (Shift-02)

(a) 1 किमी/घंटा (b) 4 किमी/घंटा
(c) 13 किमी/घंटा (d) 3 किमी/घंटा

12. रामू शांत जल में 9 किमी/घंटा की गति से नाव की सवारी कर सकता है। धारा की विपरीत दिशा में जाने में धारा की दिशा में जाने की तुलना में दोगुना समय लगता है। धारा की गति ज्ञात कीजिए।

Ramu can ride a boat at 9 km/hr speed in still water. It take twice the time to go in the opposite direction of the stream than going in the direction of the stream. Find the speed of the stream.

NTPC CBT - I 16/04/2016 (Shift-01)

(a) 16 किमी/घंटा (b) 8 किमी/घंटा
(c) 3 किमी/घंटा (d) 9 किमी/घंटा

13. एक नाव शांत जल में 13 किमी प्रति घंटे की गति से यात्रा करती है। यदि धारा की गति 4 किमी प्रति घंटा है, तो धारा के अनुकूल 68 किमी. की यात्रा में लगने वाला समय है।

A boat travels with a speed 13 kmph in still water. If the speed of the stream is 4 kmph, then the time taken by the travel 68 kms downstream is -

RRB Group- D 27/02/2005

(a) 4 घंटा (b) 6 घंटा
(c) 3 घंटा (d) 8 घंटा

14. एक नाव को धारा के अनुकूल एक निश्चित दूरी तय करने में 12 घंटे लगते है और वापस लौटने में 24 घंटे लगते है। शांत जल में समान दूरी तय करने में कितना समय लगेगा?

A boat takes 12 hours to cover a certain distance downstream and 24 hours to return. How much time will it take to cover the same distance in still water?

RRB JE 02/06/2019 (Shift-03)

(a) 15 घंटा (b) 10 घंटा
(c) 18 घंटा (d) 16 घंटा

15. एक नाव को शांत पानी में अपने गंतव्य तक पहुंचने और वहां से अपने शुरुआती बिंदु पर लौटने में 15 घंटे लगते हैं। यदि नदी बहती है तो उसी यात्रा में 16 घंटे लगते हैं। नाव और नदी की गति के बीच का अंतर 15 किमी/घंटा है। नदी के प्रवाह की गति ज्ञात कीजिए।

15 hours is taken by a boat to reach its destination in still water and return to its starting point from there. The same journey requires 16 hours if the river flows. The difference between the speed of boat and the river is 15 km/hr. Find the speed of the flow of river.

RRB Group-D 25/05/2019 (Shift-01)

(a) 10 किमी/घंटा (b) 6 किमी/घंटा
(c) 4 किमी/घंटा (d) 5 किमी/घंटा

16. रुके हुए पानी में नाव की गति 20 किमी / घंटा है। नाव धारा के नीचे 364 किलोमीटर की यात्रा करती है और फिर विपरीत दिशा ने अपने शुरुआती बिंदु तक जाती है। यात्रा द्वारा लिया गया समय 40 घंटे है। धारा की गति क्या है?

In stagnant water the speed of a boat is 20 km/hr. The boat travels 364 kilometers down the stream and then travels in the opposite direction to its beginning point. Time taken by the journey is 40 hours. What is the speed of the current?

RRB Group - D 25/05/2019 (Shift-02)

(a) 10 किमी/घंटा (b) 8 किमी/घंटा
(c) 4 किमी/घंटा (d) 6 किमी/घंटा

17. एक तैराक 9 किमी/घंटा की गति से स्थिर पानी में तैर रहा है और यह देखते हुए कि प्रवाह की दिशा में एक निश्चित दूरी तय करने में उसे जो समय लगता है, वह पानी के प्रवाह के विपरीत दिशा में समान दूरी तय करने में लगने वाले समय का आधा है। . पानी की गति ज्ञात कीजिये.

A swimmer swimming in stagnant water at a speed of 9 km/hour and given that the time taken by him to cover a certain distance in the direction of the flow is half the timetaken to cover the same distance in the direction opposite the flow of water. Find the speed of water.

**RRB Group - D 12/10/2018 (Shift-02)**

(a) 10 किमी/घंटा (b) 3 किमी/घंटा
(c) 5 किमी/घंटा (d) 8 किमी/घंटा

18. स्थिर जल में नाव की चाल 15 किमी / घंटा है। धारा की चाल 3 किमी / घंटा है। धारा की विपरीत दिशा और धारा की दिशा में दो यात्राओं को पूरा करने में लगने वाले समय के बीच का अंतर अर्थात (एक छोर से दूसरे छोर तक जाना और वापस आना और उसी का फिर से दोहराना) 10 मिनट है। दोनों छोरों के बीच की दूरी कितनी है?

The speed of the boat in still water is 15 km/h. The speed of the stream is 3 km/h. The difference between the time taken to complete two trips upstream and upstream i.e. (going from one end to the other and coming back and repeating the same again) is 10 minutes. What is the distance between the two ends?

**NTPC CBT - I 08/09/2021 (Shift-01)**

(a) 2 किमी (b) 2.5 किमी
(c) 3 किमी (d) 3.5 किमी

19. एक स्टीमर धारा के अनुकूल जाता है और दो बंदरगाहों के बीच की दूरी 6 घंटे में तय करता है। यह धारा के प्रतिकूल समान दूरी 8 घंटे तय करती है। यदि धारा की गति 3 किमी/घंटा है, तो शांत पानी में स्टीमर की गति है:

A steamer goes downstream and covers the distance between two ports in 6 h. It covers the same distance upstream is 8 h. if the speed of the stream is 3 km/h, then the speed of the stream in still water is:

**NTPC CBT - I 06/04/2021 (Shift-01)**

(a) 10 किमी/घंटा
(b) 21 किमी/घंटा
(c) 10.375 किमी/घंटा
(d) 20.5 किमी/घंटा

20. शांत पानी में एक नाव की गति 30 किमी प्रति घंटा है और धारा की गति 6 किमी/घंटा है। प्रत्येक दिशा में 5 मिनट में धारा के अनुकूल और धारा के प्रतिकूल तय की गई दूरी ज्ञात कीजिए।

The speed of a boat in still water is 30 km h and the rate of current is 6 km/ h. Find the distance travelled downstream and upstream in 5 minutes each way.

**NTPC CBT - I 26/07/2021 (Shift-02)**

(a) 3 किमी धारा की दिशा में, 2 किमी धारा के विपरित दिशा में
(b) 3 किमी धारा की दिशा में, 3 किमी धारा के विपरित दिशा में
(c) 3किमी धारा की दिशा में, 4 किमी धारा के विपरित दिशा में
(d) 2 किमी धारा की दिशा में, 2 किमी धारा के विपरित दिशा में

21. एक नाव धारा के प्रतिकूल शहर P से शहर Q तक जाती है और फिर वह धारा के अनुकूल शहर Q से शहर P की ओर लौटती है। यदि स्थिर पानी में नाव की गति 35 किमी/घंटा है और धारा की गति 5 किमी/घंटा है तो कुल यात्रा में नाव की औसत गति क्या है?

A boat moves in the upstream from city P to city Q and then it returns in the downstream from city Q to city P. If in stagnant water the speed of the boat is 35 km/hr and the stream speed is 5 km/hr then in total journey what is the average speed of boat?

**NTPC CBT - I 03/04/20216 (Shift-03)**

(a) 36.38 किमी/घंटा
(b) 34.28 किमी/घंटा
(c) 35 किमी/घंटा
(d) 33.33 किमी/घंटा

22. शांत जल में एक नाव की गति 11 किमी/घंटा है। यदि धारा के विपरीत दिशा में दूरी 2 घंटे में 19 किमी तय होती है। धारा की गति ज्ञात कीजिए।

In still water the speed of a boat is 11 km/hr. If the distance covers 19 km in 2 hours in the upstream. Find the speed of the stream.

**NTPC CBT - I 29/04/2016 (Shift-01)**

(a) 1.5 किमी/घंटा
(b) 3.2 किमी/घंटा
(c) 7.5 किमी/घंटा
(d) 4.5 किमी/घंटा

23. शांत पानी में एक नाव की गति 12 किमी/घंटा है और धारा की गति 3 किमी/घंटा है। एक व्यक्ति नाव से ध ारा के प्रतिकूल 135 किमी जाता है और धारा के अनुकूल चलकर प्रारंभिक बिंदु पर लौट आता है। कुल यात्रा को तय करने में लगा समय ज्ञात कीजिए।

The speed of a boat in still water is 12 km/hr and the speed of stream is 3 km/hr. A person goes 135 km in the upstream by boat and returns to the starting point by walking in the downstream. Find the time taken to cover the total journey in hours.

**NTPC CBT - I 29/04/2016 (Shift-01)**

(a) 24 (b) 48
(c) 36 (d) 30

24. एक नाविक धारा के विपरीत 75 किमी की दूरी तय करने में 12 घंटे लेता है। जबकि धारा की दिशा में समान दूरी को तय करने में उसे 7.5 घंटे लगते है धारा की गति क्या है?

A sailor takes 12 hours to cover a distance of 75 kms against the current, while he takes 7.5 hours to cover the same distance in the direction of the current what is the speed of the current?

**RRC Group- D 16/09/2007 (Shift-00)**

(a) 8.425 किमी/घंटा

(b) 6.625 किमी/घंटा

(c) 6.25 किमी/घंटा

(d) 1.875 किमी/घंटा

25. शांत पानी में एक नाव की गति 12 किमी/घंटा है। इसकी धारा की गति 8 किमी/घंटा है। नाव को धारा की दिशा में एक विशेष दूरी तक ले जाया जाता है और वापस उसी बिंदु पर लाया जाता है। पूरे मार्ग के दौरान नाव की औसत गति क्या है?

The speed of a boat 12km/hr in still water. Its speed of current is 8 km/hr. The boat is taken to a particular distance in the direction of the current and brought back to the same point. What is the average speed of the boat during the entire course?

**RRC Group - D 16/09/2007 (Shift-00)**

(a) 7 किमी/घंटा (b) 6 किमी/घंटा

(c) 7 किमी/घंटा (d) $\frac{20}{3}$ किमी/घंटा

26. एक नाव धारा के अनुकूल एक निश्चित दूरी को 4 घंटे में तय करती लेकिन धारा के प्रतिकूल आरंभिक बिंदु पर लौटने में 6 घंटे का समय लेती है। यदि धारा की गति 2 किमी प्रति घंटा है, तो शांत जल में नाव की गति ज्ञात कीजिए।

A boat covers a certain distance downstream in 4 hours but takes 6 hours to return upstream to the starting point. If the speed of the stream be 2 kmph, find the speed of the boat in still water.

**RRB JE 25/05/2019 (Shift-01)**

(a) 5 किमी/घंटा

(b) 8 किमी/घंटा

(c) 7 किमी/घंटा

(d) 10 किमी/घंटा

27. यदि शांत जल में नाव की गति $x$ किमी/घंटा है और धारा की गति 'y' किनी/घंटा है और किसी स्थान पर पहुंचने और वहां से लौटने में 't' घंटा लगता है, तो दूरी ज्ञात कीजिए एक दिशा में यात्रा की।

If in still water, the speed of the boat is $x$ km/hr and speed of stream is 'y' km/hr and the time taken to reach a place and to return from there is 't' hour, find the distance travelled in one direction.

**RRB Paramedical 21/07/2018 (Shift-02)**

(a) $\left[\left(\frac{x^2+y^2}{2xy}\right)t\right]$ किमी

(b) $\left[\frac{t(x^2-y^2)}{2x}\right]$ किमी

(c) $\left[\frac{t(x^2+y^2)}{2x}\right]$ किमी

(d) $\left[\frac{t(x^2+y^2)}{yx}\right]$ किमी

28. एक नाव 12 किमी की दूरी तय करती है। धारा के अनुकूल पहले 4 किनी की दूरी 15 मिनट में तय की जाती है। अगले 8 किमी की यात्रा धारा के प्रतिकूल में की जाती है। धारा के अनुकूल नाव की गति धारा के प्रतिकूल नाव की गति की दुगुनी है। यात्रा की आसत गति ज्ञात कीजिए।

A boat covers a distance of 12 km. The distance of first 4 km in the downstream is covered in 15 minutes. The next 8 km is travelled in upstream. The speed of the boat in the downstream is twice the speed of the boat in the upstream. Find the average speed of journey.

**RRB JE 28/05/2019 (Shift-02)**

(a) 11.6 किमी/घंटा

(b) 9.6 किमी/घंटा

(c) 10 किमी/घंटा

(d) 10.4 किमी/घंटा

29. एक नदी में, B, A और C के बीच में है और A और C से भी समान दूरी पर है। एक नाव A से B तक जाती है और 5 घंटे 15 मिनट में वापस A पर आ जाती है और A से C तक 7 घंटे में जाती है। यदि नदी A से C की ओर बहती है तो C से A तक जाने में कितना समय लगेगा?

In a river, B is between A & C and is also equidistant from A and C. A boat goes from A to B and back on A in 5 hours 15 minutes and from A to C in 7 hours. How long will it take to go from C to A if the river flows from A to C?

**RRC Group- D 16/09/2007 (Shift-01)**

(a) 2 घंटा

(b) $2\frac{1}{4}$ घंटा

(c) $3\frac{1}{4}$ घंटा

(d) $3\frac{1}{2}$ घंटा

30. एक व्यक्ति शांत जल में 5 किमी प्रति घंटे के वेग से तैरता है। वह स्थिति A से स्थिति B तक तैरने के लिए 75 मिनट लेता है और एक नदी में वापस आता है जब वह 1 किमी प्रति घंटे की गति से बह रही होती है। A और B के बीच की दूरी है?

A man swim at 5km per hour velocity in still water. He takes 75 minutes to swim form position A to the position B and back in a river when it is flowing at 1 km per hour. The distance between A and B is?

RRB TA & CC 27/10/2013 (Shift-02)

(a) 6 किमी
(b) 5 किमी
(c) 2.5 किमी
(d) 3 किमी

# ANSWER KEY

| | | | | | | | | | |
|---|---|---|---|---|---|---|---|---|---|
| 1.(d) | 2.(c) | 3.(b) | 4.(a) | 5.(c) | 6.(c) | 7.(b) | 8.(c) | 9.(c) | 10.(b) |
| 11.(a) | 12.(c) | 13.(a) | 14.(d) | 15.(d) | 16.(d) | 17.(b) | 18.(c) | 19.(b) | 20.(a) |
| 21.(b) | 22.(a) | 23.(a) | 24.(d) | 25.(d) | 26.(d) | 27.(b) | 28.(b) | 29.(d) | 30.(d) |

# SOLUTIONS

1. (d)

शांत जल में व्यक्ति की चाल

$= \frac{28}{3}$ किमी/घंटा

यदि दूरी नियत है, तब

चाल $\propto \frac{1}{\text{समय}}$

धारा के अनुकूल : प्रतिकूल

समय → 1 : 3

चाल → 3 : 1

आदमी की गति $= \frac{3x + x}{2} = \frac{28}{3}$

$\frac{2x}{2} = \frac{28}{3}, x = \frac{14}{3}$

धारा की गति $= \frac{3x - x}{2} = x = \frac{14}{3}$ किमी/घंटा

2. (c)

धारा के प्रतिकूल नाव चलाने वाले की गति

$= \frac{60}{8} = \frac{15}{2}$ किमी/घंटा

धारा के अनुकूल नाव चलाने वाले की गति

$= \frac{60}{5} = 12$ किमी/घंटा

शांत जल में नाव चलाने वाले की गति

$= \frac{D+U}{2} = \frac{12 + 7.5}{2} = \frac{19.5}{2}$

$= 9.75$ किमी/घंटा

3. (b)

धारा के प्रतिकूल अर्जुन की गति

$= \frac{40}{5} = 8$ किमी/घंटा

धारा के अनुकूल अर्जुन की गति

$= \frac{24}{2} = 12$ किमी/घंटा

शांत जल में अर्जुन की गति

$\frac{D+U}{2} = \frac{8+12}{2} = 10$ किमी/घंटा

4. (a)

धारा के अनुकूल नाविक की गति (D)

$= \frac{1}{\frac{10}{60}} = 6$ किमी/घंटा

धारा के प्रतिकूल नाविक की गति (U)

$= \frac{2}{1} = 2$ किमी/घंटा

शांत जल में नाविक की गति

$= \frac{6+2}{2} = 4$ किमी/घंटा

5. (c)

4 घंटा 15 मिनट $= \frac{17}{4}$ घंटा

धारा के अनुकूल सुरेश की गति

$= \frac{34}{\frac{17}{4}} = 8$ किमी/घंटा

3 घंटा 10 मिनट $= \frac{19}{16}$ घंटा

धारा के प्रतिकूल सुरेश की गति

$= \frac{19}{\frac{19}{6}} = 6$ किमी/घंटा

नदी के प्रवाह की गति

$= \frac{D-U}{2} = \frac{8-6}{2}$

$= 1$ किमी/घंटा

6. (c)

हम जानते है कि, चाल = $\frac{\text{दूरी}}{\text{समय}}$

$\therefore$ दूरी नियत है

चाल $\propto \frac{1}{\text{समय}}$

धारा के अनुकूल : प्रतिकूल

समय → 4 : 1

चाल → 1 : 4

7. (b)

(U) धारा के प्रतिकूल = $\frac{100}{16}$

= $\frac{25}{4}$ किमी/घंटा

(D) धारा के अनुकूल = $\frac{100}{10}$ =10 किमी/घंटा

धारा की चाल = $\frac{(D-U)}{2}$

धारा की चाल = $\frac{\left(10-\frac{25}{4}\right)}{2}$

= $\frac{15}{8}$ = 1.875 किमी/घंटा

8. (c)

शांत जल में मोटर बोट की गति = 11 किमी/घंटा

धारा के अनुकूल मोटर बोट की गति = $\frac{28}{\frac{7}{3}}$ = 12 किमी/घंटा

धारा की गति = धारा के अनुकूल – शांत जल में मोटर बोट की गति

= 12 – 11 = 1 किमी/घंटा

9. (c)

धारा की गति = 3 किमी/घंटा

शांत जल में व्यक्ति की गति

= 6 किमी/घंटा

अदमी द्वारा धारा के अनुकूल जाने में लिया गया समय = $\frac{37}{6+3}$ = $4\frac{1}{9}$ घंटे

10. (b)

यदि दूरी नियत है, तब

चाल $\propto \frac{1}{\text{समय}}$

धारा के अनुकूल : प्रतिकूल

समय → 1 : 2

चाल → 2 : 1

धारा की गति = 5 किमी/घंटा

धारा की गति = $\frac{D-U}{2}$

$\Rightarrow 5 = \frac{2x-x}{2}$

$\Rightarrow x = 10$

शांत जल में राजू की गति = $\frac{2x+x}{2}$

= $\frac{3\times10}{2}$ = 15 किमी/घंटा

11. (a)

धारा के अनुकूल नाव की गति

= $\frac{36}{6}$ = 6 किमी/घंटा

धारा के प्रतिकूल नाव की गति

= $\frac{24}{6}$ = 4 किमी/घंटा

धारा की गति = $\frac{6-4}{2}$ =1 किमी/घंटा

12. (c)

शांत जल में रामू की गति

= 9 किमी/घंटा

दूरी नियत है तब,

चाल $\propto \frac{1}{\text{समय}}$

धारा के अनुकूल : प्रतिकूल

समय → 1 : 2

चाल → 2 : 1

शांत जल में रामू की गति

= $\frac{D+U}{2} = \frac{2x+x}{2}$

$\frac{3x}{2} = 9$

$x = 6$

धारा की चाल = $\frac{D-U}{2}$

= $\frac{2x-x}{2} = \frac{x}{2} = \frac{6}{2}$

= 3 किमी/घंटा

13. (a)

शांत जल में नाव की गति = 13 किमी/घंटा

धारा की गति = 4 किमी/घंटा

धारा के अनुकूल नाव की गति

= 13 + 4 = 17 किमी/घंटा

धारा के अनुकूल दूरी तय करने में लगा समय = $\frac{68}{17}$ = 4 घंटा

14. (d)

माना, कि कुल दूरी = 12 और 24 का ल.स.म = 24

धारा के अनुकूल नाव की चाल (D)

= $\frac{24}{12}$ = 2 किमी/घंटा

धारा के प्रतिकूल नाव की चाल (U)

= $\frac{24}{24}$ = 1 किमी/घंटा

शांत जल में नाव की चाल

= $\frac{D+U}{2} = \frac{2+1}{2} = \frac{3}{2}$ किमी/घंटा

समय = $\frac{24}{\frac{3}{2}}$ = 16 घंटा

15. (d)

माना शांत पानी में नाव की गति $x$ किमी/घंटा है और नदी की गति y किमी/घंटा है और दूरी D किमी है।

प्रश्नानुसार,

$\Rightarrow \frac{D}{x}+\frac{D}{x} = 15$

$\Rightarrow x = \frac{2D}{15}$ किमी/घंटा

$\Rightarrow D = \frac{15x}{2}$ किमी

और $x - y$ = 15 किमी/घंटा

धारा के प्रतिकूल नाव की चाल = $(x-y)$

प्रश्नानुसार,

$\Rightarrow \frac{D}{x+y} + \frac{D}{x-y} = 16$

$\Rightarrow \frac{\frac{15x}{2}}{x+y} + \frac{\frac{15x}{2}}{15} = 16$

$\Rightarrow \frac{15x}{2x+2y} + \frac{x}{2} = 16$

$\Rightarrow x - y = 15$

$\Rightarrow x = 15 + y$

$\Rightarrow \frac{15\times(15+y)}{2(15+y+y)} + \frac{(15+y)}{2} = 16$

$\Rightarrow (15 + y)\left(\frac{15}{15+2y}+1\right) = 32$

$\Rightarrow (15+y)\left(\frac{15+15+2y}{15+2y}\right) = 32$

$\Rightarrow (15 + y)(15 + y)$

$= 16(15 + 2y)$

$\Rightarrow 225 + y^2 + 30y = 240 + 32y$

$\Rightarrow y^2 - 2y - 15 = 0$

$\Rightarrow y^2 - 5y + 3y - 15 = 0$

$\Rightarrow (y - 5)(y - 3) = 0$

$\Rightarrow y = 5, -3$

अत: नदी के प्रवाह की गति

(y) = 5 किमी/घंटा

16. (d)

शांत जल में नाव की गति

= 20 किमी/घंटा

माना, कि धारा की चाल = $x$ किमी/घंटा

प्रश्नानुसार,

$\Rightarrow \frac{364}{20+x} + \frac{364}{20-x} = 40$

विकल्प (d) से $x = 6$ किमी/घंटा लेने पर

$\Rightarrow \frac{364}{26} + \frac{364}{14} = 40$

14 + 26 = 40

40 = 40

$x = 6$ सन्तुष्ट

अत: धारा की चाल 6 किमी/घंटा है।

17. (b)

शांत जल में तैराक की गति = 9 किमी/घंटा यहाँ दूरी नियत है, तब

चाल $\propto \frac{1}{\text{समय}}$

धारा के अनुकूल : प्रतिकूल

समय → 1 : 2

चाल → 2 : 1

शांत जल में तैराक की गति

$= \frac{D+U}{2} = \frac{2x+x}{2}$

$\frac{3x}{2} = 9$

$x = 6$

धारा की गति $= \frac{D-U}{2} = \frac{2x-x}{2}$

$= \frac{x}{2} = \frac{6}{2} = 3$ किमी/घंटा

18. (c)

शांत जल में नाव की चाल = 15 किमी/घंटा

धारा की चाल = 3 किमी/घंटा

माना, कि दूरी (15 और 3 का ल.स.म)

धारा के अनुकूल नाव की चाल

= 15 + 3 = 18 किमी/घंटा

धारा के प्रतिकूल नाव की चाल

= 15 – 3 = 12 किमी/घंटा

प्रश्नानुसार,

$\Rightarrow 2\left(\frac{15}{12}-\frac{15}{18}\right) = 10$ मिनट

$\Rightarrow 30\left(\frac{1}{36}\right) = \frac{1}{6}$ घंटा

$\Rightarrow (1)$ इकाई $= \frac{36}{6}\times\frac{1}{30}$

$\Rightarrow (15)$ इकाई = 3 किमी

दो बिंदूओं के बीच की दूरी = 3 किमी

19. (b)

यहाँ दूरी नियत है, तब

चाल $\propto \frac{1}{\text{समय}}$

धारा के अनुकूल : प्रतिकूल

समय → 6 : 8

चाल → 8 : 6

4 : 3

धारा की गति $= \frac{D-U}{2} = \frac{4x-3x}{2}$

$\Rightarrow 3 = \frac{x}{2}$

$x = 6$

शांत जल में स्टीमर की गति

$= \frac{D+U}{2} = \frac{4x+3x}{2}$

$= \frac{7x}{2} = \frac{7}{2}\times 6 = 21$ किमी/घंटा

20. (a)

शांत जल में नाव की गति

= 30 किमी/घंटा

धारा की गति = 6 किमी/घंटा

धारा के अनुकूल नाव की गति

= 30 + 6 = 36 किमी/घंटा

धारा के अनुकूल तय की गयी दूरी

$= 36\times\frac{5}{60} = 3$ किमी

धारा के प्रतिकूल नाव की गति

= 30 – 6 = 24 किमी/घंटा

धारा के प्रतिकूल तय की गयी दूरी

$= 24\times\frac{5}{60} = 2$ किमी

21. (b)

धारा के अनुकूल नाव की गति

= 35 + 5 = 40 किमी/घंटा

धारा के प्रतिकूल नाव की गति

= 35 – 5 = 30 किमी/घंटा

हम जानते है, औसत चाल

$= \frac{2\times S_1\times S_2}{(S_1+S_2)}$

औसत चाल $= \frac{2\times 40\times 30}{(40+30)}$

$= \frac{240}{7} = 34.28$ किमी/घंटा

22. (a)
शांत जल में नाव की चाल = 11 किमी/घंटा

धारा के प्रतिकूल नाव चाल = $\frac{19}{2}$ किमी/घंटा

धारा के प्रतिकूल नाव की चाल = शांत जल में नाव की चाल – धारा की चाल

$\Rightarrow \frac{19}{2} = 11 -$ धारा की चाल

धारा की चाल = $11 - \frac{19}{2} = 1.5$ किमी/घंटा

23. (a)
धारा के अनुकूल नाव की चाल
= 12 + 3 = 15 किमी/घंटा
धारा के प्रतिकूल नाव की चाल
= 12 – 3 = 9 किमी/घंटा
प्रश्नानुसार,

कुल समय = $\frac{135}{15} + \frac{135}{9}$

= 9 + 15 = 24 घंटा

24. (d)
धारा के अनुकूल नाविक की गति (D)

$= \frac{75}{7.5} = 10$ किमी/घंटा

धारा के प्रतिकूल नाविक की गति (U)

$= \frac{75}{12} = \frac{25}{4}$ किमी/घंटा

धारा की चाल = $\frac{D+U}{2}$

$= \frac{\left(10 - \frac{25}{4}\right)}{2} = \frac{15}{8}$ किमी/घंटा

= 1.875 किमी/घंटा

25. (d)
धारा के अनुकूल नाव की चाल
= 12 + 8 = 20 किमी/घंटा
धारा के प्रतिकूल नाव की चाल
= 12 – 8 = 4 किमी/घंटा
हम जानतें है कि औसत गति

$= \frac{2 \times S_1 \times S_2}{(S_1 + S_2)}$

औसत गति = $\frac{2 \times 20 \times 4}{(20+4)}$

$= \frac{20}{3}$ किमी/घंटा

26. (d)
यहाँ दूरी नियत है

चाल $\propto \frac{1}{\text{समय}}$

धारा के अनुकूल : प्रतिकूल

| | | | |
|---|---|---|---|
| समय → | 4 | : | 6 |
| चाल → | 6 | : | 4 |
| | 3 | : | 2 |

धारा की गति = $\frac{D-U}{2}$

$= \frac{3x - 2x}{2} = \frac{x}{2}$

$2 = \frac{x}{2}$

$x = 4$

शांत जल में नाव की चाल

$= \frac{D+U}{2} + \frac{3x - 2x}{2} = \frac{5x}{2}$

$= \frac{5}{2} \times 4 = 10$ किमी/घंटा

27. (b)
माना, कि दूरी = D किमी
धारा के अनुकूल नाव की चाल
= $(x + y)$ किमी/घंटा
धारा के प्रतिकूल नाव की चाल
= $(x - y)$ किमी/घंटा
प्रश्नानुसार,

$\frac{D}{(x+y)} + \frac{D}{(x-y)} = t$

$\frac{D[x - y + x + y]}{(x^2 + y^2)} = t$

$D = \frac{t(x^2 - y^2)}{2x}$ किमी

28. (b)
यहाँ दूरी = 12 किमी

धारा के अनुकूल नाव की चाल = $\frac{4}{\frac{15}{60}}$

= 16 किमी/घंटा

प्रश्नानुसार,
धारा के प्रतिकूल नाव की चाल

$= 16 \times \frac{1}{2} = 8$ किमी/घंटा

धारा के प्रतिकूल 8 किमी दूरी तय करने में लगा समय = $\frac{8}{8} = 1$ घंटा

औसत चाल = $\frac{\text{कुल दूरी}}{\text{कुल समय}}$

$= \frac{4+8}{\frac{1}{4}+1} = \frac{12}{\frac{5}{4}} = \frac{48}{5}$

= 9.6 किमी/घंटा

29. (d)
दूरी AB = BC

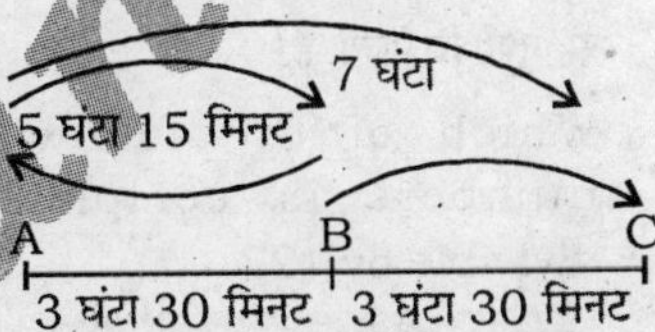


B से A तक आने में लगा समय B
= (5 घंटा 15 मिनट – 3 घंटा 30 मिनट)
= 1 घंटा 45 मिनट
C से A तक आने में लगा समय

= 2(1 घंटा 45 मिनट) = $3\frac{1}{2}$ घंटा

30. (d)
शांत जल में व्यक्ति की गति
= 5 किमी/घंटा
धारा की गति = 1 किमी/घंटा

A ⟶ B

माना, कि दूरी = D किमी
धारा के अनुकूल व्यक्ति की गति
= (5 + 1) = 6 किमी/घंटा
धारा के प्रतिकूल व्यक्ति की गति
= 5 – 1 = 4 किमी/घंटा
प्रश्नानुसार

$\frac{D}{6} + \frac{D}{4} = \frac{75}{60}$

$\frac{5D}{12} = \frac{75}{60}$

D = 3 किमी

# NUMBER SYSTEM

# संख्या पद्धति

16

1. जब 45342 को 9 से विभाजित किया जाता है, तो क्या शेषफल बचेगा?
When 45342 is divided by 9, what will be the remainder?
RPF Constable 17/01/2018 (Shift-01)
(a) 2 (b) 1
(c) 0 (d) 4

2. निम्नलिखित में से कौन-सी संख्या 12 से पूर्ण विभाज्य है-
Which of the following numbers is completely divisible by 12?
RPF Constable 17/01/2018 (Shift-01)
(a) 74276 (b) 78726
(c) 78286 (d) 78276

3. 5224 को 9 से विभाजित करने पर कितना शेष बचेगा?
What will be the remainder when 5224 is divided by 9?
RPF Constable 17/01/2018 (Shift-01)
(a) 4 (b) 3
(c) 0 (d) 5

4. 24795 को 9 से विभाजित से करने पर शेषफल क्या होगा?
What will be the remainder when 24795 is divided by 9?
RPF Constable 18/01/2019 (Shift-01)
(a) 0 (b) 4
(c) 8 (d) 6

5. निम्नलिखित में से कौन-सी संख्या 12 से विभाज्य है?
Which of the following numbers is divisible by 12?
RPF Constable 18/01/2019 (Shift-01)
(a) 48672 (b) 46278
(c) 68247 (d) 86247

6. इनमें से कौन-सी संख्या 12 से विभाज्य है?
Which of these numbers is divisible by 12?
RPF Constable 19/01/2019 (Shift-01)
(a) 372689 (b) 362684
(c) 342684 (d) 352684

7. इनमें से कौन-सी संख्या 15 से विभाज्य है?
Which of these numbers is divisible by 15?
RPF Constable 19/01/2019 (Shift-01)
(a) 43642650
(b) 42642650
(c) 45642650
(d) 44642650

8. निम्न में कौन-सी संख्या 12 से विभाज्य है?
Which of the following numbers is divisible by 12?
RPF Constable 19/01/2019 (Shift-03)
(a) 68982 (b) 43210
(c) 43416 (d) 43246

9. निम्न में से कौन-सी संख्या 24 से विभाजित करने योग्य है?
Which of the following numbers is divisible by 24?
RPF SI 11/01/2019 (Shift-02)
(a) 126346 (b) 126336
(c) 127336 (d) 123446

10. निम्नलिखित में से कौन सा 12 से विभाज्य है?
Which of the following is divisible by 12?
RPF Constable 02/02/2019 (Shift-01)
(a) 51924 (b) 51926
(c) 34522 (d) 51925

11. निम्नलिखित में से कौन सा 15 से विभाज्य है?
Which of the following is divisible by 15?
RPF Constable 03/02/2019 (Shift-02)
(a) 18565 (b) 18510
(c) 18430 (d) 18520

12. निम्नलिखित में से कौन सा 12 से विभाज्य है?
Which of the following is divisible by 12?
RPF Constable 04/02/2019 (Shift-01)
(a) 41784 (b) 41762
(c) 41282 (d) 41706

13. यदि 32622 को 9 सें विभाजित किया जाए तो शेषफल क्या होगा?
If 32622 is divided by 9, what will be the remainder?
RPF Constable 02/02/2019 (Shift-01)
(a) 6 (b) 3
(c) 4 (d) 0

14. यदि 5831 को 9 से विभाजित किया जाए तो शेषफल क्या होगा?
If the 5831 divided by 9, what will be the remainder?
RPF Constable 03/02/2019 (Shift-02)
(a) 4 (b) 8
(c) 2 (d) 0

15. यदि 38624 को 9 से विभाजित किया जाए तो शेषफल क्या होगा?
If 38624 is divided by 9, what will be the remainder?
RPF Constable 04/02/2019 (Shift-01)
(a) 4 (b) 8
(c) 5 (d) 2

16. जब किसी संख्या को 72 से विभाजित किया जाता है, तो शेषफल 8 बचता है। जब उसी संख्या को 9 से विभाजित किया जाता है, तो शेषफल क्या होगा?

When a number is divided by 72, the remainder remains 8. When the same number is divided by 9, what will be the remainder?

**RPF SI 05/01/2019 (Shift-02)**

(a) 4 (b) 7
(c) 8 (d) 2

17. जब कोई संख्या 119 से विभाजित होती है, तो शेषफल 8 बचता है। उसी संख्या को जब 17 से विभाजित किया जाए तो शेष क्या होगा?

When a number is divided by 119 the remainder left is 8. What will be the remainder when the same number is divided by 17?

**RPF Constable 06/01/2019 (Shift-03)**

(a) 7 (b) 5
(c) 6 (d) 8

18. जब कोई संख्या 119 से विभाजित होती है तो शेषफल 15 बचता है। उसी संख्या को जब 17 से विभाजित किया जाए तो शेषफल क्या होगा?

When a number is divided by 119, the remainder is 15. What will be the remainder when the same number is divided by 17?

**RPF Constable 10/01/2019 (Shift-01)**

(a) 12 (b) 13
(c) 15 (d) 14

19. किसी संख्या को 36 से विभाजित करने पर 7 शेष बचता है। उसी संख्या को 9 से विभाजित करने पर शेषफल कितना प्राप्त होगा?

When a number is divided by 36, a remainder of 7 is left. What will be the remainder when the same number is divided by 9?

**RPF SI 10/01/2019 (Shift-03)**

(a) 5 (b) 6
(c) 7 (d) 8

20. किसी संख्या को 42 से विभाजित करने पर 13 शेष बचता है। उसी संख्या को 14 से विभाजित करने पर शेषफल कितना प्राप्त होगा?

When a number is divided by 42, the remainder is 13. What will be the remainder when the same number is divided by 14?

**RPF S.I. 19/12/2018 (Shift-01)**

(a) 10 (b) 8
(c) 13 (d) 12

21. किसी संख्या को 119 से भाग देने पर 11 शेष बचता है। उसी संख्या को 17 से विभाजित करने पर शेषफल क्या प्राप्त होगा?

Divide a number by 119, 11 remains the remainder.Dividing the same number by 17, what will be the remainder get?

**RPF SI 05/01/2019 (Shift- 03)**

(a) 14 (b) 12
(c) 13 (d) 11

22. जब किसी संख्या को 84 से विभाजित किया जाता है, तो शेष 10 आता है। यदि उस संख्या को 12 से विभाजित करें तो शेष क्या बचेगा?

When a number is divided by 84 then the remainder 10 comes. What will be the remainder if that number divided by 12?

**RPF SI 06/01/2019 (Shift- 01)**

(a) 11
(b) 8
(c) 6
(d) 10

23. किसी संख्या को 119 से भाग देने पर 16 शेष बचता है। उसी संख्या को 17 से भाग देने पर क्या शेषफल बचेगा?

When a number is divided by 119, the remainder is 16. What will be the remainder when the same number is divided by 17?

**RPF SI 06/01/2019 (Shift- 02)**

(a) 13 (b) 16
(c) 14 (d) 15

24. निम्न में से पूर्ण वर्ग कौन-सा है?

Which of the following is a perfect square?

**RPF Constable 17/01/2018 (Shift-03)**

(a) 5778 (b) 5777
(c) 5776 (d) 5772

25. निम्न में से पूर्ण वर्ग कौन सा है?

Which of the following is a perfect square?

**RPF Constable 19/01/2019 (Shift-02)**

(a) 6562 (b) 6568
(c) 6567 (d) 6561

26. निम्न में से पूर्ण वर्ग कौन-सा है?

Which of the following is a perfect square?

**RPF Constable 20/01/2019 (Shift-01)**

(a) 5828 (b) 6030
(c) 6130 (d) 5929

27. 243! में अनुगामी शून्यों की संख्या ज्ञात कीजिए।

Find the trailing zero in 243!.

**RPF SI 06/01/2019 (Shift-01)**

(a) 56 (b) 57
(c) 55 (d) 58

28. 64! में अनुगामी शून्यों की संख्या ज्ञात कीजिए?

Find the number of trailing zeros in 64!

**RPF SI 10/01/2019 (Shift-01)**

(a) 18
(b) 16
(c) 12
(d) 14

29. 324! में अनुगामी शून्यों की संख्या ज्ञात कीजिए?
Find the number of trailing zeros in 324!
RPF SI 11/01/2019 (Shift-03)
(a) 76 (b) 78
(c) 74 (d) 80

30. 76! में अनुगामी शून्यों की संख्या ज्ञात कीजिए।
Find the number of trailing Zeros in 76!
RPF S.I. 19/12/2018 (Shift-01)
(a) 18 (b) 16
(c) 20 (d) 14

31. 142! में अनुगामी शून्यों की संख्या ज्ञात कीजिए।
Find the trailing Zeros, in 142!.
RPF SI 05/01/2019 (Shift-02)
(a) 36 (b) 30
(c) 34 (d) 32

32. 357! में पीछे आने वाले शून्यों की संख्या ज्ञात कीजिए?
Find the number of trailing zeros in 357!
RPF SI 05/01/2019 (Shift-03)
(a) 87 (b) 88
(c) 85 (d) 86

33. 214! में शून्यों की संख्या बताइये।
Find the number of zeros in 214!
RPF SI 06/01/2019 (Shift- 01)
(a) 51 (b) 47
(c) 45 (d) 53

34. 234! में अनुगामी शून्यों की संख्या ज्ञात कीजिए।
Find the number of trailing zero in 234!
RPF SI 06/01/2019 (Shift- 02)
(a) 56 (b) 54
(c) 58 (d) 52

35. समान्तर श्रेणी का औसत ज्ञात कीजिए जिसका पहला पद 33 है और अंतिम पद 45 है।
Find the average of the arithmetic progression whose first term is 33 and last term is 45.
RPF Constable 18/01/2019 (Shift-01)
(a) 37 (b) 39
(c) 43 (d) 41

36. अंकगणितीय समांतर श्रेणी का औसत ज्ञात करें जिसका पहला पद 45 है और अंतिम पद 57 है।
Find the average of Arithmetic Progression whose first term is 45 and last term is 57.
RPF Constable 19/01/2019 (Shift-01)
(a) 49 (b) 53
(c) 55 (d) 51

37. 480 मोबाइल किसी कक्षा के छात्रों को बराबर-बराबर संख्या में कितने तरीकों से बांटे जा सकते हैं?
In how many ways can 480 mobiles be distributed equally among the students of a class?
RPF S.I. 19/12/2018 (Shift-01)
(a) 14 (b) 16
(c) 20 (d) 24

38. 448 मोबाइल फोन को एक ही कक्षा में कितने तरीकों से वितरित किया जा सकता है?
How many ways can the 448 mobile phones be distributed in the same class?
RPF SI 05/01/2019 (Shift-02)
(a) 14 (b) 12
(c) 16 (d) 18

39. किसी कक्षा के विद्यार्थियों में 594 मोबाइल नंबरों को समान रूप से वितरित करने के कुल कितने तरीके हैं?
How many ways are there to equally distribute 594 mobile numbers among the students of a class?
RPF SI 05/01/2019 (Shift- 03)
(a) 17 (b) 14
(c) 16 (d) 15

40. किसी कक्षा के विद्यार्थियों में 720 मोबाइलों को कितने तरीके से वितरित किया जा सकता है?
In how many ways can 720 mobiles be distributed among the students of a class?
RPF SI 06/01/2019 (Shift- 01)
(a) 16 (b) 30
(c) 20 (d) 24

41. कितने तरीकों से 432 मोबाइलों को छात्रों के बीच वितरित किया जा सकता है?
In how many ways can 432 mobiles be distributed among the students?
RPF SI 06/01/2019 (Shift- 02)
(a) 20 (b) 22
(c) 18 (d) 24

# ANSWER KEY

| | | | | | | | | | |
|---|---|---|---|---|---|---|---|---|---|
| 1.(c) | 2.(d) | 3.(a) | 4.(a) | 5.(a) | 6.(c) | 7.(a) | 8.(c) | 9.(b) | 10.(a) |
| 11.(b) | 12.(a) | 13.(a) | 14.(b) | 15.(c) | 16.(c) | 17.(d) | 18.(c) | 19.(c) | 20.(c) |
| 21.(d) | 22.(d) | 23.(b) | 24.(c) | 25.(d) | 26.(d) | 27.(d) | 28.(d) | 29.(b) | 30.(a) |
| 31.(c) | 32.(a) | 33.(a) | 34.(a) | 35.(b) | 36.(d) | 37.(d) | 38.(a) | 39.(c) | 40.(b) |
| 41.(a) | | | | | | | | | |

# SOLUTIONS

1. (c)

नोट : 9 का विभाज्यता का नियम संख्या 9 से तभी विभाजित होगी जब उसके अंकों का योग 9 से विभाज्य होगा।

अब,

$\frac{45342}{9} = \frac{4+5+3+4+2}{9} = \frac{18}{9}$

अत: शेषफल (Remainder) = 0

2. (d)

नोट:

1. 4 का Divisibility Rule : संख्या के अंतिम दो अंक 4 से विभाजित होने चाहिए।

76, 4 से पूर्णत: विभाजित है।

2. 3 का Divisibility Rule: संख्या के सभी अंकों का जोड़ 3 से विभाजित होना चाहिए।

अब, $\frac{78276}{3\times4}$

और अंकों का जोड़ = 7 + 8 + 2 + 7 + 6 = 30

अत: विकल्प (d) सही होगा।

3. (a)

अंकों का जोड़ = 5 + 2 + 2 + 4 = 13

इसलिए, शेषफल (Remainder)

$= \frac{13}{9} \Rightarrow R = 4$

4. (a)

अंकों का जोड़ = 2 + 4 + 7 + 9 + 5 = 27

इसलिए, शेषफल (R)

$= \frac{27}{9} \Rightarrow R = 0$

5. (a)

विकल्प (a) लेने पर,

$\Rightarrow \frac{48672}{3\times4}$

$\frac{48672}{4}$

अंतिम दो अंक 4 से विभाजित हो रहे हैं

$\Rightarrow$

$\frac{4+8+6+7+2}{3} = \frac{27}{3}$ (विभाजित होगा)

अत: विकल्प (a) सही है।

6. (c)

विकल्प (c) लेने पर,

$\Rightarrow \frac{342684}{3\times4}$

1. अंतिम दो अंक 4 से विभाज्य हों

$\Rightarrow \frac{84}{4} = 21$

2. अंकों का जोड़ 3 से विभाज्य हो

$\Rightarrow \frac{3+4+2+6+8+4}{3} = \frac{27}{3}$

अत: विकल्प (c) सही होगा।

7. (a)

नोट : 5 का divisibility rule: संख्या का अंतिम अंक 0 या 5 हो।

But, सभी विकल्प 5 से विभाज्य है। अब 3 से विभाज्यता के लिए

⇒ अंकों का जोड़

$= \frac{4+3+6+4+2+6+5+0}{3} = \frac{30}{3}$

अत: विकल्प (a) 15 से विभाज्य है।

8. (c)

विकल्प (c) लेने पर,

$\Rightarrow \frac{43416}{4}$ अंतिम दो अंक 4 से विभाजित हों केवल एक विकल्प के अंतिम दो अंक 4 से विभाजित है। इसलिए विकल्प (c) सही होगा।

9. (b)

3 और 8 का Divisibility rule लगाने पर विकल्प (b) लेने पर

1. $\frac{126336}{8}$ अंतिम तीन अंक 8 से विभाजित हैं।

2. $\frac{1+2+6+3+3+6}{3}$

$= \frac{21}{3}$

$\Rightarrow R = 0$

अत: विकल्प (b) 24 से विभाज्य है।

10. (a)

संख्या 51924 को लेने पर,

⇒ अंको का योगफल = 5 + 1 + 9 + 2 + 4 = 21, जो 3 से विभाज्य है।

⇒ अंतिम दो अंक = 24, जो 4 से विभाज्य है।

∴ संख्या 51924, 12 से विभाज्य है।

अन्य विकल्पों 51926, 34522 और 51925 को निरस्त किया जा सकता है, क्योंकि उनके अंतिम 2 अंक 4 से विभाज्य नहीं हैं।

∴ संख्या 51924, 12 से विभाज्य है।

11. (b)

विकल्प (b) से

18510: 1 + 8 + 5 + 1 + 0 = 15, जो 3 से विभाज्य है।

यह संख्या 0 में समाप्त होती है।

इसलिए, 18510, 15 से विभाज्य है।

12. (a)

विकल्प (a) लेने पर

केवल विकल्प (a) के अंतिम दो अंक 4 से विभाजित हैं। तथा इसके अंको का योग 3 से विभाजित है। इसलिए संख्या 41784, 12 से विभाजित होगी।

13. (a)

32622 को 9 से विभाजित करके शेषफल ज्ञात करने के लिए, हमें 32622 के अंकों को जोड़ना होगा:

$3 + 2 + 6 + 2 + 2 = 15$

जब 15 को 9 से विभाजित किया जाता है, तो शेषफल प्राप्त होता है:

$15 \div 9 = 6$

14. (b)

5831 के अंकों का योग

$5 + 8 + 3 + 1 = 17$

अब, हमें 17 को 9 से विभाजित करने पर शेषफल ज्ञात करना है:

$17 \div 9$ = शेषफल 8

इसलिए, जब 5831 को 9 से विभाजित किया जाता है, तो शेषफल 8 प्राप्त होता है।

15. (c)

38624 को 9 से विभाजित करने पर शेषफल ज्ञात करने के लिए, हमें 38624 के अंकों को जोड़ना होगा:

$3 + 8 + 6 + 2 + 4 = 23$

अब, जब 23 को 9 से विभाजित किया जाता है, तो हमें शेषफल 5 प्राप्त होता है।

16. (c)

माना कि संख्या 70 + 8 = 80 है।

80 को 9 से विभाजित करने पर

$80 = 9 \times 8 + 8$

$\therefore$ आवश्यक शेषफल = 8

17. (d)

माना संख्या = 119 + 8 = 127

तब, $\frac{127}{17}$

शेषफल (Remainder) = 8

18. (c)

माना संख्या = 119 + 15 = 134

तब, $\frac{134}{17}$

शेषफल (Remainder) = 15

19. (c)

माना संख्या = 36 + 7 = 43

तब, $\frac{43}{9}$

शेषफल (Remainder) = 7

20. (c)

किसी संख्या को 42 से भाग देने पर शेषफल 13 बचता है।

तो वह संख्या 42k + 13 होगा,

42k + 13 को 14 से विभाजित करने पर शेषफल

$= \frac{42k+13}{14} = \frac{14 \times 3 \times k + 13}{14}$

जैसा कि हम जानते हैं कि 14 का गुणनफल हमेशा 14 से विभाजित होता है इसलिए, शेषफल = 13

21. (d)

मान लीजिए, संख्या = 119 + 11 = 130

संख्या को 17 से विभाजित करने पर,

$130 = 17 \times 7 + 11$

$\therefore$ जब संख्या को 17 से विभाजित किया जाता है, तब शेषफल = 11

22. (d)

माना संख्या = 84 + 10 = 94

संख्या को 12 से विभाजित करने पर,

$94 = 12 \times 7 + 10$

$\therefore$ 12 से विभाजित करने पर शेषफल = 10

23. (b)

माना कि वह संख्या $119 \times 1 + 16$ है

इसे 17 से विभाजित करने पर,

$135 = 17 \times 7 + 16$

$\therefore$ उसी संख्या को 17 से विभाजित करने पर शेषफल 16 प्राप्त होगा।

24. (c)

नोट: किसी भी संख्या को पूर्ण वर्ग होने के लिए उसके अंतिम अंक को 0, 1, 4, 5, 6 और 9 होना होगा।

5776, 76 का वर्ग है।

इसलिए विकल्प (c) सही होगा,

25. (d)

प्रश्न व्याख्या (24) के अनुसार, विकल्प (d) सही होगा।

6561, 81 का वर्ग है।

26. (d)

प्रश्न व्याख्या (24) के अनुसार, विकल्प (b), (c) और (d) सही हो सकते हैं, परंतु विकल्प (d) ही केवल पूर्ण वर्ग है जो 77 का है।

27. (d)

नोट: 2 और 5 का गुणनफल हमेशा अंत में शून्य देता है। शून्यों की संख्या प्राप्त करने के लिए हमें 2 और 5 का युग्म ज्ञात करना होगा।

इसलिए,

$\frac{243}{5} = 48$

$\Rightarrow \frac{48}{5} = 9$

$\Rightarrow \frac{9}{5} = 1$

$\therefore$ शून्यों की कुल संख्या

$= 48 + 9 + 1 = 58$

28. (d)

प्रश्न व्याख्या (27) के अनुसार,

$\therefore \frac{64}{5} = 12$

$\Rightarrow \frac{12}{5} = 2$

$\therefore$ शून्यों की कुल संख्या

$= 12 + 2 = 14$

29. (b)

प्रश्न व्याख्या 27 के अनुसार,

$\frac{324}{5} = 64$

$\Rightarrow \frac{64}{5} = 12$

$\Rightarrow \frac{12}{5} = 2$

$\therefore$ शून्यों की कुल संख्या
= 64 + 12 + 2 = 78

30. (a)

अनुगामी शून्यों (trailing zeroes)

| 5 | 76 |
|---|---|
| 5 | 15 |
| | 3 |

(15 + 3) = 18

31. (c)

प्रश्नानुसार,

$\frac{142}{5} = 28$

$\frac{28}{5} = 5$

$\frac{5}{5} = 1$

$\therefore$ शून्यों की कुल संख्या
= 28 + 5 + 1 = 34

32. (a)

$\frac{357}{5} = 71$

$\frac{71}{5} = 14 = \frac{14}{5} = 2$

$\therefore$ शून्यों की कुल संख्या
= 71 + 14 + 2 = 87

33. (a)

$\Rightarrow \frac{214}{5} = 42$

$\Rightarrow \frac{42}{5} = 8$

$\Rightarrow \frac{8}{5} = 1$

$\therefore$ शून्यों की कुल संख्या = 42 + 8 + 1
= 51

34. (a)

$\frac{234}{5} = 46$

$\frac{46}{5} = 9$

$\frac{9}{5} = 1$

$\therefore$ शून्यों की कुल संख्या = 46 + 9 + 1
= 56

35. (b)

समान्तर श्रेणी का औसत (A.P.)

$= \frac{\text{पहला पद + अंतिम पद}}{2}$

$= \frac{33+45}{2} = 39$

36. (d)

समान्तर श्रेणी का औसत (A.P.)

$= \frac{\text{पहला पद + अंतिम पद}}{2}$

$\frac{45+57}{2} = 51$

37. (d)

बच्चों के बीच में उपहार बराबर-बराबर बांटने के तरीकों की संख्या, हम गुणकों की कुल संख्या पाते हैं। $480 = 2^5 \times 3^1 \times 5^1$

कुल तरीकों की संख्या = 6 × 2 × 2
= 24 तरीके।

38. (a)

448 = 2 × 2 × 2 × 2 × 2 × 2 × 7

$448 = 2^6 \times 7^1$

आवश्यक तरीकों की संख्या

= (6 + 1) × (1 + 1) = 7 × 2 = 14

39. (c)

जैसा कि हमें ज्ञात है,

594 = 2 × 3 × 3 × 3 × 11

$594 = 2^1 \times 3^3 \times 11^1$

आवश्यक तरीकों की संख्या

= (1 + 1) × (3 + 1) × (1 + 1)

= 2 × 4 × 2 = 16

40. (b)

जैसा कि हम जानते हैं,

720 = 2 × 2 × 2 × 2 × 3 × 5

$\Rightarrow 720 = 2^4 \times 3^2 \times 5^1$

आवश्यक तरीकों की संख्या

(4 + 1) × (2 + 1) × (1 + 1)

= 5 × 3 × 2 = 30

41. (a)

432 = 2 × 2 × 2 × 2 × 3 × 3 × 3

आवश्यक तरीकों की संख्या

= (4 + 1) × (3 + 1) = 5 + 4 = 20

★★★★★

# LCM AND HCF

# ल.स.प. और म.स.प.

17

1. सबसे बड़ी संख्या ज्ञात करें जो 180 और 270 को भाग दे सके।

Find the largest number that can divide 180 and 270.

RPF Constable 18/01/2019 (Shift-02)

(a) 94 (b) 90
(c) 92 (d) 96

2. दो संख्याओं का ल.स.प. 51 और म.स.प 17 है। उनमें से एक संख्या यदि 17 है, तो दूसरी संख्या ज्ञात कीजिए।

The LCM of two numbers is 51 and HCF is 17. If one of those numbers is 17, then find the other number.

RPF Constable 11/01/2019 (Shift-02)

(a) 34 (b) 867
(c) 51 (d) 17

3. उन संख्याओं का गुणनफल ज्ञात कीजिए, जिनका ल.स.प. 8201 और म.स.प. 1 है।

Find the product of those numbers whose LCM is 8201 and HCF is 1.

RPF Constable 16/01/2019 (Shift-02)

(a) 8501 (b) 8201
(c) 8301 (d) 8401

4. उन संख्याओं का गुणनफल ज्ञात कीजिए जिनका लघुत्तम समापवर्तक (ल.स.प.) 25 और महत्तम समापवर्तक (म.स.प.) 8 है।

Find the product of those numbers whose least common multiple (LCM) is 25 and greatest common factor (HCF) is 8.

RPF Constable 10/01/2019 (Shift-03)

(a) 220 (b) 200
(c) 160 (d) 180

5. दो संख्याओं का गुणनफल बताओ, जिनका लघुत्तम समापवर्त्य (ल.स.प.) 9167 और महत्तम समापवर्तक (म.स.प.) 1 है।

Find the product of two numbers whose least common multiple (LCM) is 9167 and greatest common factor (HCF) is 1.

RPF SI 10/01/2019 (Shift-01)

(a) 9267 (b) 9697
(c) 9167 (d) 9567

6. उन दो नंबरों के गुणनफल का ज्ञात कीजिए, जिनका ल.स.प. 120 और म.स.प. 13 है।

Find the product of two numbers whose LCM and HCF is 120 and 13 respectively.

RPF SI 10/01/2019 (Shift-02)

(a) 1560 (b) 1880
(c) 1660 (d) 1220

7. दो संख्याओं का ल.स.प. 182 है और उनका म.स.प. 13 है। एक संख्या 13 दी गई है तो दूसरी संख्या ज्ञात कीजिए।

The least common multiple of two numbers is 182 and their greatest common factor is 13. If one of the numbers is 13 then find the other number.

RPF SI 19/01/2019 (Shift-01)

(a) 182 (b) 143
(c) 132 (d) 121

8. दो संख्याओं का ल.स.प. 88 और म.स.प. 22 है। उनमें से एक संख्या यदि 22 है, तो दूसरी संख्या ज्ञात कीजिए।

The LCM of two numbers is 88 and HCF is 22. If one of those numbers is 22, then find the other number.

RPF Constable 22/01/2019 (Shift-03)

(a) 11 (b) 22
(c) 44 (d) 88

9. वह बड़ी से बड़ी संख्या ज्ञात कीजिए जो 126 और 189 को विभाजित कर सकती है?

Find the largest number which can divide 126 and 189?

RPF Constable 18/01/2019 (Shift-03)

(a) 63 (b) 21
(c) 27 (d) 9

10. दो संख्याओं का ल.स.प. 39 और म.स.प. 13 है। उनमें से एक संख्या यदि 13 है, तो दूसरी संख्या ज्ञात कीजिए।

The LCM of two numbers is 39 and HCF is 13. If one of those numbers is 13, then find the other number.

RPF Constable 19/01/2019 (Shift-03)

(a) 26 (b) 13
(c) 39 (d) 52

11. उन संख्याओं का गुणनफल ज्ञात करें जिनका लघुत्तम समापवर्त्य (ल.स.प.) 8249 और महत्तम समापवर्तक (म.स.प.) 1 है।

Find the product of those numbers whose least common multiple (LCM) is 8249 and greatest common factor (HCF) is 1.

RPF SI 05/01/2019 (Shift-03)

(a) 8549 (b) 8449
(c) 8249 (d) 8249

12. वह बड़ी से बड़ी संख्या ज्ञात कीजिए जो 198 और 297 को विभाजित कर सकती है।

Find the largest number which can divide 198 and 297.

**RPF Constable 19/01/2019 (Shift-02)**

(a) 98 (b) 97
(c) 99 (d) 96

13. ऐसी दो संख्याओं का गुणनफल ज्ञात कीजिए जिनका ल.स.प. 9797 तथा म.स.प. 1 है।

Find the product of two numbers whose LCM is 9797 and HCF is 1.

**RPF SI 17/01/2019 (Shift-03)**

(a) 9797 (b) 9898
(c) 9696 (d) 9595

14. दो संख्याओं का गुणफल बताओ, जिनका ल.स.प. 8357 और म.स.प. 1 है।

Find the product of two numbers whose LCM is 8357 and HCF is 1.

**RPF SI 06/01/2019 (Shift-03)**

(a) 8357 (b) 8457
(c) 8557 (d) 8657

15. वह बड़ी से बड़ी संख्या ज्ञात कीजिए जो 144 और 216 को विभाजित कर सकती है।

Find the largest number which can divide 144 and 216.

**RPF Constable 20/01/2019 (Shift-01)**

(a) 74 (b) 73
(c) 72 (d) 75

16. दो संख्याओं का ल.स.प. 55 और म.स.प. 11 है। उनमें से एक संख्या यदि 11 है, तो दूसरी संख्या ज्ञात कीजिए।

The LCM of two numbers is 55 and HCF is 11. If one of the numbers is 11, then find the other number.

**RPF Constable 20/01/2019 (Shift-03)**

(a) 22 (b) 11
(c) 33 (d) 55

17. उन दो संख्याओं का गुणनफल ज्ञात करें जिनका लघुत्तम समापवर्त्य 70 और महत्तम समापवर्तक 7 है।

Find the product of two numbers whose least common multiple is 70 and greatest common factor is 7.

**RPF SI 06/01/2019 (Shift-01)**

(a) 480 (b) 490
(c) 510 (d) 390

18. वह बड़ी से बड़ी संख्या ज्ञात कीजिए जो 162 और 243 को विभाजित कर सकती है।

Find the largest number which can divide 162 and 243.

**RPF Constable 20/01/2019 (Shift-03)**

(a) 84 (b) 81
(c) 82 (d) 83

19. दो संख्याओं का ल.स.प. और म.स.प. क्रमशः 84 और 12 है। उनमें से एक संख्या 84 है, दूसरी संख्या बताएँ।

The LCM and HCF of two numbers are 84 and 12 respectively. One of them is 84, find the other number.

**RPF Constable 24/01/2019 (Shift-03)**

(a) 84 (b) 18
(c) 12 (d) 16

20. उन संख्याओं का गुणनफल ज्ञात कीजिए जिनका लघुत्तम समापवर्त्य 55 और महत्तम समापवर्तक 6 है।

Find the product of numbers whose least common multiple is 55 and greatest common factor is 6.

**RPF SI 24/12/2018 Shift 1)**

(a) 260 (b) 330
(c) 300 (d) 240

21. दो संख्याओं का ल.स.प. 171 और म.स.प. 19 है। यदि उनमें से एक 19 है तो दूसरी संख्या ज्ञात कीजिए।

The LCM of two numbers is 171 and HCF is 19. If one of them is 19 then find the other number.

**RPF Constable 25/01/2019 (Shift-01)**

(a) 19 (b) 82
(c) 171 (d) 38

22. दो संख्याओं का गुणनफल ज्ञात कीजिए, जिनका लघुत्तम समापवर्त्य 8611 और महत्तम समापवर्तक 1 है।

Find the product of two numbers whose least common multiple is 8611 and greatest common factor is 1.

**RPF SI 12/01/2019 (Shift-03)**

(a) 8911 (b) 8611
(c) 8711 (d) 8811

23. दो संख्याओं का ल.स.प. 32 है और उनका म.स.प. 8 है। दी गई एक संख्या 8 है, दूसरी संख्या ज्ञात कीजिए।

The LCM of two numbers is 32 and their HCF is 8. If one of the number is 8, find the other number.

**RPF SI 11/01/2019 (Shift-01)**

(a) 24 (b) 16
(c) 32 (d) 40

24. दो संख्याओं का गुणनफल ज्ञात कीजिए, जिनका ल.स.प. 9017 और म.स.प. 1 है।

Find the product of two numbers whose LCM is 9017 and HCF is 1.

**RPF Constable 17/01/2019 (Shift-03)**

(a) 9015
(b) 9011
(c) 9017
(d) 9013

25. उन संख्याओं का गुणनफल ज्ञात कीजिए जिनका लघुत्तम समापवर्त्य 30 और महत्तम समापवर्तक 9 है।

Find the product of numbers whose least common multiple is 30 and greatest common factor is 9.

**RPF SI 19/01/2019 (Shift-01)**

(a) 290 (b) 280
(c) 300 (d) 270

26. दो संख्याओं का लघुत्तम समापवर्त्य 48 है और उनका महत्तम समापवर्तक 8 है। दी गई एक संख्या 24 है। दूसरी संख्या ज्ञात कीजिए।

The least common multiple of two numbers is 48 and their greatest common factor is 8. If first number is 24. Find the second number.

RPF SI 12/01/2019 (Shift-02)

(a) 16 (b) 36
(c) 12 (d) 24

27. उन संख्याओं का गुणनफल ज्ञात कीजिए जिनका लघुत्तम समापवर्त्य 90 और महत्तम समापवर्तक 9 है।

Find the product of those numbers whose least common multiple is 90 and greatest common factor is 9.

RPF SI 13/01/2019 (Shift-03)

(a) 620 (b) 810
(c) 710 (d) 900

28. दो संख्याओं का ल.स.प. 64 और म.स.प. 16 है। यदि उनमें से एक संख्या 64 है, तो दूसरी संख्या ज्ञात कीजिए।

The LCM of two numbers is 64 and HCF is 16. If one of them is 64, find the other number.

RPF Constable 17/01/2019 (Shift-03)

(a) 8 (b) 16
(c) 64 (d) 32

29. उन दो संख्याओं का गुणनफल ज्ञात कीजिए जिनका लघुत्तम समापवर्त्य 45 और महत्तम समापवर्तक 10 है।

Find the product of two numbers whose least common multiple is 45 and greatest common factor is 10.

RPF SI 19/12/2019 (Shift-02)

(a) 450 (b) 400
(c) 550 (d) 350

30. वह अधिकतम संख्या क्या होगी जो 852, 1065 और 1491 को पूर्णत: विभाजित कर सकती है।

What will be the maximum number which can completely divide 852, 1065 and 1491?

RPF Constable 30/03/2019 (Shift-02)

(a) 213 (b) 193
(c) 189 (d) 217

31. दो संख्याओं का ल.स.प. और म.स.प. क्रमश: 42 और 7 है। उनमें से एक संख्या 7 है, दूसरी संख्या ज्ञात कीजिए।

The LCM and HCF of two numbers are 42 and 7 respectively. A number among them is 7, find the second number.

RPF Constable 22/01/2019 (Shift-02)

(a) 7 (b) 17
(c) 42 (d) 14

32. पाँच घंटियाँ पहले एक साथ बजाना शुरू करती हैं। फिर वे 6, 5, 7, 8 और 10 सेकंड के अंतरालों पर बजाती हैं। कितने अंतराल के बाद वे फिर से एक साथ बजेंगी?

Five bells start ringing together first. Then they play at intervals of 6, 5, 7, 8 and 10 seconds. After what interval will they ring together again?

RPF Constable 31/02/2019 (Shift-02)

(a) 18 मिनट (b) 14 मिनट
(c) 20 मिनट (d) 16 मिनट

33. वह सबसे बड़ी संख्या ज्ञात कीजिए जो 54 और 81 को पूर्णत: विभाजित कर सकती है।

Find the largest number which can exactly divide 54 and 81.

RPF Constable 17/01/2019 (Shift-01)

(a) 6 (b) 27
(c) 9 (d) 18

34. दो संख्याओं का ल.स.प 156 और उनका म.स.प 12 है। यह देखते हुए कि एक संख्या 12 है, दूसरी संख्या ज्ञात कीजिए।

The LCM of two numbers is 156 and their HCF is 12. Given that one number is 12, find the other number.

RPF Constable 18/01/2019 (Shift-01)

(a) 132 (b) 13
(c) 156 (d) 12

35. दो संख्याओं का ल.स.प. और म.स.प. क्रमश: 153 और 17 है। यदि एक संख्या 17 है, तो दूसरी संख्या ज्ञात कीजिए।

L.C.M and H.C.F of two numbers are 153 and 17 respectively.If one of the number is 17. Find other number.

RPF Constable 02/02/2019 (Shift-01)

(a) 153 (b) 34
(c) 17 (d) 51

36. दो संख्याओं का ल.स.प. और म.स.प. क्रमश: 126 और 21 है। यदि एक संख्या 126 है, तो दूसरी संख्या ज्ञात कीजिए।

L.C.M and H.C.F of two numbers are 126 and 21 respectively.If one of the number is 126. Find other number.

RPF Constable 03/02/2019 (Shift-02)

(a) 21 (b) 35
(c) 42 (d) 25

37. दो संख्याओं का ल.स.प. और म.स.प. क्रमश: 136 और 17 है। यदि एक संख्या 136 है, तो दूसरी संख्या ज्ञात कीजिए।

L.C.M and H.C.F of two numbers are 136 and 17 respectively.If one of the number is 136. Find other number.

RPF Constable 04/02/2019 (Shift-01)

(a) 18 (b) 17
(c) 52 (d) 34

38. दो संख्याओं का गुणनफल ज्ञात कीजिए जिनका ल.स.प. 65 तथा म.स.प. 8 है।

Find the product of two numbers, whose LCM is 65 and the HCF is 8.

RPF SI 05/01/2019 (Shift-02)

(a) 480 (b) 420
(c) 360 (d) 520

39. दो संख्याओं का गुणनफल ज्ञात कीजिए जिनका ल.स.प. 70 तथा म.स.प. 7 है।

Find the product of two numbers, whose LCM is 70 and the HCF is 7.

**RPF SI 06/01/2019 (Shift- 01)**

(a) 480 (b) 490

(c) 510 (d) 390

40. दो संख्याओं का गुणनफल ज्ञात कीजिए, जिनका ल.स.प. 9797 तथा म.स.प. 1 है।

Find the product of two numbers, whose LCM is 9797 and the HCF is 1.

**RPF SI 06/01/2019 (Shift- 02)**

(a) 9797 (b) 9898

(c) 9696 (d) 9595

# ANSWER KEY

| | | | | | | | | | |
|---|---|---|---|---|---|---|---|---|---|
| 1.(b) | 2.(c) | 3.(b) | 4.(b) | 5.(c) | 6.(a) | 7.(a) | 8.(d) | 9.(a) | 10.(c) |
| 11.(d) | 12.(c) | 13.(a) | 14.(a) | 15.(c) | 16.(d) | 17.(b) | 18.(b) | 19.(c) | 20.(b) |
| 21.(c) | 22.(b) | 23.(c) | 24.(c) | 25.(d) | 26.(a) | 27.(b) | 28.(b) | 29.(a) | 30.(a) |
| 31.(c) | 32.(b) | 33.(b) | 34.(c) | 35.(a) | 36.(a) | 37.(b) | 38.(d) | 39.(b) | 40.(a) |

# SOLUTIONS

1. (b)

180 और 270 को विभाजित करने वाली बड़ी से बड़ी संख्या उन संख्याओं का म.स.प. होगा।

म.स.प. (HCF) = 90

2. (c)

पहली संख्या × दूसरी संख्या = ल.स.प. × म.स.प.

17 × दूसरी संख्या = 51 × 17

दूसरी संख्या = 51

3. (b)

संख्याओं का गुणनफल = ल.स.प. × म.स.प.

= 8201 × 1 = 8201

4. (b)

संख्याओं का गुणफल = ल.स.प. × म.स.प.

= 25 × 8 = 200

5. (c)

संख्याओं का गुणनफल = ल.स.प. × म.स.प.

= 9167 × 1 = 9167

6. (a)

संख्याओं का गुणनफल = ल.स.प. × म.स.प.

= 120 × 13 = 1560

7. (a)

पहली संख्या × दूसरी संख्या = ल.स.प. × म.स.प.

13 × दूसरी संख्या = 182 × 13

दूसरी संख्या = 182

8. (d)

पहली संख्या × दूसरी संख्या = ल.स.प. × म.स.प.

माना दूसरी संख्या $x$ है।

$\Rightarrow 22 \times x = 88 \times 22$

$x = 88$

9. (a)

126, 189 को विभाजित करने वाली सबसे बड़ी संख्या,

126 और 189 का म.स.प. = 63

63 से दोनों संख्या भाज्य है।

10. (c)

पहली संख्या × दूसरी संख्या = ल.स.प. × म.स.प.

13 × दूसरी संख्या = 39 × 13

दूसरी संख्या = 39

11. (d)
संख्याओं का गुणनफल = ल.स.प. × म.स.प.
= 8249 × 1 = 8249

12. (c)
198, 297 को विभाजित करने वाली सबसे बड़ी संख्या,
198 और 297 का म.स.प. = 99
99 से दोनों संख्या भाज्य है।

13. (a)
संख्याओं का गुणनफल = ल.स.प. × म.स.प.
= 9797 × 1 = 9797

14. (a)
संख्याओं का गुणनफल = ल.स.प. × म.स.प.
= 8357 × 1 = 8357

15. (c)
144, 216 को विभाजित करने वाली सबसे बड़ी संख्या,
144 और 216 का म.स.प. = 72
72 से दोनों संख्या भाज्य है।

16. (d)
पहली संख्या × दूसरी संख्या = ल.स.प. × म.स.प.
⇒ 11 × दूसरी संख्या = 55 × 11
⇒ दूसरी संख्या = 55

17. (b)
संख्याओं का गुणनफल = ल.स.प. × म.स.प.
= 70 × 7 = 490

18. (b)
162, 243 को विभाजित करने वाली सबसे बड़ी संख्या,
162 और 243 का म.स.प. = 81
81 से दोनों संख्या भाज्य है।

19. (c)
पहली संख्या × दूसरी संख्या = ल.स.प. × म.स.प.
⇒ 84 × दूसरी संख्या = 84 × 12
⇒ दूसरी संख्या = 12

20. (b)
संख्याओं का गुणनफल = ल.स.प. × म.स.प.
= 55 × 6 = 330

21. (c)
पहली संख्या × दूसरी संख्या = ल.स.प. × म.स.प.
19 × दूसरी संख्या = 171 × 19
दूसरी संख्या = 171

22. (b)
संख्याओं का गुणनफल = ल.स.प. × म.स.प.
= 8611 × 1 = 8611

23. (c)
पहली संख्या × दूसरी संख्या = ल.स.प. × म.स.प.
8 × दूसरी संख्या = 32 × 8
दूसरी संख्या = 32

24. (c)
पहली संख्या × दूसरी संख्या = ल.स.प. × म.स.प.
= 9017 × 1 = 9017

25. (d)
संख्याओं का गुणनफल = ल.स. × म.स.
= 30 × 9 = 270

26. (a)
पहली संख्या × दूसरी संख्या = ल.स. × म.स.
24 × दूसरी संख्या = 48 × 8
दूसरी संख्या = 16

27. (b)
संख्याओं का गुणनफल = ल.स. × म.स.
= 90 × 9 = 810

28. (b)
पहली संख्या × दूसरी संख्या = ल.स.प. × म.स.प.
64 × दूसरी संख्या = 64 × 16
दूसरी संख्या = 16

29. (a)
संख्याओं का गुणनफल = ल.स.प. × म.स.प.
= 45 × 10 = 450

30. (a)
852, 1065 और 1491 को विभाजित करने वाली सबसे बड़ी संख्या,
852, 1065 और 1491 का म.स.प. = 213
231 से तीनों संख्या भाज्य है।

31. (c)
पहली संख्या × दूसरी संख्या = ल.स.प. × म.स.प.
7 × दूसरी संख्या = 42 × 7
दूसरी संख्या = 42

32. (b)
6, 5, 7, 8, 10 का ल.स.प.

| | |
|---|---|
| 2 | 6, 5, 7, 8, 10 |
| 4 | 3, 5, 7, 4, 5 |
| 5 | 3, 5, 7, 1, 5 |
| 3 | 3, 1, 7, 1, 1 |
| 7 | 1, 1, 7, 1, 1 |
| | 1, 1 1, 1, 1 |

⇒ 2 × 4 × 5 × 3 × 7 = 40 × 21= 840
ल.स.प. = 840 सेकंड या 14 मिनट
14 मिनट बाद घंटियाँ एक साथ फिर बजेंगी।

33. (b)

54, 81 को विभाजित करने वाली सबसे बड़ी संख्या,

54 और 81 का म.स.प. = 27

27 से दोनों संख्या भाज्य है।

34. (c)

पहली संख्या × दूसरी संख्या = ल.स.प. × म.स.प.

12 × दूसरी संख्या = 156 × 12

दूसरी संख्या = 156

35. (a)

पहली संख्या × दूसरी संख्या = ल.स.प. × म.स.प.

17 × दूसरी संख्या = 153 × 17

दूसरी संख्या = 153

36. (a)

पहली संख्या × दूसरी संख्या = ल.स.प. × म.स.प.

126 × दूसरी संख्या = 126 × 21

दूसरी संख्या = 21

37. (b)

पहली संख्या × दूसरी संख्या = ल.स.प. × म.स.प.

136 × दूसरी संख्या = 136 × 17

दूसरी संख्या = 17

38. (d)

संख्याओं का गुणनफल = ल.स.प. × म.स.प.

= 65 × 8 = 520

39. (b)

संख्याओं का गुणनफल = ल.स.प. × म.स.प.

= 70 × 7 = 490

40. (a)

संख्याओं का गुणनफल = ल.स.प. × म.स.प.

= 9797 × 1 = 9797

★★★★★

# SIMPLIFICATION 18

# सरलीकरण

1. सरल कीजिए/Simplify

$$\frac{23\times552\div24+23}{552\div23-1}$$

RPF Constable 17/01/2019 (Shift-01)

(a) 25 (b) 23
(c) 26 (d) 24

2. सरल कीजिए/Simplify

$$\frac{5}{4}+\frac{3}{5}-\frac{9}{10}$$

RPF Constable 17/01/2019 (Shift-01)

(a) 0.94 (b) 0.96
(c) 0.97 (d) 0.95

3. $x$ का मान ज्ञात कीजिए

Find the value of $x$

$$\sqrt{(189-x)}=\sqrt{(178-\sqrt{81})}$$

RPF Constable 17/01/2019 (Shift-01)

(a) 20 (b) 27
(c) 38 (d) 49

4. सरल कीजिए/Simplify

$$\sqrt{\left(157-\sqrt{182-\sqrt{156+\sqrt{169}}}\right)}$$

RPF Constable 17/01/2019 (Shift-01)

(a) 11 (b) 12
(c) 14 (d) 13

5. सरल कीजिए/Simplify

$$\{2^4\div8\}^4+\sqrt{(135-\sqrt{196})}$$

RPF Constable 17/01/2019 (Shift-01)

(a) 42 (b) 37
(c) 27 (d) 13

6. $x$ का मान ज्ञात कीजिए-

Find the value of $x$

$x^3\div11=968$

RPF Constable 17/01/2019 (Shift-01)

(a) 24 (b) 20
(c) 26 (d) 22

7. सरल कीजिए/Simplify

$$\frac{11\times132\div12+11}{108\div9-1}$$

RPF Constable 18/01/2019 (Shift-01)

(a) 14 (b) 13
(c) 12 (d) 11

8. सरल कीजिए/Simplify

$$\frac{29\times870\div30+29}{870\div29-1}$$

RPF Constable 18/01/2019 (Shift-02)

(a) 32 (b) 31
(c) 29 (d) 30

9. सरल कीजिए/Simplify

48 – [15 + {38 – (28 – 7)}]

RPF Constable 18/01/2019 (Shift-02)

(a) 19 (b) 18
(c) 16 (d) 17

10. सरल कीजिए/Simplify

$$\frac{31}{20}+\frac{3}{10}-\frac{5}{4}=?$$

RPF Constable 18/01/2019 (Shift-02)

(a) 0.59 (b) 0.60
(c) 0.62 (d) 0.61

11. सरल कीजिए/Simplify

79 – [23 – {84 ÷ 7 – (16 – 4) ÷ 4}]

RPF Constable 18/01/2019 (Shift-03)

(a) 61 (b) 63
(c) 67 (d) 65

12. सरल कीजिए/Simplify

49 – [16 + {39 – (29 – 7)}]

RPF Constable 19/01/2019 (Shift-01)

(a) 17 (b) 19
(c) 18 (d) 16

13. सरल कीजिए/Simplify

$$\frac{30\times930\div31+30}{930\div30-1}$$

RPF Constable 19/01/2019 (Shift-02)

(a) 33 (b) 31
(c) 34 (d) 32

14. सरल कीजिए/Simplify

$$\sqrt{\left(343-\sqrt{\left(380-\sqrt{\left(343+\sqrt{324}\right)}\right)}\right)}$$

RPF Constable 19/01/2019 (Shift-02)

(a) 12 (b) 21
(c) 38 (d) 18

15. $x$ क्या मान होगा/Find the value of $x$

$$\sqrt{(157-x)}=\sqrt{(155-\sqrt{121})}$$

RPF Constable 19/01/2019 (Shift-03)

(a) 13 (b) 16
(c) 17 (d) 14

16. सरल कीजिए/Simplify

$324^2\times72\div18^5\times1021$

RPF Constable 05/01/2019 (Shift-01)

(a) 4054 (b) 4064
(c) 4074 (d) 4084

17. $x$ का मान ज्ञात कीजिए/Find the value of $x$

$$\frac{2}{5}(x)+\frac{3}{10}(x)-\frac{3}{5}(x)=531$$

RPF SI 05/01/2019 (Shift-01)

(a) 5210
(b) 5410
(c) 5310
(d) 5510

18. $x$ का मान ज्ञात कीजिए
Find the value of $x$
$15.73 + 13.25 + 16.73 - 28.64 = 3x$

**RPF SI 05/01/2019 (Shift-01)**

(a) 5.69 (b) 5.49
(c) 5.59 (d) 5.79

19. सरल कीजिए/Simplify

$(7^4)^2 \times \frac{1}{343^2} \times 7 + 17$

**RPF SI 05/01/2019 (Shift-01)**

(a) 360 (b) 380
(c) 340 (d) 320

20. सरल कीजिए/Simplify

$\sqrt{20.25} + \sqrt{75.69} + 8.7$

**RPF SI 05/01/2019 (Shift-02)**

(a) 21.5 (b) 21.7
(c) 21.9 (d) 21.3

21. सरल कीजिए/Simplify

$\frac{1}{12} \div \frac{1}{12} \div \frac{1}{12} \div \frac{1}{12} \div \frac{1}{12}$

**RPF SI 05/01/2019 (Shift-02)**

(a) 1287 (b) 1278
(c) 1728 (d) 1782

22. सरल कीजिए/Simplify
$289^2 \times 68 \div 17^5 \times 1021$

**RPF SI 05/01/2019 (Shift-02)**

(a) 4074 (b) 4064
(c) 4054 (d) 4084

23. $x$ का मान ज्ञात कीजिए
Find the value of $x$

$\sqrt{361} \div 19 + \sqrt{400} = 1 \times x$

**RPF SI 05/01/2019 (Shift-03)**

(a) 24 (b) 22
(c) 23 (d) 21

24. सरल कीजिए/Simplify

$486 \div \left\{\frac{3}{4}\left[\frac{16}{15}\right] - \frac{2}{3}\right\}$

**RPF SI 05/01/2019 (Shift-03)**

(a) 3654 (b) 3645
(c) 3456 (d) 3465

25. सरल कीजिए/Simplify

$\frac{1}{13} \div \frac{1}{13} \div \frac{1}{13} \div \frac{1}{13} \div \frac{1}{13}$

**RPF SI 06/01/2019 (Shift-01)**

(a) 2197 (b) 1444
(c) 1331 (d) 2917

26. सरल कीजिए/Simplify

$\sqrt{21.16} + \sqrt{79.21} + 8.9$

**RPF SI 06/01/2019 (Shift-02)**

(a) 22.6 (b) 22.4
(c) 22.2 (d) 22.8

27. सरल कीजिए/Simplify

$\frac{5.2 \times 5.2 - 2.7 \times 2.7}{7.9 \times 2.5}$

**RPF SI 06/01/2019 (Shift-02)**

(a) 1.3 (b) 1
(c) 1.9 (d) 0.3

28. सरल कीजिए/Simplify

$(13)^3 + (-8)^3 + (-5)^3$

**RPF SI 13/06/2022 (Shift-02)**

(a) $-40 \times 40$ (b) $-39 \times 40$
(c) $39 \times 40$ (d) $41 \times 38$

29. X का भिन्नात्मक मान ज्ञात कीजिए, जहाँ X = 0.344444...
Find the fractional value of X, where X = 0.344444...

**RPF Constable 17/01/2019 (Shift-03)**

(a) $\frac{31}{990}$ (b) $\frac{35}{99}$

(c) $\frac{31}{90}$ (d) $\frac{13}{99}$

30. व्यंजक को सरल कीजिए:
Simplify the expression

$\frac{37}{20} + \frac{3}{10} - \frac{5}{4} = ?$

**RPF Constable 18/01/2019 (Shift-02)**

(a) 0.90 (b) 0.91
(c) 0.89 (d) 0.92

31. निम्न को हल करें और $x$ का मान ज्ञात करें:
Solve the following and find the value of $x$:
$(x^3) \div 29 = 841$

**RPF Constable 18/01/2019 (Shift-02)**

(a) 29 (b) 31
(c) 30 (d) 28

32. X = 0.5808080 तो X का भिन्नात्मक मान ज्ञात कीजिए:
X = 0.5808080 then find the fractional value of X:

**RPF Constable 18/01/2019 (Shift-02)**

(a) $\frac{572}{990}$ (b) $\frac{574}{990}$

(c) $\frac{573}{990}$ (d) $\frac{575}{990}$

33. निम्नलिखित में से कौन सा पूर्ण वर्ग है?
Which of the following is a perfect square?

**RPF Constable 18/01/2019 (Shift-03)**

(a) 5778 (b) 5777
(c) 5776 (d) 5772

34. $x$ का मान ज्ञात कीजिए:
Find the value of $x$:
$(x^3) \div 14 = 1568$

**RPF Constable 19/01/2019 (Shift-01)**

(a) 28 (b) 30
(c) 32 (d) 26

35. सरल कीजिए/Simplify

$\frac{1}{8} + \frac{3}{4} - \frac{5}{8}$

**RPF Constable 19/01/2019 (Shift-01)**

(a) 0.3 (b) 0.45
(c) 0.5 (d) 0.25

36. सरल कीजिए/simplify

$\left((4^4)^2 \times \frac{1}{64^2}\right)^2 + 10$

**RPF SI 19/12/2018 (Shift-01)**

(a) 344 (b) 244
(c) 366 (d) 266

37. सरल कीजिए/simplify

$\sqrt{16.81}+\sqrt{67.24} \div 2$

RPF SI 19/12/2018 (Shift-03)

(a) 8.4 (b) 8
(c) 8.2 (d) 8.1

38. सरल कीजिए/simplify

$5 \div 5^{-2} + \sqrt{25}-\sqrt{121}$

RPF SI 19/12/2018 (Shift-03)

(a) 143 (b) 132
(c) 121 (d) 119

39. सरल कीजिए/Simplify:

$\frac{1}{10} \div \frac{1}{10} \div \frac{1}{10} \div \frac{1}{10} \div \frac{1}{10}$

RPF SI 19/12/2018 (Shift-03)

(a) 800 (b) 1000
(c) 1200 (d) 900

40. सरल कीजिए/Simplify:

$\left((6^4)^2 \times \frac{1}{216^2}\right) \times 6 + 16$

RPF SI 24/12/2018 (Shift-01)

(a) 224 (b) 242
(c) 216 (d) 232

41. सरल कीजिए/Simplify:

$6 \div 6^{-2} + \sqrt{36}-\sqrt{144}$

RPF SI 24/12/2018 (Shift-01)

(a) 240 (b) 230
(c) 220 (d) 210

42. $x$ का मान ज्ञात कीजिए।

Find the value of $x$

$\frac{2}{5}(x)+\frac{3}{10}(x)-\frac{3}{5}(x) = 531$

RPF SI 05/01/2019 (Shift-01)

(a) 5210 (b) 5410
(c) 5310 (d) 5510

43. $x$ का मान ज्ञात कीजिए/Find the value of $x$

$\sqrt{441} \div 21 + \sqrt{484} = 1 \times x$

RPF SI 05/01/2019 (Shift-01)

(a) 26 (b) 25
(c) 23 (d) 24

44. सरल कीजिए/Simplify:

$(8^4)^2 \times \frac{1}{512^2} \times 8 + 18$

RPF SI 06/01/2019 (Shift-01)

(a) 490 (b) 530
(c) 510 (d) 550

45. दिए गए समीकरण में प्रश्नवाचक चिह्न (?) के स्थान पर क्या आएगा?

What will come in place of question mark (?) in the given equation?

12.34 + 23.45 + 34.56 – 45.67 = 2 × ?

RPF SI 06/01/2019 (Shift-02)

(a) 13.34 (b) 14.34
(c) 12.34 (d) 11.34

46. समीकरण को हल करें।

Solve the equation

$169^2 \times 52 \div 13^2 \times 1020$

RPF SI 06/01/2019 (Shift-02)

(a) 4050 (b) 4060
(c) 4070 (d) 4080

47. $x$ का मान ज्ञात करें।

Find the value of $x$

$\sqrt{169} \div 13 + \sqrt{196} = 3 \times x$

RPF SI 10/01/2019 (Shift-01)

(a) 2 (b) 3
(c) 4 (d) 5

48. $x$ का मान ज्ञात कीजिए।

Find the value of $x$

$\sqrt{(555-x)} = \sqrt{(38-\sqrt{169})}$

RPF Constable 02/02/2019 (Shift-01)

(a) 530 (b) 756
(c) 625 (d) 621

49. सरल कीजिए/Simplify:

$\left[(54 \times 17 \times 54 \times 17) \div \left(2\left(\sqrt{289 \div 2}\right)\right)^2\right]$

RPF Constable 02/02/2019 (Shift-01)

(a) 2601 (b) 2916
(c) 2704 (d) 2401

50. सरल कीजिए/Simplify:

250 – [90 – (120 ÷ 10 – (30 – 60 ÷ 3) ÷ 10)]

RPF Constable 02/02/2019 (Shift-01)

(a) 143 (b) 171
(c) 134 (d) 166

51. X = 0.3566666 ..., X के लिए एक अलग मान प्राप्त करें

X = 0.3566666 ..., get a different value for X

RPF Constable 02/02/2019 (Shift-01)

(a) $\frac{324}{900}$ (b) $\frac{321}{990}$
(c) $\frac{321}{99}$ (d) $\frac{321}{900}$

52. सरल कीजिए/Simplify:

$\sqrt{\left(140-\sqrt{\left(368-\sqrt{\left(37+\sqrt{144}\right)}\right)}\right)}$

RPF Constable 02/02/2019 (Shift-01)

(a) 13 (b) 14
(c) 11 (d) 12

53. सरल कीजिए/Simplify:

$\sqrt{\left(159-\sqrt{\left(244-\sqrt{\left(375-\sqrt{196}\right)}\right)}\right)}$

RPF Constable 03/02/2019 (Shift-02)

(a) 14 (b) 16
(c) 13 (d) 12

54. सरल कीजिए/Simplify:

$(21 \times 8 \times 21 \times 16) \div \left(2\left(\sqrt{64 \div 2}\right)\right)^2$

RPF Constable 03/02/2019 (Shift-02)

(a) 441 (b) 484
(c) 144 (d) 324

55. X का भिन्नात्मक मान ज्ञात कीजिए।

Find the fraction value of X

X = 0.47474747

RPF Constable 03/02/2019 (Shift-02)

(a) $\frac{47}{99}$ (b) $\frac{48}{99}$
(c) $\frac{46}{90}$ (d) $\frac{48}{90}$

56. $x$ का मान ज्ञात कीजिए।

Find the value of $x$

$$\sqrt{(140-x)} = \sqrt{(12+\sqrt{169})}$$

RPF Constable 03/02/2019 (Shift-02)

(a) 245 (b) 425

(c) 115 (d) 135

57. सरल कीजिए/Simplify

$$(38\times33\times38\times33)+\left(2\left(\sqrt{1089}\div2\right)\right)^2$$

RPF Constable 04/02/2019 (Shift-01)

(a) 1444

(b) 5444

(c) 1222

(d) 2444

58. सरल कीजिए/Simplify:

$$\sqrt{\left(694-\sqrt{\left(337-\sqrt{\left(191-\sqrt{484}\right)}\right)}\right)}$$

RPF Constable 04/02/2019 (Shift-01)

(a) 29 (b) 25

(c) 24 (d) 26

59. सरल कीजिए/Simplify:

120 – [100 – (81 ÷ 9 – (65 – 100 ÷ 2) ÷ 15)]

RPF Constable 04/02/2019 (Shift-01)

(a) 36 (b) 32

(c) 28 (d) 34

60. $x$ का मान ज्ञात कीजिए।

Find the value of $x$

$$\sqrt{(430-x)} = \sqrt{(86-\sqrt{25})}$$

RPF Constable 04/02/2019 (Shift-01)

(a) 729 (b) 372

(c) 298 (d) 349

61. X का भिन्नात्मक मान ज्ञात कीजिए।

Find the fraction value of X

X = 0.8422222 ...

RPF Constable 04/02/2019 (Shift-01)

(a) $\frac{741}{900}$ (b) $\frac{758}{990}$

(c) $\frac{758}{99}$ (d) $\frac{758}{900}$

62. सरल कीजिए/Simplify:

$$(7^4)^2\times\frac{1}{343^2}\times7+17$$

RPF SI 05/01/2019 (Shift-02)

(a) 360 (b) 380

(c) 340 (d) 320

63. सरल कीजिए/Simplify:

$$468\div\left\{\frac{3}{4}\left[\frac{16}{15}\right]-\frac{2}{3}\right\}$$

RPF SI 05/01/2019 (Shift-02)

(a) 3150 (b) 5310

(c) 5130 (d) 3510

64. $x$ का मान ज्ञात कीजिए।

Find the value of $x$

$$\frac{2}{5}(x)+\frac{3}{10}(x)-\frac{3}{5}(x) = 521$$

RPF SI 05/01/2019 (Shift-03)

(a) 5310 (b) 5110

(c) 5210 (d) 5410

65. $x$ का मान ज्ञात कीजिए।

Find the value of $x$

15.37 + 13.52 + 16.37 – 28.46 = 3$x$?

RPF SI 05/01/2019 (Shift-03)

(a) 5.7 (b) 5.5

(c) 5.4 (d) 5.6

66. सरल कीजिए/Simplify:

$289^2 \times 68 \div 17^5 \times 1021 = ?$

RPF SI 05/01/2019 (Shift-03)

(a) 4074 (b) 4064

(c) 4054 (d) 4084

67. $x$ का मान ज्ञात कीजिए। :

Find the value of $x$:

RPF SI 05/01/2019 (Shift-03)

$$\sqrt{36}\div19+\sqrt{400} = 1\times x$$

(a) 24

(b) 22

(c) 23

(d) 21

68. $x$ का मान ज्ञात कीजिए।

Find the value of $x$.

$$\sqrt{121}\div11+\sqrt{144} = 1\times x$$

RPF SI 06/01/2019 (Shift-02)

(a) 16

(b) 14

(c) 13

(d) 15

69. ? का मान ज्ञात कीजिए।

Find the value of ?

12.34 + 23.45 + 34.56 – 45.67 = 2 × ?

RPF SI 06/01/2019 (Shift-02)

(a) 13.34

(b) 14.34

(c) 12.34

(d) 11.34

70. $x$ का मान ज्ञात कीजिए।

Find the value $x$.

$$\frac{2}{5}(x)+\frac{3}{10}(x)-\frac{3}{5}(x) = 439$$

RPF SI 06/01/2019 (Shift-02)

(a) 4390 (b) 4590

(c) 4290 (d) 4490

# ANSWER KEY

| | | | | | | | | | |
|---|---|---|---|---|---|---|---|---|---|
| 1.(d) | 2.(d) | 3.(a) | 4.(b) | 5.(c) | 6.(d) | 7.(c) | 8.(d) | 9.(c) | 10.(b) |
| 11.(d) | 12.(d) | 13.(b) | 14.(d) | 15.(a) | 16.(d) | 17.(c) | 18.(a) | 19.(a) | 20.(c) |
| 21.(c) | 22.(d) | 23.(d) | 24.(b) | 25.(a) | 26.(b) | 27.(b) | 28.(c) | 29.(c) | 30.(a) |
| 31.(a) | 32.(d) | 33.(c) | 34.(a) | 35.(d) | 36.(d) | 37.(c) | 38.(d) | 39.(b) | 40.(d) |
| 41.(d) | 42.(c) | 43.(c) | 44.(b) | 45.(c) | 46.(d) | 47.(d) | 48.(a) | 49.(b) | 50.(b) |
| 51.(d) | 52.(c) | 53.(d) | 54.(a) | 55.(a) | 56.(c) | 57.(a) | 58.(d) | 59.(c) | 60.(d) |
| 61.(d) | 62.(a) | 63.(d) | 64.(c) | 65.(d) | 66.(d) | 67.(d) | 68.(c) | 69.(c) | 70.(a) |

# SOLUTIONS

1. (d)

$$\frac{\frac{23\times552}{24}+23}{\frac{552}{23}-1}=\frac{23\times23+23}{24-1}$$

$$=\frac{552}{23}=24$$

2. (d)

$$\frac{5}{4}+\frac{3}{5}-\frac{9}{10}$$

$$\Rightarrow\frac{25+12-18}{20}=\frac{25-6}{20}$$

$$=\frac{19}{20}=0.95$$

3. (a)

$$\sqrt{189-x}=\sqrt{(178-\sqrt{81})}$$

दोनों पक्षो का वर्ग करने पर

$\Rightarrow 189-x=178-9$

$\Rightarrow x=189-169=20$

4. (b)

$$\sqrt{\left(157-\sqrt{182-\sqrt{156+\sqrt{169}}}\right)}$$

$$=\sqrt{\left(157-\sqrt{\left(182-\sqrt{(156+13)}\right)}\right)}$$

$$=\sqrt{157-\sqrt{182-13}}$$

$$=\sqrt{157-\sqrt{169}}$$

$$=\sqrt{157-13}=\sqrt{144}=12$$

5. (c)

$$\left[2^4\div8\right]^4+\sqrt{\left(135-\sqrt{196}\right)}$$

$$=\left[\frac{16}{8}\right]^4+\sqrt{135-14}$$

$$=16+\sqrt{121}$$

$$=16+11=27$$

6. (d)

$$\frac{x^3}{11}=968\Rightarrow x^3=968\times11$$

$$\Rightarrow x=(10648)^{\frac{1}{3}}$$

$$\Rightarrow x=22$$

7. (c)

$$\frac{11\times132\div12+11}{108\div9-1}$$

$$\Rightarrow\frac{\frac{11\times132}{12}+11}{\frac{108}{9}-1}$$

$$=\frac{11\times11+11}{12-1}=\frac{132}{11}=12$$

8. (d)

$$\frac{29\times870\div30+29}{870\div29-1}$$

$$=\frac{\frac{29\times870}{30}+29}{\frac{870}{29}-1}=\frac{29\times29+29}{29}$$

$$=\frac{29\times29}{29}+\frac{29}{29}$$

$= (29+1) = 30$

9. (c)
$48 - [15 + \{38 - (28 - 7)\}]$
$= 48 - [15 + \{38 - 21\}]$
$= 48 - [15 + 17]$
$= 48 - 32 = 16$

10. (b)
$\frac{31}{20}+\frac{3}{10}-\frac{5}{4}$
$\Rightarrow \frac{31+6-25}{20} = \frac{37-25}{20}$
$= \frac{12}{20} = \frac{3}{5} = 0.6$

11. (d)
$79 - [23 - \{84 \div 7 - (16 - 4) \div 4)\}]$
$\Rightarrow 79 - [23 - \{12 - (16 - 4) \div 4\}]$
$\Rightarrow 79 - [23 - \{12 - 3\}] = 79 - [23 - 9]$
$\Rightarrow 79 - 14 = 65$

12. (d)
$49 - [16 + \{39 - (29 - 7)\}]$
$\Rightarrow 49 - [16 + \{39 - 22\}]$
$\Rightarrow 49 - [16 + 17] = 49 - 33 = 16$

13. (b)
$\frac{30 \times 930 \div 31 + 30}{930 \div 30 - 1}$
$= \frac{\frac{30\times930}{31}+30}{\frac{930}{30}-1} = \frac{30\times30+30}{30}$
$= \frac{30\times30}{30}+\frac{30}{30} = 31$

14. (d)
$\sqrt{\left(343-\sqrt{\left(380-\sqrt{\left(343+\sqrt{324}\right)}\right)}\right)}$
$= \sqrt{\left(343-\sqrt{380-\sqrt{343+18}}\right)}$
$= \sqrt{343-\sqrt{380-19}}$
$= \sqrt{343-\sqrt{361}}$
$= \sqrt{343-19}$
$= \sqrt{324} = 18$

15. (a)
$\sqrt{(157-x)} = \sqrt{\left(155-\sqrt{121}\right)}$
दोनों पक्षो का वर्ग करने पर
$\Rightarrow 157 - x = (155 - 11)$
$\Rightarrow 157 - x = 144$
$\Rightarrow x = 157 - 144 = 13$

16. (d)
$324^2 \times 72 \div 18^5 \times 1021$
$= \frac{324^2\times72}{18^5}\times1021$
$= \frac{72}{18}\times1021 = 4 \times 1021$
$= 4084$

17. (c)
$\frac{2}{5}(x)+\frac{3}{10}(x)-\frac{3}{5}(x) = 531$
$\Rightarrow \frac{4x+3x-6x}{10} = 531$
$\Rightarrow \frac{x}{10} = 531$
$\Rightarrow x = 5310$

18. (a)
$15.73 + 13.25 + 16.73 - 28.64 = 3 \times x$
$\Rightarrow 45.71 - 28.64 = 3 \times x$
$\Rightarrow 17.07 = 3 \times x$
$\Rightarrow x = \frac{17.07}{3} = 5.69$

19. (a)
$(7^4)^2 \times \frac{1}{(343)^2} \times 7 + 17$
$= \frac{7^8\times7}{(7^3)^2}+17 = \frac{7^9}{7^6}+17$
$= 7^3 + 17 = 343 + 17 = 360$

20. (c)
$\sqrt{20.25}+\sqrt{75.69}+8.7$
$= 4.5 + 8.7 + 8.7 = 21.9$

21. (c)
$\frac{1}{12}\div\frac{1}{12}\div\frac{1}{12}\div\frac{1}{12}\div\frac{1}{12}$
$= \frac{1}{12} \times 12 \times 12 \times 12 \times 12$
$\Rightarrow 12 \times 12 \times 12 = 1728$

22. (d)
$289^2 \times 68 \div 17^5 \times 1021$
$= \frac{17^4\times68}{17^5} \times 1021$
$= \frac{68}{17} \times 1021$
$= 4 \times 1021 = 4084$

23. (d)
$\sqrt{361}\div19+\sqrt{400} = 1 \times x$
$\Rightarrow \frac{19}{19}+20 = x$
$\Rightarrow x = 21$

24. (b)
$486 \div \left\{\frac{3}{4}\left(\frac{16}{15}\right)-\frac{2}{3}\right\}$
$= 486 \div \left\{\frac{3}{4}\times\frac{16}{15}-\frac{2}{3}\right\}$
$= 486 \div \left\{\frac{4}{5}-\frac{2}{3}\right\}$
$= 486 \div \left\{\frac{12-10}{15}\right\}$
$= 486 \div \frac{2}{15} = 486 \times \frac{15}{2}$
$= 243 \times 15 = 3645$

25. (a)
$\frac{1}{13}\div\frac{1}{13}\div\frac{1}{13}\div\frac{1}{13}\div\frac{1}{13}$
$= \frac{1}{13}\times13\times13\times13\times13$
$\Rightarrow 13 \times 13 \times 13 = 2197$

26. (b)
$\sqrt{21.16}+\sqrt{79.21}+8.9$
दोनों पक्षो का वर्ग करने पर
$= 4.6 + 8.9 + 8.9 = 22.4$

27. (b)

$\frac{5.2\times5.2-2.7\times2.7}{7.9\times2.5}$

$=\frac{(5.2)^2-(2.7)^2}{7.9\times2.5}$

$=\frac{(5.2+2.7)(5.2-2.7)}{7.9\times2.5}$

$=\frac{7.9\times2.5}{7.9\times2.5}=1$

28. (c)
$(13)^3+(-8)^3+(-5)^3$
$=2197-512-125=2197-637=39\times40$

29. (c)
दिया गया है, $x=0.344444...$

$\Rightarrow x=0.3\overline{4}\Rightarrow x=\frac{34-3}{90}$

$=\frac{31}{90}$

30. (a)

$\frac{37}{20}+\frac{3}{10}-\frac{5}{4}$

$=\frac{37}{20}+\frac{6}{20}-\frac{25}{20}$

$=\frac{37+6-25}{20}$

$\Rightarrow\frac{18}{20}=0.90$

31. (a)
$(x^3)\div29=841$

$\Rightarrow\frac{(x^3)}{29}=841\Rightarrow(x^3)=841\times29$

दोनों ओर घनमूल लेने पर:-
$\Rightarrow x=29$

32. (d)
दिया गया है कि $x$ का मान
$=0.5808080....$

$\Rightarrow x=0.5\overline{80}\Rightarrow x=\frac{580-5}{990}$

$=\frac{575}{990}$

33. (c)
स्पष्ट रूप से 5776, 76 का वर्ग है।
अत: 5776 एक पूर्ण वर्ग संख्या है

34. (a)
$(x^3)\div14=1568$
$\Rightarrow(x^3)=1568\times14$
$(x^3)=14\times14\times2\times2\times2\times14$
दोनों तरफ घनमूल लेने पर:-

$\Rightarrow\sqrt{(x^3)}$

$=\sqrt{14\times14\times2\times2\times2\times14}$
$\Rightarrow x=28$

35. (d)

$\frac{1}{8}+\frac{3}{4}-\frac{5}{8}$

$=\frac{1}{8}+\frac{6}{8}-\frac{5}{8}=\frac{1+6-5}{8}$

$\Rightarrow\frac{1}{4}=0.25$

36. (d)

$=\left((4^4)^2\times\frac{1}{64^2}\right)^2+10$

$=\left((4^8)\times\frac{1}{4^6}\right)^2+10$

$=(4^2)^2+10=(4^4)+10$

$=266$

37. (c)
$\sqrt{16.81}+\sqrt{67.24}\div2$
$\Rightarrow4.1+8.2\div2$
$\Rightarrow4.1+4.1=8.2$

38. (d)
$5\div5^{-2}+\sqrt{25}-\sqrt{121}$

$5\div\frac{1}{5^2}+5-11$

$5\times5^2-6\Rightarrow125-6=119$

39. (b)

$\frac{1}{10}\div\frac{1}{10}\div\frac{1}{10}\div\frac{1}{10}\div\frac{1}{10}$

$=\frac{1}{10}\times10\times10\times10\times10$

$=1000$

40. (d)

$\left((6^4)^2\times\frac{1}{216^2}\right)\times6+16$

$\Rightarrow\left(6^8\times\frac{1}{6^6}\right)\times6+16$

$\Rightarrow(6^2)\times6+16$

$\Rightarrow6^3+16=232$

41. (d)

$6\div6^{-2}+\sqrt{36}-\sqrt{144}$

$6\div\frac{1}{6^2}+6-12$

$6\times6^2-6\Rightarrow216-6=210$

42. (c)

$\frac{2}{5}(x)+\frac{3}{10}(x)-\frac{3}{5}(x)=531$

$\Rightarrow\frac{4x+3x-6x}{10}=531$

$\Rightarrow\frac{x}{10}=531\Rightarrow x=5310$

43. (c)

$\sqrt{441}\div21+\sqrt{484}=1\times x$
$\Rightarrow21\div21+22=x\Rightarrow x=23$

44. (b)

$\left((8^4)^2\times\frac{1}{512^2}\right)\times8+18$

$=\left(8^8\times\frac{1}{8^6}\right)\times8+18$

$=(8^2)\times8+18$
$=8^3+18=530$

45. (c)
$12.34+23.45+34.56-45.67=2\times?$
$\Rightarrow35.79+34.56-45.67=2\times?$
$\Rightarrow70.35-45.67=2\times?$
$\Rightarrow24.68=2\times?\Rightarrow?=12.34$

46. (d)
$(169)^2 \times 52 \div 13^5 \times 1020$
$= (13^2)^2 \times 52 \div 13^5 \times 1020$
$= 13^4 \times 52 \times \frac{1}{13^5} \times 1020$
$= 52 \times \frac{1}{13} \times 1020 = 4080$

47. (d)
$\sqrt{169} \div 13 + \sqrt{196} = 3 \times x$
$13 \div 13 + 14 = 3x \Rightarrow x = 5$

48. (a)
$\sqrt{(555-x)} = \sqrt{(38-\sqrt{169})}$
$\Rightarrow \sqrt{(555-x)} = \sqrt{(38-13)}$
$\Rightarrow \sqrt{(555-x)} = \sqrt{25}$
दोनों पक्षों का वर्ग करने पर:
$\Rightarrow 555 - x = 25$
$\Rightarrow x = 530$

49. (b)
$2[(54 \times 17 \times 54 \times 17) \div (2(\sqrt{289} \div 2))^2]$
$\Rightarrow 2[54 \times 17 \times 54 \times 17) \div \left(2\times\frac{17}{\sqrt{2}}\right)^2]$
$\Rightarrow 2[54 \times 17 \times 54 \times 17) \div (\sqrt{2}\times 17)^2]$
$\Rightarrow 2[54 \times 17 \times 54 \times 17) \div 2 \times 17 \times 17]$
$\Rightarrow 54 \times 54$
$\Rightarrow 2916$

50. (b)
$250 - [90 - (120 \div 10 - (30 - 60 \div 3) \div 10)]$
$\Rightarrow 250 - [90 - (12 - (30 - 20) \div 10)]$
$\Rightarrow 250 - [90 - 11]$
$\Rightarrow 250 - 79$
$\Rightarrow 171$

51. (d)
$0.35\bar{6} = \frac{356-35}{900} = \frac{321}{900}$

52. (c)
$= \sqrt{(140-\sqrt{(368-\sqrt{(37+\sqrt{144})})})}$
$= \sqrt{(140-\sqrt{(368-\sqrt{(37+12)})})}$
$= \sqrt{(140-\sqrt{(368-\sqrt{(49)})})}$
$= \sqrt{(140-\sqrt{(368-7})}$
$= \sqrt{(140-\sqrt{361}}$
$= \sqrt{(140-19)}$
$= \sqrt{121} = 11$

53. (d)
$\sqrt{(159-\sqrt{(244-\sqrt{375-\sqrt{196}})})}$
$= \sqrt{(159-\sqrt{(244-\sqrt{375-14})})}$
$= \sqrt{(159-\sqrt{(244-\sqrt{361})})}$
$= \sqrt{(159-\sqrt{(244-19)})}$
$= \sqrt{(159-\sqrt{(225)})}$
$= \sqrt{(159-15)}$
$= \sqrt{144} = 12$

54. (a)
$= (21\times8\times21 \times 16) \div (2(\sqrt{32}))^2$
$= (21 \times 8\times21 \times 16) \div 4 \times 32$
$= 21 \times 21 = 441$

55. (a)
हम जानते हैं
$x = 0.a$
$x = 0.\overline{ab} = \frac{ab}{99}$
तब, 0.47474747........
या
$\frac{47}{99}$

56. (c)
$\sqrt{(140-x)} = \sqrt{(12+\sqrt{169})}$
$\sqrt{(140-x)} = \sqrt{(12+13)}$
$\sqrt{(140-x)} = \sqrt{(25)}$
दोनों पक्षों का वर्ग करने पर
$(140 - x) = 25$
$x = 140 - 25$
$x = 115$

57. (a)
$(38 \times 33 \times 38 \times 33) \div (2(\sqrt{1089} \div 2)^2)$ $(38 \times 33 \times 38 \times 33) \div (1089)$
$= 38 \times 38$
$= 1444$

58. (d)
$\sqrt{(694-\sqrt{(337-\sqrt{191-\sqrt{484}})})}$
$= \sqrt{(694-\sqrt{(337-\sqrt{191-22})})}$
$= \sqrt{(694-\sqrt{(337-\sqrt{169})})}$
$= \sqrt{(694-\sqrt{(337-\sqrt{13})})}$
$= \sqrt{(694-\sqrt{(324)})}$
$= \sqrt{(694-18)}$
$= \sqrt{676} = 26$

59. (c)
$120 - [100 - (81 \div 9 - (65 - 100 \div 2) \div 15)]$
$= 120 - [100 - (81 \div 9 - (65 - 50) \div 15)]$
$= 120 - [100 - (81 \div 9 - 15 \div 15)]$
$= 120 - [100 - (81 \div 9 - 1)]$
$= 120 - [100 - (9 - 1)]$
$= 120 - [100 - 8]$
$= 120 - 92 = 28$

60. (d)

$\sqrt{(430-x)} = \sqrt{(86-\sqrt{25})}$

दोनों पक्षों का वर्ग करने पर

$(430 - x) = (86 - 5)$

$(430 - x) = 81$

$x = 430 - 81$

$x = 349$

61. (d)

$\Rightarrow X = 0.842......$

$\Rightarrow X = 0.84\overline{2}$

$\Rightarrow X = \frac{(842-84)}{900}$

$\Rightarrow X = \frac{758}{900}$

∴ विकल्प (d) सही उत्तर है।

62. (a)

$(7^4)^2 \times \frac{1}{343^2} \times 7 + 17$

$= (7)^8 \times \frac{1}{7^6} \times 7 + 17$

$= 7^3 + 17$

$= 343 + 17 = 360$

63. (d)

$468 \div \left\{\frac{3}{4}\left[\frac{16}{15}\right] - \frac{2}{3}\right\}$

$= 468 \div \left\{\frac{4}{5} - \frac{2}{3}\right\}$

$= 468 \div \left(\frac{12-10}{15}\right)$

$= 468 \times \frac{15}{2} = 3510$

64. (c)

$\frac{2}{5}(x) + \frac{3}{10}(x) - \frac{3}{5}(x)$

$= 521$

$\Rightarrow \frac{4x+3x-6x}{10} = 521$

$\Rightarrow x = 521 \times 10$

$\therefore x = 5210$

65. (d)

$15.37 + 13.52 + 16.37 - 28.46 = 3 \times ?$

$\Rightarrow 16.8 = 3 \times ?$

$\Rightarrow \frac{16.8}{3} = ?$

$\therefore ? = 5.6$

66. (d)

$289^2 \times 68 \div 17^5 \times 1021 = ?$

$17^4 \times \frac{68}{17^5} \times 1021 = ?$

$\therefore 4084 = ?$

67. (d)

$\sqrt{361} \div 19 + \sqrt{400} = 1 \times x$

$\Rightarrow \frac{19}{19} + 20 = 1 \times x$

$\Rightarrow 1 + 20 = x$

$x = 21$

68. (c)

$\sqrt{121} \div 11 + \sqrt{144} = 1 \times x$

$\Rightarrow 11 \div 11 + 12 = x$

$\Rightarrow 1 + 12 = x$

$\therefore x = 13$

69. (c)

$12.34 + 23.45 + 34.56 - 45.67 = 2 \times ?$

$\frac{24.68}{2} = ?$

$\therefore ? = 12.34$

70. (a)

$\frac{2}{5}(x) + \frac{3}{10}(x) - \frac{3}{5}(x) = 439$

$\Rightarrow \frac{4x+3x-6x}{10} = 439$

$\Rightarrow x = 439 \times 10$

$\therefore x = 4390$

☆☆☆☆☆

# MENSURATION 2D & 3D

## द्विविमीय और त्रिविमीय क्षेत्रमिति

## 19

1. एक चतुर्भुज की भुजाएँ 2 : 3 : 4 : 5 के अनुपात में हैं और परिधि 294 सेमी है। इसकी सबसे छोटी भुजा ज्ञात करें। (सेमी में)
The sides of a quadrilateral are in the ratio 2 : 3 : 4 : 5 and the perimeter is 294 cm. Find its shortest side. (in cm)

**RPF Constable 17/01/2019 (Shift-03)**

(a) 43 (b) 42
(c) 41 (d) 44

2. एक चतुर्भुज की भुजाएँ 2 : 3 : 4 : 5 अनुपात में हैं और परिधि 196 सेमी है। सबसे छोटी भुजा ज्ञात कीजिए। (सेमी में)
The sides of a quadrilateral are in the ratio 2 : 3 : 4 : 5 and the perimeter is 196 cm. Find the shortest side. (in cm)

**RPF Constable 18/01/2019 (Shift-02)**

(a) 27 (b) 28
(c) 33 (d) 26

3. एक चतुर्भुजीय मैदान की भुजाएं 2 : 3 : 4 : 5 के अनुपात में हैं और परिधि 154 सेमी है। सबसे छोटी भुजा ज्ञात करिए। (सेमी में)
The sides of a quadrangular field are in the ratio 2 : 3 : 4 : 5 and the perimeter is 154 cm. Find the shortest side. (in cm)

**RPF Constable 18/01/2019 (Shift-03)**

(a) 20 (b) 21
(c) 23 (d) 22

4. एक चर्तुभुजीय क्षेत्रफल की भुजाओं का अनुपात 2 : 3 : 4 : 5 है और परिधि 616 सेमी है। सबसे छोटी भुजा ज्ञात कीजिये. (सेमी में)
The ratio of arms to a quadratic area is 2 : 3 : 4 : 5 and the circumference is 616 cm. Find out the smallest arm. (In cm)

**RPF Constable 03/02/2019 (Shift-02)**

(a) 84 (b) 88
(c) 86 (d) 90

5. एक द्विघात क्षेत्र की भुजाओं का अनुपात 2 : 3 : 4 : 5 है और परिधि 546 सेमी है। सबसे छोटी भुजा ज्ञात कीजिये. (सेमी में)
The ratio of arms to a quadratic area is 2 : 3 : 4 : 5 and the perimeter is 546 cm. Find out the smallest arm. (In cm)

**RPF Constable 04/02/2019 (Shift-01)**

(a) 80 (b) 78
(c) 76 (d) 82

6. एक आयत की चौड़ाई 100 सेमी और कर्ण 260 सेमी है। इसकी परिधि कितनी है? (सेमी में)
The breadth of a rectangle is 100 cm and its hypotenuse is 260 cm. What is its circumference? (in cm)

**RPF Constable 17/01/2019 (Shift-02)**

(a) 650 (b) 680
(c) 670 (d) 660

7. एक आयत की चौड़ाई 65 सेमी है और इसका विकर्ण 169 सेमी है। इसकी परिधि (सेमी) ज्ञात करें।
The breadth of a rectangle is 65 cm and its diagonal is 169 cm. Find its circumference (cm).

**RPF Constable 18/01/2019 (Shift-02)**

(a) 452 (b) 442
(c) 422 (d) 432

8. एक आयत की चौड़ाई 50 सेमी है और इसका विकर्ण 130 सेमी है। इसकी परिधि ज्ञात कीजिए। (सेमी में)
The breadth of a rectangle is 50 cm and its diagonal is 130 cm. Find its perimeter. (in cm)

**RPF Constable 18/01/2019 (Shift-03)**

(a) 350
(b) 320
(c) 330
(d) 340

9. एक आयत की चौड़ाई 70 सेमी है और इसका विकर्ण 182 सेमी है। इसकी परिधि ज्ञात करिए। (सेमी में)
The breadth of a rectangle is 70 cm and its diagonal is 182 cm. Find its perimeter. (in cm)

**RPF Constable 19/01/2019 (Shift-02)**

(a) 456 (b) 466
(c) 486 (d) 476

10. एक आयत की चौड़ाई 75 सेमी और इसके विकर्ण की लंबाई 195 सेमी है। आयत का परिमाप ज्ञात कीजिए? (सेमी में)
The breadth of a rectangle is 75 cm and the length of its diagonal is 195 cm. Find the perimeter of the rectangle? (in cm)

**RPF Constable 19/01/2019 (Shift-03)**

(a) 520 (b) 540
(c) 530 (d) 510

11. एक आयत की चौड़ाई 65 सेमी है और इसका क्षेत्रफल 10140 वर्ग सेमी है। इसका परिमाप ज्ञात कीजिए। (सेमी में)

The breadth of a rectangle is 65 cm and its area is 10140 square cm. Find its perimeter. (in cm)

**RPF Constable 18/01/2019 (Shift-02)**

(a) 452 (b) 442
(c) 422 (d) 432

12. एक आयत की चौड़ाई 215 सेमी है और इसका विकर्ण 559 सेमी है। इसके आयाम ज्ञात कीजिए। (सेमी में)

The width of a rectangle is 215 cm and its diagonal is 559 cm. Find out its dimensions. (in cm)

**RPF Constable 03/02/2019 (Shift-02)**

(a) 1762 (b) 1462
(c) 1862 (d) 1562

13. एक आयत की चौड़ाई 190 सेमी है और इसका विकर्ण 494 सेमी है। इसके आयाम ज्ञात कीजिए। (सेमी में)

The width of a rectangle is 190 cm and its diagonal is 494 cm. Find out its dimensions. (in cm)

**RPF Constable 04/02/2019 (Shift-01)**

(a) 1262 (b) 1282
(c) 1292 (d) 1272

14. यदि एक कॉन्फ्रेंस हॉल का आयतन 3808 मी³ है और फर्श का क्षेत्रफल 224 मी² है। कमरे की ऊंचाई ज्ञात कीजिए?

If the volume of a conference hall is 3808 $m^3$ and the area of floor is 224 $m^2$. find the height of the room

**RPF Constable 18/01/2019 (Shift-01)**

(a) 16 मीटर
(b) 19 मीटर
(c) 18 मीटर
(d) 17 मीटर

15. यदि एक सम्मलेन कक्ष का आयतन 1188 मी³ है और तल का क्षेत्रफल 99 मी² है तो कमरे की ऊंचाई ज्ञात करें।

If the volume of a conference room is 1188 $m^3$ and the area of the floor is 99 $m^2$, then find the height of the room.

**RPF Constable 19/01/2019 (Shift-01)**

(a) 17 (b) 12
(c) 21 (d) 18

16. समांतर चतुर्भुज का आधार उसकी ऊंचाई का तीन गुना होता है। यदि उसका क्षेत्रफल 588 सेमी² है तो आधार और ऊंचाई ज्ञात करें। (सेमी में)

The base of a parallelogram is three times its height. If its area is 588 $cm^2$, find the base and height. (in cm)

**RPF Constable 18/01/2019 (Shift-01)**

(a) 39, 13 (b) 36, 12
(c) 45, 15 (d) 42, 14

17. समांतर चतुर्भुज का आधार इसकी ऊंचाई का तीन गुना है. यदि इसका क्षेत्रफल 1083 सेमी² है तो आधार और ऊंचाई ज्ञात करें। (सेमी में)

The base of a parallelogram is three times its height. If its area is 1083 $cm^2$, find the base and height. (in cm)

**RPF Constable 19/01/2019 (Shift-01)**

(a) 36, 12 (b) 45, 15
(c) 57, 19 (d) 30, 10

18. 31 सेमी और 32 सेमी विकर्ण वाले समचतुर्भुज का क्षेत्रफल ज्ञात करिए। (सेमी² में)

Find the area of the rhombus with diagonals 31 cm and 32 cm. (in $cm^2$)

**RPF Constable 18/01/2019 (Shift-03)**

(a) 496 (b) 476
(c) 466 (d) 486

19. एक समचतुर्भुज जिसके विकर्णों की लंबाईयां 41 सेमी और 42 सेमी हैं, का क्षेत्रफल ज्ञात कीजिए। (सेमी² में)

Find the area of a rhombus whose diagonal of sides are 41 cm and 42 cm. (in $cm^2$)

**RPF Constable 19/01/2019 (Shift-03)**

(a) 841 (b) 861
(c) 871 (d) 831

20. 37 सेंटीमीटर और 38 सेंटीमीटर लंबाई के विकर्ण वाले एक समचतुर्भुज का क्षेत्रफल (सेमी में) ज्ञात करें।

Find the area (in cm) of a rhombus with diagonals of length 37 cm and 38 cm.

**RPF Constable 18/01/2019 (Shift-02)**

(a) 733 (b) 723
(c) 703 (d) 713

21. समचतुर्भुज का क्षेत्रफल (सेमी²) ज्ञात कीजिए जिसके विकर्ण 51 सेमी और 52 सेमी दिए गए हैं? (वर्ग सेमी में)

Find the area ($cm^2$) of rhombus whose diagonals are given as 51 cm and 52 cm? (in square cm)

**RPF Constable 17/01/2019 (Shift-03)**

(a) 1326 (b) 1426
(c) 1126 (d) 1226

22. 97 सेमी और 98 सेमी विकर्ण वाले एक समचतुर्भज का क्षेत्रफल ज्ञात कीजिए। (सेमी² में)

Find the area of a rhombus of 97 cm and 98 cm diagonally. (in $cm^2$)

**RPF Constable 03/02/2019 (Shift-02)**

(a) 4753 (b) 4853
(c) 4653 (d) 4553

23. 87 सेमी और 88 सेमी विकर्ण वाले समचतुर्भज का क्षेत्रफल ज्ञात कीजिए। (सेमी² में)

Find the area of the rhombus of the diagonal, 87 cm and 88 cm diagonally. (in $cm^2$)

**RPF Constable 04/02/2019 (Shift-01)**

(a) 3828 (b) 3808
(c) 3818 (d) 3838

24. यदि एक वृत्त की त्रिज्या 19 गुना कर दी जाती है, तो इसकी परिधि पिछली परिधि की कितनी गुना हो जाएगी?

If the radius of a circle is increased 19 times, its circumference will become how many times the previous circumference?

RPF SI 05/01/2019 (Shift-01)

(a) 20 (b) 19
(c) 21 (d) 18

25. यदि एक वृत्त की त्रिज्या नौ गुनी हो जाती है तो इसकी परिधि पिछले परिधि की कितनी गुना हो जाएगी?

If the radius of a circle becomes nine times, then how many times its circumference will become its previous circumference?

RPF SI 05/01/2019 (Shift-02)

(a) 11 (b) 9
(c) 8 (d) 10

26. यदि एक वृत्त की त्रिज्या दस गुना हो जाती है, तो इसकी परिधि अपनी पहले वाली परिधि का कितना गुना हो जाएगी?

If the radius of a circle becomes ten times, then how many times will its circumference become its previous circumference?

RPF SI 06/01/2019 (Shift-01)

(a) 9 (b) 8
(c) 11 (d) 10

27. यदि एक वृत की त्रिज्या 15 गुनी हो जाती है, तो इसकी परिधि पिछली परिधि की कितनी गुनी हो जाएगी?

If the radius of a circle becomes 15 times, then how many times its circumference will become its previous circumference?

RPF SI 10/01/2019 (Shift-01)

(a) 15 (b) 16
(c) 17 (d) 14

28. वृत्त की त्रिज्या को 6 गुना करने पर इसकी परिधि इसकी पूर्व की परिधि से कितने गुना बढ़ जाएगी?

By increasing the radius of a circle by 6 times, its circumference will increase by how many times from its previous circumference?

RPF SI 19/12/2018 (Shift-01)

(a) 8 (b) 5
(c) 6 (d) 7

29. यदि किसी वृत्त की त्रिज्या दस गुनी हो जाए तो उसकी परिधि कितनी होगी?

If the radius of a circle becomes ten times, how much of its periphery will be its circumference?

RPF SI 06/01/2019 (Shift- 01)

(a) 9 (b) 9
(c) 11 (d) 10

30. यदि किसी वृत्त की त्रिज्या चौदह गुना है, तो परिधि की परिधि कितनी लंबी है?

If the radius of a circle is fourteen times, how much longer is the perimeter of the perimeter?

RPF SI 06/01/2019 (Shift- 02)

(a) 13 (b) 16
(c) 15 (d) 14

31. शीशे के वर्ग के टुकडे का क्षेत्रफल 1444 सेमी$^2$ है। जो की एक मेज के ऊपर रखा गया है। मेज और कांच के टुकडे की धार के बीच की चौड़ाई 9 सेमी है। मेज की लंबाई बताएं। (सेमी में)

The area of a square piece of glass is 1444 cm$^2$. Which is kept on a table. The width between the table and the edge of the glass piece is 9 cm. Specify the length of the table. (in cm)

RPF SI 05/01/2019 (Shift-01)

(a) 54 (b) 58
(c) 52 (d) 56

32. शीशे के वर्ग के टुकड़े का संपूर्ण क्षेत्रफल 729 सेमी$^2$ है। जो की एक मेज के ऊपर रखा गया है। मेज और कांच के टुकडे के बीच की चौड़ाई 9 सेमी है। मेज की लंबाई बताएं।

The total area of the square piece of glass is 729 cm$^2$. Which is kept on a table. The width between the table and the glass piece is 9 cm. Specify the length of the table.

RPF SI 05/01/2019 (Shift-02)

(a) 43 cm (b) 45 cm
(c) 47 cm (d) 41 cm

33. कांच के एक वर्गाकार टुकड़े का क्षेत्रफल 1369 सेमी$^2$ है, जो एक मेज के ऊपर रखा हुआ है। कांच के टुकड़े और मेज की एक भुजा के बीच की चौड़ाई 9 सेमी है। मेज की लंबाई ज्ञात करें? (सेमी में)

The area of a square piece of glass is 1369 cm$^2$, which is placed on a table. The width between the glass piece and one side of the table is 9 cm. Find the length of the table? (in cm)

RPF SI 05/01/2019 (Shift-03)

(a) 57 (b) 51
(c) 55 (d) 53

34. वर्गाकार ग्लास के टुकड़े का कुल क्षेत्रफल 784 सेमी$^2$ है, जो एक मेज के ऊपर रखा है। मेज के किनारे और कांच के टुकड़े के बीच की चौड़ाई 9 सेमी चौड़ी है। मेज की लंबाई ज्ञात करें।

The total area of a square glass piece is 784 cm$^2$, which is placed on top of a table. The width between the edge of the table and the piece of glass is 9 cm wide. Find the length of the table.

RPF SI 06/01/2010 (Shift-01)

(a) 40 cm (b) 49 cm
(c) 46 cm (d) 43 cm

35. कांच के एक वर्गाकार टुकड़े का क्षेत्रफल 484 सेमी$^2$ है, जो एक मेज के ऊपर रखा हुआ है। कांच के टुकड़े और मेज के एक किनारे के बीच की चौड़ाई 5 सेमी है। मेज की लंबाई ज्ञात कीजिए?

The area of a square piece of glass is 484 cm$^2$, which is placed on a table. The width between the glass piece and one edge of the table is 5 cm. Find the length of the table?

**RPF SI 19/12/2018 (Shift-01)**

(a) 30 cm (b) 34 cm
(c) 32 cm (d) 28 cm

36. पूर्ण Cetrfl कांच के टुकड़े वर्ग 729 सेमी$^2$ है। जिसे एक टेबल के ऊपर रखा गया है. मेज और कांच के टुकड़े के बीच की चौड़ाई 9 सेमी है। मेज की लम्बाई बतायें?

Full Cetrfl pieces of glass class 729 Cm$^2$ is. Which is placed above a table. The width between the table and the glass piece is 9 cm. Tell the length of the table.

RPF SI 05/01/2019 (Shift-02)

(a) 43 cm (b) 45 cm
(c) 47 cm (d) 41 cm

37. कांच के एक वर्गाकार टुकड़े का क्षेत्रफल 1369 सेमी है, जो एक मेज के ऊपर रखा गया है। कांच के टुकड़ों और मेज के एक तरफ के बीच की चौड़ाई 9 सेमी है। मेज की लंबाई ज्ञात कीजिये? (सेमी में)

The area of a square piece of glass is 1369 cm$^2$, which is placed above a table. The width between the glass pieces and one side of the table is 9 cm. Find the length of the table? (in cm)

RPF SI 05/01/2019 (Shift- 03)

(a) 57 (b) 51
(c) 55 (d) 53

38. कर्ण $21\sqrt{3}$ का एक घनाभ पिघलकर एक घनाभ बनाता है। घनाभ की लंबाई घनत्व के समान है, घनाभ की चौड़ाई 10.5 सेमी है, घनाभ की ऊंचाई क्या है? (सेमी में)।

A cuboid of Karna $21\sqrt{3}$ melts and creates a cuboid. The length of the cuboid is the same as the density, the width of the cuboid is 10.5 cm, what is the height of the cuboid? (in cm)

RPF SI 06/01/2019 (Shift- 02)

(a) 42 (b) 45
(c) 44 (d) 43

39. $11\sqrt{3}$ विकर्ण वाले घन को पिघलाकर घनाभ बनाने पर उसकी ऊंचाई कितनी होगी? यदि घनाभ की लंबाई घन की भुजा के बराबर है, और चौड़ाई 5.5 सेमी है।

What will be the height of a cube of diagonal $11\sqrt{3}$ if it is melted and converted into a cuboid? If the length of the cuboid is equal to the side of the cube, and the breadth is 5.5 cm.

**RPF SI 05/01/2019 (Shift-02)**

(a) 22 cm (b) 20 cm
(c) 18 cm (d) 24 cm

40. $28\sqrt{3}$ सेमी विकर्ण वाले घन को पिघलाकर घनाभ बनाने पर उसकी ऊंचाई कितनी होगी? यदि घनाभ की लम्बाई घन की भुजा के बराबर है और घनाभ की चौड़ाई 14 सेमी है। (सेमी में)

What will be the height of a cube of diagonal $28\sqrt{3}$ cm if it is melted and converted into a cuboid? If the length of the cuboid is equal to the side of the cube and the breadth of the cuboid is 14 cm. (in cm)

**RPF SI 06/01/2019 (Shift-03)**

(a) 56 (b) 59
(c) 57 (d) 58

41. $22\sqrt{3}$ सेमी विकर्ण वाले घन को पिघलाकर घनाभ बनाने पर उसकी ऊंचाई कितनी होगी? यदि घनाभ की लम्बाई घन की भुजा के बराबर है, और घनाभ की चौड़ाई 11 सेमी है। (सेमी में)

What will be the height of a cube of diagonal $22\sqrt{3}$ cm if it is melted and converted into a cuboid? If the length of the cuboid is equal to the side of the cube, and the breadth of the cuboid is 11 cm. (in cm)

**RPF SI 10/01/2019 (Shift-01)**

(a) 44 (b) 46
(c) 47 (d) 45

42. $8\sqrt{3}$ सेमी विकर्ण वाले घन को पिघलाकर घनाभ बनाने पर उसकी ऊँचाई कितनी होगी, यदि घनाभ की लंबाई घन की भुजा के बराबर है और घनाभ की चौड़ाई 4 सेमी है।

What will be the height of a cube of diagonal $8\sqrt{3}$ cm if it is melted and made into a cuboid, if the length of the cuboid is equal to the side of the cube and the width of the cuboid is 4 cm.

**RPF SI 19/12/2018 (Shift-03)**

(a) 12 cm (b) 18 cm
(c) 16 cm (d) 14 cm

43. $11\sqrt{3}$ के घनों की ऊँचाई क्या होगी, जिन्हें पिघलाकर घनाकार बनाया गया है? यदि घनाभ की लंबाई घन की भुजा के बराबर है, और घनाभ 5.5 सेमी है।

What will be the height of the cubes of $11\sqrt{3}$, which is melted by making the cuboid? If the length of the cuboid is equal to the arm of the cube, and the cuboid is 5.5 cm.

**RPF SI 05/01/2019 (Shift-02)**

(a) 22 cm (b) 20 cm
(c) 18 cm (d) 24 cm

44. $25\sqrt{3}$ सेमी यदि घनाभ बनाकर उसे पिघलाया जाए तो इसकी ऊंचाई होगी, यदि घनाभ की लंबाई घन की भुजा के बराबर हो और घनाभ की चौड़ाई 12.5 सेमी हो। (सेमी से)

$25\sqrt{3}$ cm If the cuboid is melted by making the cuboid, then its height will be, if the length of the cuboid is equal to the arm of the cube and the width of the cuboid is 12.5 cm. (from cm)

RPF SI 05/01/2019 (Shift- 03)

(a) 51 (b) 53
(c) 50 (d) 52

45. 56 सेमी की भुजा वाले समभुज त्रिभुज का क्षेत्रफल निकालें। (सेमी$^2$ में)

Find the area of an equilateral triangle of side 56 cm. (in cm$^2$)

RPF Constable 17/01/2019 (Shift-03)

(a) $784\sqrt{3}$ (b) $783\sqrt{3}$
(c) $785\sqrt{3}$ (d) $786\sqrt{3}$

46. समबाहु त्रिभुज का क्षेत्रफल ज्ञात करिए जिसकी भुजा 36 सेमी है। (सेमी$^2$ में)

Find the area of an equilateral triangle whose side is 36 cm. (in cm$^2$)

RPF Constable 18/01/2019 (Shift-03)

(a) $325\sqrt{3}$ (b) $323\sqrt{3}$
(c) $326\sqrt{3}$ (d) $324\sqrt{3}$

47. समबाहु त्रिभुज का क्षेत्रफल ज्ञात करिए जिसकी भुजा 44 सेमी है। (सेमी$^2$ में)

Find the area of an equilateral triangle whose side is 44 cm. (in cm$^2$)

RPF Constable 19/01/2019 (Shift-02)

(a) $485\sqrt{3}$ (b) $484\sqrt{3}$
(c) $486\sqrt{3}$ (d) $483\sqrt{3}$

48. 46 सेमी भुजा वाले समबाहु त्रिभुज का क्षेत्रफल ज्ञात कीजिए?

Find the area of an equilateral triangle with side 46 cm?

RPF Constable 19/01/2019 (Shift-03)

(a) $528\sqrt{3}$ (b) $531\sqrt{3}$
(c) $530\sqrt{3}$ (d) $529\sqrt{3}$

49. 102 सेमी भुजा वाले एक समबाहु त्रिभुज का क्षेत्रफल ज्ञात कीजिए। (सेमी$^2$ में)

Find the area of an equilateral triangle with a side of 102 cm. (in cm$^2$)

RPF Constable 03/02/2019 (Shift-02)

(a) $2601\sqrt{3}$
(b) $2691\sqrt{3}$
(c) $2661\sqrt{3}$
(d) $2631\sqrt{3}$

50. 92 सेमी भुजा वाले समबाहु त्रिभुज का क्षेत्रफल ज्ञात कीजिए। (सेमी$^2$ में)

Find the area of the equilateral triangle with the side of 92 cm. (in cm$^2$)

RPF Constable 04/02/2019 (Shift-01)

(a) $2106\sqrt{3}$ (b) $2126\sqrt{3}$
(c) $2116\sqrt{3}$ (d) $2136\sqrt{3}$

51. समकोण त्रिभुज का क्षेत्रफल ज्ञात कीजिए, जिसका कर्ण 78 सेमी और आधार 72 सेमी है।

Find the area of a right triangle whose hypotenuse is 78 cm and base is 72 cm.

RPF Constable 17/01/2019 (Shift-01)

(a) 1060 सेमी$^2$ (b) 1080 सेमी$^2$
(c) 1090 सेमी$^2$ (d) 1010 सेमी$^2$

52. समकोण त्रिभुज का क्षेत्रफल ज्ञात करिए जिसका कर्ण 104 सेमी है और आधार 40 सेमी है।

Find the area of a right triangle whose hypotenuse is 104 cm and base is 40 cm.

RPF Constable 19/01/2019 (Shift-01)

(a) 1910 cm$^2$
(b) 1960 cm$^2$
(c) 1920 cm$^2$
(d) 1990 cm$^2$

53. एक आयत की लंबाई 12 सेंटीमीटर और चौड़ाई 8 सेंटीमीटर है। अगर लंबाई को 4 सेंटीमीटर बढ़ा दिया जाता है, तो चौड़ाई क्या होनी चाहिये ताकि नये आयत का क्षेत्रफल पहले आयत के क्षेत्रफल के बराबर हो?

The length of a rectangle is 12 cm and breadth is 8 cm. If the length is increased by 4 cm, what should be the breadth so that the area of the new rectangle is equal to the area of the first rectangle?

RPF Constable 31/03/2019 (Shift-01)

(a) 6 सेंटीमीटर
(b) 5 सेंटीमीटर
(c) 4 सेंटीमीटर
(d) 3 सेंटीमीटर

54. धातु की 25 सेमी लंबी, 5 सेमी चौड़ी और 1 सेमी मोटी चादर को पिघलाकर एक घन बनाया जाता है। घन के किनारे की लंबाई ज्ञात कीजिए।

A metal sheet 25 cm long, 5 cm wide and 1 cm thick is melted and formed into a cube. Find the length of the edge of the cube.

RPF Constable 17/01/2019 (Shift-01)

(a) 2.5 cm (b) 4.5 cm
(c) 5 cm (d) 3 cm

# ANSWER KEY

| | | | | | | | | | |
|---|---|---|---|---|---|---|---|---|---|
| 1.(b) | 2.(b) | 3.(d) | 4.(b) | 5.(b) | 6.(b) | 7.(b) | 8.(d) | 9.(d) | 10.(d) |
| 11.(b) | 12.(b) | 13.(c) | 14.(d) | 15.(b) | 16.(d) | 17.(c) | 18.(a) | 19.(b) | 20.(c) |
| 21.(a) | 22.(b) | 23.(a) | 24.(b) | 25.(b) | 26.(d) | 27.(a) | 28.(c) | 29.(d) | 30.(d) |
| 31.(d) | 32.(d) | 33.(c) | 34.(c) | 35.(c) | 36.(b) | 37.(c) | 38.(a) | 39.(a) | 40.(a) |
| 41.(a) | 42.(c) | 43.(a) | 44.(c) | 45.(a) | 46.(d) | 47.(b) | 48.(d) | 49.(a) | 50.(c) |
| 51.(b) | 52.(c) | 53.(a) | 54.(c) | | | | | | |

# SOLUTIONS

1. (b)

परिधि = भुजाओं के लंबाई का योग

$\Rightarrow 294 = (2x + 3x + 4x + 5x)$

$\Rightarrow 14x = 294$

$\Rightarrow x = \frac{294}{14} = 21$ सेमी

तब, सबसे छोटी भुजा = 21 × 2

= 42 सेमी

2. (b)

चतुर्भुज का परिमाप = भुजाओं का योग

$\Rightarrow 2x + 3x + 4x + 5x = 196$

$\Rightarrow 14x = 196$

$\Rightarrow x = 14$ सेमी

$\therefore$ छोटी भुजा = 14 × 2 = 28 सेमी

3. (d)

प्रश्नानुसार,

$\Rightarrow 2x + 3x + 4x + 5x = 154$

$\Rightarrow 14x = 154$

$\Rightarrow x = 11$ सेमी

अतः छोटी भुजा = 11 × 2 = 22 सेमी

4. (b)

एक चतुर्भुज में भुजाओं का अनुपात 2 : 3 : 4 : 5 है।

परिधि = 616 सेमी

माना भुजाएँ $2x$, $3x$, $4x$ और $5x$ हैं।

प्रश्नानुसार,

$2x + 3x + 4x + 5x = 616$

$\Rightarrow 14x = 616$

$\Rightarrow x = 44$

सबसे छोटी भुजा = $2x = 2 \times 44$

$\Rightarrow$ 88 सेमी

5. (b)

एक वर्गाकार क्षेत्र में भुजाओं का अनुपात 2 : 3 : 4 : 5 है।

परिमाप = 546 सेमी

$2x + 3x + 4x + 5x = 546$

$\Rightarrow 14x = 546$

$\Rightarrow x = \frac{546}{14}$

$\Rightarrow x \approx 39$

इसलिए, सबसे छोटी भुजा की लंबाई

$2x = 2 \times 39 = 78$ सेमी

6. (b)

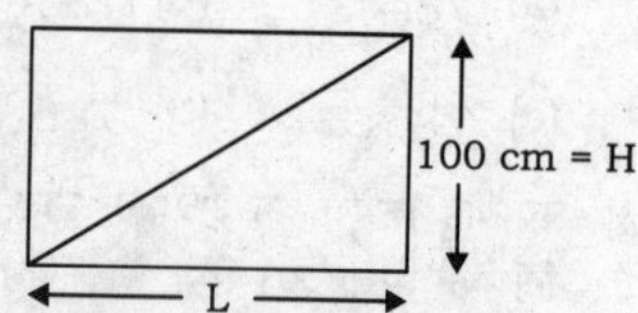


पाइथोरस प्रमेय के अनुसार,

कर्ण$^2$ = लम्ब$^2$ + आधार$^2$

$\because (260)^2 = (100)^2 + (L)^2$

$\Rightarrow L^2 = 260^2 - 100^2$

$\Rightarrow L = \sqrt{260^2 - 100^2}$

$= \sqrt{67600 - 10000}$

$\Rightarrow L = \sqrt{57600} = 240$ सेमी

तब, आयत की परिधि (Perimeter)

= 2(L + H)

= 2(240 + 100)

= 2 × 340 = 680 सेमी

7. (b)

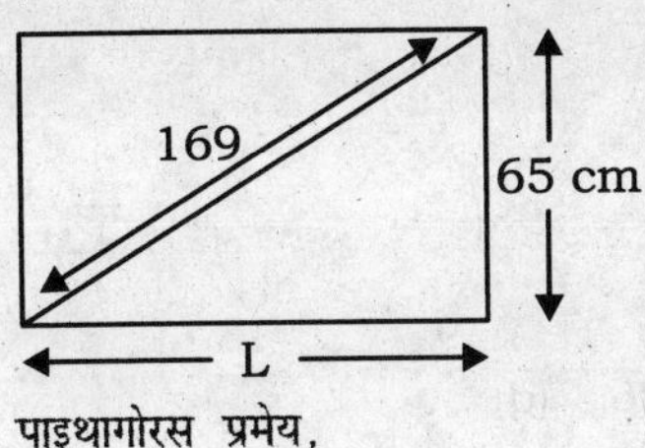


पाइथागोरस प्रमेय,

$L = \sqrt{(169)^2 - (65)^2} = 156$ सेमी

तब, आयत का परिधि = 2(L + B)

= 2(156 + 65)

= 442 सेमी

8. (d)

पाइथागोरस प्रमेय,

$L = \sqrt{(130)^2 - (50)^2} = 120$ सेमी

∴ परिधि = 2(L + B)

= 2(120 + 50)

= 340 सेमी

9. (d)

पाइथागोरस प्रमेय,

$L = \sqrt{182^2 - 70^2} = 168$ सेमी

परिधि = 2(L + B) = 2(168 + 70)

= 476 सेमी

10. (d)

पाइथागोरस प्रमेय

$L = \sqrt{(195)^2 - (75)^2} = 180$ सेमी

∴ आयत का परिमाप = 2(180 + 75)

= 510 सेमी

11. (b)

आयत का क्षेत्रफल = (लंबाई × चौड़ाई)

⇒ 10140 वर्ग सेमी = लंबाई × 65 सेमी

⇒ लम्बाई = 156 सेमी

⇒ आयत का परिमाप = 2 (लम्बाई + चौड़ाई)

⇒ आयत का परिमाप = 2(65 + 156)

⇒ आयत का परिमाप = 442 सेमी

12. (b)

एक आयत की चौड़ाई (w) = 215 सेमी

आयत का विकर्ण (d) = 559 सेमी

प्रश्नानुसार,

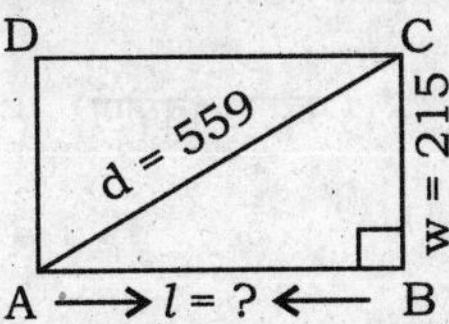


$l^2 + w^2 = d^2$

$l^2 = 559^2 - 215^2$

$l^2 = 312481 - 46225$

$l^2 = 266256$

$l = \sqrt{266256}$

$l = 516$ सेमी

अत: आयत की लम्बाई 516 सेमी है।

आयत का परिमाप = 2 (516 + 215)

= 1462

13. (c)

एक आयत की चौड़ाई 190 सेमी है।

इसका विकर्ण 494 सेमी है।

प्रश्नानुसार,

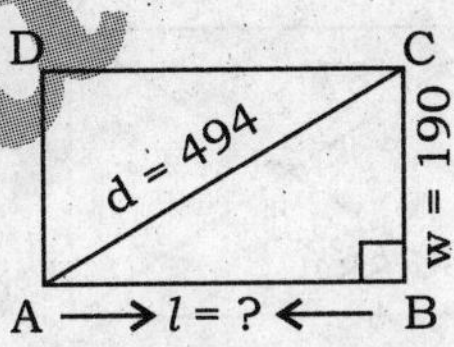


$L^2 + 190^2 = 494^2$

$L^2 + 36100 = 244036$

$L^2 = 244036 - 36100$

$L^2 = 207936$

$L = \sqrt{207936}$

L ≈ 456 सेमी

परिमाप = 2 × (लम्बाई + चौड़ाई)

परिमाप = 2 × (456 सेमी + 190 सेमी)

परिमाप = 2 × 646 सेमी

परिमाप = 1292 सेमी

इसलिए, आयत का परिमाप 1292 सेमी है।

14. (d)

हॉल का आयतन = लंबाई × चौड़ाई × ऊँचाई

= 3808 मी$^2$

फर्श का क्षेत्रफल = लंबाई × चौड़ाई = 224 मी$^2$

तब, 224 × ऊँचाई = 3808

ऊँचाई = $\frac{3808}{224}$ = 17 मी.

15. (b)

कक्ष का आयतन = लंबाई × चौड़ाई × ऊँचाई

= 1188 मी$^3$

तल का क्षेत्रफल = लंबाई × चौड़ाई = 99 मी$^2$

अत:, 99 × ऊँचाई = 1188

ऊँचाई = 12 मी

16. (d)

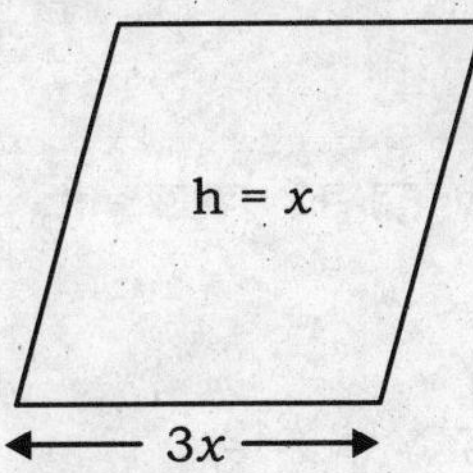


समांतर चतुर्भुज का क्षेत्रफल = ऊँचाई × आधार

⇒ $588 = x \times 3x$

⇒ $3x^2 = 588$

⇒ $x = 14$ सेमी

∴ आधार = 3 × 14 = 42 सेमी

ऊँचाई = 14 सेमी

17. (c)

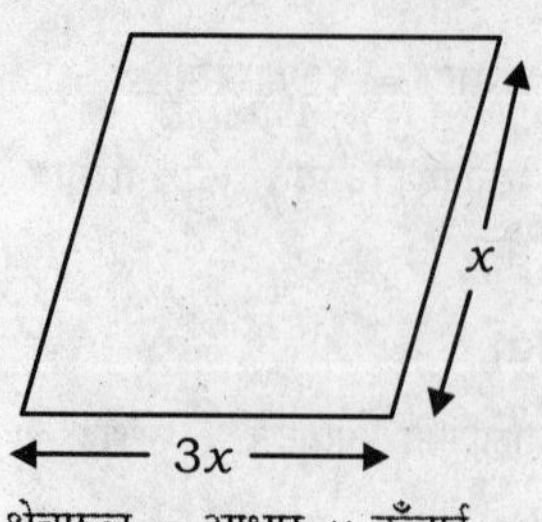


क्षेत्रफल = आधार × ऊँचाई

$\Rightarrow 3x \times x = 1083$

$\Rightarrow x^2 = \frac{1083}{3} = 361$

$\Rightarrow x = 19$ सेमी

H = 19 सेमी तथा B = 3 × 19 = 57

18. (a)

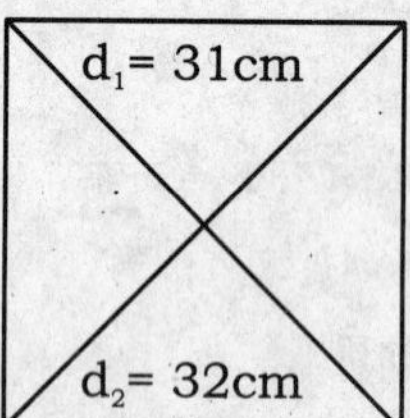


समचतुर्भुज का क्षेत्रफल = $\frac{1}{2} d_1 \times d_2$

$= \frac{1}{2} \times 31 \times 32$

= 496 सेमी$^2$

19. (b)

समचतुर्भुज का क्षेत्रफल = $\frac{1}{2} \times d_1 \times d_2$

$= \frac{1}{2} \times 41 \times 42$

= 861 सेमी$^2$

20. (c)

चतुर्भुज का क्षेत्रफल = $\frac{1}{2} \times d_1 \times d_2$

$= \frac{1}{2} \times 37 \times 38$

= 703 सेमी$^2$

21. (a)

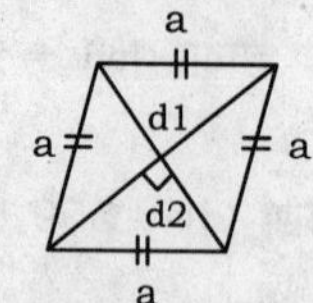


समचतुर्भुज का क्षेत्रफल

$= \frac{1}{2}$ × (पहला विकर्ण) × (दूसरा विकर्ण)

समचतुर्भुज का क्षेत्रफल = $\frac{1}{2} \times 51 \times 52$ = 1326 सेमी$^2$

22. (b)

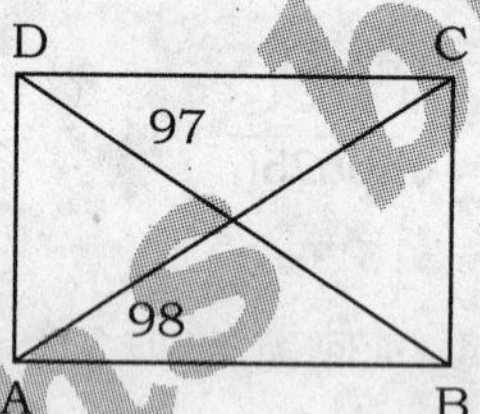


समचतुर्भुज का क्षेत्रफल = $\frac{1}{2}$ × DB × AC

$\Rightarrow \frac{1}{2} \times 97 \times 98 = 4753$

23. (a)

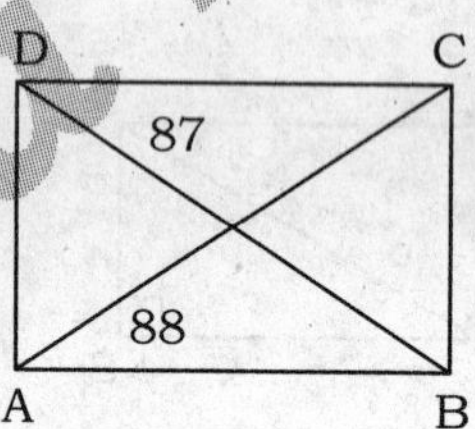


समचतुर्भुज का क्षेत्रफल = $\frac{1}{2}$ × DB × AC

$\Rightarrow \frac{1}{2} \times 87 \times 88 = 3828$

24. (b)

| | पहले | | अब |
|---|---|---|---|
| त्रिज्या → | 1 | : | 19 |
| परिधि → | 1 | : | 19 |

= 2πr (Constant)

अत: परिधि भी 19 गुना हो जाएगी।

25. (b)

| | त्रिज्या | परिधि | |
|---|---|---|---|
| 9× | 1 | 2 | ×9 गुना |
| | 9 | 18 | |

26. (d)

| | पहले | | अब |
|---|---|---|---|
| त्रिज्या → | 1 | : | 10 |
| परिधि → | 1 | : | 10 |

×10

अत: परिधि भी 10 गुना हो जाएगी।

27. (a)

| | पहले | | अब |
|---|---|---|---|
| त्रिज्या → | 1 | : | 15 |
| परिधि → | 1 | : | 15 |

अत: परिधि भी 15 गुना हो जाएगी।

28. (c)

वृत्त की परिधि = 2πr

जैसा कि, हम जानते हैं कि परिधि वृत्त की त्रिज्या के समानुपाती होती है यदि त्रिज्या 6 गुना बढ़ा दी जाती है तो परिधि भी 6 गुना बढ़ जायेगी।

29. (d)

माना कि वृत्त की त्रिज्या r सेमी है।

⇒ वृत्त की परिधि = 2πr

वृत्त की नई त्रिज्या = 10r

⇒ वृत्त की नई परिधि = 2π × 10r = 20πr

∴ अभीष्ट उत्तर = $\frac{20\pi r}{2\pi r}$

= 10 (गुना)

30. (d)

माना वृत्त की त्रिज्या r सेमी है

वृत्त की परिधि = 2πr

वृत्त की नयी त्रिज्या = 14r

वृत्त की नयी परिधि = 2π × 14r

= 28πr

अभीष्ट उत्तर = $\frac{28\pi r}{2\pi r}$ = 14 गुना

31. (d)

क्षेत्रफल = $(\text{भुजा})^2$ = 1444 सेमी$^2$

भुजा = $\sqrt{1444}$ = 38 सेमी

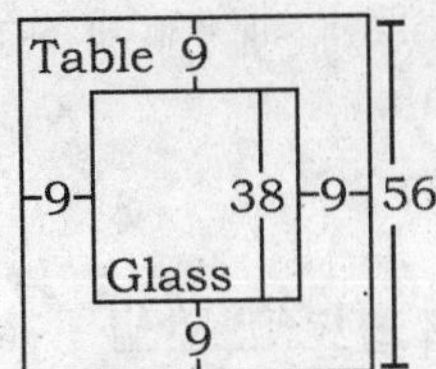


प्रश्नानुसार,

मेज की लंबाई = 38 + (9 × 2)

= 56 सेमी

32. (b)

क्षेत्रफल = 729 सेमी$^2$

भुजा = $\sqrt{729}$ = 27 सेमी

प्रश्नानुसार,

मेज की लंबाई = 27 + (9 × 2)

= 27 + 18 = 45 सेमी

33. (c)

वर्ग की भुजा = $\sqrt{1369}$ = 37 सेमी

प्रश्नानुसार,

मेज की लंबाई = 37 + 2 × 9

= 37 + 18 = 55 सेमी

34. (c)

वर्ग की भुजा = $\sqrt{784}$ = 28 सेमी

प्रश्नानुसार,

मेज की लंबाई = 28 + (9 × 2)

= 46 सेमी

35. (c)

कांच के वर्गाकार टुकड़े का क्षेत्रफल $(a)^2$

= 484 सेमी$^2$

कांच के वर्गाकार टुकड़े का भुजा (a)

= 22 सेमी

कांच और मेज की भुजाओ के बीच अंतर = 5 सेमी

हर तरफ

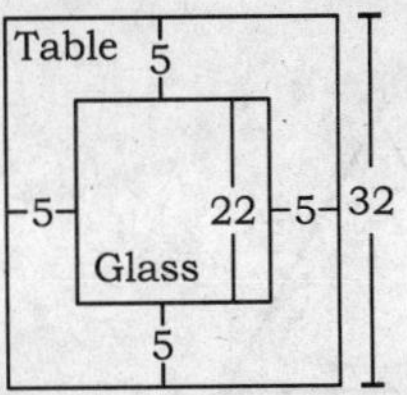


इसलिए, मेज की लंबाई = 22 सेमी + 5 सेमी + 5 सेमी = 32 सेमी

36. (b)

वर्गाकार कांच के टुकड़े का कुल क्षेत्रफल = 729 सेमी$^2$

⇒ वर्गाकार कांच के टुकड़े की भुजा

= $\sqrt{729}$ = 27 सेमी

∴ मेज की लम्बाई = 27 + 18

= 45 सेमी

37. (c)

काँच के वर्ग का कुल क्षेत्रफल

= 1369 सेमी$^2$

⇒ काँच के वर्ग की भुजा

= $\sqrt{1369}$

= 37 सेमी

मेज की लबाई = 37 + 9 × 2 = 55 सेमी

38. (a)

घन का विकर्ण = $\sqrt{3}\,a$

$\Rightarrow \sqrt{3}\,a = 21\sqrt{3}$

$\Rightarrow a = 21$

$\Rightarrow l = a$

घनाभ की लंबाई, $l$ = 21 सेमी

प्रश्नानुसार,

$l \times b \times h = a^3$

$21 \times 10.5 \times h = 21 \times 21 \times 21$

$$\Rightarrow h = \frac{(21\times21\times21)}{(21\times10.5)}$$

∴ h = 42 सेमी

39. (a)

घन का विकर्ण = $\sqrt{3}$ × (side)

⇒ $11\sqrt{3} = \sqrt{3}$ × भुजा

∴ घन की भुजा = 11 सेमी

प्रश्नानुसार,

⇒ घन का आयतन = घनाभ का आयतन

⇒ (11 × 11 × 11) = 11 × 5.5 × ऊँचाई

⇒ ऊँचाई (H) = 22 सेमी

40. (a)

प्रश्नानुसार,

घन का विकर्ण = $\sqrt{3}a$

$\sqrt{3}a = 28\sqrt{3}$

$a = l$

घन की भुजा (a) = $\frac{28\sqrt{3}}{\sqrt{3}}$

= 28 सेमी

अत: घन का आयतन = घनाभ का आयतन

$a^3 = l \times b \times h$

$28 \times 28 \times 28 = 28 \times 14 \times h$

h = 56 सेमी

41. (a)

प्रश्नानुसार,

घन का विकर्ण = $\sqrt{3}a$

$\sqrt{3}a = 22\sqrt{3}$

$a = l$

घन की भुजा = $\frac{22\sqrt{3}}{\sqrt{3}}$ = 22 सेमी

$a^3 = l \times b \times h$

अब, 22 × 22 × 22 = 22 × 11 × h

h = 44 सेमी

42. (c)

घन का विकर्ण = $a\sqrt{3} = 8\sqrt{3}$

(यहाँ a घन की भुजा है)

$\Rightarrow a = 8$ सेमी

$a = l$

प्रश्नानुसार,

घन का आयतन = घनाभ का आयतन

$\Rightarrow a^3 = l \times b \times h$

$\Rightarrow 512 = 8 \times 4 \times h$

$\Rightarrow h = 16$ सेमी

43. (a)

घन का विकर्ण = $\sqrt{3}\,a$

$\Rightarrow \sqrt{3}\,a = 11\sqrt{3}$

$\Rightarrow a = 11$

$\Rightarrow l = a$

घनाभ की लम्बाई, $l = 11$ सेमी

प्रश्नानुसार,

$l \times b \times h = a^3$

$11 \times 5.5 \times h = 11 \times 11 \times 11$

$\Rightarrow h = \frac{(11 \times 11 \times 11)}{(11 \times 5.5)}$

$\therefore h = 22$ सेमी

44. (c)

घन का विकर्ण = $\sqrt{3}\,a$

$\Rightarrow \sqrt{3}\,a = 25\sqrt{3}$

$\Rightarrow a = 25$ सेमी

$\Rightarrow l = a$

घनाभ की लंबाई, $l = 25$ सेमी

प्रश्नानुसार,

$l \times b \times h = a^3$

$25 \times 12.5 \times h = 25 \times 25 \times 25$

$\Rightarrow h = \frac{(25 \times 25 \times 25)}{(25 \times 12.5)}$

$\therefore h = 50$ सेमी

45. (a)

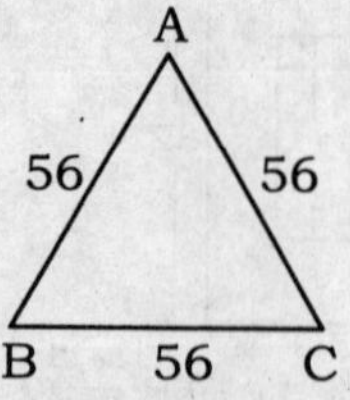


समभुज त्रिभुज का क्षेत्रफल = $\frac{\sqrt{3}}{4} \times (\text{side})^2$

$= \frac{\sqrt{3}}{4} \times 56 \times 56$

$= 784\sqrt{3}$ सेमी$^2$

46. (d)

समबाहु त्रिभुज का क्षेत्रफल

$= \frac{\sqrt{3}}{4} \times$ भुजा$^2$ $= \frac{\sqrt{3}}{4} \times 36 \times 36$

$= 324\sqrt{3}$ सेमी$^2$

47. (b)

समबाहु त्रिभुज का क्षेत्रफल = $\frac{\sqrt{3}}{4} \times (\text{sides})^2$

$= \frac{\sqrt{3}}{4} \times 44 \times 44$

$= 484\sqrt{3}$ सेमी$^2$

48. (d)

समबाहु त्रिभुज का क्षेत्रफल

$= \frac{\sqrt{3}}{4} \times 46 \times 46$

$= 529\sqrt{3}$ सेमी$^2$

49. (a)

एक समबाहु त्रिभुज की एक भुजा की लंबाई (a) = 102 सेमी

क्षेत्रफल $= \left(\frac{\sqrt{3}}{4}\right) \times a^2$

$A = \left(\frac{\sqrt{3}}{4}\right) \times 102^2$

$A = \left(\frac{\sqrt{3}}{4}\right) \times 10404$

$A = 2601\sqrt{3}$

अतः समबाहु त्रिभुज का क्षेत्रफल

$= 2601\sqrt{3}$

50. (c)

समबाहु त्रिभुज की भुजा की लंबाई 92 सेमी है।

प्रश्नानुसार,

क्षेत्रफल $= \frac{(92^2 \times \sqrt{(3)})}{4}$

क्षेत्रफल $= \frac{(8464 \times \sqrt{(3)})}{4}$

क्षेत्रफल $= 2116\sqrt{(3)}$

अतः समबाहु त्रिभुज का क्षेत्रफल

$= 2116\sqrt{(3)}$

51. (b)

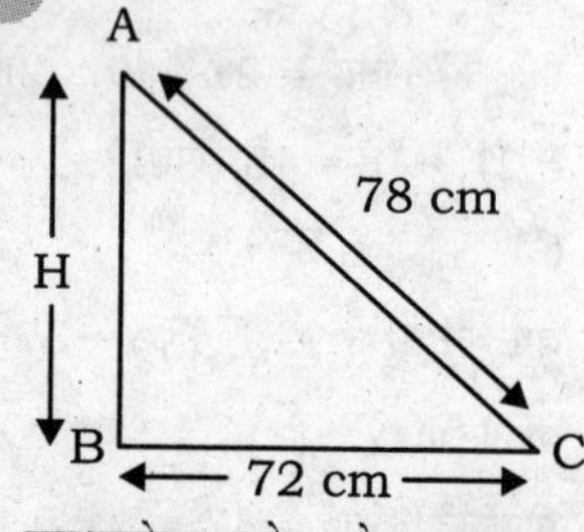


पाइथागोरस प्रमेय के अनुसार,

$H^2 = 78^2 - 72^2$

$H = \sqrt{900} = 30$ सेमी

$\therefore$ समकोण त्रिभुज का क्षेत्रफल

$= \frac{1}{2} \times$ आधार $\times$ ऊँचाई

$= \frac{1}{2} \times 72 \times 30$

$= 36 \times 30 = 1080$ सेमी$^2$

52. (c)

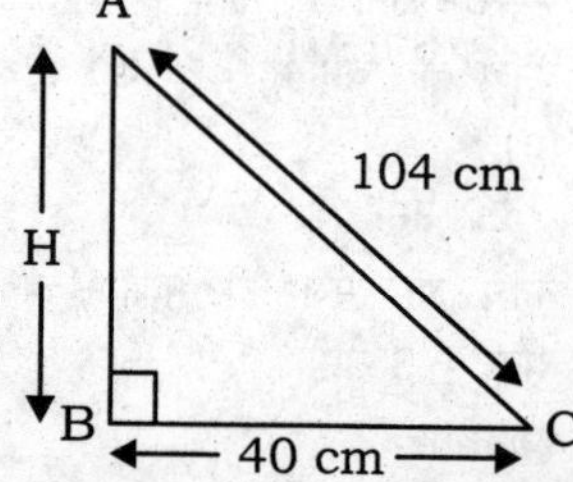

पाइथागोरस प्रमेय,

$H = \sqrt{(104)^2 - (40)^2} = 96$ सेमी

क्षेत्रफल $= \frac{1}{2} \times H \times B$

$= \frac{1}{2} \times 96 \times 40 = 1920$ सेमी$^2$

53. (a)

आयतन का क्षेत्रफल $= 12 \times 8 =$ 96 सेमी$^2$

प्रश्नानुसार,

$\Rightarrow 96 = 16 \times$ चौड़ाई

$\therefore$ चौड़ाई $= \frac{96}{16} = 6$ सेमी

54. (c)

घन का आयतन (भुजा$^3$) = चादर का आयतन ($l \times b \times h$)

$\therefore$ भुजा$^3$ $= 25 \times 5 \times 1$

भुजा = 5 सेमी

☆☆☆☆☆

# DATA INTERPRETATION

# आँकड़े निर्वचन

# 20

**निर्देश (1–3):** निम्नलिखित स्तंभ आरेख (Bar Graph) का अध्ययन करिए और उसके बाद दिए गए प्रश्नों का उत्तर दीजिए।

**Direction:** Study the following Bar Graph and then Answer the given questions.

कुल व्यय (100%) : Rs. 45,000

Total Expenses (100%): Rs. 45,000

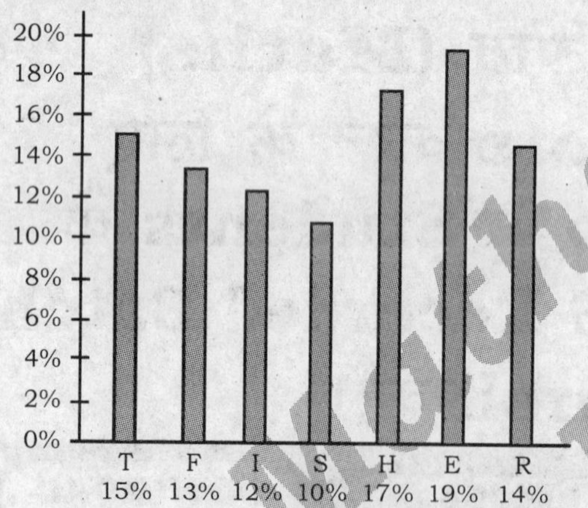


T- Transport
F- Food
I- Investment
S- Shopping
H- Household Expenses
E- Educational Fees
R- Rent

1. शैक्षणिक शुल्क में कितनी और राशि जोड़ी जानी चाहिए ताकि वह किराया (R) और घर खर्च को मिलाकर इन पर किए गए व्यय की राशि के बराबर हो?

How much more amount should be added to the educational fee so that it becomes equal to the amount of expenditure incurred on rent (R) and house expenses together?

**RPF Constable 19/01/2019 (Shift-01)**

(a) Rs. 7,500 (b) Rs. 5,400
(c) Rs. 6,400 (d) Rs. 4,400

2. कुल व्यय (100%) : रुपये 45,000

किराया (R), शैक्षणिक शुल्क (E) और यातायात (T) को मिलाकर इन पर किए गए व्यय की राशि ज्ञात करें।

Total Expenses (100%) : Rs 45,000

Rent (R), educational fee (E) and transportation (T) together Find the amount of expenditure.

(a) Rs. 21,100 (b) Rs. 19,100
(c) Rs. 21,600 (d) Rs. 22,100

3. भोजन (F) और घर खर्च (H) दोनों को मिलाकर, किया गया खर्च ज्ञात कीजिए।

Find the expenditure incurred on food (F) and house expenses (H) together.

(a) Rs. 13,500 (b) Rs. 21,500
(c) Rs. 15,500 (d) Rs. 19,500

**निर्देश (4 – 6):** निम्न लाइन ग्राफ 2001 से 2006 के बीच 6 वर्षों की अवधि में एक परीक्षा में शामिल हुए कुल अभ्यर्थियों और सफल हुए कुल अभ्यर्थियों के प्रतिशत की जानकारी देता है।

**Direction :** The following line graph gives the percentage of total candidates appeared in an examination and percentage of total candidates successful over a period of 6 years between 2001 to 2006.

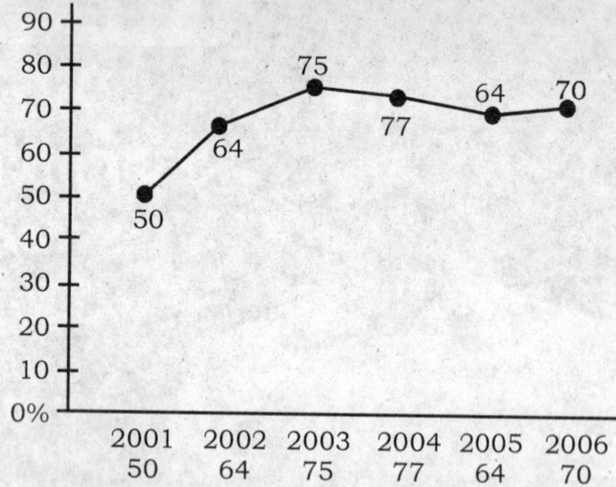


4. यदि 2003 और 2005 को मिलाकर भाग लेने वाले उम्मीदवारों की कुल संख्या 85000 थी तो इन दो वर्षों को मिलाकर परीक्षा में उत्तीर्ण उम्मीदवारों की कुल संख्या क्या थी?

If the total number of candidates who appeared in 2003 and 2005 together was 85000, then what was the total number of candidates who qualified the examination in these two years together?

**RPF Constable 19/01/2019 (Shift-01)**

(a) 4500 (b) डाटा अपर्याप्त
(c) 47500 (d) 80000

5. यदि 2002 में कुल सफल अभ्यर्थियों की संख्या 96000 है, तो 2002 में परीक्षा में शामिल होने वाले अभ्यर्थियों की कुल संख्या बताइए।

If the total number of successful candidates in 2002 is 96000, then find the total number of candidates who appeared in the examination in 2002.

**RPF Constable 19/01/2019 (Shift-02)**

(a) 150000 (b) 180000
(c) 170000 (d) 160000

6. निम्न में से किन वर्षों में परीक्षा में शामिल कुल विद्यार्थियों की तुलना में सफल विद्यार्थियों की प्रतिशत का अंतर सबसे कम था?

In which of the following years was the difference in the percentage of successful students compared to the total students appeared in the examination the least?

**RPF Constable 19/01/2019 (Shift-03)**

(a) 2002-2003 (b) 2004-2005
(c) 2001-2002 (d) 2003-2004

**निर्देश (7 – 10):** निम्न लाइन ग्राफ में उन उम्मीदवरों की संख्या का प्रतिशत दिया गया है जिन्होंने 2001 से 2006 तक छः वर्षों की अवधि में परीक्षाओं में भाग लेने वाले कुल उम्मीदवारों में से परीक्षा उर्त्तीण की है।

**Direction:** The following line graph gives the percentage of the number of candidates who have passed the examination out of the total candidates who appeared in the examinations over a period of six years from 2001 to 2006.

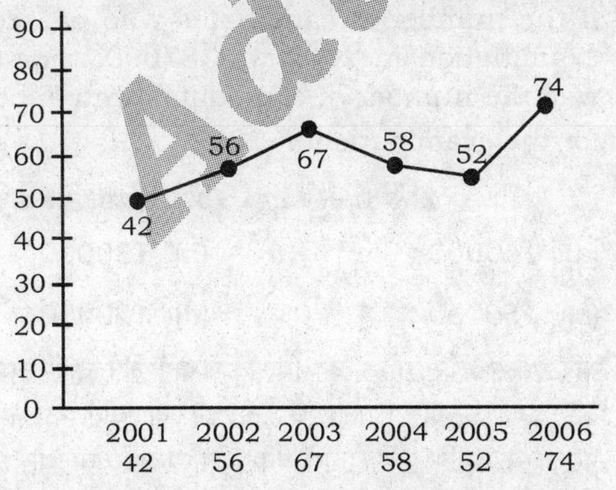


7. निम्न में से किन दो वर्षों में परीक्षा में भाग लेने वाले उम्मीदवारों में से उर्त्तीण करने वाले उम्मीदवारों के बीच के प्रतिशत का अंतर न्यूनतम था?

In which of the following two years the difference in percentage between the candidates who appeared in the examination and those who passed was minimum?

**RPF Constable 19/01/2019 (Shift-02)**

(a) 2001-2002 (b) 2002-2003
(c) 2003-2004 (d) 2004-2005

8. यदि 2003 और 2005 में परीक्षा में शामिल अभ्यर्थियों की कुल संख्या 105000 थी, तो इन दोनों वर्षों में सफल हेने वाले कुल अभ्यर्थियों की संख्या ज्ञात कीजिए।

If the total number of candidates appeared in the examination in 2003 and 2005 was 105000, then find the total number of candidates who were successful in these two years.

**RPF Constable 19/01/2019 (Shift-03)**

(a) आँकड़े अपर्याप्त (b) 210000
(c) 235000 (d) 150000

9. यदि 2003 और 2005 को मिलाकर भाग लेने वाले उम्मीदवारों की कुल संख्या 85000 थी तो इन दो वर्षों को मिलाकर परीक्षा में उर्त्तीण उम्मीदवारों की कुल संख्या क्या थी?

If the total number of candidates who appeared in 2003 and 2005 together was 85000, then what was the total number of candidates who qualified the examination in these two years together?

**RPF Constable 20/01/2019 (Shift-01)**

(a) 45500 (b) डाटा अपर्याप्ट
(c) 80000 (d) 47500

10. यदि 2002 में परीक्षा उर्त्तीण करने वाले उम्मीदवारों की संख्या 84000 थी तो उन उम्मीदवारों की संख्या कितनी थी जो 2002 में परीक्षा में बैठे?

If the number of candidates who passed the examination in 2002 was 84000, then what was the number of candidates who appeared for the examination in 2002?

**RPF Constable 20/01/2019 (Shift-01)**

(a) 120000 (b) 130000
(c) 150000 (d) 140000

**निर्देश (11 – 13):** निम्न लाइन ग्राफ 2001 मे 2006 के बीच 6 वर्षों की अवधि में एक परीक्षा में शामिल हुए कुल अभ्यर्थियों और सफल हुए कुल अभ्यर्थियों के प्रतिशत की जानकारी देता है।

**Direction:** The following line graph gives the percentage of total candidates appeared in an examination and percentage of total candidates successful in a period of 6 years between 2001 and 2006.

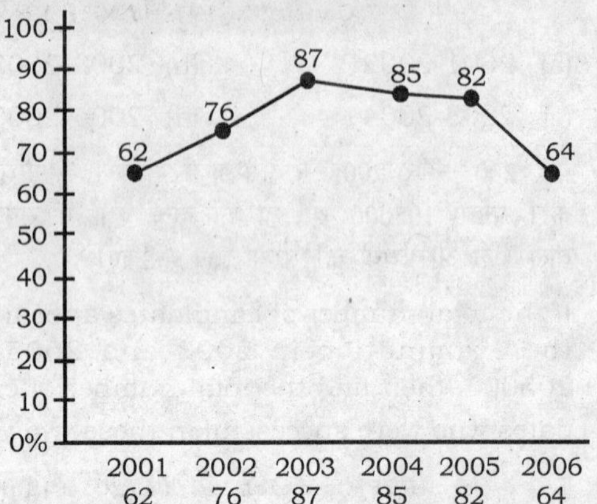


11. निम्न में से किन वर्षों में परीक्षा में शामिल कुल विद्यार्थियों की तुलना में सफल विद्यार्थियों का प्रतिशत का अंतर सबसे कम था?

In which of the following years was the difference in the percentage of successful students compared to the total students appeared in the examination the least?

**RPF Constable 20/01/2019 (Shift-02)**

(a) 2002-2003 (b) 2003-2004
(c) 2001-2002 (d) 2004-2005

12. यदि 2003 और 2005 में परीक्षा में शामिल अभ्यर्थियों की कुल संख्या 102000 थी, तो इन दोनों वर्षों में सफल होने वाले कुल अभ्यर्थियों की संख्या ज्ञात कीजिए।

If the total number of candidates appeared in the examination in 2003 and 2005 was 102000, then find the total number of candidates who were successful in these two years.

**RPF Constable 20/01/2019 (Shift-02)**

(a) 235000 (b) आँकड़ें अपर्याप्त
(c) 150000 (d) 210000

13. यदि 2002 में कुल सफल सभ्यर्थियों की संख्या 114000 है, तो 2002 में परीक्षा में शामिल होने वाले अभ्यर्थियों की कुल संख्या बताइए।

If the total number of successful candidates in 2002 is 114000, then find the total number of candidates who appeared in the examination in 2002.

**RPF Constable 20/01/2019 (Shift-02)**

(a) 170000 (b) 160000
(c) 150000 (d) 180000

**निर्देश (14 – 16):** निम्न लाइन ग्राफ 114000 में उन उम्मीदवारों की संख्या का प्रतिशत दिया गया है जिन्होंने 2001 से 2006 तक छ: वर्षों की अवधि में परीक्षाओं में भाग लेने वाले कुल उम्मीदवारों में से परीक्षा उत्तीण की है।

**Direction:** The following line graph 114000 gives the percentage of the number of candidates who have passed the examination out of the total candidates who appeared in the examinations over a period of six years from 2001 to 2006.

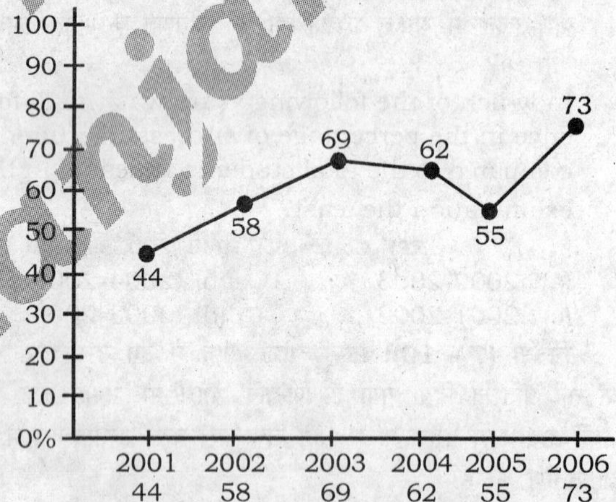


14. यदि 2002 में परीक्षा उर्त्तीण करने वाले उम्मीदवारों की संख्या 87000 थी तो उन उम्मीदवारों की संख्या कितनी थी जो 2002 में परीक्षा में बैठे?

If the number of candidates who passed the examination in 2002 was 87000, then what was the number of candidates who appeared for the examination in 2002?

**RPF Constable 20/01/2019 (Shift-03)**

(a) 140000 (b) 130000
(c) 150000 (d) 120000

15. यदि 2003 और 2005 को मिलाकर भाग लेने वाले उम्मीदवारों की कुल संख्या 85000 थी तो इन दो वर्षों को मिलाकर परीक्षा में उत्तीण उम्मीदवारों की कुल संख्या क्या थी?

If the total number of candidates who appeared in 2003 and 2005 together was 85000, then what was the total number of candidates who qualified the examination in these two years together?

**RPF Constable 20/01/2019 (Shift-03)**

(a) 80000 (b) डाटा अपर्याप्त
(c) 45500 (d) 47500

16. निम्न में से किन दो वर्षों में परीक्षा में भाग लेने वाले उम्मीदवारों में से उर्तीण करने वाले उम्मीदवारों के बीच के प्रतिशत का अंतर न्यूनतम था?
In which of the following two years the difference in percentage between the candidates who appeared in the examination and those who passed was minimum?

**RPF Constable 20/01/2019 (Shift-03)**

(a) 2001-2002 (b) 2005-2006
(c) 2002-2003 (d) 2003-2004

**निर्देश (17 – 19):** निम्न लाइन ग्राफ में 2001 से 2006 तक की 6 साल की अवधि के बीच होने वाली एक परीक्षा में शामिल हुए कुल अभ्यर्थियों और सफल हुए कुल अभ्यर्थियों की प्रतिशतता की जानकारी दी गयी है।

**Direction:** The following line graph shows the percentage of total candidates who appeared in an examination and the percentage of total candidates who were successful in an examination conducted between the period of 6 years from 2001 to 2006. Information has been given.

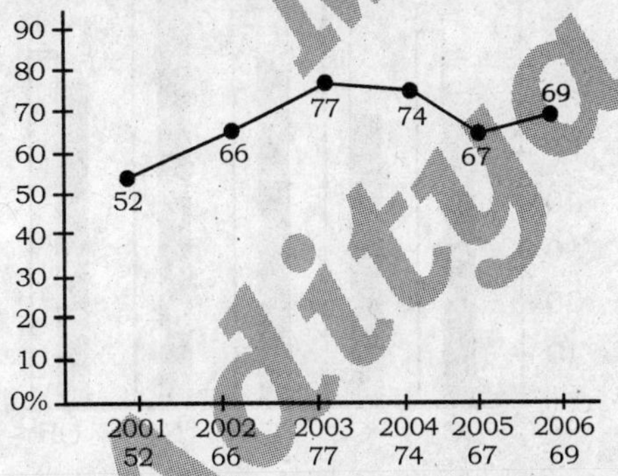


17. यदि 2003 और 2005 में शामिल हुए अभ्यर्थियों की कुल संख्या 106000 थी, तो इन दो वर्षों में सफल अभ्यर्थियों की कुल संख्या थी-
If the total number of candidates appeared in 2003 and 2005 was 106000, then the total number of successful candidates in these two years was-

**RPF Constable 22/01/2019 (Shift-02)**

(a) 210000 (b) 150000
(c) 235000 (d) आँकड़े पर्याप्त नहीं

18. यदि 2002 में सफल हुए अभ्यर्थियों की संख्या 99000 थी, तो 2002 में शामिल अभ्यर्थियों की संख्या कितनी थी?
If the number of successful candidates in 2002 was 99000, then what was the number of candidates appeared in 2002?

**RPF Constable 22/01/2019 (Shift-02)**

(a) 170000 (b) 150000
(c) 160000 (d) 180000

19. दिए हुए किन वर्षों में शामिल हुए कुल अभ्यर्थियों की तुलना में सफल हुए अभ्यर्थियों की प्रतिशत में अंतर सबसे कम है?
In which of the given years is the difference in the percentage of successful candidates compared to the total candidates appeared the least?

**RPF Constable 22/01/2019 (Shift-02)**

(a) 2002-2003
(b) 2004-2005
(c) 2003-2004
(d) 2001-2002

**निर्देश (20 – 21):** निम्न बार ग्राफ का अध्ययन कीजिये और उसके आधार पर प्रश्न का उत्तर दीजिये।

**Direction:** Study the following bar graph and answer the question based on it.

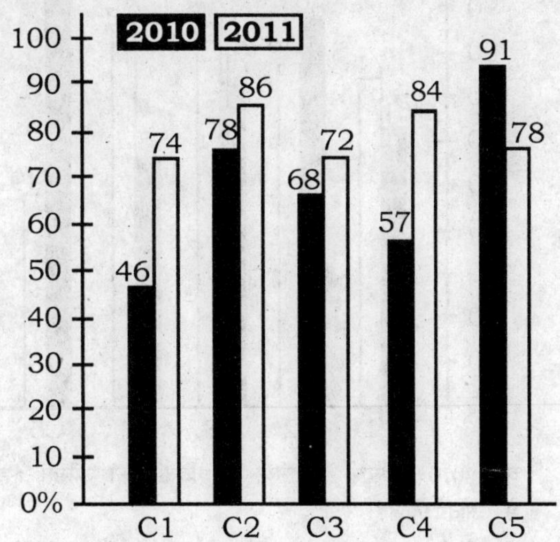


20. एक पब्लिशिंग कंपनी की पाँच शाखाओं की दो क्रमागत वर्षों 2010 और 2011 में हुई पुस्तकों की बिक्री (हजार में) दी गयी है। वर्ष 2010 में सभी शाखाओं की बिक्री का औसत (हजार में) ज्ञात कीजिये।

The sales of books (in thousands) of five branches of a publishing company in two consecutive years 2010 and 2011 are given. Find the average sales (in thousands) of all the branches in the year 2010.

**RPF Constable 05/01/2019 (Shift-01)**

(a) 72 (b) 68
(c) 66 (d) 74

21. दोनों वर्षों में कंपनी की शाखाओं C1, C3 और C5 की मिलाकर कुल बिक्री (हजार में) ज्ञात कीजिये।
Find the total sales (in thousands) of branches C1, C3 and C5 of the company combined in both the years.

**RPF SI 05/01/2019 (Shift-01)**

(a) 439 (b) 419
(c) 429 (d) 409

**निर्देश (22 – 24):** निम्न बार ग्राफ का अध्ययन करें और उसके आधार पर प्रश्न का उत्तर दीजिये। एक पब्लिशिंग कंपनी की पाँच शाखाओं जी दो क्रमागत वर्षों 2010 और 2011 में हुई पुस्तकों की बिक्री (हजार में) दी गयी है।

**Direction:** Study the following bar graph and answer the question based on it. The sales of books (in thousands) of five branches of a publishing company in two consecutive years 2010 and 2011 are given.

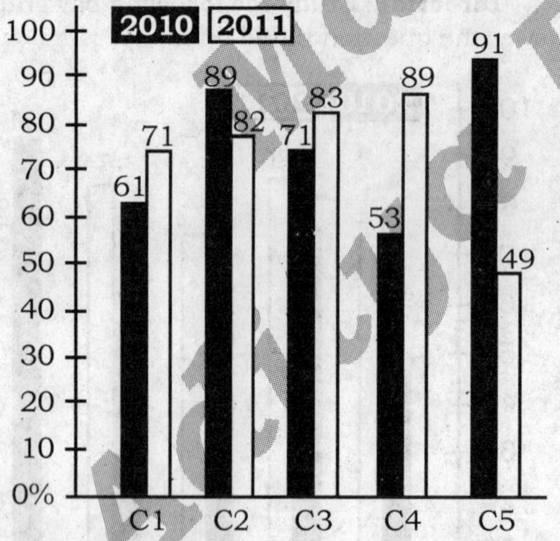


22. वर्ष 2010 में सभी कंपनियों की बिक्री का औसत (हजार में) ज्ञात कीजिए।
Find the average (in thousand) sales of all the companies in the year 2010.

**RPF SI 05/01/2019 (Shift-03)**

(a) 75 (b) 72
(c) 73 (d) 74

23. दोनों वर्षों में कंपनी की शाखाओं C1, C3 और C5 की एक साथ कुल बिक्री (हजार में) ज्ञात कीजिए।
Find the total sales (in thousands) of branches C1, C3 and C5 of the company in both the years together.

**RPF SI 05/01/2019 (Shift-03)**

(a) 425 (b) 427
(c) 426 (d) 423

24. शाखा C2 की दोनों वर्षों में हुई कुल बिक्री और शाखा C4 की दोनों वर्षों में हई कुल बिक्री का अनुपात ज्ञात कीजिए।
Find the ratio of total sales of branch C2 in both the years to total sales of branch C4 in both the years.

**RPF SI 05/01/2019 (Shift-03)**

(a) 142 : 171 (b) 182 : 163
(c) 171 : 142 (d) 163 : 182

**निर्देश (25 – 26):** निम्न बार ग्राफ का अध्ययन करें और उसके आधार पर प्रश्न का उत्तर दीजिये। एक पब्लिशिंग कंपनी की पाँच शाखाओं जी दो क्रमागत वर्षों 2010 और 2011 में हुई पुस्तकों की बिक्री (हजार में) दी गयी है।

**Direction:** Study the following bar graph and answer the question based on it. The sales of books (in thousands) of five branches of a publishing company in two consecutive years 2010 and 2011 are given.

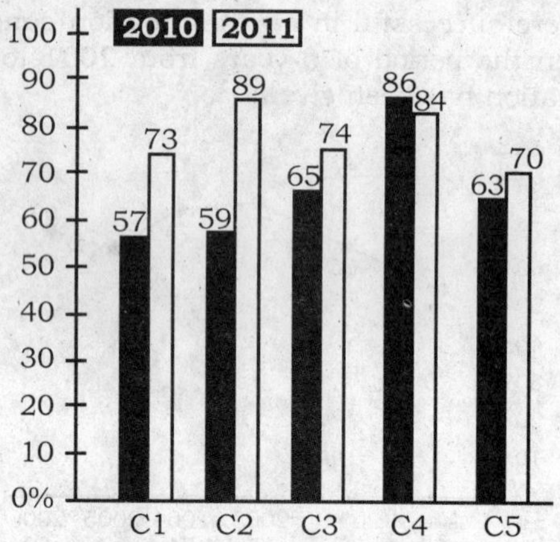


25. दोनों वर्षों में कंपनी की शाखाओं C1, C3 और C5 की एक साथ कुल बिक्री (हजार में) ज्ञात करें।
In both the years the company's branches C1, C3 and C5 Find the total sales (in thousands) together.

**RPF SI 05/01/2019 (Shift-03)**

(a) 403 (b) 400
(c) 401 (d) 402

26. शाखा C2 की दोनों वर्षों में हुई कुल बिक्री और शाखा C4 की दोनों वर्षों में हुई कुल बिक्री का अनुपात ज्ञात करें।

Find the ratio of total sales of branch C2 in both the years to total sales of branch C4 in both the years.

**RPF SI 05/01/2019 (Shift-03)**

(a) 47 : 85 (b) 37 : 58
(c) 74 : 85 (d) 29 : 56

**निर्देश (27 – 28):** निम्न बार ग्राफ का अध्ययन कीजिए और उसके आधार पर प्रश्न का उत्तर दीजिए।

**Direction:** Study the following bar graph and answer the question based on it.

एक पब्लिशिंग कंपनी की पाँच शाखाओं की दो क्रमागत वर्षों 2010 और 2011 में हुई पुस्तकों की बिक्री (हजार में) दी गई है।

The sales of books (in thousands) of five branches of a publishing company in two consecutive years 2010 and 2011 are given.

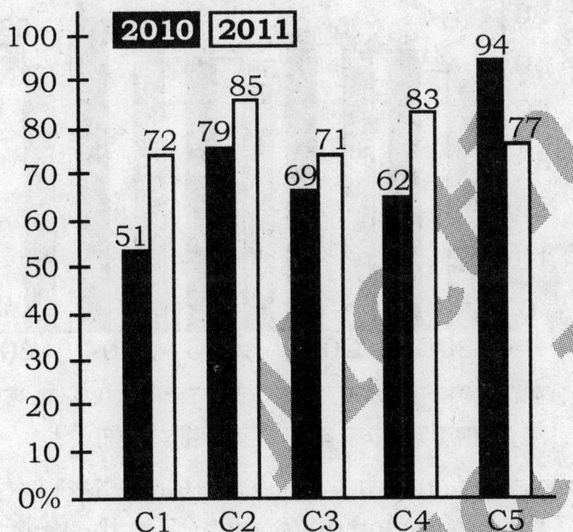


27. दोनों वर्षों में कंपनी की शाखाओं C1, C3 और C5 की एक साथ कुल बिक्री (हजार में) ज्ञात कीजिये।

In both the years the company's branches C1, C3 and C5 Find the total sales (in thousands) together.

**RPF SI 06/01/2019 (Shift-03)**

(a) 434 (b) 414
(c) 444 (d) 424

28. वर्ष 2010 में सभी कंपनियों की बिक्री का औसत (हजार में) ज्ञात कीजिये।

Find the average sales (in thousand) of all companies in the year 2010

**RPF SI 06/01/2019 (Shift-03)**

(a) 73 (b) 71
(c) 72 (d) 70

**निर्देश (29 – 31):** निम्न बार ग्राफ का अध्ययन कीजिये और उसके आधार पर प्रश्न का उत्तर दीजिये।

**Direction:** Study the following bar graph and answer the question based on it.

एक पब्लिशिंग कंपनी की पाँच शाखाओं की दो क्रमागत वर्षों 2010 और 2011 में हुई पुस्तकों की बिक्री (हजार में) दी गयी है।

The sales of books (in thousands) of five branches of a publishing company in two consecutive years 2010 and 2011 are given.

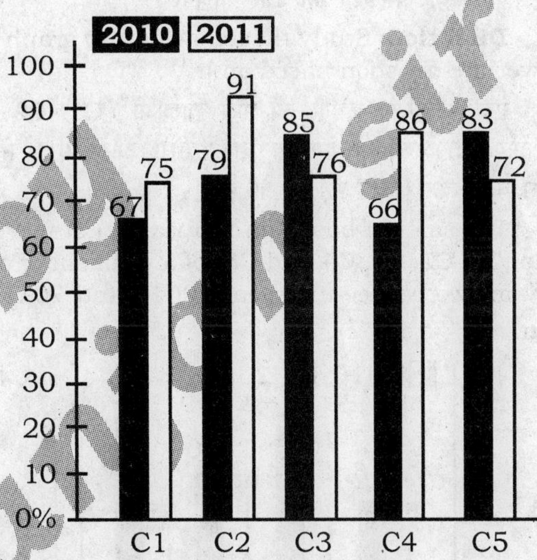


29. शाखा C2 की दोनों वर्षों में हुई कुल बिक्री और शाखा C4 की दोनों वर्षों में हुई कुल बिक्री का अनुपात ज्ञात कीजिये।

Find the ratio of total sales of branch C2 in both the years to total sales of branch C4 in both the years.

**RPF SI 10/01/2019 (Shift-01)**

(a) 153 : 169 (b) 170 : 152
(c) 169 : 153 (d) 153 : 170

30. एक पब्लिशिंग कंपनी की पाँच शाखाओं की दो क्रमागत वर्षों 2010 और 2011 में हुई शाखाओं की बिक्री (हजार में) दी गयी है। वर्ष 2010 में सभी कंपनियों की बिक्री का औसत (हजार में) ज्ञात कीजिये।

The sales (in thousands) of books of five branch of a publishing company in two consecutive years 2010 and 2011 are given. Find the average (in thousand) sales of all the companies in the year 2010.

**RPF SI 10/01/2019 (Shift-01)**

(a) 76 (b) 73
(c) 74 (d) 75

31. दोनों वर्षों में कंपनी की शाखाओं C1, C3 और C5 की एक साथ कुल बिक्री (हजार में) ज्ञात कीजिए।
Find the total sales (in thousands) of branches C1, C3 and C5 of the company in both the years together.

**RPF Constable 10/01/2019 (Shift-01)**

(a) 458 (b) 468
(c) 438 (d) 448

**निर्देश (32 – 34):** निम्न बार ग्राफ का अध्ययन कीजिये और उसके आधार पर प्रश्न का उत्तर दीजिये।

**Direction:** Study the following bar graph and answer the question based on it.

एक पब्लिशिंग कंपनी की पाँच शाखाओं (C1, C2, C3, C4 और C5) की दो क्रमागत वर्षों 2010 और 2011 में हुयी पुस्तकों की बिक्री (हजार में) दी गई है।

The sales of books (in thousands) of five divisions (C1, C2, C3, C4 and C5) of a publishing company in two consecutive years 2010 and 2011 are given.

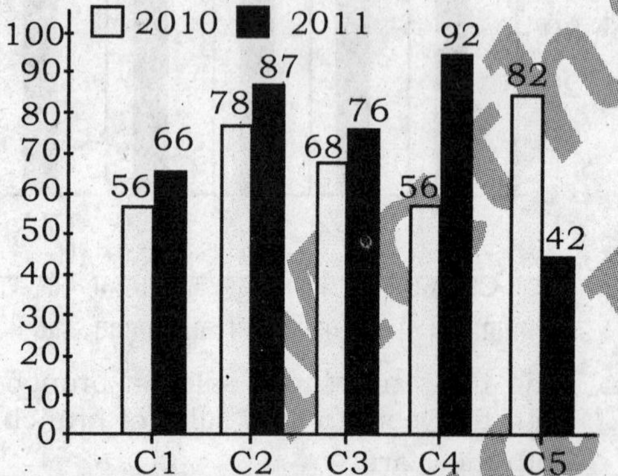


32. शाखा C2 की दोनों वर्षों में हुयी कुल बिक्री और शाखा C4 की दोनों वर्षों में हुई कुल बिक्री का अनुपात ज्ञात कीजिए।
Find the ratio of total sales of branch C2 in both the years to total sales of branch C4 in both the years.

**RPF SI 10/01/2019 (Shift-03)**

(a) 163 : 146 (b) 163 : 145
(c) 164 : 147 (d) 165 : 148

33. दोनों वर्षों मे कंपनी की शाखाओं C1, C3 और C5 की एक साथ कुल बिक्री (हजार में) ज्ञात कीजिए।
Find the total sales (in thousands) of branches C1, C3 and C5 of the company in both the years together.

**RPF SI 10/01/2019 (Shift-03)**

(a) 370 (b) 390
(c) 380 (d) 400

34. वर्ष 2010 में सभी कंपनियों की बिक्री का औसत (हजार में) ज्ञात कीजिए।
Find the average (in thousands) of sales of all the companies in the year 2010.

**RPF SI 10/01/2019 (Shift-03)**

(a) 67 (b) 69
(c) 70 (d) 68

**निर्देश (35 – 37):** नीचे दिया गया बार ग्राफ तीन कंपनियों X, Y और Z द्वारा वर्ष 2001 – 2005 में पेपर उत्पादन के आँकड़े (हजार में) दर्शाता है।

**Direction:** The bar graph given below shows the data (in thousands) of paper production by three companies X, Y and Z in the year 2001 – 2005.

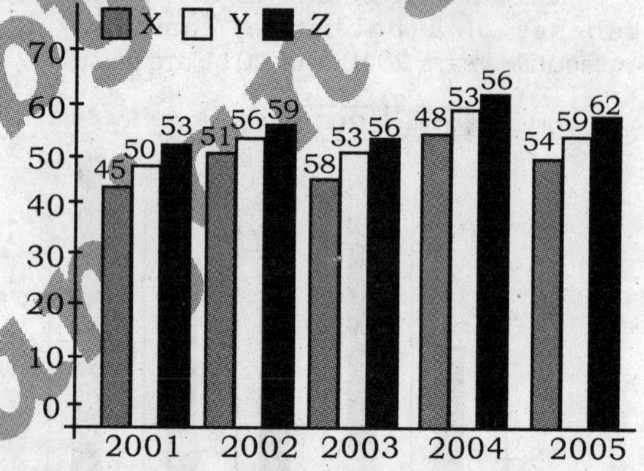


35. वर्ष 2001 में कंपनी Z के उत्पादन और 2002 में कंपनी Y के उत्पादन के मध्य अंतर (हजार में) कितना है?
What is the difference (in thousands) between the production of Company Z in the year 2001 and the production of Company Y in the year 2002?

**RPF 11/01/2019 (Shift-01)**

(a) 5 (b) 4
(c) 6 (d) 3

36. पाँच वर्षों में किस कंपनी का औसत उत्पादन सबसे कम था?
Which company had the lowest average production in five years?

**RPF SI 11/01/2019 (Shift-01)**

(a) X
(b) Y
(c) Z
(d) None of these

37. कंपनी X के उत्पादन में वर्ष 2002 से 2005 तक प्रतिशत वृद्धि क्या है? (% में दो दशमलव स्थानों तक पूर्णांक)

What is the percentage increase in the production of Company X from 2002 to 2005? (rounded up to two decimal places in %)

**RPF SI 11/01/2019 (Shift-01)**

(a) 5.88 (b) 5.78
(c) 6.18 (d) 5.98

**निर्देश (38 – 39):** निम्न बार ग्राफ तीन भिन्न कंपनियों X, Y और Z द्वारा वर्ष 2001-2005 के बीच निर्मित पेपरों के आँकड़ों (हजार में) को दर्शाता है।

**Direction:** The following bar graph shows the data (in thousands) of papers produced by three different companies X, Y and Z between the years 2001-2005.

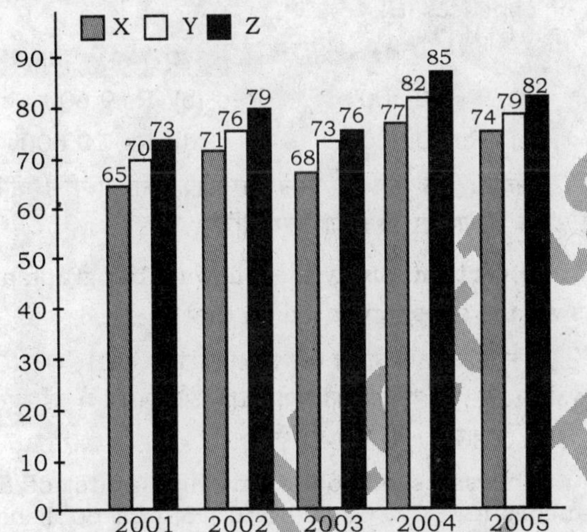


38. कंपनी Z द्वारा 2001 और 2002 में निर्मित पेपरों की संख्या का अंतर ज्ञात कीजिए। (हजार में)

Find the difference in the number of papers produced by company C in 2001 and 2002. (in thousands)

**RPF SI 11/01/2019 (Shift-02)**

(a) 3 (b) 6
(c) 5 (d) 4

39. 2002 से 2005 के बीच में कंपनी X के उत्पादन में कितने प्रतिशत की वृद्धि हुई? (प्रतिशत मान दशमलव के दो अंकों तक लगभग में ज्ञात कीजिए)

By what percent did the production of Company X increase between 2002 and 2005? (Find the percentage value rounded to two decimal places)

**RPF SI 11/01/2019 (Shift-02)**

(a) 4.20 (b) 4.30
(c) 4.23 (d) 4.27

**निर्देश (40 – 41):** निम्न बार ग्राफ का अध्ययन कीजिए और उसके आधार पर प्रश्न का उत्तर दीजिए।

**Direction:** Study the following bar graph and answer the question based on it.

एक पब्लिशिंग कंपनी की पाँच शाखाओं की दो क्रमागत वर्षों 2010 और 2011 में हुई पुस्तकों की बिक्री (हजार में) दी गई है।

The sales (in thousands) of books of five chapters of a publishing company in two consecutive years 2010 and 2011 are given.

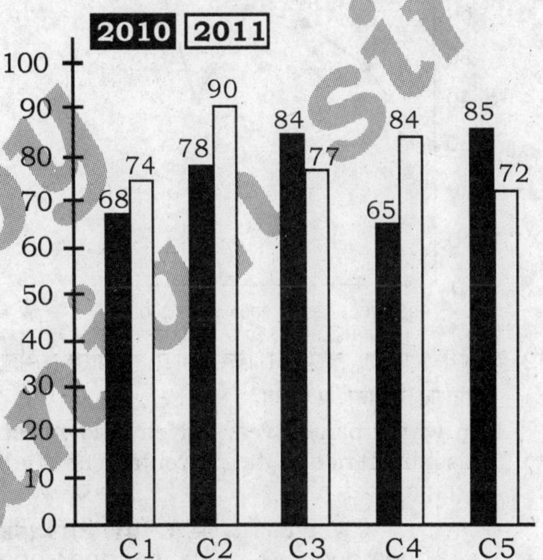


40. शाखा C2 की दोनों वर्षों मे हुई कुल बिक्री और शाखा C4 की दोनों वर्षों में हुई बिक्री का अनुपात ज्ञात कीजिए।

Find the ratio of total sales of branch C2 in both the years to the total sales of branch C4 in both the years.

**RPF SI 12/01/2019 (Shift-01)**

(a) 168 : 149 (b) 168 : 143
(c) 166 : 141 (d) 166 : 145

41. वर्ष 2010 में सभी शाखाओं की बिक्री का औसत (हजार में) ज्ञात कीजिए।

Find the average (in thousand) sales of all the branches in the year 2010.

**RPF SI 12/01/2019 (Shift-01)**

(a) 78
(b) 76
(c) 80
(d) 74

**निर्देश (42):** निम्नलिखित पंक्तियाँ छह साल की अवधि 2001 से 2006 के दौरान उपस्थित उम्मीदवारों की कुल संख्या की तुलना में परीक्षा में योग्य उम्मीदवारों की संख्या का प्रतिशत दर्शाती हैं।

**Direction:** The following rows show the percentage of number of candidates qualified in the examination compared to the total number of candidates appeared during the six year period 2001 to 2006.

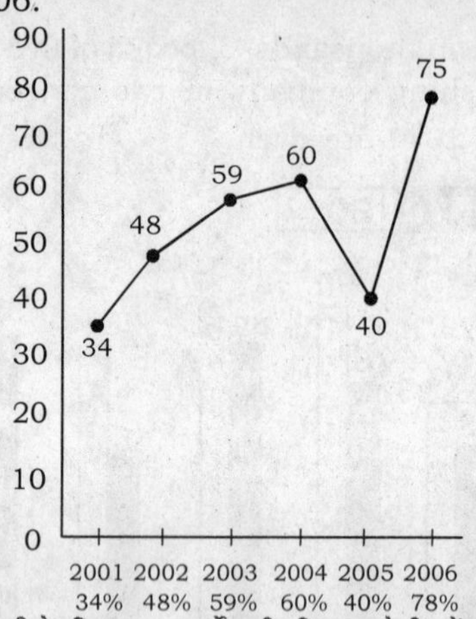


42. नीचे दिए गए वर्षों की किस जोड़ी में योग्य उम्मीदवारों के प्रतिशत में कम अंतर था?

In which pair of years given below there was less difference in the percentage of candidates qualified?

**RPF Constable 17/01/2019 (Shift-01)**

(a) 2003-2004 (b) 2004-2005
(c) 2002-2003 (d) 2001-2002

**निर्देश (43 – 44):** निम्नलिखित बार ग्राफ का अध्ययन करें और निम्नलिखित प्रश्नों का उत्तर दें:

**Direction:** Study the following bar graph and answer the following questions:

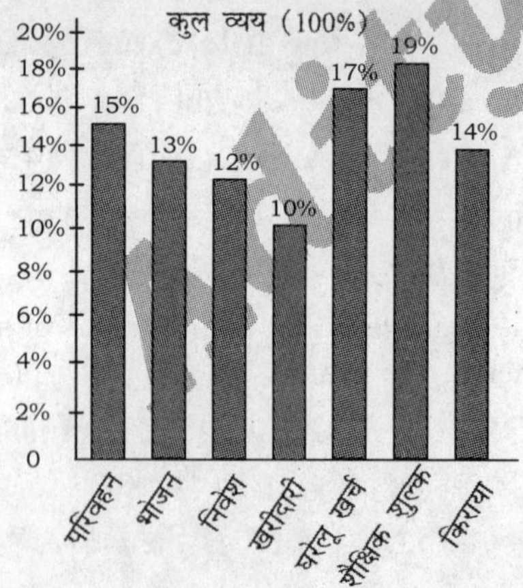


कुल व्यय (100%): रु. 85000

Total Expenses (100%): Rs.85000

43. भोजन (F) और घरेलू खर्च (H) पर एक साथ खर्च की गई राशि ज्ञात कीजिए।

Find the amount spent on food (F) and household expenses (H) together.

**RPF Constable 18/01/2019 (Shift-01)**

(a) Rs.24,400 (b) Rs.23,300
(c) Rs.22,200 (d) Rs.25,500

44. शिक्षा शुल्क में कितना और पैसा जोड़ा जाना चाहिए ताकि यह किराया (R) और घरेलू खर्च (H) पर खर्च की गई राशि के बराबर हो जाए।

How much more money should be added to the education fee so that it becomes equal to the amount spent on rent (R) and household expenses (H).

**RPF Constable 18/01/2019 (Shift-01)**

(a) Rs.10,800 (b) Rs.9,600
(c) Rs.10,200 (d) Rs. 10,600

**निर्देश (45 – 46):** निम्न बार ग्राफ का अध्ययन कीजिए और उसके आधार पर प्रश्न का उत्तर दीजिए।

**Direction:** Study the following bar graph and answer the question based on that.

एक पब्लिशिंग कंपनी की पाँच शाखाओं (C1, C2, C3, C4 और C5) की दो क्रमागत वर्षों 2010 और 2011 में हुई पुस्तकों की बिक्री (हजार में) दी गयी है।

The sales of books (in thousands) of five branches (C1, C2, C3, C4 and C5) of a publishing company in two consecutive years 2010 and 2011 are given.

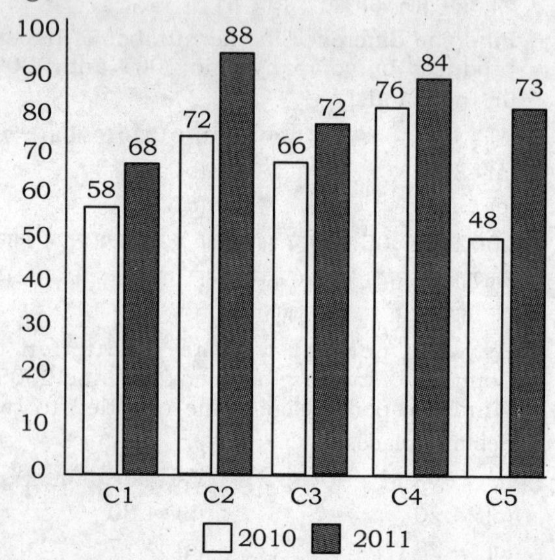

45. वर्ष 2010 में सभी शाखाओं की बिक्री का औसत (हजार में) ज्ञात कीजिए?

Find the average sales (in thousand) of all the branches in the year 2010?

**RPF SI 19/12/2018 (Shift-01)**

(a) 65 (b) 64
(c) 63 (d) 66

46. दोनों वर्षों में कंपनी की शाखाओं C1, C3 और C5 की एक साथ कुल बिक्री (हजार में) ज्ञात कीजिए?

Find the total sales (in thousands) of branches C1, C3 and C5 of the company in both the years together?

**RPF SI 19/12/2018 (Shift-01)**

(a) 355 (b) 365
(c) 375 (d) 385

**निर्देश (47):** निम्न बार ग्राफ का अध्ययन कीजिए और उसके आधार पर प्रश्न का उत्तर दीजिए?

**Directions:** Study the following bar graph and answer the question based on it?

एक पब्लिशिंग कंपनी की पाँच शाखाओं (C1, C2 C3, C4 और C5) की दो क्रमागत वर्षों 2010 और 2011 में हुई पुस्तकों की बिक्री (हजार में) दी गयी है।

The sales of books (in thousands) of five branches (C1, C2 C3, C4 and C5) of a publishing company in two consecutive years 2010 and 2011 are given.

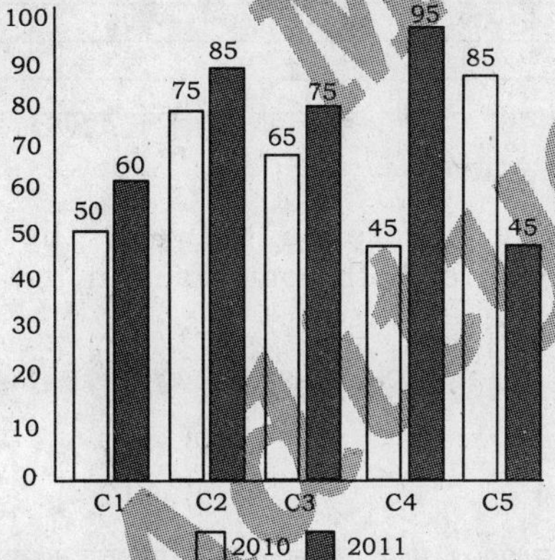


47. शाखा C2 की दोनों वर्षों में हुई कुल बिक्री और शाखा C4 की दोनों वर्षों में हुई कुल बिक्री का अनुपात ज्ञात कीजिए?

Find the ratio of total sales of branch C2 in both the years to total sales of branch C4 in both the years?

**RPF SI 19/12/2018 (Shift-03)**

(a) 8 : 9 (b) 7 : 8
(c) 8 : 7 (d) 9 : 8

**निर्देश (48):** निम्न बार ग्राफ का अध्ययन कीजिए और उसके आधार पर प्रश्न का उत्तर दीजिए?

**Directions:** Study the following bar graph and answer the question based on it?

एक पब्लिशिंग कंपनी की पाँच शाखाओं (C1, C2, C3, C4 और 5) की दो क्रमागत वर्षों 2010 और 2011 में हुई पुस्तकों की बिक्री (हजार में) दी गयी है।

The sales of books (in thousands) of five branches (C1, C2, C3, C4 and C5) of a publishing company in two consecutive years 2010 and 2011 are given.

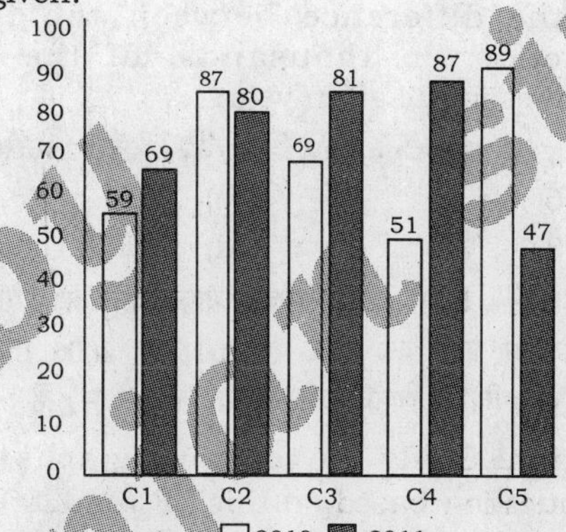


48. शाखा C2 की दोनों वर्षों में हुई कुल बिक्री और शाखा C4 की दोनों वर्षों में हुई कुल बिक्री का अनुपात ज्ञात कीजिए?

Find the ratio of total sales of branch C2 in both the years to total sales of branch C4 in both the years?

**RPF SI 24/12/2018 (Shift-01)**

(a) 196 : 123 (b) 123 : 196
(c) 167 : 138 (d) 138 : 167

**निर्देश (49 – 50):** निम्नलिखित ग्राफ का अध्ययन करें और इसके आधार पर प्रश्न का उत्तर दें।

**Direction:** Study the following graphs and answer the question based on this.

2001 से 2006 तक, X और Y कंपनियों द्वारा निर्मित वाहनों की संख्या (हजारों में)

From 2001 to 2006, the number of vehicles manufactured by X and Y companies (in thousands)

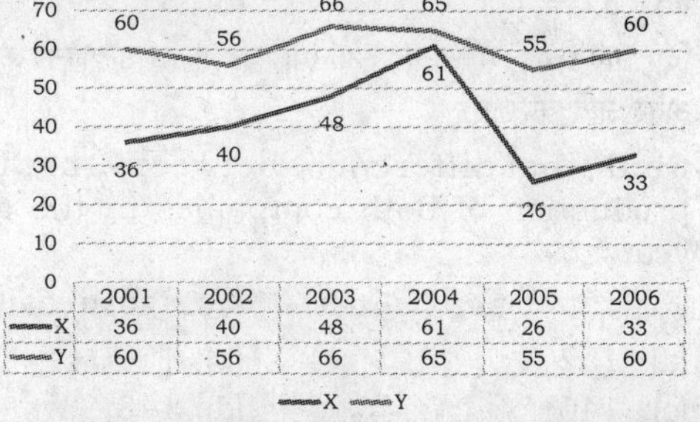


| | 2001 | 2002 | 2003 | 2004 | 2005 | 2006 |
|---|---|---|---|---|---|---|
| X | 36 | 40 | 48 | 61 | 26 | 33 |
| Y | 60 | 56 | 66 | 65 | 55 | 60 |

49. 2001 और 2002 में X कंपनी द्वारा निर्मित वाहनों की संख्या के बीच अंतर क्या है?

What is the difference between the number of vehicles manufactured by the X company in 2001 and 2002?

**RPF Constable 02/02/2019 (Shift-01)**

(a) 5 (b) 3
(c) 4 (d) 6

50. दिए गए वर्षों में दोनों कंपनियों के कुल उत्पादन (हजारों में) के बीच अंतर ज्ञात करें।

Find the difference between the total production (in thousands) of the two companies in the given years.

**RPF Constable 02/02/2019 (Shift-01)**

(a) 116 (b) 117
(c) 118 (d) 115

**निर्देश (51 – 53):** निम्नलिखित ग्राफ का अध्ययन करें और इसके आधार पर प्रश्न का उत्तर दें। 2001 से 2006 तक, X और Y कंपनियों द्वारा निर्मित वाहनों की संख्या (हजारों में) है

**Direction:** Study the following graphs and answer the question based on this. F rom 2001 to 2006, the number of vehicles manufactured by X and Y companies (in thousands)

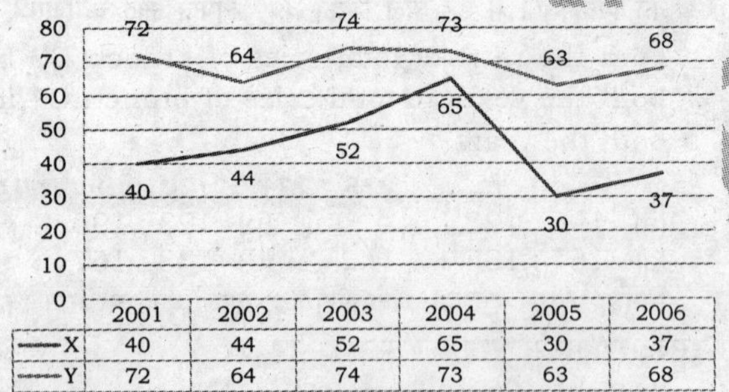


| | 2001 | 2002 | 2003 | 2004 | 2005 | 2006 |
|---|---|---|---|---|---|---|
| X | 40 | 44 | 52 | 65 | 30 | 37 |
| Y | 72 | 64 | 74 | 73 | 63 | 68 |

51. कंपनी X और कंपनी Y के कुल उत्पादन का अंतर क्या है

What is the difference of total production of company X and company Y?

**RPF Constable 03/02/2019 (Shift-02)**

(a) 6 (b) 4
(c) 5 (d) 3

52. दिए गए वर्षों में दोनों कंपनियों के कुल उत्पादन के बीच अंतर ज्ञात कीजिए।

Find the difference between the total production of both companies in the given years.

**RPF Constable 03/02/2019 (Shift-02)**

(a) 152 (b) 150
(c) 146 (d) 148

53. किस वर्ष के दौरान कंपनी X और कंपनी Y के उत्पादन के बीच अंतर सबसे कम था?

During which year was the difference between production of company X and company Y the lowest?

**RPF Constable 03/02/2019 (Shift-02)**

(a) 2002 (b) 2005
(c) 2003 (d) 2004

**निर्देश (54 - 56):** निम्नलिखित ग्राफ का अध्ययन करें और इसके आधार पर प्रश्न का उत्तर दें।

**Direction:** Study the following graphs and answer the question based on this.

2001 से 2006 तक, X और Y कंपनियों द्वारा निर्मित वाहनों की संख्या (हजारों में) दिया गया है।

From 2001 to 2006, the number of vehicles manufactured by X and Y companies (in thousands) is given.

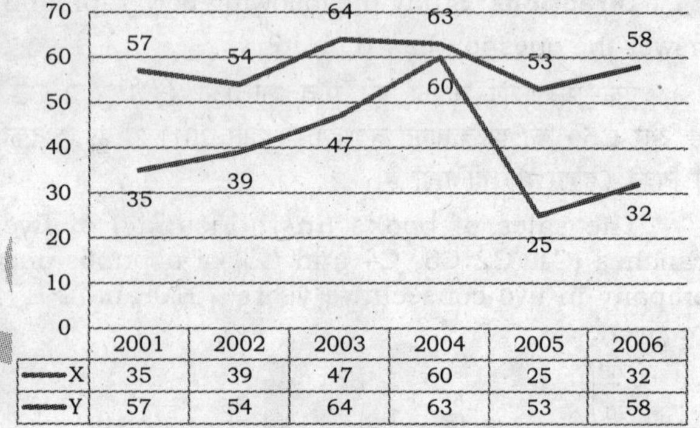


| | 2001 | 2002 | 2003 | 2004 | 2005 | 2006 |
|---|---|---|---|---|---|---|
| X | 35 | 39 | 47 | 60 | 25 | 32 |
| Y | 57 | 54 | 64 | 63 | 53 | 58 |

54. दिए गए वर्षों में दोनों कंपनियों के कुल उत्पादन के बीच अंतर ज्ञात कीजिए।

Find the difference between the total production of both companies in the given years.

**RPF Constable 04/02/2019 (Shift-01)**

(a) 111 (b) 113
(c) 114 (d) 112

55. 2001 और 2002 में X कंपनी द्वारा निर्मित वाहनों की संख्या के बीच क्या अंतर है?

What is the difference between the number of vehicles manufactured by the X company in 2001 and 2002?

**RPF Constable 04/02/2019 (Shift-01)**

(a) 6 (b) 4
(c) 5 (d) 3

56. किस वर्ष के दौरान कंपनी X और कंपनी Y के उत्पादन के बीच अंतर सबसे कम था?
during which years was the difference between production of company X and company Y the lowest?

**RPF Constable 04/02/2019 (Shift-01)**

(a) 2004 (b) 2005
(c) 2002 (d) 2003

**निर्देश (57 – 59):** निम्नलिखित बार ग्राफ का अध्ययन करें और निम्नलिखित प्रश्न का उत्तर दें:

**Direction:** Study the following bar graph of the following times and answer the following question:

2010 और 2011 के लगातार दो वर्षों में एक प्रकाशन कंपनी की पुस्तकों (हजारों C1, C2, C3, C4 और C5 में से) की बिक्री।

Books (in thousands of C1, C2, C3, C4 and C5) of a publishing company in two consecutive years of 2010 and 2011 Sales.

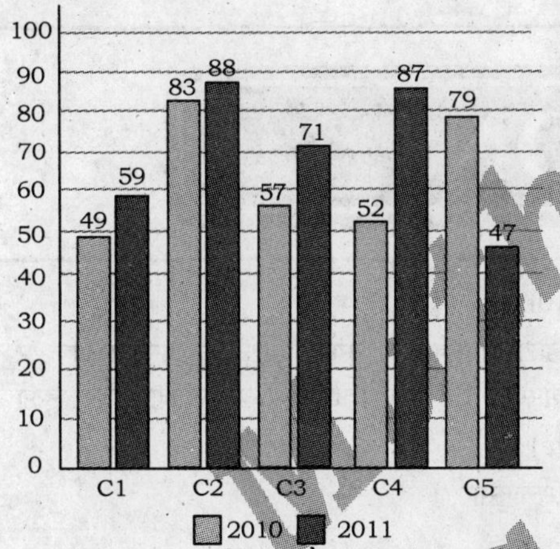


57. 2010 में सभी शाखाओं की औसत बिक्री (हजारों में) क्या है?
What is the average sale of all branches (in thousands) in 2010?

**RPF SI 06/01/2019 (Shift- 01)**

(a) 66 (b) 65
(c) 64 (d) 63

58. दो वर्षों के दौरान C1, C3 और C5 शाखाओं में कुल बिक्री (हजार में) कितनी है?
How much is the total sales (In thousand) in C1, C3 and C5 branches during the two years?

**RPF SI 06/01/2019 (Shift- 01)**

(a) 364 (b) 361
(c) 363 (d) 362

59. दो वर्षों के दौरान शाखा C2 की कुल बिक्री और दो वर्षों के दौरान शाखा C4 की कुल बिक्री का अनुपात क्या है?
What is the ratio of the total sales of branch C2 during the two years and the total sales of branch C4 during the two years?

**RPF SI 06/01/2019 (Shift- 01)**

(a) 171 : 139 (b) 183 : 169
(c) 139 : 171 (d) 169 : 183

**निर्देश (60 – 62):** निम्नलिखित कॉलम का अध्ययन करें और निम्नलिखित प्रश्न का उत्तर दें:

**Direction:** Study the following columns and answer the following question:

एक प्रकाशन कंपनी की पांच शाखाओं में 2010 और 2011 में पुस्तकों की बिक्री (हजार में) दिखाई गई है।

Sales of books in 2010 and 2011 in five branches of one publishing company (in thousand) are shown.

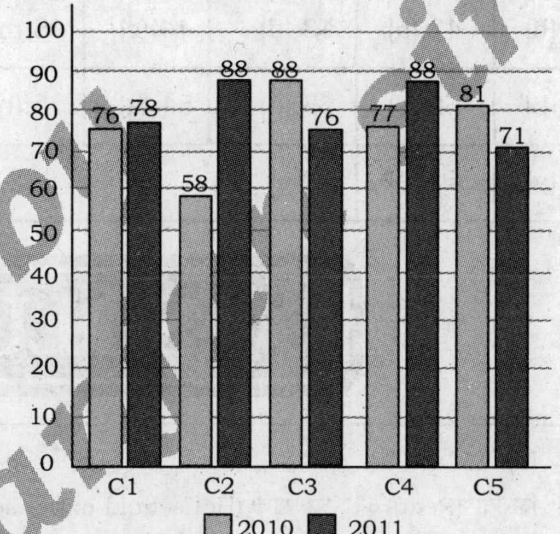


60. 2010 की सभी शाखाओं की औसत बिक्री (हजार में) कितनी है?
How much is the average sales (in thousand) for all branches of 2010?

**RPF SI 06/01/2019 (Shift- 02)**

(a) 80 (b) 74
(c) 76 (d) 78

61. दोनों वर्षों में C1, C3 और C5 शाखाओं की कुल बिक्री (हजार में) कितनी है?
What is the total sale (in thousand) of C1, C3 and C5 branches for both the years together?

**RPF SI 06/01/2019 (Shift- 02)**

(a) 470 (b) 460
(c) 450 (d) 480

62. C2 शाखा की दोनों वर्षों की कुल बिक्री का दोनों वर्षों की C4 शाखाओं की कुल संख्या से अनुपात क्या है?
What is the ratio of total sales for both years of C2 branch, for the total number of C4 branches for both the years?

**RPF SI 06/01/2019 (Shift- 02)**

(a) 141 : 165 (b) 146 : 165
(c) 145 : 165 (d) 143 : 165

# ANSWER KEY

| | | | | | | | | | |
|---|---|---|---|---|---|---|---|---|---|
| 1.(b) | 2.(c) | 3.(a) | 4.(b) | 5.(a) | 6.(d) | 7.(d) | 8.(a) | 9.(b) | 10.(c) |
| 11.(b) | 12.(b) | 13.(c) | 14.(c) | 15.(b) | 16.(d) | 17.(d) | 18.(b) | 19.(c) | 20.(b) |
| 21.(c) | 22.(c) | 23.(c) | 24.(c) | 25.(d) | 26.(c) | 27.(a) | 28.(b) | 29.(b) | 30.(a) |
| 31.(a) | 32.(d) | 33.(b) | 34.(d) | 35.(d) | 36.(a) | 37.(a) | 38.(b) | 39.(c) | 40.(a) |
| 41.(b) | 42.(a) | 43.(d) | 44.(c) | 45.(b) | 46.(d) | 47.(c) | 48.(c) | 49.(c) | 50.(c) |
| 51.(b) | 52.(c) | 53.(d) | 54.(a) | 55.(b) | 56.(a) | 57.(c) | 58.(d) | 59.(a) | 60.(c) |
| 61.(a) | 62.(b) | | | | | | | | |

# SOLUTIONS

1. (b)

किराया (Rent) और घर खर्च (Household expenses) पर किया गया खर्च = 14 + 17 = 31%

खर्च (Rs) = $\frac{31}{100} \times 45000 = 13950$

∴ शैक्षणिक शुल्क (Educational fees) पर किया गया खर्च (Rs)

$= \frac{19}{100} \times 45000 = \text{Rs.}8550$

∴ आवश्यक मान (Required value)

$= 13950 - 8550 = \text{Rs.}5400$

2. (c)

आवश्यक मान (Required value) = R + E + T

$= \frac{(14+19+15)}{100} \times 45000 = \text{Rs.}21600$

3. (a)

आवश्यक मान (Required Value) = (F + H)

$= \frac{(13+17)}{100} \times 45000 = \text{Rs.}13500$

4. (b)

डाटा अपर्याप्त है। क्योंकि प्रश्न के अनुसार ग्राफ में परीक्षा में शामिल होने वाले विद्यार्थियों का प्रतिशत दिया हुआ है।

5. (a)

प्रश्नानुसार,

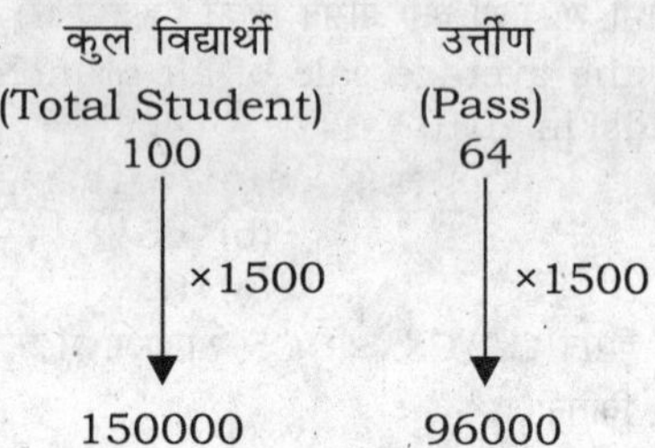


6. (d)

2003-2004 में सफल विद्यार्थियों का % सबसे कम था।

7. (d)

2004 - 2005 में उत्तीर्ण करने वाले उम्मीदवारों के बीच के प्रतिशत का अंतर न्युनतम है।

8. (a)

आँकड़े अपर्याप्त हैं। क्योंकि प्रश्न के अनुसार परीक्षा में शामिल हुए विद्यार्थियों का प्रतिशत दिया हुआ है।

9. (b)
डाटा अपर्याप्त है। क्योंकि परीक्षा में भाग लेने वाले कुल उम्मीदवारों में से परीक्षा में उत्तीर्ण किए गए विद्यार्थियों का डाटा दिया गया है।

10. (c)
प्रश्नानुसार,

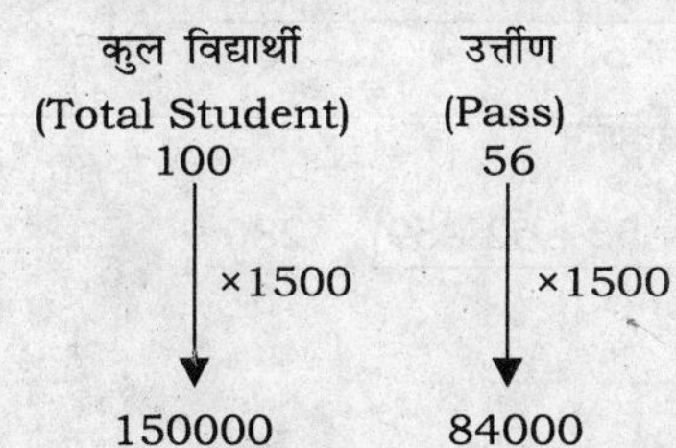


11. (b)
2003-2004 में कुल विद्यार्थियों की तुलना में सफल विद्यार्थियों का प्रतिशत सबसे कम था।

12. (b)
आँकड़ें अपर्याप्त हैं। क्योंकि परीक्षा में शामिल हुए कुल अभ्यार्थियों और सफल हुए कुल अभ्यार्थियों का प्रतिशत दिया हुआ है।

13. (c)
प्रश्नानुसार,

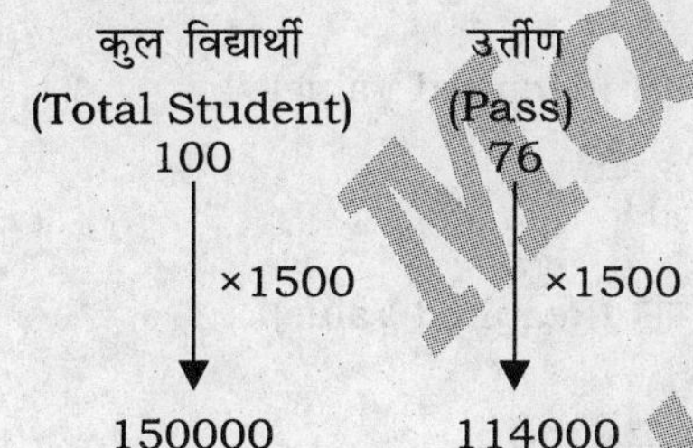


14. (c)
प्रश्नानुसार,

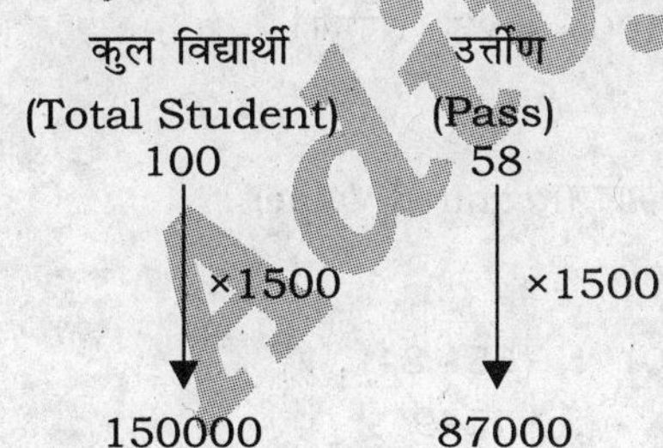


15. (b)
डाटा अपर्याप्त है। क्योंकि प्रतिशत कभी भी 200 नहीं हो सकता।

16. (d)
2003-2004 में सबसे कम (Lowest) है।

17. (d)
आँकड़ें अपर्याप्त हैं। क्योंकि प्रश्न के अनुसार परीक्षा में शामिल हुए कुल अभ्यार्थियों और सफल हुए अभ्यार्थियों का प्रतिशत दिया हुआ है।

18. (b)
प्रश्नानुसार,

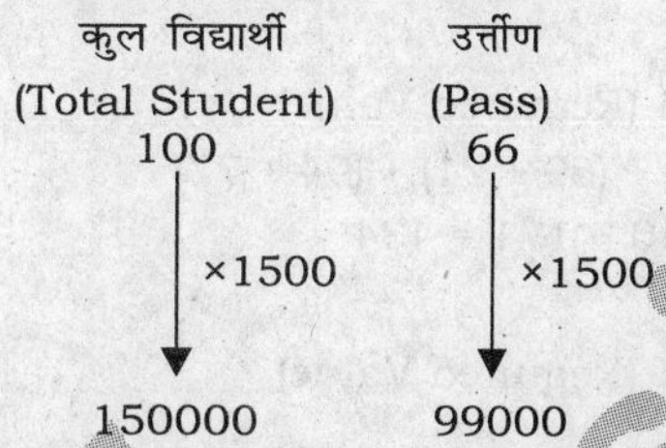


19. (c)
2003-2004 में प्रतिशत में सबसे कम अंतर है।

20. (b)
वर्ष 2010 में सभी शाखाओं का औसत

$$= \frac{46+78+68+57+91}{5}$$

$$= \frac{340}{5} = 68$$

21. (c)
आवश्यक मान (Required Value)
= (46 + 74) + (68 + 72) + (91 + 78)
= 120 + 140 + 169 = 429

22. (c)
आवश्यक मान (Required Value)

$$= \frac{(61+89+71+53+91)}{5} = 73$$

23. (c)
आवश्यक मान (Required Value)
= (61 + 71) + (71 + 83) + (91 + 49)
= 132 + 154 + 140 = 426

24. (c)
आवश्यक मान (Required Value)

| C2 | | C4 |
|---|---|---|
| (89 + 82) | : | (53 + 89) |
| 171 | : | 142 |

25. (d)
आवश्यक मान (Required Value)
= (57 + 73) + (65 + 74) + (63 + 70)
= 130 + 139 + 133
= 402

26. (c)
आवश्यक मान (Required Value)

| C2 | | C4 |
|---|---|---|
| (59 + 89) | : | (86 + 84) |
| 148 | : | 170 |
| 74 | : | 85 |

27. (a)
आवश्यक मान (Required Value)
= (51 + 72) + (69 + 71) + (94 + 77)
= 123 + 140 + 171 = 434

28. (b)
आवश्यक मान (Required Value)
$$\frac{(51+79+69+62+94)}{5} = \frac{355}{5} = 71$$

29. (b)
आवश्यक मान (Required Value)

| C2 | | C4 |
|---|---|---|
| (91 + 79) | : | (66 + 86) |
| 170 | : | 152 |

30. (a)
आवश्यक मान (Required Value)
$$= \frac{(67+79+85+66+83)}{5} = \frac{380}{5} = 76$$

31. (a)
आवश्यक मान (Required Value)
= (67 + 75) + (85 + 76) + (83 + 72)
= 142 + 161 + 155 = 458

32. (d)
आवश्यक मान (Required Value)

| C2 | | C4 |
|---|---|---|
| (78 + 87) | : | (56 + 92) |
| 165 | : | 148 |

33. (b)
आवश्यक मान (Required Value)
= (56 + 66) + (68 + 76) + (82 + 42)
= 122 + 144 + 124 = 390

34. (d)
आवश्यक मान (Required Value)
$$= \frac{(56+78+68+56+82)}{5}$$
$$= \frac{340}{5} = 68$$

35. (d)
आवश्यक मान (Required Value)
= 56 – 53 = 3

36. (a)
X का औसत उत्पादन
$$= \frac{(45+51+48+57+54)}{5} = \frac{255}{5} = 51$$
T का औसत उत्पादन
$$= \frac{(50+56+53+62+59)}{5} = \frac{280}{5} = 56$$
और
Z का औसत उत्पादन
$$= \frac{(53+59+56+65+62)}{5} = \frac{295}{5} = 59$$
अतः सबसे कम उत्पादन X कंपनी का है।

37. (a)
आवश्यक मान (Required Value)
$$= \frac{(54-51)}{51} \times 100 = 5.88\%$$

38. (b)
आवश्यक मान (Required Value)
= 79 – 73 = 6

39. (c)
आवश्यक मान (Required Value)
$$= \frac{(74-71)}{71} \times 100$$
$$= \frac{3}{71} \times 100 = 4.23 \text{ (लगभग)}$$

40. (a)
आवश्यक मान (Required Value)

| C2 | | C4 |
|---|---|---|
| (78 + 90) | : | (65 + 84) |
| 168 | : | 149 |

41. (b)
आवश्यक मान (Required Value)
$$= \frac{(68+78+84+65+85)}{5} = \frac{380}{5} = 76$$

42. (a)
2001 – 2002 में प्रतिशत अंतर
→ (48 – 34) = 14
2002 – 2003 में प्रतिशत अंतर
→ (59 – 48) = 11
2003 – 2004 में प्रतिशत अंतर → (60 – 59) = 1
2004 – 2005 में प्रतिशत अंतर
– (60 – 40) = 20
स्पष्ट रूप से 2003 – 2004 में कम प्रतिशत परिवर्तन हुआ है।

43. (d)
भोजन (F) और घरेलू खर्च (H) पर एक साथ खर्च की गई राशि:
13% + 17% = कुल खर्च का 30%
100% = 85000
30% = 25500

44. (c)
किराए (R) और घरेलू खर्च (H) पर एक साथ खर्च की गई राशि:
14% + 17% = 31%
शिक्षा शुल्क (E) पर खर्च राशि: 19%
शिक्षा पर खर्च को किराए और घर के खर्च के बराबर करने के लिए = 31% – 19%
= 12%
100% = 85000
12% = 10200

45. (b)
वर्ष 2010 में सभी शाखाओं की बिक्री का औसत (हजार में)
$= \frac{58+72+66+76+48}{5} = 64$

46. (d)
दोनों वर्षों में कंपनी की शाखा C1, C3 और C5 द्वारा की गयी बिक्री
= {(58 + 68) + (66 + 72) + (48 + 73)} = 385

47. (c)
कंपनी C2 के द्वारा दोनों वर्षों में की गई बिक्री: कंपनी C4 के द्वारा दोनों वर्षों में की गई बिक्री
75 + 85 : 45 + 95 ⇒ 160 : 140 ⇒ 8 : 7

48. (c)
कंपनी C2 के द्वारा दोनों वर्षों में कुल बिक्री : कंपनी C4 द्वारा दोनों वर्षों में कुल बिक्री
⇒ 87 + 80 : 51 + 87 ⇒ 167 : 138

49. (c)
2001 और 2002 में X कंपनी द्वारा निर्मित वाहनों की संख्या क्रमशः 36 और 40 है।
प्रश्नानुसारः
⇒ 40 – 36
⇒ 4
∴ विकल्प 3 सही उत्तर है।

50. (c)
X का कुल उत्पादन = 36 + 40 + 48 + 61 + 26 + 33 = 244
Y का कुल उत्पादन = 60 + 56 + 66 + 65 + 55 + 60 = 362
अंतर = 362 – 244 = 118
∴ विकल्प (c) सही उत्तर है।

51. (b)
2001 में X कंपनी द्वारा निर्मित वाहनों की संख्या = 40
2002 में X कंपनी द्वारा निर्मित वाहनों की संख्या = 44
अतर = 44 – 40 = 4
∴ विकल्प (b) सही उत्तर है।

52. (c)
कंपनी X का कुल उत्पादन = 40 + 44 + 52 + 65 + 30 + 37 = 268
कंपनी Y का कुल उत्पादन = 72 + 64 + 74 + 73 + 63 + 68 = 4 = 414
अतर = 414000 – 268000 = 146000
∴ सही उत्तर विकल्प (c) है।

53. (d)
2001 में कंपनी X और कंपनी Y के उत्पादन के बीच का अंतर = 72 – 40 = 32
2002 में कंपनी X और कंपनी Y के उत्पादन के बीच का अंतर = 64 – 44 = 20
2003 में कंपनी X और कंपनी Y के उत्पादन के बीच का अंतर = 74 – 52 = 22
2004 में कंपनी X और कंपनी Y के उत्पादन के बीच का अंतर = 73 – 65 = 8
2005 में कंपनी X और कंपनी Y के उत्पादन के बीच का अंतर = 63 – 30 = 33
2006 में कंपनी X और कंपनी Y के उत्पादन के बीच का अंतर = 68 – 37 = 31
ऐसे वर्ष जिनमें कंपनी X और कंपनी Y के उत्पादन के बीच का अंतर न्यूनतम 2004 है
∴ सही उत्तर विकल्प (d) है।

54. (a)
कंपनी X का कुल उत्पादन
= 35 + 39 + 47 + 60 + 25 + 32 = 238
कंपनी Y का कुल उत्पादन
= 57 + 54 + 64 + 63 + 53 + 58 = 349
अंतर = 349 − 238
⇒ 111
∴ सही उत्तर विकल्प (a) है।

55. (b)
2001 और 2002 में X कंपनी द्वारा निर्मित वाहनों की संख्या के बीच का अंतर = 39 − 35
⇒ 4
∴ विकल्प (b) सही उत्तर है।

56. (a)
2001 में कंपनी X और कंपनी Y के उत्पादन के बीच का अंतर 57 − 35 = 22
2002 में कंपनी X और कंपनी Y के उत्पादन के बीच अंतर = 54 − 39 = 15
2003 में कंपनी X और कंपनी Y के उत्पादन के बीच अंतर = 64 − 47 = 17
2004 में कंपनी X और कंपनी Y के उत्पादन के बीच अंतर = 63 − 60 = 3
2005 में कंपनी X और कंपनी Y के उत्पादन के बीच का अंतर = 53 − 25 = 28
2006 में कंपनी X और कंपनी Y के उत्पादन के बीच का अंतर = 58 − 32 = 26
2004 में अंतर न्यूनतम है।
∴ विकल्प (a) सही उत्तर है।

57. (c)
⇒ 2010 में सभी कितबों की कुल बिक्री = 49 + 83 + 57 + 52 + 79 = 320
∴ अभीष्ट औसत = $\frac{320}{5}$ = 64

58. (d)
दोनों वर्षों में $C_1$ की कुल बिक्री = 49 + 59 = 108
दोनों वर्षों में $C_3$ की कुल बिक्री = 57 + 71 = 128
दोनों वर्षों में $C_5$ की कुल बिक्री = 79 + 47 = 126
∴ $C_1$, $C_2$ और $C_5$ की कुल बिक्री = 108 + 128 + 126 = 362

59. (a)
कंपनी $C_2$ की कुल बिक्री = 83 + 88 = 171
कंपनी $C_4$ की कुल बिक्री = 52 + 87 = 139
∴ आवश्यक अनुपात = 171 : 139

60. (c)
2010 में सभी शाखाओं की कुल बिक्री = 76 + 58 + 88 + 77 + 81 = 380
∴ आवश्यक औसत = $\frac{380}{5}$ = 76

61. (a)
दोनों वर्षों में $C_1$ की कुल बिक्री = 76 + 78 = 154
दोनों वर्षों में $C_3$ की कुल बिक्री = 88 + 76 = 164
दोनों वर्षों में $C_5$ की कुल बिक्री = 81 + 71 = 152
∴ C1, C3 और $C_5$ की कुल बिक्री = 154 + 164 + 152 = 470

62. (b)
कंपनी $C_2$ की कुल बिक्री = 58 + 88 = 146
कंपनी $C_4$ की कुल बिक्री = 77 + 88 = 165
∴ आवश्यक अनुपात = 146 : 165

# मॉक टेस्ट-01

21

1. सुशांत और प्रशांत की तनख्वाह की रकमों के अंतर का आधा उनकी तनख्वाह की रकमों के जोड़ के $\frac{3}{10}$ के बराबर है। सुशांत की तनख्वाह के संदर्भ में प्रशांत की तनख्वाह दर्शाइए।
Half the difference between the amount of salaries of Sushant and Prashant is equal to $\frac{3}{10}$ of the sum of their salaries. With reference to the salary of Sushant, show the salary of Prashant.
(a) 20% (b) 25%
(c) 33.33% (d) 10%

2. एक विक्रेता अपने पास मौजूद 40 प्रतिशत संतरे बेच देता है और शेष 10 प्रतिशत फेंक देता है। अगले दिन वह शेष का 50 प्रतिशत बेच देता है और शेष फेंक देता है। विक्रेता अपने संतरे का कितना प्रतिशत फेंक देता है?
A vendor sells 40 percent of oranges he had and throws away 10 percent of the remainder. Next day he sells 50 percent of the remaining and throws away the rest. What percent of his oranges does the vendor throw?
(a) 45 percent/45 प्रतिशत
(b) 60 percent/60 प्रतिशत
(c) 33 percent/33 प्रतिशत
(d) 27 percent/27 प्रतिशत

3. एक पेनड्राइव को ₹1710 में बेचने पर, एक दुकानदार को 24% की हानि होती है। दुकानदार के लिए पेनड्राइव का क्रय मूल्य ज्ञात कीजिए। (₹ में)
By selling a pendrive for ₹1710, a shopkeeper incurs a loss of 24%. Find the cost price of the pendrive for the shopkeeper. (in ₹)
(a) 2250 (b) 2200
(c) 2275 (d) 2150

4. एक व्यापारी एक वस्तु X को बेचकर 30% का लाभ कमाता है और एक अन्य वस्तु Y को बेचकर 16% की हानि उठाता है। यदि X और Y के क्रय मूल्य का अनुपात 3 : 4 है, तो पूरे सौदे में लाभ / हानि कितनी है (दशमलव के एक स्थान तक सही)?
A trader makes a profit of 30% by selling an article X and makes a loss of 16% by selling another article Y. If the ratio of cost price of X and Y is 3 : 4, then what is the profit/loss (correct to one decimal place) in the whole transaction?
(a) 4.8% का लाभ
(b) 3.7% का लाभ
(c) 3.9% की हानि
(d) 4.5% की हानि

5. A एक वस्तु को चिह्नित कीमत पर 20% की छूट पर बेचता है। यदि चिह्नित कीमत ₹ 1200 है, तो वस्तु का बिक्री मूल्य क्या है?
A sells an article at a discount of 20% on the marked price. If the marked price is ₹ 1200, then what is the selling price of the article?
(a) ₹ 1020 (b) ₹ 1080
(c) ₹ 940 (d) ₹ 960

6. एक इलेक्ट्रॉनिक दुकान रु. 80000 या उससे अधिक कीमत वाले किसी भी इलेक्ट्रॉनिक उपकरण की खरीद पर 20% की छूट दे रही है, रु. 50000 और रु. 79999 की बीच की कीमत वाली वस्तुओं पर 16% की छूट। 20000 और रु 49999 के आइटम पर 10% की छूट और किसी भी मोबाइल एक्सेसरीज जैसे मोबाइल कवर, ईयरफोन, चार्जर आदि की खरीद पर 3% की छूट। नियम और शर्तों के अनुसार, ये सभी छूट स्वतंत्र हैं और केवल मूल्य सीमा के आधार पर पेश की जाती हैं। अजय ने 40000 रूपये का एक मोबाइल, 90000 रूपये का एक लैपटॉप, 400 रूपये का एक मोबाइल कवर खरीदा। उसे कुल कितनी छूट मिली।
An electronic shop is giving 20% discount on the purchase of any electronic device having price Rs. 80,000 or above, 16% discount on the items priced between Rs. 50,000 and Rs. 79,999, 10% discount on items ranging from Rs. 20,000 to Rs. 49,999, and 3% discount on purchase of any mobile accessories such as mobile covers, earphones, chargers, etc. As per terms and conditions, all these discounts are independent and are offered only on the basis of price range. Ajay bought a mobile of price Rs. 40,000, a laptop of Rs. 90,000, and a mobile cover of Rs. 400. How much total discount did he get?
(a) Rs. 22,002
(b) Rs. 21,012
(c) Rs. 22,120
(d) Rs. 22,012

7. ₹22150 पर 29% साधारण ब्याज की वार्षिक दर से 9 वर्षों के लिए प्राप्त मिश्रधन ज्ञात कीजिए (₹ में)

Find the amount under simple interest on ₹22150 at 29% per annum for 9 years. ( in ₹)

(a) 79961.5 (b) 79971.5
(c) 79951.5 (d) 79981.5

8. एक धनराशि पर ब्याज की दर पहले 3 वर्षों के लिए 8% वार्षिक है, अगले 4 वर्षों के लिए 10% वार्षिक है और 7 वर्ष के बाद की अवधि के लिए 12% वार्षिक है। यदि किसी व्यक्ति को 12 वर्ष के बाद साधारण ब्याज के रूप में 13795 रु. मिलते हैं तो उसने कितनी धनराशि (रु. में) का निवेश किया था?

The rate of interest on a sum of money is 8% p.a. for the first 3 years, 10% p.a. for the next 4 years and 12% p.a. for the period after 7 years. If a person gets Rs. 13795 as simple interest after 12 years, then what amount (in Rs.) did he invest ?

(a) 12275 (b) 10000
(c) 11125 (d) 12000

9. ₹ 250000 रुपये की राशि को, क्रमशः 4%, 5% और 6% पर पहले, दूसरे और तीसरे वर्ष के लिए सालाना संयोजित करते हुए 3 साल के लिए जमा किया गया। तीन वर्षों के अंत में राशि कितनी हो जाएगी?

An amount of ₹ 250000 was deposited for 3 years at 4%, 5% and 6% respectively for the first, second and third years compounding annually. What will be the amount at the end of three years?

(a) ₹ 256,590 (b) ₹ 301,400
(c) ₹ 325,680 (d) ₹ 289,380

10. एक राशि पर एक निश्चित दर पर 2 वर्षों के लिए वार्षिक रूप से संयोजित चक्रवृद्धि ब्याज 832 रुपये है और समान अवधि के लिए उसी राशि पर समान ब्याज दर पर साधारण ब्याज 800 रुपये है। 3 वर्ष की अवधि के लिए चक्रवृद्धि ब्याज और साधारण ब्याज में अंतर होगा:

The compound interest on a sum at a certain rate per annum compounded annually for 2 years is Rs.832 and the simple interest on the same sum for the same period and at the same rate of interest is Rs.800. The difference in the compound interest and simple interest for a period of 3 years would be:

(a) Rs. 99.48 (b) Rs. 66.52
(c) Rs. 48.00 (d) Rs. 98.56

11. ऋषिका और आकाश ने साझेदारी में कुछ पैसे निवेश किए। ऋषिका ने 1875 रुपये निवेश किये और लाभ से अपने हिस्से के रूप में 225 रुपये प्राप्त किए। अगर आकाश ने लाभ से अपने हिस्से के रूप में 288 रुपये कमाए, तो आकाश ने कितनी राशि का निवेश किया था?

Rishika and Akash invested some money each in a partnership. Rishika had invested Rs.1875 and took Rs.225 as his share from the profit made. If Akash took Rs.288 as his share of the profit made, then how much had Akash invested?

(a) 2475 रु (b) 2500 रु
(c) 2400 रु (d) 2250 रु

12. अजीत ने 28000 रूपये के साथ एक व्यवसाय शुरू किया और उसके बाद भरत 48000 रूपये के साथ इस व्यवसाय में जुड़ गया। यदि वर्ष के अंत में लाभ को समान रूप से विभाजित किया गया, तो भरत उंसमें कितने महीनों बाद शामिल हुआ?

Ajith started a business with Rs. 28000 and is joined afterwards by Bharat with Rs.48000. After how many months did Bharat join if the profits at the end of the year divided equally?

(a) 4 (b) 6
(c) 7 (d) 5

13. यदि $\frac{a}{b}=\frac{c}{d}=\frac{e}{f}=\frac{2}{3}$ है, तो $\frac{2a^2-3c^2+4e^2}{2b^2-3d^2+4f^2}$ का मान ज्ञात करें।

If $\frac{a}{b}=\frac{c}{d}=\frac{e}{f}=\frac{2}{3}$, then find the value of $\frac{2a^2-3c^2+4e^2}{2b^2-3d^2+4f^2}$

(a) 4 : 9 (b) 2 : 5
(c) 3 : 8 (d) 1 : 6

14. यदि 2P = 3Q = 5R और P + Q + R = 6200, है, तो P और R के बीच का अंतर है:

If 2P = 3Q = 5R and P + Q + R = 6200, then the difference between P and R is:

(a) 3000 (b) 2000
(c) 1200 (d) 1800

15. किस अनुपात में ₹ 8.30 प्रति किग्रा. के गेहूं को ₹ 9.80 प्रति किग्रा. के गेहूं के साथ मिलाया जाए ताकि प्राप्त मिश्रण की कीमत ₹ 9 प्रति किग्रा. हो?

In what ratio should wheat costing ₹ 8.30 per kg be mixed with wheat of ₹ 9.80 per kg so that the cost of the mixture obtained is ₹ 9 per kg?

(a) 8 : 7 (b) 6 : 07
(c) 7 : 09 (d) 9 : 08

16. एक घोल में 50 लीटर शुद्ध दूध होता है। 10 लीटर दूध को उतनी ही मात्रा में पानी से बदल दिया जाता है। पुन: 10 लीटर मिश्रण को 10 लीटर पानी से प्रतिस्थापित किया जाता है और यह क्रिया एक बार और दोहराई जाती है। अंतिम घोल में दूध की मात्रा ज्ञात कीजिये।

A solution consists of 50 litres of pure milk. 10 litres of milk is replaced with equal quantity of water. Again 10 litres of the mixture is substituted by 10 litres of water and this operation is repeated one more time. Find the quantity of milk in the final solution.

(a) 25 litres (b) 25.6 litres
(c) 25.4 litres (d) 25.2 litres

17. एक कक्षा में 50 छात्रों का औसत वजन 52 किग्रा है। यदि पहले 25 छात्रों का औसत वजन 50 किग्रा है और अगले 24 छात्रों का औसत वजन 54 किग्रा है तो अंतिम छात्र का वजन ज्ञात करें।

The average weight of 50 students in a class is 52 kg. If the average weight of the first 25 students is 50 kg and that of the next 24 students is 54 kg, then find the weight of the last student.

(a) 56 किग्रा (b) 58 किग्रा
(c) 45 किग्रा (d) 54 किग्रा

18. 30 पुरुषों की औसत आयु 25 वर्ष है। 30 वर्ष की औसत आयु के 5 नए पुरुष उनके साथ जुड़ गए। सभी पुरुषों की एक साथ औसत आयु ज्ञात कीजिए।

The average age of 30 men is 25 years. 5 new men of an average age of 30 years joined them. Find the average age of all the men put together.

(a) $26\frac{5}{7}$ years (b) $27\frac{5}{7}$ years
(c) $25\frac{5}{7}$ years (d) $28\frac{5}{7}$ years

19. A, एक कार्य को 102 दिनों में पूरा कर सकता है और B उसी कार्य को 153 दिनों में पूरा कर सकता है। यदि वे एक साथ कार्य करते हैं, तो वे कितने दिनों में वही कार्य पूरा करेंगे?

A can finish a work in 102 days and B can do the same work in 153 days. Working together, they will complete the same work in how many days?

(a) 57.5 (b) 61.2
(c) 59.2 (d) 55.2

20. A, B और C मिलकर एक काम को $\frac{40}{3}$ दिनों में पूरा कर सकते हैं। तीनों ने एक साथ इस पर काम करना शुरू किया और 5 दिन बाद A ने काम छोड़ दिया। फिर B और C ने मिलकर शेष कार्य 17 दिनों में पूरा किया। उन दिनों की संख्या (लगभग) ज्ञात कीजिए जिनमें A अकेले कुल कार्य पूरा कर सकता है।

A, B and C together can complete a piece of work in $\frac{40}{3}$ days. All three started working at it together and after 5 days A left. Then B and C together completed the remaining work in 17 days. Find the number of days (approximately) in which A alone can complete the total work.

(a) 24 days (b) 29 days
(c) 26 days (d) 44 days

21. पाइप A, एक टंकी को 840 मिनट में भर सकता है और पाइप B, उसी टंकी को 1050 मिनट में खाली कर सकता है। यदि दोनों पाइपों को एक साथ खोल दिया जाए, तो खाली टंकी को भरने में कितने घंटे लगेंगे?

Pipe A can fill a tank in 840 minutes and Pipe B can empty the same tank in 1050 minutes. If both pipes are opened together, how many hours will it take to fill the empty tank?

(a) 74 (b) 72
(c) 70 (d) 68

22. रीमा, रेखा से $\frac{5}{4}$ गुना तेज दौड़ती है। इसे देखते हुए रीमा एक मैत्रीपूर्ण रेस प्रतियोगिता में रेखा को 50 मीटर की बढ़त देती है। प्रारंभिक बिंदु से उस स्थान की दूरी ज्ञात कीजिए जहां रीमा और रेखा दोनों मिलेंगी?

Reema runs $\frac{5}{4}$ times as fast as Rekha. In view of this Reema allows Rekha a lead of 50 metres to Rekha in a friendly race competition. What is the distance from the starting point where both Reema and Rekha meet?

(a) 200 मीटर (b) 225 मीटर
(c) 240 मीटर (d) 250 मीटर

23. यदि कोई व्यक्ति 61 किमी/घंटा की बजाय 65 किमी/घंटा की चाल से गाड़ी चलाता है, तो वह 100 किमी अधिक यात्रा करता है। जब वह 65 किमी/घंटा की चाल से गाड़ी चलाता है, तो उसके द्वारा तय की गई दूरी ज्ञात करें। (किमी में)

If a man drives at 65 kmph instead of 61 kmph, he had travelled 100 kms more. Find the distance travelled by him when he travels at 65 kmph. (In km.)

(a) 1725 (b) 1625
(c) 1525 (d) 1825

24. एक कुत्ता खरगोश की हर 6 छलांग के लिए 5 छलांग लगाता है, लेकिन कुत्ते की 4 छलांग खरगोश की 5 छलांग के बराबर होती है। कुत्ते और खरगोश की गति का अनुपात क्या है?

A dog takes 5 leaps for every 6 leaps of a hare, but 4 leaps of the dog are equal to 5 leaps of the hare. The ratio of the speed of dog and hare is?

(a) 16 : 24 (b) 24 : 16
(c) 25 : 24 (d) 24 : 25

25. राजधानी ट्रेन एक विशेष दूरी 'd' के लिए 75 किमी/घंटा की निरंतर गति से एक सीधी रेखा में यात्रा करती है और फिर पहले की तरह उसी दिशा में 100 किमी/घंटा की स्थिर गति से '2d' के बराबर एक और दूरी तय करती है। पूरी यात्रा के दौरान ट्रेन की औसत गति ज्ञात कीजिये?

The Rajdhani train travels in a straight line at a constant speed of 75 km/h for a particular distance 'd' and then travels another distance equal to '2d' at a constant speed of 100 km/h in the same direction as earlier. Find the average speed of the train during the whole journey?

(a) 84 km/h (b) 90km/h
(c) 96 km/h (d) 88 km/h

26. 1200 मीटर की एक गोलाकार दौड़ में, A और B एक ही समय पर क्रमशः 27 किमी/घंटा और 45 किमी/घंटा की गति से एक ही बिंदु से शुरू करते हैं। वे कितने समय बाद पहली बार ट्रैक पर उसी दिशा में दौड़ते हुए मिलेंगे?

In a circular race of 1200 m, A and B start from the same point, at the same time with speeds of 27 km/h and 45 km/h, respectively. After how much time will they meet for the first time on the track when they running in the same direction?

(a) 220 second/सेकंड
(b) 180 second/सेकंड
(c) 200 second/सेकंड
(d) 240 second/सेकंड

27. अनूप धारा के दिशा में 33 km की दूरी और धारा के विपरित दिशा में 35 km की दूरी 8 घंटे में तैर कर तय कर सकता है। वह इतने ही समय में धारा के दिशा में 44 km और धारा के विपरित दिशा में 28 km की दूरी तैर कर तय कर सकता है। वह धारा की दिशा 55 km और धारा के विपरित दिशा में 14 km की दूरी तय करने में वह कितना समय (घंटों में) लेगा?

Anup can row 33 km downstream and 35 km upstream in 8 hours. He can also row 44 km downstream and 28 km upstream in the same time. How much time (in hours) will he take to row 55 km downstream and 14 km upstream?

(a) 8 (b) 6
(c) 9 (d) 7

28. यदि n कोई धनात्मक पूर्णांक है, तो $(3^{4n} - 4^{3n})$ हमेशा से विभाज्य होता है:

If n is any positive integer, then $(3^{4n} - 4^{3n})$ is always divisible by:

(a) 7 (b) 17
(c) 112 (d) 145

29. मान लीजिए $x$ वह सबसे बड़ी संख्या है, जिससे 6564, 7416 और 8907 को विभाजित करने पर प्रत्येक स्थिति में समान शेषफल प्राप्त होता है। $x$ के अंकों का योगफल ज्ञात कीजिए।

Let $x$ be the greatest number by which dividing 6564, 7416 and 8907 leaves the same remainder in each case. Find the sum of the digits of $x$.

(a) 6 (b) 9
(c) 10 (d) 5

30. 2 संख्याओं का गुणनफल 1890 है और संख्याओं में 3 का अंतर है। संख्याओं का LCM ज्ञात कीजिए।

The product of 2 numbers is 1890 and the numbers differ by 3. Find the LCM of the numbers.

(a) 450 (b) 540
(c) 720 (d) 630

31. श्रृंखला का योग ज्ञात कीजिए/Find sum of the series:-

$$\frac{1}{1\times4}+\frac{1}{4\times7}+\frac{1}{7\times10}+\frac{1}{10\times13}+\frac{1}{13\times16}$$

(a) $\frac{1}{32}$ (b) $\frac{7}{16}$
(c) $\frac{5}{16}$ (d) $\frac{1}{210}$

32. सरल कीजिये/Simplify

$$\left[3\frac{1}{2}\left\{1\frac{1}{4}\div-\left(\frac{1}{2}+\frac{1}{3}\right)\right\}+\frac{7}{5}\right]$$

(a) 5 (b) 7
(c) $9\frac{4}{5}$ (d) $8\frac{5}{6}$

33. 18 मीटर लंबी, 10 मीटर ऊंची और 40 सेमी चौड़ी एक दीवार को 30 सेमी, 15 सेमी और 10 सेमी की विमाओं वाली ईंटों का उपयोग करके निर्मित करना है। कितनी ईंटों (हजारों में) की आवश्यकता होगी?

A wall 18m long, 10m high and 40 cm wide is to be constructed using bricks of dimensions 30cm, 15 cm and 10 cm. How many bricks (in thousands) will be required?

(a) 14 (b) 16000
(c) 16 (d) 14000

**निर्देश (34-35):** निम्नलिखित चित्र को देखें और नीचे दिए गए प्रश्नों के उत्तर दें।

**Directions:** Look at the following picture and answer the questions given below.

तालिका का ध्यानपूर्वक अध्ययन करें और नीचे दिए गए प्रश्नों के उत्तर दें। तीन अलग-अलग वर्षों में विभिन्न मोबाइलों की कुल बिक्री (मिलियन में)

Study the table carefully and answer the questions given below. Total sales of different mobiles for three different years (in million)

| | 2010-2011 | 2011-2012 | 2012-13 |
|---|---|---|---|
| सैमसंग/Samsung | 18 | 36 | 75 |
| नोकिया/Nokia | 108 | 81 | 105 |
| सोनी/Sony | 24 | 32 | 60 |
| ब्लैकबेरी/Blackberry | 28 | 42 | 70 |
| माइक्रोमैक्स/Micromax | 34 | 17 | 85 |

34. सभी पाँच कंपनियों द्वारा वर्ष 2012-2013 में बेचे गए मोबाइलों की औसत संख्या क्या हैं?

What is the average number of mobiles sold by all the five companies in the year 2012-2013?

(a) 77 (b) 78
(c) 73 (d) 79

35. कितनी कंपनियों में, वर्ष 2010-11 की तुलना में वर्ष 2011-2012 में बेचे गए मोबाइलों की संख्या में, कम से कम 50% की वृद्धि या कमी हुई है?

In how many companies, there is at least 50% increase or decrease in the number of mobiles sold in the year 2011-2012 as compared to the year 2010-11?

(a) 1 (b) 4
(c) 3 (d) 2

# ANSWER KEY

| | | | | | | | | | |
|---|---|---|---|---|---|---|---|---|---|
| 1.(b) | 2.(c) | 3.(a) | 4.(b) | 5.(d) | 6.(a) | 7.(a) | 8.(c) | 9.(d) | 10.(d) |
| 11.(c) | 12.(d) | 13.(a) | 14.(d) | 15.(a) | 16.(b) | 17.(d) | 18.(c) | 19.(b) | 20.(c) |
| 21.(c) | 22.(d) | 23.(b) | 24.(c) | 25.(b) | 26.(d) | 27.(d) | 28.(b) | 29.(a) | 30.(d) |
| 31.(c) | 32.(c) | 33.(b) | 34.(d) | 35.(d) | | | | | |

# SOLUTIONS

1. (b)

माना, कि सुशांत और प्रशांत का वेतन क्रमशः S और P है।

प्रश्नानुसार,

$\Rightarrow \frac{S-P}{2} = \frac{3}{10}(S + P)$

$5S - 5P = 3S + 3P$

$\Rightarrow \frac{S}{P} = \frac{4}{1}$

प्रशांत का वेतन सुशांत के वेतन का $\frac{1}{4}$ है

= 25%

2. (c)

100 → Total

Sold 40, Throw 6, Next call $\frac{54}{2} = 27$, Next throw $100 - 73 = 27$

कुल खराब संतरो की संख्या = 27 + 6 = 33

$\therefore$ आवश्यक % = $\frac{33}{100} \times 100$

= 33%

3. (a)

माना क्रय मूल्य = 100%

तब, विक्रय मूल्य = 100 – 24 = 76%

$\Rightarrow 76\% = 1710$

$\Rightarrow 1\% = \frac{1710}{76} = \frac{45}{2}$

$\Rightarrow 100\% = \frac{45}{2} \times 100$

= ₹ 2250

4. (b)

3 : 4

+30% : – 16%

लाभ $\Rightarrow \frac{3\times30-16\times4}{3+4} = \frac{26}{7}\%$

≈ 3.7 %

5. (d)

अंकित मूल्य (M.P.) = 1200

$\Rightarrow M.P. \times \frac{100-D_1}{100} = S.P.$

$\Rightarrow 1200 \times \frac{100-20}{100} = S.P.$

विक्रय मूल्य (S.P.) = $1200 \times \frac{80}{100}$

= ₹ 960

6. (a)

कुल छूट $\Rightarrow 40000 \times \frac{10}{100} + 90000 \times \frac{20}{100} + 400 \times \frac{3}{100}$

$\Rightarrow 4000 + 18000 + 12$

$\Rightarrow$ 22012 रु.

7. (a)

माना मूलधन = 100%

दर = 29%, समय = 9 वर्ष

साधारण ब्याज = (दर × समय)%

= 29 × 9 = 261%

मिश्रधन = मूलधन + ब्याज

100% + 261% = 361%

$\because 100\% \rightarrow 22150$

$\therefore 361\% \rightarrow \frac{22150}{100} \times 361$

= 79961.5

8. (c)

$\frac{P\times3\times8}{100} + \frac{P\times4\times10}{100} + \frac{P\times5\times12}{100} = 13795$

$\frac{124P}{100} = 13795$

मूलधन (P) = $\frac{13795}{124} \times 100$

= 11125 रु.

9. (d)

मूलधन = 250000 समय = 3 वर्ष

दर = 4%, 5%, 6%

सूत्र 3 साल के लिए

$= a + b + c + \frac{ab+bc+ca}{100} + \frac{abc}{10000}$

$= 4 + 5 + 6 + \frac{4\times5+5\times6+6\times4}{100} + \frac{4\times5\times6}{10000}$

$= 15 + \frac{20+30+24}{100} + \frac{120}{10000}$

चक्रवृद्धि ब्याज = 15.752%

मिश्रधन = 100 + 15.752%

= 115.752%

$\therefore$ 100% = 250000

115.752%

$= \frac{250000}{100\%} \times 115.752\%$

मिश्रधन = रू 289380

**SMART APPROACH:-**

$25000 \times \frac{104}{100} \times \frac{105}{100} \times \frac{106}{100}$

= 289380

**नोटः-** हम उस विकल्प की भी जांच कर सकते हैं जो (7 या 3) से पूर्णतः विभाज्य है

जैसे 105 ↓ (7 × 15)

10. (d)

2 वर्ष का CI = 832

2 वर्ष का SI = 800

दर % = $\frac{32}{400}$ × 100% = 8%

⇒ 8 + 8 $\frac{+64}{100}$ = 16.16%

Again,

$16.64 + 8 + \frac{16.64 \times 3}{100}$

= 25.9712%

3 वर्षों के लिए CI पर प्रभावी दर

= 25.9712 %

3 वर्षों के लिए SI पर प्रभावी दर

= 8 × 3 = 24%

$P = \frac{400}{8} \times 100 = 5000$

3 वर्षों के लिए CI – SI = 5000 × $\frac{1.9712}{100}$ = 98.56 रु.

11. (c)

लाभ का अनुपात ⇒ ऋषिका : आकाश

225 : 288

25 : 32

आकाश का हिस्सा (32) इकाई = $\frac{1875}{25} \times 32$

= 75 × 32 = 2400 रु

12. (d)

∵ लाभ = निवेश × समय

$\Rightarrow \frac{28000 \times 12}{48000 \times T} = \frac{1}{1}$

T = 7 माह

B ने एक वर्ष के व्यवसाय में 7 माह काम किया अर्थात् 12 – 7 = 5 माह के बाद सम्मिलित हुआ।

13. (a)

दिया है,

$\frac{a}{b} = \frac{c}{d} = \frac{e}{f} = \frac{2}{3}$

जानते है,

$\frac{2a^2 - 3c^2 + 4e^2}{2b^2 - 3d^2 + 4f^2} = \frac{2(2)^2 - 3(2)^2 + 4(2)^2}{2(3)^2 - 3(3)^2 + 4(3)^2}$

$= \frac{2^2}{3^2}\left[\frac{2-3+4}{2-3+4}\right] = \frac{4}{9}$

14. (d)

2P = 3Q = 5R

P : Q : R

15 : 10 : 6

तथा,

P + Q + R = 6200

प्रश्नानुसार

⇒ 31 इकाई → 6200

(P – R) का अंतर = 9 इकाई

$\rightarrow \frac{6200}{31} \times 9 = 1800$

15. (a)

पृथ्थीकरण विधि के द्वारा:

| Type-I | | Type-II |
|---|---|---|
| 8.3 | | 9.8 |
| | 9 | |
| 0.8 | | 0.7 |

अतः गेंहू के मिश्रण का आवश्यक अनुपात = 8 : 7

16. (b)

अंतिम दूध = मूल दूध $\left[1 - \frac{\text{बदली गई मात्रा}}{\text{मूल मात्रा}}\right]^x$

$= 50\left[1 - \frac{10}{50}\right]^3 = 50 \times \frac{4}{5} \times \frac{4}{5} \times \frac{4}{5}$

$= \frac{128}{5} = 25.6$ लीटर

17. (d)

प्रश्नानुसार,

अंतिम छात्र का वजन

= (कक्षा के सभी छात्रों का वजन) – (प्रथम 25 छात्रों का वजन + अगले 24 छात्रों का वजन)

= (50 × 52) – (25 × 50 + 24 × 54)

= 54 किग्रा

18. (c)

सभी पुरूषों का औसत = 25 + $\frac{(30-25)\times 5}{(30+5)} = 25 + \frac{25}{35}$

$= 25\frac{5}{7}$ वर्ष

19. (b)

(102, 153 का ल.स. = 306)

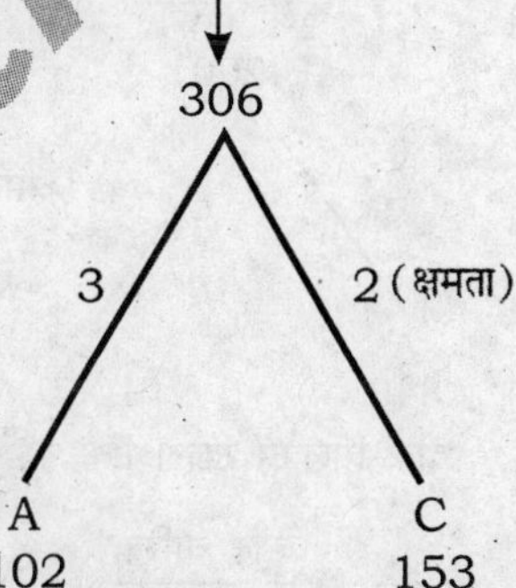


A और C दोनों कार्य पूरा समाप्त करेंगे

= $\frac{\text{कुल कार्य}}{\text{कुल क्षमता}}$

$\frac{306}{3+2} = \frac{306}{5} = 61.2$ दिन

20. (c)

(A + B + C) द्वारा 5 दिन तक किया गया कार्य = $\frac{5}{\frac{40}{3}} = \frac{3}{8}$

शेष कार्य = $1 - \frac{3}{8} = \frac{5}{8}$

(B + C) द्वारा पूरा किया गया $\frac{5}{8}$ कार्य

लगा समय = 17 दिन

(B + C) द्वारा कुल कार्य को करने में

लगा समय $= \frac{17 \times 8}{5} = \frac{136}{5}$ दिन

$A + B + C \rightarrow \frac{40}{3}$ — क्षमता 51 — कुल कार्य (680)

$B + C \rightarrow \frac{136}{5}$ — 25

A द्वारा किया गया कुल कार्य

$= \frac{680}{51-25} = \frac{680}{26} \approx 26.15$ दिन

अतः, अकेले A कुल कार्य को करने में लगा समय ≈ 26 दिन

21. (c)

840, 1050 का ल.स.प = 4200

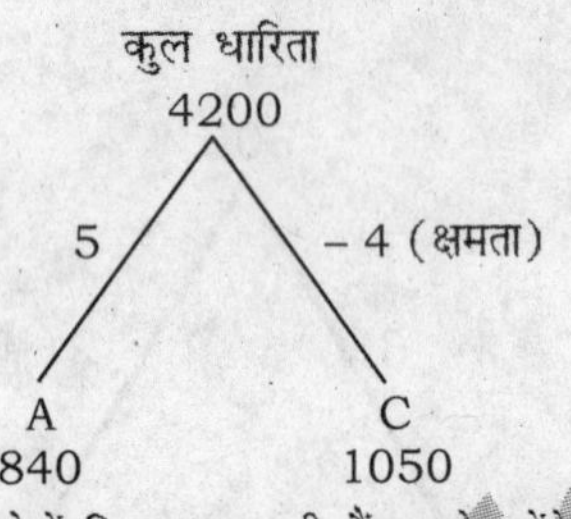


दोनों मिलकर खाली टैंक को भरेंगे

समय $= \frac{\text{कुल धारिता}}{\text{कुल क्षमता}}$

$= \frac{4200}{5-4} = \frac{4200}{1 \times 60} = 70$ घंटे

22. (d)

गति $= \frac{\text{दूरी}}{\text{समय}}$

गति × दूरी

गति $= \frac{1}{\text{समय}}$

| | रीमा | | रेखा |
|---|---|---|---|
| गति → | 5 | : | 4 |
| दूरी → | 5 | : | 4 |

50× ↓ 1 इकाई = 50 मीटर

250 मीटर

अतः प्रारम्भिक बिन्दु से मिलन बिन्दु तक कि दूरी 250 मीटर है।

23. (b)

समय बराबर हो तो चाल $\alpha$ दूरी

दूरी = 61 : 65

$\because$ (65 – 61) = 4 इकाई → 100 किमी

⇒1 इकाई → 25 किमी

$\therefore$ 65 × 25 = 1625 किमी

24. (c)

| | कुत्ता | | खरगोश |
|---|---|---|---|
| क्षमता → | 5 | : | 6 |
| समय → | 4 | : | 5 |
| चाल → | 25 | : | 24 |

25. (b)

दूरी = d

चाल = 75 किमी./घंटा

समय $= \frac{d}{75}$ घंटा

शर्तानुसार, दूरी = 2d

चाल = 100 किमी./घंटा

समय $= \frac{2d}{100} = \frac{d}{50}$ घंटा

औसत चाल $= \frac{3d}{\frac{d}{75} + \frac{d}{50}}$

$= \frac{3d}{\frac{d}{25}\left[\frac{1}{3} + \frac{1}{2}\right]} = \frac{3}{\frac{5}{25 \times 6}}$

$= \frac{3 \times 25 \times 6}{5} = 90$ किमी./घंटा

26. (d)

दूरी = 1200 मी.

सापेक्ष गति = (45 – 27)

= 18 किमी/घंटा

कुल समय $= \frac{1200}{18} \times \frac{18}{5}$

= 240 सेकंड

27. (d)

माना, $x$ = नाव की गति

y = धारा की गति

प्रश्नानुसार,

$\frac{33}{x+y} + \frac{35}{x-y} = 8$

$\frac{44}{x+y} + \frac{28}{x-y} = 8$

$\Rightarrow \quad x + y = 11$

$x - y = 7$

$\Rightarrow \quad x = 9, y = 2$

$\therefore \frac{55}{11} + \frac{14}{7} = 5 + 2 = 7$ घंटे

28. (b)

यदि n कोई धनात्मक पूर्णांक है

n = 1 रखें (1 सबसे छोटा धनात्मक पूर्णांक है)

$(3^{4n} - 4^{3n})$

$= (3^{4 \times 1} - 4^{3 \times 1})$

$= 3^4 - 4^3 = 81 - 64 = 17$

इसलिए n के प्रत्येक धनात्मक पूर्णांक मान के लिए $(3^{4n} - 4^{3n})$ हमेशा 17 से विभाज्य होगा।

29. (a)

दो या दो से अधिक संख्याओं का महत्तम समापवर्तक उनका सबसे बड़ा गुणज होता है जो उन्हें विभाजित करता है।

यदि $x$ सबसे बड़ी संख्या है तो 6564, 7416 और 8907 को विभाजित करने पर प्रत्येक शर्त में समान शेषफल प्राप्त होता है तब,

7416 – 6564 = 850 ⇒ 213 × 4

8907 – 7416 = 1491 ⇒ 213 × 7

8907 – 6564 = 2343 ⇒ 213 × 11

प्राप्त सभी संख्याओं का महत्तम समापवर्तक

$x \rightarrow 213$

अंकों का योग = 2 + 1 + 3 = 6

30. (d)

$A \times B = 1890$

$A - B = 3$

$\Rightarrow A = 3 + B$

अब,

$(3 + B)\, B = 1890$

$3B + B^2 - 1890 = 0$

$\Rightarrow B = 42$

$\therefore A = 45$

अत: 42 तथा 45 का ल.स.प. = 630

अन्य विधि:

(A × B) ल.स.प. का गुणज है 1890 केवल विकल्प (d) 630 से विभाजित होगा।

अत: A तथा B का ल.स.प. = 630.

31. (c)

$\frac{1}{1\times4}+\frac{1}{4\times7}+\frac{1}{7\times10}+\frac{1}{10\times13}+\frac{1}{13\times16}$

दिया हैं;

पहला पद = $\frac{1}{1}$, अंतिम पद = $\frac{1}{16}$

अंतर = 4 – 1 = 3

सूत्र = $\frac{1}{\text{अंतर}} \times$ (पहला पद – अंतिम पद)

$= \frac{1}{3}\left[1-\frac{1}{16}\right] = \frac{5}{16}$

32. (c)

$\left[3\frac{1}{2} \div \left\{1\frac{1}{4} - \left(\frac{1}{2}+\frac{1}{3}\right)\right\} + \frac{7}{5}\right] = ?$

$\Rightarrow \left[\frac{7}{2} \div \left\{\frac{5}{4} - \frac{5}{6}\right\} + \frac{7}{5}\right]$

$= \left[\frac{7}{2} \div \frac{5}{12} + \frac{7}{5}\right] = \left[\frac{7}{2} \times \frac{12}{5} + \frac{7}{5}\right]$

$= \frac{49}{5} = 9\frac{4}{5}$

33. (b)

n ईंटों की संख्या का आयतन = दीवार का आयतन

$n \times 30 \times 15 \times 10$

$= 1800 \times 1000 \times 40$

$n = \frac{1800 \times 1000 \times 40}{30 \times 15 \times 10}$

$= 16000$

34. (d)

औसत = $\frac{75+105+60+70+85}{5}$

= 79

35. (d)

2010 - 2011 से 2011 - 2012 की तुलना में बेचे गए मोबाईल की वृद्धि या कमी प्रतिशत

सैमसंग के मोबाईल पर वृद्धि %

$= \frac{36-18}{18} \times 100 = 100\%$

नौकिया के मोबाईल पर कमी %

$= \frac{108-81}{108} \times 100 = 25\%$

सोनी के मोबाईल पर वृद्धि %

$= \frac{32-24}{24} \times 100 = 33.3\%$

ब्लैकबेरी के मोबाईल पर वृद्धि %

$= \frac{42-28}{28} \times 100 = 50\%$

माइक्रोमैक्स के मोबाईल पर कमी %

$= \frac{34-17}{34} \times 100 = 50\%$

ब्लैकबेरी और माइक्रोमैक्स दी गई शर्त को पूरा करता है।

☆☆☆☆☆

# मॉक टेस्ट-02

22

1. घनाभ के आकार वाले एक घर की लंबाई, चौड़ाई और ऊँचाई में क्रमशः 10%, 20% और 25% की वृद्धि की जाती है। घनाभ के आयतन में प्रतिशत परिवर्तन ज्ञात कीजिए।

The length, breadth and height of a room in the shape of a cuboid are increased by 10%, 20% and 25% respectively. Find the percentage change in the volume of the cuboid.

(a) 65% increase/वृद्धि

(b) 60% decrease/कमी

(c) 70% decrease/कमी

(d) 75% increase/वृद्धि

2. 30% पुरुष 25 वर्ष से अधिक आयु के हैं, और 80% 50 वर्ष से कम या उसके बराबर आयु के हैं। फुटबॉल सभी पुरुषों में से 20% द्वारा खेला जाता है। यदि 50 वर्ष से अधिक आयु के 20% पुरुष फुटबॉल खेलते हैं, तो कितने प्रतिशत फुटबॉल खिलाड़ी 50 वर्ष से कम या उसके बराबर उम्र के हैं?

30% of the men are over the age of 25 years, and 80% are under or equal to 50 years of age. Football is played by 20% of all men. What percentage of football players are under or equal to 50 years of age, if 20% of men over the age of 50 years play football.

(a) 77% (b) 80%
(c) 71% (d) 82%

3. एक दुकानदार ने गेहूं 20 रुपये प्रति किलोग्राम और चावल 80 रुपये प्रति किलोग्राम पर खरीदा। उन्होंने 80 किलोग्राम गेहूं 22 रुपये प्रति किलोग्राम और 20 किलोग्राम गेहूं 21 रुपये प्रति किलोग्राम की दर से बेचा। इसके अलावा, उन्होंने 40 किलो चावल 95 रुपये प्रति किलो और 60 किलो चावल 93 रुपये प्रति किलो बेचा। इस सौदे में उसका कुल लाभ ज्ञात कीजिये।

A shopkeeper purchased wheat at Rs.20 per kg and rice at Rs.80 per kg. He sold 80 kg of wheat at Rs.22 per kg and 20 kg of wheat at Rs.21 per kg. Furthermore, he sold 40 kg of rice at Rs.95 per kg and 60 kg of rice at Rs.93 per kg. Find his total profit in this deal.

(a) Rs.940 (b) Rs.1,560
(c) Rs.720 (d) Rs.890

4. यदि 2120 वस्तुओं का क्रय मूल्य 1696 वस्तुओं के विक्रय मूल्य के बराबर है, तो लाभ प्रतिशत कितना है?

If the cost price of 2120 articles is equal to the selling price of 1696 articles, then what is the gain percent?

(a) 15% (b) 20%
(c) 30% (d) 25%

5. एक व्यापारी क्रमशः 23% और 24% की दो क्रमिक छूट के बाद एक वस्तु बेचता है। यदि वस्तु का अंकित मूल्य 21400 रु. है, तो इसका विक्रय मूल्य ज्ञात कीजिए। (रु. में)

A trader sells the article after two successive discounts of 23% and 24% respectively. If the marked price of the article is Rs. 21400, find the selling price.

(a) 12523.28 (b) 13523.28
(c) 14523.28 (d) 15523.28

6. एक दुकानदार अंकित मूल्य पर 10% की छूट पर कुछ फल खरीदता है। वस्तु बेचने के लिए वह अंकित मूल्य बढ़ा देता है। यदि वह 15% की छूट देने के बाद 25% का लाभ प्राप्त करना चाहता है, तो उसका अंकित मूल्य मूल अंकित मूल्य से कितने प्रतिशत अधिक होना चाहिए? (निकटतम पूर्ण संख्या तक)

A shopkeeper buys some fruits at a discount of 10% on the marked price. For selling the item he increases the marked price. If he wants to get a profit of 25% after allowing a discount of 15%, then by what percentage should his marked price be greater than the original marked price? (nearest to whole number)

(a) 32 % (b) 25 %
(c) 15 % (d) 10 %

7. 9 वर्षों के लिए 23% प्रति वर्ष की दर से ₹ 21550 पर साधारण ब्याज के तहत मिश्रधन ज्ञात कीजिए। (₹ में)

Find the amount under simple interest on ₹ 21550 at 23% per annum for 9 years (in ₹)

(a) 66158.5 (b) 65158.5
(c) 67158.5 (d) 68158.5

8. 12,100 रु. को 2 भागों में इस प्रकार विभाजित कीजिए, कि जब इन्हें क्रमशः 3 और 4 वर्ष के लिए 6% की वार्षिक साधारण ब्याज दर पर निवेश किया जाता है तो बराबर का मिश्रधन प्राप्त होता है। दोनों भागों के बीच के अंतर का 75% (रु. में) कितना होगा?

Divide Rs. 12,100 into 2 parts in such a way that when they are invested at 6% per annum simple interest for 3 and 4 years respectively, an equal amount is obtained. What will be 75% ( in Rs.) of the difference between the two parts?

(a) 200 (b) 400
(c) 300 (d) 225

9. ब्याज की गणना वार्षिक चक्रवृद्धि आधार पर करते हुए, प्रति वर्ष 20% की दर से एक धनराशि को 2 वर्ष के लिए निवेशित किया जाता है। यदि प्राप्त ब्याज ₹ 2464 है, तो मूलधन ज्ञात करें। (₹ में)

A sum of money is invested at 20% per annum compounding annually for 2 years. If the interest received is ₹ 2464, find the principal. (In ₹)

(a) 5300 (b) 5400
(c) 5500 (d) 5600

10. जॉनसन प्रति वर्ष 5% चक्रवृद्धि ब्याज पर ₹30,000 उधार लेता है। वह इस राशि को दो समान वार्षिक किस्तों में 2 वर्ष के अंत तक वापस करना चाहता है। प्रत्येक वर्ष के अंत में उसे लगभग कितना भुगतान करना होगा?

Johnson borrows ₹30,000 at 5% compound interest per annum. He wants to pay this amount back by the end of 2 years in two equal yearly installments. How much does he have to pay approximately at the end of each year?

(a) ₹ 16,134 (b) ₹ 15,231
(c) ₹ 16,274 (d) ₹ 15,784

11. रवि और रश्मि ने एक व्यवसाय में क्रमशः 150 रुपये और 200 रुपये का निवेश किया लेकिन कुछ महीनों के बाद रवि ने अपना पैसा वापस ले लिया। यदि बारह महीनों के अंत का लाभ रवि और रश्मी के बीच 1 : 2 के अनुपात में बांटा गया था, तो कितने महीनों के बाद रवि ने अपना पैसा निकाल लिया?

Ravi and Rashmi invested Rs. 150 and Rs. 200 respectively in a business but Ravi withdraw his money after a few months. If the end of twelve months' profit was shared between Ravi and Rashmi in the ratio 1 : 2, after how many months did Ravi take out his money?

(a) 4 (b) 6
(c) 8 (d) 10

12. अविनाश और भुवनेश ने 8 : 5 के अनुपात में कुछ राशि का निवेश करके एक साझेदारी व्यापार आरंभ किया। राकेश छः माह बाद भुवनेश के समान राशि का निवेश करके साझेदारी में शामिल हो जाता हैं। अविनाश, भुवनेश और राकेश के बीच लाभ को किस अनुपात में वितरित किया जाना चाहिए?

Avinash and Bhuvanesh started a partnership business investing some amount in the ratio of 8 : 5. Rakesh joined them after six months with an amount equal to Bhuvanesh. In what ratio should the profit at the end of one year be distributed among Avinash, Bhuvanesh and Rakesh?

**UPSI 23/11/2021 (Shift-03)**

(a) 5 : 10 : 16
(b) 16 : 5 : 10
(c) 10 : 16 : 5
(d) 16 : 10 : 5

13. तीन संख्याओं A, B और C के संबंध में A, B का $\frac{1}{3}$ है, B, C का $\frac{2}{5}$ है, और A + B + C = 46 है। C और A के बीच का अंतर ज्ञात करें?

With respect to three numbers A, B and C, A is $\frac{1}{3}$ of B, B is $\frac{2}{5}$ of C, and A + B + C = 46. Find the difference between C and A

(a) 20 (b) 26
(c) 16 (d) 18

14. दो संख्याएं एक तीसरी संख्या से क्रमशः 8% और 28% अधिक है। उन दोनों संख्याओं का अनुपात कितना है?

Two numbers are more than a third number by 8% and 28% respectively. What is the ratio of those two numbers?

(a) 27:32 (b) 2:7
(c) 5:6 (d) 5:9

15. 3 रुपये 20 पैसे प्रति किलोग्राम की टेलकम पाउडर A को 2 रुपये 90 पैसे प्रति किलोग्राम के टेलकम पाउडर B के साथ किस अनुपात में मिलाया जायें ताकि मिश्रण की लागत मूल्य 3 रुपये 8 पैसे प्रति किलोग्राम हो जाए?

In what ratio should talcum powder A of 3 rupees 20 paise per kg be mixed with talcum powder B of 2 rupees 90 paise per kg so that the cost price of the mixture becomes 3 rupees 8 paise per kg?

(a) 2 : 1 (b) 4 : 5
(c) 3 : 2 (d) 5 : 5

16. 70 रुपये प्रति किलो के चावल के बैग में दो अलग-अलग प्रकार के चावल मिलाए जाते हैं. पहले प्रकार के चावल की मात्रा 8 किलोग्राम है और इसकी कीमत 60 रुपये प्रति किलोग्राम है, जबकि दूसरे प्रकार के चावल की मात्रा 4 किलोग्राम है। दूसरे प्रकार के चावल का प्रति किलो मूल्य क्या है?

In a bag of rice of Rs 70 per kg, two different types are mixed. First type of rice is 8 kg in quantity of Rs 60 per kg, while the second type of rice is 4 kg in quantity. What is the price per kg of the second type of rice?

(a) Rs. 75 (b) Rs. 65
(c) Rs. 80 (d) Rs. 90

17. तीन क्रमागत वर्षों के लिए एक उत्पाद का मूल्य क्रमशः 122 रु. प्रति लीटर, 244 रु. प्रति लीटर और 305 रु. प्रति लीटर था। यदि आम आदमी उस उत्पाद पर प्रति वर्ष औसतन 13420 रु. खर्च करता है, तो तीन वर्षों के लिए उस उत्पाद का औसत मूल्य प्रति लीटर क्या है? (रु. में)

For three consecutive years, the costs of a product were Rs.122 per litre, Rs.244 per litre and Rs. 305 per litre respectively. If a common man spends an average of Rs. 13420 per year on that product, then what is the average cost of that product per litre for the three years? (in Rs.)

(a) 192.63 (b) 212.63
(c) 202.63 (d) 182.63

18. एक नाव में यात्रा करने वाले 10 श्रमिकों का औसत वजन 2.8 किलोग्राम बढ़ जाता है जब उनमें से एक श्रमिक, जिसका वजन 58 किलोग्राम है, को एक नए कर्मचारी द्वारा प्रतिस्थापित किया जाता है। नये श्रमिक का वजन ज्ञात कीजिये।

The average weight of 10 workers travelling in a boat is increased by 2.8 kg when one of the workers, whose weight 58 kg, is replaced by a new worker. Find the weight of the new worker.

(a) 86 kg (b) 84 kg
(c) 82 kg (d) 68 kg

19. A एक कार्य को 90 दिनों में कर सकता है, B उसी कार्य को 135 दिनों में कर सकता है और C उसी कार्य को 180 दिनों में पूरा कर सकता है। पहले दिन A ने अकेले कार्य किया और दूसरे दिन B और C ने एक साथ कार्य किया और तीसरे दिन A और C ने एक साथ किया। यदि वे इसी चक्र को दोहराते हैं। तो कितने दिनों में कुल कार्य पूरा हो सकता है?

A can do a piece of work in 90 days, B can do in 135 days and C can do same work alone in 180 days. If on the first day A worked alone and on the second day B and C worked together and on the third day A and C worked together. If they repeat the cycle as follows then in how many days total work can be completed?

(a) $75\frac{6}{7}$ (b) $71\frac{6}{7}$
(c) $77\frac{6}{7}$ (d) $73\frac{6}{7}$

20. P एक कार्य को 200 दिनों में पूरा कर सकता है। Q और R समान कार्य को 100 दिनों में कर सकते हैं। P, Q और R ने एक साथ काम शुरू किया और उन्होंने 40 दिनों तक एक साथ काम किया और फिर Q ने काम छोड़ दिया और P और R ने मिलकर शेष काम 40 दिनों में पूरा किया। उन दिनों की संख्या ज्ञात कीजिए जिनमें Q अकेले कुल कार्य कर सकता है।

P can do a piece of work in 200 days. Q and R can do the same work in 100 days. P, Q and R started the work together and they worked together for 40 days and then Q left the work and P and R together finished the remaining work in 40 days. Find the number of days in which Q alone can do the total work.

(a) 180 days (b) 200 days
(c) 160 days (d) 210 days

21. दो पाइप 711 मिनट और 1185 मिनट में टैंक को भरते हैं। टैंक में एक रिसाव पाइप भी है। जब तीनों पाइपों को खोला जाता है, तो खाली टैंक 474 मिनट में भर जाता है। रिसाव पाइप द्वारा टैंक को खाली करने में कितने मिनट लगेंगे?

Two pipes fill the tank in 711 minutes and 1185 minutes. There is also a leak pipe in the tank. When all the three are opened, the empty tank is filled in 474 minutes. How many minutes will the leak pipe take to empty the tank?

(a) 6910 (b) 7110
(c) 7210 (d) 7010

22. एक आदमी अपने घर से 3 किमी प्रति घंटे की गति से चलने पर 20 मिनट देर से कार्यालय पहुंचता है और यदि वह 4 किमी प्रति घंटे की गति से चलता है तो 30 मिनट पहले पहुंचता है। उसका कार्यालय उसके घर से कितनी दूर है?

A man reaches his office 20 min late, if he walks from his home at 3 km per hour and reaches 30 min early if he walks 4 km per hour. How far is his office from his house ?

(a) 20 किमी (b) 16 किमी
(c) 14 किमी (d) 10 किमी

23. एक एक्सप्रेस ट्रेन 90 मिनट में एक निश्चित दूरी तय करती है, अगर यह औसतन 48 किमी प्रति घंटा की रफ्तार से चलती है। सफर के समय को कम कर 40 मिनट तक लाने के लिए ट्रेन को किस रफ्तार से दौड़ाना होगा?

An express train covers a certain distance in 90 minutes, if it travels at an average speed of 48 kmph. At what speed should the train run in order to reduce the travel time to 40 minutes?

(a) 98 km/hr (b) 100km/hr
(c) 90 km/hr (d) 108km/hr

24. अखिल 50 किमी/घंटा की औसत गति से अपने घर से कार्यालय तक कार चलाता है और 10 मिनट पहले कार्यालय पहुंचता है। लेकिन एक दिन कार में किसी समस्या के कारण वह 30 किमी/घंटा की औसत गति से गाड़ी चला सका और 10 मिनट देरी से कार्यालय पहुंचा। उसका कार्यालय घर से कितनी दूर है?

Akhil drives a car from his home to office at an average speed of 50 km/h and reaches office 10 minutes early. But one day due to some problem with the car, he could drive at an average speed of 30 km/h and reached office 10 minutes late. How far is his office from home?

(a) 25 km (b) 37.5 km
(c) 12.5 km (d) 30 km

25. 50 किमी/घंटा की चाल से चल रही 345 मीटर लंबी एक रेलगाड़ी X, इसकी विपरीत दिशा में 76 किमी/घंटा की चाल से चल रही रेलगाड़ी Y को 22 सेकण्ड में पार करती है। रेलगाड़ी Y, 905 मीटर लंबे पुल को कितने समय में पार कर लेगी?

A 345 m long train X running at 50km/h crosses a train Y traveling in its opposite direction with a speed of 76 km/h in 22 sec. In what time will train Y cross the 905 m long bridge ?

(a) 52 सेकण्ड (b) 54 सेकण्ड
(c) 63 सेकण्ड (d) 56 सेकण्ड

26. 5 किमी की दौड़ में, X, Y और Z, प्रत्येक एक समान गति से दौड़ते हुए, क्रमशः स्वर्ण, रजत और कांस्य पदक प्राप्त करते हैं। यदि X, Y को 0.5 किमी से हराता है और Y, Z को 0.5 किमी से हराता है, तो X कितने मीटर से Z को हराता है?

In a 5 km race, X, Y and Z, each running at a uniform speed, get the gold, silver, and bronze medals, respectively. If X beats Y by 0.5 km and Y beats Z by 0.5 km, then by how many metres does X beat Z?

(a) 960 m (b) 975 m
(c) 950 m (d) 1,000 m

27. एक नाव धारा की दिशा में 56 किमी की दूरी 3.5 घंटे में तय कर सकती है। स्थिर जल में नाव की चाल और धारा की चाल का अनुपात 3:1 है। नाव धारा के दिशा में 41.6 किमी की दूरी तय करने में कितना समय (घंटों में) लेगी?

A boat can cover a distance of 56 km downstream in 3.5 hours. The ratio of the boat in still water and the speed of stream is 3:1. How much time (in hours) will the boat take to cover a distance of 41.6 km downstream?

(a) 2.6 (b) 2.1
(c) 1.5 (d) 1.8

28. 4-अंकों की वह छोटी से छोटी संख्या ज्ञात कीजिए, जिसे 10, 11, 20, 22 से विभाजित करने पर शेषफल 8 रहता है।

Find the smallest 4-digit number which if divided by 10, 11, 20, 22 leaves remainder as 8.

(a) 1110 (b) 1108
(c) 1092 (d) 1100

29. वह बड़ी से बड़ी संख्या कौन सी है जिससे 2675 और 2320 को विभाजित करने पर शेषफल क्रमशः 5 और 6 प्राप्त होता है?

What is the greatest number by which dividing 2675 and 2320 leaves remainder 5 and 6 respectively ?

(a) 168 (b) 187
(c) 178 (d) 170

30. यदि प्रथम 110 प्राकृत संख्याओं का LCM N है, तो प्रथम 115 प्राकृत संख्याओं का LCM ज्ञात कीजिए।

If the LCM of the first 110 natural numbers is N, then find the LCM of the first 115 natural numbers.

(a) 111×112×113×114×115N
(b) 113N
(c) 115N
(d) 111×113N

31. $\frac{1}{2}+\frac{1}{6}+\frac{1}{12}+\frac{1}{20}+\frac{1}{30}+\frac{1}{42}+\frac{1}{56}+\frac{1}{72}$

(a) $\frac{1}{2}$ (b) 0
(c) $\frac{8}{9}$ (d) $\frac{1}{2520}$

32. $\frac{(0.0002)^2+(0.0033)^2+(0.0444)^2}{(0.00002)^2+(0.00033)^2(0.00444)^2}$

का मान ज्ञात कीजिय

Find the value of

$$\frac{(0.0002)^2+(0.0033)^2+(0.0444)^2}{(0.00002)^2+(0.00033)^2(0.00444)^2}$$

(a) 100 (b) 80
(c) 90 (d) 110

33. एक पूल की लंबाई 15 मी, चौड़ाई 10 मी और गहराई 3 मी है। उसमें 2.5 मी की गहराई तक पानी भरा जाता है। पूल में पानी की मात्रा (किलो लीटर में) कितनी है?

The length of a pool is 15m, breadth 10 m and depth is 3 m. It is filled with water to a depth of 2.5m. What is the quantity (in kilo liters) of water in the pool?

(a) 450 (b) 370.5

(c) 475 (d) 375

**निर्देश (34-35):-** निम्नलिखित जानकारी पढ़कर निम्न प्रश्नों का उत्तर दें।

**Directions:** Read the following information and answer the following questions:

कम्पनी उच्च, मध्यम तथा निम्न, तीन गुणवत्ता वाले वस्त्रों एवं उच्च, मध्यम तथा निम्न तीन रंगों का प्रयोग करके पांच प्रकार की शर्ट बनाती है-

The company manufactures five types of shirts usingh i g h , medium and low, three quality fabrics and three colors high, medium and low -

A, B, C, D और E निम्न तालिका में क्रमश: विवरण दिया गया है-

A, B, C, D and E. The following table details are given respectively-

1. प्रत्येक वर्ग में हजारों में उत्पादित शर्ट
Shirts produced in thousands in each category

2. प्रत्येक प्रकार की शर्ट हेतु वितरित वस्त्र-गुणवत्ता का प्रतिशत प्रत्येक शर्ट के लिए 1.5 मीटर वस्त्र की आवश्यकता होती है।

Percentage of Textile Quality Distributed for each type of shirt. Each shirt requires 1.5 meters of cloth.

| | | वस्त्रों का % वितरण/ Distribution of cloths (%) | | | रंगो का % वितरण/ Distribution of colors (%) | | |
|---|---|---|---|---|---|---|---|
| शर्ट के प्रकार Type of Shirt | संख्या (हजार में)/ Number in thousands | उच्च/ High | मध्यम/ Medium | निम्न/ Low | उच्च/ High | मध्यम/ Medium | निम्न/ Low |
| A | 20 | 80 | 20 | | 70 | 15 | 15 |
| B | 30 | 30 | 40 | 30 | 20 | 50 | 30 |
| C | 30 | – | 70 | 30 | – | 60 | 40 |
| D | 10 | – | 60 | 40 | - | 40 | 60 |
| E | 10 | – | 10 | 90 | – | 20 | 80 |

34. वस्त्र की कुल आवश्यकता कितनी है?

What is the total requirement of clothes?

(a) 200000 मी (b) 150000 मी

(c) 225000 मी (d) 250000 मी

35. निम्न गुणवत्ता का कितना मीटर वस्त्र प्रयुक्त हुआ?

How many meters of low quality cloth was used?

(a) 22500 मी (b) 60000 मी

(c) 46500 मी (d) 40000 मी

## ANSWER KEY

| | | | | | | | | | |
|---|---|---|---|---|---|---|---|---|---|
| 1.(a) | 2.(b) | 3.(b) | 4.(d) | 5.(a) | 6.(a) | 7.(a) | 8.(d) | 9.(d) | 10.(a) |
| 11.(c) | 12.(d) | 13.(b) | 14.(a) | 15.(c) | 16.(d) | 17.(a) | 18.(a) | 19.(d) | 20.(b) |
| 21.(b) | 22.(d) | 23.(d) | 24.(a) | 25.(c) | 26.(c) | 27.(a) | 28.(b) | 29.(c) | 30.(b) |
| 31.(c) | 32.(a) | 33.(d) | 34.(b) | 35.(c) | | | | | |

# SOLUTIONS

1. (a)

| | | |
|---|---|---|
| लंबाई ® 10%- | 10 | 11 |
| चौड़ाई ® 20%- | 5 | 6 |
| ऊँचाई ® 25%- | 4 | 5 |
| | 40 | 66 |

वृद्धि +26

$\therefore$ आयतन में प्रतिशत परिवर्तन = $\frac{26}{40}\times$ 100 = 65% वृद्धि

2. (b)

माना, कुल आदमीयों की संख्या 100 है।

दिया गया है।,

| आयु | व्यक्तियों की संख्या |
|---|---|
| < 25 | 30% |
| ≥ 50 | 80% |
| < 50 | 20% |

कुल फुटबाल खिलाड़ीयों की संख्या = 20

प्रश्नानुसार,

50 वर्ष के ऊपर के खिलाड़ीयों की संख्या = $\frac{20}{100}\times 20 = 4$

$\Rightarrow$ 50 वर्ष से कम या बराबर के खिलाड़ीयों की संख्या = 20 – 4 = 16

अत: आवश्यक % = $\frac{16}{20}\times 100$

= 80 %

3. (b)

कुल CP

= (80 + 20) ×20 + (40 + 60) × 80

कुल SP

= (80 × 22) + (20 × 21) + (40 × 95) + (60 × 93)

= 1760 + 420 + 3800 + 5680

= 11560

लाभ = 11560 – 10000 = 1560 रु

4. (d)

माना, प्रत्येक वस्तु का क्रय मूल्य = 1 रु.

तब, विक्रय मूल्य > क्रय मूल्य

$\therefore$ लाभ प्रतिशतता

$= \frac{2120-1696}{1696}\times 100$

$= \frac{424}{1696}\times 100 = 25\%$

5. (a)

अंकित मूल्य (M.P.) = 21400

$\Rightarrow$ M.P. $\times \frac{100-D_1}{100}\times\frac{100-D_2}{100}$ = S.P.

$\Rightarrow 21400\times\frac{100-23}{100}\times\frac{100-24}{100}$ = S.P.

विक्रय मूल्य (S.P.) = 21400 × $\frac{77}{100}\times\frac{76}{100}$ = ₹ 12523.28

6. (a)

माना, वास्तविक मूल्य 100 है तो, दूकानदार के लिए क्रय मूल्य = 90

अब,

$\frac{\text{नया अंकित मूल्य}}{\text{क्रय मूल्य}} = \frac{100 + \text{लाभ\%}}{100 - \text{छूट \%}}$

$= \frac{100+25}{100-15}$

नया अंकित मूल्य = $\frac{125}{85}\times 90$

= 132.35% ≈ 132 – 100 = 32%

7. (a)

समय = 9 वर्ष, दर = 23%

मूलधन = ₹ 21550

ब्याज $= \frac{\text{मूलधन} \times \text{समय} \times \text{दर}}{100}$

$\frac{21550\times 23\times 9}{100}$ = ₹ 44608.5

मिश्रधन = ब्याज + मूलधन

44608.5 + 21550

= ₹ 66158.5

8. (d)

माना n राशि को y दिनों के लिए वितरित किया गया।

$n + \frac{n\times 3\times 6}{100} = y + \frac{y\times 6\times 4}{100}$

118n = 124y

$\frac{n}{y} = \frac{124}{118} = \frac{62}{59}$

$\therefore$ (62 + 59) इकाई = 12100

अंतर = (62 – 59)

= 100 × 3 = 300

$\therefore$ अंतर × 75%

= 300 × $\frac{3}{4}$ = 225 रु

9. (d)

माना मूलधन = 100%

दर = 20%

समय = 2 साल

चक्रवृद्धि ब्याज = 2464 रुपये

2 वर्ष का चक्रवृद्धि ब्याज

= 20 + 20 + = $\frac{20\times 20}{100}$

= 40 + 4 = 44%

44% ही कुल चक्रवृद्धि ब्याज होगा

$\therefore$ 44% = 2464

$\therefore$ 100% = $\frac{2464}{44}\times 100$

= $\frac{616}{11}\times 100$

= Rs 5600 रुपये

10. (a)

$P = 30,000$ , $R = 5\% = \frac{1}{20}$

T = 2 वर्ष

| | मूलधन | | मिश्रधन |
|---|---|---|---|
| I वर्ष | (20 | : | 21)×21 |
| II वर्ष | 400 | : | 441 |
| | 820 | : | 441Each |

820 इकाई $\rightarrow$ 30,000

441 इकाई $\rightarrow \frac{30000}{820} \times 441$

$\approx 16134$ रु.

11. (c)

माना, रवि ने अपना पैसा $x$ महीने के लिए निवेश किया

$150 \times x : 200 \times 12 = 1 : 2$

$\frac{150 \times x}{200 \times 12} = \frac{1}{2}$

$x = \frac{200 \times 12}{150 \times 2}$

$x = 8$ माह

रवि 8 महीने बाद अपना पैसा निकाल लेता है।

12. (d)

| | अविनाश | भुवनेशन | राकेश |
|---|---|---|---|
| I = | 8 | 5 | 5 |
| T = | ×12 | ×12 | ×6 |
| P = | 96 | 60 | 30 |
| | 16 | 10 | 5 |

$\therefore$ लाभ का अभीष्ट अनुपात = 16 : 10 : 5

13. (b)

प्रश्नानुसार,

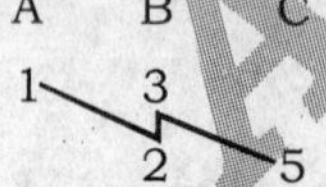


2 : 6 : 15

A + B + C = 2 + 6 + 15 = 23

23 इकाई $\rightarrow$ 46

1 इकाई $\rightarrow$ 2

C – A = 15 – 2 = 13 इकाई $\rightarrow$ 26

14. (a)

माना कि, तीसरी संख्या 100 है तो,

| I | : | II | : | III |
|---|---|---|---|---|
| 108 | : | 128 | : | 100 |
| 27 | : | 32 | : | 25 |

15. (c)

मिश्रण का क्रय मूल्य = 308 पैसा

पृथ्थीकरण विधि के द्वारा:

A B

320 290

308

18 12

3 : 2

अत: टेलकम पाउडर का अनुपात 3 : 2 है।

**वैकल्पिक विधि:-**

$320x + 290y = 308(x + y)$

$\Rightarrow 12x = 18y$

$\Rightarrow \frac{x}{y} = \frac{3}{2}$

$x : y = 3 : 2$

16. (d)

I II

60 Rs./kg 90Rs./kg

70 Rs

20 : 10

2 : 1

8 : 4

दूसरे प्रकार की चावल का मूल्य = 90 रुपये प्रति किग्रा

17. (a)

तीनों वर्षो में कुल लीटर

$= \frac{13420}{122} + \frac{13420}{244} + \frac{13420}{305}$

= 110 + 55 + 44 = 209 लीटर

तीनों वर्षो में कुल मूल्य = 13420 × 3 = 40260

$\therefore$ औसत मूल्य प्रति लीटर

$= \frac{40260}{209} = ₹192.63$

18. (a)

नये कर्मचारी का वजन

= 58 + 2.8 × 10

= 58 + 28 = 86

19. (d)

90, 135 और 180 का ल.स. = 540

540

कुल कार्य

6 4 3

A B C

90 135 180

पहला दिन सिर्फ A काम करेगा = 6

दूसरा दिन B + C = 4 + 3 = 7

तीसरे दिन A + C = 6 + 3 = 9

कुल तीन दिन में काम = 6 + 7 + 9 = 22

3 दिन = 22 इकाई

24 × 3 दिन = 22 × 24 इकाई

कुल 72 दिन में = 528 इकाई

73वे दिन A काम करेगा = 528 + 6 = 534

73 दिन तक किया काम = 534

बचा काम = 540 – 534 = 6

अब, B + C एक दिन में 7 काम करते हैं।

6 काम के लिए लिया गया समय = $1 \times \frac{6}{7} = \frac{6}{7}$ दिन

$\therefore$ कुल समय = $73 + \frac{6}{7}$

$= 73\left(\frac{6}{7}\right)$ दिन

20. (b)

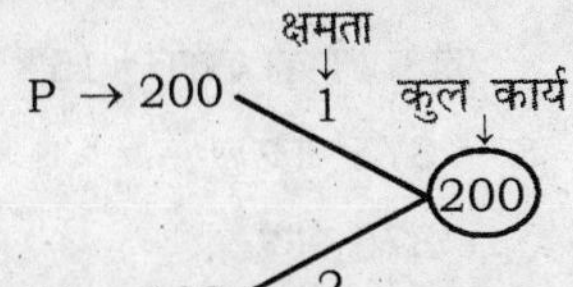


40 दिन का कार्य = (1 + 2) × 40
= 120

शेष कार्य = 200 – 120 = 80

(P + R) की क्षमता = $\frac{80}{40}$ = 2

R की क्षमता = 2 – 1 = 1

अकेले Q द्वारा किया गया कुल कार्य में लगा समय = $\frac{200}{1}$ = 200 दिन

21. (b)

711, 1185 और 474 का ल.स.प
= 237 × 30

कुल धारिता
7110

10 | 6 | –15 (क्षमता)

पाइप-I 711 | पाइप-II 1185 | पाइप-III –474

रिसाब पाइप की क्षमता = 10 + 6 – 15
= 1

समय = $\frac{\text{कुल धारिता}}{\text{कुल क्षमता}}$

खाली करने में लिया गया समय

= $\frac{237 \times 30}{1}$ = 7110 मिनट

22. (d)

∵ जब दूरी बराबर हो

गति ∝ $\frac{1}{\text{समय}}$

| | $S_1$ | : | $S_2$ |
|---|---|---|---|
| | 3 | : | 4 |
| समय | 4 | : | 3 |

1 इकाई = 20 + 30

1 इकाई = 50 मिनट

4 इकाई = 200 मिनट

घर और कार्यालय के बीच की दूरी

$\frac{3\text{किमी}}{\text{घंटा}} \times \frac{200}{60}$ घंटा = 10 किमी

**SMART APPROACH:-**

माना की दूरी = D

प्रश्नानुसार,

$\Rightarrow \frac{D}{3} - \frac{D}{4} = \frac{50}{60}$

$\Rightarrow \frac{4D - 3D}{12} = \frac{50}{60}$

D = 10 km

23. (d)

प्रश्नानुसार,

दूरी = गति × समय

$\Rightarrow \frac{90}{60} \times 48 = \frac{40}{60} \times \text{समय}_2$

$\Rightarrow$ समय$_2$ = 108 किमी/घंटा

24. (a)

दूरी = $\frac{S_1 \times S_2}{S_1 - S_2}$ × समयान्तराल

= $\frac{50 \times 30}{50 - 30} \times \frac{10 + 10}{60}$ मिनट

= 25 किमी

25. (c)

$L_x$ = 345 $S_1$ = 50 किमी./घंटा
$L_y$ = ? $S_2$ = 76 किमी./घंटा
t = 22 से.

दोनो ट्रेने विपरित दिशा में चल रही है।

(345 + $L_y$)
= 22 × (50 + 76) × $\frac{5}{18}$

(345 + $L_y$) = 22 × 126 × $\frac{5}{18}$

345 + $L_y$ = 22 × 7 × 5
$L_y$ = 770 – 345
$L_y$ = 425 मी.

पुल = 905 मी.
D = S × T
(425 + 905) मी.
= 76 × $\frac{5}{18}$ × t

$\Rightarrow 1330 = 76 \times \frac{5}{18} \times t$

t = $\frac{1330 \times 18}{5 \times 76} = \frac{70 \times 18}{5 \times 4}$

t = 63 से.

26. (c)

| X | Y | Z |
|---|---|---|
| 5 | 4.5 | |
| $10_{\times 10}$ | $9_{\times 10}$ | |
| | 5 | : 4.5 |
| | $10_{\times 9}$ | : $9_{\times 9}$ |
| 100 : | 90 : | 81 |

अंतर = 19

100 इकाई → 5000 मी.

1 इकाई → $\frac{5000}{100}$ मी.

19 इकाई → $\frac{5000}{100} \times 19$ मी.

= 950 मी.

अत: X, Z को 950 मी. से हराएगा।

27. (a)

दिया गया,

$\frac{x}{y} = \frac{3}{1} = \frac{3a}{a}$

प्रश्नानुसार,

$\frac{56}{4a} = \frac{7}{2}$

$\Rightarrow$ a = 4

$\Rightarrow x = 12, y = 4$

∴ आवश्यक समय = $\frac{41.6}{12 + 4} = \frac{416}{160}$
= 2.6

28. (b)

| 2 | 10, 11, 20, 22 |
|---|---|
| 11 | 5, 11, 10, 11 |
| 5 | 5, 1, 10, 1 |
| | 1, 1, 2, 1 |

ल. स. = 2 × 11 × 5 × 2 = 220

∴ चार अंकों की सबसे छोटी संख्या = 1000

220) 1000 (4
 880
 120

220 – 120 = 100

अब, 1000 + 100 = 1100

चूंकि 8 शेष बचना चाहिए

∴ 1100 + 8 = 1108

अत: अभीष्ट संख्या = 1108

29. (c)

इस प्रकार के प्रश्न में हम संख्या से शेषफल को घटा लेते है और प्राप्त संख्या का महत्तम समापवर्तक निकालते है।

$\left.\begin{matrix}2675-5=2670\\2320-6=2314\end{matrix}\right)356$

2670, 2314 का महत्तम समापवर्तक

$= \frac{356}{2} = 178$

घटाने पर प्राप्त सभी संख्याओं का महत्तम समापवर्तक = 178

अंत: बड़ी से बड़ी संख्या 178 है।

30. (b)

प्रथम 110 प्राकृतिक संख्यायें → 1, 2, -----------110

110 प्राकृतिक संख्याओं का ल.स.प. = N

अब –

115 प्राकृतिक संख्याओं का ल.स.प. = N

.__________ 110, 111, 112, 113, 114, 115

∵ 111, 112, 114 और 115 ये संख्याएँ पहले 110 प्राकृतिक संख्याओं में गुणज हैं

अब, ल.स.प. = 113N

31. (c)

$\frac{1}{2}+\frac{1}{6}+\frac{1}{12}+\frac{1}{20}+\frac{1}{30}+\frac{1}{42}+\frac{1}{56}+\frac{1}{72}$

$\Rightarrow \frac{1}{1\times2}+\frac{1}{2\times3}+\frac{1}{3\times4}+\frac{1}{4\times5}+\frac{1}{5\times6}+\frac{1}{6\times7}+\frac{1}{7\times8}+\frac{1}{8\times9}$

$= 1-\frac{1}{2}+\frac{1}{2}-\frac{1}{3}+\frac{1}{3}-\frac{1}{4}+\frac{1}{4}-\frac{1}{5}+\frac{1}{5}-\frac{1}{6}+\frac{1}{6}-\frac{1}{7}+\frac{1}{7}-\frac{1}{8}+\frac{1}{8}-\frac{1}{9} = 1-\frac{1}{9} = \frac{8}{9}$

32. (a)

a = (0.0002), b = (0.0033), c = (0.0444)

$= \frac{a^2+b^2+c^2}{\left(\frac{a}{10}\right)^2+\left(\frac{b}{10}\right)^2+\left(\frac{c}{10}\right)^2} = \frac{a^2+b^2+c^2}{\frac{a^2+b^2+c^2}{100}}$

= 100

33. (d)

हमें ज्ञात है,

घनाभ का आयतन = लंबाई × चौड़ाई × ऊँचाई

∴ 1 घन मीटर = 1 किलोलीटर

फूल में पानी का आतयन = 15 × 10 × 2.5

= 375 मीटर$^3$

= 375 मीटर

34. (b)

कपड़ों की कुल संख्या

= 20000 + 30000 + 30000 + 10000 + 10000 = 100000

1 शर्ट के लिए आवश्यक कपड़ा = 1.5 मीटर

100000 शर्ट के लिए = 1.5 × 100000 = 150000 मीटर

35. (c)

B प्रकार के निम्न गुणवत्ता वाली शर्ट की संख्या

$= 30000 \times \frac{30}{100} = 9000$

C प्रकार की निम्न गुणवत्ता शर्ट की संख्या

$= 30000 \times \frac{30}{100} = 9000$

D प्रकार की निम्न गुणवत्ता शर्ट की संख्या

$= 10000 \times \frac{40}{100} = 4000$

E प्रकार की निम्न गुणवत्ता शर्ट की संख्या

$= 10000 \times \frac{90}{100} = 9000$

कुल शर्ट की संख्या = 9000 + 9000 + 9000 + 4000 = 31000

निम्न गुणवत्ता वाली शर्ट में प्रयुक्त वस्त्र = 1.5 × 31000 = 46500 मी.

★★★★★

# मॉक टेस्ट-03

23

1. एक सिलाई मशीन का मूल्य हर साल 15% की दर से कम होता है। इसे 2 साल पहले खरीदा गया था। अगर मशीन का वर्तमान मूल्य ₹ 1445 है, तो इसका खरीद का मूल्य ज्ञात करें।
The cost of a sewing machine depreciates at the rate of 15% every year. It was bought 2 years ago. If the present value of the machine is ₹ 1445, find its purchase price.
(a) ₹ 2400 (b) ₹ 2200
(c) ₹ 1800 (d) ₹ 2000

2. एक परीक्षा में 100-100 अंकों के तीन विषय होते हैं। एक छात्र ने पहले विषय में 75% और दूसरे विषय में 86% अंक प्राप्त किये। उन्होंने कुल मिलाकर 68% अंक प्राप्त किये। तीसरे विषय में उसके अंकों का प्रतिशत है:
In an examination, there are three subjects of 100 marks each. A student scores 75% in the first subject and 86% in the second subject. He scored 68% in aggregate. His percentage of marks in the third subject is:
(a) 65% (b) 48%
(c) 56% (d) 43%

3. 5 कैमरे बेचने पर, सचिन को 2 कैमरों की लागत मूल्य का लाभ होता है। उसके लाभ का % क्या है?
By selling 5 cameras, Sachin gains the cost price of 2 cameras. What is his profit percentage?
(a) 40% (b) 20%
(c) 35% (d) 25%

4. एक दुकानदार एक वस्तु को 20% लाभ पर बेचता है। यदि उसने इसे इसके मूल क्रय मूल्य से 20% कम मूल्य पर खरीदा होता और इसे 10 रु. कम मूल्य पर बेचता, तो उसे 25% का लाभ होता। वस्तु का क्रय मूल्य ज्ञात कीजिए।
A shopkeeper sells an article at 20% profit. Had he bought it at 20% less than its original cost price and sold it at Rs. 10 less, he would have made a profit of 25%. Find the cost price of the article.
(a) Rs. 60 (b) Rs. 50
(c) Rs. 40 (d) Rs. 45

5. एक स्मार्ट टीवी को 155000 रुपये में खरीदा गया था। इसके अंकित मूल्य में 35% की वृद्धि की गई। अंकित मूल्य पर 20% की छूट पर बेचा गया। स्मार्ट टीवी पर लाभ प्रतिशत क्या था?
A smart TV was purchased for Rs. 155000. Its price was marked up by 35%. It was sold at a discount of 20% on the marked price. What was the profit percent of the smart TV?
(a) 8 (b) 6
(c) 4 (d) 2

6. एक दुकानदार 800 रूपये प्रति शर्ट की कीमत पर शर्ट बेचता है। वह पूर्ण नकद भुगतान करने वाले सभी ग्राहकों को 10% की छूट देता है, और एक समय में 10 शर्ट खरीदने वाले ग्राहकों को वह दो शर्ट मुफ्त देता है। यदि कोई ग्राहक दोनों छूट लेने को तैयार है, तो वह किस शुद्ध प्रभावी छूट का लाभ उठा सकता है? (दुकानदार 10 शर्ट के लिए शुल्क लेता है लेकिन उसी राशि में दो अतिरिक्त शर्ट देता है) यह केवल स्पष्टता के लिए है न कि प्रश्न के भाग के रूप में है। प्रश्न की भाषा सही है।
A shopkeeper sells shirts at a price of Rs. 800 per shirt. He allows a discount of 10% to all customers making full cash payment, and to customers buying 10 shirts at a time, he gives two shirts free. If a customer is willing to take both the discounts, what net effective discount can he/she avail? (the shopkeeper charges for 10 shirts but gives two additional shirts in the same amount) this is only for clarity and not a part of question. Question language is correct
(a) 15% (b) 25%
(c) 12.5% (d) 10%

7. साधारण ब्याज पर निवेशित धन की एक राशि पर 15 वर्षों में अपने आप से तीन गुना हो जाती है। ज्ञात कीजिए कि समान दर पर यह राशि अपने आप से 13 गुना कितने वर्षों में होगी?
A sum of money invested at simple interest triples itself in 15 years. Find in how many years will it become 13 times itself at the same rate?
(a) 95 (b) 97
(c) 90 (d) 80

8. 2760 रु. की धनराशि को इस प्रकार दो भागों में विभाजित कीजिए, कि जब उन्हें 5% वार्षिक साधारण ब्याज की दर पर क्रमशः 2 और 4 वर्षों के लिए निवेशित किया जाता है, तो उन पर प्राप्त होने वाले मिश्रधन बराबर होते हैं। निवेश किए गए दूसरे भाग की राशि ज्ञात कीजिए।
Divide a sum of Rs.2760 into two parts such that when they are invested at 5% per annum simple interest for 2 and 4 years respectively, the amount received on them is equal. Find the amount of the second part invested.
(a) 1,320 (b) 1,440
(c) 1,500 (d) 1,100

9. विनीता ने प्रतिवर्ष 4% की दर से चक्रवृद्धि ब्याज पर 5000 रुपये 3 साल के लिए उधार दे दिए। 3 साल बाद विनीता द्वारा प्राप्त राशि कितनी है?
Vinita lent Rs 5000 for 3 years at the rate of 4% per annum compound interest. What is the amount received by Vinita after 3 years?
(a) Rs. 5264.32
(b) Rs. 5624.32
(c) Rs. 5846.23
(d) Rs. 5124.42

10. एक धनराशि का भुगतान 1,25,000 रुपये की दो वार्षिक किस्तों में किया जाता है। यदि ब्याज की दर 6% प्रति वर्ष है और ब्याज वार्षिक रूप से चक्रवृद्धि हो रहा है, तो उधार ली गई राशि ज्ञात करें। (पूर्णांक मूल्य पर विचार करें)
A sum of money is paid back in two annual instalments of Rs.1,25,000 each. If rate of interest is 6% per annum and interest is compounding annually, then find the sum borrowed.(Consider round up integral value)
(a) Rs.1,50,375
(b) Rs.2,39,174
(c) Rs.2,29,174
(d) Rs.1,19,375

11. सुहास और नितिन ने 8:3 के अनुपात में एक व्यवसाय में कुछ पैसे निवेश किये, लेकिन कुछ महीनों के बाद सुहास ने अपना पैसा वापस निकाल लिया। यदि वर्ष के अंत में सुहास और नितिन द्वारा लाभ को 5 : 4 के अनुपात में साझा किया गया, तो नितिन ने कितने महीनों के लिए अकेले पैसा निवेश किया?
Suhas and Nitin invested some money in a business in the ratio 8 : 3, but Suhas withdrew his money after a few months. If at the end of twelve months' profit was shared by Suhas and Nitin in the ratio 5 : 4, for how many months did Nitin invested alone?
(a) $5\frac{5}{8}$ (b) $6\frac{3}{8}$
(c) $5\frac{3}{8}$ (d) $6\frac{5}{8}$

12. A, B और C, 5 : 5 : 8 के अनुपात में निवेश करके एक साझेदारी करते हैं। एक वर्ष के बाद A, 4900 रु. का अतिरिक्त निवेश करता है, और B, 3700 रु. निकाल लेते है। अब, निवेश का अनुपात 5 : 4 : 7 में बदल जाता है। शुरू में A ने लगभग कितनी राशि का निवेश किया था? (रु. में)
A, B and C enter into a partnership by investing in the ratio of 5 : 5 : 8. After one year A additionally invests Rs. 4900 and B withdraws Rs. 3700. Now, the ratio of investment changes to 5 : 4 : 7. What amount did A invest initially? (in Rs.)
(a) 38100
(b) 38300
(c) 38400
(d) 38200

13. आदित्य को 10 पैसे और 20 पैसे के सिक्के मिले हैं। यदि उसके पास सिक्कों की कुल संख्या 50 है, और कुल राशि ₹ 6 है, तो उसके पास 20 पैसे के कुल सिक्कों की संख्या क्या है?
Aditya has got 10 paise and 20 paise coins. If the total number of coins he has is 50, and the total amount is Rs. 6, then what is the total number of 20 paise coins he has?
(a) 10 (b) 30
(c) 20 (d) 40

14. एक पुस्तकालय में, गणित के पुस्तकों की संख्या का 25% भौतिकी पुस्तकों के संख्या के दो-तिहाई के बराबर है। पुस्तकालय में गणित की पुस्तकों की संख्या का भौतिक विज्ञान की पुस्तकों की संख्या से अनुपात क्या है?
In a library, 25% of the number of mathematics books is equal to two-third of the number of physics books. What is the ratio of the number of mathematics books to that of the physics books in the library?
(a) 4 : 7 (b) 8 : 3
(c) 7 : 4 (d) 3 : 8

15. 50 लीटर के एक मिश्रण में, शराब और सोडा का अनुपात 3 : 2 है। 6 : 7 का अनुपात बनाने के लिए कितना सोडा मिलाया जाना चाहिए?
In a mixture of 50 liters, the ratio of alcohol and soda is 3 : 2. How much soda should be mixed to make the ratio 6 : 7?
(a) 10 Litre
(b) 15 Litre
(c) 20 Litre
(d) 25 Litre

16. एक फार्मा कंपनी में एक वैज्ञानिक कुछ दवा का आविष्कार करने के लिए एसीटोन और टोल्यूनि के शुद्ध रूप को मिला रहा है। एसीटोन और टोल्यूनि को मिलाने के बाद प्राप्त घोल की कीमत 16 रुपये प्रति लीटर है। वैज्ञानिक को एसीटोन की कीमत 14 रुपये प्रति लीटर है। भंडारण की समस्या के कारण वैज्ञानिक को टोल्यूनि की कीमत एसीटोन से महंगी है। घोल में टोल्यूनि और एसीटोन का अनुपात 4:1 है। वैज्ञानिक को प्रति लीटर टोल्यूनि की कीमत (में ₹) क्या है?

In a pharma company, a scientist is mixing the purified form of Acetone and Toluene to invent some medicine. The cost of the solution obtained after mixing Acetone and Toluene is Rs.16 per litre. Acetone costs Rs.14 per litre to the scientist. Due to storage issue, Toluene's cost is expensive than Acetone to the scientist. The ratio of Toluene to Acetone in the solution is 4 : 1. What is the cost of Toluene per litre (in ₹) to the scientist?

(a) 21 (b) 18.5
(c) 16.5 (d) 20

17. 5 क्रमागत महीनों में एक पंसारी की ₹ 6535, ₹ 7027, ₹ 6955, ₹ 7330 और ₹ 6362 की बिक्री होती है। ₹ 6600 की औसत बिक्री प्राप्त करने के लिए उसके द्वारा छठे महीने में कितने की बिक्री की जानी चाहिए? (₹ में)

A grocer has a sale of ₹ 6535, ₹ 7027, ₹ 6955, ₹ 7330 and ₹ 6362 for 5 consecutive months. How much sale should he have in the sixth month so that he gets an average sale of ₹ 6600? ( in ₹)

(a) 5391 (b) 5389
(c) 5385 (d) 5387

18. एक स्कूल के 45 छात्रों का औसत वजन 55 किलोग्राम है। यदि शिक्षक का वजन शामिल किया जाए, तो औसत वजन 300 ग्राम बढ़ जाता है। शिक्षक का वजन ज्ञात कीजिये।

The average weight of 45 students of a school is 55 kg. If the weight of the teacher is included, the average weight rises by 300 grams. Find the weight of the teacher.

(a) 69.8 kg/किलोग्राम
(b) 67.8 kg/किलोग्राम
(c) 70.8 kg/किलोग्राम
(d) 68.8 kg/किलोग्राम

19. X एक कार्य को 135 दिनों में पूरा कर सकता है, Y एक कार्य को 225 दिनों में पूरा कर सकता है और Z उसी कार्य को 300 दिनों में पूरा कर सकता हैं। यदि X, Y और Z एक साथ कार्य करते हैं, तो कार्य को पूरा करने के लिए उन्हें कितने दिनों की आवश्यकता होगी?

X can finish a work in 135 days, Y can finish a work in 225 days and Z can finish the same piece of work in 300 days. How many days will they require to complete the work, if X, Y and Z are working together?

(a) $63\left(\frac{35}{41}\right)$ दिन
(b) $61\left(\frac{35}{41}\right)$ दिन
(c) $67\left(\frac{35}{41}\right)$ दिन
(d) $65\left(\frac{35}{41}\right)$ दिन

20. यदि 6 पुरुष एक कार्य को 4 दिनों में पूरा कर सकते हैं और 3 महिलाएँ उसी कार्य को 7 दिनों में पूरा कर सकती हैं, तो 8 पुरुषों और 3 महिलाओं द्वारा उसी कार्य को पूरा करने में लगने वाला समय ज्ञात कीजिए।

If 6 men can complete a work in 4 days and 3 women can complete the same work in 7 days, then find the time taken to complete same work by 8 men and 3 women.

(a) $\frac{22}{15}$ days (b) $\frac{24}{13}$ days
(c) $\frac{25}{12}$ days (d) $\frac{21}{10}$ days

21. पाइप A एक टैंक को 120 घंटों में भर सकता है, पाइप B उसी टैंक को 144 घंटों में भर सकता है और पाइप C उसी टैंक को 180 घंटों में भर सकता है। पहले 24 घंटों के लिए तीनों पाइप एक साथ खोले जाते हैं। और फिर पाइप B बंद कर दिया जाता है। पाइप A और पाइप C द्वारा शेष टैंक को कितने घंटों में भरा जाएगा?

Pipe A can fill a tank in 120 hours, Pipe B can fill the same tank in 144 hours and Pipe C can fill the same tank in 180 hours. If all three pipes are open together for first 24 hours and then Pipe B is closed. In how many hours the remaining part of the tank is filled by Pipe A and Pipe C?

(a) 40 (b) 36
(c) 38 (d) 34

22. एक व्यक्ति 4 सेकंड में 25 मीटर और फिर 2 सेकंड में 15 मीटर की यात्रा करती है। व्यक्ति की औसत चाल कितनी है?

A person travels 25 m in 4 s and then 15 m in 2 s. What is the average speed of the person?

(a) 6.67 मी./सेकेण्ड
(b) 6.67 मी./सेकेण्ड
(c) 6.67 मी./सेकेण्ड
(d) 6.67 मी./सेकेण्ड

23. एक लड़की एक यात्रा को 33 घंटो में पूरा करती है। वह यात्रा के पहले आधे भाग को 30 kmph से और दूसरे आधे भाग को 36 kmph की चाल से पूरा करती है। पूरी यात्रा की कुल दूरी ज्ञात कीजिए।

A girl Completes a journey in 33 hours. She travels first half of the journey at the rate of 30 kmph. and second half at the rate of 36 kmph. Find the total distance of whole journey.

(a) 1080 (b) 1180
(c) 980 (d) 1280

24 बिना रुके एक ट्रेन 75 किमी/घंटा की औसत गति के साथ एक निश्चित दूरी तय करती है और रुकने के साथ यह 65 किमी/घंटा की औसत गति के साथ समान दूरी तय करती है। ट्रेन प्रति घंटे कितने मिनट रुकती है?

Without stoppages a train travels a certain distance with an average speed of 75 km/h and with stoppages it covers the same distance with an average speed of 65 km/h. How many minutes per hour does the train stop?

(a) 10 min. (b) 7 min.
(c) 9 min. (d) 8 min.

25. एक ट्रेन स्टेशन P से शुरू होती है, स्टेशन Q, R, S, T से होकर चलती है और स्टेशन U पर पहुँचती है। यह स्टेशन Q, R, S और T पर क्रमश: 2 मिनट, 4 मिनट, 6 मिनट और 8 मिनट के लिए रुकती है। P और U के बीच की दूरी 50 किमी है। यदि ट्रेन स्टेशनों के बीच एक समान गति से 70 मिनट तक चलती है, तो स्टेशन P और U के बीच ट्रेन की औसत गति (किमी/घंटा में) क्या है?

A train starts from station P, runs through stations Q, R, S, T and reaches station U. It stops at stations Q, R, S and T for 2 minutes, 4 minutes, 6 minutes, and 8 minutes, respectively. The distance between P and U is 50 km. What is the average speed of the train between stations P and U (in km/h), if it runs for 70 minutes between the stations, with uniform speed?

(a) $\frac{100}{6}$ (b) $\frac{110}{3}$
(c) $\frac{110}{4}$ (d) $\frac{100}{3}$

26. 1000 मीटर की एक रेखीय दौड़ में A ने B को 50मी या 5 सेकंड से हरा देता है। निर्धारित किजिए कि A को दौड़ पूरी करने में कितना समय लगता है।

In a linear race of 1000 m, A beats B by 50 m or 5 seconds. Determine how much time A takes to complete the race.

(a) 120 sec/सेकंड
(b) 60 sec/सेकंड
(c) 100 sec/सेकंड
(d) 95 sec/सेकंड

27. एक मोटरबोट जिसकी शांत जल में चाल 20 किमी/घंटा है, धारा की विपरीत दिशा में 25 किमी जाने में, धारा की दिशा में उतनी ही दूर जाने में लिए गए समय से 30 मिनट अधिक का समय लेती है। यदि शांत जल में नाव की चाल में 2 किमी/घंटा की वृद्धि हो जाती है, तो उसे धारा की दिशा में 39 किमी और धारा की विपरीत दिशा में 30 किमी जाने में कितना समय लगेगा?

A motorboat whose speed is 20 km/h in still water takes 30 minutes more to go 24 km upstream than to cover the same distance downstream. If the speed of the boat in still water is increased by 2 km/h, then how much time will it take to go 39 km downstream and 30 km upstream?

(a) 2 घंटे 40 मिनट
(b) 3 घंटे 10 मिनट
(c) 3 घंटे 40 मिनट
(d) 2 घंटे 50 मिनट

28. 0! + 1! + 2! + 3! .......... + 98! को 5 से भाग देने पर शेषफल क्या होगा?

0! + 1! + 2! + 3! .......... + 98! What will be the remainder when divided by 5?

(a) 2 (b) 5
(c) 3 (d) 4

29. यदि p और q किसी संख्या 728pq की दो एकल अंकीय प्राकृतिक संख्याएँ हैं, जैसे कि यह 80 से विभाज्य हैं, तो p×q बराबर है:

If p and q are two single digit natural numbers of a number 728pq such that it is divisible by 80, then p×q is equal to:

**SSC GD 07/02/2023 (Shift-03)**

(a) 5 (b) 10
(c) 0 (d) 15

30. 32 और 40 का ल.स.प. X के वर्ग से 9 कम के बराबर है। X का सकारात्मक मान ज्ञात कीजिए।

The LCM of 32 and 40 equals to 9 less than the square of X. Find the positive value of X.

(a) 14 (b) 11
(c) 12 (d) 13

31. $\frac{0.051\times0.051\times0.051+0.041\times0.041\times0.041}{0.051\times0.051-0.051\times0.041+0.041\times0.041}$

का मान/The value of......

(a) 0.092 (b) 0.0092
(c) 0.92 (d) 0.00092

32. दिए गए व्यंजक का मान क्या है?

$9\div\frac{3}{5}+25\left(\frac{4}{5}+\frac{3}{15}\right)-9\text{ of }\frac{2}{3}$

What is the value of the given expression?

$9\div\frac{3}{5}+25\left(\frac{4}{5}+\frac{3}{15}\right)-9\text{ of }\frac{2}{3}$

(a) 45 (b) 34
(c) 42 (d) 37

33. 6 सेमी ऊंचाई और 16 सेमी आधार के व्यास वाले किसी ठोस लंब वृत्तीय बेलन में ड्रिल करके एक शंक्वाकार छिद्र किया जाता है। शंकु की ऊंचाई और आधार का व्यास बेलन की ऊंचाई और आधार के व्यास के बराबर हैं। शेष ठोस का संपूर्ण पृष्ठीय क्षेत्रफल कितना है?

A conical hole is drilled in a solid right circular cylinder of height 6 cm and diameter of base 16 cm. The height of the cone and the diameter of the base are equal to the height and diameter of the base of the cylinder. What is the total surface area of the remaining solid?

(a) $440\pi$ सेमी$^2$ (b) $240\pi$ सेमी$^2$

(c) $210\pi$ सेमी$^2$ (d) $220\pi$ सेमी$^2$

**निर्देश (34-35):-** नीचे दिया गया दण्ड आरेख 2011 से 2015 तक तीन अलग-अलग लैपटॉप की कीमत (हजारों में) की जानकारी दिखाता है।

**Directions:** The bar graph below shows the data of the price of three different Laptops (in thousands) for the years 2011 to 2015.

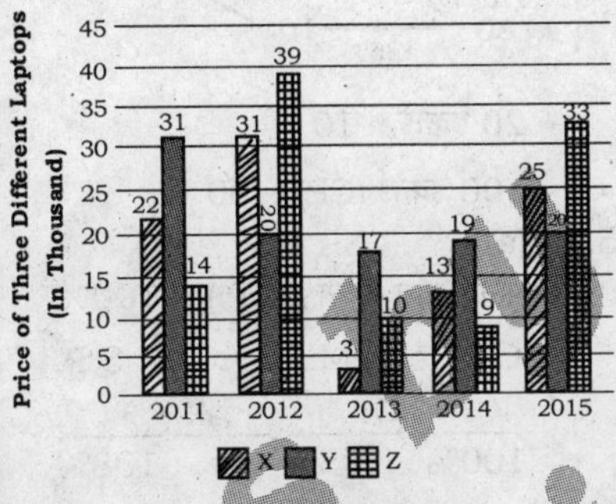


34. 2013 में लैपटॉप Y की कीमत में और 2014 में लैपटॉप Z की कीमत के बीच अंतर ज्ञात कीजिए। (हजारों में)

Find the difference between the price of laptop Y in 2013 and laptop Z in 2014. (In thousands)

(a) 6 (b) 4

(c) 9 (d) 8

35. 2012 में X की कीमत 2012 में Z की कीमत से कितने % अधिक है?

The price of Z in 2012 is what % more than the price of X in 2012?

(a) 24.806 (b) 26.806

(c) 27.806 (d) 25.806

# ANSWER KEY

| | | | | | | | | | |
|---|---|---|---|---|---|---|---|---|---|
| 1.(d) | 2.(d) | 3.(a) | 4.(b) | 5.(a) | 6.(b) | 7.(c) | 8.(a) | 9.(b) | 10.(c) |
| 11.(b) | 12.(a) | 13.(a) | 14.(b) | 15.(b) | 16.(c) | 17.(a) | 18.(d) | 19.(d) | 20.(d) |
| 21.(b) | 22.(c) | 23.(a) | 24.(d) | 25.(d) | 26.(d) | 27.(b) | 28.(d) | 29.(c) | 30.(d) |
| 31.(a) | 32.(b) | 33.(b) | 34.(d) | 35.(d) | | | | | |

# SOLUTIONS

1. (d)

$\because 15\% = \frac{3}{20}$

| | पुराना | नया |
|---|---|---|
| I वर्ष | 20 | 17 |
| II वर्ष | 20 | 17 |
| | 400 | 289 |

दिया है,

289 इकाई $\rightarrow$ 1445

400 इकाई $\rightarrow \frac{1445}{289} \times 400$

= ₹ 2000

2. (d)

I : II : III

100 : 100 : 100

1 : 1 : 1

75% 86% ?

तीनो विषयों का औसत % = 68%

तीसरे विषय का % अंक

$= \frac{68 \times (1+1+1) - 75 \times 1 - 86 \times 1}{1}\%$

$= \frac{(204-161)}{1}\% = 43\%$

**SMART APPROACH:-**

By Deviation:-

| I | II | III | |
|---|---|---|---|
| 75% | 86% | 68–25 = | Total |
| +7 | +18 | (= 43%) | 68% |
| Sum +25% | | –25% | |

3. (a)

प्रश्नानुसार,

5 विक्रय मूल्य – 5 क्रय मूल्य = 2 क्रय मूल्य

$\Rightarrow$ 5 विक्रय मूल्य = 7 क्रय मूल्य

$\frac{\text{विक्रय मूल्य}}{\text{क्रय मूल्य}} = \frac{7}{5}$

$\Rightarrow$ लाभ% $= \frac{7-5}{5} \times 100 = 40\%$

4. (b)

CP SP

100 —(+20%)→ 120

|–20%

80 —(+25%)→ 100

(120 और 100 का अंतर) → 20

20 इकाई = 10

100 इकाई (CP) = 50 रु.

5. (a)

माना, क्रय मूल्य (C.P.) = 100%

| C.P. | M.P. | S.P. |
|---|---|---|
| | +35% | –20% |
| 100% | 135% | 108% |

अंकित मूल्य (M.P.) $= 100 \times \frac{135}{100}$

= 135%

विक्रय मूल्य (S.P.) $= 135 \times \frac{80}{100}$

= 108%

लाभ प्रतिशत = (S.P.) – (C.P.) = 8%

**SMART APPROACH:-**

लाभ प्रतिशत $= 35 - 20 - \frac{35 \times 20}{100}$

$= 15 - 7 = 8\%$

6. (b)

ग्राहक को दोनों छूट प्राप्त करने के लिए 12 शर्ट खरीदने होगें।

विक्रय मूल्य = 12 × 800 = 9600

छूट के बाद विक्रय मूल्य

$= 10 \times 800 \times \frac{9}{10}$

$= 7200\ (\because 10\% = \frac{1}{10})$

शुद्ध छूट $= \frac{9600 - 7200}{9600} \times 100$

$= \frac{2400}{9600} \times 100 = 25\%$

7. (c)

माना, मूलधन = p

ब्याज = 2p

ब्याज $= \frac{\text{मूलधन} \times \text{समय} \times \text{दर}}{100}$

$2p = \frac{P \times 15 \times \text{दर}}{100}$

दर $= \frac{40}{3}\%$

पुनः, $12P = \frac{P \times 40 \times \text{समय}}{3 \times 100}$

समय = 90 वर्ष

**SMART APPROACH:-**

जब मूलधन और दर Constant होता है तो (ब्याज $\propto$ समय)

| ब्याज | समय |
|---|---|
| 2 | 15 |
| ×6 | ×6 |
| 12 | 15×6=90 |

8. (a)

दिया है,

दर(R) = 5%, समय($T_1$) = 2, समय($T_2$) = 4

दोनों भागों का योग = 2760

प्रश्नानुसार,

$x + \frac{x \times 2 \times 5}{100} = Y + \frac{Y \times 4 \times 5}{100}$

$100x + 10x = 100y + 20y$

$\frac{x}{y} = \frac{12}{11}$ —— Ist part / IInd part

Ist part + IInd part = Sum

(12 + 11) इकाई = 2760

11 इकाई $= \frac{2760}{23} \times 11 = 1320$

9. (b)

P = 5000, T = 3 वर्ष, R = 4%

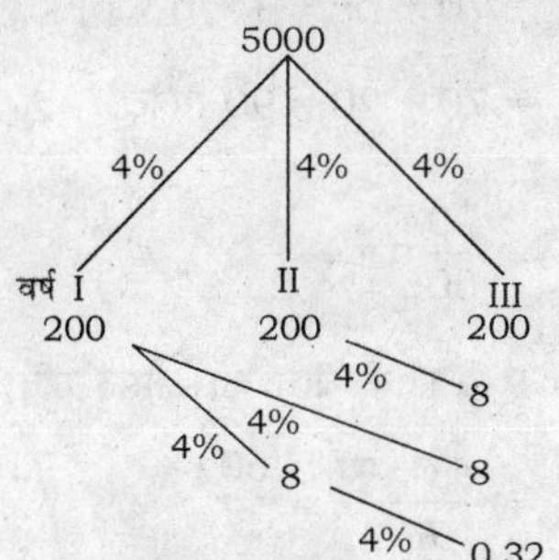


कुल चक्रवृद्धि ब्याज = 200 × 3 + 8 × 3 + 0.32 = Rs.624.32

कुल धनराशि = Rs.5624.32

**वैकल्पिक विधि:-**

$= 4 + 4 + \frac{4 \times 4}{100} = 8.16\%$

$= 8.16 + 4 + \frac{8.16 \times 4}{100} = 12.4864\%$

चक्रवृद्धि ब्याज = 5000 × 12.4864% = 624.32

मिश्रधन = 5000 + 624.32 = 5624.32

10. (c)

$6\% = \frac{3}{50}$

| | मूलधन | | मिश्रधन |
|---|---|---|---|
| I वर्ष | (50 | : | 53)×53 |
| II वर्ष | 2500 | : | 2809 |
| | 5150 | : | 2809Each |

2809 इकाई → 125000

5150 इकाई → $\frac{125000}{2809} \times 5150$

≈ 229174 रु.

11. (b)

सुहास : नितिन = 8 : 3

माना सुहास ने $x$ महीने के लिए अपना पैसा निवेश किया

$\frac{8 \times x}{3 \times 12} = \frac{5}{4}$

$32x = 5 \times 12 \times 3$

$x = \frac{5 \times 12 \times 3}{32} = \frac{45}{8} = 5\frac{5}{8}$ महीना

इसलिए, नितिन ने $6\frac{3}{8}$ महीने के लिए अकेले अपना पैसा निवेश किया

12. (a)

| | A | | B | | C |
|---|---|---|---|---|---|
| निवेश | 5 | : | 5 | : | 8 |
| निवेश | 5 | : | 4 | : | 7 |

एक वर्ष के बाद A, 4900 रु. का निवेश करता है, और B, 3700 रु. निकाल लेता है।

$\therefore \frac{A}{B} = \frac{(5x + 4900)}{(5x - 3700)} = \frac{5}{4}$

$20x + 19600 = 25x - 18500b$

$5x = 19600 + 18500 = 38100$

∴ A का प्रारंभिक निवेश = $5x$ = 38100

13. (a)

| | 10 पैसे | 20 पैसे |
|---|---|---|
| संख्या | $x$ | $y = 50 - x$ |
| राशि | $\frac{x}{10}$ | $\frac{y}{5} = \frac{50 - x}{5}$ |

प्रश्नानुसार,

$\frac{x}{10} + \frac{50 - x}{5} = 6$

$\Rightarrow x + 100 - 2x = 60$

$\Rightarrow 40 = x$

⇒ 20 पैसे के सिक्के = y = 10

14. (b)

प्रश्नानुसार,

गाणित × $\frac{25}{100} = \frac{2}{3}$ × भौतिक

$\frac{\text{गणित}}{\text{भौतिक}} = \frac{8}{3}$

15. (b)

| | शराब | सोडा |
|---|---|---|
| पुराना | (3 | 2)×2 |
| नया | 6 | 7 |

अत:

| | शराब | सोडा | |
|---|---|---|---|
| पुराना | 6 | 4 | +3 |
| नया | 6 | 7 | |

कुल = 6 + 4 = 10

10 इकाई → 50

मिलाया गया सोडा की मात्रा

= 3 इकाई → $\frac{50}{10} \times 3$ = 15 लीटर

अत: मिश्रण में सोडा की मात्रा 15 लीटर मिलाई जाती है।

16. (c)

मान लीजिए, प्रति लीटर टोल्यूनि की लागत = $x$ रुपये

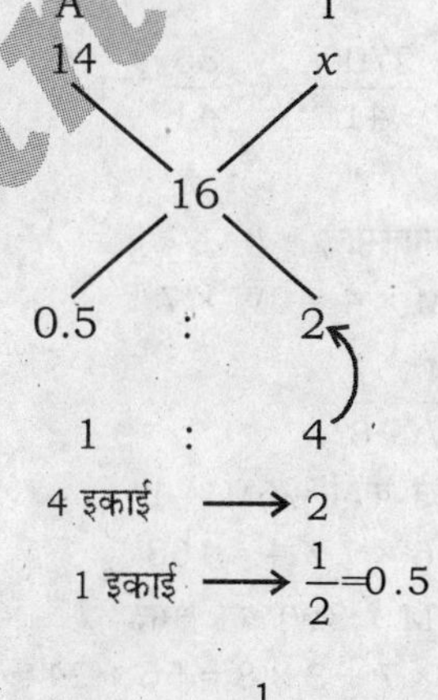


4 इकाई ⟶ 2

1 इकाई ⟶ $\frac{1}{2}$ = 0.5

$\Rightarrow x - 16 = \frac{1}{2}$

$\Rightarrow x = 16.5$

17. (a)

माना कि, छठे महीने की बिक्री = ₹ $x$

प्रश्नानुसार,

$\frac{6535 + 7027 + 6955 + 7330 + 6362 + x}{6}$ = 6600

$\Rightarrow x + 34209 = 39600$

⇒ $x$ = ₹5391

18. (d)

अध्यापक का वजन

= 55 + 0.3 × 46

= 55 + 13.8 = 68.8 kg.

19. (d)

135, 225, 300 का ल.स.प.

= 2700

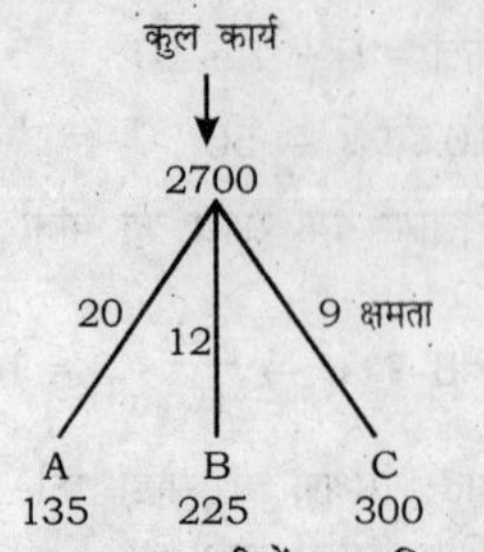


A, B तथा C तीनों द्वारा मिलकर कार्य पूरा करने में लगा समय

$= \frac{\text{कुल कार्य}}{\text{कुल क्षमता}} = \frac{2700}{20+12+9}$

$= \frac{2700}{41} = 65\frac{35}{41}$ दिन

20. (d)

प्रश्नानुसार,

6M × 4 = 3W × 7

$\frac{M}{W} = \frac{7}{8}$

कुल कार्य = 6M × 4

= 6 × 7 × 4 = 168

(8M + 3W) का क्षमता

8 × 7 + 3 × 8 = 56 + 24 = 80

$\frac{168}{80} = \frac{21}{10}$ दिन

21. (b)

120, 144, 180 का ल.स.प = 720

पाइप A → 120 घंटे — 6 (क्षमता)

पाइप B → 144 घंटे — 5 → 720 (कुल धारिता)

पाइप C → 180 घंटे — 4

(A + B + C) द्वारा 24 घंटों में किया गया कार्य + (A + C) द्वारा $x$ दिनों किया गया कार्य = 720

24 (6 + 5 + 4) + $x$ (6 + 4) = 720

24 (15) + 10$x$ = 720

$x$ = 36

बची हुई टंकी को भरने में 36 घंटे का समय लगेगा।

22. (c)

प्रश्नानुसार,

औसत की गति $= \frac{\text{कुल दूरी}}{\text{कुल समय}}$

$= \frac{(25+15)\text{मीटर}}{(4+2)\text{सेकंड}} = \frac{40}{6}$ मीटर/सेकंड

= 6.67 मीटर/सेकंड$^{-1}$

23. (a)

माना, दूरी = 2$x$

दिया है

$\frac{x}{36} + \frac{x}{30} = 33$

$\frac{30x+36x}{36 \times 30} = 33$

66$x$ = 33 × 36 ×30

$x = \frac{33 \times 36 \times 30}{66}$

$x$ = 540

∴ कुल दूरी = 2$x$ = 540 × 2

= 1080 किमी

**SMART APPROACH:-**

दूरी = चाल × समय

समय = 33 घंटे

औसत चाल $= \frac{2S_1 \times S_2}{S_1 + S_2}$

$= \frac{2 \times 30 \times 36}{66}$

कुल दूरी $= \frac{2 \times 30 \times 36}{66} \times 33$

कुल दूरी = 1080 km

24. (d)

ठहराव $= \frac{75-65}{75} \times 60$ मिनट

= 8 मिनट

25. (d)

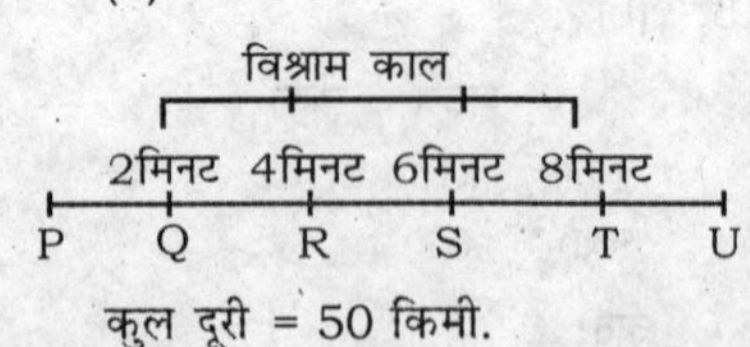


कुल दूरी = 50 किमी.

कुल समय

= 70 + (2 + 4 + 6 + 6)

= 70 + 20 = 90 मिनट

$= \frac{90}{60}$ घंटा $= \frac{3}{2}$

P & U के बीच की औसत गति

$= \frac{\text{कुल दूरी}}{\text{समय}} = \frac{50}{\frac{3}{2}}$

$= \frac{100}{3}$ किमी./घंटा

26. (d)

| | दूरी | : | समय | |
|---|---|---|---|---|
| ×19 | 50 | | 5 | ×19 |
| A द्वारा तय की गई दूरी | 950 | | 95 | B द्वारा तय की गई दूरी |

A द्वारा रेस को पूरा करने में लगा कुल समय = 95 से.

27. (b)

मोटर बोट की चाल ($x$) = 20 किमी/घंटा.

मान लीजिए y = धारा की गति

प्रश्नानुसार,

$\frac{24}{x-y} - \frac{24}{x+y} = \frac{30}{60}$

$24\left(\frac{1}{20-y} - \frac{1}{20+y}\right) = \frac{30}{60}$

48 (20 + y – 20 + y) = $20^2 - y^2$

96y = 400 – $y^2$

⇒ (y + 100) (y – 4) = 0

y = 4

∴ आवश्यक समय

$= \frac{39}{22+4} + \frac{30}{22-4}$

$\frac{3}{2} + \frac{5}{3} = \frac{19}{6}$ = 3 घंटे 10 मिनट

28. (d)

$\frac{0!+1!+2!+......+98!}{5}$

$4! = 4 \times 3 \times 2 \times 1 = 24$

$5! = 5 \times 4 \times 3 \times 2 \times 1$

$= \frac{5 \times 4 \times 3 \times 2 \times 1}{5}$

चूंकि 4! के बाद सभी 5 से पुर्णत: विभाजित है इसलिए, शेषफल शून्य होगा।

$\Rightarrow \frac{1+1+2+6+24+0+0....}{5}$

$= \frac{34}{5} = 4$ शेषफल

29. (c)

728 pq (80 से विभाजित है)

तो p और q का मान 0 रखने पर

अंत: $p \times q = 0 \times 0 = 0$

30. (d)

32 तथा 40 का ल.स.प. = 160

प्रश्नानुसार,

$x^2 - 9 = 160$

$x^2 = 169$

$x = \pm 13$

धनात्मक मान $(x) = 13$

31. (a)

$\frac{a^3+b^3}{a^2+b^2-ab} = (a+b)$

यहां, a = 0.051, b = 0.092

$\Rightarrow a + b = 0.051 + 0.041$

$= 0.092$

32. (b)

$9 \div \frac{3}{5} + 25\left(\frac{4}{5}+\frac{3}{15}\right) - 9 \text{ of } \frac{2}{3}$

$9 \times \frac{5}{3} + 25\left(\frac{15}{15}\right) - 9 \times \frac{2}{3}$

$\Rightarrow 15 + 25 - 6 = 34$

33. (b)

तीर्यक ऊँचाई $= \sqrt{h^2+r^2}$

$= \sqrt{6^2+8^2} = 10$ cm

बेलन के वक्रपृष्ठ का क्षेत्रफल

$= 2\pi rh$

शंकु का वक्रपृष्ठ का क्षेत्रफल $= \pi rl$

आधार का क्षेत्रफल $= \pi r^2$

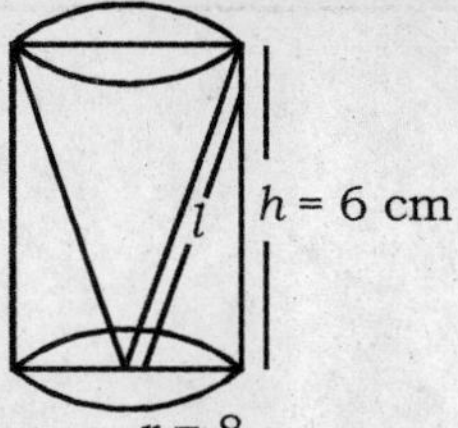


प्रश्नानुसार,

शेष ठोस का संपूर्ण पृष्ठीय क्षेत्रफल

$= 2\pi rh + \pi rl + \pi r^2$

$= 2 \times \pi \times 8 \times 6 + \pi \times 8 \times 10 + \pi \times 64 = 240\pi$ सेमी$^2$

34. (d)

$\therefore$ अभीष्ट अंतर = (2013 में लैपटॉप Y) - (2014 में लैपटॉप Z)

= 17000 − 9000 = 8 हजार

35. (d)

2012 में Z कीमत = 39

2012 में X की कीमत = 31

% अधिक $= \frac{39-31}{31} \times 100$

$= \frac{800}{31} = 25.806\%$

# मॉक टेस्ट-04

24

1. यदि y, $x$ से 20% अधिक है, तो $x$, y से कितने फीसदी कम है?

If y is 20% more than $x$, then by what percent $x$ is less than y?

(a) 16% (b) 16.67%
(c) 17.67% (d) 16.33%

2. तीन उम्मीदवारों A, B और C के बीच एक चुनाव में, 80% पंजीकृत मतदाताओं ने मतदान किया और सभी वोट वैध थे। उम्मीदवार B को A से 50% कम वोट मिले, और B और C द्वारा प्राप्त वोटों की संख्या के बीच का अंतर 10000 था। यदि B को C से 10% अधिक वोट मिले, तो मतदान सूची में पंजीकृत मतदाताओं की संख्या है:

In an election between three candidates A, B and C, 80% of the registered voters voted and all the votes were valid. Candidate B got 50% less votes than A, and the difference between the number of votes secured by B and C was 10000. If B got 10% more votes than C, then the number of voters registered on the voting list is:

(a) 175000 (b) 430000
(c) 220000 (d) 537500

3. जब किसी वस्तु को ₹ 13224 की दर पर बेचा गया, तो उसी वस्तु को ₹ 6612 की दर पर बेचने से हुई हानि से 28% अधिक लाभ अर्जित हुआ। वस्तु का क्रय मूल्य ज्ञात कीजिए।

When the article sold at the rate of ₹ 13224 earned a profit of 28% more than that of the loss incurred when the same article sold at the rate of ₹ 6612. Find the cost price of the article.

(a) 9612 (b) 9712
(c) 9715 (d) 9512

4. एक बेईमान दुकानदार एक ग्राहक को क्रय मूल्य के ऊपर T % के लाभ पर सामान बेचता है और साथ ही 1 kg के स्थान पर वह 800 g तौलता है। उसका कुल लाभ प्रतिशत 40 % है। T का मान कितना है?

A dishonest shopkeeper sells goods to a customer at a profit of T % over the cost price and also weighs 800g instead of 1kg. His total profit percentage is 40%. What is the value of T?

(a) 40 (b) 24
(c) 10 (d) 12

5. एक व्यापारी अपने वस्तु की कीमत को ऐसे अंकित करता है कि 25% की छूट देने के बाद, वह 50% का लाभ कमाता है। उस वस्तु का अंकित मूल्य कितना है, जिसका क्रय मूल्य ₹ 18500 है? (₹ में)

A tradesman marks the price of his goods such that after allowing a discount of 25%, he earns a profit of 50%. What is the marked price of the article whose cost price is Rs.18500? (in Rs.)

(a) 34000 (b) 36000
(c) 35000 (d) 37000

6. एक वस्तु पर, एक दुकानदार अंकित मूल्य पर 7.5% की छूट और प्रति वस्तु 10 रुपये का कैशबैक प्रदान करता है। वह अब भी प्रति आइटम 5 रुपये कमाते हैं। यदि $x$ रुपये प्रत्येक वस्तु का अंकित मूल्य है, तो, प्रत्येक वस्तु का लागत मूल्य (रुपये में) क्या है?

On an item, a shopkeeper offers a discount of 7.5% on the marked price and a cashback of Rs 10 per item. He still earns Rs 5 per item. If Rs $x$ is the marked price of each item, then, what is the cost price (in Rs) of each item?

(a) $0.915x - 5$
(b) $0.925x - 5$
(c) $0.925x - 15$
(d) $0.915x - 15$

7. एक निश्चित राशि साधारण ब्याज पर 2 साल में ₹ 1260 और 5 साल में ₹ 1350 हो जाती है। ब्याज की अनुमानित दर ज्ञात करें?

A certain sum of money becomes ₹ 1260 in 2 years and ₹ 1350 in 5 years at simple interest. Find the approximate rate of interest?

(a) 4.5%
(b) 1.5%
(c) 2.5%
(d) 3.5%

8. अरूण ने 7,000 रु. की धनराशि 10% वार्षिक साधारण ब्याज दर पर दो वर्षों के लिए निवेश किया भरत ने एक निश्चित धनराशि 8% वार्षिक साधारण ब्याज दर पर 5 वर्षों के लिए निवेश की। यदि अरूण को प्राप्त मिश्रधन, भरत को प्राप्त मिश्रधन के बराबर है, तो भरत द्वारा निवेशित धनराशि कितनी थी?

Arun invested a sum of Rs.7000 at 10% p.a. simple interest for two years. Bharat invested a certain sum of money at 8% per annum simple interest for 5 years. If the amount received by Arun is equal to the amount received by Bharat, then what was the amount invested by Bharat?

(a) Rs.5,800
(b) Rs. 6,200
(c) Rs. 6,500
(d) Rs. 6,000

9. 2 वर्षों के लिए 24000 रु. की राशि पर चक्रवृद्धि ब्याज और साधारण ब्याज के बीच का अंतर 240 रु. है। वार्षिक ब्याज दर क्या है ? (% में)

The difference between compound interest and simple interest on an amount of Rs.24000 for 2 years is Rs. 240. What is the rate of interest per annum? (In%)

(a) 12 (b) 14
(c) 8 (d) 10

10. 1,50,000 रुपये का ऋण दो वर्षों के लिए 10% प्रति वर्ष की चक्रवृद्धि ब्याज दर पर लिया जाता है, जो वार्षिक रूप से संयोजित होता है। इसका भुगतान समान वार्षिक किश्तों में किया जाना है; और किस्त का भुगतान प्रत्येक वर्ष के अंत में किया जाना है। समान वार्षिक किस्त का मूल्य है: (दशमलव के दो स्थानों तक पूर्णांकित)

A loan of Rs 1,50,000 is availed with compound interest rate of 10% per annum for two years compounded annually. It is to be paid in equal yearly instalments; and the instalment is to be paid at the end of each year. The value of the equal yearly instalment is : (Rounded off to two places of decimal)

(a) Rs. 86,428.57
(b) Rs. 84,400.44
(c) Rs. 80,000.24
(d) Rs. 82,208.67

11. मिताली और झूलन ने क्रमशः 336 रुपये एवं 231 रुपये एक कारोबार में निवेश किए परंतु मिताली ने कुछ महीनों बाद पैसे वापस निकाल लिए। 12 महीनो के समापन पर मिताली और झूलन द्वारा आपस में बांटे गए लाभ का अनुपात 2:3 होने पर मिताली ने कितने महीनों के बाद अपना पैसा निकाल लिया होगा?

Mitali and Jhulan invested Rs.336 and Rs.231 respectively in a business but Mitali withdraw her money after a few months. If the end-of- twelve-months' profit was shared between Mitali and Jhulan in the ratio 2:3, after how many months did Mitali take out her money?

(a) 4.5 (b) 5.5
(c) 6.5 (d) 7.5

12. दो व्यक्ति A और B एक व्यापार में क्रमशः ₹154000 और ₹110000 की राशि निवेश करते हैं। वे सहमत होते हैं कि लाभ के 40% को उनके बीच बराबर हिस्सों में बाँटा जाएगा और शेष लाभ को उनके निवेश के अनुसार बाँटा जाएगा। यदि A को B की तुलना में 2520 अधिक प्राप्त होते हैं, तो कुल लाभ ज्ञात कीजिए। (₹ में )

Two persons A and B invested in a business with ₹154000 and ₹110000 respectively. They agree that 40% of the profit should be divided equally among them and rest is divided between them according to their investment. If A got ₹2520 more than B, then find the total profit. (in ₹)

(a) 25200 (b) 25225
(c) 25205 (d) 25215

13. A और B के पास 3 : 5 के अनुपात में चॉकलेट है। यदि A को B से 8 चॉकलेट अधिक मिलते है, तो अनुपात 4 : 5 हो जाता है। यह ज्ञात करें कि A और B के पास शुरू में कितनी चॉकलेट थी?

A and B have chocolates in the ratio 3 : 5. If A gets 8 more chocolates than B, the ratio becomes 4 : 5. Find how much chocolate A and B had initially?

(a) 16, 30
(b) 24,40
(c) 25, 40
(d) 30, 40

14. एक स्कूल में, 20% लड़कों की संख्या लड़कियों की $\frac{2}{3}$ के बराबर है। उस विद्यालय में लड़को का लड़कियों का अनुपात क्या है?

In a school, 20% of the boys is the same in number as $\frac{2}{3}$ of the girls. What is the ratio of boys to girls in that school?

(a) 10 : 9
(b) 3 : 10
(c) 9 : 10
(d) 10 : 3

15. आम के रस से भरे एक बर्तन से 8 लीटर निकाल कर उसमें पानी भर दिया गया। यह कार्यवाही तीन बार और की जाती है। बर्तन में बचे आम के रस की मात्रा का अनुपात कुल घोल की तुलना में 16 : 81 है। आरंभ में बर्तन में कितना आम का रस था?

From a vessel full of mango juice, 8 liters were taken out and water was filled in it. This action is repeated three more times. The ratio of the quantity of mango juice left in the vessel to that of the total solution is 16 : 81. How much mango juice was in the vessel initially?

(a) 25 litre/लीटर

(b) 36 litre/लीटर

(c) 30 litre/लीटर

(d) 24 litre/लीटर

16. रु. 936 को गलती से $\frac{1}{2}:\frac{1}{3}:\frac{1}{4}$ के बजाय 2 : 3 : 4 के अनुपात में P, Q और R के बीच विभाजित किया गया है। वितरण में R का लाभ ______. है।

Rs. 936 is divided among P, Q and R in the ratio 2 : 3 : 4 instead of $\frac{1}{2}:\frac{1}{3}:\frac{1}{4}$ by mistake. The gain of R in the distributrion is ______.

(a) Rs. 200 (b) Rs. 24

(c) Rs. 124 (d) Rs. 216

17. एक किराने की दुकान की 5 क्रमागत महीनों के लिए ₹6835, ₹7327, ₹7255, ₹7630 और ₹6662 की बिक्री होती है। छठे महीने में उसकी कितनी बिक्री होनी चाहिए ताकि उसकी औसत बिक्री ₹6900 की हो?

A grocer has a sale of ₹6835, ₹7327, ₹7255, ₹7630 and ₹6662 for 5 consecutive months. How much sale must he have in the sixth month so that he gets an average sale of ₹6900?

(a) 5591 (b) 5691

(c) 5391 (d) 5494

18. एक समूह में कुछ व्यक्तियों का औसत वजन 70 किग्रा है। जब 60 किग्रा औसत वजन वाले 15 व्यक्ति इस समूह को छोड़कर चले जाते हैं या 87.5 किग्रा औसत वजन वाले 15 व्यक्ति इस समूह में शामिल होते हैं, तो दोनों ही स्थितियों में समूह में व्यक्तियों का औसत वजन बराबर रहता है। आरंभ में इस समूह में कितने सदस्य थे?

The average weight of some individuals in a group is 70 kg. When 15 persons with an average weight of 60 kg leave the group or 15 persons with an average weight of 87.5 kg join the group, the average weight of the individuals in the group remains the same in both the cases. How many members were there in this group in the beginning?

(a) 65 (b) 45

(c) 35 (d) 55

19. अमीन, बाँशा और चीज़ एक काम को क्रमशः 90, 40 और 12 दिनों में कर सकते हैं। लेकिन वे तय करते हैं कि एक दिन में एक ही व्यक्ति काम करेगा और अपने पारिश्रमिक के रूप में ₹ 240 प्राप्त करते हैं। प्रत्येक व्यक्ति को मिलने वाली राशि ज्ञात करें?

Amin, Basha and Cheez can do a piece of work in 90, 40 and 12 days respectively. But they decide that only one person will work in a day and get ₹ 240 as their remuneration. Find the amount each person will get?

(a) ₹ 24, ₹ 54, ₹ 162

(b) ₹ 34, ₹ 64, ₹ 142

(c) ₹ 14, ₹ 64, ₹ 162

(d) ₹ 24, ₹ 74, ₹ 142

20. जब आशीष एक निश्चित कार्य पूरा करता है, तो उसे कुल वेतन 70रु प्राप्त होता है जब कनिका समान कार्य पूरा करती है, तो उसे कुल वेतन रु. 165 प्राप्त होता है आशीष और कनिका की दैनिक मजदूरी क्रमशः रु. 3.5 और रु. 5.5 है। यदि दोनों इसे एक साथ करते हैं, तो कार्य की लागत क्या है?

When Ashish finishes a certain work, he gets a total wages of Rs. 70. When Kanika finishes the same work, she gets a total wages of Rs. 165. The daily wages of Ashish and Kanika are Rs. 3.5 and Rs. 5.5 respectively. If both of them do it together, what is the cost of the work?

(a) Rs. 108 (b) Rs. 144

(c) Rs. 120 (d) Rs. 140

21. पाइप A, एक टैंक को 828 मिनट में भर सकता है और पाइप B उसी टैंक को 1035 मिनट में खाली कर सकता है। यदि दोनों पाइप एक साथ खोले जाते हैं, तो खाली टैंक को भरने में कितने घंटों का समय लगेगा?

Pipe A can fill a tank in 828 minutes and Pipe B can empty the same tank in 1035 minutes. If both pipes are opened together, how many hours will it take to fill the empty tank?

(a) 69 hours/घंटे

(b) 73 hours/घंटे

(c) 71 hours/घंटे

(d) 75 hours/घंटे

# SOLUTIONS

1. (b)

दिया है,

$y = \frac{120}{100}x \Rightarrow \frac{y}{x} = \frac{6}{5}$

अत: आवश्यक % $\Rightarrow \frac{1}{6} \times 100$

= 16.67%

2. (d)

$50\% = \frac{1}{2}, \quad 10\% = \frac{1}{10}$

A : B : C

22 : 11 : 10

(1) = 10000

कुल वैध मत (22 + 11 + 10)

= 430000

कुल पंजीकृत $\times \frac{80}{100} = 430000$

$= \frac{430000 \times 5}{4} = 537500$

**वैकल्पिक विधि:**

डिजिटल सम के द्वारा हल करने पर विकल्प (d) सही उत्तर होगा।

$= \frac{7 \times 5}{4} = \frac{8 \times 7}{4 \times 7} = 2$

3. (d)

विक्रय मूल्य$_1$ ⊢25⊣ | ⊢32⊣ विक्रय मूल्य$_2$

6612 — क्रय मूल्य — 13224

(25 + 32) इकाई = 13224 – 6612

1 इकाई = 116

25 इकाई = 116 × 25 = 2900 रुपये

क्रय मूल्य = 6612 + 2900

= 9512 रुपये

4. (d)

$\frac{SP}{CP}\left(\frac{140}{100}\right) = \frac{1000}{800} \times \frac{y}{x}$

$\frac{7}{5} = \frac{5}{4} \times \frac{y}{x}$

$\frac{y}{x} = \frac{25}{28}$

लाभ % $= \frac{3}{25} \times 100\% = 12\%$

5. (d)

$C.P.\left(\frac{100 - \text{लाभ}}{100}\right) = M.P.\left(\frac{100 - \text{छूट}}{100}\right)$

$C.P\left(\frac{100+50}{100}\right) = M.P.\left(\frac{100+25}{100}\right)$

$C.P. \times \frac{150}{100} = M.P. \times \frac{75}{100}$

$\frac{C.P.}{M.P.} = \frac{1}{2}$

1 इकाई → 18500

2 इकाई → 18500 × 2

= ₹ 37000

6. (c)

छूट % = 7.5%

अंकित मूल्य = $x$

विक्रय मूल्य $= x \times \frac{(100 - 7.5)}{100} - 10$

विक्रय मूल्य $= x \times \frac{92.5}{100} - 10$

विक्रय मूल्य = $0.925x - 10$ ....(i)

दूसरी शर्त - लाभ = 5

विक्रय मूल्य = क्रय मूल्य + 5 ....(ii)

क्रय मूल्य + 5 = $0.925x - 10$

क्रय मूल्य = $0.925x - 15$

7. (c)

2 वर्ष बाद राशि = 1260रु

5 वर्ष बाद राशि = 1350रु

3 वर्ष का ब्याज = 1350 – 1260

= 90

2 वर्ष का ब्याज $= \frac{90}{3} \times 2 = 60$

मूल राशि = 1260 – 60 = 1200

दर $= \frac{30 \times 100}{1200} = \frac{5}{2} = 2.5\%$

8. (d)

$7000 + \frac{7000 \times 10 \times 2}{100}$

$= P + \frac{P \times 8 \times 5}{100}$

$\frac{140P}{100} = 8400$

मूलधन(P) = 6000 रु.

9. (d)

मूलधन = 24000 अंतर = 240

दर = ?

अंतर = चक्रवृद्धि ब्याज – साधारण ब्याज

= मूलधन $\left(\frac{\text{दर}}{100}\right)^2$

$240 = 24000 \times \frac{\text{दर}^2}{100 \times 100}$

दर$^2$ = 100

⇒ दर = 10%

**SMART APPROACH:-**

मूलधन मिश्रधन

2400 2640

10 : 11

1

दर% $= \frac{1}{10} \times 100 = 10\%$

10. (a)

दर = 10% = $\frac{1}{10}$

| | मूलधन | | मिश्रधन |
|---|---|---|---|
| I वर्ष | (10 | : | 11)×11 |
| II वर्ष | 100 | : | 121 |
| | 210 | : | 121Each |

∵ 210 इकाई = 150000

121 इकाई = $\frac{150000}{210}\times 121$

= 86428.57 रु.

11. (b)

माना, मिताली ने $x$ महीने के लिए अपना पैसा निवेश किया

336 × $x$ : 231 × 12 = 2 : 3

$\frac{336x}{231\times 12}=\frac{2}{3}$

$x=\frac{2\times 231\times 12}{336\times 3}=\frac{11}{2}$ = 5.5 माह

मिताली 5.5 महीने बाद अपना पैसा निकाल लेती है

12. (a)

कुल लाभ = 100%

40% A और B में बराबर

A = B = 20%

A : B का निवेश = 154000 : 110000

= 7 : 5

समय बराबर है इसलिए निवेश का अनुपात ही लाभ का अनुपात होगा

A : B का लाभ = 7 : 5

A = 60% × $\frac{7}{12}$ = 35%

B = 60% × $\frac{5}{12}$ = 25%

अंतर = 35% – 25% = 10%

10% = 2520

100% = ₹25200

∴ कुल लाभ = ₹25200

13. (b)

| | A | | B |
|---|---|---|---|
| +1 | 3 | : | 5 |
| | 4 | : | 5 |

1

1 → 8

A चॉकलेट = 3 → 24

B चॉकलेट = 5 → 40

14. (d)

लड़का × $\frac{20}{100}$ = लड़की × $\frac{2}{3}$

लड़का : लड़की = 10 : 3

15. (d)

माना, आम के रस की कुल मात्रा 'A' है

प्रश्नानुसार,

$\Rightarrow\left[\frac{(A-8)}{A}\right]^4=\frac{16}{81}$

$\Rightarrow\frac{A-8}{A}=\frac{2}{3}$

⇒ 3A – 24 = 2A

⇒ A = 24 लीटर

अतः आरम्भ में बर्तन में आम के रस की कुल मात्रा 24 लीटर है।

16. (a)

P : Q : R = (2 : 3 : 4) × 13

सर्वप्रथम हम दोनों अनुपातों के योग को समान करेंगे

26 : 39 : 52 ⇒ 117

= $\frac{1}{2}:\frac{1}{3}:\frac{1}{4}$ ⇒ (6 : 4 : 3) × 9

54 : 36 : 27 ⇒ 117

∴ 117 इकाई = 936

R का लाभ (52 – 27) इकाई = 8 × 25

= 200 रुपये

17. (b)

माना कि, छठे महीने की बिक्री = $x$

प्रश्नानुसार,

$\frac{6835+7327+7255+7630+6662+x}{6}$

= 6900

⇒ 35709 + $x$ = 41400

⇒ $x$ = 41400 – 35709

= ₹5691

18. (d)

शुरुआत में सदस्यों की संख्या = $x$

प्रश्नानुसार,

$\frac{(70-60)\times 15}{x-15}=\frac{(87.5-70)\times 15}{x+15}$

$=\frac{10\times 15}{x-15}=\frac{17.5\times 15}{x+15}$

7.5$x$ = 412.5

$x$ = 55

19. (a)

A → 90 (4)

B → 40 (9) → 360 कुल कार्य

C → 12 (30)

अब, $\frac{360}{43}$ = 8 भागफल

A द्वारा 8 दिनों में किया गया कार्य

= 4 × 8 = 32 इकाई

B द्वारा 8 दिनों में किया गया कार्य

= 9 × 8 = 72 इकाई

C द्वारा 8 दिनों में कार्य पूरा किया गया = 30 × 8 = 240 इकाई

शेष कार्य = 360 – 344 = 16 इकाई

9वां दिन A = 32 + 4 = 36 इकाई

9वां दिन B = 72 + 9 = 81 इकाई

9वां दिन C द्वारा किया गया कार्य

= 240 + 3 = 243 इकाई

∴ A का हिस्सा = $\frac{36}{360}$ × 240

= 24

B = $\frac{81}{360}$ × 240 = 54

C = $\frac{243}{360}$ × 240 = 162

अतः, A, B और C का हिस्सा ₹ (24, 54, 162)

20. (a)

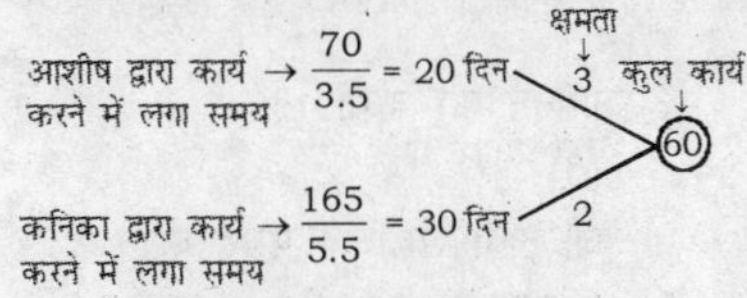


माना, कुल कार्य 60 इकाई है

तब, आशीष तथा कनिका द्वारा कार्य को पूरा करने में लगा समय

$\Rightarrow \frac{60}{5} = 12$ दिन

$\Rightarrow$ कार्य की लागत = 12 (3.5 + 5.5)

= 12 × 9 = 108 रु.

21. (a)

828, 1035 का ल.स.प. = 23 × 9 × 20 = 4140

(कुल धारिता)
4140

5 / —4 (क्षमता)

A 828 B 1035

दोनों मिलकर खाली टैंक को भरेंगे

$\text{समय} = \frac{\text{कुल धारिता}}{\text{कुल क्षमता}}$

$\Rightarrow \frac{4140}{5-4} = \frac{4140}{1 \times 60} = 69$ घंटे

22. (c)

यदि कार की गति 2 किमी/घंटा के गति से प्रत्येक घंटे बढती है, तो कार द्वारा 12 घंटे में तय कि गयी कुल दूरी = 35 + 37 + 39 + 41 + 43 + 45 + 47 + 48 + 51 + 53 + 55 + 57

कुल दूरी = $\frac{n}{2}$ (पहली पद + अंतिम पद)

$= \frac{12}{2}[35 + 57] = 552$ किमी

अतः कार द्वारा तय की गई कुल दूरी 552 किमी है।

23. (c)

86 किमी/घंटा ⟷ 88 किमी/घंटा

कुल समय लगा = 174 घंटे

$\therefore$ औसत चाल $= \frac{2(S_1 \times S_2)}{S_1 + S_2}$

$= \frac{2 \times 86 \times 88}{86 + 88} = \frac{2 \times 86 \times 88}{174}$

$\therefore$ दूरी = चाल × समय

$= \frac{2 \times 86 \times 88}{174} \times 174$

= एक तरफ से दूरी पूछी है, तो अभीष्ट दूरी

$= \frac{2 \times 86 \times 88}{2} = 86 \times 88$

= 7568 किमी

24. (b)

A ——→ 90 ←—— B (A 75 C 15 B)

सीमा = 75

गीता = 90 + 15 = 105

| | सीमा | | गीता |
|---|---|---|---|
| दूरी → | 75 | : | 105 |
| | 5 | : | 7 |

2 इकाई → 3 किमी/घंटा

1 इकाई → 1.5 किमी/घंटा

7 इकाई → 10.5 किमी/घंटा

अतः गीता की चाल 10.5 किमी/घंटा है।

25. (d)

|←———155km———→|

←20km→A←———135km———→B

A 7 : 00 → 8 : 00 → 20किमी/घंटा ← 8 : 00 25किमी/घंटा

सापेक्ष चाल = (20 + 25)किमी./घंटा

$\frac{135}{t} = 45$

t = 3 घंटा

दोनो ट्रेने 11 : 00 बजे एक दूसरे से मिलेंगे।

26. (d)

A : B : C

चाल = 5 : 3 : 8

A और C के बीच की दूरी = 6 मी

3 इकाई = 6 मी.

1 इकाई = 2 मी.

A और B के बीच की दूरी = 2 इकाई

2 × 2 = 4 मी.

27. (b)

शांत जल में नाव की चाल (V) = 12 किमी/घंटा

धारा की चाल (U) = 8 किमी/घंटा

V + U = 20 किमी/घंटा

V – U = 4 किमी/घंटा

औसत चाल $= \frac{2 \times 20 \times 4}{24}$

$= \frac{20}{3}$ किमी/घंटा

28. (d)

```
231 ) 59300 ( 256
      462
      1310
      1155
       1550
       1386
        164
```

तो संख्या है

5 9 3 6 7 (6 → a, 7 → b)

$a^2 - b^2 + ab$

$(6)^2 - (7)^2 + 6 \times 7 = 29$

29. (a)

28, 36, 45 का ल.स.म. = 1260

1260 वह छोटी संख्या है, जो 28, 36 और 45 से पूर्णतः विभाजित है।

अंतः आवश्यक संख्या = 1260 – 18 = 1242

30. (a)

A × B = ल.स.प. × म.स.प.

$\Rightarrow 4 \times 5 \times a^2$ = ल.स.प. × a

$\Rightarrow 4 \times 5 \times 6$ = ल.स.प.

$\Rightarrow$ ल.स.प. = 120

31. (c)

$$\frac{3\frac{2}{3} \div \frac{11}{30} \text{ of } \frac{2}{3} - \frac{1}{4} \text{ of } 2\frac{1}{2} \div \frac{3}{5} \times 4\frac{4}{5}}{\frac{2}{5} \text{ of } 7\frac{1}{2} \div \frac{3}{4} - \frac{3}{4} \times 1\frac{1}{2} \div 2\frac{1}{4}}$$

$$= \frac{3\frac{2}{3} \div \frac{11}{45} - \frac{5}{8} \div \frac{3}{5} \times 4\frac{4}{5}}{3 \div \frac{3}{4} - \frac{3}{4} \times 1\frac{1}{2} \div 2\frac{1}{4}}$$

$$= \frac{\frac{11}{3} \times \frac{45}{11} - \frac{5}{8} \times \frac{5}{3} \times \frac{24}{5}}{3 \times \frac{4}{3} - \frac{3}{4} \times \frac{3}{2} \times \frac{4}{9}}$$

$$= \frac{15-5}{4-\frac{1}{2}} = \frac{10 \times 2}{7}$$

$$= \frac{20}{7} = 2\frac{6}{7}$$

32. (b)

$$\frac{\frac{1}{6} \div \frac{1}{6} \times \frac{1}{6}}{\frac{1}{6} \div \frac{1}{6} \text{ of } \frac{1}{6}} - \frac{1}{36}$$

$$\frac{\frac{1}{6}}{6} - \frac{1}{36} = \frac{1}{36} - \frac{1}{36} = 0$$

33. (c)

बेलन का आयतन = $\pi r^2 h$

| | पुराना | नया |
|---|---|---|
| R → | 5 | 6 |
| R → | 5 | 6 |
| H → | 3 | 2 |
| | 75 | 72 |

आयतन में परिवर्तन% = $\frac{3}{75} \times 100$

आयतन की कमी 4%

34. (d)

जो लोग सैंडविच पसंद करते है

= 1500 + 1280 = 2780

जो लोग हॉटडॉग पसंद करते है

= 1008 + 252 = 1260

$\therefore$ आवश्यक अनुपात = $\frac{2780}{1260}$

$= \frac{139}{63}$

35. (d)

बर्गर पसंद करने वाली महिला

= 2100

बर्गर पसंद करने वाले पुरुष = 4200

आवश्यक % = $\frac{4200-2100}{4200} \times 100 = 50\%$

☆☆☆☆☆

# मॉक टेस्ट-05

25

1. एक किसान के पास जितने चावल है, उसमें से 60% चावल बेचता है और बाकि बचे में से 20% का स्वयं के लिए उपयोग करता है। अगले दिन, यह शेष के 80% को बेचता है और अपने स्वयं के उपभोग के लिए बाकी का उपयोग करता है। कुल चावल का कितना प्रतिशत उसने अपने उपयोग के लिए लिया?
A farmer sells 60 percent of the rice he has and uses the remaining 20 percent for himself. Next day, he sells 80% of the remaining and uses the rest for his own consumption. What percent of the total rice did he take for his own use?
(a) 28.8% (b) 16.86%
(c) 10.56% (d) 14.4%

2. विग्नेश अपनी मासिक आय का 42% भोजन पर, 16% मकान के किराए पर 11% मनोरंजन पर और 7% परिवहन पर खर्च करता है। लेकिन किसी पारिवारिक समारोह के कारण, 18,000 रु. के खर्चों की पूर्ति के लिए उसे साहूकार से 12,000 रु. उधार लेने पड़े। उसकी मासिक आय कितनी है?
Vignesh spends 42% of his monthly income on food, 16% on house rent, 11% on entertainment and 7% on transport. But due to some family function, he had to borrow Rs. 12,000 from a moneylender to meet the expenses of Rs. 18,000. What is his monthly income?
(a) Rs. 30,000
(b) Rs. 25,000
(c) Rs. 20,000
(d) Rs.24,000

3. एक वस्तु को ₹ 2066 में बेचने पर होने वाली हानि ₹ 2621 में बेचने पर होने वाले लाभ का 85% है। वस्तु का क्रय मूल्य ज्ञात कीजिए। (₹ में)
The Loss incurred by selling an article at ₹ 2066 is 85% of the gain incurred by selling the same article at ₹ 2621. Find the cost price of the article.
(a) 2521 (b) 2421
(c) 2321 (d) 2621

4. S, 40 रुपये प्रति किलोग्राम पर चीनी खरीदता है और $x$ रुपये प्रति किलोग्राम पर बेचता है। वजन मापने वाली मशीन में खराबी के कारण वजन 800 ग्राम होने पर वजन एक किलो दिखाता है। यदि उसका लाभ प्रतिशत 30% है तो $x$ प्रति किग्रा का मूल्य क्या है?
S buys sugar for Rs 40 per kg and sells at Rs $x$ per kg. Due to a fault in the weighting machine, it shows 1 kg when the actual weight is 800 gm. What is the value of $x$ per kg if his profit percentage is 30%?
(a) 48.6 (b) 46.1
(c) 41.6 (d) 52.1

5. एक स्मार्ट टी.वी. ₹ 162100 में खरीदा गया था। इसकी कीमत में 30% की वृद्धि अंकित की गई। इसे अंकित मूल्य पर 20% की छूट पर बेचा गया। स्मार्ट टी.वी. पर लाभ प्रतिशत कितना था?
A smart TV was purchased for ₹ 162100. Its price was marked up by 30%. It was sold at a discount of 20% on the marked price. What was the profit percent on a smart TV?
(a) 1 (b) 3
(c) 4 (d) 5

6. एक दुकानदार ने किसी निश्चित वस्तु को एक निश्चित मूल्य पर बेचने का निर्णय किया। उसने निर्धारित मूल्य से 45% अधिक मूल्य का टैग उस वस्तु पर लगाया । वस्तु को बेचते समय उसने उस पर 40% की छूट दी। ज्ञात कीजिए उसे निर्धाति मूल्य से कितने रुपए अधिक या कम मिले?
A shopkeeper decided to sell a certain article at a certain price. He put a price tag on the article 45% more than the fixed price. While selling the article, he allowed a discount of 40% on it. Find how much money he got more or less than the fixed price?
(a) 13 रु. अधिक (b) 13 रु. कम
(c) 87 रु. अधिक (d) 87 रु. कम

7. एक निश्चित राशि में से एक-तिहाई हिस्सा 3% पर, एक-छठवां 6% प्रतिशत पर और शेष 8% पर निवेश किया जाता है। यदि इन सभी निवेशों में से 3 वर्षों में मिलने वाला ब्याज ₹ 600 होता है, तो मूल राशि का पता लगाइए।
One-third of a certain amount is invested at 3%, one-sixth at 6% and the rest at 8%. If out of all these investments the interest accrued in 3 years is ₹ 600, then find the principal amount.
(a) ₹ 3333.3 (b) ₹ 10000
(c) ₹ 4000 (d) ₹ 2000

8. एक धनराशि, साधारण ब्याज की एक निश्चित वार्षिक दर पर 5 वर्ष में 13860 रु. और 8 वर्ष में 16776 रु. हो जाती है। 20000 रु. की धनराशि पर उसी दर से $3\frac{2}{5}$ वर्ष में साधारण ब्याज कितना होगा?

A sum of money becomes Rs. 13860 in 5 years and Rs. 16776 in 8 years at a certain rate of simple interest per annum. What will be the simple interest on a sum of Rs. 20000 at the same rate for $3\frac{2}{5}$ years?

(a) 7344 (b) 7434
(c) 6473 (d) 6374

9. ₹ 10,000 के मूलधन पर 12% प्रतिवर्ष के हिसाब से 6 महीने की अवधि के लिए कुल रकम ज्ञात करें जो त्रैमासिक रूप से संयोजित हुई हो।

Find the total amount for a period of 6 months on the principal amount of ₹ 10,000 at 12% per annum, compounded quarterly.

(a) ₹ 14652 (b) ₹ 10609
(c) ₹ 12365 (d) ₹ 11360

10. एक निश्चित समय में 8% प्रति वर्ष की दर से 15,000 रुपये का निवेश करने पर प्राप्त राशि 17,496 रुपये है, ब्याज वार्षिक रूप से संयोजित होता है। उसी समय के लिए 15% प्रति वर्ष की दर से 8-मासिक चक्रवृद्धि ब्याज पर समान राशि (रुपये में) क्या होगी?

The amount obtained by investing a sum of Rs. 15,000 at 8% p.a. in a certain time is Rs. 17,496, interest compounded annually. What will be the amount (in Rs.) of the same sum at 15% p.a. for the same time, interest compounded 8-monthly?

(a) 19,954 (b) 19,943
(c) 19,976 (d) 19,965

11. तोरशा ने 2250 रुपये के साथ एक कारोबार शुरू किया, जबकि कुछ महीनों के बाद त्रिशा ने 2880 रुपये का निवेश किया। यदि 12 महीनों के अंत (तोरशा के निवेश के समय से) में लाभ को तोरशा और त्रिशा द्वारा 25:24 के अनुपात में बांटा जाता है, तो त्रिशा ने कितने महीनों के लिए निवेश किया था?

Torsha started a business with Rs.2250 while Trisha invested Rs.2880 after a few months. If at the end of 12 months (from Torsha's investment) profit is shared by Torsha and Trisha in the ratio 25 : 24, for how many months did Trisha stay invested?

(a) 7 (b) 8
(c) 9 (d) 10

12. अशोक, भरत, चंद एक साझेदारी में प्रवेश करते हैं। अशोक पूरी पूंजी का एक-तिहाई योगदान देता है जबकि भरत उतना ही योगदान देता है जितना अशोक और चंद मिलकर योगदान करते हैं। यदि वर्ष के अंत में लाभ 96000 रुपये है, तो चंद को कितना प्राप्त होगा? (रुपये में)

Ashok,Bharat, Chand enter into a partnership. Ashok contributes one-third of the whole capital while Bharat contributes as much as Ashok and Chand together contribute. If the profit at the end of the year is Rs. 96000, how much would Chand receive? ( in Rs.)

(a) 14000 (b) 16000
(c) 28000 (d) 42000

13. A और C की मासिक बचत के बीच अनुपात 3 : 5 है, और A और B के बीच अनुपात 2 : 3 है। यदि C की मासिक बचत 4,500 रुपये है, तो A और B बचत का क्या योग है?

The ratio between the monthly savings of A and C is 3 : 5, and that between A and B is 2 : 3. If the monthly savings of C is Rs. 4,500, then what is the sum of the savings of A and B?

(a) Rs. 6,750
(b) Rs. 4,900
(c) Rs. 5,150
(d) Rs. 4,870

14. यदि 644 रु. की धनराशि को तीन भागों में $\frac{1}{2}:\frac{2}{3}:\frac{3}{4}$ के अनुपात में विभाजित किया गया तो पहला भाग कितना होगा?

If a sum of Rs. 644 is divided into three parts in the ratio $\frac{1}{2}:\frac{2}{3}:\frac{3}{4}$, then what will be the first part ?

(a) Rs. 280
(b) Rs. 168
(c) Rs. 322
(d) Rs. 186

15. दो बर्तन A और B में क्रमश: 4 : 3 तथा 2 : 3 के अनुपात में दूध और पानी है। इन मिश्रणों को किस अनुपात में मिलाना चाहिए ताकि एक नया मिश्रण बने, जिसमें आधा दूध और आधा पानी हो?

Two vessels A and B contain milk and water in the ratio 4 : 3 and 2 : 3 respectively. In what ratio should these mixtures be mixed so that a new mixture is formed, which contains half milk and half water?

(a) 7 : 5 (b) 2 : 1
(c) 1 : 2 (d) 6 : 5

16. सुमन 40 किलोग्राम गेहूं 12.50 रुपये प्रति किलोग्राम की दर से और 30 किलोग्राम गेहूं 14 रुपये प्रति किलोग्राम की दर से खरीदती है। कुल मिलाकर 5% लाभ प्राप्त करने के लिए उसे मिश्रण को किस दर प्रति किलोग्राम पर बेचना चाहिए?

Suman buys 40 kg of wheat at Rs 12.50/kg and 30 kg of wheat at Rs 14/kg. At what rate per kg should he sell the mixture to gain 5% on the whole?

(a) Rs.14.80 (b) Rs.13.80
(c) Rs.12.80 (d) Rs.11.80

17. कक्षा में 36 छात्रों का औसत वजन 54.25 किग्रा. है, और शेष 20 छात्रों का औसत वजन 51 किग्रा. है। कक्षा में सभी छात्रों का औसत वजन ज्ञात करें। (लगभग)

The average weight of 36 students in a class is 54.25 kg, and that of the remaining 20 students is 51 kg. Find the average weight of all the students in the class. (Approximately)

(a) 53 (b) 49
(c) 47 (d) 51

18. एक समूह में 56 छात्रों का औसत वजन 55 किग्रा है। यदि 60 किग्रा औसत वजन वाले 12 छात्र इस समूह से निकल जाते हैं और 52.5 किग्रा औसत वजन वाले 6 छात्र इस समूह में शामिल हो जाते हैं, तो समूह में शेष बचे छात्रों के औसत वजन में हुई कमी ज्ञात कीजिए।

The average weight of 56 students in a group is 55 kg. If 12 students with an average weight of 60 kg left the group and 6 students with an average weight of 52.5 kg joined the group, then find the decrease in the average weight of the remaining students in the group.

(a) 2.5 kg (b) 1.5 kg
(c) 1.8 kg (d) 2kg

19. $x$ और y एक काम को क्रमश: 12 दिनों में और 10 दिनों में पूरा कर सकते हैं। z की मदद से $x$ और y साथ मिलाकर ₹ 6000 के कुल वेतन में इस काम को 5 दिनों में पूरा कर सकते हैं तो z को उसके काम के हिस्से के लिए कितना वेतन मिलना चाहिए?

$x$ and y can do a piece of work in 12 days and in 10 days respectively. With the help of z, x and y together can complete this work in 5 days for a total salary of ₹ 6000 then how much salary should z get for his share of work?

(a) ₹ 550 (b) ₹ 400
(c) ₹ 250 (d) ₹ 500

20. B किसी कार्य को पूरा करने के लिए A द्वारा लिए गए दिनों की संख्या का पांच गुना लेता है। एक साथ काम करके वे काम को 15 दिनों में पूरा कर देते हैं। उसी काम को पूरा करने में अकेले A को कितने दिन लगेंगे?

B takes five times the number of days taken by A to complete a piece of work. Working together, they complete the work in 15 days. In how many days will A alone complete the same work?

(a) 18 (b) 12
(c) 20 (d) 16

21. तीन पाइप $x, y$ & $z$ के जरिए एक खाली टंकी को भरा जाता है। अकेले पाइप $x$ और $y$ टंकी को क्रमश: 30 घंटे और 45 घंटे में पूरा भर सकते हैं। पहले घंटे में पाइप $x$ और $y$ टंकी को भरते हैं और दूसरे घंटे में पाइप $y$ और $z$ टंकी को भरते हैं और इसी तरीके से भरते हुए टंकी 15 घंटों में 70% भर जाती है। यदि, पाइप $z$ को, जब $x$ और $y$ के साथ खोला जाता है, तब उससे हो रही आपूर्ति मूल आपूर्ति के 75% है, तो अकेले पाइप $z$ को उस टंकी को भरने में कितना समय लगेगा?

An empty cistern is filled through three pipes $x, y$ & $z$. Pipes $x$ and $y$ alone can fill the tank completely in 30 hrs and 45 hrs respectively. In the first hour, pipes $x$ and $y$ fill the tank and in the second hour, pipes $y$ and $z$ fill the tank and in the same manner, the tank is 70 percent full in 15 hours. When pipe $z$ is opened along with $x$ and $y$, then the supply through it is 75% of the original supply, then how long will pipe $z$ alone take to fill the tank?

(a) 40.5 hour/घंटे

(b) 56.25 hour/घंटे

(c) 54 hour/घंटे

(d) 45 hour/घंटे

22. एक आदमी गाँव से डाकघर तक 25 किमी प्रति घंटे की गति से यात्रा करता है और 4 किमी प्रति घंटे की गति से वापस आता है। यदि पूरी यात्रा में 5 घंटे 48 मिनट लगते हैं, तो गाँव से डाकघर की दूरी ज्ञात कीजिये?

A man traveled from the village to the post-office at the rate of 25 kmph and walked back at the rate of 4 kmph. If the whole journey took 5 hours 48 minutes, find the distance of the post-office from the village?

(a) 40 किमी

(b) 30 किमी

(c) 20 किमी

(d) 10 किमी

23. A और B 100 किलोमीटर की दूरी तय करने के लिए एक-दूसरे की ओर दौड़ना शुरू करते हैं। दोनों 4 घंटे में मिलते हैं। हालांकि, अगर वे एक ही दिशा में दौड़ रहे होते और A, B के पीछे दौड़ रहा होता, तो A 20 घंटों में B से आगे निकल गया होता। B की गति क्या होगी?

A and B start running towards each other to cover a distance of 100 km. Both meet in 4 hours. However, if they were running in the same direction and A was running behind B. then A would have overtaken B in 20 hours. What will be the speed of B?

(a) 10 km/hr (b) 5km/hr
(c) 20 km/hr (d) 15 km/hr

24. यदि कोई व्यक्ति पैदल से पहाड़ी की चोटी तक की यात्रा में 6 किमी/घंटा की गति से पहाड़ी पर चढ़ता है और 10 किमी/घंटा की गति से लौटता है, तो यात्रा के लिए उसकी औसत गति (किमी/घंटा में) ज्ञात करें।

If a man climbs a hill at 6 km/h on the journey from foot to top of the hill and returns at 10 km/h, then find his average speed for the journey (in km/h).

(a) 6.5 (b) 4
(c) 8 (d) 7.5

25. एक ट्रेन सीधे रेलवे ट्रैक पर 129 किमी/घंटा की गति से चल रही है, और समानांतर सड़क पर एक छोटी कार 60 किमी/घंटा की गति से चल रही है। यदि ट्रेन 943 मीटर लंबी है और वे एक ही दिशा में चल रही हैं, तो ट्रेन को कार को पूरी तरह से पार करने में कितना समय लगेगा (सेकंड में, निकटतम पूर्णांक तक पूर्णांकित)? ट्रेन की लंबाई की तुलना में कार की लंबाई को नजरअंदाज करें।

A train is running at a speed of 129 km/h on a straight railway track, and a small car on a parallel road is running at a speed of 60 km/h. How long (in seconds, rounded off to the nearest integer) will the train take to cross the car completely if the train is 943 m long and they are running in the same direction? Ignore the length of the car as compared to the length of the train.

(a) 49 (b) 59
(c) 39 (d) 29

26. A की गति B की गति से 30% अधिक है। यदि A और B 117 मीटर लंबी दौड़ में दौड़ते हैं, तो A को B को शुरुआत के रूप में दौड़ की लंबाई का कितना हिस्सा देना चाहिए, ताकि दौड़ एक ही समय पर खत्म हो?

A's speed is 30% more than that of B. If A and B run a race on a 117 m length race, what length of the race should A give B as a head start, so that the race ends in a dead heat?

(a) 90 m (b) 117 m
(c) 27 m (d) 36 m

27. एक नदी में धारा के प्रतिकूल 60 किमी दूरी तय करने में एक नाव को 8 घंटे लगते हैं। जबकि धारा के अनुकूल समान दूरी तय करने में 5 घंटे लगते हैं। स्थिर पानी में नाव की चाल क्या होगी?

A boat takes 8 hours to cover a distance of 60 km upstream in a river. Whereas it takes 5 hours to cover the same distance in downstream. What will be the speed of the boat in still water?

(a) 9.25 किमी/घंटा
(b) 9.80 किमी/घंटा
(c) 9.75 किमी/घंटा
(d) 9.5 किमी/घंटा

28. 3 अंकों की एक संख्या ABC है जिसमें A सौवां स्थान पर, B दसवां स्थान पर तथा C इकाई के स्थान पर है। इस संख्या को ABC ABC रूप में पुन: लिखा गया तथा इसे 7, 11 और 13 के लघुत्तम समापवर्त्य से विभाजित किया गया। परिणाम क्या होगा?

A 3-digit number ABC, where A is at the hundredth place, B is at the tenth place and C is at the unit's place is so-written as ABC ABC and is divided by the LCM of 7, 11 and 13. What will be the result?

(a) ABC (b) CBA
(c) BCA (d) AAB

29. 89563x87y एक नौ अंकीय संख्या है जो 72 से विभाज्य है। $\sqrt{7x-3y}$ का मान कितना होगा?

89563x87y is a nine digit number which is divisible by 72. What is the value of $\sqrt{7x-3y}$?

(a) 5 (b) 6
(c) 4 (d) 8

30. 2 प्राकृतिक संख्याओं का योग 140 है और उनका म.स.प और ल.स.प क्रमश: 28 और 168 है। संख्याओं के बीच अंतर ज्ञात कीजिए।

Sum of 2 natural numbers is 140 and their HCF and LCM are 28 and 168 respectively. Find the difference between the numbers.

(a) 21 (b) 14
(c) 7 (d) 28

31. निम्नलिखित व्यंजक का मान ज्ञात कीजिए।/Find the value of the following expression.

$$\frac{3}{7}+\frac{1}{14}\times 2\frac{4}{5}-\left(\frac{1}{4}\div\frac{2}{7} \text{ of } 2\frac{1}{3}\right)\times\left(5\frac{1}{5}\div 3\frac{1}{2}\times\frac{5}{13}\right)$$

(a) $\frac{22}{35}$ (b) $\frac{3}{14}$
(c) $\frac{14}{21}$ (d) $\frac{29}{70}$

32. यदि $x[-3 \{-6 (-a)\}] + 6[-3 \{-3 (-a)\}] = 6a$, तो $x$ ज्ञात कीजिए।

If $x[-3 \{-6 (-a)\}] + 6[-3 \{-3 (-a)\}] = 6a$, then find $x$.

(a) $-\frac{10}{3}$ (b) $\frac{10}{3}$

(c) 9 (d) –9

33. क्रमशः 6 सेमी, 8 सेमी और 10 सेमी भुजाओं वाले तीन ठोस धात्विक घनों को पिघलाकर एक नया ठोस घन बनाया गया। नए ठोस घन की भुजा का माप (सेमी में) ज्ञात कीजिए।

Three solid metallic cubes of sides 6 cm, 8 cm and 10 cm respectively are melted to form a new solid cube. Find the measure (in cm) of the side of the new solid cube.

(a) 9 (b) 12.5

(c) 12 (d) 8

**निर्देश (34-35):** निम्नलिखित रेखा ग्राफ का ध्यानपूर्वक अध्ययन करें और इसके नीचे दिए गए प्रश्नों के उत्तर दें।

**Directions:** Study the following line graph carefully and answer the questions given below it.

लाइन ग्राफ पिछले कुछ वर्षों में लाख इकाइयों में इलेक्ट्रिक हीटर के उत्पादन को दर्शाता है।

The line graph represents the production of Electric Heater in lakh units over the years.

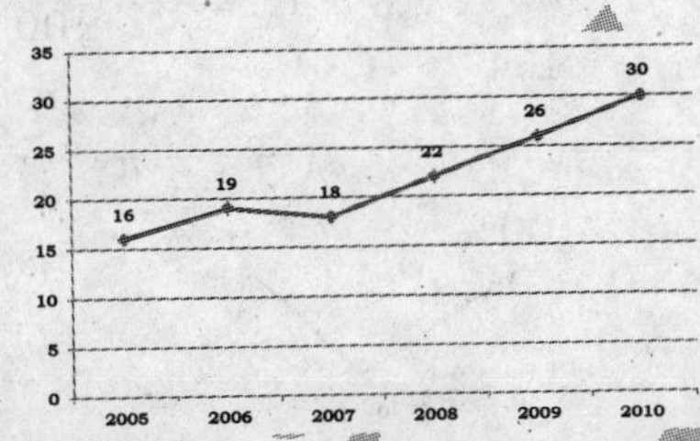


34. 2007 का उत्पादन, 2010 के उत्पादन का कितना प्रतिशत है?

The production in 2007 is what per cent of production in 2010?

(a) 30% (b) 45%

(c) 60% (d) 50%

35. वर्ष 2007 की तुलना में, वर्ष 2009 में इलेक्ट्रिक हीटर के उत्पादन में प्रतिशत वृद्धि कितनी है?

What is the percentage increase in the production of Electric heater in the year 2009 compared to that of 2007?

(a) 44.44% (b) 48.2%

(c) 36.66% (d) 33.33%

# ANSWER KEY

| | | | | | | | | | |
|---|---|---|---|---|---|---|---|---|---|
| 1.(d) | 2.(b) | 3.(c) | 4.(c) | 5.(c) | 6.(b) | 7.(a) | 8.(a) | 9.(b) | 10.(d) |
| 11.(c) | 12.(b) | 13.(a) | 14.(b) | 15.(a) | 16.(b) | 17.(a) | 18.(b) | 19.(d) | 20.(a) |
| 21.(a) | 22.(c) | 23.(a) | 24.(d) | 25.(a) | 26.(c) | 27.(c) | 28.(a) | 29.(b) | 30.(d) |
| 31.(d) | 32.(a) | 33.(c) | 34.(c) | 35.(a) | | | | | |

# SOLUTIONS

1. (d)

माना, चावल की कुल मात्रा 100 इकाई है

पहले दिन किया गया उपयोग अथवा सेवन

पहले दिन की बिक्री 100 × 60% = 60

शेष का 20% सेवन अर्थात् = (100 – 60) × 20% = 8

शेष = 100 – (60 + 8) = 32

दूसरे दिन

दूसरे दिन की बिक्री = 32 × 80% = 25.6

शेष स्वंय का सेवन = 32 – 25.6 = 6.4

सेवन % = $\frac{8+6.4}{100} \times 100$ = 14.4%

2. (b)

माना, कुल आय = 100%

कुल खर्च = (100 – 42 – 16 – 11 – 7 )% = 18000 – 12000

24% = 6000

4 % = 1000

आय (100%) = 25000 रुपये

3. (c)

85% = $\frac{17}{20}$

17$x$ 20$x$

2066 CP 2621

(20$x$ – 17$x$) = 2066 + 2621

$x$ = 15

17$x$ = 255

CP = 2066 + 255 = 2321 रुपये

4. (c)

SP = $40 \times \frac{13}{10} \times \frac{800}{1000}$

= 5.2 × 8 = 41.6 रु./किग्रा

5. (c)

माना, क्रय मूल्य (C.P.) = 100%

क्रय मू. 100% → (+30) → अंकित मू. 130% → (–20% छूट) → वि. मू. $130 \times \frac{80}{100}$

विक्रय मूल्य (S.P.) = $130 \times \frac{80}{100}$ = 104

क्रय मूल्य 100% विक्रय मूल्य 104%

लाभ% = 4%

**वैकल्पिक विधि:**

जब एक ही मूल्य पर लगातार दो बार बढ़ाया या घटाया जाता है, वहाँ क्रमिक छूट का नियम (successive) लगता है।

$x + y + \frac{xy}{100}$

$x$ = 30% (बढ़ाया)

y = 20% (छूट)

= 30 – 20 – $\frac{30 \times 20}{100}$

= 10 – 6 = 4% लाभ

6. (b)

माना, निर्धारित मूल्य = Rs.100

अंकित मूल्य = $100 \times \frac{145}{100}$ = 145 रु.

∴ छूट % = 40%

विक्रय मूल्य = $145 \times \frac{3}{5}$ = 29 × 3

= 87 रु.

उसने निर्धारित मूल्य से 13 रूपये कम प्राप्त किए।

7. (a)

मान लीजिए, कुल राशि 600रु है

600 → $\frac{1}{3}$: $\frac{200 \times 3\%}{6}$, $\frac{1}{6}$: $\frac{100 \times 6\%}{6}$, $\frac{1}{2}$: $\frac{300 \times 8\%}{24}$

ब्याज ⇒ 6, 6, 24

अतः एक वर्ष में ब्याज = 36

⇒ 3 वर्ष में ब्याज = 36 × 3 = 108

∴ 108 → 600

600 → $\frac{600}{108} \times 600$

= Rs.3333.33

8. (a)

3 वर्ष का ब्याज = 16776 – 13860 = 2916 रु

1 वर्ष का ब्याज = $\frac{2916}{3}$ = 972 रु.

5 वर्ष का ब्याज = 972 × 5 = 4860 रु.

मूलधन(P) = 13860 – 4860 = 9000 रु.

दर% = $\frac{972}{9000} \times 100\%$ = 10.8%

ब्याज(SI) = $\frac{2000 \times 10.8 \times 17}{100 \times 5}$ = 68 × 108 = 7344 रु.

9. (b)

मूलधन = 10,000

दर = 12%

समय = 6 महीने = 2 तिमाही

दर = $\frac{12}{4}$ = 3%

प्रभावित दर = 3 + 3 + $\frac{3 \times 3}{100}$ = 6.09%

$\frac{6.09}{100} \times 10000$ = 609

⇒ मिश्रधन = 10000 + 609 = 10609 रु.

10. (d)

मूलधन   मिश्रधन

15000 : 17496

$\sqrt{2500}$ : $\sqrt{2916}$

50 : 54

दर(वार्षिक)% = 15%, समय = 2 वर्ष

समय (8 माह) = 3 चक्र

दर (8 माही) = 10%

मूलधन   मिश्रधन

$(10)^3$ : $(11)^3$

$\because$ 1000 इकाई $\rightarrow$ 15000

मिश्रधन (1331) = $\frac{15000}{1000}\times1331$

= 19965 रु.

11. (c)

माना त्रिशा ने $x$ महीने के लिए अपना पैसा निवेश किया

$\frac{2250\times12}{2880\times x}=\frac{25}{24}$

$x$ = 9 माह

इसलिए, त्रिशा ने 9 महीने के लिए अपना पैसा निवेश किया

12. (b)

माना कुल पूँजी 6 हैं

अशोक का योगदान = 2

भरत = अशोक + चाँद

माना, चाँद = 1

भरत : अशोक : चाँद = 3 : 2 : 1

चाँद का लाभ = $\frac{96000\times1}{6}$ = 16000

13. (a)

A : C   A : B

(3 : 5)×2 (2 : 3)×3

6 : 10   6 : 9

A : B : C

6 : 9 : 10

प्रश्नानुसार,

C = 10 इकाई $\rightarrow$ 4500

A + B = (6 + 9) इकाई

= 15 इकाई $\rightarrow$ 450 × 15

= ₹6750

14. (b)

I : II : III = $\frac{1}{2}$ : $\frac{2}{3}$ : $\frac{3}{4}$

(2, 3 और 4) का ल.स. = 12 (12 से प्रत्येक अनुपात में गुणा करने पर)

I : II : III : = 6 : 8 : 9

(6 + 8 + 9) इकाई = 644

(6 इकाई) = $\frac{644}{23}$ × 6 = 168 रु

15. (a)

बर्तन A में दूध = $\frac{4}{7}$

बर्तन B में दूध= $\frac{2}{5}$

बर्तन C के नया मिश्रण में दूध = $\frac{1}{2}$

पृथ्थीकरण विधि के द्वारा:

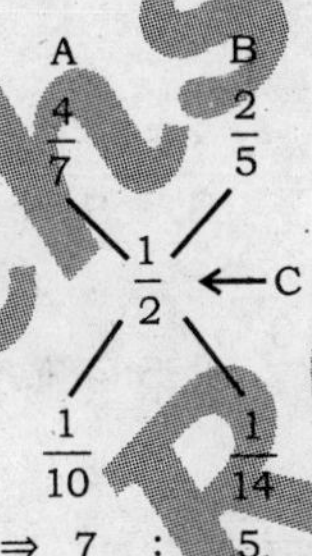


$\Rightarrow$ 7 : 5

अत: मिश्रण में मिलाया जाने वाला दूध और पानी का अनुपात 7 : 5 है।

अन्य विधिः-

|   | दूध | पानी |
|---|---|---|
| A | (4 | 3)×5 |
| B | (2 | 3)×7 |

प्रश्नानुसार,

$20x+14y=15x+21y$

$\Rightarrow 5x=7y$

$\Rightarrow \frac{x}{y}=\frac{7}{5}$

16. (b)

5% लाभ पर विक्रय मूल्य

$=\left(\frac{40\times12.5+30\times14}{40+30}\right)\times\frac{21}{20}$

$\left[\because 5\%=\frac{1}{20}\right]$

$=\left(\frac{500+420}{70}\right)\times\frac{21}{20}$

$=\frac{920\times21}{70\times20}=\frac{276}{20}$

= 13.8 Rs./kg.

17. (a)

36 छात्रों का औसत वजन

= 54.25 किग्रा

36 छात्रों का कुल वजन

= 36 × 54.25

20 छात्रों का औसत वजन = 51 किग्रा

20 छात्रों का कुल वजन = 20 × 51

औसत वजन = $\frac{36\times54.25+20\times51}{36+20}$

$=\frac{1953+1020}{56}=\frac{2973}{56}=53.08$

= 53 किग्रा (लगभग)

18. (b)

$\frac{56\times55-12\times60+6\times52.5}{50}$

$=\frac{3080-405}{50}=\frac{2675}{50}$

= 53.5

शेष विद्यार्थियों का औसतन भार

= (55 – 53.5) = 1.5 kg

19. (d)

X $\rightarrow$ 12 (5), Y $\rightarrow$ 10 (6), X + Y + Z $\rightarrow$ 5 (12) $\rightarrow$ 60 (कुल कार्य)

$x$ + y क्षमता = 5 + 6 = 11

तो, Z $\rightarrow$ 1 (क्षमता)

$\therefore$ कार्य के हिस्से = क्षमता का अनुपात

कुल = 12 $\rightarrow$ 6000

Z = 1 $\rightarrow \frac{6000}{12}$ = ₹ 500

20. (a)

A : B
1 : 5 (समय)
5 : 1 (क्षमता)

कुल कार्य = (5 + 1) × 15 = 90 इकाई

अकेले A द्वारा कार्य को करने में लगा समय $= \frac{90}{5} = 18$ दिन

21. (a)

माना, टैंक की क्षमता = 90 ली.

(30, 45 का ल.स.प.)

⇒ $x$ की क्षमता = 3 ली./घंटे

$y$ की क्षमता = 2 ली./घंटे

तो,

पहले घंटे = $x + z$,

दूसरे घंटे = $y + z$

प्रश्नानुसार,

15 घंटे में:-

$8(x + z) + 7(y + z) = 70\%$ of 90 = 63

$\Rightarrow 8x + 7y + 15z = 63$

$x$ और $y$ के मान रखने के बाद

$\Rightarrow 24 + 14 + 15z = 63$

$z = \frac{5}{3}$ ली./घंटे

z की क्षमता का 75 %

⇒ z की क्षमता $= \frac{20}{9}$ ली./घंटे

∴ z द्वारा अकेले किया गया कार्य

$= \frac{90}{\frac{20}{9}} = 40.5$ घंटे

22. (c)

औसत गति $= \frac{2 \times 25 \times 4}{29}$

∵ t = 5 घंटे 48 मिनट $= \frac{29}{5}$ घंटे

कुल दूरी $= \frac{8 \times 25}{29} \times \frac{29}{5} = 40$

किमी गाँव से डाक घर की दूरी

$= \frac{40}{2} = 20$ किमी

23. (a)

A ●————————● B
├—— 100 km ——┤

प्रश्नानुसार,

$\text{गति}_A + \text{गति}_B = \frac{100}{4} = 25$ किमी/घंटा

और $\text{गति}_A - \text{गति}_B = \frac{100}{20}$

= 5 किमी/घंटा

$\text{गति}_A = 15$ किमी/घंटा,

$\text{गति}_B = 10$ किमी/घंटा

24. (d)

औसत चाल $= \frac{2 \times S_1 \times S_2}{S_1 + S_2}$

$= \frac{2 \times 6 \times 10}{6 + 10} = 7.5$ किमी./घंटा

25. (a)

चूँकि ट्रेन और कार एक की दिशा में जा रही है।

∴ सापेक्ष चाल = (129 – 60) = 69 किमी./घंटा

दूरी = चाल × समय

$943 = 69 \times t \times \frac{5}{18}$

$t = \frac{943 \times 18}{69 \times 5} = 49.2$ से.

t = 49 सेंकड (लगभग)

26. (c)

$30\% = \frac{3}{10}$

दूरी/चाल → A : B = 13 : 10

A द्वारा तय दूरी = 13 इकाई = 117 मी.

1 इकाई $= \frac{117}{13}$ मी.

3 इकाई $= \frac{117}{13} \times 3$ मी. = 27 मी

अत: एक ही समय पर रेस समाप्त करने हेतू A, B को 27 मी की लीड देगा

27. (c)

माना, शांत जल में नाव की चाल = V किमी/घंटा

धारा की चाल = U किमी/घंटा

धारा की दिशा में,

$V - U = \frac{60}{8} = 7.5$

धारा की विपरीत दिशा में,

$V + U = \frac{60}{5} = 12$

$V = \frac{7.5 + 12}{2} = 9.75$ किमी/घंटा

28. (a)

यदि 3 अंकों की संख्या को 1001 से गुणा किया जाए तो उसकी पुनरावृत्ति होगी।

अवधारणा के अनुसार उत्तर 1001 होना चाहिए।

∴ आवश्यक उत्तर ABC है।

29. (b)

72 की विभाज्यता → 9 और 8 की विभाज्यता

9 की विभाज्यता → सभी अंकों का योग 9 से विभाज्य

8 की विभाज्यता → किसी भी संख्या के अंतिम तीन अंक 8 से विभाज्य

संख्या → $89563x87y$

8 से विभाज्य → $\frac{87y}{8}$, y = 2

9 से विभाज्य

$\Rightarrow \frac{8+9+5+6+3+x+8+7+2}{9}$, $x = 6$

$\sqrt{7x - 3y} = \sqrt{7 \times 6 - 3 \times 2} = 6$

30. (d)

माना, संख्यायें a$x$, ay तथा म.स.प. (a) = 28

a ($x$ + y) = 140

$x$ + y = 5

ल.स.प. (a$x$y) = 168

$xy = \frac{168}{28}$

$xy = 6$

हिट एंड ट्रायल से $x = 3$, $y = 2$

संख्याओं में अंतर = a$x$ – ay = 28

31. (d)

दिया गया,

$$\frac{3}{7}+\frac{1}{14}\times 2\frac{4}{5}-\left(\frac{1}{4}\div\frac{2}{7}\text{of}2\frac{1}{3}\right)\times\left(5\frac{1}{5}\div 3\frac{1}{2}\times\frac{5}{13}\right)$$

**बोडमास** नियम का उपयोग करके,

$$=\frac{3}{7}+\frac{1}{14}\times\frac{14}{5}-\left(\frac{1}{4}\times\frac{7}{2}\times\frac{3}{7}\right)\times\left(\frac{26}{5}\times\frac{2}{7}\times\frac{5}{13}\right)$$

$$=\frac{3}{7}+\frac{1}{5}-\left(\frac{3}{8}\right)\times\left(\frac{4}{7}\right)$$

$$=\frac{3}{7}+\frac{1}{5}-\frac{3}{14}=\frac{30+14-15}{70}$$

$$=\frac{29}{70}$$

32. (a)

$x$ [– 3{– 6(–a)}] + 6 [–3{–3(–a)}] = 6a

$\Rightarrow x[-3(6a)] + 6[-3(3a)] = 6a$

$\Rightarrow -18ax - 54a = 6a$

$\Rightarrow x = \frac{-60}{18} = \frac{-10}{3}$

33. (c)

नये घन का आयतन = तीनों ठोस धात्विक घनों का आयतन।

(भुजा)$^3$ = $6^3 + 8^3 + 10^3$

= 216 + 512 + 1000 = 1728

(भुजा)$^3$ = $(12)^3$

भुजा = 12 सेमी

34. (c)

2007 का उत्पादन = 18

2010 का उत्पादन = 30

% परिवर्तन = $\frac{18}{30} \times 100 = 60\%$

35. (a)

2007 का उत्पादन = 18

2009 का उत्पादन = 26

अंतर = (26 – 18) = 8

% परिवर्तन = $\frac{8}{18} \times 100\%$

= 44.44%

☆☆☆☆☆

# मॉक टेस्ट-06

## 26

1. बाला अपनी बचत का 20% वृद्धाश्रम को, 22% अनाथालय को और 22% चिकित्सा सहायता संस्थाओं को दान करता है। बचत की शेष 7200 रु. की राशि बैंक में जमा करता है। यदि उसकी बचत राशि वेतन का 40% है, तो बाला का वेतन ज्ञात कीजिए। (रु. में)

Bala donates 20% of his savings to old age home, 22% of the savings to orphanage and 22% of his savings to foundations for medical help. The remaining amount of Rs. 7200 of savings is been deposited in bank. Find the salary of Bala, if 40% of the salary is his savings amount. Find the income of Bala.

(a) 55000 (b) 20000
(c) 50000 (d) 40000

2. एक आदमी अपनी मासिक आय का क्रमशः 31% और 9% भोजन और कपड़ों पर खर्च करता है, और शेष का एक तिहाई बच्चों की शिक्षा पर खर्च करता है। वह प्रति माह ₹4,500 बचाता है, जो भोजन, कपड़े और बच्चों की शिक्षा पर खर्च करने के बाद शेष राशि के आधे के बराबर है। उनका मासिक वेतन है:

A man spends 31% and 9% of his monthly income on food and clothing, respectively, and one third of the remaining on the education of children. He saves ₹4,500 per month, which is equal to half the balance after spendig on food, clothing and education of children. His monthly salary is:

(a) ₹21,000 (b) ₹22,500
(c) ₹20,650 (d) ₹26,700

3. सुधा ने 80 रुपए में एक किताब खरीदी। फिर 90 रुपये में राधा को बेच दिया। सुधा ने राधा से वापस इसे 100 रुपए में खरीदा है। सुधा के लिए नुकसान का प्रतिशत क्या है?

Sudha bought a book for Rs. 80. Then sold it to Radha for Rs. 90. Sudha bought it back from Radha for Rs. 100. What is the loss percentage for Sudha?

(a) 10% (b) 12.50%
(c) 20% (d) 25%

4. 18 संतरों को 15120 रु. में बेचने पर एक व्यक्ति को 20% की हानि होती है। 30% का लाभ अर्जित करने के लिए उसे 819 रु. में कितने संतरे बेचने होंगे?

By selling 18 oranges for Rs. 151.20, a person makes a loss of 20%. How many oranges must he sell for Rs. 819 to make a profit of 30%?

(a) 65 (b) 45
(c) 60 (d) 50

5. एक व्यापारी अपने वस्तु का मूल्य इस तरह से अंकित करता है कि 20% छूट देने के बाद भी वह 20% लाभ अर्जित करता है। यदि वस्तु का क्रय मूल्य ₹ 21100 है, तो इसका अंकित मूल्य ज्ञात कीजिए। (₹ में)

A tradesman marks the price of his goods such that after allowing a discount of 20%, he earns a profit of 20%. What is the marked price of an article if cost price is ₹ 21100 (in ₹)

(a) 32650 (b) 31650
(c) 34650 (d) 33650

6. रमेश को 800 रूपये के अंकित मूल्य वाली एक पुस्तक पर दो प्रस्ताव प्राप्त हो रहे थे। या तो 20% प्रत्येक की दो क्रमिक छूट, या 30% और 10% की दो क्रमिक छूट। यदि रमेश ने दोनो योजना मे से बेहतर योजना चुनी तो उसने कितनी अधिक बचत की होगी?

Ramesh was receiving two offers on a book with a marked price of Rs. 800. Either two successive discounts of 20% each, or two successive discounts of 30% and 10%. How much more must Ramesh have saved if he chose the superior scheme in both discount?

(a) Rs. 6 (b) Rs. 8
(c) Rs. 16 (d) Rs. 20

7. एक व्यक्ति 30500 रु. की धनराशि को विभाजित करके A और B दो भिन्न योजनाओं में 12.5% और 15% की साधारण ब्याज की दर पर निवेश करता है। यदि 2 वर्षों में साधारण ब्याज के रूप में प्राप्त धन 8525 रु. है तो योजना A में निवेश की गई धनराशि क्या थी? (रु. में)

A person invested Rs. 30500 divided into two different schemes A and B at S.I of 12.5% and 15%. If the total amount of the simple interest earned at the end of two year is 8525. What is the amount invested in scheme A.

(a) 12500 (b) 9500
(c) 11500 (d) 10500

8. एक निश्चित राशि को r% प्रति वर्ष की दर से 3 वर्ष के लिए साधारण ब्याज पर निवेश करने पर प्राप्त राशि समान राशि पर 19 वर्षों के लिए समान दर पर साधारण ब्याज के बराबर होती है। r का मान क्या है?

The amount obtained by investing a certain sum at r% p.a. for 3 years at simple interest is equal to the simple interest on the same sum at the same rate for 19 years, What is the value of r?

(a) 4 (b) 5.75
(c) 6.25 (d) 8

9. एक व्यक्ति ने प्रतिवर्ष 5% की दर से चक्रवृद्धि ब्याज पर रू. 80000 की राशि का निवेश किया। अगर संचित ब्याज रू. 8200 है, तो वर्षों में समय अवधि कितनी हुई?

A person invested Rs. 80000 at 5% compound interest. If the accumulated interest is Rs. 8200, then what is the time period in years?

(a) 2 (b) 1
(c) 4 (d) 3

10. ब्याज वार्षिक रूप से चक्रवृद्धि होने पर, 10500 रु. की धनराशि पर $x$% की वार्षिक ब्याज दर से 2 वर्ष में प्राप्त मिश्रधन 12705 रु. है। ब्याज अर्द्ध वार्षिक रूप से चक्रवृद्धि होने पर उसी धनराशि पर $2x$% की वार्षिक ब्याज दर से $1\frac{1}{2}$ वर्ष में प्राप्त मिश्रधन (रु. में) कितना होगा?

The amount received on a sum of Rs. 10500 at $x$% p.a. in 2 years is Rs. 12705, when the interest is compounded annually. What will be the amount (in Rs.) received in $1\frac{1}{2}$ year on the same sum at $2x$% per annum, if the interest is compounded half-yearly?

(a) 13975.50 (b) 11297
(c) 17395.75 (d) 19753.25

11. A, B, C ने 1 : 3 : 5 के अनुपात में अपने निवेश के साथ एक व्यवसाय शुरू किया। 4 महीने बाद, A ने पहले की तरह ही निवेश किया और B और C ने अपने निवेश का आधा वापस ले लिया। वर्ष के अंत में उनके लाभ का अनुपात है:

A, B, C started a business with their investments in the ratio 1 : 3 : 5. After 4 months, A invested the same amount as before and B as well as C withdrew half of their investments. The ratio of their profits at the end of the year is :

(a) 1 : 2 : 3 (b) 3 : 4 : 15
(c) 3 : 5 : 10 (d) 5 : 6 : 10

12. ऐलिस, बॉब और चार्ली एक कंपनी में भागीदार हैं। एक विशेष वर्ष के दौरान ऐलिस को लाभ का एक-तिहाई भाग मिला, बॉब को लाभ का एक-चौथाई मिला और चार्ली को शेष मिला, जो कि 5000 रुपये हैं। ऐलिस को कितना लाभ मिला?

Alice, Bob and Charlie are partners in a company. During a particular year Alice got one third of the profit, Bob got one fourth of the profit and Charlie got the rest, which is Rs 5000. How much profit did Alice get?

(a) ₹ 4500 (b) ₹ 5000
(c) ₹ 4000 (d) ₹ 3500

13. 1118 रु. को 2 पुरुषों, 6 महिलाओं और 8 लड़कों में इस प्रकार विभाजित किया जाता है कि एक पुरुष, एक महिला और एक लड़के का हिस्सा 3 : 2 : 1 के अनुपात में हो। एक पुरुष को कितना धन प्राप्त होगा? (रु. में)

Rs. 1118 is divided among 2 men, 6 women and 8 boys so that the share of a man, a woman and a boy are in the ratio 3 : 2 : 1. Then, how much does a man get? (in Rs.)

(a) 129 (b) 119
(c) 109 (d) 99

14. दो संख्याएँ 3 : 8 के अनुपात में हैं। यदि प्रत्येक संख्या में 8 जोड़ दिया जाए, तो अनुपात 1 : 2 हो जाता है। यदि प्रत्येक संख्या में से 4 घटा दिया जाए, तो अनुपात बन जाएगा:

Two numbers are in the ratio 3 : 8. If 8 is added to each number, then the ratio becomes 1 : 2. If 4 is subtracted from each number, then the ratio will become:

(a) 7 : 2 (b) 8 : 3
(c) 2 : 7 (d) 3 : 8

15. 50 लीटर फलों के गूदे और पानी के मिश्रण में 20% पानी है। मिश्रण में पानी का प्रतिशत 50% तक बढ़ाने के लिए इसमें कितना पानी डाला जाना चाहिए?

A mixture of 50 liters of fruit pulp and water contains 20% water. How much water should be added to the mixture to increase the percentage of water to 50%?

(a) 10 litre (b) 20 litre
(c) 15 litre (d) 30 litre

16. एक बैग में 50 किलो दाल होती है. इसमें तीन दालें, A, B, और C, 4 : 3 : 3 के अनुपात में मिश्रित हैं। A, B, और C दालों की कीमतें क्रमशः ₹80 प्रति किलोग्राम, ₹60 प्रति किलोग्राम और ₹80 प्रति किलोग्राम हैं। दालों के 1 किलो मिश्रण की औसत लागत क्या होगा?

A bag contains 50 kg of pulses. There are three pulses, A, B, and C, mixed in it in the ratio of 4 : 3 : 3. The prices of pulses A, B, and C are ₹80 per kg, ₹60 per kg and ₹80 per kg respectively. What will be the average cost of 1 kg mixture of pulses?

(a) ₹74 (b) ₹80
(c) ₹70 (d) ₹72

17. 37 दूरसंचार टावरों की औसत ऊँचाई 282 मी है। यदि पहले 18 दूरसंचार टावरों की औसत ऊँचाई 282 मी है और अंतिम 18 दूरसंचार टावरों की ऊँचाई 286 मी है, तो 19वें दूरसंचार टावर की ऊँचाई ज्ञात करें।

The average height of 37 telecom towers is 282 m. If the average height of first 18 telecom towers is 282 m and that of last 18 telecom towers is 286 m. Find 19th telecome tower height?

(a) 230 मी (b) 220 मी
(c) 200 मी (d) 210 मी

18. एक दिवसीय मैच में एक क्रिकेट टीम के 11 खिलाड़ियों का औसत स्कोर 32 है। दस खिलाड़ियों द्वारा बनाए गए रन 11, 51, 2, 96, 21, 33, 0, 32, 9 और 14 हैं। 11वें खिलाड़ी का स्कोर क्या है?

Average score of 11 players of a cricket team in a one day match is 32. The runs scored by the ten players are 11, 51, 2, 96, 21, 33, 0, 32, 9 and 14. What is the score of 11th player?

(a) 96 (b) 91
(c) 83 (d) 79

19. A और B एक साथ एक काम को 12 दिनों में कर सकते हैं। B और C एक साथ उसी काम को 15 दिनों में कर सकते हैं, A और C एक साथ उसी काम को 20 दिनों में कर सकते हैं। यदि A, B और C एक साथ काम करते हैं, तो कितने दिनों में काम खत्म हो जाएगा?

A and B together can do a piece of work in 12 days. B and C together can do the same work in 15 days, A and C together can do the same work in 20 days. If A, B and C work together then in how many days will the work be finished?

(a) 8 days/दिन
(b) 5 days/दिन
(c) 4 days/दिन
(d) 10 days/दिन

20. 7 व्यक्ति प्रति दिन 7 घंटे काम करते हुए 6 दिनों में 14 बक्से पैक कर सकते हैं । यदि प्रति दिन 9 घंटे काम किया जाए तो 14 व्यक्तियों को 18 बक्से पैक करने में कितने दिन लगेंगे?

7 men working 7 hours a day can pack 14 boxes in 6 days. How many days will it take for 14 men to pack 18 boxes if they work for 9 hours per day?

(a) 5 (b) 3
(c) 4 (d) 2

21. पाइप A एक टैंक को 792 मिनट में भर सकता है और पाइप B उसी टैंक को 990 मिनट में खाली कर सकता है। यदि दोनों पाइप एक साथ खोले जाते हैं, तो खाली टैंक को भरने में कितने घंटों का समय लगेगा?

Pipe A can fill a tank in 792 minutes and Pipe B can empty the same tank in 990 minutes. If both pipes are opened together, how many hours will it take to fill the empty tank?

(a) 70 (b) 68
(c) 72 (d) 66

22. ठहराव को छोड़कर, बस की औसत गति 60 किमी/घंटा है और ठहराव सहित, बस की औसत गति 40 किमी/घंटा है। प्रति घंटे बस कितने मिनट रुकती है?

Excluding stoppages, the average speed of a bus is 60 km/hr and including stoppages, the average speed of the bus is 40 km/hr. For how many minutes does the bus stop per hour ?

(a) 120 मिनट
(b) 20 मिनट
(c) 40 मिनट
(d) 30 मिनट

23. X और Y दो दोस्त एक दूसरे से 500 किमी की दूरी पर हैं। X अपनी कार से Y की ओर 60 किमी/घंटा की गति से जाता है और Y अपनी बाइक लेता है और 50 किमी/घंटा की गति से X की ओर जाता है। अगर X ने सुबह 9 बजे शुरू किया और Y ने एक घंटे के बाद शुरू किया था, तो वे किस समय एक दूसरे से मिलते हैं?

Two friends X and Y are at a distance of 500 km from each other. X takes his car towards Y at 60 km/h and Y takes his bike and travels towards X at 50 km/h. If X started at 9 am and Y started after one hour, then at what time do they meet each other?

(a) 1 pm/ दोपहर 1 बजे
(b) 2 pm/दोपहर 2 बजे
(c) 12 pm/दोपहर 12 बजे
(d) 3 pm/दोपहर 3 बजे

24. एक पुलिसकर्मी को 120 मीटर की दूरी पर एक चोर दिखाई देता है। वह 6 मीटर/सेकंड की गति से भाग रहे चोर का पीछा करना शुरू कर देता है। पुलिस वाला 8 मीटर/सेकंड की गति से उसका पीछा कर रहा है। पुलिस के पकड़ने से पहले चोर द्वारा तय की गई दूरी ज्ञात कीजिए।

A police sees a thief at a distance of 120 m. He starts chasing the thief who is running at a speed of 6 m/sec. The police is chasing him with a speed of 8 m/sec. Find the distance covered by the thief before the police catches him.

(a) 320 m (b) 360 m
(c) 240 m (d) 180 m

25. दो ट्रेनें एक ही समय में दो स्टेशनों से शुरू होती हैं और क्रमशः 40 किमी/घंटा और 45 किमी/घंटा की गति से एक-दूसरे की ओर बढ़ती हैं। जब वे मिलते हैं तो पता चलता है कि एक ट्रेन दूसरी से 20 किमी अधिक चल चुकी है। दोनों स्टेशनों के बीच की दूरी ज्ञात कीजिए।

Two trains start at the same time from two stations and proceed toward each other at the speed of 40 km/h and 45 km/h, respectively. When they meet, it is found that one train has travelled 20 km more than the other. Find the distance between the two stations.

(a) 390 km (b) 400 km
(c) 395 km (d) 340 km

26. 5000 मीटर की एक गोलाकार दौड़ में, एक ही बिंदु से शुरू करते हुए, दो प्रतियोगियों A और B की गति क्रमशः 36 किमी/घंटा और 54 किमी/घंटा है। जब वे विपरीत दिशा में दौड़ रहे हों और जब वे एक ही दिशा में दौड़ रहे हों तो पहली बार मिलने में लगने वाले समय (सेकंड में) के बीच का अंतर?

In a circular race of 5000 m, starting from the same point, the speeds of two contestants A and B are 36 km/h and 54 km/h, respectively. The difference between the time taken (in seconds) to meet for the first time when they are running in the opposite directions and when they are running in the same direction?

(a) 600 (b) 800
(c) 200 (d) 1000

27. एक व्यक्ति शांत जल में 11 किमी/घंटा की चाल से नाव चला सकता है। धारा की चाल $\frac{5}{6}$ मी/से है। धारा के प्रतिकूल 36 किमी की दूरी तय करने में उसे कितना समय लगेगा?

A person can row at a speed of 11 km/h. in still water. The speed of the stream is $\frac{5}{6}$ m/s. How much time will he take to row a distance of 36 km upstream?

(a) 4 घंटे 20 मिनट
(b) 4 घंटे 36 मिनट
(c) 4 घंटे 30 मिनट
(d) 4 घंटे15 मिनट

28. संख्याएँ 2, 3, 8, 7, 5 को ठीक एक बार प्रयोग करे पांच अंकों की कितनी संख्याएँ बनाई जा सकती हैं कि संख्याएँ 125 से विभाज्य हों?

How many five-digit numbers can be formed using the digit 2, 3, 8, 7, 5 exactly once such that the numbers is divisible by 125?

(a) 0 (b) 1
(c) 4 (d) 3

29. चार अंकों की बड़ी से बड़ी कौन सी संख्या 24, 40 और 48 से पूर्णतः विभाज्य है?

Which greatest four digit number is exactly divisible by 24, 40 and 48?

(a) 9990 (b) 9980
(c) 9960 (d) 9840

30. वह सबसे बड़ी संख्या कौन सी है जिससे 187, 233 और 279 को विभाजित करने पर प्रत्येक स्थिति में समान शेष बचता है?

What is the largest number which can divide 187, 233 and 279, leaving the same remainder in each case?

(a) 30 (b) 36
(c) 46 (d) 56

31. $\frac{4}{5}, \frac{7}{8}, \frac{6}{7}, \frac{5}{6}$ का आरोही क्रम है/ in ascending order is

(a) $\frac{4}{5}, \frac{7}{8}, \frac{6}{7}, \frac{5}{6}$
(b) $\frac{7}{8}, \frac{6}{7}, \frac{5}{6}, \frac{4}{5}$
(c) $\frac{4}{5}, \frac{5}{6}, \frac{6}{7}, \frac{7}{8}$
(d) $\frac{5}{6}, \frac{6}{7}, \frac{7}{8}, \frac{4}{5}$

32. यदि $\frac{(143 \div 13 \times k - 3 \times 3)}{(6^2 - 7 \times 5 + k^2)} = 1$ तो निम्नलिखित में से कौन सा विकल्प k का मान हो सकता है

Which of the following options can be the value of k.

$$\frac{(143 \div 13 \times k - 3 \times 3)}{(6^2 - 7 \times 5 + k^2)} = 1$$

(a) 2 (b) 4
(c) 3 (d) 1

33. इकाई भुजा वाले एक समबाहु त्रिभुज को एक नियमित षट्भुज बनाने के लिए शीर्षों पर काटा जाता है। षट्भुज का क्षेत्रफल कितना है?

An equilateral triangle with side a units is cut on the vertices to make it a regular hexagon. What is the area of the hexagon?

(a) $\frac{3a^2}{2\sqrt{3}}$ वर्ग इकाई/square unit

(b) $\frac{2a^2}{3\sqrt{2}}$ वर्ग इकाई/square unit

(c) $\frac{2a^2}{\sqrt{3}}$ वर्ग इकाई/square unit

(d) $\frac{a^2}{2\sqrt{3}}$ वर्ग इकाई/square unit

**निर्देश ( 34-35 ):** निम्नलिखित रेखा ग्राफ का ध्यानपूर्वक अध्ययन करें और इसके नीचे दिए गए प्रश्नों के उत्तर दें।

**Directions:** Study the following line graph carefully and answer the questions given below it.

लाइन ग्राफ दिए गए वर्षों के लिए किसी कंपनी की आय और व्यय की तुलना करता है।

The line graph compares the Income and Expenditure of a company for the given years.

लाभ = आय-व्यय, % लाभ = $\frac{\text{लाभ}}{\text{व्यय}} \times 100$

Profit = Income – Expenditure,

$$\% \text{ Profit} = \frac{\text{Profit}}{\text{Expenditure}} \times 100$$

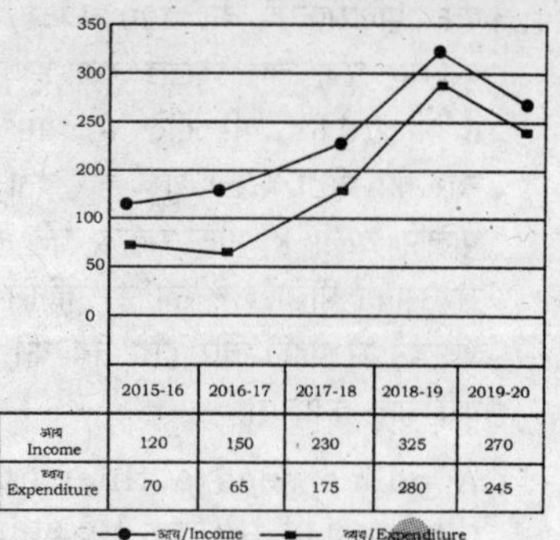


| | 2015-16 | 2016-17 | 2017-18 | 2018-19 | 2019-20 |
|---|---|---|---|---|---|
| आय Income | 120 | 150 | 230 | 325 | 270 |
| व्यय Expenditure | 70 | 65 | 175 | 280 | 245 |

34. दिए गए वर्षों के लिए औसत आय (करोड़ में) क्या है?

What is the average income (in crore) for the given years?

(a) 219 (b) 218

(c) 217 (d) 216

35. वर्ष 2015-2016 में लाभ प्रतिशत ज्ञात कीजिए।

Find the profit percentage in the year 2015-2016.

(a) 74.3% (b) 71.42%

(c) 67.5% (d) 72.28%

## ANSWER KEY

| | | | | | | | | | |
|---|---|---|---|---|---|---|---|---|---|
| 1.(c) | 2.(b) | 3.(b) | 4.(c) | 5.(b) | 6.(b) | 7.(a) | 8.(c) | 9.(a) | 10.(a) |
| 11.(d) | 12.(c) | 13.(a) | 14.(c) | 15.(d) | 16.(a) | 17.(d) | 18.(c) | 19.(d) | 20.(b) |
| 21.(d) | 22.(b) | 23.(b) | 24.(b) | 25.(d) | 26.(b) | 27.(c) | 28.(c) | 29.(d) | 30.(c) |
| 31.(c) | 32.(d) | 33.(d) | 34.(a) | 35.(b) | | | | | |

# SOLUTIONS

1. (c)

माना, बाला की कुल आय = 100%

कुल खर्च = 20% + 22% + 22% = 64%

बचत = 100 % – 64% = 36%

36% = 7200

1% = 200

100 % बचत = 200 × 100

= 20000

वेतन का 40% = 20000

वेतन = $\frac{20000}{40} \times 100$ = 50000

2. (b)

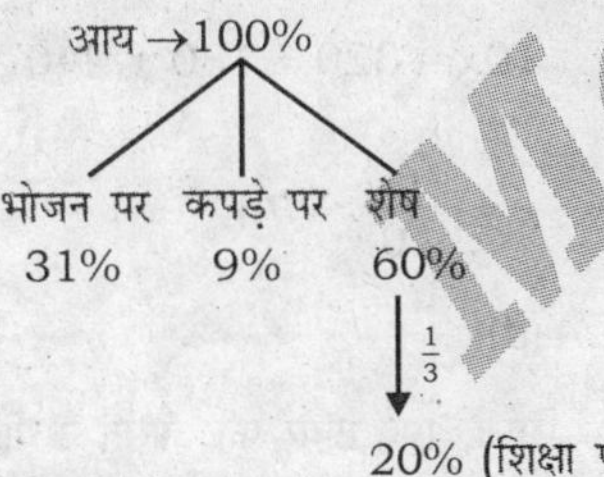


बचत = 40%

प्रश्नानुसार,

20% → 4500

×5 ×5

100% → 22500

3. (b)

| | क्रय मूल्य | विक्रय मूल्य | क्रय मूल्य' |
|---|---|---|---|
| सुधा | 80 | 90 | 100 |
| राधा | 90 | 100 | |

सुधा के लिए हानि = (100 – 90) = 10

हानि% = $\frac{10}{80} \times 100 = 12.5\%$

4. (c)

एक संतरे का विक्रय मूल्य

= $\frac{151.2}{18}$

= 8.4 रु.

एक संतरे का क्रय मूल्य

= $\frac{8.4}{4} \times 5$

= 10.5 = $\frac{21}{2}$ रु.

एक संतरे का विक्रय मूल्य पर 30%

का लाभ = $\frac{21}{2} \times \frac{13}{10}$

संतरे की संख्या = $\frac{819}{\frac{21}{2} \times \frac{13}{10}}$ = 60

**SMART APPROACH:-**

इस तरह के प्रश्न में लाभ/हानि बदल देते हैं,

$\frac{151.2}{18} \times 130 = \frac{819}{x} \times 80$

$x = 60$

5. (b)

| C.P. | | M.P. |
|---|---|---|
| (100 – D%) | : | (100 + P/L%) |
| 100 – 20 | : | 100+20 |
| 80 | : | 120 |
| 2 | : | 3 |

2 इकाई → 21100

3 इकाई → $\frac{21100}{2} \times 3$

= 10550 × 3 = ₹ 31650

6. (b)

एकल छूट = 20 + 20 – $\frac{20 \times 20}{100}$

= 36%

एकल छूट = 30 + 10 – $\frac{30 \times 10}{100}$

= 37%

अंतर = 800 × (37 – 36)%

= $800 \times \frac{1}{100}$ = 8 रु.

7. (a)

माना, योजना A में निवेशित धान $x$ रु. तथा योजना B में निवेशित धन y रु. है।

∴ $x$ + y = 30500 ...... (i)

$8225 = \frac{x \times 12.5 \times 2}{100} + \frac{y \times 15 \times 2}{100}$

$\Rightarrow 8525 = \frac{25x + 30y}{100}$

$\Rightarrow 8525 = \frac{5(5x + 6y)}{100}$

⇒ 8525 × 20 = 5$x$ + 6y

⇒ 5$x$ + 6y = 170500 ____ (ii)

अब, समीकरण (i) को 6 से गुणा करके समीकरण (ii) से घटाने पर,

$$\begin{aligned} 6x + 6y &= 183000 \\ 5x + 6y &= 170500 \\ - \quad - \quad &\quad - \\ \hline x &= 12500 \end{aligned}$$

अत: योजना A में निवेशित राशि = 12500 रु

8. (c)

$P + \frac{P \times r \times 3}{100} = \frac{P \times 19 \times r}{100}$

$P = \frac{16 Pr}{100}$

दर (r) = 6.25 %

9. (a)
मूलधन (P) = 80,000
दर (R) = 5%
चक्रवृद्धि ब्याज = 8200

$\frac{\text{मिश्रधन}}{\text{मूलधन}} = \frac{105}{100} = \left(\frac{88200}{80000}\right)^{\frac{1}{\text{समय}}}$

$\frac{\text{मिश्रधन}}{\text{मूलधन}} = \frac{21}{20} = \left(\frac{441}{400}\right)^{\frac{1}{\text{समय}}} = \left[\left(\frac{21}{20}\right)^2\right]^{\frac{1}{\text{समय}}}$

समय = 2 वर्ष

**SMART APPROACH:-**

| मूलधन | : | मिश्रधन |
|---|---|---|
| 80000 | : | 80000 + 8200 |
| 80000 | : | 88200 |
| 400 | : | 441 |
| $(20)^2$ | : | $(21)^2$ |

10. (a)

| मूलधन | | मिश्रधन |
|---|---|---|
| 10500 | : | 12705 |
| $\sqrt{100}$ | : | $\sqrt{121}$ |
| 10 | : | 11 |

दर % = $\frac{1}{10} \times 100\% = 10\%$

दर (वार्षिक) = 20%,

समय = $1\frac{1}{2}$ वर्ष

दर (वार्षिक)= 10%, समय = 3 चक्र

| मूलधन | | मिश्रधन |
|---|---|---|
| $(10)^3$ | : | $(11)^3$ |
| 1000 | : | 1331 |

मिश्रधन (1331) = $\frac{10500}{1000} \times 1331$

= 10.5 × 1331 = 13975.5 रु.

11. (d)

| | A | B | C |
|---|---|---|---|
| निवेश | 1 : 2 :: | 3 : $\frac{3}{2}$ :: | 5 : $\frac{5}{2}$ |
| समय | 1 : 2 | 1 : 2 | 4 : 8 |
| लाभ | 4 : 16 :: | 12 : 12 :: | 20 : 20 |
| | 20 : | 24 : | 40 |
| | 5 : | 6 : | 10 |

12. (c)
माना कुल लाभ 12 इकाई हैं
दिया है,

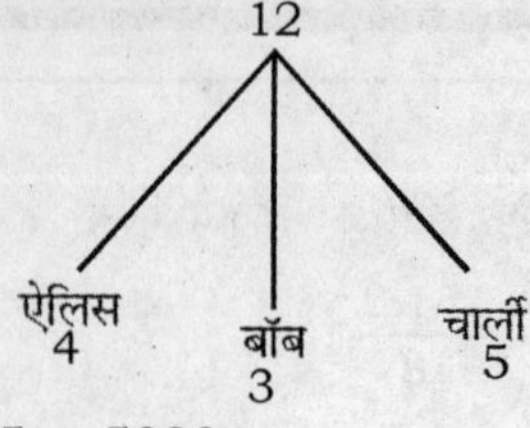


5 → 5000
4 → 4000
ऐलिस को रूपये 4000 मिले।

13. (a)

| | M | : | W | : | B |
|---|---|---|---|---|---|
| संख्या — | 2 | : | 6 | : | 8 |
| प्रत्येक का हिस्सा — | $3x$ | : | $2x$ | : | $1x$ |
| कुल हिस्सा — | $6x$ | : | $12x$ | : | $8x$ |

$6x + 12x + 8x = 1118$
$26x = 1118$
$x = 43$
∴ एक पुरुष को प्राप्त धन = $3x$
= 3 × 43 = 129 रुपये

14. (c)
माना संख्या $3x$ तथा $8x$ है

$\frac{3x+8}{8x+8} = \frac{1}{2}$

$6x + 16 = 8x + 8$
$2x = 8, x = 4$
संख्या = $3x$ = 3 × 4 = 12
$8x$ = 8 × 4 = 32

$= \frac{12-4}{32-4} = \frac{8}{28} = \frac{2}{7}$

15. (d)
पृथ्थीकरण विधि के द्वारा:

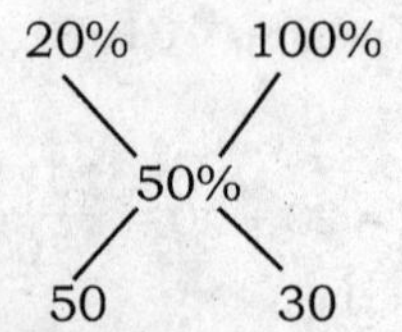


प्रश्नानुसार

$\Rightarrow \frac{50}{30} = \frac{50}{x}$

$\Rightarrow x$ = 30 लीटर

**वैकल्पिक विधि:-**

| | पानी | फलों के गूदे |
|---|---|---|
| | 10 | 40 |
| 30 | (1 | 1)×40 |
| | 40 | 40 |

मिश्रण में पानी का प्रतिशत 50% तक बढ़ाने के लिए 30 लीटर पानी डालना चाहिए।

16. (a)
माना औसत लागत $x$ है

| | A | : | B | : | C |
|---|---|---|---|---|---|
| मात्रा → | 4 | : | 3 | : | 3 |
| मूल्य → | 80 | | 60 | | 80 |
| कुल मूल्य → | 320 | : | 180 | : | 240 |

⇒ 1 किलो दाल की औसत कीमत
$10x = 320 + 180 + 240$

$x = \frac{740}{10} = 74$

17. (d)
माना, 19वें टॉवर की औसत ऊँचाई = $x$
दिया है,
$(18 \times 282) + x + (18 \times 286)$
$= 37 \times 282$
$5076 + x + 5148 = 10434$
$x = 10434 - 10224$
$x = 210$

**SMART APPROACH:-**
19वें दूरसंचार टावर की ऊँचाई
= 282 − 4 × 18
= 282 − 72 = 210

18. (c)

औसत deviation द्वारा:-

11वीं पारी का औसत:-

32 + (32 – 11) + (32 – 51) + (32 – 2) + (32 – 96) + (32 – 21) + (32 – 33) + (32 – 0) + (32 – 32) + (32 – 9) + (32 – 14)

= 32 + 21 + 19 + 30 – 64 + 11 – 1 + 32 + 0 + 23 + 18

= 167 – 84 = 83

**SMART APPROACH:-**

$$\frac{11+51+2+96+21+33+0+32+9+14+x}{11} = 32$$

$\Rightarrow x = 352 - 269 = 83$

19. (d)

12, 15 तथा 20 का ल.स. = 60 इकानई

A + B = 12 → 5
B+ C = 15 → 4 → 60 (कुल कार्य)
A + C = 20 → 3

A, B तथा C द्वारा एक साथ खत्म करने में लगा समय $= \frac{60 \times 2}{12} = 10$ दिन

20. (b)

$$\frac{M_1D_1T_1}{W_1} = \frac{M_2D_2T_2}{W_2}$$

प्रश्नानुसार,

$$\frac{7 \times 6 \times 7}{14} = \frac{14 \times D_2 \times 9}{18}$$

$D_2 = 3$ दिन

21. (d)

792, 990 का ल.स.प. = 3960

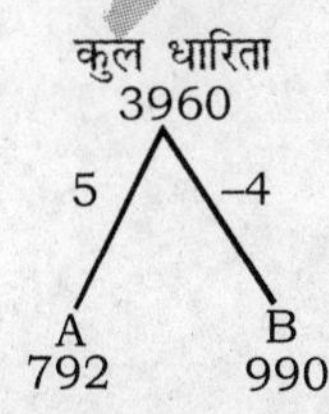


दोनों A व B मिलकर भरेंगें

$= \frac{\text{कुल धारिता}}{\text{कुल क्षमता}}$

$\Rightarrow \frac{3960}{5-4} = \frac{3960}{1 \times 60} = 66$

22. (b)

एक घंटे में बिना स्टॉपेज के साथ तय कि गयी दूरी = 60 किमी

एक घंटे में स्टॉपेज के साथ तय कि गयी दूरी = 40 किमी

दूरी में अन्तर = 60 – 40 = 20 किमी

चूंकि स्टॉपेज के कारण 20 किमी कम यात्रा करता है, तो प्रति घंटे स्टॉपेज समय

$= \frac{20}{60} = \frac{1}{3}$ घंटे

= 20 मिनट

23. (b)

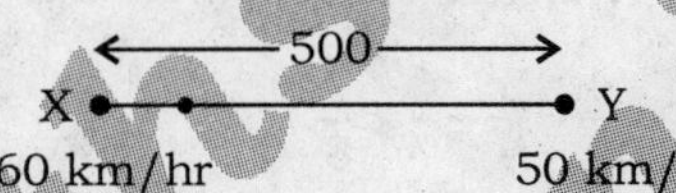


X द्वारा तय की गई दूरी = 60 किमी

अब, सुबह 10 बजे X और Y के बीच की दूरी

⇒ 500 – 60 = 440 किमी

तो, सापेक्ष गति = 60 + 50 = 110 किमी/घंटा

$\Rightarrow$ समय $= \frac{440}{110} = 4$ घंटे

10:00 am + 4 घंटे = 2pm

24. (b)

दिया है,

पुलिसकर्मी = 8 मीटर/सेकंड

चोर = 6 मीटर/सेकंड

चोर और पुलिस के बीच की दूरी = 120 मीटर

जब समय नियत हो, तो दूरी का अनुपात चाल के अनुपात के बराबर होता है।

pky ∝ दूरी

| | पुलिस | | चोर |
|---|---|---|---|
| चाल → | 8 | : | 6 |
| दूरी → | 8 | : | 6 |

×3 ( 2 इकाई → 120 मीटर ) ×3

चोर द्वारा तय की गई दूरी = 6 इकाई → 360 मीटर

25. (d)

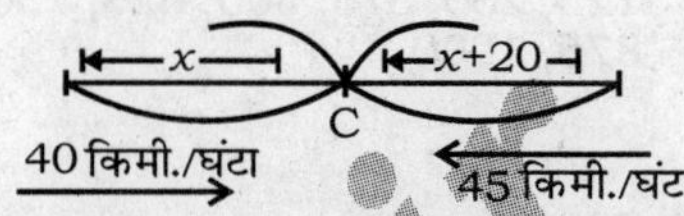


दोनो C तक पहूँचने में समान समय लेगें।

समय $= \frac{x}{40} = \frac{x+20}{45}$

$\Rightarrow 9x = 8x + 160$

$x = 160$

दोनो स्टेशनो की बीच की दूरी

= 160 + 160 + 20

= 340 किमी.

26. (b)

जब A और B एक ही दिशा में दौड़ रहे हों तो मिलने में लगने वाला समय

$= \frac{5000 \times 18}{(54-36) \times 5} = 1000$ से.

जब A और B विपरीत दिशा में दौड़ रहे हों तो मिलने में लगने वाला समय

$= \frac{5000 \times 18}{(36+54) \times 5} = 200$ से.

समय मे अंतर = (1000 – 200)

= 800 से.

27. (c)

धारा की चाल $= \frac{5}{6} \times \frac{18}{5} = 3$ किमी/घंटा

शांत जल में नाव की चाल = 11 किमी/घंटा

धारा के विपरीत चाल

= (11 – 3) = 8 किमी/घंटा

आवश्यक समय $= \frac{36}{8} = 4\frac{4}{8}$

= 4 घंटे 30 मिनट

28. (c)

प्रश्न के अनुसार,

125 की विभाज्यता का नियम

अंतिम तीन अंक 125 से विभाज्य हैं, तो

संख्या 125 से विभाज्य होगी।

125, 250, 375, 500, 625, 750, 875, 1000

2, 3, 8, 7, 5

23875

32875

28375

82375

4 संख्याएँ बनाई जा सकती हैं

29. (d)

ल.स.प. 24, 40, 48 = 240

4 अंकों की सबसे बड़ी संख्या = 9999

$$240)9999(27$$
$$\underline{960}$$
$$399$$
$$\underline{240}$$
$$159$$

अंत: 4 अंकों की सबसे बड़ी संख्या जो 24, 40 और 48 से विभाजित है

= 9999 – 159 = 9840

30. (c)

233 – 187 = 46

279 – 233 = 46

279 – 197 = 92

सबसे बड़ी संख्या = 46

31. (c)

$\frac{4}{5} \times \frac{7}{8} \Rightarrow 32 < 35$

$\frac{4}{5} \times \frac{6}{7} \Rightarrow 28 < 30$

$\frac{4}{5} \times \frac{5}{6} \Rightarrow 24 < 25$

$\frac{5}{6} \times \frac{6}{7} \Rightarrow 35 < 36$

$\frac{6}{7} \times \frac{7}{8} \Rightarrow 48 < 49$

इसलिए, आरोही क्रम है:-

$\frac{4}{5} < \frac{5}{6} < \frac{6}{7} < \frac{7}{8}$

32. (d)

$$\frac{\frac{143}{13} \times K - 9}{36 - 35 + K^2} = 1$$

$$\frac{11K - 9}{1 + K^2} = 1$$

$1 + K^2 = 11K - 9$

$K^2 - 11K + 10 = 0$

K = 1, or 10,

Option (d) Satisfied

K = 1

33. (d)

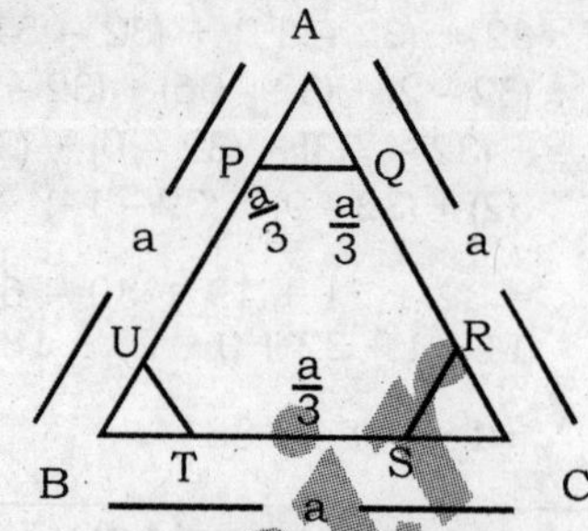


नियमित षट्कोण का भुजा = $\frac{a}{3}$

षट्कोण का क्षेत्रफल (PQRSTU)

$= 6 \times \frac{\sqrt{3}}{4} \times \left(\frac{a}{3}\right)^2 = \frac{a^2}{2\sqrt{3}}$ इकाई²

34. (a)

औसत आय

$$= \frac{(120+150+230+325+270)}{5}$$

$$= \frac{1095}{5} = 219$$

35. (b)

लाभ = (आय – खर्च) = (120 – 70) = 50

लाभ % = $\frac{50}{70} \times 100 = 71.42\%$

# मॉक टेस्ट-07

27

1. एक गांव की कुल आबादी X है, जिसमें से 40% महिलाएं हैं। गांव में निरक्षर महिलाओं की संख्या, गांव में निरक्षर पुरुषों के आधे के बराबर है, जो कि 4000 है। X का मान क्या है, अगर गांव में साक्षर महिलाओं की कुल संख्या 6000 है? (मान लें कि गांव में केवल साक्षर या निरक्षर है)
The total population of a village is X, out of which 40% are females. The number of illiterate women in the village is equal to half of the illiterate men in the village, which is 4000. What is the value of x, if the total number of literate women in the village is 6000? (Assume there is only literate or illiterate in the village)
(a) 16000 (b) 12000
(c) 20000 (d) 18000

2. एक वस्तु के मूल्य में 20% की वृद्धि होने पर गुप्ता परिवार अपने मासिक बजट को इस प्रकार पुनर्व्यवस्थित करता है कि उक्त वस्तु पर 8% अतिरिक्त धन ही व्यय हो। बढ़ी हुई राशि के प्रबंधन के लिए उन्हें उस वस्तु के उपभोग में कितने प्रतिशत की कमी करनी चाहिए?
When the price of an article is increased by 20%, the Gupta family rearranges its monthly budget in such a way that only 8% additional money is spent on the said article. By what percent should they reduce the consumption of that article to manage the increased amount?
(a) 14 (b) 8
(c) 10 (d) 12

3. एक दुकानदार ने ₹120 प्रति किग्रा. के मूल्य पर 190 किग्रा चावल खरीदे। उसने कुल मात्रा में से 70% को ₹150 प्रति किग्रा. पर बेच दिया। 55% का कुल लाभ प्राप्त करने के लिए उसे शेष मात्रा को कितने रूपये प्रति किग्रा पर बेचना चाहिए? (₹ में)
A shopkeeper bought 190 kg of rice at the rate of ₹120 per kg. He sold 70% of the total quantity at the rate of ₹150 per kg. At what price per kg should he sell the remaining quantity to make 55% overall profit? (in ₹)
(a) 280 (b) 275
(c) 285 (d) 270

4. एक आदमी ने दो कुर्सियाँ प्रत्येक 475 रुपये में बेचीं, एक पर 25% का लाभ हुआ और दूसरे पर 20% का नुकसान हुआ। यदि उसने दोनों कुर्सियाँ प्रत्येक 575 रुपये में बेचीं, तो उसका लाभ/हानि प्रतिशत क्या होगा (निकटतम पूर्णांक तक पूर्णांकित)?
A man sold two chairs for Rs 475 each, gaining 25% on one and losing 20% on the other. Had he sold the two chairs for Rs 575 each, what would have been his gain/loss percentage (rounded off to the nearest integer)?
(a) 45gain %
(b) 18gain %
(c) 41gain %
(d) 25% loss

5. एक व्यापारी अपने वस्तु की कीमत इस प्रकार अंकित करता है कि 20% छूट देने के बाद वह 20% का लाभ अर्जित करता है। एक वस्तु का अंकित मूल्य क्या है, जिसका क्रय मूल्य ₹ 21500 है? (₹ में)
A tradesman marks the price of his goods such that after allowing a discout of 20% he earns a proftit of 20%. What is the marked price of an article if cost price is ₹ 21500? (in ₹)
(a) 32150 (b) 32250
(c) 32350 (d) 32450

6. किसी वस्तु का सूची मूल्य 15,000 रु. है। एक व्यापारी इसे खरीदना चाहता है। उसको सूची मूल्य पर दो छूट श्रृंखलाओं- एक श्रृंखला 45% 3% और 2% है और दूसरी श्रृंखला 25%, 12% और 13% है- में से एक श्रृंखला का चयन करना है। वह सही श्रृंखला चुनकर कितने रुपये बचा सकता है?
The list price of an article is Rs.15,000. A trader wants to buy it. He has to choose a series from two discount series- one series is 45%, 3% and 2% and the other series is 25%, 12% and 13% - on the list price. How much money can he save by choosing the right series?
(a) Rs. 770.55
(b) Rs. 771.55
(c) Rs. 773.55
(d) Rs. 772.55

7. मिस्टर जॉनसन ने क्रमशः 15% और 12.5% की साधारण ब्याज दर पर दो अलग-अलग योजनाओं A और B में ₹19500 को निवेश किया। यदि 2 वर्षों में अर्जित साधारण ब्याज की कुल राशि ₹6125 है, तो योजना A में निवेश की गई राशि क्या थी? (₹ में)

Mr. Jonson invested ₹19500 divided into two different schemes A and B at simple interest rate of 15% and 12.5% respectively. If the total amount of the simple interest earned in 2 years is ₹6125, What was the amount invested in scheme A. (in ₹)

(a) 25000 (b) 26000
(c) 24000 (d) 27000

8. एक दुकानदार एक वस्तु को उसके सूची मूल्य पर 16% की छूट देकर 1,638 रु. में बेचता है। यदि उसने कोई छूट नहीं दी होती, तो उसे 30% का लाभ होता। वस्तु का क्रय मूल्य (रु. में) ज्ञात कीजिए।

A shopkeeper sells an article for Rs. 1,638 by giving a discount of 16% on its list price. Had he not given any discount, he would have made a profit of 30%. Find the cost price ( in Rs) of the article.

(a) 1,400 (b) 1,450
(c) 1,425 (d) 1,500

9. 15 वर्षों में चक्रवृद्धि ब्याज के तहत कोई राशि अपने आप की दोगुनी हो जाती है। कितने वर्षों में यह अपने आप की 4096 गुना हो जाएगी। (वर्षों में)

The amount doubles itself under compound interest in 15 years. In how many years will it become 4096 times of it? (In years)

(a) 170 (b) 180
(c) 190 (d) 160

10. 9,960 रुपये की राशि 7.5% प्रति वर्ष चक्रवृद्धि ब्याज पर उधार ली गई और दो समान वार्षिक किश्तों में वापस भुगतान की गई। प्रत्येक किस्त की राशि क्या थी?

A sum of Rs.9,960 was borrowed at 7.5% per annum compound interest and paid back in two equal annual instalments. What was the amount of each instalment?

(a) Rs. 5,475 (b) Rs. 5,547
(c) Rs. 5,745 (d) Rs. 5,457

11. सोहेल ने 2250 रुपये से एक कारोबार आरंभ किया जबकि त्रिशला 3 महीने बाद कुछ राशि निवेश की। यदि 12 माह के अंत में (सोहेल के निवेश से), सोहेल और त्रिशला ने लाभ को 25 : 24 के अनुपात में बांटा है, तो त्रिशला ने कितना निवेश किया था?

Sohail started a business with Rs.2250 while Trishala invested some amount after 3 months. If at the end of 12 months (from Sohail's investment), Sohail and Trishala share the profit in the ratio 25 : 24, then how much did Trishala invest?

(a) 2160 रु (b) 2480 रु
(c) 2880 रु (d) 2920 रु

12. चार व्यक्तियों A, B, C और D में विभाजित लाभ की राशि निम्नानुसार है। B को 3 हिस्से मिलते हैं, D को 7 हिस्से मिलते है, C को B और D दोनों की संयुक्त राशि का औसत मिलता है और A को B के हिस्से का दो-तिहाई मिलता है। अगर B का हिस्सा C के हिस्से से ₹ 324 कम है, तो A और D के हिस्से का योग कितना है?

The amount of profit divided among four persons. A, B, C and D as follows. B gets third part and D gets 7th part. C get average of B and D and A gets two-third of B's share. If C's share exceeds B's share by ₹ 324. then what is the sum of A's share and D's share?

(a) ₹ 1750 (b) ₹ 1458
(c) ₹ 1673 (d) ₹ 1568

13. एक बेकरी चार ग्राहकों A, B, C और D का 4 : b : 6 : 3 के अनुपात में 90 किलो मिठाई वितरित करती है। अगर C का हिस्सा D के हिस्से से 15 किलो अधिक है तो B और D के हिस्सों में क्या अनुपात है?

A bakery distributes 90 kg of sweets to four customers. A, B, C and D in the ratio of 4 : b : 6 : 3. If the share of B is 15 kg more than that of D, then what is the ratio between the shares of B and D?

(a) 5 : 6 (b) 5 : 3
(c) 3 : 5 (d) 5 : 4

14. टीना और शीना की आय 2 : 3 के अनुपात में है और उनका व्यय 3 : 5 के अनुपात में है। यदि प्रत्येक ₹1,000 बचाता है, तो टीना की आय है:

Income of Tina and Seena is in the ratio of 2 : 3 and their expenditures are in ratio of 3 : 5. If each saves ₹1,000, then Teena's income is:

(a) ₹4,000 (b) ₹5,000
(c) ₹6,000 (d) ₹8,000

15. शराब और पानी के 60 लीटर मिश्रण में 20% पानी है। यदि इस मिश्रण का 20 लीटर बाहर निकाला जाता है और फिर शेष मिश्रण में 8 लीटर शराब मिलाई जाती है, तो अंतिम मिश्रण में पानी का प्रतिशत कितना है?

60 liters of a mixture of alcohol and water contains 20% water. If 20 liters of this mixture is taken out and then 8 liters of alcohol is added to the remaining mixture, then what is the percentage of water in the final mixture?

(a) 14.58% (b) 25.67%
(c) 16.67% (d) 30.00%

16. एक रसायन विज्ञान प्रयोगशाला में, कुछ एसिड की दो किस्में होती हैं। किस्म A की कीमत रु. 80 प्रति लीटर, जबकि किस्म B की कीमत रु. 100 प्रति लीटर. एक वैज्ञानिक को A और B दोनों किस्मों को किस अनुपात में मिलाना चाहिए, ताकि मिश्रण का मूल्य रु. 92 प्रति लीटर हो जाए?

In a chemistry laboratory, there are two varieties of some acid. Variety A costs Rs. 80 per litre, while variety B costs Rs. 100 per litre. In what proportion must a scientist mix both the varieties A and B, so that the mixture becomes worth Rs. 92 per litre?

(a) 5 : 6 (b) 4 : 7
(c) 5 : 4 (d) 2 : 3

17. 17 पारियों में एक क्रिकेट खिलाड़ी के द्वारा बनाए रनों का औसत 34 है। 5 रन से अपनी औसत बढ़ाने के लिए अपनी अगली पारी में उसे कितने रन बनाने चाहिए?

The average runs scored by a cricket player in 17 innings is 34. How many runs should he score in his next innings to increase his average by 5 runs?

(a) 170 (b) 180
(c) 124 (d) 168

18. एक बल्लेबाज 15वीं पारी में 97 रन बनाता है और इस प्रकार उसका औसत 5 बढ़ जाता है। 15वीं पारी के बाद उसका औसत ज्ञात कीजिए।

A batsman makes a score of 97 runs in 15th inning and thus increases his average by 5. Find his average after 15th inning.

(a) 15 (b) 82
(c) 27 (d) 92

19. A और B एक काम को क्रमशः 24 दिनों और 12 दिनों में कर सकते हैं। A, B और C एक साथ उसी काम को 4 दिनों में कर सकते हैं। यदि काम को A और B के द्वारा एक साथ शुरू किया गया है और वे केवल 3 दिनों के लिए काम करते हैं, और उसके बाद शेष काम C द्वारा अकेले ही समाप्त किया गया है, तो C ने कितने दिनों के लिए काम किया?

A and B can do a piece of work in 24 days and 12 days respectively. A, B and C together can do the same work in 4 days. If the work is started by A and B together and they work for only 3 days, and after that the remaining work is finished by C alone, then for how many days did C work?

(a) 4 days/दिन (b) 5 days/दिन
(c) 3 days/दिन (d) 6 days/दिन

20. यश एक काम को 49 दिनों में कर सकता है और नमन उसी काम को 35 दिनों में कर सकता है। सौरव उसी कार्य को 7 दिनों में कर सकता है। समान कार्य को पूरा करने के लिए आवश्यक कुल दिन ज्ञात कीजिए यदि वे वैकल्पिक दिनों में कार्य करते हैं जैसे कि यश पहले दिन कार्य करता है, नमन दूसरे दिन कार्य करता है, सौरव तीसरे दिन कार्य करता है और फिर यश चौथे दिन कार्य करता है इत्यादि।

Yash can do a piece of work in 49 days and Naman can do the same work in 35 days. Saurav can do the same work in 7 days. Find the total days required to complete the same work if they work on alternate days such that Yash works on the first day, Naman works on the second day, Saurav work on the third day and then again Yash works on the fourth day and so on.

(a) $\frac{118}{7}$ days (b) $\frac{116}{7}$ days
(c) $\frac{117}{7}$ days (d) $\frac{114}{7}$ days

21. दो पाइप अलग-अलग क्रमशः 15 मिनट और 12 मिनट में पानी की एक टंकी को भर सकते हैं और एक अपशिष्ट पाइप 22 गैलन/मिनट की दर से पानी निकाल सकता है। अगर सभी तीनों पाइप एक साथ खोले जाने पर खाली टैंक 20 मिनट में भर जाता है, तो पानी की टंकी की क्षमता .... ....है (गैलन में)।

Two pipes can separately fill a tank of water in 15 minutes and 12 minutes respectively and a waste pipe can draw out water at the rate of 22 gallons/minute. If, when all the three pipes are opened simultaneously, the empty tank is filled in 20 minutes, then the capacity of the water tank is ......... (in gallons).

(a) 200 gallons/गैलन
(b) 210 gallons/गैलन
(c) 220 gallons/गैलन
(d) 230 gallons/गैलन

22. एक पुलिसकर्मी को 97 मी की दूरी से एक चोर दिखाई देता है। चोर भागने लगता है और पुलिसकर्मी उसका पीछा करता है। चोर और पुलिसकर्मी क्रमशः 21 मी/सेकंड और 23 मी/सेकंड की चाल से दौड़ते हैं। चोर पकड़ने में पुलिसकर्मी को कितना समय लगता है?

A thief is noticed by a policeman from a distance of 97 m. The thief starts running and the policeman chases him. The thief and the policeman run at a speed of 21 m/sec and 23 m/sec respectively. What is the time taken by the policeman to catch the thief?

(a) 40 सेकंड
(b) 45 सेकंड
(c) 62.5 सेकंड
(d) 48.5 सेकंड

23. 70 किमी प्रति घंटा और 80 किमी प्रति घंटा क्रमशः की गति वाली दो ट्रेनें दिल्ली और आगरा के बीच एक दूसरे की विपरीत दिशा में चलती है। अगर 2 ट्रेनों के मिलने के समय यह पाया जाता है कि एक ट्रेन ने दूसरी की तुलना में 40 किमी अधिक यात्रा की थी, तो दिल्ली और आगरा के बीच की दूरी क्या है?

Two trains with speeds of 70 kmph and 80 kmph respectively run in opposite directions between Delhi and Agra. If at the time of meeting of 2 trains it is found that one train traveled 40 km more than the other, then what is the distance between Delhi and Agra?

(a) 420 km (b) 500 km
(c) 600 km (d) 450 km

24. एक लड़का घर से कॉलेज तक 35 किमी/घंटा की गति से यात्रा करता है और 3 किमी/घंटा की गति से वापस आता है। यदि पूरी यात्रा में 6 घंटे 30 मिनट लगे, तो घर से कॉलेज की दूरी (ठीक 2 दशमलव स्थानों तक) है:

A boy travelled from the home to the college at the rate of 35 km/h and walked back at the rate of 3 km/h. If the whole journey took 6 h 30 min, then the distance of the college from the home (correct to 2 decimal places) is:

(a) 18.01 km. (b) 17.58 km.
(c) 17.25 km. (d) 17.96 km.

25. 65 किमी/घंटा की गति से यात्रा करने वाली एक ट्रेन सुबह 10:00 बजे बॉम्बे से निकलती है। और 76 किमी/घंटा की गति से यात्रा करने वाली एक अन्य ट्रेन दोपहर 12:00 बजे उसी दिशा में शुरू होती है। बम्बई से कितनी दूरी (किमी में) पर वे एक साथ होंगे?

A train travelling at the speed of 65 km/h leaves Bombay at 10:00 A.M. and another train travelling at the speed of 76 km/h starts at 12:00 P.M. in the same direction. At what distance (in km) from Bombay will they be together?

(a) 925 km (b) 988 km
(c) 898.18 km (d) 1,000 km

26. 625 मीटर की एक गोलाकार दौड़ में, A और B एक ही बिंदु से, एक ही समय पर और क्रमशः 90 किमी/घंटा और 72 किमी/घंटा की गति से शुरू करते हैं। यदि वे समान दिशा में दौड़ रहे हैं तो कितने समय बाद वे पहली बार ट्रैक पर मिलेंगे?

In a circular race of 625 m, A and B start from the same point, at the same time and at speeds of 90 km/h and 72 km/h, respectively. After how much time will they meet again for the first time on the track if they are running in the same directions?

(a) In 115 seconds/सेकंड में
(b) In 122 seconds/सेकंड में
(c) In 125 seconds/सेकंड में
(d) In 120 seconds/सेकंड में

27. एक नाव धारा के प्रतिकूल 'D' किमी की दूरी तय करने में 8 घंटे लेती है और धारा के अनुकूल 'D + 2' किमी की दूरी तय करने में 6 घंटे लेती है। यदि धारा की चाल 3 किमी प्रति घंटा है, तो 2 घंटे में नाव द्वारा धारा के प्रतिकूल तय की गई दूरी ज्ञात कीजिए।

A boat takes 8 hours to cover 'D' km in upstream and takes 6 hours to cover 'D + 2 km. in downstream. If speed of stream is 3 km/h, then find distance covered by boat in upstream in 2 hrs.

(a) 34 किमी (b) 48 किमी
(c) 32 किमी (d) 56 किमी

28. एक पिकनिक में 240 व्यक्ति गए। इस में महिलाओं की संख्या से पुरुषों की संख्या 20 अधिक है और बच्चों की संख्या से वयस्कों की संख्या 20 अधिक है। पिकनिक में कितने पुरुष हैं?

240 persons went to a picnic. In this, the number of men is 20 more than the number of women and the number of adults is 20 more than the number of children. How many men are there in the picnic?

(a) 75 (b) 110
(c) 130 (d) 140

29. निम्नलिखित में से कौन सा 24 से विभाज्य है?

Which of the following is divisible by 24?

(a) 2940 (b) 2856
(c) 1458 (d) 1860

30. यदि 328, 451 और 697 का महत्तम समापवर्तक (HCF) $x$ है, तो $x$ का मान _____ के बीच होगा।

If the HCF of 328, 451 and 697 is $x$, then the value of $x$ will lie between _____.

(a) 48 और 52 (b) 44 और 48
(c) 36 और 40 (d) 40 और 44

31. $\frac{(589+187)^2-(589-187)^2}{589\times187}=?$

(a) 4 (b) 766
(c) 402 (d) $\frac{201}{388}$

32. $\frac{\frac{3}{7}\div\frac{3}{7}\times\frac{3}{7}}{\frac{3}{7}\div\frac{3}{7}\text{ of }\frac{3}{7}}\div\frac{9}{49}$ का मान क्या होगा?/What will be the value of

(a) 1 (b) $\frac{40}{49}$
(c) $\frac{9}{49}$ (d) 10

33. एक आयताकार पार्क 110 मीटर लंबा और 70 मीटर चौड़ा है। दो क्रॉस पथ, जिनमें से प्रत्येक की चौड़ाई 6 मीटर है, भुजाओं के समानांतर निर्मित किया जाता है। यदि इन पथों के निर्माण की लागत 175 रु/मीटर$^2$ है, तो इन पथों के निर्माण की कुल लागत (रु. में) कितनी है?

A rectangular park is 110m long and 70m wide. Two cross paths, each of width 6 m, are constructed parallel to the sides. If the cost of construction of these paths is Rs. 175/m$^2$, then what is the total cost (in Rs.) of construction of these paths?

(a) 178250
(b) 182700
(c) 197200
(d) 187520

**निर्देश (33-34):** दिए गए आरेख का ध्यानपूर्वक अध्ययन कर उस पर आधारित प्रश्नों का उत्तर दीजिए। दिया गया रेखा आरेख एक वर्ष में छह विभिन्न राज्यों के स्नातकों की संख्या को दर्शाता है। (लाख में)

**Directions:** Study the following graph carefully and answer the questions given below. The given line graph represents the number of graduates from six different states in a year (In lakhs).

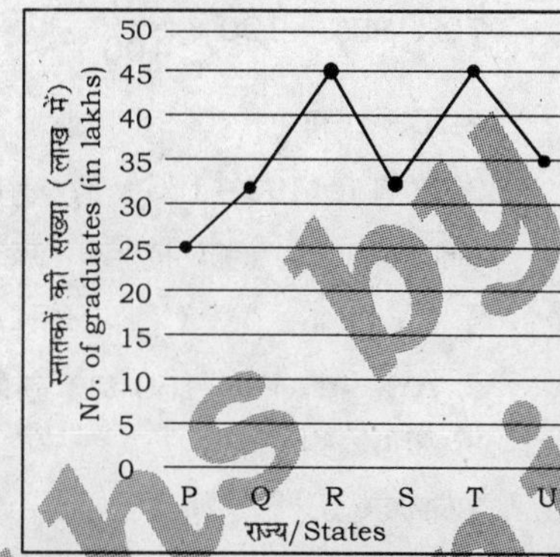


34. राज्य T और राज्य P से स्नातकों की संख्या का अनुपात कितना है?

What is the ratio of the number of graduates from State T to that of State P?

(a) 5 : 9
(b) 9 : 5
(c) 3 : 7
(d) 4 : 5

35. राज्य U और R के स्नातकों की संख्या में अंतर ज्ञात कीजिए। (लाखों में)

Find the difference in number of graduates of State R and U. (In lakhs)

(a) 10
(b) 13
(c) 12
(d) 11

# ANSWER KEY

| | | | | | | | | | |
|---|---|---|---|---|---|---|---|---|---|
| 1.(c) | 2.(c) | 3.(d) | 4.(b) | 5.(b) | 6.(a) | 7.(a) | 8.(d) | 9.(b) | 10.(b) |
| 11.(c) | 12.(b) | 13.(b) | 14.(a) | 15.(a) | 16.(d) | 17.(c) | 18.(c) | 19.(b) | 20.(c) |
| 21.(c) | 22.(d) | 23.(c) | 24.(d) | 25.(c) | 26.(c) | 27.(a) | 28.(a) | 29.(b) | 30.(d) |
| 31.(a) | 32.(a) | 33.(b) | 34.(b) | 35.(a) | | | | | |

# SOLUTIONS

1. (c)
गाँव में निरक्षर महिलाओं की संख्या

$= \frac{4000}{2} = 2000$

गाँव में कुल महिलाओं की संख्या
$= 6000 + 2000 = 8000$

$X \times \frac{40}{100} = 8000$

$X \times \frac{8000 \times 100}{40}$

$X = 20000$

अत: गाँव की कुल आबादी = 20000

**SMART APPROACH:-**

$40\% = \frac{2}{5}$ (2 → महिलायें, 5 → कुल आबादी)

निरक्षर $= \frac{4000}{2} = 2000$

साक्षर = 6000

कुल महिलायें = 6000 + 2000
= 8000

1 इकाई → 4000
5 इकाइ → 20000

2. (c)
खर्च = मूल्य × खपत

$\frac{100}{108} = \frac{4}{5} \times \frac{x}{y}$

$\frac{x}{y} = \frac{10}{9}$

खपत में % कमी $= \frac{1}{10} \times 100$
= 10%

**वैकल्पिक विधि:**

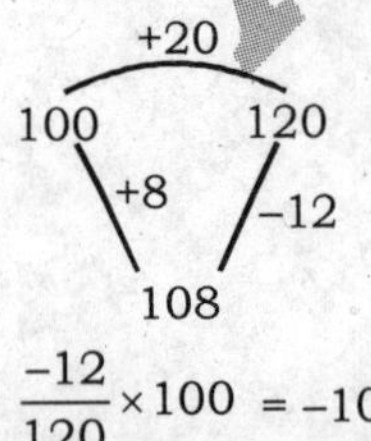


$\frac{-12}{120} \times 100 = -10\%$

3. (d)
चावल की कुल मूल्य = 190 × 120
= ₹ 22800
कुल मात्रा = 190 किग्रा

70% मात्रा $= 190 \times \frac{70}{100}$

= 133 किग्रा

30% मात्रा = 190 – 133 = 57 किग्रा

माना कि 30% चावल का विक्रय मूल्य
= ₹ $x$ किग्रा.

∴ 70% चावल को 150 प्रति किग्रा पर बेचा।

प्रश्नानुसार,

$133 \times 150 + 57x$

$= 22800 \times \frac{155}{100}$

$\Rightarrow 19950 + 57x = 35340$

$\Rightarrow 57x = 15390$

$\therefore x = ₹270$

**SMART APPROACH:-**

माना कुल मात्रा = 10 किग्रा

70% मात्रा पर लाभ

$= \frac{150 - 120}{120} \times 100 = 25\%$

$7 \times 25\% + 3 \times x = 10 \times 55\%$

$3x = (550 - 175)\%$

$x = 125\%$ (लाभ)

अत: 30% चावल का विकय मूल्य

$= 120 \times \frac{225}{100} = ₹270$

4. (b)

$25\% = \frac{1}{4}$, $20\% = \frac{1}{5}$

| | CP | | SP | |
|---|---|---|---|---|
| ( | 4 | : | 5) | × 4 |
| ( | 5 | : | 4) | × 5 |

आवश्यक अनुपात

| CP | | SP |
|---|---|---|
| 16 | : | 20 |
| 25 | : | 25 |
| 41 | | 20 → 475 |

$\frac{475}{20} \times 41$ — 41

लाभ $= 575 \times 2 - \frac{475}{20} \times 41$

$= 25\left(23 \times 2 - \frac{19 \times 41}{20}\right)$

$= 176.25$

लाभ % $= \frac{176.25}{475 \times 41} \times 20 \times 100 \approx 18\%$

5. (b)
दिया है,
D% = 20, P% = 20%

| C.P. | : | M.P. |
|---|---|---|
| (100 – D%) | : | (100 + P%) से, |
| (100 – 20) | : | 100 + 20 |
| 80 | : | 120 |
| 2 | : | 3 |

2 इकाई = ₹ 21500

1 इकाई ₹ 10750

∴ 3 = 3 × 10750 = ₹ 32250

6. (a)
For (i) ......

$\Rightarrow 45 + 3 - \frac{45 \times 3}{100} = 48 - 1.35$
= 46.65%

एकल छूट

$= 46.65 + 2 - \frac{46.65 \times 2}{100}$

$= 48.65 - 0.933 = 47.717\%$

For (ii) ......

$\Rightarrow 25 + 12 - \frac{25 \times 12}{100}$

$= 37 - 3 = 34\%$

एकल छूट $= 34 + 13 - \frac{34 \times 13}{100}$

$= 47 - 4.42 = 42.58\%$

बचत = 1500 × (47.717 – 42.58)%

$15000 \times \frac{5.137}{100} = 770.55$ रु.

7. (a)

निवेश की गई राशि = ₹19500

समय = 2 वर्ष

$A \rightarrow I = x$

$B \rightarrow II = 19500 - x$

कुल साधारण ब्याज = 6125

$\Rightarrow \frac{x \times 15 \times 2}{100} + \frac{(19500 - x) \times 12.5 \times 2}{100}$

= 6125

$\frac{30x}{100} + \frac{(19500 - x) \times 25}{100} = 6125$

$\frac{30x + (19500 - x) \times 25}{100} = 6125$

$5x = 125000$

$x = 25000$

8. (d)

अंकित मूल्य × $\frac{21}{25}$ = 1638

$\left(\because 16\% = \frac{-4}{25}\right)$

अंकित मूल्य = 78 × 25 = 1950 रु.

अंकित मूल्य = विक्रय मूल्य (यदि कोई छूट न दी जाए)

क्रय मूल्य × $\frac{13}{10}$ = 1950

$\left(\because 30 = \frac{+3}{10}\right)$

क्रय मूल्य = 150 × 10

क्रय मूल्य = 1500 रु.

9. (b)

2 गुना = 15 वर्ष

4096 गुना = $2^{12}$ गुना = 15 × 12

= 180 वर्ष

**नोटः** जो घात होगी उसकी समय से गुणा करेंगे।

10. (b)

दर = 7.5% = $\frac{3}{40}$

| | मूलधन | | मिश्रधन |
|---|---|---|---|
| I वर्ष | (40 | : | 43)×43 |
| II वर्ष | 1600 | : | 1849 |
| | 3320 | : | 1849 Each |

3320 इकाई → 9960

1849 इकाई → 5547 रु.

11. (c)

सोहेल : त्रिशला

2250 × 12 : $x \times 9$ = 25 : 24

$\frac{2250 \times 12}{x \times 9} = \frac{25}{24}$

$x$ = 24 × 120 = 2880 रु

त्रिशला ने 2880 रूपये का निवेश किया

12. (b)

A B C D

2 3 5 7

(+2)

दिया है,

2 → 324

अब, A + D = 9 → $\frac{324}{2} \times 9$

(A + D) का हिस्सा = 1458 Rs.

13. (b)

A B C D

4 b 6 3

(−3)

प्रश्नानुसार,

3 इकाई → 15 kg

1 इकाई → 5 kg

⇒ A इकाई → 20

C इकाई → 30

D इकाई → 15

B = 90 − [20 + 30 + 15]

B = 25 kg

$\therefore \frac{B}{D} = \frac{25}{15} = \frac{5}{3}$

14. (a)

| | T | S | |
|---|---|---|---|
| आय | (2 | 3) | ×2 |
| | 4 | 6 | |
| खर्च | 3 | 5 | |
| बचत | 1000 | 1000 | |

बचत = 1 → 1000

टीना I = 4 → 4000

वैकल्पिक विधिः-

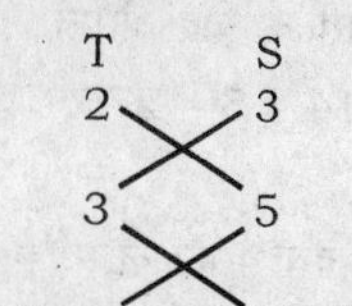


(10 − 9) इकाई = 5000 − 3000

2 इकाई = 2000 × 2 = 4000 रु

15. (a)

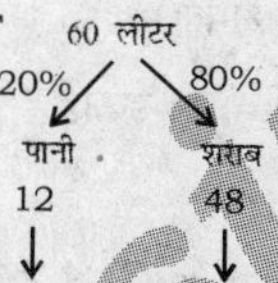


I step $12 - \frac{1}{4} \times 20 = 7$ $48 - \frac{3}{4} \times 20 = 33$

II Step 7 + 0 = 7 33 + 8 = 41 = 48 लीटर (+)

आवश्यक % = $\frac{7}{48} \times 100$

= 14.58%

अतः परिणामी मिश्रण में पानी का प्रतिशत 14.58% है।

16. (d)

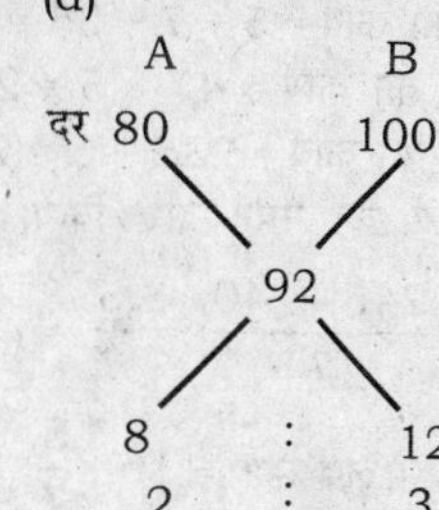


17. (c)

17 पारियों में कुल रनों की संख्या

= 17 × 34 = 578

18 पारियों तक बनाए गए कुल रनों की संख्या

= 18 × 39 = 702

18वी पारी में बनाए गए रनों की संख्या

= 702 − 578 = 124

**SMART APPROACH:-**

औसत में पाँच रनों की वृद्धि के लिए पिछली प्रत्येक पारी में पाँच रनों की वृद्धि करनी होगी साथ ही नई पारी में औसत से पाँच रन अधिक बनाने होंगे।

= 17 × 5 + (34 + 5)

= 85 + 39 = 124

18. (c)

15 वीं पारी के बाद औसत

= 97 – 14 × 5 = 27 रन

19. (b)

24, 12, तथा 4 का ल.स. = 24

A → 24 — 1
B → 12 — 2 → 24 (कुल कार्य)
A + B + C → 4 — 6

C → 3 (क्षमता)

कुल कार्य = 24 इकाई

प्रश्नानुसार,

3(A + B) + $x$ (C) = 24

9 + 3$x$ = 24

$x = \frac{15}{3} = 5$ दिन

20. (c)

यश → 49 — 5 (क्षमता)
नमन → 35 — 7 → 245 ← कुल कार्य
सौरभ → 7 — 35

3 दिन का कार्य = 5 + 7 + 35 = 47

15 दिन का कार्य = 47 × 5 = 235

16 दिन का कार्य = 235 + 5 = 240

शेष कार्य को नमन द्वारा किया गया

कार्य = $\frac{245-240}{7} = \frac{5}{7}$

कुल कार्य में लगा समय = $16 + \frac{5}{7}$

$= \frac{117}{7}$ दिन

21. (c)

15, 12, 20 का ल.स.प. = 60

A → 15 — 4 (क्षमता)
B → 12 — 5 → 60 (कुल धारिता)
A+B–C → 20 — 3

C → – 6

दिया है,

6 → 22 गैलन/मीनट

कुल धारिता = 60 → 220 इकाई

टैंक की क्षमता = 220 इकाई

22. (d)

सापेक्ष गति = 23 – 21 = 2 मीटर/सेकंड

पुलिस द्वारा चोर को पकड़ने में लिया गया समय = $\frac{97}{2}$ = 48.5 सेकंड

23. (c)

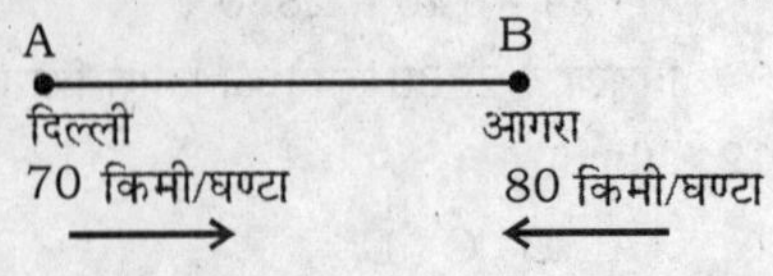


B द्वारा तय की गई दूरी – A द्वारा यात्रा की गई दूरी = 40 किमी

माना, वे दोनों 't' समय के बाद मिलते हैं

⇒ 80t – 70t = 40

⇒ t = 4 घंटा

∴ दिल्ली और आगरा के बीच की दूरी = (70 + 80) × 4 = 600 किमी

24. (d)

दिया है,

6 घंटा 30 मिनट = $\frac{13}{2}$ घंटा

कुल दूरी = $\frac{S_1 \times S_1}{S_1 + S_2} \times T$

$= \frac{35 \times 3}{35+3} \times \frac{13}{2} = 17.96$

25. (c)

10 : 00 → 76किमी./घंटा
65किमी./घंटा |← 130किमी. →|
12 : 00

सापेक्ष गति = (76 – 65)

= 11 किमी./घंटा

कुल दूरी = 65 × 2 = 130 किमी.

⇒ समय = $\frac{130}{11}$ घंटे

∵ दूरी = $\frac{130}{11} \times 76$

= 898.18 किमी.

26. (c)

सापेक्ष गति = (90 – 72)

= 18 किमी/घंटा

दूरी = 625 मी.

आवश्यक समय = $\frac{625 \times 18}{18 \times 5}$

= 125 से.

27. (a)

माना, स्थिर जल में नाव की चाल = B

माना, स्थिर जल में धारा की चाल = 3 किमी/घंटा

प्रश्नानुसार,

$\frac{D}{B-3} = 8$

⇒ D = 8 (B – 3) ....... (i)

$\frac{D+2}{B+3} = 6$

⇒ D = 6 (B + 3) – 2 ...... (ii)

समीकरण (i) और (ii) को हल करने पर,

B = 20 किमी/घंटा

अब दूरी = (20 – 3) × 2 = 34 किमी

28. (a)

वयस्क (A) = बच्चे (C) + 20

C + A = 240

C + C + 20 = 240

C = 110

∴ A = 130

माना, महिलाओं की संख्या = $x$

पुरूषों की संख्या = $x$ + 20

⇒ $x + x + 20 = 130$,

$x = 55$

पुरूषों की संख्या 130 – 55 = 75

**SMART APPROACH:-**

माना महिलाओं की संख्या = $x$

पुरूषों की संख्या = $x$ + 20

अत: बच्चों की कुल संख्या = 2$x$

$x + (x + 20) + 2x = 240$

$4x + 20 = 240$

$x = 55$

पुरूषों की संख्या = $x$ + 20 = 55 + 20 = 75

**29.** (b)

24 = 8 × 3

दिए गए विकल्प से:

(b) 2856, यह 8 और 3 दोनों से विभाजित है

अंत: यह 24 से भी विभाजित होगा।

**30.** (d)

328, 451, 697 का म.स.प.

41 × 8,   41 × 11,   41 × 17

$x$ = म.स.प. = 41

म.स.प. का मान 40 और 44 के बीच होगा।

**31.** (a)

$$\frac{(589+187)^2-(589-187)^2}{589\times187} = ?$$

$\because (a + b)^2 - (a - b)^2 = 4ab$

$$= \frac{4\times589\times187}{589\times187} = 4$$

**32.** (a)

$$\frac{\frac{3}{7}\div\frac{3}{7}\times\frac{3}{7}}{\frac{3}{7}\div\frac{3}{7}\text{ of }\frac{3}{7}} \div \frac{9}{49} = \frac{1\times\frac{3}{7}}{\frac{3}{7}\div\frac{9}{49}} \div \frac{9}{49} = \frac{\frac{3}{7}}{\frac{3}{7}\times\frac{49}{9}} \div \frac{9}{49} = \frac{3}{7}\times\frac{3}{7}\div\frac{9}{49} = 1$$

**33.** (b)

पथ का क्षेत्रफल = 110 × 6 + 70 × 6 – 6 × 6 = 660 + 420 – 36

= 1080 – 36 = 1044 मीटर$^2$

पथों की निर्माण की कुल लागत

= 1044 × 175

= 182700 रूपये

**34.** (b)

(T) की संख्या = 45

(P) की संख्या = 25

संख्या का अनुपात = 45 : 25

= 9 : 5

**35.** (a)

(R) की संख्या = 45

(U) की संख्या = 35

$\therefore$ आवश्यक अंतर = (45 – 35) = 10

# मॉक टेस्ट-08

28

1. 27000 विद्यार्थियों के एक कॉलेज में 75% लड़के हैं। यदि 50% लड़कियाँ और 70% लड़के परीक्षा में अनुत्तीर्ण हुए, तो परीक्षा में उत्तीर्ण होने वाले विद्यार्थियों की संख्या ज्ञात करे।
In a college of 27000 students are there, in which 75% are boys. If 50% of the girls and 70% of the boys failed the examination, then find the number of students who passed in the examination.
(a) 9650 (b) 9450
(c) 9350 (d) 9550

2. यदि किसी वस्तु की खपत के प्रतिशत में 25% की वृद्धि हो ताकि कुल बजट में बदलाव न हो, तो वस्तु की कीमत में गिरावट आती है:
If the increase in the percentage of the consumption of a commodity is 25% so that overall budget does not change, then the price of the commodity falls by:
(a) 35% (b) 25%
(c) 20% (d) 30%

3. एक सामग्री को ₹ 600 में खरीदा गया। अगर सामग्री के $\frac{3}{4}$ हिस्से को 10% के लाभ पर बेचा जाता है और शेष को 20% के नुकसान पर, समग्र लाभ या हानि का प्रतिशत ज्ञात करे।
One item bought for ₹ 600. If $\frac{3}{4}$ part of the material is sold at a profit of 10% and the rest at a loss of 20%, find the percentage of the overall profit or loss.
(a) 3%हानि (b) 4% हानि
(c) 2.5% लाभ (d) 5% लाभ

4. सामान का एक तिहाई हिस्सा 15% लाभ पर बेचा जाता है, सामान का 25% हिस्सा, 20% लाभ पर बेचा जाता है, और शेष सामान 10% हानि पर बेचा जाता है। यदि पूरे लेन-देन में 350 रु. का लाभ अर्जित किया जाता है, तो सामान का वास्तविक मूल्य कितना (रु. में) था?
One third of the goods are sold at 15 profit % , 25% of the goods are sold at 20 % profit and the remaining goods are sold at 10% loss. If a profit of Rs. 350 is made in the whole transaction, then what was the original cost (in Rs) of the goods?
(a) 9,000
(b) 7,200
(c) 5,400
(d) 6,000

5. 17% की छूट के बाद एक टेबल का विक्रय मूल्य ₹20,750 है। यदि क्रय मूल्य, अंकित मूल्य का 70% है, तो क्रय मूल्य कितना है? (₹ में)
The selling price of the table is ₹20,750 after a discount of 17%. If the cost price is 70% of the marked price, then what is the cost price? (in ₹)
(a) 17500
(b) 17300
(c) 17400
(d) 17200

6. 7,500 रुपये के अंकित मूल्य वाली एक वस्तु पर दो क्रमागत छूटें दी गई, जिनमें से पहली 10% थी। अंत में, इसे 5,805 रुपये में बेचा गया। दूसरी छूट कितने प्रतिशत थी?
Two successive discounts, with the first being 10%, were given on an article having the marked price of Rs. 7,500. Finally, it was sold for Rs. 5,805. What percent was the second discount?
(a) 16% (b) 15%
(c) 14% (d) 12%

7. अरुण, बाला और चंद्रू ने एक साझेदारी की। अरुण कुल पूँजी का एक-तिहाई योगदान देता है जबकि बाला उतना योगदान देता है कि जितना अरुण और चंद्रू मिलकर देते हैं। यदि वर्ष के अंत में लाभ 84000 रु. होता है, तो चंद्रू को कितना धन प्राप्त होगा? (रु.) में)
Arun, Bala, Chandru enter into a partnership. Arun contributes one-third of the whole capital while Bala contributes as much as Arun and Chandru together contribute. If the profit at the end of the year is Rs. 84000, how much would Chandru receive? (in Rs.)
(a) 14000
(b) 42000
(c) 28000
(d) 16000

8. सोमू ने 10,000 रु. की धनराशि एक साहूकार से 7% प्रति 6 महीने की दर से साधारण ब्याज पर उधार ली, 3 वर्ष बाद उसे साहूकार को कितनी धनराशि का भुगतान करना होगा?
Somu borrowed a sum of Rs. 10,000 from a moneylender at the rate of 7% per 6 months simple interest. What is the amount he has to pay to the moneylender after 3 years?
(a) Rs. 13,000
(b) Rs. 12,500
(c) Rs. 14,200
(d) Rs.12,100

9. यदि 8% चक्रवृद्धि ब्याज पर लिए गए ₹ 7500 को, 3 साल की बराबर वार्षिक किस्त में चुकाना हो, तो अनुमानित वार्षिक किस्त ज्ञात करें।
If the amount charged at 8% compound interest is ₹ 7500 is to be paid in equal annual installments for 3 years, then find the estimated annual instalment.
(a) ₹ 3013 (b) ₹ 2867
(c) ₹ 2728 (d) ₹ 2910

10. एक कार खरीदने के लिए 2 वर्ष बाद ₹8,00,000 की राशि की आवश्यकता होगी। बैंक में जमा की गई राशि पर 8% वार्षिक ब्याज मिलता है। आवश्यकता को पूरा करने के लिए बैंक में वर्तमान में जमा की जाने वाली अनुमानित राशि क्या होनी चाहिए; यदि ब्याज वार्षिक रूप से संयोजित होता है?
An amount of ₹8,00,000 is needed after 2 years to buy a car. The amount deposited in a bank gives 8% per annum interest. What should be the approximate amount to be deposited in present in the bank to meet the requirement; if the interest is compounded annually?
(a) ₹4,55,567
(b) ₹5,66,647
(c) ₹6,85,871
(d) ₹6,44,457

11. सथी और रथिन ने 6 : 5 अनुपात में किसी व्यवसाय में कुछ पैसे का निवेश किया, लेकिन कुछ महीनों के बाद सथी ने अपना पैसा वापस ले लिया। यदि बारह महीने के अंत में लाभ 7 : 10 के अनुसार में सथी और रथिन के बीच साझा किया गया था, तो रथिन ने कितने महीने अकेले निवेश किया था?
Sathi and Rathin invested some money in a business in the ratio 6 : 5, but Sathi withdraw her money after a few months. If the end of twelve months' profit was shared between Sathi and Rathin in the ratio 7 : 10, for how many months did Rathin alone invest?
(a) 4 (b) 5
(c) 6 (d) 7

12. दो व्यक्तियों A और B ने क्रमश: 170100 रुपये और 97200 रुपये को एक व्यवसाय में निवेश किया। वे सहमत हैं कि लाभ का 40% उनके बीच समान रूप से विभाजित किया जाना चाहिए, बाकि उनके निवेश के अनुसार उसके बीच विभाजित किया जाना चाहिए। यदि A को B से 2727 रुपये अधिक मिले हैं, तो कुल लाभ ज्ञात कीजिए। (रु. में)
Two persons A and B invested in a business with Rs.170100 and Rs.97200 respectively. They agree that 40% of the profit should be divided equal between them and remaining according to their investment. If A got Rs.2727 more than B, then find the total profit. (In Rs.)
(a) 17665 (b) 15665
(c) 16665 (d) 18665

13. 10, 18, 14 और 26 से क्या घटाया जाना चाहिए ताकि परिणामी संख्याएं आनुपातिक हो जाएं?
What should be subtracted from 10, 18, 14 and 26 so that the resulting numbers become proportional?
(a) 8 (b) 6
(c) 4 (d) 2

14. 615 सिक्कों में एक रुपया, 50 पैसे और 25 पैसे के सिक्के शामिल हैं। उनका मान क्रमशः 3 : 5 : 7 के अनुपात में है। 50 पैसे के सिक्कों की संख्या ज्ञात कीजिए।
615 coins consists of 1 rupee , 50 paise and 25 paise coins. Their values are in the ratio of 3 : 5 : 7, respectively. Find the number of 50 paise coins.
(a) 150 (b) 180
(c) 160 (d) 170

15. मदिरा से भरे एक पीपे में से 6 लीटर मदिरा निकाली जाती है और इसे पानी से भरा जाता है। यह कार्य एक बार फिर किया जाता है। अब पीपे में शेष मदिरा की मात्रा का पानी की मात्रा से अनुपात 16 : 9 है। शुरूआत में पीपे में कितनी मदिरा थी? (लीटर में)
6 litres are drawn from a cask full of wine and is then filled with water. This operation is performed once more. The ratio of the quantity of wine now left in cask to that on the water is 16 : 9. How much wine the cask hold orginally? (in litres)
(a) 26 (b) 28
(c) 24 (d) 30

16. 20 लीटर और 36 लीटर के दो कंटेनरों में दूध और पानी का अनुपात क्रमशः 3 : 7 और 7 : 5 है। यदि दोनों बर्तनों को एक साथ मिला दिया जाए तो दूध और पानी का अनुपात क्या होगा?
The ratio of milk and water in two containers of 20 litres and 36 litres are in the ratio 3 : 7 and 7 : 5, respectively. What will be the ratio of milk and water if the two containers are mixed together?
(a) 9 : 13 (b) 21 : 23
(c) 27 : 29 (d) 21 : 25

17. 121 खिलाड़ियों की कबड्डी टीम का औसत वजन 71 किग्रा है। यदि प्रबंधन का वजन शामिल किया जाता है, तो औसत 1 किग्रा बढ़ जाता है। प्रबंधक का वजन ज्ञात कीजिए। (किग्रा में)

The average weight of a kabaddi team of 121 players is 71 kg. If the weight of the manager is included, then the average increases by 1kg. Find the weight of manager.

(a) 195 (b) 193
(c) 191 (d) 197

18. एक पार्क में सप्ताह के दिनों में औसतन 30 बच्चे खेलते थे और सप्ताहांत में औसतन 60 बच्चे खेलते थे। शनिवार से प्रारंभ होने वाले जून माह में प्रतिदिन पार्क में खेलने वाले बच्चों की औसत संख्या ज्ञात कीजिए।

A park had an average of 30 children playing on weekdays and an average of 60 children playing on weekends. Find the average number of children playing per day in the park for the month of June beginning with a Saturday.

(a) 45 (b) 60
(c) 40 (d) 30

19. A और B क्रमश: 25 दिनों और 20 दिनों में किसी काम को एक हिस्से को कर सकते हैं। वे एक साथ काम को शुरू करते हैं लेकिन 10 दिनों बाद, A छोड़ देता है। शेष कार्य अकेले B द्वारा पूरा किया जाता है। काम को पूरा करने के लिए, लिए गए दिनों की कुल संख्या ज्ञात कीजिए?

A and B can do a piece of work in 25 days and 20 days respectively. They start the work together but after 10 days, A leaves. Remaining work is completed by B alone. Find the total number of days taken to complete the work?

(a) 15 days/दिन
(b) 10 days/दिन
(c) 12 days/दिन
(d) 8 days/दिन

20. सूरज एक तय कार्य को उतने ही समय में पूरा कर सकता है, जितने समय में मनोज और राजेश मिलकर उसे पूरा कर सकते हैं। यदि राजेश अकेले इस कार्य को 28 दिनों में पूरा कर सकता है और सूरज और मनोज मिलकर इस कार्य को 14 दिनों में पूरा कर सकते हैं, तो मनोज अकेला इस कार्य को कितने दिनों में पूरा कर सकता है?

Suraj can complete a certain work in the same time as Manoj and Rajesh together can complete it. If Rajesh alone can complete the work in 28 days and Suraj and Manoj together can complete the work in 14 days, then in how many days can Manoj alone complete the work?

(a) 60 (b) 45
(c) 42 (d) 56

21. पाईप A एक टंकी को 64 मिनट में खाली कर सकता है, पाइप B उसी टंकी को 96 मिनट में भर सकता है और पाइप C उसी टंकी को 128 मिनट में भर सकता है। यदि तीनों को एक साथ खोला जाए, तो खाली टंकी को भरने में कितने मिनट का समय लगेगा?

Pipe A can empty a tank in 64 minutes, Pipe B can fill the same tank in 96 minutes and Pipe C can fill the same tank in 128 minutes. If all three pipes are opened together. How many minutes will it take to fill the empty tank?

(a) 364
(b) 374
(c) 384
(d) 394

22. 45 खम्भे एक सीधी पंक्ति में इस प्रकार खड़े है कि कोई भी दो क्रमागत खम्भों के बीच की दूरी एक समान है। एक कार 72 कि.मी. प्रति घंटा की गति से चलने पर पहले से 10 वें खम्भे तक पहुँचने में 18 सेकंड लेती है। 10 वें खम्भे तथा 31 वें खम्भे के बीच की दूरी (मीटर में) क्या होगी?

45 pillars are standing in a line such that distance between any two consecutive pillars is same. A car travelling with uniform speed of 72 km/h takes 18 seconds to reach from 1st pole to 10th pole. What is the distance (in metres) between 10th and 31st pole ?

(a) 800 (b) 820
(c) 840 (d) 910

23. रवि साइकिल द्वारा 22 किमी/घंटा से A स्थान से B स्थान की दूरी तय करता है। हालांकि वह B स्थान से A स्थान की दूरी पैदल 7 किमी/घंटा से तय करता है। पूरी यात्रा के लिए उसकी औसत गति कितनी होगी?

Ravi covers a distance of A place B by cycle at 22 km/h. However, he travels from place B to place A on foot at 7 km/h. What will be his average speed for the whole journey?

(a) 18 km/hr (b) 14.5 km/hr
(c) 11.9 km/hr (d) 10.6 km/hr

24. एक छात्र 5 किमी / घंटा की चाल से चलता है। जब वह अपनी चाल को बढ़ाकर 6 किमी / घंटा कर देता है, तो वह स्कूल में 20 मिनट पहले पहुंच जाता है। छात्र द्वारा तय की गई दूरी ज्ञात करें।

A student walks at a speed of 5 km/h. When he increases his speed to 6 km/h, he reaches the school 20 minutes earlier. Find the distance covered by the student.

(a) 12 km (b) 15 km
(c) 8 km (d) 10 km

25. दो ट्रेनें एक ही समय में एकदूसरे से 300 किमी की दूरी पर स्थित दो स्टेशनों से विपरीत दिशाओं में रवाना होती हैं। दोनों ट्रेन किसी एक स्टेशन से 180 किमी की दूरी पर एक दूसरे को पार करती हैं। उनकी चाल का अनुपात कितना है?

Two trains leave at the same time in opposite directions from two stations located at a distance of 300 km from each other. Both the trains cross each other at a distance of 180 km from the same station. What is the ratio of their speed?

(a) 4 : 3 (b) 3 : 2
(c) 3 : 4 (d) 2 : 3

26. तीन धावक अमन, रमेश और नरेश दौड़ लगाते हैं, अमन रमेश से 48 मीटर आगे और नरेश से 68 मीटर आगे रहता है। समान लंबाई की एक अन्य दौड़ में, रमेश, नरेश से 25 मीटर आगे है। प्रत्येक धावक पूरी दूरी एक स्थिर गति से तय करता है। दौड़ की लंबाई ज्ञात कीजिए।

Three runners Aman, Ramesh and Naresh run a race, with Aman finishing 48 metres ahead of Ramesh and 68 metres ahead of Naresh. In another race of same length, Ramesh finishes 25 metres ahead of Naresh. Each runner travels the entire distance at a constant speed. Find the length of the race.

(a) 240 metres/मीटर
(b) 242 metres/मीटर
(c) 244 metres/मीटर
(d) 248 metres/मीटर

27. शांत जल में नाव की चाल का धारा की चाल से अनुपात 7 : 3 है। धारा के अनुकूल नाव 4 घंटे में 180 किमी की दूरी तय कर सकती है तो शांत जल में नाव की चाल और धारा की चाल के बीच का अंतर ज्ञात कीजिए।

Ratio between speed of boat in still water to speed of stream is 7 : 3. In downstream, boat can cover 180 km in 4 hours then find the difference between speed of boat in still water and speed of stream.

(a) 9 किमी/घंटा
(b) 12 किमी/घंटा
(c) 15 किमी/घंटा
(d) 18 किमी/घंटा

28. एक न्यूनतम संख्या को 9, 14 और 16 से विभाजित किया जाता है, तो शेषफल 10 रहता है। जब उसी संख्या को 11 से विभाजित किया जाए तो शेषफल क्या होगा?

The smallest number when divided by 9, 14 and 16 leaves a remainder 10. Find the remainder when the same number is divided by 11.

(a) 12 (b) 6
(c) 10 (d) 8

29. प्रथम चार अभाज्य संख्याओं का औसत, जो विषम हैं, है:

The average of the first four prime numbers that are odd is:

(a) 4.6 (b) 4
(c) 6 (d) 6.5

30. तीन धावक एक गोलाकार ट्रैक पर दौड़ना शुरू करते हैं। वे सुबह 6 बजे एक ही बिंदु से शुरू करते हैं और 1 चक्कर पूरा करने में क्रमशः 12 सेकंड, 15 सेकंड और 24 सेकंड लेते हैं। वे आरंभिक बिंदु पर पुनः किस समय मिलेंगे?

Three runners start running on a circular track. They start from the same point at 6 AM and take 12 seconds, 15 seconds and 24 seconds respectively to finish 1 round. At what time will they meet again at the starting point?

**SSC GD 08/02/2023 (Shift-02)**

(a) 6:03:20 AM
(b) 6:02:30 AM
(c) 6:01:40 AM
(d) 6:02:00 AM

31. निम्नलिखित का मान क्या है?/What is the value of

$72 \div [38 - \{30 - (31 - 60 \div 4 \times 5)\}] = ?$

(a) –2 (b) –3
(c) –4 (d) –8

32. $72 \div 16 \text{ of } 3 - [28 \div 6 \text{ of } 4 - 20 \div 7 \times (23 - 37) - 41] \times 1\frac{1}{2}$ का मान ज्ञात कीजिए।

Find the value of $72 \div 16 \text{ of } 3 - [28 \div 6 \text{ of } 4 - 20 \div 7 \times (23 - 37) - 41] \times 1\frac{1}{2}$.

(a) $\frac{5}{8}$ (b) 1
(c) $\frac{5}{4}$ (d) $\frac{3}{2}$

33. 3.5 मीटर व्यास वाले एक मकबरे के अर्धगोलाकार गुंबद को चित्रित किया जाना है। यदि पेंटिंग की लागत 20 पैसे प्रति सेमी वर्ग है, तो गुंबद को अंदर से पेंट करने की लागत (₹ में) क्या है? $\left(\pi = \frac{22}{7} \text{ लीजिए}\right)$

A hemispherical dome of a tomb having diameter of 3.5 m is to be painted. If the cost of painting is 20 paise per cm², then what is the cost (in ₹) of painting the dome from inside? $\left(\text{Take } \pi = \frac{22}{7}\right)$

(a) ₹38,500 (b) ₹35,000
(c) ₹28,500 (d) ₹25,000

**निर्देश (34-35):** पाई चार्ट का अध्ययन करें और नीचे दिए गए प्रश्नों के उत्तर दें।

चार्ट मुंबई में वाशिंग मशीन के विभिन्न ब्रांडों की बिक्री को दर्शाता है।

बेची गई वाशिंग मशीन की कुल संख्या = 85000

**Direction:** Study the pie chart and answer the questions given below.

The chart shows the sales of different brands of the washing machines in Mumbai.

Total number of Washing machines sold = 85000

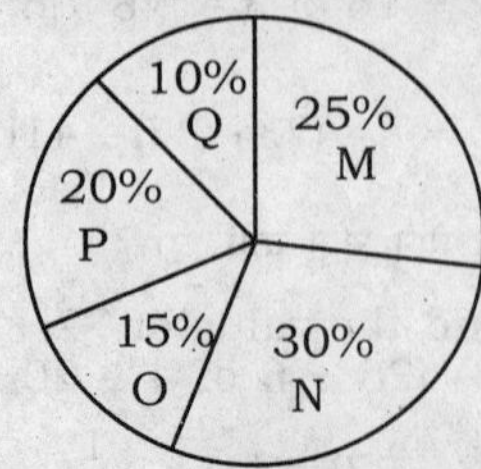


34. ब्रांड N और ब्रांड Q दोनों की मिलाकर बेची गई वाशिंग मशीनों की कुल संख्या कितनी है?

What the total number of washing machines of Brand N and Brand Q sold together?

(a) 32000
(b) 34000
(c) 26000
(d) 28000

35. ब्रांड M और ब्रांड P की बेची गई वाशिंग मशीनों की संख्या के बीच अंतर ज्ञात कीजिए।

Find the difference between number of washing machines of brand M and brand P sold.

(a) 4250
(b) 4300
(c) 4150
(d) 4200

# ANSWER KEY

| | | | | | | | | | |
|---|---|---|---|---|---|---|---|---|---|
| 1.(b) | 2.(c) | 3.(c) | 4.(d) | 5.(a) | 6.(c) | 7.(a) | 8.(c) | 9.(d) | 10.(c) |
| 11.(b) | 12.(c) | 13.(d) | 14.(a) | 15.(d) | 16.(c) | 17.(b) | 18.(c) | 19.(c) | 20.(d) |
| 21.(c) | 22.(c) | 23.(d) | 24.(d) | 25.(b) | 26.(a) | 27.(d) | 28.(b) | 29.(d) | 30.(d) |
| 31.(a) | 32.(c) | 33.(a) | 34.(b) | 35.(a) | | | | | |

# SOLUTIONS

1. (b)

कुल विद्यार्थी = 27000

लड़कों की संख्या = $27000 \times \frac{75}{100}$

= 20250

लड़कियों की संख्या = 27000 − 20250

= 6750

30% उत्तीर्ण लड़कों की संख्या

= 20250 × 30% = 6075

50% उत्तीर्ण लड़कियों की संख्या

= 6750 × 50% = 3375

परीक्षा में उत्तीर्ण होने वाले छात्रों की संख्या

= 6075 + 3375 = 9450

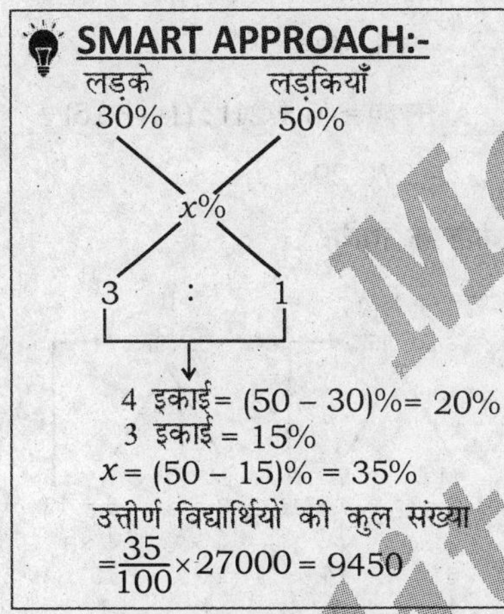


2. (c)

बजट = मूल्य × उपभोग

∵ बजट स्थिर है

तब,

मूल्य $\propto \frac{1}{\text{उपभोग}}$

$25\% = \frac{1}{4}$

उपभोग → 4 : 5

मूल्य → 5 : 4

मूल्य में प्रतिशत कमी = $\frac{1}{5} \times 100$

= 20%

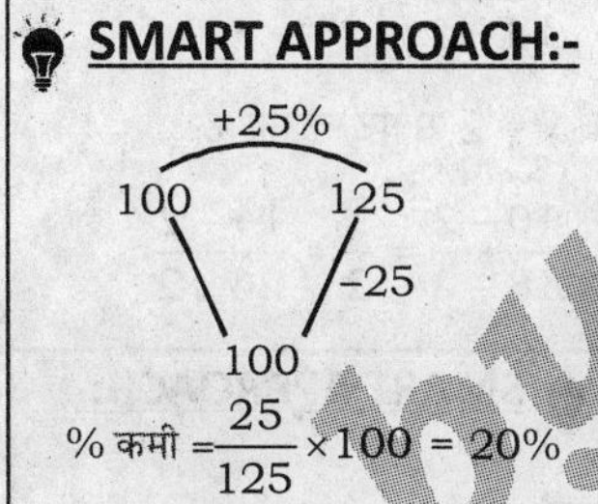


3. (c)

दिया है, $\frac{3}{4}$ हिस्सा में

माना कुल हिस्सा 4 इकाई है।

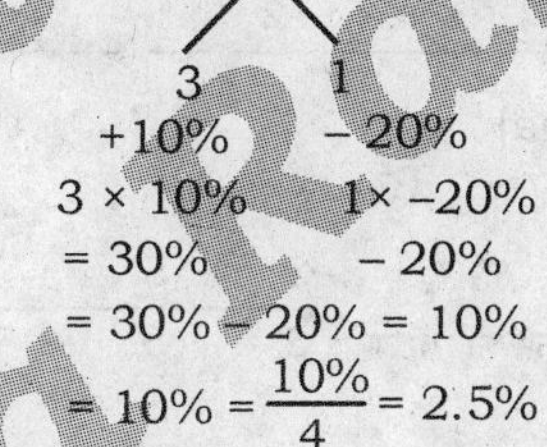


4. (d)

4 : 3 : 5 = 12

+15% +20% −10% = 2

60% 60% −50% = 12$x$

12$x$ = 60% + 60% − 50%

$x$ (समग्र लाभ) = $\frac{70}{12}\%$

$\frac{70}{12}\% \rightarrow 350$

100% → 6000 रु.

5. (a)

माना, अंकित मूल्य (M.P.) = 100%

क्रय मूल्य (C.P.) = 70%

विक्रय मूल्य (S.P.) = 100% − 17%

= 83%

83% = 20750

$\therefore\ 70\% = \frac{20750}{83} \times 70$

= ₹ 17500

6. (c)

माना, छूट $x$ प्रतिशत है।

$7500 \times \frac{9}{10} \times \frac{100 - x}{100} = 5805$

$75 \times \frac{9}{10} \times (100 - x) = 5805$

$100 - x = 86$

$x = 14\%$

7. (a)

जो व्यक्ति जितनी पूंजी लगाएगा उसका उतना ही लाभ मिलेगा। इसलिए अरुण का लाभ

= $84000 \times \frac{1}{3} = 28000$ रुपये

बाला का लाभ

= $84000 \times \frac{1}{2} = 42000$

चंद्रू का लाभ

= 84000 − (28000 + 42000)

= 84000 − 70000

= Rs. 14000

8. (c)

दिया है,

मूलधन(P) = 10000, समय (T) = 3 वर्ष

दर(R) = 7% (अर्द्धवार्षिक)

दर(R) = 7% × 2 = 14% (वार्षिक)

प्रश्नानुसार,

ब्याज(SI) = $\frac{P \times R \times T}{100}$

= $\frac{10,000 \times 14 \times 3}{100} = 4200$

मिश्रधन(A) = मूलधन(P) + ब्याज (S.I)

मिश्रधन(A) = 10,000 + 4200

= 14200

9. (d)

दर% = 8% = $\frac{2}{25}$

| | |
|---|---|
| 27 × 27 × 25 | 27 × (27)² |
| 27 × 25 × 25 | 27 × 27 × 27 |
| 25 × 25 × 25 | 27 × 27× 27 |
| 50725 | 19683 |

वार्षिक किश्त = $\frac{7500}{50725} \times 19683$

≈ 2910

10. (c)

दिया है,

R = 8%, मिश्रधन = 800000

समय = 2 वर्ष

प्रश्नानुसार,

प्रभावी दर = $8 + 8 + \frac{8\times8}{100}$

= 16.64%

$\therefore \frac{116.64}{100} \times P = 800000$

$\Rightarrow P = \frac{800000}{116.64} \times 100$

= 685871 रु.

11. (b)

माना, सथी ने $x$ महीने के लिए अपना पैसा निवेश किया

सथी : रथिन

$6 \times x$ : $5 \times 12 = 7 : 10$

$\frac{6x}{5\times12} = \frac{7}{10}$

$x$ = 7 माह

7 महीने के बाद सथी ने अपना पैसा वापस ले लिया

इसलिए, रथिन ने अपना पैसा अकेले (12 – 7) = 5 महीने के लिए निवेश किया

12. (c)

A : B = 170100 : 97200

= 1701 : 972 = 7 : 4

उनके पुंजी का अंतर (7 – 4) = 3 है।

प्रश्नानुसार,

$= \frac{2727}{3} = 909$

कुल पूंजी = 909 × 11 = 9999

9999 पूंजी का 60% है, तो कुल पूंजी का 100% = $\frac{9999}{60} \times 100$

= 16665

13. (d)

प्रश्नानुसार,

$\frac{10-x}{18-x} = \frac{14-x}{26-x}$

$x$ = 2 संतुष्ट करता है

$\frac{10-2}{18-2} = \frac{1}{2} = \frac{14-2}{26-2}$

**SMART APPROACH:-**

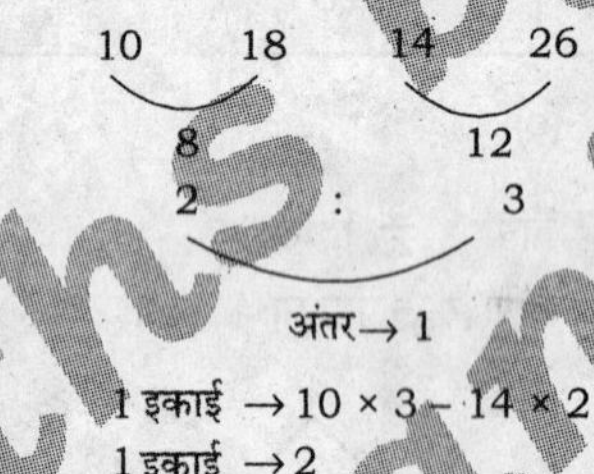


14. (a)

| | | | | | |
|---|---|---|---|---|---|
| सिक्के | 1 | : | 50p | : | 25p |
| राशि | 3 | : | 5 | : | 7 |
| सिक्कों की संख्या | 3 | : | $\frac{5}{\frac{1}{2}}$ | : | $\frac{7}{\frac{1}{4}}$ |
| | 3 | : | 10 | : | 28 |

प्रश्नानुसार,

कुल सिक्के = 41 → 615

1 → 15

50p = 10 → 150

15. (d)

मदिरा : पानी

16 : 9

मूल मदिरा की मात्रा = 16 + 9 = 25

मूल मदिरा : अब मदिरा

25 : 16

प्रक्रिया दो बार दोहरायी गई इसलिए वर्गमूल करें।

$\sqrt{25} : \sqrt{16}$

= 5 : 4 (अंतर 1)

1 → 6

5 → 30

शुरुआत में मदिरा की मात्रा = 30 लीटर

16. (c)

पहले कंटेनर में दूध = $20 \times \frac{3}{10}$

= 6 लीटर

पहले कंटेनर में पानी = 20 – 6

= 14 लीटर

दूसरे कंटेनर में दूध = $36 \times \frac{7}{12}$

= 21 लीटर

दूसरे कंटेनर में पानी = 36 – 21

= 15 लीटर

अनुपात = (6 + 21) : (14 + 15)

= 27 : 29

**वैकल्पिक विधिः**

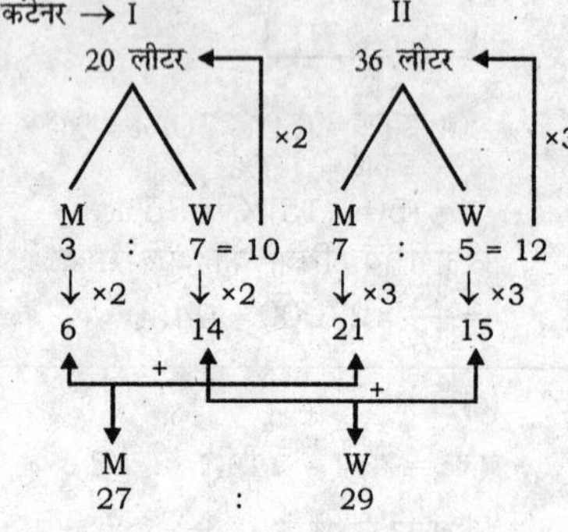


17. (b)

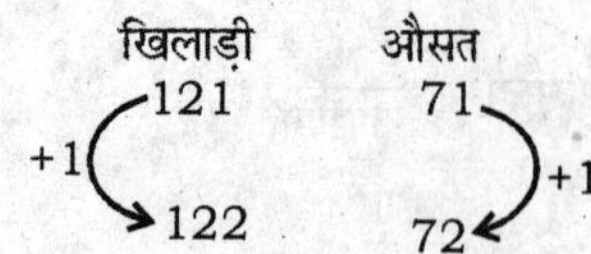


प्रबंधक का वजन 121 × 1 + 72 × 1

= 193

18. (c)

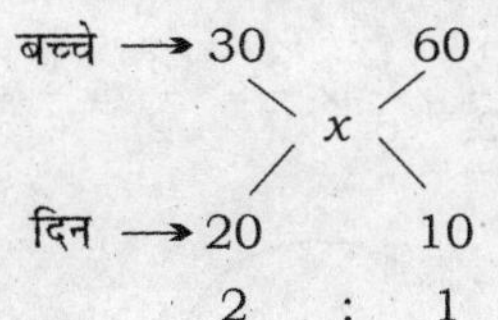


प्रश्नानुसार,

$$\frac{60 - x}{x - 30} = \frac{2}{1}$$

$\Rightarrow 60 - x = 2x - 60$

$\Rightarrow 3x = 120$

$x = 40$

19. (c)

25 तथा 20 का ल.स. = 100 इकाई

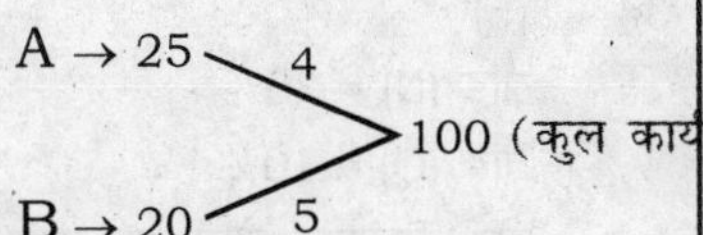


प्रश्नानुसार,

$10(A + B) + x(B) = 100$

$\Rightarrow 90 + 5x = 100$

$x = 2$

⇒ कुल दिन = 12 दिन

20. (d)

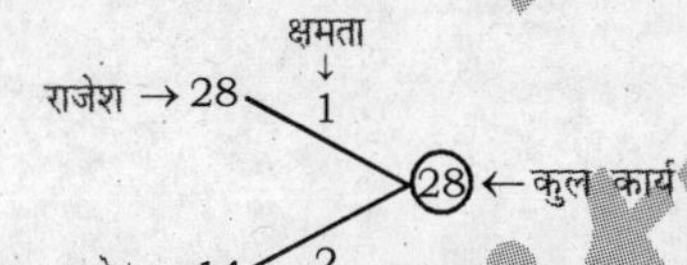


सूरज की क्षमता – मनोज की क्षमता

= 2 – 1 = 1 (राजेश की क्षमता)

सूरज की क्षमता + मनोज की क्षमता = 2

2 (मनोज की क्षमता) = 2 – 1 = 1

मनोज की क्षमता = $\frac{1}{2}$

मनोज द्वारा पूरे कार्य का करने में समय

$= \frac{28}{\frac{1}{2}} = 56$ दिन

21. (c)

64, 96, 128 का ल.स.प. = 384

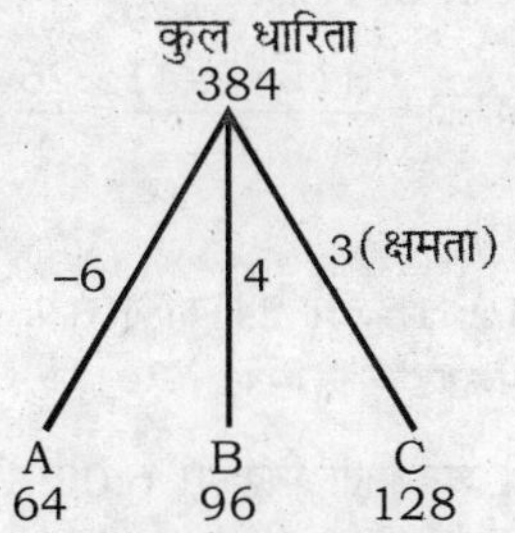


तीनों द्वारा मिलकर टंकी को भरने में लगा समय = $\frac{\text{कुल धारिता}}{\text{कुल क्षमता}}$

$= \frac{384}{-6+4+3}$

$= \frac{384}{1} = 384$ मिनट

22. (c)

कार कि गति = 72 किमी/घंटा.

18 सेकंड में कार द्वारा तय कि गयी दूरी

$= \frac{72 \times 5}{18} \times 18 = 360$ मीटर

1 से 10 खम्भो के बीच दूरी = 9

इसलिए 2 खम्भो के बीच कि दूरी

$= \frac{360}{9} = 40$ मीटर

10 वे खम्भे से 31 वे खम्भे तक का गैप = 21

दूरी = 21 × 40 = 840 मीटर

23. (d)

औसत गति = $\frac{2 \times S_1 \times S_2}{S_1 + S_2}$

$= \frac{2 \times 22 \times 7}{22 + 7} = \frac{308}{29}$

= 10.6 किमी/घंटा

24. (d)

दूरी = $\frac{S_1 \times S_2}{S_1 + S_2} \times T$

$S_1$ = पहले तरफ की चाल

$S_2$ = दूसरे तरफ की चाल

T = दूरी तय करने में लगा अतिरिक्त समय

$\frac{5 \times 6}{5 - 6} \times \frac{20}{60} = 10$ किमी.

25. (b)

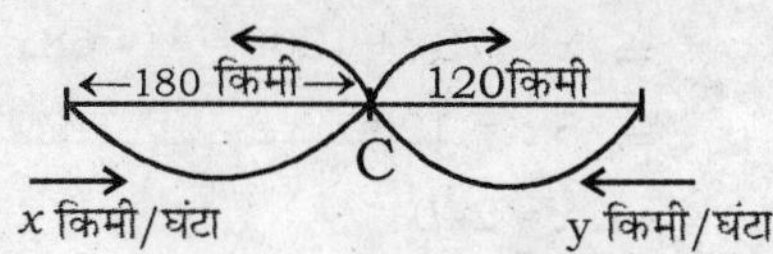


दोनो को C तक पहुँचने में समान समय लगेगा।

समय = $\frac{180}{x} = \frac{120}{y}$

$\frac{x}{y} = \frac{180}{120}$

$x : y = 3 : 2$

**SMART APPROACH:-**

यदि समय समान हो

तब, चाल ∝ दूरी

दूरी→ 180 : 120

3 : 2

चाल→ 3 : 2

26. (a)

माना, रेस की कुल लंबाई = $x$ मी.

इसलिए अमन द्वारा तय की गई दूरी = $x$ मी.

रमेश द्वारा तय की गई दूरी = $(x - 48)$ मी.

नरेश द्वारा तय की गई दूरी = $(x - 68)$ मी.

अब, जब रमेश $x$ मी दूरी तय करता है तब नरेश $(x - 25)$ मी दूरी तय करता है

पहली शर्त

$\therefore \frac{\text{अमन}}{\text{रमेश}} = \frac{x}{x - 48}$

$\frac{\text{रमेश}}{\text{नरेश}} = \frac{x - 48}{x - 68}$ – (1)

$\frac{\text{अमन}}{\text{नरेश}} = \frac{x}{x - 68}$

दूसरी शर्त

$\frac{\text{रमेश}}{\text{नरेश}} = \frac{x}{x - 25}$ – (2)

समीकरण (1) और (2) को बराबर करने पर

$$\frac{x-48}{x-68}=\frac{x}{x-25}$$

$\Rightarrow x^2-73x+1200=x^2-68x$

$\Rightarrow 5x = 1200$

$\Rightarrow x = 240$

27. (d)

नाव की चाल : धारा की चाल

7 : 3

धारा के अनुकूल नाव की चाल

$= 7x + 3x = \frac{180}{4} = 45$

$\therefore$ अंतर $= 7x - 3x = 4x$

$= \frac{45}{10}\times 4 = 18$ किमी/घंटा

28. (b)

सबसे छोटी संख्या जो 9, 14, 16 से भाग करने पर 10 शेष बचाए

ल. स. = 9, 14, 16 = 1008

अब = 1008 + 10 = 1018

तब, $\frac{1018}{11}$ = शेष = 6

29. (d)

प्रथम चार अभाज्य संख्या जो विषम है = 3, 5, 7, 11

औसत $= \frac{3+5+7+11}{4} = \frac{26}{4} = 6.5$

30. (d)

12, 15 तथा 24 का ल.स.प. = 120 सेंकण्ड = 2 मिनट

वे शुरूआती बिंदु पर 6:02 AM फिर मिलेंगे।

31. (a)

72 ÷ [38 – {30 – (31 – 60 ÷ 4 × 5)}] = ?

$\Rightarrow 72 \div \left[38-\left\{30-\left(31-\frac{60}{4}\times 5\right)\right\}\right]$

$\Rightarrow 72 \div [38 - [30 + 44]]$

$\Rightarrow 72 \div [38 - 74]$

$\Rightarrow 72 \div (-36) = \frac{72}{-36} = -2$

32. (c)

72 ÷ 16 of 3 – [28 ÷ 6 of 4 – 20 ÷ 7 × (23 – 37) – 41] × $\frac{3}{2}$

$= \frac{72}{48} - \left[\frac{28}{24}-\frac{20}{7}\times(-14)-41\right] \times \frac{3}{2} = \frac{3}{2} - \left[\frac{7}{6}-1\right] \times \frac{3}{2}$

$= \frac{3}{2} - \frac{1}{6} \times \frac{3}{2} = \frac{3}{2} - \frac{1}{4} = \frac{5}{4}$

33. (a)

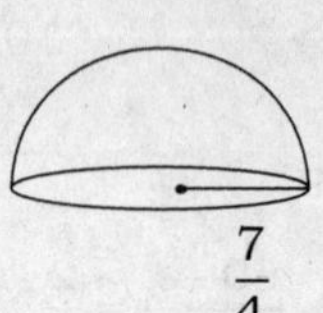

$\frac{7}{4}$

वक्रपृष्ठ का क्षेत्रफल $= 2\pi r^2$

$= 2\times\frac{22}{7}\times\frac{7}{4}\times\frac{7}{4} = \frac{77}{4}m^2$

$\therefore$ लागत $= \frac{1}{5}\times\frac{77}{4}\times 10000$

= 77 × 500 = Rs. 38500

34. (b)

ब्रांड (N) = 30%

ब्रांड (Q) = 10%

दोनो मिलाकर बेची गई मशीनों की संख्या = (85000 × 40%)

= 34000

35. (a)

ब्रांड (M) = 25%

ब्रांड (P) = 20%

अंतर = (25 – 20)% = 5%

संख्या = 85000 × 5% = 4250

☆☆☆☆☆

# मॉक टेस्ट-09

29

1. केवल शिवा और राजू ही महाविद्यालय के चुनाव में खड़े हुए। शिवा को वैध मतों के कुल 55% मत प्राप्त हुए। 20% मत अवैध थे। यदि कुल 7500 मत पड़े, तो राजू को कुल कितने वैध मत प्राप्त हुए?
Only Shiva and Raju stood in the college election. Shiva got a total of 55% of the valid votes. 20% of the votes were invalid. If a total of 7500 votes were cast, then how many valid votes did Raju get?
(a) 3000 (b) 3100
(c) 2900 (d) 2700

2. एक गाँव की जनसंख्या पहले वर्ष में $12\frac{1}{2}$% बढ़ जाती है और दूसरे वर्ष में 8% घट जाती है। यदि गाँव की वर्तमान जनसंख्या 3200 है, तो 2 वर्ष बाद गाँव की जनसंख्या कितनी होगी?
The population of a village increases by $12\frac{1}{2}$% in the first year and decrease by 8% in the second year. If the present population of village is 3200, then what will be the population of the village after 2 years?
(a) 3312 (b) 3564
(c) 3412 (d) 3388

3. बेला ने 1450 रूपये मूल्य की एक पेंटिंग 10% लाभ पर टेडी को बेची। टेडी ने 10% नुकसान पर उसे बेनी को बेचा। अगर बेनी उस मूल्य पर वह पेंटिंग बेला से खरीदता जिस मूल्य पर उसने वह टेडी से खरीदी है, तो बेला का लाभ या हानि प्रतिशत कितना होता?
Bella sold a painting worth Rs 1450 to Teddy at a 10% profit. Teddy sold it to Benny at 10% loss. If Benny had bought the painting from Bella at the price at which he bought it from Teddy, what would have been Bella's profit or loss percent?
(a) 1% लाभ (b) 2% लाभ
(c) 2% हानि (d) 1% हानि

4. एक दुकानदार अपने सामान का एक-चौथाई 20% के लाभ पर, और एक-चौथाई 25% के लाभ पर, और एक-चौथाई 10% के लाभ पर और शेष 5% की हानि पर बेचता है। उसका कुल लाभ प्रतिशत है:
A shopkeeper sells one-fourth of his goods at a profit of 20%, another one-fourth at a profit of 25%, and another one-fourth at a profit of 10% and the rest at a loss of 5%. His overall profit percentage is:
(a) 10% (b) 20%
(c) 12.5% (d) 25%

5. 20% की छूट देने के बाद, शीला ₹ 2400 में एक मोबाइल फोन बेचती है और फिर भी 20% का लाभ कमाती है। अगर मोबाइल फोन बिना कोई भी छूट दिए बेच दिया गया होता, तो लाभ प्रतिशत क्या होता?
After giving a discount of 20%, Sheela sells a mobile phone for ₹ 2400 and still makes a profit of 20%. If the mobile phone had been sold without giving any discount, what would have been the profit percentage?
(a) 50% (b) 25%
(c) 33.33% (d) 11.33%

6 पंकज एक कुर्सी की बिक्री पर पहले 250 रुपये की नकद छूट और फिर 8% और 5% की दो क्रमिक छूट प्रदान करता है। यदि कुर्सी का अंकित मूल्य 4,250 रुपये है, तो दी गई छूट योजना के बाद ग्राहक के लिए कुर्सी का अंतिम मूल्य क्या है?
Pankaj offers a cash discount of Rs.250 first and then two successive discounts of 8% and 5% on the sale of a chair. If the marked price of the chair is Rs.4,250, what is the final price of the chair for a customer after the given discount scheme?
(a) Rs.3,496
(b) Rs.3,550
(c) Rs.3,600
(d) Rs.3,450

7. 5% प्रति वर्ष की दर से साधारण ब्याज के तहत ₹ 68500 की राशि निवेश की गई। यदि 28 वर्ष बाद राशि निकाल ली जाती है और कुल राशि का $\frac{3}{4}$ हिस्सा बाजार में निवेश किया तो शेष हिस्सा ज्ञात करें। (₹ में)
A sum of ₹ 68500 is invested under simple interest at rate of 5% p.a. If the amount after 28 years is been withdrawn and $\frac{3}{4}$ of the total amount invested in share market, then find the remaining amount. (In ₹)
(a) 41200 (b) 41100
(c) 41000 (d) 41300

8. विमला ने साधारण ब्याज पर 7,200 रु. का ऋण लिया। ब्याज की दर और अवधि वर्ष के संख्यात्मक मान समान हैं। ऋण अवधि के अंत में यदि उसे ब्याज के रूप में 5,832 रु. की धनराशि का भुगतान करना पड़ा, तो ब्याज दर ज्ञात करें।

Vimla took a loan of Rs. 7,200 at simple interest. The rate of interest and the period of the year have the same numerical value. Find the rate of interest if he had to pay an amount of Rs. 5,832 as interest at the end of the loan tenure,

(a) 8% (b) 9%
(c) 8.5% (d) 12%

9. दो व्यक्ति A और B, 3 : 2 के अनुपात में दो अलग-अलग योजनाओं में अपने धन का निवेश करते हैं। A और B अपने धन को 3 साल के लिए ब्याज दर 10% प्रतिवर्ष के हिसाब से क्रमशः साधारण और चक्रवृद्धि ब्याज पर निवेश करते हैं। यदि निवेश किया गया कुल धन ₹ 10,000 है, तो योजनाओं में प्राप्त ब्याज राशि के बीच अंतर क्या है?

Two persons A and B invest their money in two different schemes in the ratio 3 : 2. A and B invest their money for 3 years at the rate of 10% per annum at simple and compound interest respectively. If the total amount invested is ₹ 10000, then what is the difference between the interest amount received in the schemes?

(a ₹ 476 (b) ₹ 746
(c) ₹ 656 (d) ₹ 536

10. एक बैंक अर्द्ध-वार्षिक रूप से चक्रवृद्धि 5% प्रतिवर्ष की दर से चक्रवृद्धि ब्याज का भुगतान करता है। एक ग्राहक ने एक वर्ष में 1 जनवरी और 1 जुलाई प्रत्येक को ₹1,600 जमा किए। वर्ष के अंत में जमा की गई राशि पर उसे मिलने वाला ब्याज है:

A bank pays compound interest at the rate of 5% per annum compounded half-yearly. A customer deposited Rs 1,600 on each of 1st January and 1st July in a year. The interest he gets on the amount deposited at the end of the year is:

(a) Rs.91 (b) Rs.121
(c) Rs.132 (d) Rs.88

11. सुहास और नितिन ने 8 : 3 के अनुपात में एक व्यवसाय में कुछ पैसा निवेश किया, लेकिन कुछ महीनों के बाद सुहास ने अपना पैसा वापस ले लिया। यदि बारह महीनों के अंत में सुहास और नितिन द्वारा लाभ को 5 : 4 के अनुपात में साझा किया गया, तो नितिन ने अकेले कितने महीनों के लिए निवेश किया?

Suhas and Nitin invested some money in a business in the ratio 8 : 3, but Suhas withdraw his money after a few months. If at the end of twelve months' profit was shared by Suhas and Nitin in the ratio 5 : 4, for how many months did Nitin invest alone?

(a) $5\frac{5}{8}$ (b) $6\frac{3}{8}$
(c) $5\frac{3}{8}$ (d) $6\frac{5}{8}$

12. तीन व्यक्ति A, B और C क्रमशः 7:8:4 के अनुपात में निवेश करके एक साझेदारी में प्रवेश करते हैं। एक वर्ष बाद A, ₹5800 और निवेश करता है और B, ₹4600 निकालता है। अब निवेश का अनुपात 8:5:6 हो जाता है। A ने आरंभ में लगभग कितना निवेश किया था? (₹ में)

Three persons A, B and C enter into a partnership by investing in the ratio of 7:8:4 respectively. After one year A invest more ₹5800 and B withdraws ₹4600. Now, the ratio of investment changes to 8 : 5 : 6. Approximately how much A invested initially? (in ₹)

(a) 13882.75
(b) 15882.75
(c) 14882.75
(d) 12882.75

13. जानवी की आयु जननी से 4 गुना है। अब से दस वर्ष बाद, जानवी जननी से दो गुना बड़ी होगी। जानवी की वर्तमान आयु ज्ञात करें।

Janavi's age is 4 times that of Janani. Ten years from now, Janvi will be twice as old as Janani. Find the present age of Janvi.

(a) 12 वर्ष (b) 20 वर्ष
(c) 16 वर्ष (d) 24 वर्ष

14. एक बैग में 441 रु. की धनराशि 50 p, 25 p और 20 p के सिक्कों के रूप में है जिनका अनुपात 4 : 3 : 2 है। 25 p के सिक्कों की संख्या ज्ञात कीजिए।

A bag contains Rs. 441 in the form of 50 p, 25 p and 20 p coins in the ratio 4 : 3 : 2. Find the number of coins of 25 p.

(a) 400 (b) 240
(c) 460 (d) 420

15. दो बर्तनों में 35 लीटर और 47 लीटर मात्रा में दूध तथा पानी का घोल है जिनका अनुपात क्रमशः 17: 18 और 28: 19 है। यदि दोनों घोल को एक साथ मिलाया जाता है, तो अंतिम घोल में कितना पानी मिलाया जाए जिससे कि परिणामी घोल 1 : 1 के अनुपात में हो?

Two vessels containing 35 litres and 47 litres quantity of solution, have milk and water in the ratio of 17: 18 and 28 : 19 respectively. If the solutions a many litres of water has to be added in the final solution to make the resulting solution in the ratio 1: 1 ?

(a) 10 ली (b) 12 ली
(c) 8 ली (d) 6 ली

16. दूध और पानी के मिश्रण में 18 भाग दूध और 8 भाग पानी है। मिश्रण का कितना अंश निकालकर उसके स्थान पर पानी डालना चाहिए ताकि पानी और दूध का अनुपात बराबर हो जाए?

A mixture of milk and water contains 18 parts of milk and 8 parts of water. How much fraction of the mixture should be removed and replaced by water so the ratio of water and milk are equal?

(a) $\frac{1}{18}$ (b) $\frac{12}{18}$

(c) $\frac{10}{18}$ (d) $\frac{5}{18}$

17. अगर तरूण और अरूण को हटा दिया जाये तो n लोगों के एक समूह की औसत उम्र 12 और बढ़ जाती है। दो नए लोगों, रोहित और मोहित की कुल आयु, तरूण और अरूण के बराबर ही है। अगर रोहित और मोहित को n लोगों के समूह में शामिल कर लिया जाता है, तो औसत उम्र 4 कम हो जाती है। n ज्ञात करें?

If Tarun and Arun are removed, the average age of a group of n people increases by 12 more. The total age of two newcomers, Rohit and Mohit, is same as that of Tarun and Arun. If Rohit and Mohit are included in a group of n people, then the average age becomes 4 less. Find n?

(a) 6 (b) 2

(c) 5 (d) 4

18. तीन अंकों वाली चार संख्याओं $34x$, 197, $6x4$ और 348 का औसत 386 है। $(3x + 1)$ और $(7x - 2)$ का औसत क्या होगा?

The average of four three digit numbers $34x$, 197, $6x4$ and 348 is 386. What will be the average of $(3x + 1)$ and $(7x - 2)$?

(a) 24.5 (b) 26

(c) 23 (d) 25.5

19. C एक काम को पूरा करने के लिए B से दोगुना समय लेता है। A उसी काम को पूरा करने के लिए C से तीन गुना समय लेता है। A, B और C एक साथ काम शुरू करते हैं। A काम के पूरा होने से 6 दिन पहले छोड़ देता है और B काम के पूरा होने से 3 दिन पहले छोड़ देता है और C, $x$ दिनों के लिए काम करता है। यदि B अकेले उसी काम को 16 दिनों में पूरा कर सकता है तो कितने दिनों में काम पूरा हो जाएगा?

C takes twice as long as B to complete a piece of work. A takes thrice as much time as C to complete the same work. A, B and C start the work together. A left 6 days before the completion of the work and B left 3 days before the completion of the work and C worked for x days. If B alone can complete the same work in 16 days, then in how many days will the work be completed?

(a) 16 days/दिन

(b) 20 days/दिन

(c) 10 days/दिन

(d) 12 days/दिन

20. सोनू किसी कार्य को उतने ही समय में पूरा कर सकता है, जितने समय में मनु और राज मिलकर उस कार्य को पूरा कर सकते हैं। यदि राज अकेले इस कार्य को 30 दिन में पूरा कर सकता है और सोनू और मनु मिलकर इस कार्य को 15 दिन में पूरा कर सकते हैं, तो मनु अकेले इस कार्य को कितने दिन में पूरा कर सकता है?

Sonu can complete a work in the same amount of time as Manu and Raj together can complete that work. If Raj alone can complete the work in 30 days and Sonu and Manu together can complete the work in 15 days, then in how many days can Manu alone complete the work?

(a) 42 दिन (b) 60 दिन

(c) 58 दिन (d) 45 दिन

21. पाइप A, एक टैंक को 105 मिनट में भर सकता है, पाइप B उसी टैंक को 63 मिनट में भर सकता है और पाइप C उसी टैंक को 42 मिनट में खाली कर सकता है। यदि तीनों पाइप एक साथ खोल दिए जाए तो टैंक को भरने में कितने मिनट का समय लगेगा?

Pipe A can fill a tank in 105 minutes, Pipe B can fill the same tank in 63 minutes and Pipe C can empty the same tank in 42 minutes. If all three pipes opened together. How many minutes will it take to fill the empty tank?

(a) 610 (b) 630

(c) 670 (d) 650

22. कविता, सविता और बबीता 5 : 8 : 2 की गति से P से Q तक चल रही हैं। सभी द्वारा Q तक पहुँचने में लगने वाले समय का अनुपात होगा?

Kavita, Savita and Babita are walking from P to Q at the speed of 5 : 8 : 2. The ratio of time taken by all to reach Q will be?

(a) 5 : 8 : 20 (b) 8 : 5 : 20

(c) 20 : 8 : 5 (d) 8 : 20 : 8

23. विपरीत दिशाओं में चल रही दो ट्रेनें प्लेटफॉर्म पर खड़े एक आदमी को क्रमशः 54 सेकंड और 1.5 मिनट में पार कर लेती हैं। अगर वे एक-दूसरे को 74 सेकंड में पार करती हैं, तो उनकी गति का अनुपात कितना होगा?

Two trains running in opposite directions cross a man standing on a platform in 54 seconds and 1.5 minutes respectively. If they cross each other in 74 seconds, what will be the ratio of their speeds?

(a) 4 : 03 (b) 4 : 5

(c) 3 : 04 (d) 1 : 1

24. एक व्यक्ति अपने घर से निकलकर 4 किमी/घंटा की चाल से चलते हुए अपने कार्यालय को जाता है और 2 किमी/घंटा की चाल से वापस लौटता है। यदि उसे आने और जाने में 6 घंटे लगते हैं, तो उसके घर और कार्यालय के बीच की दूरपी कितनी है?

A person leaves his house walking at 4 km/h to his office and returns at 2 km/h. If it takes him 6 hours to come and go, what is the distance between his home and office?

(a) 8km (b) 6km
(c) 8.5km (d) 4 km

25. समान लंबाई की दो ट्रेनें A और B समानांतर पटरियों पर एक ही दिशा में क्रमशः 64.8 किमी/घंटा और 50.4 किमी/घंटा की चाल से चल रही हैं। ट्रेन A, ट्रेन B को एक मिनट में पार करती है। प्रत्येक ट्रेन की लंबाई (मीटर में) ज्ञात करें।

Two trains A and B of equal length are running on parallel tracks in the same direction at 64.8 km/h and 50.4 km/h respectively. Train A crosses train B in one minute. Find the length (in metres) of each train.

(a) 125 (b) 100
(c) 120 (d) 150

26. 2000 मीटर की परिधि वाले एक गोलाकार स्टेडियम के चारों ओर 8000 मीटर की दौड़ में, सबसे तेज धावक रोहन और सबसे धीमे धावक सोहम एक ही बिंदु से शुरू करते हैं और 10 वें मिनट के अंत में पहली बार एक साथ शुरुआती बिंदु पर पहुंचते हैं। यदि रोहन, सोहम की गति से दोगुनी गति से दौड़ता है, तो रोहन को दौड़ पूरी करने में कितना समय लगेगा?

In a 8000 m race around a circular stadium having a circumference of 2000 m, the fastest runner Rohan and the slowest runner Soham starting from the same point and reach the starting point together at the end of the 10th minute, for the first time after the start of the race. If Rohan runs at twice the speed of Soham, what is the time taken by Rohan to finish the race?

(a) 15 minutes
(b) 10 minutes
(c) 20 minutes
(d) 25 minutes

27. दो नावें P और Q एक नदी में क्रमशः बिंदु A और B से एक दूसरे की ओर यात्रा कर रही हैं जिसमें पानी 4 किमी/घंटा की चाल से A से B तक बहता है। शांत जल में नाव P की चाल शांत जल में नाव Q की चाल से 10 किमी/घंटा कम है और बिंदु A और बिंदु B के बीच की दूरी 259 किमी है। दोनों एक ही समय पर शुरू होते हैं और नाव Q बिंदु B से 133 किमी दूर नाव P से मिलती है। दोनों नावों द्वारा एक दूसरे से मिलने में लगा समय ज्ञात कीजिए।

Two boats P and Q are traveling towards each other form points A and B, respectively in a river in which water flows from A to B at a speed of 4 km/h. The speed of boat P in still water is 10 km/h less than the speed of boat Q in still water and the distance between point A and point B is 259 km. Both start at the same time and the boat Q meets boat P 133 km away from point B. Find the time taken by both boats to meet each other

(a) 3.5 घंटे (b) 4.2 घंटे
(c) 3.7 घंटे (d) 6 घंटे

28. एक परीक्षा में परीक्षार्थी को प्रत्येक सही उत्तर के लिए 5 अंक मिलते हैं तथा प्रत्येक गलत उत्तर के 2 अंक काट लिए जाते हैं अगर उसने 120 प्रश्नों के उत्तर देकर 285 अंक प्राप्त किए तो उसने कितने प्रश्नों का सही उत्तर दिया?

In an examination, a candidate gets 5 marks for every correct answer and 2 marks are deducted for every wrong answer, if he gets 285 marks by answering 120 questions, how many questions did he answer correctly?

(a) 60 (b) 65
(c) 75 (d) 85

29. दिए गए युग्मों में से कौन-सा एक सह-अभाज्य संख्या युग्म बनाता है?

Which of the given pairs form a co-prime numbers pair?

(a) (21, 42) (b) (9, 63)
(c) (36, 15) (d) (11, 21)

30. वह न्यूनतम संख्या ज्ञात कीजिए जो 8, 24 और 30 से पूर्णतः विभाज्य हो।

Find the least number, which is exactly divisible by 8, 24 and 30.

(a) 150 (b) 60
(c) 130 (d) 120

31. यदि P = $\frac{3}{5}$ और $\frac{2}{7}$ का योग है, Q = $\frac{15}{31}$ है तो P × Q का मान ज्ञात करें।

If P is the sum of $\frac{3}{5}$ and $\frac{2}{7}$, Q = $\frac{15}{31}$, then Find the value of P × Q.

(a) $\frac{7}{4}$ (b) $\frac{2}{7}$
(c) $\frac{3}{7}$ (d) $\frac{3}{4}$

32. $\left(1-\frac{1}{2}\right)\left(1-\frac{1}{3}\right)\left(1-\frac{1}{4}\right)$ ..... $\left(1-\frac{1}{23}\right)$ को सरल करने पर प्राप्त परिणाम _______ होगा।

The result obtained on simplification of $\left(1-\frac{1}{2}\right)\left(1-\frac{1}{3}\right)\left(1-\frac{1}{4}\right)$ ..... $\left(1-\frac{1}{23}\right)$ will be _______.

(a) $\frac{1}{23}$ (b) $\frac{1}{22}$

(c) $\frac{1}{3}$ (d) $\frac{1}{2}$

33. 15 सेमी लंबी भुजा वाले वर्ग के विकर्ण का उसकी भुजा से अनुपात ज्ञात करें।

Find the ratio of the diagonal of a square of side 15 cm long to its side.

(a) 2 : 3

(b) $\sqrt{2}:3$

(c) $1:\sqrt{2}$

(d) $\sqrt{2}:1$

**निर्देश (34 - 35):** यहां दिया गया पाई चार्ट किसी विशेष वर्ष के दौरान विभिन्न खेल गतिविधियों पर एक देश का खर्च दिखाता है। रेखाचित्र का अध्ययन करें और प्रश्न का उत्तर दें। वर्ष के दौरान खेल पर खर्च की गई कुल राशि 20 लाख रुपये है।

**Directions:** The pie chart given here shows the expenditure of a country on various sports activities during a particular year. Study the diagram and answer the question. The total amount spent on sports during the year is Rs 20 lakh.

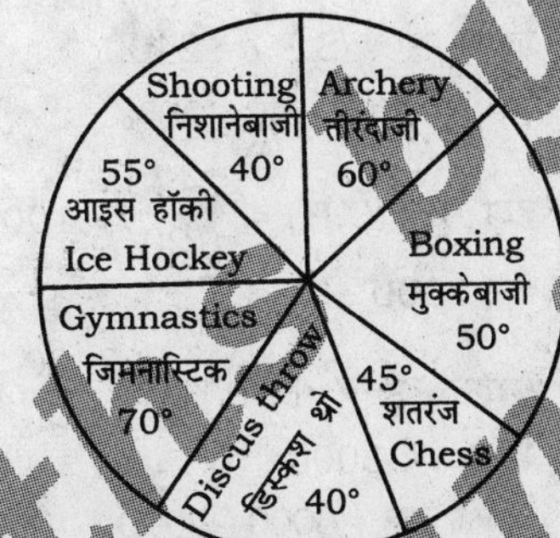


34. यदि साल भर में खेल पर खर्च की गई कुल राशि 90 लाख रुपये हो और विभिन्न श्रेणियों के बीच वितरण का प्रतिशत वही रहे तो तीरंदाजी पर खर्च की गई राशि निशानेबाजी से अधिक है।

If the total amount spent on sports during the year is Rs 90 lakh and the percentage of distribution among different categories remains the same] then the amount spent on archery is more than that of shooting by...........

(a) Rs. 500,000

(c) Rs. 300,000

(b) Rs. 600,000

(d) Rs. 400,000

35. डिस्कस थ्रो एवं जिमनास्टिक्स दोनों पर मिलाकर खर्च की गई राशि और आइस हॉकी एवं शतरंज दोनों पर मिलाकर खर्च की गई राशि के बीच अनुपात क्या है?

What is the ratio between the amount spent on Discus throw and Gymnastics together and the amount spent on Ice hockey and Chess together?

(a) 13 : 12

(b) 10 : 11

(c) 11 : 10

(d) 12 : 13

# ANSWER KEY

| | | | | | | | | | |
|---|---|---|---|---|---|---|---|---|---|
| 1.(d) | 2.(a) | 3.(d) | 4.(c) | 5.(a) | 6.(a) | 7.(b) | 8.(b) | 9.(a) | 10.(b) |
| 11.(b) | 12.(b) | 13.(b) | 14.(d) | 15.(c) | 16.(d) | 17.(d) | 18.(a) | 19.(d) | 20.(b) |
| 21.(b) | 22.(b) | 23.(b) | 24.(a) | 25.(c) | 26.(c) | 27.(a) | 28.(c) | 29.(d) | 30.(d) |
| 31.(c) | 32.(a) | 33.(d) | 34.(a) | 35.(c) | | | | | |

# SOLUTIONS

1. (d)

कुल मत = 7500

7500
वैध मत ↓ 80%
6000
55% ↙ ↘ 45%
शिवा 3300 | राजू 2700

2. (a)

$12.5\% = \frac{1}{8}$, $8\% = \frac{2}{25}$

| | पहले | | बाद |
|---|---|---|---|
| I वर्ष | 8 | : | 9 |
| II वर्ष | 25 | : | 23 |
| | 200 | : | 207 |

प्रश्नानुसार,

200 इकाई → 3200

1 इकाई → 16

207 इकाई → 207 × 16

= 3312

3. (d)

| | क्रय मूल्य | विक्रय मूल्य |
|---|---|---|
| बेला | 1450 | $\frac{110}{100} \times 1450 = 1595$ |
| टेडी | 1595 | $\frac{90}{100} \times 1595 = 1435.5$ |

यदि बेनी 1435.5 रु में इस पेंटिग को बेला से खरीदता है

तब,

बेला को होने वाली हानि%

$= \frac{1450 - 1435.5}{1450} \times 100 = 1\%$

4. (c)

$\frac{1}{4} \times 20\% + \frac{1}{4} \times 25\% + \frac{1}{4} \times 10\% - \frac{1}{4} \times 5\%$

$= \frac{1}{4}[20 + 25 + 10 - 5]\%$

$= \frac{50}{4}\% = 12.5\%$

5. (a)

दिया गया है,

विक्रय मूल्य (S.P.) = 2400,

लाभ = 20%, छूट = 20%

क्रय मूल्य (C.P.) = $\frac{2400}{120} \times 100$

= ₹ 2000

अंकित मूल्य (M.P.) = $\frac{2400}{80} \times 100$ = ₹ 3000

∴ नया लाभ = 3000 – 2000 = 1000

लाभ % = $\frac{1000}{2000} \times 100 = 50\%$

6. (a)

अंकित मूल्य = 4250 रु.

नकद छूट के बाद कुर्सी का विक्रय मूल्य = 4250 – 250 = 4000 रु.

छूट % = 8% और 5%

अंकित मूल्य = $4000 \times \frac{23}{25} \times \frac{19}{20}$

= 8 × 23 × 19 = 194 × 19

= 3496 रु.

7. (b)

दिया है, मूलधन = Rs 68500, दर = 5%

समय = 28 वर्ष

साधारण ब्याज = 28 × (5%) = 140%

मिश्रधन = 100% + 140% = 240%

शेयर बाजार में, $\frac{3}{4}$

शेष = $1 - \frac{3}{4} = \frac{1}{4}$

∴ शेष = $240 \times \frac{1}{4} = 60\%$

∴ शेष हिस्सा

$= 68500 \times \frac{60}{100}$ = Rs 41100

**SMART APPROACH:-**

साधारण ब्याज = (दर × समय)%

28 × 5 ⇒ 140%

$68500 \times \frac{240}{100} \times \frac{1}{4} = 41100$

8. (b)

$5832 = \frac{7200 \times R \times R}{100}$

$R^2 = \frac{5832}{72} = 81$

दर (R) = 9%

9. (a)

| | A | B |
|---|---|---|
| मूलधन | $3x$ | $2x$ |
| समय | 3 | 3 |
| ब्याज | SI | CI |
| दर | 10% | 10% |
| प्रभावित दर | 30% | 33.1% |
| किस्त | $\frac{30}{100} \times 3x$ | $\frac{33.1}{100} \times 2x$ |

अब, $3x + 2x = 10,000$

$\Rightarrow x = 2000$

∴ अंतर = – 33.1 × 40 + 30 × 60

= –1324 + 1800 = Rs.476

**SMART APPROACH:-**

| A | : | B |
|---|---|---|
| 6000 | | 4000 |
| 30% | | 33.1% |
| 1800 | | 1324 |

अन्तर 1800 – 1324 = 476

10. (b)

दिया है,

R (वार्षिक) = 5% 1 जनवरी → 1600

R (अर्द्ध-वार्षिक) = $\frac{5}{2}$%

1 जुलाई → 1600

प्रश्नानुसार,

C.I = $\frac{5}{200} \times 1600 + \frac{5}{200} \times$

$3200 + \frac{5}{200} \times 40$

= 40 + 80 +1 = 121 रु.

11. (b)

माना, सुहास ने अपना धन $x$ महीने के लिए निवेश किया

| सुहास | : | नितिन |
|---|---|---|
| $8 \times x$ | : | $3 \times 12 = 5 : 4$ |

$\frac{8x}{3 \times 12} = \frac{5}{4}$

$x = \frac{5 \times 3 \times 12}{8 \times 4} = \frac{45}{8}$ महीना

$\frac{45}{8}$ महीनों बाद सुहास ने अपना पैसा निकाल लिया

नितिन ने अकेले $6\frac{3}{8}$ महीनों तक अपना पैसा निवेश किया

12. (b)

$\frac{A}{B} = \frac{7x + 5800}{8x - 4600} = \frac{8}{5}$

$\Rightarrow 35x + 29000 = 64x - 36800$

$\Rightarrow 29x = 65800$

$\Rightarrow x = 2268.96$

$\therefore$ A का निवेश = $7x$

= 7 × 2268.96 = ₹15882.75

13. (b)

| | जानवी | : | जननी | |
|---|---|---|---|---|
| वर्तमान → | 4 | : | 1 | |
| 10 वर्ष → | (2 | : | 1) | ×3 +2 |
| | 6 | : | 3 | |

$\therefore$ 2 इकाई → 10 वर्ष.

1 इकाई → 5 वर्ष.

जानवी= 4 इकाई → 20 वर्ष

14. (d)

सिक्कों का अनुपात = 4 : 3 : 2

कुल राशि

$= \frac{1}{2} \times 4 + \frac{1}{4} \times 3 + \frac{1}{5} \times 2 = \frac{63}{20}$

$\therefore \frac{63}{20} = 441$

25 पैसे के सिक्कों की संख्या = 140 × 3 = 420

15. (c)

35 $l$: M / W → 17 : 18

47 $l$: M / W → 28 : 19

कुल दूध = 17 + 28 = 45

माना $x$ पानी मिलाया गया।

$\frac{45}{37 + x} = \frac{1}{1}$

$x = 8$

8 लीटर पानी और मिलाएगें।

16. (d)

| दूध | | पानी | मिश्रण |
|---|---|---|---|
| 18 | | 8 | 26 |
| 13 | : | 13 | 26 |

आवश्यक भिन्न = $\frac{5}{18}$

चूँकि मिश्रण निकालकर उतना ही पानी मिलाया गया तो मिश्रण की अंतिम मात्रा पर कोई फर्क नहीं पड़ेगा।

17. (d)

प्रश्नानुसार,

(n – 2) × 12 = (n + 2) × 4

⇒ 12n – 24 = 4n + 8

⇒ 8n = 32

n = 4

18. (a)

$34x + 197 + 6x4 + 348 = 386 \times 4$

= 1544

$34x$ (/5)
197
$6x4$
348
1544

$(3x + 1)$ और $(7x - 2)$ का औसत

$= \frac{(3 \times 5 + 1) + (7 \times 5 - 2)}{2}$

औसत = $\frac{49}{2} = 24.5$

**SMART APPROACH:-**

इकाई विधि द्वारा

= $34x$ , 197, $6x4$, 348 is 386

$\frac{x + 7 + 4 + 8}{4} = 6$

$19 + x = 4$

$x = 5$

$(3x + 1)$ और $(7x - 2)$ का औसत

$\frac{(3 \times 5 + 1) + (7 \times 5 \quad 2)}{2}$

$= \frac{16 + 33}{2} = 24.5$

19. (d)

| | A | B | C |
|---|---|---|---|
| समय | 6 | 1 | 2 |
| क्षमता | 1 | 6 | 3 |

माना, कुल कार्य = 6 × 16 = 96 इकाई

A ने 6 दिन अधिक काम किया

B ने 3 दिन अधिक काम किया

माना, (A + B + C) ने T दिनो तक कार्य समाप्त किया

⇒ t(A + B + C) = 96 + 6 × A + 3 × B

10t = 96 + 6 + 18

t = $\frac{120}{10}$ = 12 दिन

वैकल्पिक विधि :-

| | A | B | C |
|---|---|---|---|
| समय | 6 | 1 | 2 |
| क्षमता | 1 | 6 | 3 |

माना, कुल कार्य = 6 × 16 = 96 इकाई

A + B + C = 1 + 6 + 3 = 10 इकाई/दिन

B + C = 3 + 6 = 9 इकाई/दिन

अंतिम 3 दिनों में किया गया कार्य

= 3 × 3 = 9 इकाई

अंतिम 6 दिनों में किया गया कार्य

= 9 + 9 × 3 = 36 इकाई

6 दिनों का शेष कार्य = 96 – 36

= 60 इकाई

⇒ A + B + C द्वारा किया गया काम

$= \frac{60}{10} = 6$ दिन

⇒ कुल दिन = 6 + 6 = 12 दिन

20. (b)

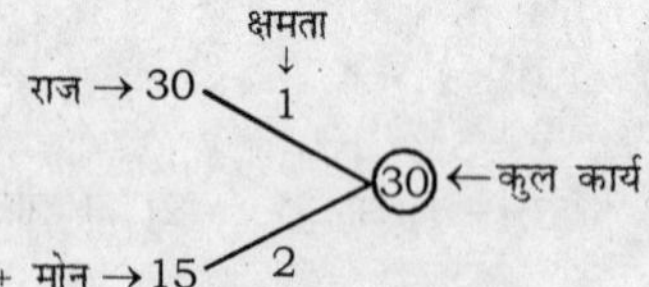


सोनू की क्षमता – मोनू की क्षमता

= 1( राज की क्षमता)

सोनू की क्षमता + मोनू की क्षमता = 2

∵ 2(मोनू की क्षमता) = 2 – 1

मोनू का क्षमता $= \frac{1}{2}$

मोनू द्वारा किया गया कार्य

$= \frac{30}{\frac{1}{2}} = 60$ दिन

21. (b)

105, 63, 42 का ल.स.प. = 630

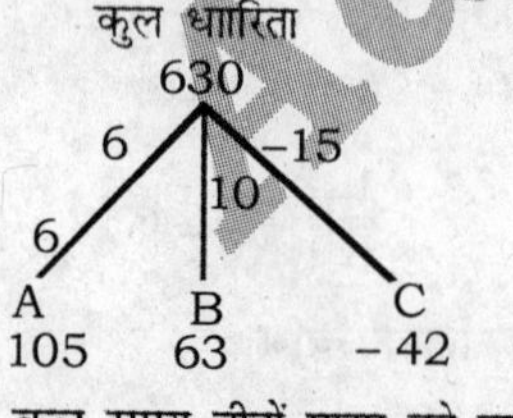


कुल समय तीनों पाइप को लगेगा

समय $= \frac{\text{कुल धारिता}}{\text{कुल क्षमता}} = \frac{630}{A+B+(-C)}$

$= \frac{630}{6+10-15} = \frac{630}{1} = 630$

22. (b)

हम जानने हैं कि गति समय के व्युत्क्रमानुपाती होती है।

समय का अनुपात $\frac{1}{5} : \frac{1}{8} : \frac{1}{2}$

5, 8 और 2 का ल.स.प. = 40

Q तक पहुँचने में सभी द्वारा लिए गए समय का अनुपात

$= \frac{1}{5} \times 40 : \frac{1}{8} \times 40 : \frac{1}{2} \times 40$

= 8 : 5 : 20

23. (b)

माना रेलगाड़ियों की गति $S_1$ और $S_2$ है और लंबाई $L_1$ और $L_2$ है

$\Rightarrow L_1 = 54\ S_1,\ L_2 = 90\ S_2$

प्रश्नानुसार,

$\frac{54S_1 + 90S_2}{S_1 + S_2} = 74$

$\Rightarrow 16S_2 = 20S_1$

$\Rightarrow \frac{S_1}{S_2} = \frac{8}{10} = \frac{4}{5}$

**SMART APPROACH:-**

| 54 | | 90 |
|---|---|---|
| | 74 | |
| 16 | : | 20 |
| 4 | : | 5 |

24. (a)

दूरी $= \frac{S_1 \times S_2}{S_1 + S_2} \times T = \frac{4 \times 2}{4+2} \times 6$

= 8 किमी.

25. (c)

माना, प्रत्येक ट्रेन की लम्बाई $x$ है।

$S_1$ = 64.8 किमी./घंटा, $S_2$ = 50.4 किमी./घंटा

समय = 1 मिनट = 60 से.

प्रश्नानुसार,

$2x = (S_1 \sim S_2) \times t$

$= (64.8 - 50.4) \times 60 \times \frac{5}{18}$

$= 14.4 \times 60 \times \frac{5}{18}$

$2x = 240$

$x = 120$ मी.

26. (c)

| | रोहन | : | सोहन |
|---|---|---|---|
| चाल | 2 | : | 1 |

रेस $= \frac{8000}{2000} = 4$ चक्कर

चूँकि, रोहन की गति सोहन की गति से दोगुनी है और वे 10 मिनट के बाद पहली बार प्रारंभिक बिंदु पर मिलते हैं।

∴ जितने समय में रोहन 2 चक्कर पूरे करता है उतने ही समय में सोहन 1 चक्कर लगाता है (समय = 10 मिनट)

10 × 2 = 20 मिनट

रोहन द्वारा रेस पूरा करने में लगा कुल समय = 10 × 2 = 20 मिनट

27. (a)

माना, नाव P की चाल = $x$ किमी/घंटा

तब, नाव Q की चाल

= ($x$ + 10) किमी/घंटा

दोनों नाव एक दूसरे की ओर समान समय पर चलती और मिलती हैं इसलिए समय नियत हैं

∵ चाल ∝ दूरी

| | P | | Q |
|---|---|---|---|
| दूरी | 126 | : | 133 |
| चाल | 126 | : | 133 |
| | ↓ | | ↓ |
| | $x + 4$ | | $(x + 10 - 4)$ |

$\because \frac{x+4}{x+6} = \frac{126}{133}$

हल करने के बाद, $x = 32$

समय $= \frac{\text{दूरी}}{\text{सापेक्ष चाल}}$

$= \frac{259}{S_P + S_Q} = \frac{259}{(36+38)} = 3.5$ घंटे

28. (c)

माना, सही उत्तरों की संख्या $x$ और गलत उत्तरों की संख्या y है

$5 \times x - 2 \times y = 285$

$5x - 2y = 285$ ... समीकरण (i)

$x + y = 120$

$2x + 2y = 240$ ... समीकरण (ii)

समीकरण (i) और (ii) से

$$\begin{array}{r} 2x + 2y = 240 \\ 5x - 2y = 285 \\ \hline 7x = 525 \\ x = 75 \end{array}$$

**SMART APPROACH:-**

माना

सभी उत्तर सही हैं।

तब, कुल अंक $\rightarrow 120 \times 5 = 600$

वास्तविक रूप से प्राप्त अंक $\rightarrow 285$

परीक्षार्थी द्वारा गलत किए गए प्रश्नों की संख्या

$\rightarrow 600 - 285 = \frac{315}{7} = 45$

सही किए गए प्रश्नों की संख्या

$\rightarrow 120 - 45 = 75$

29. (d)

(11, 21) यह सह-अभाज्य संख्या का युग्म बनाता है।

30. (d)

8, 24 और 30 का ल.स.प. = 120

31. (c)

दिया गया,

$P = \frac{3}{5} + \frac{2}{7}$, $Q = \frac{15}{31}$

अब,

$P = \frac{21+10}{35} = \frac{31}{35}$

प्रश्न के अनुसार,

$P \times Q = \frac{31}{35} \times \frac{15}{31} = \frac{3}{7}$

32. (a)

$\left(1-\frac{1}{2}\right)\left(1-\frac{1}{3}\right)\left(1-\frac{1}{4}\right)$ ----- $\left(1-\frac{1}{23}\right)$

$\frac{1}{2} \times \frac{2}{3} \times \frac{3}{4} \times$ ----- $\frac{22}{23} = \frac{1}{23}$

33. (d)

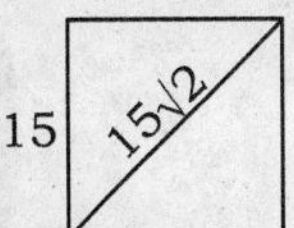


प्रश्नानुसार,

$\frac{\text{वर्ग का विकर्ण}}{\text{वर्ग की भुजा}} = \frac{15\sqrt{2}}{15} = \frac{\sqrt{2}}{1}$

34. (a)

तीरंदाजी पर खर्च = 60°

निशानेबाजी पर खर्च = 40°

अंतर = 60° − 40° = 20°

360° = 9000000

$20° = \frac{9000000}{360} \times 20 = ₹$ 500000

35. (c)

∴ आवश्यक अनुपात

$= \frac{40+70}{55+45} = \frac{110}{100} = \frac{11}{10}$

★★★★★

# मॉक टेस्ट-10

## 30

1. एक कंपनी ने 1000 मशीनें निर्मित की। इनमें से 20% को कुछ दोषों के कारण बेचा नहीं जा सका। दोषपूर्ण मशीनों पर ध्यान दिया गया और उनमें से 95% को अंततः बेचा गया जबकि बाकि को निकाल दिया गया। निर्मित मशीनों के संबंध में उन मशीनों का प्रतिशत क्या है जिन्हें बेचा नहीं जा सका?

A company manufactured 1000 machines of these, 20% could not be sold due to some defects. Defective machines were noticed and 95% of them were eventually sold while the rest were discarded. What is the percentage of machines that could not be sold in respect of manufactured machines?

(a) 20% (b) 12%
(c) 5% (d) 1%

2. पिंकी ने अपनी कार की टंकी को 20 लीटर पेट्रोल से भर दिया। वह एक यात्रा पर निकलती है और अंत में टैंक में केवल 5.5 लीटर पेट्रोल बचता है। टैंक में पेट्रोल में कितने प्रतिशत परिवर्तन हुआ?

Pinky fills her car tank with 20 liters of petrol. She goes on a journey and end up with just 5.5 liters of petrol left in the tank. What is the percent change in the petrol in the tank?

(a) 14.5 percent
(b) 72.5 percent
(c) 5.5 percent
(d) 85.5 percent

3. एक व्यापारी अपना माल बेच कर 5% का लाभ कमाता है। उसके लाभ का प्रतिशत क्या होगा अगर उसके लागत मूल्य और बिक्री मूल्य दोनों में 20% की वृद्धि होती है।

A trader makes a profit of 5% by selling his goods. What will be the percentage of his profit if both his cost price and selling price increase by 20%?

(a) 5% (b) 8%
(c) 6% (d) 10%

4. 500 पन्नों की एक रीम ₹280 रुपये में खरीदी जाती है और उससे 25 पन्नों के पैकेट बनाए जाते हैं। प्रत्येक पैकेट ₹18 में बेचा जाता है। प्रतिशत लाभ या हानि ज्ञात कीजिए। (एक दशमलव स्थान तक पूर्णांकित करें)

A ream of 500 pages is bought for ₹280, and packets of 25 pages are made from it. Each packet is sold for ₹18. Find the percentage profit or loss. (Rounded off up to one decimal place).

(a) 24.6% loss
(b) 28.6 profit %
(c) 26.5 profit %
(d) 24.5 profit %

5. एक दुकानदार अपनी विज्ञापित कीमत पर 20% की छूट देता है और फिर भी 10% का लाभ कमाता है। यदि वह एक वस्तु पर 56 रुपये का लाभ कमाता है, तो उसकी विज्ञापित कीमत क्या होगी?

A shopkeeper allows a discount of 20% on his advertised price and still makes a profit of 10%. If he makes a profit of Rs. 56 on an article, what will be its adver-tised price?

(a) Rs. 770 (b) Rs. 810
(c) Rs. 650 (d) Rs. 600

6. एक दुकानदार अंकित मूल्य पर 15% छूट देने के बाद 8% का लाभ कमाता है। स्टॉक खत्म करने के लिए, दुकानदार $x$% की क्रमिक छूट देता है और कोई लाभ या हानि नहीं कमाता है। '$x$' का मान (अनुमानित) क्या है?

A shopkeeper earns a profit of 8% after offering a 15% discount on the marked price. To clear the stock, the shopkeeper offers a successive discount of $x$% and earns no profit or loss. What is the value (approximate) of '$x$'?

(a) 7.8 (b) 7.6
(c) 7.4 (d) 8.0

7. Borrowed by Dhoni ₹ 800, in 3 years at a certain rate of simple interest of ₹ 956, then in 3 years ₹. What will be the amount of ₹ 800 if the rate of interest is increased by 4%?

धोनी द्वारा उधार ली गयी ₹ 800 की राशि, साधारण ब्याज की एक निश्चित दर पर 3 साल में ₹ 956 हो जाती है, तो 3 साल में ₹ 800 की राशि क्या होगी अगर ब्याज की दर में 4% की वृद्धि हुई है?

(a) ₹ 1152 (b) ₹ 1252
(c) ₹ 1352 (d) ₹ 1052

8. 1,625 रु. की राशि पर दो अलग-अलग स्त्रोतों से 5 वर्षों में प्राप्त साधारण ब्याजों के बीच 32.50 रु. का अंतर है। उनकी ब्याज दरों के बीच अंतर ज्ञात कीजिए।

The difference between the simple interest received in 5 years on an amount of Rs. 1,625 from two different sources is Rs. 32.50. Find the difference between their interest rates.

(a) 0.6% (b) 0.5%
(c) 0.3% (d) 0.4%

9. ₹ 8000 पर 1 वर्ष के लिए 6% वार्षिक चक्रवृद्धि ब्याज दर पर वार्षिक और अर्द्ध-वार्षिक रूप से संयोजित ब्याज के बीच क्या अंतर होगा? (₹ में)

What is the difference between the compound interests on ₹ 8000 for a 1 year at 6% per annum compounded yearly and half-yearly? (in ₹)

(a) 7.2 (b) 9.2
(c) 8.2 (d) 6.2

10. A और B के बीच रु. 5,309 को इस प्रकार विभाजित कीजिए, ताकि 6% प्रति वर्ष की दर से ब्याज चक्रवृद्धि किए जाने पर 4 वर्ष बाद A की राशि, 6 वर्ष बाद B की राशि के के बराबर हो जाए, ब्याज का संयोजन वार्षिक रूप से किया गया है।

Divide Rs. 5,309 between A and B, so that the amount of A after 4 years is equal to the amount of B after 6 years, the interest being compounded at 6% per annum, compounding annually

(a) Rs. 2,809, Rs. 2,500
(b) Rs. 2,759, Rs. 2,550
(c) Rs. 2,659, Rs. 2,650
(d) Rs. 2,709, Rs. 2,600

11. किरण और सुषमा ने 3000 रुपये और 4000 रुपये के साथ कारोबार शुरू किया 8 महीने बाद किरण 1000 रुपये निकालती है और सुषमा 1000 रुपये और पेशगी देती है। वर्ष के अंत में, उनका लाभ 630 रुपये था, किरण का हिस्सा ज्ञात कीजिये?

Kiran and Sushma began business with Rs.3000 and Rs.4000 after 8 months, Kiran withdraws Rs.1000 and Sushma advances Rs.1000 more. At the end of the year, their profit amounts to Rs.630 find the share of Kiran?

(a) Rs. 240 (b) Rs. 75
(c) Rs. 125 (d) Rs. 354

12. मनोज और नवीन ने 5 : 6 के अनुपात में कुछ राशि का निवेश करके एक साझेदारी व्यापार आरंभ किया। सेखर छः माह के बाद नवीन के समान राशि का निवेश करके उनके साथ आ जाता है। एक वर्ष के अंत में मनोज नवीन और सेखर के बीच लाभ को किस अनुपात में वितरित किया जाना चाहिए?

Manoj and Naveen started a partnership business investing some amount in the ratio of 5 : 6. Sekhar joined them after six months with an amount was to that of Naveen. In what proportion should the profit at the end of one year be distributed among Manoj, Naveen and Sekhar?

(a) 5 : 6 : 3
(b) 6 : 3 : 5
(c) 6 : 5 : 3
(d) 5 : 3 : 6

13. 6500 रुपये की एक राशि को तीन लोगों में इस तरह साझा किया जाता है कि पहले व्यक्ति के हिस्से का 4 गुना दूसरे व्यक्ति के हिस्से का तीन गुना, और तीसरे व्यक्ति के हिस्से का दो गुना, एक बराबर हो। तीसरे व्यक्ति का हिस्सा कितना होगा?

A sum of Rs 6500 is to be shared among three persons in such a way that 4 times the share of the first person, thrice the share of the second person, and twice the share of the third person, becomes equal to one. What will be the third person's share?

(a) Rs. 3000
(b) Rs. 1800
(c) Rs. 5200
(d) Rs. 3600

14. तीन संख्याओं का अनुपात 3 : 2 : 5 और उनके वर्गों का योग 8550 है। उन संख्याओं का योग ज्ञात करें।

If three numbers are in the ratio of 3 : 2 : 5 and the sum of their squares is 8550. Find the sum of those n umbers.

(a) 225 (b) 72
(c) 172 (d) 150

15. एक आदमी ₹ 60 प्रति लीटर के हिसाब से स्पिरिट खरीदता है, उसमें पानी मिलाता है और फिर उसे 75 रुपए प्रति लीटर के हिसाब से बेचता है। यदि इस सौदे में उसका मुनाफा 37.5% है तो स्पिरिट का पानी से क्या अनुपात होना चाहिए?

A man buys spirit at ₹ 60 per litre, mixes it with water and then sells it at Rs 75 per litre. If his profit in this transaction is 37.5 percent, then what should be the ratio of spirit to water?

(a) 11 : 1
(b) 9 : 1
(c) 12 : 5
(d) 10 : 1

16. समान क्षमता वाले दो कंटेनरों में दूध और पानी का अनुपात क्रमशः 3 : 4 और 3 : 1 है। यदि दोनों कंटेनरों को पूरे मिश्रण को रखने की क्षमता वाले एक बड़े कंटेनर में खाली कर दिया जाता है, तो बड़े कंटेनर में दूध और पानी का अनुपात क्या है?

Two containers with equal capacity have milk and water in the ratio of 3 : 4 and 3 : 1 respectively. If both the containers are emptied into a bigger container having the capacity to contain the whole mixture, then what is the ratio of milk to water in the bigger container?

(a) 32 : 31 (b) 23 : 11
(c) 33 : 21 (d) 33 : 23

17. 18 व्यक्तियों के एक परिवार का औसत वजन 1 किग्रा से कम हो जाता है। जब उसमें एक बच्चे का वजन जोड़ा जाता है। अगर बच्चे का वजन शामिल करने के बाद परिवार का औसत वजन 19 किग्रा है, तो बच्चे का वजन क्या होगा?

The average weight of a family of 18 persons becomes less than 1 kg when the weight of one child is added to it. If the average weight of the family after including the weight of the child is 19 kg, then what will be the weight of the child?

(a) 19 किग्रा (b) 1 किग्रा
(c) 2 किग्रा (d) 3 किग्रा

18. छह संख्याओं A, B, C, D, E और F में से, पहली पांच संख्याओं A, B, C, D और E का औसत, अंतिम पांच संख्याओं B, C, D, E और F के औसत से 26 अधिक है। A और F के बीच का अंतर ज्ञात करें।

Out of six numbers A, B, C, D, E and F, the average of first five numbers A, B, C, D and E is 26 more than the average of last five numbers B, C, D, E and F. Find the difference between A and F.

(a) 125 (b) 140
(c) 120 (d) 130

19. A, एक कार्य को 98 दिनों में कर सकता है, B इसे 147 दिनों में कर सकता है और C इस कार्य को अकेले 196 दिनों में कर सकता है। यदि पहले दिन A अकेले कार्य करता है और दूसरे दिन B + C एक साथ कार्य करते हैं। तीसरे दिन A तथा C एक साथ कार्य करते हैं। यदि वे इस चक्र को दोहराते हैं, तो कुल कार्य कितने दिनों में पूरा हो जाएगा?

A can do a piece of work in 98 days. B can do in 147 days and C can do same work alone in 196 days. if on the first day A worked alone and on the second days B & C work together and on the third day A and C worked together. if they repeat this cycle, then in how many days the total work can be completed?

(a) $82\frac{1}{3}$ (b) $84\frac{1}{3}$
(c) $86\frac{1}{3}$ (d) $80\frac{1}{3}$

20. A और B मिलकर एक काम को 30 दिनों में पूरा कर सकते हैं। उन्होंने 20 दिनों तक एक साथ काम किया और फिर B चला गया। अगले 20 दिनों के बाद, A ने शेष कार्य पूरा कर लिया। A अकेले पूरा कार्य कितने दिनों में पूरा कर सकता है?

A and B can together finish a work in 30 days. They worked together for 20 days and then B left. After another 20 days, A finished the remaining work. In how many days can A alone finish the whole work?

(a) 60 (b) 66
(c) 56 (d) 62

21. पाइप A, 155 मिनटों में एक टैंक भर सकता है, पाइप B, 93 मिनटों में उसी टैंक को भर सकता है और पाइप C, 62 मिनटों में उसी टैंक को खाली कर सकता है। यदि तीनों पाइप एक साथ खोले जाते हैं तो खाली टैंक को भरने में कितने मिनट का समय लगेगा?

Pipe A can fill a tank in 155 minutes, Pipe B can fill the same tank in 93 minutes and Pipe C can empty the same tank in 62 minutes. If all three pipes are opened together, how many minutes will it take to fill the empty tank?

(a) 930 (b) 940
(c) 920 (d) 950

22. एक कार चालक, कोहरे में गाड़ी चलाते हुए, एक पैदल यात्री को पार करता है जो उसी दिशा में 2 किमी/घंटा की गति से चल रहा था। पैदल यात्री को कार 6 मिनट तक दिखाई दी और यह उसे 0.6 किमी की दूरी तक दिखाई दी। कार की स्पीड क्या थी?

A car driver, driving in a fog, passes a pedestrian who was walking at the rate of 2 km/h in the same direction. The pedestrian could see the car for 6 minutes and it was visible to him up to a distance of 0.6 km. What was the speed of the car?

(a) 30 किमी/घंटा
(b) 15 किमी/घंटा
(c) 20 किमी/घंटा
(d) 8 किमी/घंटा

23. एक कार 5 घंटे में 240 किमी की दूरी तय करती है। यदि यह अपनी सामान्य गति से आधी गति से चलती है, तो समान दूरी तय करने में कितना अधिक समय लगेगा?

A car covered 240 km in 5 h. If it travels with half of its usual speed, then how much more time will be taken to cover the same distance?

(a) 3 h. (b) 5 h.
(c) 10 h. (d) 4 h.

24. 92 किमी / घंटा की एकसमान चाल से चल रही 180 मीटर लंबी एक ट्रेन, उसी दिशा में 75 किमी / घंटा की एकसमान चाल से चल रही दूसरी ट्रेन को 60 सेकण्ड में पार करती है। दूसरी ट्रेन की लंबाई ज्ञात करें।

A 180 m long train running at a uniform speed of 92 km/h crosses another train running in the same direction with a uniform speed of 75 km/h in 60 seconds. Find the length of the second train.

(a) 120 m (b) 150 m
(c) 160 m (d) 140m

25. A 4 मिनट में 1 किमी दौड़ सकता है, और B समान दूरी 4 मिनट 10 सेकंड में तय कर सकता है। 1 किमी की दौड़ में A, B को कितनी दूरी से हरा सकता है?

A can run 1 km in 4 min, and B can cover the same distance in 4 min 10 sec. By what distance can A beat B in a 1 km race?

(a) 45 m/45 मी
(b) 40 m/40 मी
(c) 35 m/35 मी
(d) 30 m/30 मी

26. शांत जल में एक नाव की चाल 30 किमी/घंटा है और धारा की चाल 6 किमी/घंटा है। 5 मिनट में धारा के प्रतिकूल तय की गई दूरी (किमी में) है:

The speed of a boat in still water is 30 km/h and the rate of the current is 6 km/h. The distance (in km) travelled upstream in 5 minutes is:

(a) 3 (b) 4
(c) 2 (d) 2.5

27. यदि N5921, 11 से विभाज्य है, तो सबसे छोटी प्राकृतिक संख्या N का मान ज्ञात करें।

If N5921 is divisible by 11, find the value of smallest natural number N.

(a) 9 (b) 7
(c) 6 (d) 8

28. यदि सात अंकों की संख्या 42971K2, 44 से विभाज्य है, तो K का मान है:

If a seven-digit number 42971K2 is divisible by 44, then the value of K is:

(a) 4 (b) 7
(c) 3 (d) 4

29. पहली चार अभाज्य संख्याओं के लघुत्तम समापवर्त्य (LCM) का पहली तीन भाज्य संख्याओं के महत्तम समापवर्तक (HCF) से अनुपात ज्ञात करें।

Find the ratio of the LCM of the first four prime numbers to the HCF of the first three prime numbers.

(a) 26 : 1 (b) 105 :1
(c) 6:1 (d) 168 : 1

30. $\left[\left(1-\frac{1}{3}\right)\left(1-\frac{1}{4}\right)\left(1-\frac{1}{5}\right)\left(1-\frac{1}{6}\right)....\left(1-\frac{1}{99}\right)\left(1-\frac{1}{100}\right)\right]$

(a) $\frac{2}{99}$ (b) $\frac{1}{25}$
(c) $\frac{1}{50}$ (d) $\frac{1}{100}$

31. [52 – 4 of (17 – 12) + 4 × 7] ÷ [30 ÷ 15 × 5]? का मान कितना है?

What is the value of [52 – 4 of (17 – 12) + 4 × 7] ÷ [30 ÷ 15 × 5]?

(a) 8 (b) 10
(c) 6 (d) 12

32. 16 मीटर, 14 मीटर और 10 मीटर एक कमरे के आयाम हैं। सभी आयामों को सटीक रूप से मापने के लिए सबसे बड़े संभावित पैमाने की लंबाई ज्ञात करें।

16 m, 14 m and 10 m are the dimensions of a room. Find the length of the greatest possible scale to measure all dimensions exactly.

(a) 3 मीटर (b) 4 मीटर
(c) 2 मीटर (d) 10 मीटर

33. 14 सेमी व्यास वाले एक वृत्त की परिधि, एक वर्ग के परिमाप के बराबर है। उस वर्ग का क्षेत्रफल ज्ञात करें। ($\pi = \frac{22}{7}$)

The circumference of a circle of diameter 14 cm is equal to the perimeter of a square. Find the area of that square. ($\pi = \frac{22}{7}$)

(a) 400 $cm^2$ (b) 121 $cm^2$
(c) 256 $cm^2$ (d) 289 $cm^2$

**निर्देश (34 – 35):** निम्नलिखित प्रश्न का जवाब देने के लिए दिया गया आरेख देखें।

**Directions:** Refer to the given diagram to answer the following questions.

क्षेत्रीय परिव्यय/Regional outlay

1991 कुल परिव्यय/Total outlay = ₹ 2,00,000

1992 कुल परिव्यय/Total outlay = ₹ 2,50,000

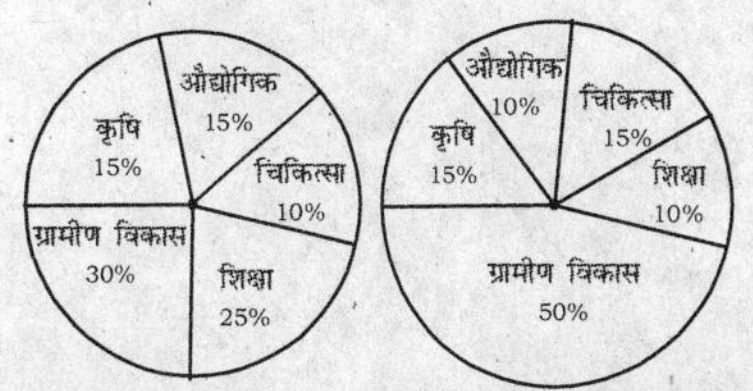

34. वह दो क्षेत्र कौन से हैं जहां ग्रामीण और अन्य क्षेत्रों के आवंटन बराबर है और जिनका योगफल 25% से अधिक है लेकिन वर्ष में कुल आबंटन से 50% से कम है?

What are the two sectors where the allocation to rural development and other sectors is equal and the sum of which is more than 25% but less than 50% of the total allocation in the year?

(a) चिकित्सा और शिक्षा
Medical and Education

(b) कृषि और औद्योगिक
Agriculture and Industrial

(c) चिकित्सा और औद्योगिक
Medical and Industrial

(d) कृषि और चिकित्सा
Agriculture and Medicine

35. पिछले साल की तुलना में आवंटन में अधिकतम प्रतिशत वृद्धि दर्ज करने वाले क्षेत्र के लिए, दो वर्षों के लिए परिव्यय के बीच का अंतर कितना होगा?

For the sector registering maximum percentage increase in allocation over the previous year, what will be the difference between the outlays for the two years?

(a) ₹65,000 (b) ₹40,000
(c) ₹50,000 (d) ₹5,000

# ANSWER KEY

| | | | | | | | | | |
|---|---|---|---|---|---|---|---|---|---|
| 1.(d) | 2.(b) | 3.(a) | 4.(a) | 5.(c) | 6.(c) | 7.(d) | 8.(d) | 9.(a) | 10.(a) |
| 11.(a) | 12.(a) | 13.(a) | 14.(d) | 15.(d) | 16.(d) | 17.(b) | 18.(d) | 19.(d) | 20.(a) |
| 21.(a) | 22.(d) | 23.(b) | 24.(a) | 25.(b) | 26.(c) | 27.(d) | 28.(b) | 29.(b) | 30.(c) |
| 31.(c) | 32.(c) | 33.(b) | 34.(d) | 35.(a) | | | | | |

# SOLUTIONS

1. (d)

1000 → कुल
↓ –20% दोष पूर्ण
200 $\xrightarrow{5\%}$ 10 (नहीं बेचा जा सकता है)
↓ 95%
190 (बेचने वाला)

आवश्यक % = $\frac{10}{1000} \times 100 = 1\%$

2. (b)

पेट्रोल की मात्रा में प्रतिशत परिवर्तन

$= \frac{20-5.5}{20} \times 100$

$= 14.5 \times 5 = 72.5\%$

3. (a)

| | क्रय मूल्य | विक्रय मूल्य |
|---|---|---|
| पुराना | 100 | 105 |
| नया | 120 | 126 |

नया लाभ % = $\frac{126-120}{120} \times 100$
= 5%

4. (b)

कुल C.P = 280 रु.

कुल S.P = $\frac{500}{25} \times 18 = 360$ रु.

लाभ % = $\frac{360-280}{280} \times 100$

लाभ = $\frac{200}{7} = 28.6\%$

5. (a)

माना, अंकित मूल्य (M.P.) = 100

प्रश्नानुसार,

| क्रय मूल्य | अंकित मूल्य | विक्रय मूल्य |
|---|---|---|
| $\frac{800}{11}$ | 100 | 80 |

+56

लाभ = $80 - \frac{800}{11} = \frac{80}{11} \to$ ₹ 56

अंकित मूल्य (M.P.) = 100 →

$\frac{56}{80} \times 11 \times 100 =$ ₹ 770

6. (c)

माना, अंकित मूल्य = 100 , विक्रय मूल्य = 85

क्रय मूल्य × $\frac{108}{100} = 85$

क्रय मूल्य = $\frac{8500}{108}$ रु.

क्रय मूल्य : विक्रय मूल्य (न लाभ न हानि)

$\frac{8500}{108}$ : 85

100 : 108

25 : 27

छूट % = $\frac{27-25}{27} \times 100\%$

$= \frac{200}{27}\% \approx 7.4\%$

7. (d)

ब्याज = 956 – 800 = 156

ब्याज = $\frac{\text{मूलधन} \times \text{समय} \times \text{दर}}{100}$

$\Rightarrow 156 = \frac{80 \times \text{समय} \times \text{दर}}{100}$

R = 6.5%

अब, 4% की वृद्धि के बाद

R' = 10.5%

साधारण ब्याज

$= \frac{800 \times 3 \times 10.5}{100} = 252$

कुल राशि = 800 + 252

= 1052

**SMART APPROACH:-**

4% की वृद्धि 3 साल तक

= 3 × 4% = 12%

$800 \times \frac{12}{100} = 96$ रु

कुल धनराशि = 956 + 96

= 1052 रु

8. (d)

$\frac{1625 \times 5 \times (R_1 - R_2)}{100} = 32.5$

$(R^1 - R^2) = \frac{3250}{1625 \times 5} = 0.4\%$

9. (a)

मूलधन = 8000 रू

चक्रवृद्धि वार्षिक दर = 6%

चक्रवृद्धि अर्द्धवार्षिक दर = $\frac{6}{2} = 3\%$

(6 – 6 माह) 2 समय के लिए चक्रवृद्धि ब्याज

$= 3 + 3 + \frac{3+3}{100} = 6.09\%$

अन्तर = 6.09% – 6 = 0.09%

$= 8000 \times \frac{0.09}{100} = 7.2$ रू

10. (a)

R = 6% = $\frac{53}{50}$

$\frac{A}{B} = \frac{53}{50}$

$= \left(\frac{53}{50}\right)^2 = \frac{2809}{2500}$

A = 2809 रु., B = 2500 रु.

नोट: हमने इसलिए वर्ग (Square) किया है, क्यों कि उनके बीच समय का अन्तर 2 था।

11. (a)

| | K | S |
|---|---|---|
| 8 महीने | 3,000 : | 4,000 |

= 3 : 4

4 महीने 2,000 : 5,000 = 2 : 5

किशन का लाभ = 24 + 8 = 32

सुशमा का लाभ = 32 + 20 = 52

लाभ का अनुपात 32 52

8 : 13

प्रश्नानुसार,

21 इकाई → 630

8 इकाई → 240

12. (a) M : N : S

5 : 6 : 6 = राशि

×12 ×12 ×6 = समय

60 : 72 : 36 = लाभ

(सेखर 6 महीने बाद निवेश करता है।)

लाभ का अनुपात = 5 : 6 : 3

13. (a)

A B C

$4x = 3y = 2z$

3 : 4 : 6

प्रश्नानुसार,

कुल = 3 + 4 + 6

= 13 इकाई → 6500

1 इकाई → 500

तीसरा आदमी = 6 इकाई → 3000

14. (d)

3 : 2 : 5 = 3n : 2n : 5n

$9n^2 + 4n^2 + 25n^2 = 8550$

$38n^2 = 8550$

$n^2 = 225$

n = 15

तीनों संख्याओं का योग = 10n

= 10 × 15 = 150

15. (d)

लाभ = 37.5% = $\frac{3 \to \text{लाभ}}{8 \to \text{क्रय मूल्य}}$

विक्रय मूल्य = क्रय मूल्य + लाभ

⇒ विक्रय मूल्य = 8 + 3 = 11

⇒ क्रय मूल्य = $\frac{75}{11} \times 8 = 54.54$ रूपये

**पृथ्वीकरण विधि के द्वारा:-**

स्पिरिट 60, पानी 0

54.54

54.54 5.45

10 : 1

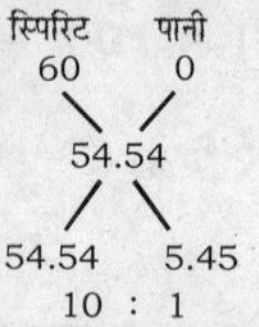

पानी का क्रय मूल्य 0 रू. है क्योंकि वह मुफ्त में उपलब्ध होता है

अतः मिश्रण में स्पिरिट और पानी का अनुपात 10 : 1 है।

**अन्य विधिः-**

माना कि, स्पिरिट से पानी का अनुपात x : y है।

$\Rightarrow 60x + y \times 0 = 54.54(x + y)$

$\Rightarrow 5.45x = 54.54y$

$\Rightarrow \frac{x}{y} = \frac{10}{1}$

16. (d)

| | दूध | पानी | मिश्रण |
|---|---|---|---|
| I → | $3_{\times 4}$ : | $4_{\times 4}$ : | 7 ×4 |
| | 12 | 16 | |
| II → | $3_{\times 7}$ : | $1_{\times 7}$ : | 4 ×7 |
| | 21 | 7 | |

अंतिम → (21 + 12) : (16 + 7)

33 : 23

17. (b)

प्रश्नानुसार,

जब परिवार के औसत वजन में बच्चे का वजन जोड़ा जाता है तो पूरे परिवार का औसत वजन 1 किग्रा से कम हो जाता है

अर्थात् बच्चे के वजन में परिवार के शेष सभी सदस्यों के वजन से 1 किग्रा वजन जोड़ा गया

तब,

बच्चे का वजन

= 19 – (1 × 18) = 19 – 18

= 1 किग्रा

18. (d)

$\frac{A+B+C+D+E}{5} - \frac{B+C+D+E+F}{5} = 26$

$\frac{A+B+C+D+E-B-C-D-E-F}{5} = 26$

⇒ A – F = 26 × 5 = 130

19. (d)

98, 147, 196 का ल.स. = 588

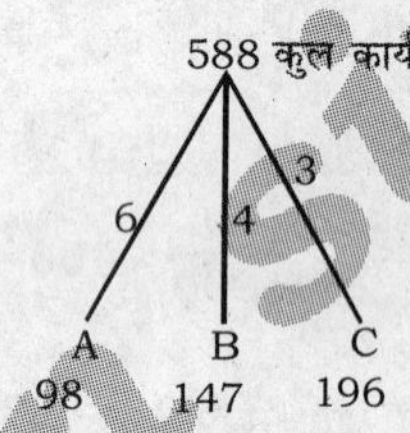

588 कुल कार्य

A (98) → 6, B (147) → 4, C (196) → 3

A B + C C + A

6 4 + 3 = 7, 3 + 6 = 9

6 + 7 + 9 = 22

22 × 26 = 572 = काम

26 × 3 = 78 दिन में 572 काम

शेष काम = 588 – 572 = 16

16 – (A ने 6 काम 1 दिन में और किया) = 10

10 – (B + C ने 7 काम 1 दिन में और किया) = 3

3 काम (A + C) ने किया $\frac{3}{9} = \frac{1}{3}$ दिन में

कुल दिन = $78 + 1 + 1 + \frac{1}{3}$

= $80\frac{1}{3}$ (दिन में)

20. (a)

(A + B) द्वारा मिलकर 20 दिन तक किया गया कार्य = $\frac{20}{30} = \frac{2}{3}$

A द्वारा शेष कार्य $\left(1 - \frac{2}{3}\right)$ 20 दिन में पूरा करता है

अकेले A द्वारा इस कार्य को पूरा करने में लगा समय = $\frac{20}{1} \times 3 = 60$ दिन

21. (a)

155, 93, 62 का ल.स.प. = 930

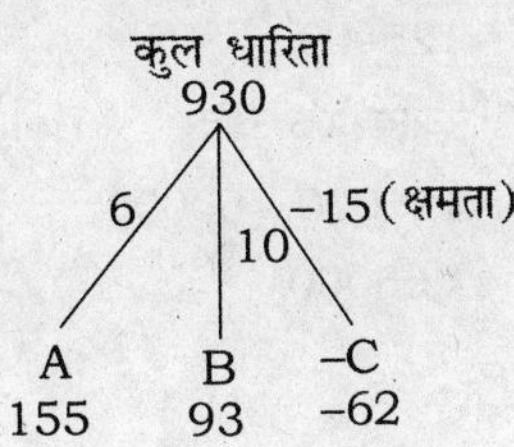


कुल समय $= \frac{\text{कुल धारिता}}{\text{कुल क्षमता}}$

$= \frac{930}{6+10-15} = \frac{930}{1}$

= 930 मिनट

22. (d)
6 मिनट में कार 0.6 किमी आगे बढ़ जाती है। इसलिए, पैदल यात्री के संबंध में कार की सापेक्ष गति 6 किमी/घंटा के बराबर है, चूंकि, पैदल यात्री 2 किमी प्रति घंटे की गति से चल रहा है, इसलिए कुल गति 8 किमी/घंटा है।

23. (b)

चाल $= \frac{240}{5}$ = 48 किमी./घंटा

अब,
चाल को आधा करने पर दूरी तय करने में लगा कुल समय $= \frac{240}{24}$

= 10 घंटा

अतिरिक्त समय = 10 – 5 = 5 घंटा

24. (a)
$S_1$ = 92 किमी./घंटा, $S_2$ = 75 किमी./घंटा
$T_1$ = 180 मी., माना $T_2$ = $x$ मी.
समय (t) = 60 से.
∵ दोनो ट्रेने एक ही दिशा में गति कर रही है।
तब, सापेक्ष गति = $S_1 \sim S_2$

$\frac{\text{दूरी}}{\text{समय}} = 92 - 74$

$\frac{(180+x)}{60} = 18 \times \frac{5}{18}$ मी./से.

$\frac{180+x}{60} = 5$

$\Rightarrow 180 + x = 300$
$x$ = 120 मी.

25. (b)
चूँकि A, B को 10 से. से हराता है इसलिए 10 से. मे B द्वारा तय की गई

दूरी $= \frac{1000}{250} \times 10$ = 40 मी.

अत: 1 किमी की रेस में A, B को 40 मी. से हराता है

26. (c)
धारा के विपरीत नाव की चाल = 30 – 6
= 24 किमी/घंटा
5 मिनट में धारा के विपरीत तय की

गई दूरी $= 24 \times \frac{5}{60} = 2$ किमी

27. (d)
0N 59 21
(0 – N) + (5 – 9) + (2 – 1) = 0
– N – 4 + 1 = 0
– N – 3 = 0
N = – 3
N का मान नकारात्मक नहीं हो सकता इसलिए हम 11 जोड़ रहे हैं।
∴ छोटी प्राकृतिक संख्या N का मान = 11 – 3 = 8

**SMART APPROACH:-**
N 5 9 2 1
विषम स्थानों पर अंकों का योग –सम स्थानों पर अंकों का योग 0 या11से विभाज्य होना चाहिए।
(N + 9 + 1) – (5 + 2) = 0 या 11
⇒ (N + 10) – 7 = 0 या 11
⇒ N + 3 = 0 या 11
⇒ N = 0 – 3 = – 3 या
N = 11 – 3 = 8
– 3 मान नहीं हो सकता है।

28. (b)
42971K2 → 4 × 11
⇒ (4 + 9 + 1 + 2) – (2 + 7 + K) = 0 or 11
⇒ 16 – 9 – K = 0
⇒ K = 7
⇒ K = 7

29. (b)

$\frac{2,3,5,7 \text{ का ल.स.प.}}{4,6,8 \text{ का म.स.प.}} = \frac{210}{2}$

$= \frac{105}{1} = 105 : 1$

30. (c)

$$\left[\left(1-\frac{1}{3}\right)\left(1-\frac{1}{4}\right)\left(1-\frac{1}{5}\right)\left(1-\frac{1}{6}\right)....\left(1-\frac{1}{99}\right)\left(1-\frac{1}{100}\right)\right]$$

$\Rightarrow \frac{2}{3} \times \frac{3}{4} \times \frac{4}{5} \times \frac{5}{6} \times .... \times \frac{98}{99} \times \frac{99}{100}$

$= \frac{2}{100} = \frac{1}{50}$

31. (c)

$[52 - 4 \text{ of } (17-12) + 4 \times 7]$

$\div [30 \div 15 \times 5] = 60 \div 10 = 6$

32. (c)

म.स.प. (16, 14, 10) = 2 मीटर

मापने का सबसे बड़ा संभावित पैमाना = 2 मीटर

33. (b)
दिया गया है,
व्यास = 14cm, r = 7
वर्ग का परिमाप = 4a
वर्ग की भुजा = a
प्रश्नानुसार,

$4a = 2 \times \frac{22}{7} \times 7$

a = 11 सेमी

वर्ग की क्षेत्रफल = $11^2$ = 121 सेमी$^2$

34. (d)

दिए गए जानकारी और विकल्पों द्वारा:-

(a) चिकित्सा + शिक्षा = 10% + 15% = 25%

(b) कृषि + औद्योगिक = 20% + 15% > 30% = ग्रामीण विकास

(c) चिकित्सा + औद्योगिक = 25%

(d) कृषि + चिकित्सा = 20% + 10% = 30%.

जो दी गई शर्त को पूरा करता है।

35. (a)

आँकड़ों से पता चलता है कि सबसे अधिक वृद्धि ग्रामीण विकास में हुई है

1991 में → $\frac{30}{100} \times 200000$

= 60000

1992 में → $\frac{50}{100} \times 250000$

= 125000

∴ आवश्यक अंतर

= 125000 – 60000

= ₹ 65000

☆☆☆☆☆